生物多样性优先保护丛书——大巴山系列

重庆大巴山国家级自然保护区生物多样性

邓洪平 等 著

科学出版社

北 京

内 容 简 介

重庆大巴山国家级自然保护区位于大巴山南麓的城口县境内,地处华中地区腹地,是北半球亚热带的核心地区,也是我国华东、日本植物区系西行,喜马拉雅植物区系东衍,华南植物区系北上与华北温带植物区系南下的交汇场所。该区自然环境复杂,生物区系起源古老,生态系统完整,生物资源极为丰富,是天然的生物基因库,为第四纪冰期生物的"避难所"、北半球亚热带同纬度地区著名的模式标本产地。为《中国生物多样性国情研究报告》列出的中国 17 个生物多样性保护关键区域之一,同时也被列为世界自然基金会所确定的全球 233 个热点生态区之一。

本书以保护区多年科学考察成果为基础,分 10 章对保护区地质概况、地貌、气候、水文和土壤、植物多样性、动物多样性、植被类型及生态系统多样性、旅游资源、社区经济状况等做了全面的分析研究和评价。同时,辩证分析了保护区范围和功能区划分的合理性、主要保护对象管理的有效性等。本书可为从事区域生物多样性研究、地质和环境保护研究、保护区管理以及科普教育的科学工作者提供参考。

图书在版编目(CIP)数据

重庆大巴山国家级自然保护区生物多样性/邓洪平等著. —北京:科学出版社,2015.9

(生物多样性优先保护丛书. 大巴山系列)

ISBN 978-7-03-045698-4

Ⅰ. ①重… Ⅱ. ①邓… Ⅲ. 自然保护区–生物多样性–研究–重庆市 Ⅳ. ①S759.992.42 ②Q16

中国版本图书馆 CIP 数据核字(2015)第 220711 号

责任编辑:杨 岭 刘 琳/责任校对:韩雨舟
责任印制:余少力/封面设计:墨创文化

科学出版社 出版

北京东黄城根北街 16 号
邮政编码:100717
http://www.sciencep.com

成都创新包装印刷厂 印刷

科学出版社发行 各地新华书店经销

*

2015 年 9 月第 一 版 开本:889×1194 1/16
2015 年 9 月第一次印刷 印张:18.25
字数:600 000

定价:148.00 元
(如有印装质量问题,我社负责调换)

前　言

重庆大巴山国家级自然保护区位于中国西南部大巴山南麓的城口县境内，东邻陕西省平利县、镇平县，南接重庆市巫溪县、开县，西连四川省的万源市、宣汉县，北与陕西省紫阳县、岚皋县接壤。地理坐标为东经108°27′07″～109°16′40″，北纬31°37′27″～32°12′15″。大巴山自然保护区内最高处为东南部的光头山，海拔2685.7m，最低处为西北部龙田乡田湾，海拔754.0m，相对高差1931.7m。大巴山自然保护区总面积136 017hm²，其中核心区面积42 618.5hm²，缓冲区面积25 818.5hm²，实验区面积67 580.0hm²。大巴山自然保护区为森林生态系统类型保护区，主要保护对象为亚热带森林生态系统及其生物多样性、不同自然地带的典型自然景观、典型森林野生动植物资源。

大巴山自然保护区地处华中地区腹地，是北半球亚热带的核心地区，也是我国华东、日本植物区系西行，喜马拉雅植物区系东衍，华南植物区系北上与华北温带植物区系南下的交汇场所。该区自然环境复杂，生物区系起源古老，生态系统完整，蕴藏着丰富的生物资源，是天然的生物基因库。丰富的生物物种吸引了大量中外研究者，1891～1893年，法国传教士鲍尔·法吉斯（Paul Farges）在本区采集了两千多号植物标本。20世纪50年代以来，四川大学、中国科学院、西南大学、重庆自然博物馆、四川中药研究所等单位相继在本区采集发表大量生物物种，使其成为北半球亚热带同纬度地区著名的模式标本产地。

大巴山自然保护区北部秦岭山脉横亘东西，阻挡了第四纪冰川对保护区的影响，成为第四纪冰期生物的"避难所"，保留了众多珍稀濒危及孑遗物种。同时境内沟谷纵横，异质性生境为物种的独立演化创造了条件，孕育了许多地方特有的物种。大巴山自然保护区森林生态系统保存完好，反映出我国华中地区北亚热带森林生态系统的自然本底，典型性、代表性突出。在重庆市生态功能区划中，大巴山自然保护区属于秦巴山地常绿阔叶-落叶林生态区，大巴山生物多样性保护与水土保持生态功能区。在生物多样性保护、水源涵养、水土保持方面发挥了重要的生态作用。大巴山自然保护区特殊的地理位置和丰富的生物多样性，使其成为《中国生物多样性国情研究报告》列出的中国17个生物多样性保护关键区域之一，同时也被列为世界自然基金会所确定的全球233个热点生态区之一。

大巴山自然保护区最近一次科学考察距今已有10年，为及时掌握保护区野生动植物的资源现状及变化规律，研究其与自然环境、社区经济、人口等的关系，并为保护区的管理和相关政策、规划的编制提供基础数据，有必要重新对保护区进行一次大型的综合科学考察。受大巴山国家级自然保护区管理局委托，本团队从2011年以来，先后多次对大巴山自然保护区进行了生物多样性科学考察，特别对崖柏、红豆杉、林麝等珍稀濒危动植物资源进行了重点调查，基本摸清了保护区动植物资源现状及植被类型和演替规律，分析了保护区管理现状并提出了一些建议。

此著作是在前人工作的基础上，团队所有成员辛勤劳动的成果。野外考察的顺利进行离不开重庆大巴山国家级自然保护区管理局工作人员的参与和大力支持。此外，工作中还得到了重庆市环境保护局、重庆市林业局、城口县人民政府的支持和帮助，在此表示衷心的感谢！

大巴山自然保护区生物资源非常丰富，限于时间和业务水平，错漏之处，在所难免，敬请批评指正。

著　者

2015年6月

目　　录

第1章　自然地理概况 ·· 1

  1.1　地理位置 ·· 1

  1.2　地质与地貌 ·· 1

    1.2.1　地质 ·· 1

    1.2.2　地貌 ·· 3

  1.3　气候类型与特征 ··· 3

  1.4　水系与水文 ·· 4

    1.4.1　水文地质条件 ·· 4

    1.4.2　水系 ·· 4

    1.4.3　水文特征 ·· 4

    1.4.4　水质 ·· 5

  1.5　土壤与植被 ·· 5

    1.5.1　分类原则 ·· 5

    1.5.2　分类依据 ·· 5

    1.5.3　土属分布 ·· 6

    1.5.4　主要土壤类型简述 ·· 6

    1.5.5　植被 ·· 7

  1.6　灾害性因子 ·· 7

第2章　调查内容和方法 ··· 8

  2.1　调查内容 ··· 8

    2.1.1　植物物种多样性调查 ·· 8

    2.1.2　植被调查 ·· 8

    2.1.3　动物物种多样性调查 ·· 8

    2.1.4　社会经济调查 ·· 8

  2.2　调查方法 ··· 8

    2.2.1　植物物种多样性调查方法 ·· 8

    2.2.2　植被调查方法 ·· 9

    2.2.3　动物物种多样性调查方法 ··· 10

    2.2.4　社会经济调查方法 ·· 10

  2.3　调查时间 ·· 10

  2.4　调查路线 ·· 11

第3章　植物物种多样性 ·· 12

  3.1　植物区系 ·· 12

    3.1.1　大型真菌 ··· 12

    3.1.2　维管植物 ··· 15

  3.2　珍稀濒危及保护植物 ·· 21

    3.2.1　国家重点保护野生植物名录物种 ·· 21

    3.2.2　中国物种红色名录物种 ·· 23

    3.2.3　中国植物红皮书名录物种 ··· 27

    3.2.4　CITES 名录物种 ·· 28

3.3　特有植物 ………………………………………………………………………………… 29

3.4　模式植物 ………………………………………………………………………………… 34

　　3.4.1　崖柏发现始末 …………………………………………………………………… 34

　　3.4.2　形态特征 ………………………………………………………………………… 35

　　3.4.3　生态学特征 ……………………………………………………………………… 35

　　3.4.4　地理分布及气候因子 …………………………………………………………… 35

　　3.4.5　伴生物种 ………………………………………………………………………… 35

　　3.4.6　生长状况 ………………………………………………………………………… 35

3.5　孑遗植物 ………………………………………………………………………………… 41

3.6　维管植物生活型组成 …………………………………………………………………… 42

3.7　资源植物 ………………………………………………………………………………… 42

　　3.7.1　药用资源 ………………………………………………………………………… 42

　　3.7.2　观赏资源 ………………………………………………………………………… 43

　　3.7.3　食用资源 ………………………………………………………………………… 44

　　3.7.4　蜜源 ……………………………………………………………………………… 44

　　3.7.5　工业原料 ………………………………………………………………………… 45

第4章　植被 ……………………………………………………………………………………… 46

4.1　植被总体特征 …………………………………………………………………………… 46

　　4.1.1　群落种类组成丰富，珍稀物种多，植物区系过渡性质明显 ………………… 46

　　4.1.2　植被类型多样，植被原始 ……………………………………………………… 46

　　4.1.3　海拔高差大，植被垂直分化明显 ……………………………………………… 46

　　4.1.4　主要植被类型突出，植被过渡性质明显 ……………………………………… 47

　　4.1.5　由于前期的开发和破坏，部分植被还未完全得到恢复，临近居民点植被的次生性非常明显 …… 47

4.2　植被类型及特征 ………………………………………………………………………… 47

　　4.2.1　植被分区 ………………………………………………………………………… 47

　　4.2.2　植被分类原则 …………………………………………………………………… 47

　　4.2.3　植被类型及特征 ………………………………………………………………… 48

　　4.2.4　群系物种组成及特征 …………………………………………………………… 50

4.3　植被动态 ………………………………………………………………………………… 59

4.4　植被的垂直分布 ………………………………………………………………………… 60

　　4.4.1　沟谷常绿阔叶林、偏暖性针阔混交林带（约 754～1100m） ……………… 60

　　4.4.2　低中山偏暖性山地常绿、落叶阔叶混交林带（约 800～1650m） ………… 60

　　4.4.3　中山偏暖湿性针叶林带（约 1650～2000m） ……………………………… 60

　　4.4.4　亚高山偏寒性暗针叶林带（约 1850～2500m） …………………………… 60

　　4.4.5　山顶亚高山偏寒湿性竹类与亚高山草甸带（约 2500～2680m） ………… 61

第5章　动物物种多样性 ……………………………………………………………………… 62

5.1　昆虫物种多样性 ………………………………………………………………………… 62

　　5.1.1　昆虫物种组成 …………………………………………………………………… 62

　　5.1.2　昆虫组成特点 …………………………………………………………………… 63

　　5.1.3　昆虫区系分析 …………………………………………………………………… 64

　　5.1.4　不同海拔高度物种的多度 ……………………………………………………… 65

　　5.1.5　资源昆虫 ………………………………………………………………………… 66

5.2　脊椎动物物种多样性 …………………………………………………………………… 68

　　5.2.1　脊椎动物区系 …………………………………………………………………… 68

　　5.2.2　哺乳类 …………………………………………………………………………… 69

　　5.2.3　鸟类 ……………………………………………………………………………… 69

　　　5.2.4　爬行类 ···69

　　　5.2.5　两栖类 ···69

　　　5.2.6　鱼类 ··70

　5.3　珍稀濒危及保护动物 ··70

　　　5.3.1　IUCN 名录物种 ···70

　　　5.3.2　CITES 名录物种 ··70

　　　5.3.3　重点保护野生动物物种 ···71

　5.4　特有动物 ···78

　　　5.4.1　特有昆虫 ···78

　　　5.4.2　特有脊椎动物 ···78

　5.5　模式动物 ···79

　　　5.5.1　模式昆虫 ···79

　　　5.5.2　模式脊椎动物 ···79

第 6 章　生态系统 ···80

　6.1　生态系统类型 ···80

　　　6.1.1　自然生态系统 ···80

　　　6.1.2　人工生态系统 ···81

　6.2　生态系统主要特征 ···82

　　　6.2.1　食物网和营养级 ··82

　　　6.2.2　生态系统稳定性 ··82

　6.3　影响生态系统稳定的因素 ··83

　　　6.3.1　自然因素 ···83

　　　6.3.2　人为因素 ···83

　　　6.3.3　旅游潜在因素 ···83

第 7 章　主要保护对象 ···85

　7.1　大巴山自然保护区森林生态系统 ···85

　7.2　崖柏（*Thuja sutchuenensis*）、红豆杉（*Taxus chinensis*）、光叶珙桐（*Davidia involucrata*
　　　 var. vilmoriniana） 等珍稀濒危植物资源及其生境 ···85

　7.3　林麝（*Moschus berezovskii*）、豹（*Panthera pardus*）、 金雕（*Aquila chrysaetos*）、黑熊
　　　 （*Selenarctos thibetanus*） 等珍稀动物资源及其栖息地 ··86

第 8 章　社会经济与社区共管 ··87

　8.1　大巴山自然保护区及周边社会经济状况 ··87

　　　8.1.1　乡镇及人口 ··87

　　　8.1.2　交通与通信 ··87

　　　8.1.3　土地利用现状与结构 ··87

　　　8.1.4　社区经济结构 ···88

　　　8.1.5　社区发展 ···88

　8.2　社区共管 ···88

　　　8.2.1　社区环境现状 ···88

　　　8.2.2　社区共管措施 ···88

　　　8.2.3　基于替代生计项目分析 ···89

　　　8.2.4　社区共管中存在的问题 ···90

第 9 章　大巴山自然保护区评价 ···91

　9.1　大巴山自然保护区管理评价 ···91

　　　9.1.1　大巴山自然保护区历史沿革 ···91

　　　9.1.2　大巴山自然保护区范围及功能区划评价 ··91

  9.1.3 组织机构与人员配备 ··· 92

  9.1.4 保护管理现状及评价 ··· 92

 9.2 大巴山自然保护区自然属性评价 ··· 93

  9.2.1 物种多样性 ··· 93

  9.2.2 生态系统类型多样性 ··· 93

  9.2.3 稀有性 ··· 93

  9.2.4 脆弱性 ··· 94

 9.3 大巴山自然保护区价值评价 ··· 94

  9.3.1 科学价值 ··· 94

  9.3.2 生态价值 ··· 95

  9.3.3 社会价值 ··· 95

  9.3.4 经济价值 ··· 96

第 10 章 管理建议 ··· 97

 10.1 大巴山自然保护区存在的问题 ··· 97

 10.2 保护管理建议 ··· 97

参考文献 ··· 99

附表 1 重庆大巴山国家级自然保护区植物名录 ····························· 103

附表 2 重庆大巴山国家级自然保护区样方调查记录表 ····················· 200

附表 3 重庆大巴山国家级自然保护区昆虫名录 ························· 211

附表 4 重庆大巴山国家级自然保护区脊椎动物名录 ····················· 243

附图 I ·· 255

附图 II（保护区植被） ·· 259

附图 III（保护区植物） ·· 264

附图 IV（保护区动物） ·· 268

附图 V（保护区大型真菌） ·· 273

第1章 自然地理概况

1.1 地 理 位 置

大巴山自然保护区,位于中国西南部重庆市东北端大巴山南麓的城口县境内,东邻陕西省平利县、镇平县,南接重庆市的巫溪县、开县,西连四川省的万源市、宣汉县,北与陕西省紫阳县、岚皋县接壤。地理坐标为东经 108°27′07″~109°16′40″,北纬 31°37′27″~32°12′15″。大巴山自然保护区总面积 136 017hm²,其中核心区面积 42 618.5hm²,占总面积的 31.33%,缓冲区面积 25 818.5hm²,占总面积的 18.98%,实验区面积 67 580.0hm²,占总面积的 49.68%。

1.2 地质与地貌

1.2.1 地质

1. 地层及岩石

大巴山自然保护区位于大巴山南麓,属大巴山弧形断褶带的南缘部分,由一系列北西至东西走向的雁列式褶皱和冲断层组成。褶皱紧密,断层密集。岩层走向为北西至南东向,并向南弧形凸出。境内计有第四系、三叠系、二叠系、志留系、奥陶系、寒武系、震旦系 7 个系,37 个组、群的地层。最新地层为第四系的残坡积层、洪积层、冲积层,最老地层为震旦系南沱组及跃岭河群。分布面积以寒武系地层最广,其次是三叠系地层。

大巴山自然保护区地跨秦岭、扬子两个一级地层单元,以高观寺-钟宝巨型冲断为界,其北为陕南秦岭地层分区,出露震旦系下统到志留系的一套轻度变质岩层,并伴随火成岩活动。其南为川东-鄂西地层分区,出露震旦系至第四系(除泥盆、石炭、侏罗、白垩、第三系以外)的各时代地层组成的沉积盖层。

大巴山自然保护区内出露地层,均具盖层性质。下部为震旦系火山碎屑岩或冰碛碎屑岩建造,厚度 1600~4000m;中部为震旦系上统至三叠系嘉陵江组的海相沉积,厚度为 5841~6141m;上部为三叠系上统陆相河湖相沉积,厚度大于 648m。

震旦系沿高观寺-钟宝冲断层北侧及坪坝-修齐断层南侧分布。底界被该断层切割,出露不全。顶部与寒武系"鲁家坪组"呈整合接触,分为上、下两统。上统分为灯影组和陡山沱组。其中灯影组上部为薄层硅质岩夹白云岩,产石煤;下部为薄层灰岩,底部为泥质白云岩,具马尾丝状碎裂及网络状构造。陡山沱组上部为碳质页岩,顶部产菱锰矿、磷块岩;底部多为薄层泥质含锰白云岩夹钙质页岩,夹含黄铁矿条带及结核。下统为南沱组,分上、中、下三部分;上部为灰、灰绿、紫红色凝灰质砂岩夹同色页岩;中部为灰绿、紫红色块状含凝灰质砾岩;下部为块状凝灰岩,凝灰质砂岩夹页岩。

寒武系为境内出露最多,分布最广的地层。伴随震旦系分布,以主产石煤为特征,分三统,6 个组,厚 1800m。主要分布在木坪河-铜罐沟断层和高观-钟宝冲断之间,呈向南西突出的弧形带状展布,延长近 150km。其下统分为石龙洞组、天河板组、石牌组、水井沱组。其中石龙洞组上部为深灰色白云岩,下部为灰黑色豹斑状灰岩,白云质灰岩;天河板组为灰色薄层灰岩夹紫、灰绿色页岩及磷状、豆状藻灰岩;石牌组顶部为紫色页岩,中下部为灰色薄-中层泥质石英砂夹紫色页岩和一层 20m 厚的豹斑状灰岩,厚 132~160m;水井沱组上部为浅灰色鲕状灰岩,结晶灰岩,中部为薄层砂岩,常相变成砂质页岩,下部为岩质页岩、灰质页岩,局部夹石煤透镜体。

中统-覃家庙群为砖红色白云质泥岩、泥质白云岩夹浅灰黄色白云岩及绿色泥岩,厚 226m。上统-三游洞群上部为厚层白云岩夹层间砾岩,下部为灰岩与白云质灰岩互层,厚 254~280m。

二叠系广泛出露于坪坝-铜罐沟冲断南侧的弧形褶带中,为境内煤、黄铁矿、铁矿、高岭土等矿产的主要产出层位。二叠系地层分2统5组，上、下统间呈假整合接触。与上覆三叠系下统大冶组和同下伏志留系中统徐家坝群间均呈假整合接触。其中下统分茅口组、栖霞组、铜矿溪组。茅口组为灰色厚层灰岩，颜色由上到下逐渐变深，质纯，为优质石灰岩。栖霞组为灰、深灰-黑色厚层-块状灰岩，铜矿溪组为铝土岩、碳质页岩夹煤、黄铁矿、赤铁矿。

上统又名乐平统，分为大隆、吴家坪两个组，大隆组为黑色碳质页岩夹透镜状灰岩。吴家坪组又分吴家坪段、王坡段两个段。吴家坪段为灰、深灰色中-厚层火燧石条带及团块灰岩；王坡段上部为碳质页岩和煤层，下部为含黄铁矿黏土岩。

三叠系主要分布在坪坝-铜罐沟巨型冲断以南的广大区域，分3统4个组。其中，下统分为嘉陵江和大冶两个组。嘉陵江组又分四个岩性段，二四段为块状砾岩、白云岩、夹灰岩、产优质白云岩，石膏及卤水；一三段为薄至中层灰岩、泥质灰岩、页岩，厚407~647m。大冶组分东北和西南两个沉积区。

大巴山自然保护区内大部分为东北区，仅八台、咸宜一线以南为西南区。西南区上部为灰色泥灰岩与紫红色泥灰质白云岩、白云质砂质页岩不等厚互层。下部为泥灰岩、灰岩、夹白质灰岩，白云岩及紫红色泥质白云岩。

东北区上部为厚层灰岩，鲕状灰岩及白云岩，局部上覆紫红色页状泥质白云岩。中、下部以薄层灰岩为主，夹条带状，蠕虫状泥质灰岩及厚层鲕状灰岩。底部常为黄绿色沙质页岩，厚251~656m。

上统-须家河组缺失上段，下段为浅灰色厚-块状细-中粒含砾岩屑石英砂岩，岩屑岩及粉砂岩，碳质页岩夹菱铁矿及煤层组成4个韵律，韵律底部偶见砾岩透镜体，厚160~420m。

奥陶系、第四系、志留系在境内均为零星分布。奥陶系沿弧形褶曲之背斜核部或断错-翼出露。第四系分布在山坡和山间谷地。主要为残坡、积物两种类型。沿山坡，山谷呈断续条形分布，其中碳酸盐岩坡积物常胶结成第四系砾岩，坡积物逐渐向洪积-冲积物过渡，常由亚黏土和砂质黏土组成。

地层分布以旗杆山为界。旗杆山以南的前河区域地层较年轻，地形倒置，向斜（三叠系）成山，背斜（志留系）成谷。旗杆山以北的任河区域地层较为古老，主要由寒武系震旦系地层组成。寒武系地层受断层的严重破坏和干扰，地层分布凌乱。第四系冲积层多分布于任河、前河两岸。

2. 地质构造及发展

自加里东运动后，大巴山地就开始出现隆起和拗陷。海西运动褶皱范围向南扩大。印支运动又继续隆起，拗陷和褶皱燕山运动使大巴山受到强烈的抬升和隆起，同时受米仓山、汉中地块和神农架地块的阻挡，形成了大巴山弧形褶皱带。

大巴山自然保护区地置大巴山弧形褶皱带，地质构造多复式背（向）斜和穹隆构造，岩层倾角多为50°~70°。境内断裂十分发育，尤以任河流域断裂最为发育。多数断裂与岩层走向基本一致。其中最长的断裂带是高望巨型冲断层，由万源北部的田坝，经黄溪到高望，走向为北西-南东向，全长120km。全县分为3个地质构造带：①北大巴山西北向构造带，包括岚溪-东安复式褶皱带，大店子-油房沟冲断层；②高观寺-钟宝巨型弧形冲断构造带；③南大巴山帚状构造带。

北大巴山北西向构造带主要分布在大巴山主峰两侧的川陕鄂三省交界范围内。出露震旦系下统火山碎屑岩建造及上覆下古生代的硅质岩、碳酸盐岩，泥页岩海相沉积，呈北310°方向紧密线型展布，并伴有中基性、咸性浸入活动。岩石普遍变质。主要构造成分以系列紧密线型褶曲和斜冲断层组成，呈北西-南东向延伸。南缘受高观-钟宝巨型冲断阻隔，呈向南凸出的弧形。岚溪-东安复式褶皱带和大店子-油房沟冲断层属北大巴山北西向构造带。

高观寺-钟宝巨型弧形冲断构造带分割了秦岭褶皱系和扬子地台，东西延长近1000km。断层线向南凸出，呈弧形。断层带内有强烈的糜棱岩化带。破碎带内可见被挤压成的长条状、扁豆状、眼球状火山岩和沉积岩的碎块，沿断裂带有辉绿岩浸入。

南大巴山帚状构造带由一系列弧形冲断和线形褶曲组成。整个弧形外缘向南西凸出。南界在万源县固军、渡口、红花一线。

整个弧形构造受旋扭作用造成。在应力作用下，弧形外旋层作顺时针方向扭动，形成巨大的弧形压扭性冲断及北东东扭裂面。保护区内属弧形构造的形迹由北到南有：县城-高燕复向斜；坪坝-覃家河冲断背斜；乌龟石复向斜；瓢儿岭-长岩千冲断背斜；金子山-高家台冲断；康家坪-铜罐沟冲断背斜；旗杆山向斜；庙坝-桐油坝冲断复背斜；梆梆梁-猫儿背复向斜；团城-双河背斜；明通-咸宜冲断复背斜；八台山-大宁厂向斜。

大巴山自然保护区内北大巴山下古生代拗陷，多聚集铀、钼、钒、磷、石煤、硅质岩、碳硅质岩海相沉积建造。南大巴山下古生代拗陷及边缘成盐海盆，下部为陆源碳酸盐含锰、磷建造；中部为含铀、钼、钒黑色岩建造；上部为海相含盐建造。

1.2.2　地貌

1. 地貌形态

大巴山自然保护区属米仓山、大巴山中山区，山脉受地质构造和岩性的控制，排列较为整齐。诸列山岭均由北西向南东展布。由北而南顺次为大巴山、牛心山、旗杆山、梆梆梁、八台山五座大山。其间是海拔 2000~2500m 的群峰，中部旗杆山为南北水系的分水岭。由于河谷相对高差高达 1000m 以上，谷坡陡峻，全区地貌明显形成四级夷平面，由北而南层层下降。分别有海拔 2200~2400m、1800~2000m、1100~1400m 及 600~800m 的河谷地带四个级。海拔 2300~2500m 的顶夷平面分布较广。从南西至北东，形成岭谷相间，相对高差大。层状地貌明显，层状结构为 "W" 型。旗杆山以南为熔蚀谷地和熔蚀洼地负地貌。任河谷地 3~4 级阶地普遍发育。

境内最高点光头山，海拔 2685.7m，最低点为龙田乡卫星村的田湾，海拔 754.0m。整个地势南东偏高，北西偏低。

2. 地貌类型

境内地貌分低山河谷、中山和峰丛台地三种类型。

（1）低山河谷：主要分布在任河、前河、汉昌河两岸海拔 1500m 以下的山体下部。河谷底部由于水流的强烈侵蚀穿凿成蛇曲状的中谷和窄谷；两岸谷坡多呈 "V" 型。沿河两岸除峡谷外，大部分由软岩层组成，南部以志留系砂页岩为主，北部以震旦系南沱组及跃岭河群和寒武系水井沱组泥质岩类为主。地形陡缓相间，其间有数十亩至上百亩的冲积坝。

（2）中山：分布于海拔 1500~2000m 的地区。其间峰峦叠嶂，沟壑纵横。南部地层以三叠系、二叠系、奥陶系、志留系徐家坝群为主，北部以寒武系、震旦系为主。

（3）峰丛台地：主要分布在海拔 2000m 左右的中山宽阔顶部。其地层为三叠系嘉陵江组和大冶组、寒武系八仙群、八卦庙群、毛坝关组。由于灰岩广布，岩溶地貌发育，大片的峰丛台地形成鲜明的地貌特点。代表地点为大巴山神田梁、梆梆梁、九重岩顶部。

3. 山脉

保护区位于大巴山南翼，山脉走向受地质构造线方向的控制。大巴山、牛心山、旗杆山、梆梆梁、金字山、天子城山、八台山、墨架山等横跨县境。境内山脉的高程从北向南逐渐降低。

1.3　气候类型与特征

大巴山自然保护区属亚热带温湿气候。由于山高谷深，高差大，具有山区立体气候的特征。主要气候特点是：气候温和，雨量充沛，日照较足，四季分明，冬长夏短。春季气温回升快，但不稳定，常有 "倒春寒" 天气出现；夏季降水集中，7、8 月多干旱，伏前、伏后多洪涝；秋季降温快，多连阴雨天气；冬季时间较长、气温低。常年平均气温 13.7℃，年际变化比较稳定。极端最高气温为 39.3℃，最低气温为-13.2℃。平均无霜期 213 天，年均降雨日 166 天，常年平均日照时数为 1267.3h；年均降水量 1418.1mm，降水趋势由西南向东北渐少。年均风速为 0.4m/s，风向多为西南风。

区内海拔高差大，不同的地理位置对气候有一定的影响。春、夏随山体高度的增加而推迟，秋冬则随着山体增高而相应提前和延长。低、中山地区气候条件较好。在海拔高度相同的情况下，境内最南地区比最北地区年平均气温要高1℃左右。南部地区降雨量比北部地区偏多。

1.4 水系与水文

1.4.1 水文地质条件

大巴山自然保护区位于大巴山脉南端，其地质古老，地形地貌独特，自然环境复杂，整个山脉走向由东向西高度逐渐降低，区内前河属长江流域的嘉陵江水系，任河属长江流域的汉水水系。气候属亚热带温湿气候，雨量充沛，日照充足，四季分明，冬长夏短，夏季和初秋雨水较集中。年均气温13.7℃，年均降水量1418.1mm，但汛期径流量大。保护区地质构造处于秦岭褶皱系的北大巴山北西向构造体系，大巴山深断裂高观寺–钟宝巨型冲断和杨子地台北缘拗陷带（即南大巴山大洪山拗陷褶皱带）的南大巴山帚状构造弧形挤压带构造体系地带。

1.4.2 水系

大巴山自然保护区地表水系发达，河网密布。所有河流均属长江水系。北部为汉江流域的任河水系，南部为嘉陵江流域的前河水系。流域面积100km² 以上的河流13条，50～100km² 的6条。任河和前河为境内两条主要河流。

1.4.3 水文特征

1. 地表水文特征

大巴山自然保护区内无冰川、湖泊及外来水，地表水主要靠降水补给，资源十分丰富。大巴山自然保护区内年均径流量为29.8亿 m³。地表水系发育，河网密布。所有河流都属长江水系。任河、前河为境内两条主要河流。大巴山自然保护区由于地处地形复杂的大巴山区，降雨、蒸发、径流、泥沙、水质等水文条件，都有其特色。

（1）降水。由于大巴山自然保护区地处夏季南北暖冷气流交绥比较频繁的原四川暴雨区之一的大巴山暴雨区，6、7、8月活动在长河流域的极峰带，逐步从东南向西北推进到大巴山，形成保护区内暴雨迭见。9月，当极峰南旋时，因受山脉阻拦，西南暖气流尚未退完，使极峰有时呈静止状态，形成连绵不断的阴雨。保护区年均降水日数≥0.1mm的为166天，最大年降水量为1963年的1755.8mm，最少年降水量为1966年的829.2mm。区内年均降雨深度是长江流域常年平均水深1057mm的1.34倍。

（2）蒸发。蒸发包括水面蒸发和陆面蒸发，水面蒸发反映了充分供水条件下的地面蒸发能力，陆面蒸发是指地面实际蒸发的水量，它是地表水水体蒸发、土壤蒸发、植物散发的总和。由于保护区内温度低，降水充沛，秋季多绵绵雨，因而蒸发量少，保护区内水面常年平均蒸发量为806.8mm，陆面常年平均蒸发量为605.1mm。

（3）地表径流。大巴山自然保护区内的年均径流深在700～1200mm，年均径流总量为29.8亿 m³。径流中洪水所占比重很大，绝大部分流入了下游的汉江和嘉陵江，未能利用。

（4）水土流失。大巴山自然保护区内植被未受到破坏，森林覆盖率高达79.3%，因此，水土流失程度轻微。

（5）水质。大巴山自然保护区内无工矿企业及其他水污染源，水质良好。

2. 地下水特征

（1）类型。大巴山自然保护区内地下水有孔隙水、变质岩裂隙水和碳酸盐岩裂隙溶洞水三大类型。后者又分为溶洞暗河强烈发育的岩溶水、溶洞暗河中等发育的岩溶水和溶洞暗河不发育的岩溶水三个亚类。

（2）分布规律。由于褶皱轴部构造应力集中，裂隙发育，并可形成虚脱空间，有利于水赋存，所以褶皱轴部富水。张、扭性断裂为良好的地下水通道，断裂两侧一般较富水。而扭压性断裂的两侧由于具有一疏张带，还可于一侧或两侧产生低序次的张扭断裂或褶皱。由于非可溶岩层限制了岩溶水的渗漏方向，使地下水顺可溶岩与非可溶岩界面运动，加强了界面附近的溶蚀作用。

3. 水文地质特征

大巴山自然保护区内地下水靠接受大气降水补给为主，融雪补给和灌溉补给为辅。绝大部分地下水成泉水或局部承压形式赋存于岩溶管道之中，至河谷地带或相对隔水层，多以管道形式集中排泄，并且有地下水沿各自管缝系统流动，互相之间联系较差，具有孤立水流的特征和流量不稳定系数较大的特点，这可能是补给面积不大，径流途程不很远的缘故。

1.4.4　水质

1. 地表水分析

对照水利电力部县级区划提纲《水质污染指标单项分极度标准表》规定，测区内主要河流化验结果是：pH 大于 7.3 而小于 8，符合二级水质标准；总硬度在 75～100mg/L，符合二级水质标准。三项有机污染：溶解氧（DO）9.3～12.7mg/L，大于 7.5mg/L，符合一级水质标准；化学需氧量（COD）0.56～0.69mg/L，小于 2mg/L，符合一级水质标准；氨氮 0.1～0.2mg/L，小于 0.5mg/L，符合一级水质标准。五毒中砷的含量未化验，其余四项酚含量不大于 0.002mg/L，符合一级水质标准；氰 0.05mg/L，符合二级水质标准；汞 0.001mg/L，符合二级水质标准；铬（六价）0.001mg/L，符合一级水质标准，按照分项定级，以各项中级指数最大者，定为评价区域的有机污染和五项毒物的级指数的分级评定法，保护区内地表水的水质有机污染为一级，五项毒物为二级。

2. 地下水分析

测区内地下水类型主要受岩性控制，矿化度大小明显受地形影响，由于地形切割较剧，水循环强烈而途程较短，一般矿化度较低。矿化度随深度增加而加大。区内白云岩出露的区域，地下水为重碳酸型钙钠镁质水，碳酸盐岩区多为重碳酸型钙质水。煤系地层中普遍含黄铁矿，故出现硫酸型钙钠质水。保护区内浅层地下水绝大部分为淡水，无色，无味，无臭，汽澈透明，矿化度小于 0.3g/L，碳酸盐岩总硬度一般为 5～10 德国度，负硬度 0.1～0.38 德国度，氯离子含量小于 5mg/L，硫酸根、硝酸根、亚硝酸根、铁、铵等离子含量多近于零，pH 一般为 6～7，显然为良好的饮用水。

综上，大巴山自然保护区内水质非常好，达一类水质标准。

1.5　土壤与植被

1.5.1　分类原则

土壤类型是客观存在的个体，是各种成土因素在一定条件下的综合产物，其分类应遵循以下原则：①土壤分类的发生原则；②自然土壤与耕作土壤相统一的原则；③土壤分类的系统性原则。

1.5.2　分类依据

大巴山自然保护区土壤分类是以《全国第二次土壤普查工作分类的暂行方案》为依据，综合本地条件，采用四级分类制，即土类、亚类、土属、土种。共分为 6 个土类、10 个亚类、14 个土属、73 个土种（表 1-1）。

表1-1 保护区土壤分类表

土类	亚类	土属	土种
水稻土	淹育型水稻土	潮土田	潮沙田 沙子田 泥沙田
		山地黄泥田	大眼泥田 漕泥田 死黄泥田 沙子田 朱泥泥田 漕土田 火链渣田 粗沙田 沙沙田 大风泥田 沙田 黄泥巴田 黄泥夹沙田 黄泥田 泥巴田
		老冲积黄泥田	黄泥巴田
	潴育型水稻土	山地黄泥田	黄泥巴田
	潜育型水稻土	山地黄泥田	白鳝泥田 黄泥巴田 烂泥田
山地黄壤	山地黄壤	冷沙黄泥土	黄泥土
		矿子黄泥土	黄泥土 黄泥巴 死黄泥 火石子黄泥土 大眼泥 石渣子土
		粗黄骨泥性土	扁沙土 黄泥巴 闭口沙 沙子土 浅层黄泥沙 碳渣土 粗沙土 黄泡沙 烧根土 黄泥土 油沙土 红砂土 铁板沙 麻枯沙 冷沙土 黄泡土 青沙土 火链渣
黄棕壤	山地黄棕壤	山地黄棕壤	黄灰包土 黑灰包土 黄泡泥 石窑地 泥巴地
棕壤	棕壤	棕壤	
山地草甸土	山地草甸土	厚层山地草甸土	
石灰岩土	黑色石灰土	黑色石灰土	石窑土 黑泡泥
	黄色石灰土	黄色石灰土	大沙泥 黄泥巴 黄泥土 泥巴地 火链渣 乱石窑 闭口沙夹 铜盘底 灰色土 黄泥夹沙
	红色石灰土	红色石灰土	红砂大眼泥 朱砂泥 红大眼泥 大眼泥 红砂子泥

1.5.3 土属分布

大巴山自然保护区土壤以背斜和向斜为轴线,在旗杆山向斜以南,两翼的土壤是南北对称条状分布,在旗杆山向斜以北,对称性不明显,土类的分布有明显的山地垂直地带性,海拔1500m以下为山地黄壤土类、海拔1500~2000m为黄棕壤土类、海拔2000m以上为棕壤土类。非地带性土壤为石灰土类。水稻土类和山地黄壤土类呈复区分布,山地草甸土与棕壤土类亦呈复区分布。

土属的分布受地质的影响,在山地黄壤土类区,三叠系须粗壮河组砂岩地质上分布着冷砂黄泥土属;在各系石灰岩、白云岩母质上分布着矿子黄泥土属、黑色石灰质土属、黄色石灰质土属;在各系页板岩、凝质砾岩、凝质粉砂岩等母质上分布着粗骨型黄泥土属;在近代河流冲积物上分布着潮土田土属;在第四纪老冲积物母质上分布着老冲积黄泥土属;在各系石灰岩、白云岩、页岩、板岩、凝质粉砂岩母质上分布着山地黄泥田土属、山地黄棕壤土属、棕壤土属;山地草甸土因其土属单一,其分布与相应的土类分布完全一致。

坡度大,地形复杂,水文的运动方式深受地形的影响。不同地形水文作用不同而具有不同的土种。坡度大的地方土壤质地较粗,土体较薄,土壤风化程度较低,其土种有扁砂土、浅层黄泡沙土等。在坡度小的地方土壤质地较细,土体较深,熟化程度高,土种有大眼泥、油沙土、黄泥土。长期渍水的地方则出现潜育型水稻土种。在大巴山脉分布草甸土。

大巴山自然保护区土壤的垂直分布:山地黄壤—黄棕壤—棕壤—草甸土。

1.5.4 主要土壤类型简述

1. 棕壤土类

棕壤土类主要分布于2000m以上的山地,受亚热带温湿气候的影响,夏季多雨,冬季干冷,有利于有机质的积累。主要分布有冷杉、华山松等树种。生物积累过程胜于地质淋溶过程,枯枝落叶层及腐殖质层均较厚,母质风化度比黄棕壤低,盐基饱和度大,表土暗褐色,小团粒至微状结构,质地轻壤。

2. 山地黄棕壤土属

其主要分布在 1500～2000m 的中山一带，它由各地质年代的石灰岩、白云岩、砂岩、页岩等母质发育而成，土壤具有黏化与微弱的富铝化特征，肥力较高。主要土种有沙土、灰包土、黄泡土等。

3. 山地黄壤土类

分布在海拔 1500m 以下，年均气温 13.7℃左右，年均降雨量 1400mm 左右，相对湿度 85%左右。主要植被为常绿阔林、针叶林、落叶林。主要有矿子黄泥、粗骨型黄泥、老冲积黄泥等土属。

1.5.5　植被

大巴山自然保护区植被区划属亚热带常绿阔叶林区，川东盆地偏湿性常绿阔叶林亚带，盆地东北部中山植被地区，大巴山植被小区。大巴山自然保护区森林覆盖率高，植被类型多样。按照《中国植被》的分类系统，大巴山自然保护区现已知 6 个植被型、10 个群系纲、24 个群系组、37 个群系。

1.6　灾害性因子

大巴山自然保护区主要灾害因子为冰雪、霜冻、干旱、火灾等。

第 2 章　调查内容和方法

2.1　调 查 内 容

2.1.1　植物物种多样性调查

（1）大巴山自然保护区内各种生境中的大型真菌和维管植物的种类、分布、区系组成及特点分析。

（2）珍稀濒危、重点保护、模式植物及特有植物的种类、分布及保护现状。

（3）资源植物的种类、分布、利用现状及保护措施。

2.1.2　植被调查

样地概况：地理位置（包括地理名称、经纬度、海拔和部位等），坡形、坡度、坡向；土壤类型、枯枝落叶层厚度、活地被层（苔藓层）厚度等生境特征；群落的名称、群落外貌特征和郁闭度等。

乔木层：高度大于 5m 的木本，进行每木检测，记录植物种名、高度（m）、胸径（围）（cm）、枝下高（m）及冠幅等。

灌木层：高度小于 5m 的木本植物及乔木树种的幼树，采用分株（丛）调查，记录种名、株（丛）数、盖度（冠幅）、高度（m）等。

草本层：草本植物，测定记录所有种类的种名、平均高度（m）、多度和盖度（%）等。

除了线路调查和样地调查外，对区域内的植被还进行野外植被图初步勾绘工作，勾绘方法采取以对坡勾绘为主，线路调查标注为辅的方法，初步勾绘出植被的类型、分布范围和界限，经计算机处理完成保护区域植被类型图。

2.1.3　动物物种多样性调查

1. 昆虫

调查大巴山自然保护区内昆虫物种种类、数量、分布、习性、生境状况以及国家重点保护昆虫、特有昆虫、珍稀濒危昆虫、资源昆虫情况。

2. 脊椎动物

调查大巴山自然保护区内野生脊椎动物的物种种类、数量、分布、习性、生境状况以及国家重点保护动物、重庆市市级重点保护动物、特有动物、珍稀濒危动物情况。

2.1.4　社会经济调查

社会经济与生态旅游，重点对社区共管和社区共管协同增效以及存在的主要问题做分析评价。

2.2　调 查 方 法

2.2.1　植物物种多样性调查方法

1. 大型真菌调查方法

调查采用踏查、样地调查和访谈相结合的方法，对大巴山自然保护区的主要大型真菌进行了调查和标本采集，对采集的标本依据标本的彩色照片及形态分类学结构特征、生态分布及生活习性，结合制作孢子印、孢子的显微观察等方法进行鉴定。

采用了近代真菌学家普遍承认和采用的 *Dictionary of the Fungi*（第十版）分类系统，编制大巴山自然保护区主要大型真菌名录，部分种类根据传统的分类习惯作了少许修正。在此基础上，对大巴山自然保护区大型真菌的经济价值及其生态习性等进行统计分析。

2. 维管植物调查方法

本次调查采用了野外实地调查与资料收集相结合的方法。野外实地调查采取线路调查法、样方调查法为主，辅以问询法进行现场观察与记录。大巴山自然保护区植物种类的调查仅调查维管束植物，即蕨类植物和种子植物（包括裸子植物和被子植物）。详细记录大巴山自然保护区内分布的植物种类。对现场能确认物种的，记录种名、分布的海拔、生境和盖度等。对现场不能准确确定的物种，采集标本，根据《中国植物志》、《四川植物志》、《重庆维管植物检索表》等专著对其进行鉴定。最后，将样地内出现的物种与样地外沿途记录的物种汇总，得到保护区的植物名录。

珍稀濒危及保护植物，参照《国家重点保护野生植物名录》（第一批，1999）《中国物种红色名录（植物部分）》《IUCN 物种红色名录》（2013）《中国植物红皮书》（第一册，1992）《濒危野生动植物种国际贸易公约》CITES 相关规定。

2.2.2　植被调查方法

1. 调查地点的选取原则

根据项目组前期工作基础及对保护区植被分布状况的初步了解，确定具体的调查地点。对于一般地域采取线路调查，对植被人为破坏较少的地域进行详细调查，调查时兼顾植物的垂直分布。样线选择以经过地海拔落差尽量大、植被破坏程度尽量小、植物多样性尽量丰富为标准；样线遍及整个保护区，样线间生态环境各具特色，以期全面反应保护区的植被特点。

2. 标本鉴定与植被类型划分依据

标本鉴定参考书：以《中国植物志》《四川植物志》为主，同时参考《中国树木志》《中国高等植物》《中国高等植物图鉴》《湖北植物志》等。

根据《中国植被》以及《四川植被》来划分植被类型。

3. 陆生植被调查与分析方法

将保护区植物物种多样性和植被的调查结合起来进行。植物区系调查包括物种的识别、统计、鉴定等。植被调查方法主要采用线路调查法和样地调查法相结合的方式进行，对典型生境中具有代表性的植被类型及垂直带上的主要植被类型采用样地调查法。

线路调查：线路调查中，根据保护区的地形、地势特点，分别设置水平样线和垂直样线。水平样线的线路调查内容包括记录保护区内生境良好、典型植被类型和人为干扰现状，记录方式有现场调查、咨询记录、数码拍摄记录等。同时通过沿线踏查选择合适的垂直样线，并为样地调查提供参考。垂直样线分别以光头山、黄安坝、神田、明通乡沟口为起点，或顺着山坡垂直向上，或行至山顶垂直下行，并沿线记录植被类型的变化，同时选择典型的群落样地，进行样地调查。

样地调查：在垂直样线的线路调查基础上，根据地形、海拔、坡向坡位、地质土壤，以及植物群落的形态结构和主要组成成分的特点，采取典型选样的方式设置样地。

样方设置：根据不同植被类型，采用种-面积的方法确定调查面积，并运用相邻格子法和十字分割法对保护区的森林、灌木及草本群落分别进行典型样方取样，具体方法主要分为以下几种。

森林群落：含常绿阔叶林、常绿落叶阔叶混交林、落叶阔叶林、针叶阔叶混交林、针叶林等森林群落类型，常绿阔叶林、常绿落叶阔叶混交林样方面积设置为 40m×20m，其他森林群落类型的样方面积设置为 20m×20m，每个样方划分成 8 个或 4 个 10m×10m 的相邻格子作为乔木层物种调查小样方，每个 10m×10m 的格子中又分别划分出 1 个 5m×5m 的灌木层小样方作灌木层物种调查，在每个灌木层样方内，设置 2 个 2m×2m 的草本层小样方作草本物种调查。

灌丛群落：样方面积统一设置为 10m×10m，每个样方采用十字分割法等分成 4 个 5m×5m 的样方作为灌木层多样性调查小样方，同时在每个小样方中划分出 2 个 2m×2m 的草本层小样方作草本物种调查。

草本群落：样方面积统一设置为 2m×2m，同样采用十字分割法等分成 4 个 1m×1m 的样方作为多样性调查。

竹林：对于保护区的竹林，样方面积均设置为 10m×10m，采用十字分割法等分成 4 个 5m×5m 的样方调查竹子及其他灌木、草本植物。

2.2.3 动物物种多样性调查方法

1. 昆虫调查方法

收集昆虫主要采用野外直接网捕和诱虫灯诱集相结合的方法。所采标本杀死后，带回实验室整理并初步鉴定，分送国内有关的专家，做进一步鉴定，除少数种类鉴定到属外（仅有雌性标本或标本不完整或仅有幼体），绝大多数种类鉴定到种。

2. 脊椎动物调查方法

鱼类：自己捕获所得，包括用网捕、适当电捕等。如在个别地段水流不太急、地势平缓的地方还可使用手网捕鱼。访问当地农民和管理局职工，获得鱼类的种类组成情况。

两栖爬行动物：根据两栖爬行动物的生活习性，主要选择在溪流、水塘、草丛、灌丛、乱石堆、洞穴等环境下采用样方法进行调查，同时采集不同生活史阶段的动物进行后期鉴定。

鸟类：主要采用样线法完成，调查时观察记数所见鸟类种类、数量以及痕迹，对鸟类的数量等级采用路线统计法进行常规统计，一些未在调查中所见种则依据有关文献判断。

兽类：大中型兽类主要通过走访评价区范围内及其周边附近的村民，对照动物图鉴向他们核实曾经所见动物种类、数量、时间、地点等信息。同时也采用样线法沿途观察，样线布置与鸟类调查样线一致，根据观察到的兽类足迹、粪便以及兽类实体等判断种类；小型兽类采用铗夜法进行调查。针对数量稀少、活动规律特殊、在野外很难见到其踪迹或活动痕迹的物种［如黑熊（*Selenarctos thibetanus*）、野猪（*Sus scrofa*）、小麂（*Muntiacus reevesi*）等］，还采用红外自动数码照相法。在调查地点布设自动数码照相机，选择目标动物经常行走的小道以及野生动物水源地附近安装相机；对每一台相机进行编号，每一相机对应一专用记录本，记录相应信息。根据照相机记录的信息确定动物的种类、数量和分布等。并记录相机安放位置的生境状况。

2.2.4 社会经济调查方法

采用 PRA 评估法，主要调查大巴山自然保护区内人口、民族、收入、产业结构等。重点调查大巴山自然保护区范围内社区现有经济活动及与保护区的关系。

2.3 调 查 时 间

西南大学考察组于 2011~2013 年，先后对大巴山自然保护区进行了 5 次野外考察。

2.4　调　查　路　线

　　调查路线应涉及大巴山自然保护区的实验区、缓冲区和核心区各个区域，各种生态环境，各种海拔梯度，兼顾均匀性和重要性布设原则。重点对植被覆盖率较高、保存完好、珍稀濒危保护动植物较丰富的区域进行调查。主要涉及重要区域为齐心村、岭南村、方斗村、联丰村、三河村、畜牧村、兴田村、金弛村、明月村、李儿坪、杀人坪等地（见附图Ⅰ-Ⅲ）。

第3章 植物物种多样性

3.1 植物区系

大巴山自然保护区地处中亚热带和北亚热带过渡区域，气候温和，雨量充沛，日照较足，四季分明，自然环境复杂而优越。是我国华东、日本植物区系西行，喜马拉雅植物区系东衍，华南植物区系北上与华北温带植物区系南下的交汇场所，是华中植物区系的核心区。而且海拔高差大，有近1900m的海拔高程，生境多样，孕育了丰富的植物种类。大巴山自然保护区内植物起源古老，种类繁多，复杂多样，特有性极强。本区还是著名的第三纪植物的避难所，珍稀、濒危、孑遗、模式植物都相当丰富，是我国不可多得的北亚热带植物集中分布区。

3.1.1 大型真菌

1. 大型真菌的组成与数量

大巴山自然保护区内较充沛的降水使得林木繁茂，枯枝落叶层及土壤腐殖质肥厚，树种繁多且根系复杂的生境，从而为大型真菌提供了繁衍的优越条件。而大型真菌在长期的系统发育和演变过程中，由于外界的生态环境相互作用、相互制约，也形成了与生境和树种条件相吻合、相对稳定的种类，使得大型真菌成为衡量该地区生物多样性丰富度的一个重要指标。

通过调查、鉴定与统计分析，大巴山自然保护区的大型真菌种类有181种，隶属于2门16目53科111属。其中子囊菌门4目10科17属22种，占总种数的12.15%；担子菌门12目43科94属159种，占总种数的87.85%（表3-1）。

表3-1 大巴山自然保护区大型真菌科属种数量统计

科名	属数	种数	科名	属数	种数
麦角菌科 Clavicipitaceae	2	2	球盖菇科 Strophariaceae	3	7
凹壳菌科 Nectriaceae	1	1	塔氏菌科 Tapinellaceae	1	1
地锤菌科 Cudoniaceae	2	2	口蘑科 Tricholomataceae	5	8
炭角菌科 Xylariaceae	3	4	木耳科 Auriculariaceae	2	4
马鞍菌科 Helvellaceae	1	3	胶耳科 Exidiaceae	1	1
羊肚菌科 Morchellaceae	1	2	明木耳科 Hyaloriaceae	1	1
核盘菌科 Sclerotiniaceae	1	1	牛肝菌科 Boletaceae	7	8
盘菌科 Pezizaceae	1	2	铆钉菇科 Gomphidiaceae	1	1
火丝菌科 Pyronemataceae	4	4	乳牛肝菌科 Suillaceae	1	2
肉杯菌科 Sarcoscyphaceae	1	1	鸡油菌科 Cantharellaceae	1	1
伞菌科 Agaricaceae	6	16	锁瑚菌科 Clavulinaccac	1	1
鹅膏菌科 Amanitaceae	1	5	花耳科 Dacrymycetaceae	3	3
球柄菌科 Bolbitiaceae	2	2	地星科 Geastraceae	1	1
珊瑚菌科 Clavariaceae	1	1	钉菇科 Gomphaceae	1	3
丝膜菌科 Cortinariaceae	1	1	刺革菌科 Hymenochaetaceae	3	6
囊韧革菌科 Cystostereaceae	2	2	裂孔菌科 Schizoporaceae	2	2
轴腹菌科 Hydnangiaceae	1	1	鬼笔科 Phallaceae	3	3
蜡伞科 Hygrophoraceae	2	2	耳匙菌科 Auriscalpiaceae	1	1

科名	属数	种数	科名	属数	种数
丝盖菇科 Inocybaceae	1	1	齿菌科 Hydnaceae	1	2
离褶伞科 Lyophyllaceae	1	1	红菇科 Russulaceae	2	9
小皮伞科 Marasmiaceae	3	8	韧革菌科 Stereaceae	2	3
小伞科 Mycenaceae	2	5	银耳科 Tremellaceae	1	2
侧耳科 Pleurotaceae	1	2	拟层孔菌科 Fomitopsidaceae	3	4
光柄菇科 Pluteaceae	1	1	灵芝科 Ganodermataceae	1	4
膨瑚菌科 Physalacriaceae	3	4	干朽菌科 Meruliaceae	3	3
脆柄菇科 Psathyrellaceae	2	3	多孔菌科 Polyporaceae	12	22
裂褶菌科 Schizophyllaceae	1	1			
合计	53 科	111 属	181 种		

2. 大型真菌的生态类型

通过分析大型真菌获得营养的方式和生长基质或寄主的类型，可有效反映大型真菌的生态类型。调查结果显示，大巴山自然保护区 181 种大型真菌中，木生真菌（包括生于木材、树木、枯枝、落叶、腐草等基质上的腐生真菌）所占比例最大，有 97 种，占总数的 53.59%；寄生真菌 3 种：垂头虫草（*Cordyceps nutans*）、蝉棒束孢（*Isaria cicadae*）、星孢寄生菇（*Asterophora lycoperdoides*），占总数的 1.66%；生长于土壤的腐生真菌有 81 种，占总数的 44.75%，其中粪生真菌 1 种：粪缘刺盘菌（*Cheilymenia coprinaria*），外生菌根菌 32 种，主要是牛肝菌科、鹅膏菌科和红菇科的一些种类。

3. 优势科属分析

大巴山自然保护区内大型真菌的优势科（种数≥5 种）有 10 科（表 3-2），种类最多的科是多孔菌科，有 22 种，占全部种类的 12.15%；第二大科是伞菌科，共有 16 种，占全部种类的 8.84%；第三大科是红菇科，共有 9 种，占总数的 4.97%。该 10 科仅占总科数的 18.87%，所包含种数达 94 种，占整个大巴山自然保护区大型真菌总种数的 51.92%。可以看出，大巴山自然保护区大型真菌优势科明显。

表 3-2　大巴山自然保护区大型真菌优势科（≥5 种）的统计

科名	种数	占总数的比例/%
多孔菌科 Polyporaceae	22	12.15
伞菌科 Agaricaceae	16	8.84
红菇科 Russulaceae	9	4.97
小皮伞科 Marasmiaceae	8	4.42
口蘑科 Tricholomataceae	8	4.42
牛肝菌科 Boletaceae	8	4.42
球盖菇科 Strophariaceae	7	3.87
刺革菌科 Hymenochaetaceae	6	3.31
鹅膏菌科 Amanitaceae	5	2.76
小伞科 Mycenaceae	5	2.76
合计	94	51.92

大巴山自然保护区大型真菌共有 111 属，其中子囊菌有 17 属，担子菌有 94 属。据统计（表 3-3），优势属（种数≥4 种）有红菇属（*Russula*）、鬼伞属（*Coprinus*）、皮伞属（*Coprinus*）、多孔菌属（*Polyporus*）等 8 个属，除灵芝属为泛热带成分外，其他 7 属均为世界分布属，这 8 个属仅占总属数的 7.21%，含有大型真菌 42 种，占总种数的 23.20%；含 2～3 种的属有 29 个属，占总数属的 26.12%，含有大型真菌 65 种，

占总种数的 35.92%；仅含 1 种的属有 74 属，占总属数的 66.67%，占总种数的 40.88%，其中裂褶菌属（*Schizophyllum*）为单种属。

表 3-3　大巴山自然保护区大型真菌优势属（≥4 种）的统计

属名	种数	占总数的比例/%
红菇属 *Russula*	7	3.87
鬼伞属 *Coprinus*	6	3.31
皮伞属 *Marasmius*	6	3.31
多孔菌属 *Polyporus*	6	3.31
鹅膏菌属 *Amanita*	5	2.76
马勃属 *Lycoperdon*	4	2.21
小菇属 *Mycena*	4	2.21
灵芝属 *Ganoderma*	4	2.21
合计	42	23.20

4. 区系成分

从科的地理分布型上看，大巴山自然保护区仅有麦角菌科、灵芝科等少数科为热带亚热带成分，齿菌科为东亚-北美分布型，其余的科均为世界分布科或北温带分布科，缺少特有科的分布。同时由于目前人们对真菌的科的概念和范围划分上没有统一的标准，而且科级的分类单位比较适合于讨论大面积的生物区系特点，所以科的分布型很难体现出大巴山的真菌区系特点。因此，本部分将只重点讨论属的区系特征。

（1）广布成分。指广泛分布于世界各大洲而没有特殊分布中心的属。在大巴山自然保护区 111 属中，子囊菌有 *Xylaria*、*Peziza*、*Cordyceps*、*Isaria*、*Nectria*、*Daldinia*、*Hypoxylon*、*Dicephalospora*、*Cheilymenia*、*Tarzetta*；担子菌有 *Russula*、*Coprinus*、*Marasmius*、*Polyporus*、*Amanita*、*Lycoperdon*、*Mycena*、*Auricularia*、*Ramaria*、*Phellinus*、*Trametes*、*Agaricus*、*Pleurotus*、*Armillaria*、*Psathyrella*、*Gymnopilus*、*Stropharia*、*Clitocybe*、*Collybia*、*Lepista*、*Leccinum*、*Hydnum*、*Stereum*、*Tremella*、*Pycnoporus*、*Daedaleopsis*、*Calvatia*、*Crucibulum*、*Conocybe*、*Hypholoma*、*Clavaria*、*Laccaria*、*Crepidotas*、*Asterophora*、*Marasmiellus*、*Panellus*、*Pluteus*、*Schizophyllum*、*Tapinella*、*Melanoleuca*、*Pseudoclitocybe*、*Exidia*、*Phlogiotis*、*Pseudohydnum*、*Boletellus*、*Phylloporus*、*Pulveroboletus*、*Strobilomyces*、*Xerocomus*、*Gomphidius*、*Cantharellus*、*Clavulina*、*Calocera*、*Dacrymyces*、*Geastrum*、*Coltricia*、*Hyphodontia*、*Leucophellinus*、*Phallus*、*Auriscalpium*、*Xylobolus*、*Laetiporus*、*Nigroporus*、*Phlebia*、*Stereopsis*、*Fibroporia*、*Fomes*、*Hexagonia*、*Lenzites*、*Lopharia*、*Microporus*、*Tyromyces*；共计 82 属，占总属数的 73.87%。

（2）泛热带成分。指分布于东、西两半球热带或可达亚热带至温带，但分布中心仍在热带的属。此成分在大巴山自然保护区内有 15 属，占总属数的 13.51%。包括：*Ganoderma*、*Lentinus*、*Leucocoprinus*、*Hymenochaete*、*Phaeocollybia*、*Entoloma*、*Rhodophyllus*、*Hygrocybe*、*Campanella*、*Oudemansiella*、*Lacrymaria*、*Guepinia*、*Dictyophora*、*Lysurus*、*Trichaptum*。

（3）北温带成分。指广泛分布于北半球（欧亚大陆及北美）温带地区的属，个别种类可以到达南温带、但其分布中心仍在北温带的属。此成分在大巴山自然保护区内有 14 属，占总属数的 12.62%。包括：*Helvella*、*Morchella*、*Cudonia*、*Spathularia*、*Aleuria*、*Scutellinia*、*Sarcoscypha*、*Pholiota*、*Suillus*、*Lactarius*、*Hygrophorus*、*Flammulina*、*Tylopilus*、*Bjerkandera*。

从以上分析可以看出，大巴山自然保护区大型真菌属是以广布成分为主，其次是比例相接近的泛热带成分和北温带成分，显示出大巴山自然保护区大型真菌的分布具备从亚热带向北温带过渡的区系特征。

大型真菌区系的地理成分主要是按照属或种的分布类型来划分的；但由于目前对各属、种的现代分布区并非很清楚，所以地理成分分析的准确性只是相对的。以上分析仅是作者根据现有文献资料进行的初步分析和研究的结果，难免有谬误或其他错误。但随着有关研究的不断开展和研究资料的积累，大巴山自然保护区大型真菌区系研究将得到不断的修正和深化。

3.1.2　维管植物

1. 维管植物区系组成

大巴山自然保护区共有维管植物 202 科 1030 属 3572 种（野生植物 193 科 999 属 3499 种；栽培种、外来种 9 科 31 属 73 种），其中蕨类植物有 38 科 99 属 325 种，裸子植物有 9 科 24 属 41 种，被子植物有 155 科 907 属 3026 种（表 3-4）。

大巴山自然保护区维管植物物种约占重庆市维管植物物种总数的 80%，充分说明大巴山自然保护区维管植物物种的丰富性。

表 3-4　大巴山自然保护区维管植物物种统计表

种类	大巴山自然保护区			重庆			中国		
	科	属	种	科	属	种	科	属	种
蕨类植物	38	99	325	43	109	379	63	227	2200
裸子植物	9	24	41	7	25	42	10	34	193
被子植物	155	907	3206	173	1154	5217	191	3135	25581
合计	202	1030	3572	223	1288	5638	364	3396	27974
保护区所占比例/%	—	—	—	90.58	79.97	63.36	55.49	30.33	12.77

2. 科的区系分析

1）科的数量级别统计及分析

根据李锡文《中国种子植物区系统计分析》中对科大小的统计，大巴山自然保护区内种子植物的科可被划分为 4 个等级：单种科（含 1 种）、少种科（含 2～10 种）、中等科（含 11～600 种）、大科（＞600 种）（表 3-5）。

表 3-5　大巴山自然保护区种子植物科的级别统计

级别	数量	占总科数比例/%
单种科（1 种）	11	7.05
少种科（2～10 种）	29	18.59
中等科（11～600 种）	106	67.95
大科（＞600 种）	10	6.41
合计	156	100.00

注：大小均就中国范围内其所含植物种类而言；植物区系分析仅针对野生植物而言

统计结果表明：在中国范围内含 600 种以上的大科在大巴山自然保护区内分布有 10 科，包括中国分布的全部大科。如菊科、蔷薇科、蝶形花科、禾本科等，占大巴山自然保护区种子植物总科数的 6.41%（10/156）。中等科所占比例最大，共 106 科，占总科数的 67.95%（106/156），如：爵床科、夹竹桃科、桦木科、忍冬科、石竹科、胡颓子科等。少种科 29 科，如：杉科、三白草科、马齿苋科、商陆科、蓝果树科等。单种科 11 科：银杏科、水青树科、落葵科、领春木科、珙桐科、杜仲科、大血藤科等。少种科和单种科共占总科数的 25.64%。

2）科的区系成分分析

大巴山自然保护区位于亚热带，植物区系是我国华东、日本植物区系西行，喜马拉雅区系东衍，华南植物区系北上与华北温带植物区系南下的交接地带，也是华中植物区系的核心区。

　　各种地理成分联系广泛,植物区系地理成分复杂。大巴山自然保护区种子植物科的区系成分中,热带成分有 71 科,占总科数的 59.17%,其中以泛热带分布科最多,56 科,约占总科数的 46.67%;温带分布46 科,占总科数的 38.33%,其中以北温带分布较多,约占总科数的 16.67%;中国仅有的 6 个特有分布科在大巴山自然保护区有 3 个分布(表 3-6)。

表 3-6　大巴山自然保护区种子植物科的分布区类型

分布区类型	科数	占非世界科总数百分比/%
1 世界分布 Cosmopolitan	36	—
2 泛热带分布 Pantropic	56	46.67
2-1 热带亚洲,大洋洲(至新西兰)和中、南美(或墨西哥)间断分布 Trop.Asia, Australasa(to N.Zeal.)&C. to S. Amer.(or Mexico)disjuncted	1	0.83
2-2 热带亚洲,非洲和中南美间断分布 Trop. Asia, Africa &C. to S. Amer. disjucted	2	1.67
3 热带亚洲和热带美洲间断分布 Trop. Asia & Trop. Amer. Disjuncted	4	3.33
4 旧世界热带 Old World Tropics	2	1.67
4-1 热带亚洲,非洲(或东非,马达加斯加)和大洋洲间断分布 Trop. Asia, Africa(or E. Afr., Madagascar)and Australasia disjuncted	1	0.83
5 热带亚洲至热带大洋洲分布 Trop. Asia to Trop. Australasia	1	0.83
6 热带亚洲至热带非洲 Trop. Asia to Trop. Africa	1	0.83
7 热带亚洲(印度-马来西亚)分布 Trop. Asia(Indo-Malaysia)	3	2.50
热带分布类型小计	71	59.17
8 北温带分布 North Temperate	20	16.67
8-4 北温带和南温带间断分布"全温带" N. Temp. & S. Temp. disjuncted("Pan-temperate")	7	5.83
8-5 欧亚和南美温带间断分布 Eurasia & Temp. S. Amer. disjuncted	1	0.83
8-6 地中海区、东亚、新西兰和墨西哥到智利间断 Mediterranea, E. Asia, New Zealand and Mexico-Chile disjuncted	1	0.83
9 东亚和北美间断分布 E. Asia & N. Amer. disjuncted	8	6.67
10-1 地中海区、西亚和东亚间断 Mediterranea. W. Asia(or C. Asia)&E. Asia disjuncted	1	0.83
10-3 欧亚和南部非洲(有时也在大洋洲)间断分布 Eurasia & S. Africa(sometimes also Australasia)disjuncted	2	1.67
14 东亚分布 E. Asia	4	3.33
14-1 中国-喜马拉雅分布 Sino-Himalaya(SH)	1	0.83
14-2 中国-日本分布 Sino-Japan(SJ)	1	0.83
温带分布类型小计	46	38.33
15 中国特有分布 Endemic to China	3	2.50
总科数(不含世界分布)	120	100.00

　　种子植物科的分布区类型分述如下。

　　(1)世界分布科。世界分布 36 科,多为草本类群,如:苋科、石竹科、藜科、菊科、旋花科、车前科、景天科、鼠李科、蔷薇科等。其中,藜科是一个广布于世界,但以温带、亚热带为主,尤其喜生于盐土、荒漠和半荒漠的较大自然科,容易成为新垦地、工程矿地的先锋植物。蔷薇科由南北温带广布而成世界分布,尤以北半球温带至亚热带为主,是河谷、山地灌丛的重要优势类群。菊科长期在东亚分化、发展,因此在东亚,菊科区系较为古老,种类也最为丰富。

　　(2)热带分布科。共 71 科,占种子植物总科数的 59.17%。其中泛热带分布及其变型共计 59 科,是本分布区类型的主要成分,如:漆树科、夹竹桃科、天南星科、五加科、蛇菰科、茄科、山茶科、榆科、荨麻科、马鞭草科、安息香科、大戟科、豆科、杜英科、防己科、凤仙花科、壳斗科、苦苣苔科、兰科、木犀科、葡萄科、荨麻科、茜草科等。热带亚洲和热带美洲间断分布 6 科:木兰科、省沽油科、椴树科、山柳科等。旧世界热带分布及其变型共 3 科:海桐花科、紫金牛科、紫葳科;热带亚洲至热带大洋洲分布 1科:百部科;热带亚洲(印度-马来西亚)分布包含的 3 科为虎皮楠科、姜科、清风藤科。

（3）温带分布科。温带分布共 46 科，占种子植物总科数的 38.33%。代表性的科如：报春花科、胡颓子科、松科、柏科、蓼科、毛莨科、槭树科、忍冬科、伞形科、紫草科。其中毛莨科以温带分布为主，是草本方面体现东亚特色的大科；紫草科是地中海到中亚分化较大的草本科，体现中国区系中有不少地中海—中亚成分。桔梗科南北温带间断分布，较为古老。罂粟科多分布于北温带，较原始，属古地中海起源。杨柳科以东亚和北温带为主，东亚是其第一个分布中心。

北温带分布在该区包含了 2 种变型：8-4 北温带和南温带间断分布"全温带"（7 科），柏科、败酱科、虎耳草科、桦木科、金缕梅科、柳叶菜科等；8-5 欧亚和南美温带间断分布（1 科），木通科。

东亚和北美间断分布 8 科：小檗科、蓝果树科、三白草科、杉科、八角科、五味子科等。小檗科也是一个起源古老的类群，反映出该地区种子植物区系有着较悠久的演化历史。

地中海分布类型只有地中海区、东亚、新西兰和墨西哥到智利间断、欧亚和南部非洲（有时也在大洋洲）间断分布 2 科。

东亚分布及其变型共 6 科：猕猴桃科、领春木科、旌节花科、水青树科、三尖杉科等。

（4）中国特有分布科。大巴山自然保护区内共有中国特有分布科 3 科：银杏科、珙桐科、大血藤科。

3）属的区系分析

在植物分类学上，属的生物学特征相对一致而且比较稳定，占有比较稳定的分布区和一致的分布区类型。一个属内的物种起源常具有同一性，演化趋势上常具相似性，所以属比科更能反映植物区系系统发育过程中的物种演化关系和地理学特征。

（1）属的数量级别统计及分析。大巴山自然保护区内野生种子植物共 901 属。可根据各属所含物种的数量将其分为 4 个等级：单种属（1 种）、少种属（2～10 种）、中等属（11～40 种）、大属（40 种以上）（表 3-7）。少种属所占比例最大，共 422 属，占总属数的 46.84%；其次是中等属，共 253 属，占总属数的 28.08%；大属所占比例也较大，共 117 属，占总属数的 12.99%；单种属 109 属，占总属数的 12.10%。大属如：乌头属（*Aconitum*）、樟属（*Cinnamomum*）、铁线莲属（*Clematis*）、猕猴桃属（*Actinidia*）、栒子属（*Cotoneaster*）、榕属（*Ficus*）、拉拉藤属（*Galium*）、灯心草属（*Juncus*）、蒿属（*Artemisia*）、珍珠菜属（*Lysimachia*）、蓼属（*Polygonum*）、木姜子属（*Litsea*）、忍冬属（*Lonicera*）、委陵菜属（*Potentilla*）、毛莨属（*Ranunculus*）、鼠李属（*Rhamnus*）、杜鹃花属（*Rhododendron*）、蔷薇属（*Rosa*）、悬钩子属（*Rubus*）、葱属（*Allium*）、繁缕属（*Stellaria*）、婆婆纳属（*Veronica*）及堇菜属（*Viola*）。大属仅占大巴山自然保护区内种子植物总属数的 12.99%，却包含了 1224 个种（占总种数的 34.98%）。可见该区大属优势较为明显。

表 3-7　大巴山自然保护区内种子植物属的级别统计

属级别	该区包含的属数	占该区所有属的比例/%
单种属（1 种）	109	12.10
少种属（2～10 种）	422	46.84
中等属（11～40 种）	253	28.08
大属（40 种以上）	117	12.99
合计	901	100.00

注：属的大小是就我国境内该属所含的物种数而言

（2）属的区系成分分析。根据吴征镒《中国种子植物区系地理》关于中国种子植物属分布区类型划分，区内 901 属分属于 15 种类型及 21 种变型。中国种子植物属的 15 种分布区类型在大巴山自然保护区均有分布，体现了该区系地理成分的复杂性。热带、亚热带分布 322 属，占总属数的 40.05%，其中泛热带分布的属最多，约占总属数的 14.96%，如紫金牛属（*Ardisia*）、羊蹄甲属（*Bauhinia*）、黄杨属（*Buxus*）、金粟兰属（*Chloranthus*）、卫矛属（*Euonymus*）、琼楠属（*Beilschumiedia*）等。温带成分有 454 属，占总属数的 54.76%，其中以北温带分布较多，约占总属数的 17.49%，如槭属（*Acer*）、鹅耳枥属（*Carpinus*）、榆属（*Ulmus*）、乌头属、胡颓子属（*Elaeagnus*）、鸢尾属（*Iris*）、忍冬属、芍药属（*Paeonia*）、松属（*Pinus*）、栎属（*Quercus*）、杜鹃花属、蔷薇属、小檗属（*Berberis*）等。古地中海分布 4 属，占总属数的 0.48%。中国特有分布属 39 属，占总属数的 4.70%，如喜树属（*Camptotheca*）、杉木属（*Cunninghamia*）、珙桐属（*Davidia*）、香果树属（*Emmenopterys*）、血水草属（*Eomecon*）、大血藤属（*Sargentodoxa*）、通脱木属（*Tetrapanax*）等（表3-8）。

表 3-8 大巴山自然保护区种子植物属的分布区类型

分布区类型	属数	%	植物属的分布区类型	属数	占非世界属总数百分数/%
世界分布	72	—	1 世界分布 Cosmopolitan	72	—
热带亚热带分布	332	40.05	2 泛热带分布 Pantropic	124	14.96
			2-1 热带亚洲、大洋洲和南美洲(墨西哥)间断 Trop. Asia, Astralasia &S. Amer. disjuncted	5	0.60
			2-2 热带亚洲、非洲和南美洲间断 Trop. Asia, Africa & Trop. Amer. disjuncted	8	0.97
			3 热带亚洲-美洲分布 Trop. Asia & Trop. Amer. disjuncted	15	1.81
			4 旧世界热带分布 Old World Tropics	32	3.86
			4-1 热带亚洲、非洲和大洋洲间断 Trop. Asia., Africa & Australasia disjuncted	7	0.84
			5 热带亚洲-大洋洲分布 Trop. Asia & Trop. Australasia	28	3.38
			5-1 中国(西南)亚热带和新西兰间断 Chinese(SW.)Subtropics & New Zealand disjuncted	1	0.12
			6 热带亚洲-非洲分布 Trop. Asia to Trop. Africa	25	3.02
			6-1 华南、西南到印度和热带非洲间断 S., SW. China to India & Trop. Africa disjuncted	1	0.12
			6-2 热带亚洲和东非间断 Trop. Asia & E. Afr.	2	0.24
			7 热带亚洲分布 Trop. Asia (Indo-Malesia)	62	7.48
			7-1 爪哇、喜马拉雅和华南、西南星散 Java, Himalaya to S. SW. China diffused	8	0.97
			7-2 热带印度至华南 Trop. India to S. China	3	0.36
			7-3 缅甸、泰国至华西南 Burma, Thailand to SW. China	3	0.36
			7-4 越南(或中南半岛)至华南(或西南) Vietnam (or Indo-Chinese Peninsula) to S. China (or SW. China)	8	0.97
温带分布	454	54.76	8 北温带分布 North Temperate	145	17.49
			8-2 北极-高山 Actic-alpine	3	0.36
			8-4 北温带和南温带(全温带)间断 N. Temp. & S. Temp. disjuncted ("Pan-temperate")	29	3.50
			8-5 欧亚和南美温带间断 Eurasia & Temp. S. Amer. disjuncted	2	0.24
			8-6 地中海区、东亚、新西兰和墨西哥到智利间断 Mediterranea, E. Asia, New Zealand and Mexico-Chile disjuncted	1	0.12
			9 东亚、北美间断分布 E. Asia & N. Amer. disjuncted	68	8.20
			9-1 东亚和墨西哥间断 E. Asia and Mexico disjuncted	1	0.12
			10 旧世界温带分布 Old World Temperate	43	5.19
			10-1 地中海区、西亚和东亚间断 Temp. Asia	13	1.57
			10-2 地中海区和喜马拉雅间断 Mediterranea & Himalaya disjuncted	1	0.12
			10-3 欧亚和南非洲(有时也在大洲)间断 Eurasia & S. Africa(Some-times also Australasia) disjuncted	5	0.60
			11 温带亚洲分布 Temp. Asia	15	1.81
			14 东亚分布 E. Asia	56	6.76
			14 (SH) Sino-Himalaya (SH)	36	4.34
			14 (SJ) Sino-Japan (SJ)	36	4.34
古地中海分布	4	0.48	12-3 地中海区至温带、热带亚洲、大洋洲和南美洲间断 Mediterranea to Temp.-Trop. Asia, Australasia & S. Amer. disjuncted	2	0.24
			13 中亚分布 C. Asia	2	0.24
中国特有分布	39	4.70	15 中国特有分布 Endemic to China	39	4.70
合计(不包含世界分布)	829	100	合计	829	100.00

注：世界分布未列入统计

种子植物属的具体分布区类型分述如下。

（1）世界分布属。大巴山自然保护区内种子植物中，世界分布 72 属。这些属的存在体现了大巴山自然保护区系与其他地区区系的广泛联系。这些属大多数在我国普遍分布，如鼠李属、悬钩子属、鬼针草属（Bidens）、千里光属（Senecio）、早熟禾属（Poa）、灯心草属、苔草属（Carex）、碎米荠属（Cardamine）、蔊菜属（Rorippa）、毛茛属、蓼属、地杨梅属（Luzula）、黄芩属（Scutellaria）及鼠麹草属（Gnaphalium）等。其中千里光属分布于除南极洲之外的全球，在我国其分布以西南为多；苔草属是我国第二大属，种类丰富；悬钩子属是全温带和热带、亚热带山区的亚热带至温带森林中的主要下木之一，或在次生灌草丛中更占优势；灯心草属多生于草甸或沼泽，水边或林下阴湿处，以西南山地（中国－喜马拉雅）为多样性中心；蔊菜属是一个极广布的大属，多为杂草，该属在北大西洋扩张后期分化较烈，但起源和早期分化似仍在东北亚至澳大利亚东部；碎米荠属为早期扩散到世界性分布很广的大属，但以北半球寒温带和热带高山为主；毛茛属分布于各大洲，包括北极和热带高山；蓼属为北温带广布，但在新世界南达西印度群岛和热带南美，是蓼科中的骨干大属，有许多常见种和杂草。其中悬钩子属是全温带和热带、亚热带山区的亚热带至温带森林中的主要林下植物，或在次生灌草丛中更占优势。毛茛属分布于各大洲，包括北极和热带高山。千里光属分布于除南极洲的全球，在我国其分布以西南为多，但东北、华北、华南、华中、华东、新、藏均有分布。

（2）热带分布属。该地热带分布属共 332 属，占大巴山自然保护区总属数的 40.05%。其中泛热带分布及其变型共 137 属，占大巴山自然保护区总属数（不包括世界分布）的 16.53%。属于这一分布类型的有：铁苋菜属（Acalypha）、马齿苋属（Portulaca）、紫金牛属、鸭跖草属（Commelina）、菝葜属（Smilax）、决明属（Cassia）、黄杨属、冬青属（Ilex）、天胡荽属（Hydrocotyle）、卫矛属、大戟属（Euphorbia）、榕属、扁莎草属（Pycreus）、狗牙根属（Cynodon）、木蓝属（Indigofera）等。其中铁苋菜属为热带、亚热带广布，以热带亚洲至太平洋岛屿为主；菝葜属为北半球古热带山地及亚热带森林中的重要组成，为层间藤本植物的重要组成部分。

热带亚洲和热带美洲间断分布属在大巴山自然保护区内有 15 属，占总属数的 1.81%，如：草胡椒属（Peperomia）、柞木属（Xylosma）、无患子属（Sapindus）、木姜子属、落葵薯属（Anredera）、刺蒴麻属（Triumfetta）、楠属等。其中木姜子属主产热带、亚热带亚洲，东南亚和东亚为其分化中心。但据李锡文的研究，木姜子属可能起源于我国南部至印度、马来西亚。因此，这一分布型的起源可能比过去所认为的更复杂；落葵薯属在我国广泛逸生，常在荒地上形成优势群落。

旧世界热带分布及其变型共 39 属，占大巴山自然保护区总属数的 4.70%，如：千金藤属（Stephania）、爵床属（Rostellularia）、八角枫属（Alangium）、合欢属（Albizia）、山姜属（Alpinia）、八角枫属、楼梯草属（Elatostema）、海桐花属（Pittosporum）及乌蔹莓属（Cayratia）等。其中爵床属主要分布于亚洲热带；合欢属多参与温带至热带、亚热带多种森林的组成。

热带亚洲至热带大洋洲分布及其变型 29 属，占大巴山自然保护区总属数的 3.50%，包括：新耳草属（Neanotis）、白点兰属（Thrixspermum）、樟属、野扁豆属（Dunbaria）、通泉草属（Mazus）、野牡丹属（Melastoma）、新耳草属、梁王茶属（Nothopanax）、荛花属（Wikstroemia）、旋蒴苣苔属（Boea）、崖爬藤属（Tetrastigma）。其中通泉草属主产我国，是印度洋扩张的产物。

热带亚洲至热带非洲分布及变型共 28 属，占大巴山自然保护区总属数的 3.38%，如：大豆属（Glycine）、铁仔属（Myrsine）、荩草属（Microstegium）、荩草属（Arthraxon）、水团花属（Adina）、尾稃草属（Urochloa）、杠柳属（Periploca）、芒属（Miscanthus）、水麻属（Debregeasia）、香茅属（Cymbopogon）、鱼眼草属（Dichrocephala）等。其中芒属为河岸及多数山坡灌丛的优势草本类群。

热带亚洲分布及变型共 84 属，占大巴山自然保护区总属数的 10.13%，如：绞股蓝属（Gynostemma）、山茶属（Camellia）、草珊瑚属（Sarcandra）、木荷属（Schima）、构属（Broussonetia）、含笑属（Michelia）、山胡椒属（Lindera）、润楠属（Machilus）、箬竹属（Indocalamus）、蛇莓属（Duchesnea）、半蒴苣苔属（Hemiboea）、犁头尖属（Typhonium）等。

（3）温带分布属。北温带分布类型一般是指那些广泛分布于欧洲、亚洲和北美洲地区的属，由于地理历史的原因，有些属沿山脉向南延伸到热带地区，甚至远达南半球温带，但其原始类型或分布中心仍在温带。

　　温带分布共计 454 属，占大巴山自然保护区总属数的 54.76%。其中，北温带分布及变型共计 180 属，占总属数的 21.71%，包括：松属、荚蒾属（*Viburnum*）、活血丹属（*Glechoma*）、婆婆纳属、葱属、柳属（*Salix*）、槭属、蓍属（*Achillea*）、乌头属、蓟属（*Cirsium*）、胡颓子属、杨属（*Populus*）、栎属、鸭儿芹属（*Cryptotaenia*）、柳叶菜属（*Epilobium*）、草莓属（*Fragaria*）、鸢尾属、忍冬属、芍药属、杜鹃花属、蔷薇属、小檗属、看麦娘属（*Alopecurus*）等。其中松属起源较早，在白垩纪晚期就已较广泛地在北半球的中纬度地区扩散开来；杨属分布限于北温带，生态适应和进化水平方面都不如柳属，柳属在起源后自东向西传播，欧亚大陆是它的分布中心。栎属分布于整个环北区、东亚区、印度-马来、北美至中美。杜鹃花属从"小三角"地区早期起源后，在第三纪和第四纪许多次变动中逐渐向喜马拉雅和环北地区扩散，并向东南亚热带高山发育，达到了最进化的顶极。小檗属较进化和特化，喜生于石灰岩上，为林下标识或刺灌丛的常见种。忍冬属北温带广布，但亚洲种类最多，多样性尤以中国为最，为山地灌丛的组成成分。

　　东亚至北美间断分布及其变型共 69 属，占大巴山自然保护区总属数的 8.32%，如：十大功劳属（*Mahonia*）、鼠刺属（*Itea*）、黄水枝属（*Tiarella*）、漆树属（*Toxicodendron*）、络石属（*Trachelospermum*）、勾儿茶属（*Berchemia*）、胡枝子属（*Lespedeza*）、楤木属（*Aralia*）、枫香树属（*Liquidambar*）、鹅掌楸属（*Liriodendron*）、山蚂蝗属（*Podocarpium*）、三白草属（*Saururus*）及腹水草属（*Veronicastrum*）等。其中勾儿茶属分布于旧世界，从东非至东亚，与北美西部的种对应分化，在东亚作中国-喜马拉雅和中国-日本的分化，并向高原高山延伸；胡枝子属在温带亚洲分布偏北偏低海拔，显系古北大陆早期居民。

　　旧世界温带分布及其变型共计 62 属，占大巴山自然保护区总属数的 7.48%。大巴山自然保护区内属于该分布型的有：旋覆花属（*Inula*）、重楼属（*Paris*）、火棘属（*Pyracantha*）、淫羊藿属（*Epimedium*）、鹅观草属（*Roegneria*）、天名精属（*Carpesium*）、沙参属（*Adenophora*）、侧金盏花属（*Adonis*）、筋骨草属（*Ajuga*）、菊属（*Dendranthema*）、川续断属（*Dipsacus*）、香薷属（*Elsholtzia*）、益母草属（*Leonurus*），女贞属（*Ligustrum*）及萱草属（*Hemerocallis*）等。其中鹅观草属于旧世界温带分布，尤以东亚为主，以林缘或林间草甸常见；天名精属由欧亚大陆，南经印度-马来达热带澳大利亚，后者多在山地，我国占多数，且均在东亚林区范围内，西南尤为集中。

　　温带亚洲分布共计 15 属，占大巴山自然保护区总属数的 1.81%。包括：繁缕属、大油芒属（*Spodiopogon*）、附地菜属（*Trigonotis*）、马兰属（*Kalimeris*）、粘冠草属（*Myriactis*）、大黄属（*Rheum*）、山牛蒡属（*Synurus*）等。

　　东亚分布是被子植物早期分化的一个关键地区。该地区东亚分布及其变型共 128 属，占大巴山自然保护区总属数的 15.44%。包括：金发草属（*Pogonatherum*）、桃叶珊瑚属（*Aucuba*）、无柱兰属（*Amitostigma*）、栾树属（*Koelreuteria*）、莸属（*Caryopteris*）、紫苏属（*Perilla*）、败酱属（*Patrinia*）、黄鹌菜属（*Youngia*）、四照花属（*Dendrobenthamia*）、青荚叶属（*Helwingia*）、柳杉属（*Cryptomeria*）、枫杨属（*Pterocary*）、泡桐属（*Paulownia*）、半夏属（*Pinellia*）等。

　　（4）古地中海分布属。地中海区至温带、热带亚洲、大洋洲和南美洲间断 2 属，中亚分布 2 属，如大麻属（*Cannabis*），占大巴山自然保护区总属数的 0.48%。

　　（5）中国特有属。中国特有属共 39 属，占大巴山自然保护区总属数的 4.70%。如杉木属、喜树属、异野芝麻属（*Heterolamium*）、匙叶草属（*Latouchea*）、裸芸香属（*Psilopeganum*）、华蟹甲属（*Sinacalia*）、紫伞芹属（*Melanosciadium*）、血水草属、大血藤属、盾果草属（*Thyrocarpus*）、通脱木属等。其中喜树属广布于巴山以南，南岭以北各省，尤以成都平原和赣东南较常见。通脱木属广布于秦岭、长江以南，南岭以北，台湾、华东、华中至西南特有，是一类古老植被（常绿阔叶林）中的旗帜成分。血水草属是第四纪冰川后的孑遗份子，为第三纪古热带起源，在大巴山自然保护区内分布较多。

4）种子植物区系特征

　　综上所述，大巴山自然保护区种子植物区系特征如下。

　　（1）种子植物类群丰富、区系成分复杂。区内包括野生种子植物 193 科 999 属 3499 种。在一定程度上体现了该地区种子植物区系成分的复杂性。且从科分布区类型的分析来看，区内共有 12 种类型，占中国范围内科分布区类型的 80.00%；从属的分布区类型分析来看，共有 15 种分布区类型和 21 种变型，占中国范围内分布类型的 100.00%。由此也可以看出该区系的复杂性。

（2）大科及大属的优势明显。区内占总科数 6.41%的大科包含了区内 58.86%的种；占总属数 12.99%的大属包含了区内 34.98%的种。

（3）种子植物区系较为古老。单型属（单种属）、少型属（2～5 种）、形态上原始的类型、间断分布等类型在该区均有分布。

（4）具有明显的过渡性质。从科级水平上看，热带成分占 59.17%，温带成分占 38.33%，从属级水平上看，热带成分仅占 40.05%，温带成分占 54.76%。体现了该区从热带向温带过渡的性质。

（5）特有科属比较丰富，中国特有科 3 科，占中国特有科的 50%。特有属共 39 属，占大巴山自然保护区总属数的 4.70%。

3.2　珍稀濒危及保护植物

3.2.1　国家重点保护野生植物名录物种

根据《国家重点保护野生植物名录》（第一批），大巴山自然保护区共分布有国家重点保护野生植物 33 种（表 3-9）。其中 I 级保护植物 4 种，如红豆杉（*Taxus chinensis*）、珙桐（*Davidia involucrata*）等；II 级保护植物 29 种，如红椿（*Toona ciliate*）、润楠（*Machilus pingii*）、黄杉（*Pseudotsuga sinensis*）、篦子三尖杉（*Cephalotaxus oliveri*）、连香树（*Cercidiphyllum japonicum*）等。

此外，《重庆大巴山自然保护区科学考察集》（2000 年）记录有单叶贯众（*Cyrtomium hemionitis*）、山莨菪（*Anisodus tanguticus*）、独叶草（*Kingdonia uniflora*）等保护植物，但未说明分布地点。经过此次综合考察，未发现单叶贯众分布。根据相关文献及物种生物学特性及地理分布特点，按仍有分布处理。对于山莨菪和独叶草，根据《中国植物志》《四川植物志》《重庆维管植物检索表》及相关科研文献，大巴山自然保护区分布有以上两个物种的可能性很小。因此，此处未将以上两物种列入。

表 3-9　大巴山自然保护区国家重点保护野生植物名录

序号	科名	科拉丁名	中文名	学名	等级
一	蕨类植物				
1	蚌壳蕨科	Dicksoniaceae	金毛狗	*Cibotium barometz*（L.）J. Sm.	II
2	鳞毛蕨科	Dryopteridaceae	单叶贯众	*Cyrtomium hemionitis* Christ	II
二	裸子植物				
3	松科	Pinaceae	秦岭冷杉	*Abies chensiensis* Van Tiegh.	II
4	松科	Pinaceae	麦吊云杉	*Picea brachytyla*（Franch.）Pritz.	II
5	松科	Pinaceae	黄杉	*Pseudotsuga sinensis* Dode	II
6	三尖杉科	Cephalotaxaceae	篦子三尖杉	*Cephalotaxus oliveri* Mast.	II
7	红豆杉科	Taxaceae	红豆杉	*Taxus chinensis*（Pilger.）Rehd.	I
8	红豆杉科	Taxaceae	南方红豆杉	*Taxus chinensis*（Pilger.）Rehd. var. *mairei*（Lemée et Lévl.）Cheng et L.K.Fu.	I
9	红豆杉科	Taxaceae	巴山榧	*Torreya fargesii* Franch.	II
10	红豆杉科	Taxaceae	榧树	*Torreya grandis* Fort. Ex Lindl.	II
三	被子植物				
11	蓼科	Polygonaceae	金荞麦	*Fagopyrum dibotrys*（D. Don）Hara	II
12	连香树科	Cercidiphyllaceae	连香树	*Cercidiphyllum japonicum* Sieb. et Zucc.	II
13	木兰科	Magnoliaceae	鹅掌楸	*Liriodendron chinense*（Hemsl.）Sarg.	II
14	木兰科	Magnoliaceae	厚朴	*Magnolia officinalis* Rehd.et Wils.	II
15	木兰科	Magnoliaceae	凹叶厚朴	*Magnolia officinalis* 'Biloba	II

续表

序号	科名	科拉丁名	中文名	学名	等级
16	木兰科	Magnoliaceae	圆叶木兰	*Magnolia sinensis*（R. et W.）Stapf	II
17	水青树科	Tetracentraceae	水青树	*Tetracentron sinense* Oliv.	II
18	樟科	Lauraceae	油樟	*Cinnamomum longepaniculatum*（Gamble）N.Chao	II
19	樟科	Lauraceae	润楠	*Machilus pingii* Cheng ex Yang	II
20	樟科	Lauraceae	楠木	*Phoebe zhennan* S. Lee et F. N. Wei	II
21	豆科	Leguminosae	野大豆	*Glycine soja* Sieb.et Zucc.	II
22	豆科	Leguminosae	红豆树	*Ormosia hosiei* Hemsl.et Wils.	II
23	芸香科	Rutaceae	黄檗	*Phellodendron amurense* Rupr.	II
24	芸香科	Rutaceae	川黄檗	*Phellodendron chinense* Schneid.	II
25	楝科	Meliaceae	红椿	*Toona ciliate* Roem.	II
26	楝科	Meliaceae	毛红椿	*Toona sureni*（Bl.）Merr.	II
27	槭树科	Aceraceae	梓叶槭	*Acer catalpifolium* Rehd.	II
28	珙桐科	Davidiaceae	珙桐	*Davidia involucrata* Baill.	I
29	珙桐科	Davidiaceae	光叶珙桐	*Davidia involucrata* Baill.var. *vilmoriniana*（Dode）Wanger.	I
30	木犀科	Oleaceae	水曲柳	*Fraxinus mandshurica* Rupr.	II
31	玄参科	Scrophulariaceae	呆白菜	*Triaenophora rupestris*（Hemsl.）Soler.	II
32	茜草科	Rubiaceae	香果树	*Emmenopterys henryi* Oliv.	II
33	禾本科	Gramineae	拟高粱	*Sorghum propinquum*（Kunth）Hitchc.	II

部分国家重点保护野生植物分布描述如下。

（1）单叶贯众（*Cyrtomium hemioniti*）：《重庆大巴山自然保护区科学考察集》描述有单叶贯众分布，但未给出分布地。在本次调查中，未发现单叶贯众的分布。因此，仍作为有分布，需进一步查证。

（2）黄杉（*Pseudotsuga sinensis*）：保护区分布于高楠乡、岚天乡等地。

（3）穗花杉（*Amentotaxus argotaenia*）：大巴山自然保护区内主要分布于高楠乡、龙田乡、东安乡等乡镇海拔 1000～1400m 的阴湿溪谷两旁或林内。

（4）红豆杉（*Taxus chinensis*）：大巴山自然保护区 1000m 以上山地均有红豆杉分布。

（5）南方红豆杉（*Taxus chinensis* var. *mairei*）：大巴山自然保护区主要分布于北屏乡（五里村）、岚天乡（天桥村）等地海拔较低地方。

（6）厚朴（*Magnolia officinalis*）：大巴山自然保护区分布有龙田乡五里村等地。

（7）巴东木莲（*Manglietia patungensis*）：大巴山自然保护区零星分布于兴隆村等核心区域。

（8）连香树（*Cercidiphyllum japonicum*）：大巴山自然保护区分布于龙田乡联丰村、岚天乡三河村、东安乡兴田村等地海拔 1800～2600m 阔叶林中。

（9）领春木（*Euptelea pleiospermum*）：广泛分布于大巴山自然保护区。

（10）麦吊云杉（*Picea brachytyla*）：大巴山自然保护区分布于岚天乡（金坪村、双湾村）、河鱼乡（畜牧村）。

（11）红椿（*Toona sureni*）：大巴山自然保护区内分布于海拔 400～1500m 的山坡、沟谷林中、河边、村旁。

（12）香果树（*Emmenopterys henryi*）：大巴山自然保护区分布于龙田乡（五里村）、北屏乡（双河村）等地。

（13）珙桐（*Davidia involucrata* var. *vilmoriniana*）：大巴山自然保护区分布于东安乡新田村。

（14）楠木（*Phoebe zhennan*）：大巴山自然保护区分布于龙田乡、北屏乡、东安乡等地。

（15）水青树（*Tetracentron sinense*）：大巴山自然保护区分布于东安乡（新田村）；龙田乡（五里村）。

（16）川黄檗（*Phellodendron chinensis*）：大巴山自然保护区分布于北屏乡（茶坪村）。

（17）黄檗（*Phellodendron amurense*）：大巴山自然保护区分布于北屏乡（茶坪村）。

（18）野大豆（*Glycine soja*）：大巴山自然保护区主要分布于北屏乡、高楠乡等地路边。

（19）金荞麦（*Fagopyrum dibotrys*）：大巴山自然保护区主要分布于各乡镇路边。

3.2.2　中国物种红色名录物种

根据《中国物种红色名录》（2004），大巴山自然保护区共分布有《中国物种红色名录》收录种 170 种，其中，CR 4 种、EN 27 种、VU 89 种、NT 50 种（表 3-10）。其中裸子植物 17 种，如银杏（*Ginkgo biloba*）、秦岭冷杉（*Abies chensiensis*）、铁坚油杉（*Keteleeria davidiana*）、黄杉等；被子植物 153 种，如四川含笑（*Michelia szechuanica*）、红花木莲（*Manglietia insignis*）、领春木、宜昌黄杨（*Buxus ichangensis*）、鹅掌楸（*Liriodendron chinense*）、楠木、红豆树（*Ormosia hosiei*）等。

表 3-10　重庆大巴山国家级自然保护区中国物种红色植物名录

序号	科名	科拉丁名	中文名	学名	等级
一	裸子植物				
1	银杏科	Ginkgoaceae	银杏*	*Ginkgo biloba* L.	EN
2	松科	Pinaceae	秦岭冷杉	*Abies chensiensis* Van Tiegh.	VU
3	松科	Pinaceae	巴山冷杉	*Abies fargesii* Franch.	VU
4	松科	Pinaceae	铁坚油杉	*Keteleeria davidiana*（Bertr.）Beissn.	NT
5	松科	Pinaceae	麦吊云杉	*Picea brachytyla*（Franch.）Pritz.	VU
6	松科	Pinaceae	大果青杆	*Picea neoveitchii* Mast.	VU
7	松科	Pinaceae	黄杉	*Pseudotsuga sinensis* Dode	VU
8	松科	Pinaceae	铁杉	*Tsuga chinensis*（Franch.）Pritz.	NT
9	松科	Pinaceae	矩鳞铁杉	*Tsuga chinensis*（Franch.）Pritz.var.*oblongisquamata* Cheng et L.K.Fu	VU
10	杉科	Taxodiaceae	柳杉*	*Cryptomeria fortunei* Hooibrenk ex Otto et Dietr.	NT
11	柏科	Cupressaceae	崖柏	*Thuja sutchuenensis* Franch.	CR
12	三尖杉科	Cephalotaxaceae	三尖杉	*Cephalotaxus fortunei* Hook.f.	NT
13	三尖杉科	Cephalotaxaceae	粗榧	*Cephalotaxus sinensis*（Rehd.et WilS.）Li	NT
14	红豆杉科	Taxaceae	穗花杉	*Amentotaxus argotaenia*（Hance）Pilger	VU
15	红豆杉科	Taxaceae	红豆杉	*Taxus chinensis*（Pilger.）Rehd.	VU
16	红豆杉科	Taxaceae	南方红豆杉	*Taxus chinensis*（Pilger.）Rehd. var. *mairei*（Lemée et Lévl.）Cheng et L.K.Fu.	VU
17	红豆杉科	Taxaceae	巴山榧	*Torreya fargesii* Franch.	VU
二	被子植物				
18	三白草科	Saururaceae	白苞裸蒴	*Gymnotheca involucrata* Pei	EN
19	胡桃科	Juglandaceae	野核桃	*Juglans cathayensis* Dode	EN
20	榆科	Ulmaceae	青檀	*Pteroceltis tatarinowii* Maxim.	NT
21	马兜铃科	Aristolochiaceae	木通马兜铃	*Aristolochia manshuriensis* Kom.	VU
22	领春木科	Eupteleaceae	领春木	*Euptelea pleiospermum* Hook.f.et Thoms.	VU
23	毛茛科	Ranunculaceae	黄连	*Coptis chinensis* Franch.	VU
24	芍药科	Paeoniaceae	草芍药	*Paeonia obovata* Maxim.	VU
25	小檗科	Berberidaceae	兴山小檗	*Berberis silvicola* Schneid.	VU
26	小檗科	Berberidaceae	八角莲	*Dysosma versipelle*（Hance）M. Cheng ex T. S. Ying	VU
27	木兰科	Magnoliaceae	鹅掌楸	*Liriodendron chinense*（Hemsl.）Sarg.	VU

续表

序号	科名	科拉丁名	中文名	学名	等级
28	木兰科	Magnoliaceae	厚朴	*Magnolia officinalis* Rehd.et Wils.	VU
29	木兰科	Magnoliaceae	武当木兰	*Magnolia sprengeri* Pampan.	VU
30	木兰科	Magnoliaceae	红花木莲	*Manglietia insignis*（Wall.）Bl.	VU
31	木兰科	Magnoliaceae	巴东木莲	*Manglietia patungensis* Hu	VU
32	木兰科	Magnoliaceae	四川含笑	*Michelia szechuanica* Dandy	EN
33	樟科	Lauraceae	银叶桂	*Cinnamomum mairei* Lévl.	VU
34	樟科	Lauraceae	阔叶樟*	*Cinnamomum platyphyllum*（Diels）Allen	VU
35	樟科	Lauraceae	楠木	*Phoebe zhennan* S. Lee et F. N. Wei	VU
36	金缕梅科	Hamamelidaceae	山白树	*Sinowilsonia henryi* Hemsl.	VU
37	蔷薇科	Rosaceae	大叶桂樱	*Laurocerasus zippeliana*（Miq.）Yu et Lu	EN
38	蔷薇科	Rosaceae	陇东海棠	*Malus kansuensis*（Batal.）Schneid.	NT
39	蔷薇科	Rosaceae	滇池海棠	*Malus yunnanensis*（Franch.）Schneid.	NT
40	蔷薇科	Rosaceae	城口蔷薇	*Rosa chengkouensis* Yu et Ku	VU
41	豆科	Leguminosae	小花香槐	*Cladrastis sinensis* Hemsl.	CR
42	豆科	Leguminosae	野大豆	*Glycine soja* Sieb.et Zucc.	VU
43	豆科	Leguminosae	红豆树	*Ormosia hosiei* Hemsl.et Wils.	VU
44	芸香科	Rutaceae	黄檗	*Phellodendron amurense* Rupr.	VU
45	楝科	Meliaceae	红椿	*Toona ciliate* Roem.	VU
46	黄杨科	Buxaceae	宜昌黄杨	*Buxus ichangensis* Hatusima	EN
47	省沽油科	Staphyleaceae	瘿椒树	*Tapiscia sinensis* Oliv.	NT
48	槭树科	Aceraceae	紫果槭	*Acer cordatum* Pax	NT
49	槭树科	Aceraceae	毛花槭	*Acer erianthum* Schwer.	NT
50	槭树科	Aceraceae	血皮槭	*Acer griseum*（Franch.）Pax	EN
51	槭树科	Aceraceae	长柄槭	*Acer longipes* Franch.	VU
52	槭树科	Aceraceae	杈叶槭	*Acer robustum* Pax	NT
53	槭树科	Aceraceae	四川槭	*Acer sutchuenense* Franch.	EN
54	槭树科	Aceraceae	三峡槭	*Acer wilsonii* Rehd.	NT
55	槭树科	Aceraceae	金钱槭	*Dipteronia sinensis* Oliv.	NT
56	鼠李科	Rhamnaceae	云南勾儿茶	*Berchemia yunnanensis* Franch.	VU
57	山茶科	Theaceae	普洱茶*	*Camellia assamica*（Mast.）Chang var.*assamica*（Mast.）Chang	VU
58	瑞香科	Thymelaeaceae	城口荛花	*Wikstroemia fargesii*（Lecomte）Domke	VU
59	珙桐科	Davidiaceae	珙桐	*Davidia involucrata* Baill.	VU
60	珙桐科	Davidiaceae	光叶珙桐	*Davidia involucrata* Baill.var. *vilmoriniana*（Dode）Wanger.	VU
61	桃金娘科	Myrtaceae	四川蒲桃*	*Syzygium szechuanense* H. T. Chang et Miau	VU
62	五加科	Araliaceae	细刺五加	*Acanthopanax setulosus* Franch.	EN
63	杜鹃花科	Ericaceae	美丽马醉木	*Pieris formosa*（Wall.）D. Don	VU
64	杜鹃花科	Ericaceae	马醉木	*Pieris japonica*（Thunb.）D. Don ex G. Don	VU
65	杜鹃花科	Ericaceae	四川杜鹃	*Rhododendron sutchuenensis* Franch.	VU
66	报春花科	Primulaceae	小伞报春	*Primula sertulum* Franch.	VU
67	报春花科	Primulaceae	藏报春	*Primula sinensis* Sabine ex Lindl.	EN

序号	科名	科拉丁名	中文名	学名	等级
68	报春花科	Primulaceae	城口报春	*Primula fagosa* Balf.f.et Craib	CR
69	安息香科	Styracaceae	白辛树	*Pterostyrax psilophyllus* Diels ex Perk.	VU
70	安息香科	Styracaceae	木瓜红	*Rehderodendron macrocarpum* Hu	VU
71	木犀科	Oleaceae	水曲柳	*Fraxinus mandshurica* Rupr.	VU
72	萝摩科	Asclepiadaceae	吊灯花	*Ceropegia trichantha* Hemsl.	EN
73	紫草科	Boraginaceae	秦岭附地菜	*Trigonotis giraldii* Brand	VU
74	玄参科	Scrophulariaceae	鄂西玄参	*Scrophularia henryi* Hemsl.	VU
75	茜草科	Rubiaceae	香果树	*Emmenopterys henryi* Oliv.	NT
76	桔梗科	Campanulaceae	鄂西沙参	*Adenophora hubeiensis* Hong	VU
77	菊科	Compositae	鄂西苍术	*Atractylodes carlinoides*（Hand.-Mazz.）Kitam.	VU
78	菊科	Compositae	黑花紫菊	*Notoseris melanantha*（Franch.）Shih	VU
79	百合科	Liliaceae	玉簪叶韭	*Allium funckiaefolium* Hand.-Mazz.	VU
80	百合科	Liliaceae	长梗山麦冬	*Liriope longipedicellata* Wang et Tang	EN
81	百合科	Liliaceae	延龄草	*Trillium tschonoskii* Maxim.	NT
82	兰科	Orchidaceae	西南齿唇兰	*Anoectochilus elwesii*（Clarke ex Hook. f.）King et Pantl.	NT
83	兰科	Orchidaceae	竹叶兰	*Arundina graminifolia*（D.Don）Hochr.	NT
84	兰科	Orchidaceae	头序无柱兰	*Amitostigma capitatum* Tang et Wang	EN
85	兰科	Orchidaceae	小白芨	*Bletilla formosana*（Hayata）Schltr.	EN
86	兰科	Orchidaceae	黄花白芨	*Bletilla ochracea* Schltr.	EN
87	兰科	Orchidaceae	白芨	*Bletilla striata*（Thunb. ex A. Murray）Rchb. f.	VU
88	兰科	Orchidaceae	梳帽卷瓣兰	*Bulbophyllum andersonii*（Hook. f.）J. J. Sm.	VU
89	兰科	Orchidaceae	泽泻叶虾脊兰	*Calanthe alismaefolia* Lindl.	NT
90	兰科	Orchidaceae	流苏虾脊兰	*Calanthe alpina* Hook. f. ex Lindl.	NT
91	兰科	Orchidaceae	弧距虾脊兰	*Calanthe arcuata* Rolfe	VU
92	兰科	Orchidaceae	肾唇虾脊兰	*Calanthe brevicornu* Lindl.	NT
93	兰科	Orchidaceae	细花虾脊兰	*Calanthe mannii* Hook. f.	VU
94	兰科	Orchidaceae	三棱虾脊兰	*Calanthe tricarinata* Wall. ex Lindl.	VU
95	兰科	Orchidaceae	三褶虾脊兰	*Calanthe triplicata*（Willem.）Ames	NT
96	兰科	Orchidaceae	剑叶虾脊兰	*Calanthe davidii* Franch.	VU
97	兰科	Orchidaceae	短叶虾脊兰	*Calanthe arcuata* Rolfe var. *brevifolia* Z.H.Tsi	NT
98	兰科	Orchidaceae	少花虾脊兰	*Calanthe delavayi* Finet	VU
99	兰科	Orchidaceae	密花虾脊兰	*Calanthe densiflora* Lindl.	NT
100	兰科	Orchidaceae	天府虾脊兰	*Calanthe fargesii* Finet	VU
101	兰科	Orchidaceae	银兰	*Cephalanthera erecta*（Thunb. ex A. Murray）Bl.	NT
102	兰科	Orchidaceae	金兰	*Cephalanthera falcata*（Thunb. ex A. Murray）Lindl.	NT
103	兰科	Orchidaceae	独花兰	*Changnienia amoena* Chien	EN
104	兰科	Orchidaceae	蜈蚣兰	*Cleisostoma scolopendrifolium*（Makino）Garay	NT
105	兰科	Orchidaceae	凹舌兰	*Coeloglossum viride*（L.）Hartm.	NT
106	兰科	Orchidaceae	杜鹃兰	*Cremastra appendiculata*（D. Don）Makino	NT
107	兰科	Orchidaceae	建兰	*Cymbidium ensifolium*（L.）Sw.	VU
108	兰科	Orchidaceae	蕙兰	*Cymbidium faberi* Rolfe	VU
109	兰科	Orchidaceae	多花兰	*Cymbidium floribundum* Lindl.	VU
110	兰科	Orchidaceae	春兰	*Cymbidium goeringii*（Rchb. f.）Rchb. f.	VU

续表

序号	科名	科拉丁名	中文名	学名	等级
111	兰科	Orchidaceae	寒兰	*Cymbidium kanran* Makino	VU
112	兰科	Orchidaceae	兔耳兰	*Cymbidium lancifolium* Hook.	VU
113	兰科	Orchidaceae	对叶杓兰	*Cypripedium debile* Rchb. f.	VU
114	兰科	Orchidaceae	毛瓣杓兰	*Cypripedium fargesii* Franch.	VU
115	兰科	Orchidaceae	大叶杓兰	*Cypripedium fasciolatum* Franch.	EN
116	兰科	Orchidaceae	毛杓兰	*Cypripedium franchetii* Wils	VU
117	兰科	Orchidaceae	绿花杓兰	*Cypripedium henryi* Rolfe	VU
118	兰科	Orchidaceae	扇脉杓兰	*Cypripedium japonicum* Thunb.	VU
119	兰科	Orchidaceae	黄花杓兰	*Cypripedium flavum* P.F.Hunt et Summerh	VU
120	兰科	Orchidaceae	斑叶杓兰	*Cypripedium margaritaceum* Franch.	EN
121	兰科	Orchidaceae	小花杓兰	*Cypripedium micranthum* Franch.	EN
122	兰科	Orchidaceae	细叶石斛	*Dendrobium hancockii* Rolfe	EN
123	兰科	Orchidaceae	罗河石斛	*Dendrobium lohohense* Tang et Wang	EN
124	兰科	Orchidaceae	细茎石斛	*Dendrobium moniliforme*（L.）Sw.	EN
125	兰科	Orchidaceae	石斛	*Dendrobium nobile* Lindl	EN
126	兰科	Orchidaceae	广东石斛	*Dendrobium wilsinii* Rolfe	EN
127	兰科	Orchidaceae	铁皮石斛	*Dendrobium officinale* Kimura et Migo	CR
128	兰科	Orchidaceae	单叶厚唇兰	*Epigeneium fargesii*（Finet）Gagnep.	VU
129	兰科	Orchidaceae	火烧兰	*Epipactis helleborine*（L.）Crantz.	VU
130	兰科	Orchidaceae	大叶火烧兰	*Epipactis mairei* Schltr.	NT
131	兰科	Orchidaceae	山珊瑚	*Galeola faberi* Rolfr.	NT
132	兰科	Orchidaceae	毛萼山珊瑚	*Galeola lindleyana*（Hook. f.et Thoms.）Rchb.f.	NT
133	兰科	Orchidaceae	城口盆距兰	*Gastrochilus fargesii*（Kraenzl.）Schltr.	EN
134	兰科	Orchidaceae	细茎盆距兰	*Gastrochilus intermedius*（Griff. ex Lindl）Kuntze	VU
135	兰科	Orchidaceae	天麻	*Gastrodia elata* Bl.	VU
136	兰科	Orchidaceae	大花斑叶兰	*Goodyera biflora*（Lindl.）Hook. f.	VU
137	兰科	Orchidaceae	光萼斑叶兰	*Goodyera henryi* Rolfe	VU
138	兰科	Orchidaceae	小叶斑叶兰	*Goodyera repens*（L.）R.Br.	NT
139	兰科	Orchidaceae	绒叶斑叶兰	*Goodyera velutina* Maxim.	NT
140	兰科	Orchidaceae	多叶斑叶兰	*Goodyera foliosa*（Lindl）Benth.ex Clarke	NT
141	兰科	Orchidaceae	西南手参	*Gymnadenia orchidis* Lindl.	VU
142	兰科	Orchidaceae	手参	*Gymnadenia conopsea*（Linn.）R.Br.	NT
143	兰科	Orchidaceae	长距玉凤花	*Habenaria davidii* Franch.	VU
144	兰科	Orchidaceae	毛葶玉凤花	*Habenaria ciliolaris* Kranzl.	NT
145	兰科	Orchidaceae	裂唇舌喙兰	*Hemipilia henryi* Rolfe	VU
146	兰科	Orchidaceae	小羊耳蒜	*Liparis fargesii* Finet.	VU
147	兰科	Orchidaceae	羊耳蒜	*Liparis japonica*（Miq.）Maxim.	VU
148	兰科	Orchidaceae	见血青	*Liparis nervosa*（Thunb.）Lindl.	VU
149	兰科	Orchidaceae	香花羊耳蒜	*Liparis odorata*（Willd.）Lindl.	NT
150	兰科	Orchidaceae	大花羊耳蒜	*Liparis distans* C.B.Clarke	VU
151	兰科	Orchidaceae	裂瓣羊耳蒜	*Liparis fissipetala* Finet	VU
152	兰科	Orchidaceae	对叶兰	*Listera puberula* Maxim.	NT
153	兰科	Orchidaceae	花叶对叶兰	*Listera puberula* Maxim. var. *maculata*（Tang et Wang）S.C.Chen et Y.B.Luo	NT

续表

序号	科名	科拉丁名	中文名	学名	等级
154	兰科	Orchidaceae	圆唇对叶兰	*Listera oblata* S.C.Chen	NT
155	兰科	Orchidaceae	沼兰	*Malaxis monophyllos*（L.）Sw.	NT
156	兰科	Orchidaceae	全唇兰	*Myrmechis chinensis* Rolfe	EN
157	兰科	Orchidaceae	凤兰	*Neofinetia falcata*（Thunb.）Hu	EN
158	兰科	Orchidaceae	尖唇齿鸟巢兰	*Neottia acuminata* Schltr.	VU
159	兰科	Orchidaceae	广布红门兰	*Orchis chusua* D.Don	VU
160	兰科	Orchidaceae	山兰	*Oreorchis patens*（Lindl.）Lindl.	VU
161	兰科	Orchidaceae	云南石仙桃	*Pholidota yunnanensis* Rolfe	NT
162	兰科	Orchidaceae	舌唇兰	*Platanthera japonica*（Thunb. ex Marray）Lindl.	NT
163	兰科	Orchidaceae	二叶舌唇兰	*Platanthera chlorantha* Cust.ex Rchb.	NT
164	兰科	Orchidaceae	对耳舌唇兰	*Platanthera finetiana* Schltr.	NT
165	兰科	Orchidaceae	独蒜兰	*Pleione bulbocodioides*（Franch.）Rolfe	VU
166	兰科	Orchidaceae	朱兰	*Pogonia japonica* Rchb. f.	NT
167	兰科	Orchidaceae	带唇兰	*Tainia dunnii* Rolfe	NT
168	兰科	Orchidaceae	小叶白点兰	*Thrixspermum japonicum*（Miq.）Rchb.f.	VU
169	兰科	Orchidaceae	小花蜻蜓兰	*Tulotis ussuriensis*（Reg.et Maack）Hara	NT
170	兰科	Orchidaceae	线柱兰	*Zeuxine strateumatica*（Linn.）Schltr.	NT

注：*为栽培种

3.2.3　中国植物红皮书名录物种

　　依据《中国植物红皮书》，大巴山自然保护区共分布有红皮书收录物种 38 种。其中濒危种 2 种，为珙桐、水杉（*Metaseqnois glyptostrbiodes*）；渐危种 24 种，如秦岭冷杉、黄杉、穗花杉、鹅掌楸等；稀有种 12 种，如大果青杆（*Picea neoveitchii*）、篦子三尖杉、连香树等。

表 3-11　大巴山自然保护区中国植物红皮书名录物种保护统计

序号	科名	科拉丁名	中文名	学名	红皮书
一	裸子植物				
1	银杏科	Ginkgoaceae	银杏*	*Ginkgo biloba* L.	稀有
2	松科	Pinaceae	秦岭冷杉	*Abies chensiensis* Van Tiegh.	渐危
3	松科	Pinaceae	麦吊云杉	*Picea brachytyla*（Franch.）Pritz.	渐危
4	松科	Pinaceae	大果青杆	*Picea neoveitchii* Mast.	稀有
5	松科	Pinaceae	黄杉	*Pseudotsuga sinensis* Dode	渐危
6	杉科	Taxodiaceae	水杉*	*Metasequoia glyptostroboides* Hu et Cheng	濒危
7	三尖杉科	Cephalotaxaceae	篦子三尖杉	*Cephalotaxus oliveri* Mast.	稀有
8	红豆杉科	Taxaceae	穗花杉	*Amentotaxus argotaenia*（Hance）Pilger	渐危
二	被子植物				
9	胡桃科	Juglandaceae	胡桃	*Juglans regia* L.	稀有
10	胡桃科	Juglandaceae	胡桃楸	*Juglans mandshurica* Maxim.	渐危
11	壳斗科	Fagaceae	台湾水青冈	*Fagus hayatae* Palib.ex Hayata	渐危
12	榆科	Ulmaceae	青檀	*Pteroceltis tatarinowii* Maxim.	渐危
13	领春木科	Eupteleaceae	领春木	*Euptelea pleiospermum* Hook.f.et Thoms.	渐危

序号	科名	科拉丁名	中文名*	学名	红皮书
14	连香树科	Cercidiphyllaceae	连香树	*Cercidiphyllum japonicum* Sieb. et Zucc.	稀有
15	小檗科	Berberidaceae	八角莲	*Dysosma versipelle*（Hance）M. Cheng ex T. S.Ying	渐危
16	木兰科	Magnoliaceae	鹅掌楸	*Liriodendron chinense*（Hemsl.）Sarg.	稀有
17	木兰科	Magnoliaceae	厚朴	*Magnolia officinalis* Rehd.et Wils.	渐危
18	木兰科	Magnoliaceae	红花木莲	*Manglietia insignis*（Wall.）Bl.	渐危
19	木兰科	Magnoliaceae	巴东木莲	*Manglietia patungensis* Hu	稀有
20	水青树科	Tetracentraceae	水青树	*Tetracentron sinense* Oliv.	稀有
21	樟科	Lauraceae	银叶桂	*Cinnamomum mairei* Lévl.	渐危
22	樟科	Lauraceae	楠木	*Phoebe zhennan* S. Lee et F. N. Wei	渐危
23	金缕梅科	Hamamelidaceae	山白树	*Sinowilsonia henryi* Hemsl.	稀有
24	杜仲科	Eucommiaceae	杜仲	*Eucommia ulmoides* Oliv.	稀有
25	豆科	Leguminosae	野大豆	*Glycine soja* Sieb.et Zucc.	渐危
26	豆科	Leguminosae	红豆树	*Ormosia hosiei* Hemsl.et Wils.	渐危
27	芸香科	Rutaceae	黄檗	*Phellodendron amurense* Rupr.	渐危
28	楝科	Meliaceae	红椿	*Toona ciliate* Roem.	渐危
29	省沽油科	Staphyleaceae	瘿椒树	*Tapiscia sinensis* Oliv.	渐危
30	槭树科	Aceraceae	梓叶槭	*Acer catalpifolium* Rehd.	渐危
31	槭树科	Aceraceae	金钱槭	*Dipteronia sinensis* Oliv.	渐危
32	珙桐科	Davidiaceae	珙桐	*Davidia involucrata* Baill.	濒危
33	安息香科	Styracaceae	白辛树	*Pterostyrax psilophyllus* Diels ex Perk.	渐危
34	安息香科	Styracaceae	木瓜红	*Rehderodendron macrocarpum* Hu	稀有
35	木犀科	Oleaceae	水曲柳	*Fraxinus mandshurica* Rupr.	渐危
36	茜草科	Rubiaceae	香果树	*Emmenopterys henryi* Oliv.	稀有
37	百合科	Liliaceae	延龄草	*Trillium tschonoskii* Maxim.	渐危
38	兰科	Orchidaceae	天麻	*Gastrodia elata* Bl.	渐危

注：*为栽培种

3.2.4　CITES 名录物种

根据《濒危野生动植物种国际贸易公约》（CITES，2011），大巴山自然保护区共分布有 CITES 收录植物物种 13 种，其中，附录Ⅰ1 种、附录Ⅱ11 种，附录Ⅲ1 种（表 3-12）。其中蕨类植物 1 种，金毛狗（*Cibotium barometz*）；裸子植物 1 种，苏铁（*Cycas evolute*）；被子植物 11 种，如水青树、斑地锦（*Euphorbia maculata*）、云木香（*Saussurea costus*）等。

表 3-12　大巴山自然保护区 CITES 名录物种名录

序号	科名	科拉丁名	中文名	学名	CITES
一	蕨类植物				
1	蚌壳蕨科	Dicksoniaceae	金毛狗	*Cibotium barometz*（L.）J. Sm.	附录Ⅱ
二	裸子植物				
2	苏铁科	Cycadaceae	苏铁*	*Cycas evolute* Thunb.	附录Ⅱ
三	被子植物				
3	水青树科	Tetracentraceae	水青树	*Tetracentron sinense* Oliv.	附录Ⅲ
4	大戟科	Euphorbiaceae	泽漆	*Euphorbia helioscopia* L.	附录Ⅱ
5	大戟科	Euphorbiaceae	飞扬草*	*Euphorbia hirta* L.	附录Ⅱ

续表

序号	科名	科拉丁名	中文名	学名	CITES
6	大戟科	Euphorbiaceae	地锦	*Euphorbia humifusa* Willd. ex Schlecht.	附录Ⅱ
7	大戟科	Euphorbiaceae	斑地锦	*Euphorbia maculata* L.	附录Ⅱ
8	大戟科	Euphorbiaceae	通奶草	*Euphorbia hypericifllia* L.	附录Ⅱ
9	大戟科	Euphorbiaceae	续随子	*Euphorbia lathyris* L.	附录Ⅱ
10	大戟科	Euphorbiaceae	黄苞大戟	*Euphorbia sikkimensis* Boiss.	附录Ⅱ
11	大戟科	Euphorbiaceae	湖北大戟	*Euphorbia hylonoma* Hand.-Mazz.	附录Ⅱ
12	大戟科	Euphorbiaceae	钩腺大戟	*Euphorbia sieboldiana* Morr. et Decne.	附录Ⅱ
13	菊科	Compositae	云木香	*Saussurea costus*（Falc.）Lipsch.	附录Ⅰ

3.3　特　有　植　物

大巴山自然保护区分布有特有植物 207 种，隶属于 60 科 119 属。其中，蕨类植物 5 科 6 属 7 种，裸子植物 6 科 12 属 17 种，被子植物 49 科 101 属 183 种。如肾羽铁角蕨（*Asplenium humistratum*）、中华对马耳蕨（*Polystichum sino-tsus-simense*）、崖柏（*Thuja sutchuenensis*）、城口樟（*Cinnamomum chengkouense*）、城口蔷薇（*Rosa chengkouensis*）、城口当归（*Angelica dielsii*）等。

表 3-13　大巴山自然保护区特有植物物种组成

序号	科名	科拉丁名	中文名	学名	特有植物
一	蕨类植物				
1	石杉科	Huperziaceae	四川石杉	*Huperzia sutchueniana*（Herter）Ching	中国特有
2	阴地蕨科	Botrychiaceae	四川阴地蕨	*Botrychium sutchuenense* Ching	城口特有
3	凤尾蕨科	Pteridaceae	尾头凤尾蕨	*Pteris oshimensis* Hieron. var. *paraemeiensis* Ching ex S. H. Wu	中国特有
4	铁角蕨科	Aspleniaceae	城口铁角蕨	*Asplenium chengkouense* Ching ex X. X. Kong	重庆特有
5	铁角蕨科	Aspleniaceae	肾羽铁角蕨	*Asplenium humistratum* Ching ex H. S. Kung	城口特有
6	鳞毛蕨科	Dryopteridaceae	镰羽复叶耳蕨	*Arachniodes estina*（Hance）Ching	重庆特有
7	鳞毛蕨科	Dryopteridaceae	中华对马耳蕨	*Polystichum sino-tsus-simense* Ching et Z. Y. Liu ex Z.Y. Liu	中国特有
二	裸子植物				
8	银杏科	Ginkgoaceae	银杏*	*Ginkgo biloba* L.	中国特有
9	松科	Pinaceae	秦岭冷杉	*Abies chensiensis* Van Tiegh.	中国特有
10	松科	Pinaceae	巴山冷杉	*Abies fargesii* Franch.	中国特有
11	松科	Pinaceae	铁坚油杉	*Keteleeria davidiana*（Bertr.）Beissn.	中国特有
12	松科	Pinaceae	马尾松	*Pinus massoniana* Lamb.	中国特有
13	松科	Pinaceae	麦吊云杉	*Picea brachytyla*（Franch.）Pritz.	中国特有
14	松科	Pinaceae	大果青杆	*Picea neoveitchii* Mast.	中国特有
15	松科	Pinaceae	青杆	*Picea wilsonii* Mast.	中国特有
16	松科	Pinaceae	黄杉	*Pseudotsuga sinensis* Dode	中国特有
17	松科	Pinaceae	铁杉	*Tsuga chinensis*（Franch.）Pritz.	中国特有
18	松科	Pinaceae	矩鳞铁杉	*Tsuga chinensis*（Franch.）Pritz.var.*oblongisquamata* Cheng et L.K.Fu	中国特有
19	杉科	Taxodiaceae	柳杉*	*Cryptomeria fortunei* Hooibrenk ex Otto et Dietr.	中国特有
20	杉科	Taxodiaceae	杉木	*Cunninghamia lanceolata*（Lamb.）Hook.	中国特有
21	柏科	Cupressaceae	崖柏	*Thuja sutchuenensis* Franch.	重庆特有
22	三尖杉科	Cephalotaxaceae	三尖杉	*Cephalotaxus fortunei* Hook.f.	中国特有

序号	科名	科拉丁名	中文名	学名	特有植物
23	三尖杉科	Cephalotaxaceae	粗榧	*Cephalotaxus sinensis*（Rehd.et WilS.）Li	中国特有
24	红豆杉科	Taxaceae	巴山榧	*Torreya fargesii* Franch.	中国特有
三	被子植物				
25	三白草科	Saururaceae	白苞裸蒴	*Gymnotheca involucrata* Pei	中国特有
26	杨柳科	Salicaceae	南川柳	*Salix rosthornii* Franch.	中国特有
27	杨柳科	Salicaceae	巫山柳	*Salix fargesii* Burkill	中国特有
28	杨柳科	Salicaceae	光果巫山柳	*Salix fargesii* Burkill var. *kansuensis*（Hao）N.Chao	中国特有
29	胡桃科	Juglandaceae	青钱柳	*Cyclocarya paliurus*（Batal.）Iljinsk.	中国特有
30	桦木科	Betulaceae	披针叶榛	*Corylus fargesii*（Franch.）Schneid.	中国特有
31	榆科	Ulmaceae	青檀	*Pteroceltis tatarinowii* Maxim.	中国特有
32	榆科	Ulmaceae	大果榉	*Zelkova sinica* Schneid.	中国特有
33	桑科	Moraceae	藤构	*Broussonetia kaempferi* Sieb.var. *australis* Suzuki	中国特有
34	檀香科	Santalaceae	重寄生	*Phacellaria fargesii* Lecomte	中国特有
35	蛇菰科	Balanophoraceae	穗花蛇菰	*Balanophora spicata* Hayata	中国特有
36	毛茛科	Ranunculaceae	多花铁线莲	*Clematis dasyandra* Maxim.var. *polyantha* Finet et Gagnap.	中国特有
37	毛茛科	Ranunculaceae	宽柄铁线莲	*Clematis otophora* Franch.ex Finet et Gagnep.	中国特有
38	毛茛科	Ranunculaceae	黄连	*Coptis chinensis* Franch.	中国特有
39	小檗科	Berberidaceae	兴山小檗	*Berberis silvicola* Schneid.	中国特有
40	小檗科	Berberidaceae	八角莲	*Dysosma versipelle*（Hance）M. Cheng ex T. S. Ying	中国特有
41	木兰科	Magnoliaceae	厚朴	*Magnolia officinalis* Rehd.et Wils.	中国特有
42	木兰科	Magnoliaceae	武当木兰	*Magnolia sprengeri* Pampan.	中国特有
43	木兰科	Magnoliaceae	巴东木莲	*Manglietia patungensis* Hu	中国特有
44	木兰科	Magnoliaceae	四川含笑	*Michelia szechuanica* Dandy	中国特有
45	樟科	Lauraceae	油樟	*Cinnamomum longepaniculatum*（Gamble）N. Chao	中国特有
46	樟科	Lauraceae	银叶桂	*Cinnamomum mairei* Lévl.	中国特有
47	樟科	Lauraceae	阔叶樟*	*Cinnamomum platyphyllum*（Diels）Allen	中国特有
48	樟科	Lauraceae	城口樟	*Cinnamomum chengkouense* N.Chao	中国特有
49	樟科	Lauraceae	白毛新木姜子	*Neolitsea aurata*（Hayata）Koidz. var. *glauca* Yang	中国特有
50	樟科	Lauraceae	楠木	*Phoebe zhennan* S. Lee et F. N. Wei	中国特有
51	景天科	Crassulaceae	城口景天	*Sedum bonnieri* Hamet	中国特有
52	金缕梅科	Hamamelidaceae	山白树	*Sinowilsonia henryi* Hemsl.	中国特有
53	蔷薇科	Rosaceae	大叶桂樱	*Laurocerasus zippeliana*（Miq.）Yu et Lu	中国特有
54	蔷薇科	Rosaceae	山荆子	*Malus baccata*（L.）Borkh.	中国特有
55	蔷薇科	Rosaceae	湖北海棠	*Malus hupehensis*（Pamp.）Rehd.	中国特有
56	蔷薇科	Rosaceae	陇东海棠	*Malus kansuensis*（Batal.）Schneid.	中国特有
57	蔷薇科	Rosaceae	滇池海棠	*Malus yunnanensis*（Franch.）Schneid.	中国特有
58	蔷薇科	Rosaceae	城口蔷薇	*Rosa chengkouensis* Yu et Ku	中国特有
59	蔷薇科	Rosaceae	巫山悬钩子	*Rubus wushanensis* Yu et Lu	中国特有
60	豆科	Leguminosae	小花香槐	*Cladrastis sinensis* Hemsl.	中国特有
61	豆科	Leguminosae	红豆树	*Ormosia hosiei* Hemsl.et Wils.	中国特有
62	芸香科	Rutaceae	黄檗	*Phellodendron amurense* Rupr.	中国特有
63	楝科	Meliaceae	红椿	*Toona ciliate* Roem.	中国特有
64	黄杨科	Buxaceae	宜昌黄杨	*Buxus ichangensis* Hatusima	中国特有

续表

序号	科名	科拉丁名	中文名	学名	特有植物
65	省沽油科	Staphyleaceae	瘿椒树	*Tapiscia sinensis* Oliv.	中国特有
66	槭树科	Aceraceae	小叶青皮槭	*Acer cappadocicum* Gled.var. *sinicum* Rehd.	中国特有
67	槭树科	Aceraceae	紫果槭	*Acer cordatum* Pax	中国特有
68	槭树科	Aceraceae	青榨槭	*Acer davidii* Franch.	中国特有
69	槭树科	Aceraceae	毛花槭	*Acer erianthum* Schwer.	中国特有
70	槭树科	Aceraceae	罗孚槭	*Acer fabri* Hance	中国特有
71	槭树科	Aceraceae	扇叶槭	*Acer flabellatum* Rehd.	中国特有
72	槭树科	Aceraceae	房县槭	*Acer faranchetii* Pax	中国特有
73	槭树科	Aceraceae	血皮槭	*Acer griseum*（Franch.）Pax	中国特有
74	槭树科	Aceraceae	建始槭	*Acer henryi* Pax	中国特有
75	槭树科	Aceraceae	光叶槭	*Acer laevigatum* Wall.	中国特有
76	槭树科	Aceraceae	长柄槭	*Acer longipes* Franch.	中国特有
77	槭树科	Aceraceae	色木槭	*Acer mono* Maxim.	中国特有
78	槭树科	Aceraceae	权叶槭	*Acer robustum* Pax	中国特有
79	槭树科	Aceraceae	中华槭	*Acer sinense* Pax	中国特有
80	槭树科	Aceraceae	毛叶槭	*Acer stachyophyllum* Hiern	中国特有
81	槭树科	Aceraceae	四川槭	*Acer sutchuenense* Franch.	中国特有
82	槭树科	Aceraceae	三峡槭	*Acer wilsonii* Rehd.	中国特有
83	槭树科	Aceraceae	金钱槭	*Dipteronia sinensis* Oliv.	中国特有
84	凤仙花科	Balsaminaceae	齿叶凤仙花	*Impatiens sdontophylla* Hook.f.	中国特有
85	凤仙花科	Balsaminaceae	顶喙凤仙花	*Impatiens compta* Hook.f.	中国特有
86	凤仙花科	Balsaminaceae	大鼻凤仙花	*Impatiens osuta* Hook.f.	中国特有
87	凤仙花科	Balsaminaceae	膜叶凤仙花	*Impatiens membranifolia* Fr. ex Kook.f.	中国特有
88	凤仙花科	Balsaminaceae	细圆齿凤仙花	*Impatiens crenulata* Kook.f.	中国特有
89	凤仙花科	Balsaminaceae	美丽凤仙花	*Impatiens bellula* Kook.f.	中国特有
90	凤仙花科	Balsaminaceae	毛柄凤仙花	*Impatiens trichopoda* Kook.f.	中国特有
91	凤仙花科	Balsaminaceae	透明凤仙花	*Impatiens diaphana* Kook.f.	中国特有
92	凤仙花科	Balsaminaceae	三角萼凤仙花	*Impatiens trigonosepala* Kook.f.	中国特有
93	鼠李科	Rhamnaceae	云南勾儿茶	*Berchemia yunnanensis* Franch.	中国特有
94	猕猴桃科	Actinidiaceae	多花藤山柳	*Clematoclethra floribunda* W.T.Wang	中国特有
95	山茶科	Theaceae	瘤果茶	*Camellia tuberculata* Chien	中国特有
96	山茶科	Theaceae	普洱茶*	*Camellia assamica*（Mast.）Chang var.*assamica*（Mast.）Chang	中国特有
97	瑞香科	Thymelaeaceae	缙云瑞香	*Daphne jinyunensis* C. Y. Chang	中国特有
98	瑞香科	Thymelaeaceae	城口荛花	*Wikstroemia fargesii*（Lecomte）Domke	中国特有
99	珙桐科	Davidiaceae	珙桐	*Davidia involucrata* Baill.	中国特有
100	珙桐科	Davidiaceae	光叶珙桐	*Davidia involucrata* Baill.var. *vilmoriniana*（Dode）Wanger.	中国特有
101	桃金娘科	Myrtaceae	四川蒲桃*	*Syzygium szechuanense* H. T. Chang et Miau	中国特有
102	五加科	Araliaceae	细刺五加	*Acanthopanax setulosus* Franch.	中国特有
103	伞形科	Umbelliferae	管鞘当归	*Angelica pseudoselinum* de Boiss.	中国特有
104	伞形科	Umbelliferae	城口当归	*Angelica dielsii* H. de Boiss.	中国特有
105	伞形科	Umbelliferae	曲柄当归	*Angelica fargesii* H. de Boiss.	中国特有
106	伞形科	Umbelliferae	平截独活	*Heracleum vicinum* de Boiss.	中国特有
107	伞形科	Umbelliferae	细裂藁本	*Ligusticum tenuisectum* de Boiss.	中国特有

序号	科名	科拉丁名	中文名	学名	特有植物
108	杜鹃花科	Ericaceae	美丽马醉木	*Pieris formosa*（Wall.）D. Don	中国特有
109	杜鹃花科	Ericaceae	马醉木	*Pieris japonica*（Thunb.）D. Don ex G. Don	中国特有
110	杜鹃花科	Ericaceae	弯尖杜鹃	*Rhododendron adenopodum* Franch.	中国特有
111	杜鹃花科	Ericaceae	毛肋杜鹃	*Rhododendron angustinii* Hemsl.	中国特有
112	杜鹃花科	Ericaceae	腺萼马银花	*Rhododendron bachii* Lévl.	中国特有
113	杜鹃花科	Ericaceae	秀雅杜鹃	*Rhododendron concinnum* Hemsl.	中国特有
114	杜鹃花科	Ericaceae	麻花杜鹃	*Rhododendron maculiferum* Franch.	中国特有
115	杜鹃花科	Ericaceae	长蕊杜鹃	*Rhododendron stamineum* Franch.	中国特有
116	杜鹃花科	Ericaceae	四川杜鹃	*Rhododendron sutchuenensis* Franch.	中国特有
117	杜鹃花科	Ericaceae	无梗越橘	*Vaccinium henryi* Hemsl.	中国特有
118	杜鹃花科	Ericaceae	黄背越橘	*Vaccinium iteophyllum* Hance	中国特有
119	杜鹃花科	Ericaceae	江南越橘	*Vaccinium mandarinorum* Diels	中国特有
120	报春花科	Primulaceae	细蔓点地梅	*Androsace cuscutiformis* Franch.	中国特有
121	报春花科	Primulaceae	大叶点地梅	*Androsace mirabilis* Franch.	中国特有
122	报春花科	Primulaceae	秦巴点地梅	*Androsace laxa* C.M.Hu et Y.C.Yang	中国特有
123	报春花科	Primulaceae	四川点地梅	*Androsace sutchuenensis* Franch.	中国特有
124	报春花科	Primulaceae	小伞报春	*Primula sertulum* Franch.	中国特有
125	报春花科	Primulaceae	藏报春	*Primula sinensis* Sabine ex Lindl.	中国特有
126	报春花科	Primulaceae	城口报春	*Primula fagosa* Balf.f.et Craib	城口特有
127	安息香科	Styracaceae	白辛树	*Pterostyrax psilophyllus* Diels ex Perk.	中国特有
128	安息香科	Styracaceae	木瓜红	*Rehderodendron macrocarpum* Hu	中国特有
129	龙胆科	Gentianaceae	川东大钟花	*Megacodon venosus*（Hemsl.）H. Sm.	中国特有
130	萝摩科	Asclepiadaceae	吊灯花	*Ceropegia trichantha* Hemsl.	中国特有
131	紫草科	Boraginaceae	秦岭附地菜	*Trigonotis giraldii* Brand	中国特有
132	马鞭草科	Verbenaceae	南川紫珠	*Callicarpa bodinieri* var. *rosthornii*（Diels）Rehd.	中国特有
133	马鞭草科	Verbenaceae	川黔大青	*Clerodendrum luteopunctatum* Pei et S. L. Chen	中国特有
134	马鞭草科	Verbenaceae	拟黄荆	*Vitex negundo* Linn. var. *thyrsoides* P'ei et S. L. Liou	中国特有
135	唇形科	Labiatae	小野芝麻	*Galeobdolon chinense*（Benth.）C. Y. Wu	中国特有
136	唇形科	Labiatae	宽叶香茶菜	*Isodon latifolius* C. Y. Wu et Hsuan	中国特有
137	唇形科	Labiatae	居间南川鼠尾草	*Salvia nanchuanensis* Sun f. *intermedia* Sun	中国特有
138	玄参科	Scrophulariaceae	威氏通泉草	*Mazus omeiensis* Li	中国特有
139	玄参科	Scrophulariaceae	美观马先蒿	*Pedicularis decora* Franch.	中国特有
140	玄参科	Scrophulariaceae	疏花马先蒿	*Pedicularis laxiflora* Franch.	中国特有
141	玄参科	Scrophulariaceae	扭盖马先蒿	*Pedicularis davidii* Franch.	中国特有
142	玄参科	Scrophulariaceae	茄叶地黄	*Rehmannia solanifolia* Tsoong et Chin	重庆特有
143	玄参科	Scrophulariaceae	长梗玄参	*Scrophularia fargesii* Franch.	中国特有
144	玄参科	Scrophulariaceae	鄂西玄参	*Scrophularia henryi* Hemsl.	中国特有
145	玄参科	Scrophulariaceae	全缘呆白菜	*Triaenophora integra*（Li）Ivanina	中国特有
146	玄参科	Scrophulariaceae	城口婆婆纳	*Veronica fargesii* Franch	重庆特有
147	苦苣苔科	Gesneriaceae	城口金盏苣苔	*Isometrum fargesii*（Fr.）Burtt	中国特有
148	苦苣苔科	Gesneriaceae	皱叶后蕊苣苔	*Opithandra fargesii*（Fr.）Burtt	中国特有
149	爵床科	Acanthaceae	森林马蓝	*Pteracanthus nemorosus*（R.Ben.）C.Y.Wu et C.C.Hu	中国特有
150	茜草科	Rubiaceae	香果树	*Emmenopterys henryi* Oliv.	中国特有

序号	科名	科拉丁名	中文名	学名	特有植物
151	桔梗科	Campanulaceae	鄂西沙参	*Adenophora hubeiensis* Hong	中国特有
152	菊科	Compositae	小花三脉紫菀	*Aster ageratoides* Turcz. var. *micranthus* Ling	中国特有
153	菊科	Compositae	鄂西苍术	*Atractylodes carlinoides*（Hand.-Mazz.）Kitam.	中国特有
154	菊科	Compositae	黑花紫菊	*Notoseris melanantha*（Franch.）Shih	中国特有
155	菊科	Compositae	巫山帚菊	*Pertya tsoongiana* Ling	中国特有
156	菊科	Compositae	川东风毛菊	*Saussurea fargesii* Franch.	中国特有
157	菊科	Compositae	城口风毛菊	*Saussurea flexuosa* Franch.	中国特有
158	菊科	Compositae	革叶蒲儿根	*Sinosenecio subcoriaceus* C. Jeffey et Y. L. Chen	中国特有
159	天南星科	Araceae	刺柄南星	*Arisaema asperatum* N. E. Br	中国特有
160	天南星科	Araceae	螃蟹七	*Arisaema fargesii* Buchet	中国特有
161	天南星科	Araceae	湘南星	*Arisaema hunanense* Hand.-Mazz.	中国特有
162	天南星科	Araceae	花南星	*Arisaema lobatum* Engl.	中国特有
163	天南星科	Araceae	褐斑南星	*Arisaema meleagris* Buchet	重庆特有
164	天南星科	Araceae	短苞南星	*Arisaema brevispathum* Buchet	重庆特有
165	百合科	Liliaceae	玉簪叶韭	*Allium funckiaefolium* Hand.-Mazz.	中国特有
166	百合科	Liliaceae	异梗韭	*Allium heteronema* Wang et Tang	中国特有
167	百合科	Liliaceae	小鹭鸶草	*Diuranthera minor*（C.H.Wright）Hemsl	中国特有
168	百合科	Liliaceae	长梗山麦冬	*Liriope longipedicellata* Wang et Tang	中国特有
169	兰科	Orchidaceae	头序无柱兰	*Amitostigma capitatum* Tang et Wang	中国特有
170	兰科	Orchidaceae	少花无柱兰	*Amitostigma parceflorum*（Finet）Schltr.	重庆特有
171	兰科	Orchidaceae	黄花白芨	*Bletilla ochracea* Schltr.	中国特有
172	兰科	Orchidaceae	城口石豆兰	*Bulbophyllum chrondiophorum*（Gagnep.）Seidenf.	重庆特有
173	兰科	Orchidaceae	细花虾脊兰	*Calanthe mannii* Hook. f.	中国特有
174	兰科	Orchidaceae	剑叶虾脊兰	*Calanthe davidii* Franch.	中国特有
175	兰科	Orchidaceae	短叶虾脊兰	*Calanthe arcuata* Rolfe var. *brevifolia* Z.H.Tsi	中国特有
176	兰科	Orchidaceae	少花虾脊兰	*Calanthe delavayi* Finet	中国特有
177	兰科	Orchidaceae	天府虾脊兰	*Calanthe fargesii* Finet	中国特有
178	兰科	Orchidaceae	独花兰	*Changnienia amoena* Chien	中国特有
179	兰科	Orchidaceae	多花兰	*Cymbidium floribundum* Lindl.	中国特有
180	兰科	Orchidaceae	毛瓣杓兰	*Cypripedium fargesii* Franch.	中国特有
181	兰科	Orchidaceae	大叶杓兰	*Cypripedium fasciolatum* Franch.	中国特有
182	兰科	Orchidaceae	毛杓兰	*Cypripedium franchetii* Wils	中国特有
183	兰科	Orchidaceae	绿花杓兰	*Cypripedium henryi* Rolfe	中国特有
184	兰科	Orchidaceae	扇脉杓兰	*Cypripedium japonicum* Thunb.	中国特有
185	兰科	Orchidaceae	黄花杓兰	*Cypripedium flavum* P.F.Hunt et Summerh	中国特有
186	兰科	Orchidaceae	斑叶杓兰	*Cypripedium margaritaceum* Franch.	中国特有
187	兰科	Orchidaceae	小花杓兰	*Cypripedium micranthum* Franch.	中国特有
188	兰科	Orchidaceae	细叶石斛	*Dendrobium hancockii* Rolfe	中国特有
189	兰科	Orchidaceae	罗河石斛	*Dendrobium lohohense* Tang et Wang	中国特有
190	兰科	Orchidaceae	广东石斛	*Dendrobium wilsinii* Rolfe	中国特有
191	兰科	Orchidaceae	铁皮石斛	*Dendrobium officinale* Kimura et Migo	中国特有
192	兰科	Orchidaceae	大叶火烧兰	*Epipactis mairei* Schltr.	中国特有
193	兰科	Orchidaceae	山珊瑚	*Galeola faberi* Rolfr.	中国特有

续表

序号	科名	科拉丁名	中文名	学名	特有植物
194	兰科	Orchidaceae	城口盆距兰	*Gastrochilus fargesii*（Kraenzl.）Schltr.	中国特有
195	兰科	Orchidaceae	长距玉凤花	*Habenaria davidii* Franch.	中国特有
196	兰科	Orchidaceae	毛葶玉凤花	*Hubenarla ciliolaris* Kranzl.	中国特有
197	兰科	Orchidaceae	雅致玉凤花	*Habenaria fargesii* Finet	中国特有
198	兰科	Orchidaceae	裂唇舌喙兰	*Hemipilia henryi* Rolfe	中国特有
199	兰科	Orchidaceae	小羊耳蒜	*Liparis fargesii* Finet.	中国特有
200	兰科	Orchidaceae	裂瓣羊耳蒜	*Liparis fissipetala* Finet	重庆特有
201	兰科	Orchidaceae	对叶兰	*Listera puberula* Maxim.	中国特有
202	兰科	Orchidaceae	花叶对叶兰	*Listera puberula* Maxim. var. *maculata*（Tang et Wang）S.C.Chen et Y.B.Luo	重庆特有
203	兰科	Orchidaceae	圆唇对叶兰	*Listera oblata* S.C.Chen	重庆特有
204	兰科	Orchidaceae	全唇兰	*Myrmechis chinensis* Rolfe	中国特有
205	兰科	Orchidaceae	对耳舌唇兰	*Platanthera finetiana* Schltr.	中国特有
206	兰科	Orchidaceae	独蒜兰	*Pleione bulbocodioides*（Franch.）Rolfe	中国特有
207	兰科	Orchidaceae	带唇兰	*Tainia dunnii* Rolfe	中国特有

注：*为栽培种

3.4　模　式　植　物

大巴山自然保护区生物气候条优越，植物资源非常丰富，因此，吸引了大量中外学者前来采集研究。1891～1893 年，法国传教士鲍尔·法吉斯（Paul Farges）在本区采集了两千多号植物标本，其中包括大量的新种。20 世纪 50 年代以来，四川大学、中国科学院研究单位、重庆自然博物馆、四川中药研究所、重庆市药物种植研究所等单位相继在本区开展了多学科的生物资源调查，发表了大量模式物种。

经统计，大巴山自然保护区有模式植物 243 种，隶属于 64 科 141 属（表 3-13）。数量之大，使其成为世界著名的模式标本产地。常见的模式物种有四川石杉（*Huperzia sutchueniana*）、城口假冷蕨（*Pseudocystopteris remota*）、崖柏、红桦（*Betula albo-sinensis*）、川东灯台报春（*Primula mallophylla*）、城口青冈（*Cyclobalanopsis faigesii*）、城口细辛（*Asarum chenkoense*）、城口小檗（*Berberis daiana*）、城口景天（*Sedum bonnieri*）、城口冬青（*Ilex chengkouensis*）等（表 3-14）。

其中，崖柏不仅是该地区典型的模式植物，同时也是全世界的珍稀濒危物种。本次科考对崖柏进行了地理分布、生长状况方面的调查。

3.4.1　崖柏发现始末

崖柏为柏科崖柏属（*Thuja*）常绿乔木。1892 年 4 月，法国传教士法吉斯，在我国重庆市城口县海拔1400m 处的石灰岩山地，首次采集到植物标本。7 年后，该号标本（编号：Farges 1158）成为新种的模式标本，收藏于法国巴黎自然博物馆。在此后的 100 余年中，曾有人多次前往产地调查，但均未见其踪迹。为此，《中国植物红皮书》第 1 卷、英文版的《中国植物志》（裸子植物）第 4 卷，均将其定为在野外已灭绝的物种。因此，1999 年 8 月，在国务院批准公布的《国家重点保护野生植物名录＜第一批＞》中，没有收录该树种。但在同一年，"重庆市国家重点保护野生植物骨干调查队"在城口考察时，又重新发现了崖柏，并采集到了带球果的标本。该标本收藏于中国科学院植物所标本馆内，并先后得到中国科学院、英国皇家植物园和美国哈佛大学权威专家的确认。2000 年，中国《植物杂志》第 3 期发布了"崖柏没有灭绝"的公告。2003 年世界自然保护联盟（IUCN）重新将其评定为极度濒危物种。

3.4.2　形态特征

叶鳞形，生于小枝之叶斜方状倒卵形，有隆起的纵脊，有的纵脊有条形凹槽，长 1.5～3mm，宽 1.2～1.5mm。先端钝，下方无腺点，侧面之叶船形或宽披针形。较中间之叶稍短宽 0.8～1mm。先端钝，尖头内弯，两面均为绿色，无白粉。生鳞叶的小枝排成平面，扁平枝条密，开展，雌雄同株，雄球花近椭圆形，长约 2.5mm；雄蕊约 8 对，交叉对生药隔宽卵形，先端钝，种鳞 8 片，交叉对生。最外面得种鳞近圆形，顶部下方有一小尖头，中间的 4 片近矩形，各有 1 种子。最上部得种鳞窄长，近顶端有突起的尖头成熟球果深褐色，椭圆状球形，长 5～7mm，径 3～5mm。种子扁平，长约为 4mm，宽约为 2mm，且周围有窄翅，翅宽约为 1mm。

3.4.3　生态学特征

该树种喜光，多分布在山地的南坡或西坡，阴坡则较少。根系发达，能生长于裸露的岩石之上。该植物主要生于石灰岩山地，土壤类型为山地褐土或棕褐土，土壤 pH 中性偏碱性，6.5～8.0，土壤厚度在 8～35m。

3.4.4　地理分布及气候因子

崖柏在行政区域上主要分布于咸宜、明中 2 个乡镇海拔 800～2100m 的石灰岩山地。分布区域的年平均气温为 6.0～10.0℃，1 月平均气温−0.8～4.5℃，7 月平均气温 15.2～20.2℃，极端最低气温−10.0℃，极端最高气温 30.0℃，无霜期 150～200d，年日照时数 1000～1200h，年降水量 1200～1400mm，全年≥0℃的积温 2580～3880℃，≥10℃的积温 1290～2970℃，积雪期 3 个月左右。气候类型属中亚热带和北亚热带的过渡区，地带性植被类型为中亚热带常绿阔叶林。

3.4.5　伴生物种

崖柏群落内主要伴生植物有：皱叶柳叶栒子（*Cotoneaster salicifolius* var. *rugosus*）、马桑（*Coriaria nepalensis*）、冬青叶鼠刺（*Itea ilicifolia*），以及火棘属、绣线菊属（*Spiraea*）、花楸属（*Sorbus*）、蔷薇属、悬钩子属、山蚂蟥属（*Desmodium*）、胡枝子属、海桐花属、柃属（*Eurya*）、冬青属、花椒属（*Zanthoxylum*）、卫矛属、醉鱼草属（*Buddleija*）、女贞属、山矾属（*Symplocos*）、荚蒾属和忍冬属的部分植物种类。在土层较厚的地方，崖柏被诸如曼青冈（*Cyclobalanopsis oxyodon*）、栲树（*Castanopsis fargesii*）、银木荷（*Schima argentea*）等常绿阔叶树种和拟赤杨（*Alniphyllum fortunei*）、亮叶桦（*Betula luminifera*）等落叶阔叶树种所取代。

3.4.6　生长状况

大巴山自然保护区内，崖柏主要分布于两种生境。一种是石灰岩陡崖上，立地条件较差，呈灌木状，生长较差，更新困难，呈衰退趋势；另一种是生长在地势平缓的河谷上，生长较好，伴生有大量的灌木和草本植物。由于前者更新困难、后者种群较少，整体而言，保护区内崖柏生长状况堪忧。

表 3-14　重庆大巴山国家级自然保护区模式植物名录

序号	科名	科拉丁名	中文名	学名
一	蕨类植物			
1	石杉科	Huperziaceae	四川石杉	*Huperzia sutchueniana*（Herter）Ching
2	石杉科	Huperziaceae	金丝条马尾杉	*Phlegmariurus fargesii*（Herter）Ching

续表

序号	科名	科拉丁名	中文名	学名
3	阴地蕨科	Botrychiaceae	四川阴地蕨	*Botrychium sutchuenense* Ching
4	膜蕨科	Hymenophyllaceae	城口瓶蕨	*Trichomanes fargesii* Christ
5	裸子蕨科	Hemionitidaceae	上毛凤丫蕨	*Coniogramme suprapilosa* Ching
6	蹄盖蕨科	Athyriaceae	短柄蹄盖蕨	*Athyrium brevistipes* Ching
7	蹄盖蕨科	Athyriaceae	中华介蕨	*Dryoahtyrium chinense* Ching
8	蹄盖蕨科	Athyriaceae	刺毛介蕨	*Dryoathyrium setigerum* Ching ex Y. T. Hsieh
9	蹄盖蕨科	Athyriaceae	城口假冷蕨	*Pseudocystopteris remota* Ching
10	铁角蕨科	Aspleniaceae	城口铁角蕨	*Asplenium chengkouense* Ching ex X. X. Kong
11	铁角蕨科	Aspleniaceae	肾羽铁角蕨	*Asplenium humistratum* Ching ex H. S. Kung
12	鳞毛蕨科	Dryopteridaceae	草叶耳蕨	*Polystichum herbaceum* Ching et Z. Y. Liu ex Z. Y. Liu
二	裸子植物			
13	松科	Pinaceae	巴山冷杉	*Abies fargesii* Franch.
14	松科	Pinaceae	巴山松	*Pinus henryi* Mast.
15	松科	Pinaceae	麦吊云杉	*Picea brachytyla*（Franch.）Pritz.
16	松科	Pinaceae	铁杉	*Tsuga chinensis*（Franch.）Pritz.
17	柏科	Cupressaceae	崖柏	*Thuja sutchuenensis* Franch.
18	三尖杉科	Cephalotaxaceae	绿背三尖杉	*Cephalotaxus fortunei* Hook.f. var. *concolor* Franch.
19	红豆杉科	Taxaceae	巴山榧	*Torreya fargesii* Franch.
三	被子植物			
20	杨柳科	Salicaceae	巫山柳	*Salix fargesii* Burkill
21	桦木科	Betulaceae	红桦	*Betula albo-sinensis* Burk.
22	桦木科	Betulaceae	狭翅桦	*Betula chinensis* Maxim.var. *fargesii*（Franch.）P. C. Li
23	桦木科	Betulaceae	香桦	*Betula insignis* Franch.
24	桦木科	Betulaceae	亮叶桦	*Betula luminifera* H. Winkler
25	桦木科	Betulaceae	华千金榆	*Carpinus cordata* Bl.var. *chinensis* Franch.
26	桦木科	Betulaceae	湖北鹅耳枥	*Carpinus hupeana* Hu
27	桦木科	Betulaceae	多脉鹅耳枥	*Carpinus polyneura* Franch.
28	桦木科	Betulaceae	披针叶榛	*Corylus fargesii*（Franch.）Schneid.
29	桦木科	Betulaceae	川榛	*Corylus heterophylla* Fisch.ex Trautv. var.*sutchuenensis* Franch.
30	壳斗科	Fagaceae	城口青冈	*Cyclobalanopsis fargesii* Franch.
31	壳斗科	Fagaceae	米心水青冈	*Fagus engleriana* Seem.
32	壳斗科	Fagaceae	水青冈	*Fagus longipetiolata* Seem
33	壳斗科	Fagaceae	巴山水青冈	*Fagus pashanica* C.C.Yang
34	壳斗科	Fagaceae	枇杷叶柯	*Lithocarpus eriobotryoide* Huang et Y.T.Chang
35	荨麻科	Urticaceae	红火麻	*Girardinia suborbiculata* C. J. Chen subsp. *triloba* C. J. Chen
36	檀香科	Santalaceae	重寄生	*Phacellaria fargesii* Lecomte
37	桑寄生科	Loranthaceae	狭茎栗寄生	*Korthalsella japonica*（Thunb.）Engl. var. *fasciculata*（Van.）Tiegh. H.S. Kiu
38	桑寄生科	Loranthaceae	显脉钝果寄生	*Taxillus caloreas*（Diels）Danser var. *fargesii*（Lecamte）H.S.Kiu
39	桑寄生科	Loranthaceae	桑寄生	*Taxillus sutchuenensis*（Lec.）Danser
40	桑寄生科	Loranthaceae	线叶槲寄生	*Viscum fargesii* Lecomte
41	马兜铃科	Aristolochiaceae	川北细辛	*Asarum chinense* Franch.
42	马兜铃科	Aristolochiaceae	铜钱细辛	*Asarum debile* Franch.
43	马兜铃科	Aristolochiaceae	城口细辛	*Asarum chenkoense* Z.L.Yang

序号	科名	科拉丁名	中文名	学名
44	马兜铃科	Aristolochiaceae	短柱细辛	*Asarum brevistylum* Fr.
45	马兜铃科	Aristolochiaceae	苕叶细辛	*Asarum fargesii* Fr.
46	毛茛科	Ranunculaceae	大麻叶乌头	*Aconitum cannabifolium* Franch. ex Finet et Gagnep.
47	毛茛科	Ranunculaceae	白色松潘乌头	*Aconitum sungpanense* Hand.-Mazz. var.leucanthum W.T.Wang
48	毛茛科	Ranunculaceae	蜀侧金盏花	*Adonis sutchuanensis* Franch.
49	毛茛科	Ranunculaceae	多花铁线莲	*Clematis dasyandra* Maxim.var. *polyantha* Finet et Gagnap.
50	毛茛科	Ranunculaceae	宽柄铁线莲	*Clematis otophora* Franch.ex Finet et Gagnep.
51	毛茛科	Ranunculaceae	黄连	*Coptis chinensis* Franch.
52	毛茛科	Ranunculaceae	毛茎翠雀花	*Delphinium hirticaule* Franch.
53	毛茛科	Ranunculaceae	纵肋人字果	*Dichocarpum fargesii*（Franch.）W. T. Wang et Hsiao
54	毛茛科	Ranunculaceae	西南唐松草	*Thalictrum fargesii* Franch.ex Finet et Gagnep.
55	木通科	Sargentodoxaceae	猫儿屎	*Decaisnea insignis*（Griff.）Hook. f et Thoms.
56	木通科	Sargentodoxaceae	五枫藤	*Holboellia angustifolia* Wall.
57	小檗科	Berberidaceae	单花小檗	*Berberis candidula* Schneid.
58	小檗科	Berberidaceae	城口小檗	*Berberis daiana* T.S.Ying
59	小檗科	Berberidaceae	假豪猪刺	*Berberis soulieana* Schneid
60	小檗科	Berberidaceae	川鄂淫羊藿	*Epimedium fargesii* Franch.
61	樟科	Lauraceae	城口樟	*Cinnamomum chengkouense* N.Chao
62	樟科	Lauraceae	香叶树	*Lindera communis* Hemsl.
63	樟科	Lauraceae	川鄂新樟	*Neocinnamomum fargesii*（Lec.）Kosterm.
64	樟科	Lauraceae	簇叶新木姜子	*Neolitsea confertifolia*（Hemsl.）Merr.
65	罂粟科	Papaveraceae	秦岭紫堇	*Corydalis trisecta* Franch.
66	罂粟科	Papaveraceae	川东紫堇	*Corydalis acuminata* Franch.
67	罂粟科	Papaveraceae	大叶紫堇	*Corydalis temulifolia* Franch.
68	罂粟科	Papaveraceae	毛黄堇	*Corydalis tomentella* Franch.
69	罂粟科	Papaveraceae	北岭黄堇	*Corydalis fargesii* Franch.
70	罂粟科	Papaveraceae	柱果绿绒蒿	*Meconopsis oliveriana* Franch.et Prain ex Prain
71	罂粟科	Papaveraceae	四川金罂粟	*Stylophorum sutchuense*（Fr.）Fedde
72	景天科	Crassulaceae	川鄂八宝	*Hylotelephium bonnafousii*（Hamet.）H. Ohba
73	景天科	Crassulaceae	短蕊景天	*Sedum yvesii* Hamet
74	景天科	Crassulaceae	城口景天	*Sedum bonnieri* Hamet
75	虎耳草科	Saxifragaceae	四川溲疏	*Deutzia setchuenensis* Franch.
76	虎耳草科	Saxifragaceae	棒状梅花草	*Parnassia noemiae* Fr.
77	虎耳草科	Saxifragaceae	城口山梅花	*Philadelphus subcanus* Koehne var. *magdalenae*（Koehne）S.Y.Hu
78	虎耳草科	Saxifragaceae	鄂西茶藨	*Ribes franchetii* Jancz
79	虎耳草科	Saxifragaceae	四川茶藨子	*Ribes setchuense* Jancz.
80	虎耳草科	Saxifragaceae	扇叶虎耳草	*Saxifraga rufescens* var. *flabellifolia* C. Y. Wu et J. T. Pan
81	蔷薇科	Rosaceae	短叶中华石楠	*Photinia beauverdiana* Schneid.var. *brevifolia* Card.
82	蔷薇科	Rosaceae	城口蔷薇	*Rosa chengkouensis* Yu et Ku
83	蔷薇科	Rosaceae	腺刺扁刺蔷薇	*Rosa sweginzowii* Koehne var. *glandulosa* Card.
84	蔷薇科	Rosaceae	长果花楸	*Sorbus zahlbruckneri* Schneid.
85	芸香科	Rutaceae	臭辣吴萸	*Evodia fagesii* Dode
86	芸香科	Rutaceae	湖北吴萸	*Evodia henryi* Dode

序号	科名	科拉丁名	中文名	学名
87	芸香科	Rutaceae	四川吴萸	*Evodia sutchuenensis* Dode
88	芸香科	Rutaceae	刺异叶花椒	*Zanthoxylum dimorphophyllum* Hemsl. var. *spinifolium*（Rehd. et Wils.）Huang
89	芸香科	Rutaceae	巴山花椒	*Zanthoxylum pashanense* N.Chao
90	漆树科	Anacardiaceae	城口黄栌	*Cotinus coggygria* Scop. var. *chengkouensis* Y.T.Wu
91	冬青科	Aquifoliaceae	城口冬青	*Ilex chengkouensis* C.J.Tseng
92	槭树科	Aceraceae	红翅罗浮槭	*Acer fabri* Hance var. *rubrocarpum* Metc.
93	槭树科	Aceraceae	血皮槭	*Acer griseum*（Franch.）Pax
94	槭树科	Aceraceae	四川槭	*Acer sutchuenense* Franch.
95	凤仙花科	Balsaminaceae	川鄂凤仙花	*Impatiens fargesii* Hook.f.
96	凤仙花科	Balsaminaceae	四川凤仙花	*Impatiens setchuanensis* Franch.ex Hook.f.
97	凤仙花科	Balsaminaceae	齿叶凤仙花	*Impatiens sdontophylla* Hook.f.
98	凤仙花科	Balsaminaceae	顶喙凤仙花	*Impatiens compta* Hook.f.
99	凤仙花科	Balsaminaceae	大鼻凤仙花	*Impatiens osuta* Hook.f.
100	凤仙花科	Balsaminaceae	膜叶凤仙花	*Impatiens membranifolia* Fr. ex Kook.f.
101	凤仙花科	Balsaminaceae	细圆齿凤仙花	*Impatiens crenulata* Kook.f.
102	凤仙花科	Balsaminaceae	美丽凤仙花	*Impatiens bellula* Kook.f.
103	凤仙花科	Balsaminaceae	毛柄凤仙花	*Impatiens trichopoda* Kook.f.
104	凤仙花科	Balsaminaceae	透明凤仙花	*Impatiens diaphana* Kook.f.
105	凤仙花科	Balsaminaceae	三角萼凤仙花	*Impatiens trigonosepala* Kook.f.
106	鼠李科	Rhamnaceae	脱毛皱叶鼠李	*Rhamnus rugulosa* Hensl.var. *glabrata* Y. L. Ghen et P. K. Chou
107	葡萄科	Vitaceae	尖叶乌蔹莓	*Cayratia japonica* var. *pseudotrifolia*（W. T. Wang）C. L. Li
108	椴树科	Tiliaceae	杨叶椴	*Tilia populifolia* H.T.Chang
109	猕猴桃科	Actinidiaceae	城口猕猴桃	*Actinidia chengkouensis* C. Y. Chang
110	猕猴桃科	Actinidiaceae	毛蕊猕猴桃	*Actinidia trichogyna* Franch.
111	猕猴桃科	Actinidiaceae	星毛猕猴桃	*Actinidia stellato-pilosa* C.Y.Chang
112	猕猴桃科	Actinidiaceae	毛背藤山柳	*Clematoclethra faberi* Franch.
113	猕猴桃科	Actinidiaceae	粗毛藤山柳	*Clematoclethra strigllosa* Franch.
114	猕猴桃科	Actinidiaceae	心叶藤山柳	*Clematoclethra cordifolia* Franch.
115	堇菜科	Violaceae	犁头叶堇菜	*Viola magnifica* C.J.Wang et X.D.Wang
116	堇菜科	Violaceae	阔紫叶堇菜	*Viola cameleo* H.De Boiss.
117	瑞香科	Thymelaeaceae	城口荛花	*Wikstroemia fargesii*（Lecomte）Domke
118	胡颓子科	Elaeagnaceae	星毛羊奶子	*Elaeagnus stellipila* Rehd.
119	八角枫科	Alangiaceae	稀花八角枫	*Alangium chinense*（Lour.）Harms subsp. *pauciflorum* Fang
120	五加科	Araliaceae	龙眼独活	*Aralia fargesii* Franch.
121	五加科	Araliaceae	人参木	*Chengiopanax fargesii*（Fr.）Shang et J.Y.Huang
122	伞形科	Umbelliferae	管鞘当归	*Angelica pseudoselinum* de Boiss.
123	伞形科	Umbelliferae	城口当归	*Angelica dielsii* H. de Boiss.
124	伞形科	Umbelliferae	曲柄当归	*Angelica fargesii* H. de Boiss.
125	伞形科	Umbelliferae	空心柴胡	*Bupleurum longicaule* Wall. ex DC. var. *franchetii* de Boiss.
126	伞形科	Umbelliferae	紫花大叶柴胡	*Bupleurum longiradiatum* Turcz. var. *porphyranthum* Shan et Y. Li
127	伞形科	Umbelliferae	平截独活	*Heracleum vicinum* de Boiss.
128	伞形科	Umbelliferae	城口独活	*Heracleum fargesii* H.de Boiss.

序号	科名	科拉丁名	中文名	学名
129	伞形科	Umbelliferae	膜苞藁本	*Ligusticum oliverianum*（de Boiss.）Shan
130	伞形科	Umbelliferae	细裂藁本	*Ligusticum tenuisectum* de Boiss.
131	伞形科	Umbelliferae	城口茴芹	*Pimpinella fargesii* de Boiss.
132	伞形科	Umbelliferae	沼生茴芹	*Pimpinella helosciadia* H.de Boiss.
133	伞形科	Umbelliferae	城口东俄芹	*Tongoloa silaifolia*（de Boiss.）Wolff
134	鹿蹄草科	Pyrolaceae	普通鹿蹄草	*Pyrola decorata* H. Andr.
135	鹿蹄草科	Pyrolaceae	皱叶鹿蹄草	*Pyrola rugosa* H. Andr.
136	杜鹃花科	Ericaceae	弯尖杜鹃	*Rhododendron adenopodum* Franch.
137	杜鹃花科	Ericaceae	喇叭杜鹃	*Rhododendron discolor* Franch.
138	杜鹃花科	Ericaceae	麻花杜鹃	*Rhododendron maculiferum* Franch.
139	杜鹃花科	Ericaceae	四川杜鹃	*Rhododendron sutchuenensis* Franch.
140	杜鹃花科	Ericaceae	粉红杜鹃	*Rhododendron oreodoxa* Franch. var. *fargesii*（Franch.）Chamb. ex Cullen et Chamb.
141	报春花科	Primulaceae	细蔓点地梅	*Androsace cuscutiformis* Franch.
142	报春花科	Primulaceae	大叶点地梅	*Androsace mirabilis* Franch.
143	报春花科	Primulaceae	四川点地梅	*Androsace sutchuenensis* Franch.
144	报春花科	Primulaceae	管茎过路黄	*Lysimachia fistulosa* Hand.-Mazz.
145	报春花科	Primulaceae	山萝过路黄	*Lysimachia melampyroides* R.Kunth
146	报春花科	Primulaceae	灰绿报春	*Primula cinerascens* Franch.
147	报春花科	Primulaceae	齿萼报春	*Primula odontocalyx*（Franch.）Pax
148	报春花科	Primulaceae	小伞报春	*Primula sertulum* Franch.
149	报春花科	Primulaceae	城口报春	*Primula fagosa* Balf.f.et Craib
150	报春花科	Primulaceae	保康报春	*Primula neurocalyx* Franch.
151	报春花科	Primulaceae	肥满报春	*Primula obsessa* W.W.Smith
152	龙胆科	Gentianaceae	川东龙胆	*Gentiana arethusae* Burk.
153	龙胆科	Gentianaceae	多枝龙胆	*Gentiana myrioclada* Franch.
154	龙胆科	Gentianaceae	二裂深红龙胆	*Gentiana rubicunda* Franch. var. *biloba* T. N. Ho
155	龙胆科	Gentianaceae	二裂母草叶龙胆	*Gentiana vandellioides* Hemsl. var. *biloba* Franch.
156	马鞭草科	Verbenaceae	川黔大青	*Clerodendrum luteopunctatum* Pei et S. L. Chen
157	马鞭草科	Verbenaceae	拟黄荆	*Vitex negundo* Linn. var. *thyrsoides* P'ei et S. L. Liou
158	唇形科	Labiatae	宽叶香茶菜	*Isodon latifolius* C. Y. Wu et Hsuan
159	唇形科	Labiatae	华西龙头草	*Meehania fargesii*（Lévl.）C. Y. Wu
160	唇形科	Labiatae	居间南川鼠尾草	*Salvia nanchuanensis* Sun f. *intermedia* Sun
161	唇形科	Labiatae	岩藿香	*Scutellaria franchetiana* Lévl.
162	玄参科	Scrophulariaceae	威氏通泉草	*Mazus omeiensis* Li
163	玄参科	Scrophulariaceae	川泡桐	*Paulownia fargesii* Franch.
164	玄参科	Scrophulariaceae	华中马先蒿	*Pedicularis fargesii* Franch.
165	玄参科	Scrophulariaceae	疏花马先蒿	*Pedicularis laxiflora* Franch.
166	玄参科	Scrophulariaceae	茄叶地黄	*Rehmannia solanifolia* Tsoong et Chin
167	玄参科	Scrophulariaceae	长梗玄参	*Scrophularia fargesii* Franch.
168	玄参科	Scrophulariaceae	全缘呆白菜	*Triaenophora integra*（Li）Ivanina
169	玄参科	Scrophulariaceae	城口婆婆纳	*Veronica fargesii* Franch
170	紫葳科	Bignoniaceae	川楸	*Catalpa fargesi* Bur.

续表

序号	科名	科拉丁名	中文名	学名
171	苦苣苔科	Gesneriaceae	纤细半蒴苣苔	*Hemiboea gracilis* Franch.
172	苦苣苔科	Gesneriaceae	城口金盏苣苔	*Isometrum fargesii*（Fr.）Burtt
173	苦苣苔科	Gesneriaceae	圆苞吊石苣苔	*Lysionotus involucratus* Franch.
174	苦苣苔科	Gesneriaceae	皱叶后蕊苣苔	*Opithandra fargesii*（Fr.）Burtt
175	爵床科	Acanthaceae	森林马蓝	*Pteracanthus nemorosus*（R.Ben.）C.Y.Wu et C.C.Hu
176	爵床科	Acanthaceae	城口马蓝	*Pteracanthus flexus*（R.Ben.）C.Y.Wu et C.C.Hu
177	茜草科	Rubiaceae	湖北巴戟天	*Morinda hupehensis* S.Y.Hu
178	茜草科	Rubiaceae	西南巴戟天	*Morinda scabrifolia* Y.Z.Ruan
179	忍冬科	Caprifoliaceae	粘毛忍冬	*Lonicera fargesii* Fr.
180	忍冬科	Caprifoliaceae	冠果忍冬	*Lonicera stephanocarpa* R.
181	葫芦科	Cucurbitaceae	四川裂瓜	*Schizopepon dioicus* Cogn. ex. Oliv. var. *wilsonii*（Ganep.）A.M.Lu et Z.Y.Zhang
182	菊科	Compositae	红背兔儿风	*Ainsliaea rubrifolia* Franch.
183	菊科	Compositae	小花三脉紫菀	*Aster ageratoides* Turcz. var. *micranthus* Ling
184	菊科	Compositae	等苞蓟	*Cirsium fargesii*（Franch.）Diels
185	菊科	Compositae	矢叶橐吾	*Ligularia fargesii*（Franch.）Diels
186	菊科	Compositae	簇梗橐吾	*Ligularia tenuipes*（Franch.）Diels
187	菊科	Compositae	黑花紫菊	*Notoseris melanantha*（Franch.）Shih
188	菊科	Compositae	秋海棠叶蟹甲草	*Parasenecio begoniaefolia*（Franch.）Hand.-Mazz.
189	菊科	Compositae	披针叶蟹甲草	*Parasenecio lancifolia*（Franch.）Y.L.Chen
190	菊科	Compositae	白头蟹甲草	*Parasenecio leucocephala*（Franch.）Hand.-Mazz.
191	菊科	Compositae	苞鳞蟹甲草	*Parasenecio phyllolepis*（Franch.）Y. L. Chen
192	菊科	Compositae	川鄂蟹甲草	*Parasenecio vespertilo*（Franch.）Y. L. Chen
193	菊科	Compositae	紫背蟹甲草	*Parasenecio ianthophyllus*（Franch.）Y. L. Chen
194	菊科	Compositae	红毛蟹甲草	*Parasenecio rufiplis*（Franch.）Y. L. Chen
195	菊科	Compositae	蓟状风毛菊	*Saussurea carduiformis* Franch.
196	菊科	Compositae	东川风毛菊	*Saussurea decurrens* Hemsel.
197	菊科	Compositae	川东风毛菊	*Saussurea fargesii* Franch.
198	菊科	Compositae	城口风毛菊	*Saussurea flexuosa* Franch.
199	菊科	Compositae	少花风毛菊	*Saussurea oligantha* Franch.
200	菊科	Compositae	尾尖风毛菊	*Saussurea saligna* Franch.
201	菊科	Compositae	四川风毛菊	*Saussurea sutchuenesis* Franch.
202	菊科	Compositae	大耳风毛菊	*Saussurea macrota* Franch.
203	菊科	Compositae	喜林风毛菊	*Saussurea stricta* Franch.
204	菊科	Compositae	仙客来蒲儿根	*Sinosenecio cyclaminifolius*（Franch.）B.Nord.
205	菊科	Compositae	紫毛蒲儿根	*Sinosenecio villiferus*（Franch.）B. Nord.
206	禾本科	Gramineae	瘦瘠野古草	*Arundinella anomala* var. *depauperata*
207	禾本科	Gramineae	巴山木竹	*Bashania fargesii*（E. G. Camus）Keng f. et Yi
208	禾本科	Gramineae	箭竹	*Fargesia spathacea* Franch.
209	莎草科	Cyperaceae	川东苔草	*Carex fargesii* Franch.
210	莎草科	Cyperaceae	宽叶亲族苔草	*Carex gentilis* Fr. var. *intermedia* Tang et Wang ex L.X.Dai
211	莎草科	Cyperaceae	大果亲族苔草	*Carex gentilis* Fr. var. *macrocarpa* Tang et Wang ex L.X.Dai
212	莎草科	Cyperaceae	城口苔草	*Carex luctuosa* Franch.

续表

序号	科名	科拉丁名	中文名	学名
213	莎草科	Cyperaceae	匍匐苔草	*Carex rochebfuni* Fr. et Sav. subsp. *reptans*（Fr.）S.Y.Liang et Y.C.Tang
214	莎草科	Cyperaceae	长颈苔草	*Carex rhynchophora* Fr.
215	莎草科	Cyperaceae	仙台苔草	*Carex sendaica* Fr.
216	天南星科	Araceae	长耳南星	*Arisaema auriculatum* Buchet
217	天南星科	Araceae	棒头南星	*Arisaema clavatum* Buchet
218	天南星科	Araceae	螃蟹七	*Arisaema fargesii* Buchet
219	天南星科	Araceae	黑南星	*Arisaema rhombiforme* Buchet
220	天南星科	Araceae	褐斑南星	*Arisaema meleagris* Buchet
221	天南星科	Araceae	具齿褐斑南星	*Arisaema meleagris* Buchet var.*sinuatum* Buchet
222	天南星科	Araceae	短苞南星	*Arisaema brevispathum* Buchet
223	灯心草科	Juncaceae	小花灯心草	*Juncus articulatus* L.
224	百合科	Liliaceae	异梗韭	*Allium heteronema* Wang et Tang
225	百合科	Liliaceae	绿花百合	*Lilium fargesii* Franch.
226	百合科	Liliaceae	长梗山麦冬	*Liriope longipedicellata* Wang et Tang
227	百合科	Liliaceae	球药隔重楼	*Paris fargesii* Franch.
228	百合科	Liliaceae	疣叶菝葜	*Smilax stans* Maxia.var.*verruculosifolia* J.M.Xu
229	姜科	Zingiberaceae	川东姜	*Zingiber atrorubens* Gagnep.
230	兰科	Orchidaceae	少花无柱兰	*Amitostigma parceflorum*（Finet）Schltr.
231	兰科	Orchidaceae	城口石豆兰	*Bulbophyllum chrondiophorum*（Gagnep.）Seidenf.
232	兰科	Orchidaceae	天府虾脊兰	*Calanthe fargesii* Finet
233	兰科	Orchidaceae	毛瓣杓兰	*Cypripedium fargesii* Franch.
234	兰科	Orchidaceae	小花杓兰	*Cypripedium micranthum* Franch.
235	兰科	Orchidaceae	单叶厚唇兰	*Epigeneium fargesii*（Finet）Gagnep.
236	兰科	Orchidaceae	城口盆距兰	*Gastrochilus fargesii*（Kraenzl.）Schltr.
237	兰科	Orchidaceae	雅致玉凤花	*Habenaria fargesii* Finet
238	兰科	Orchidaceae	小羊耳蒜	*Liparis fargesii* Finet.
239	兰科	Orchidaceae	裂瓣羊耳蒜	*Liparis fissipetala* Finet
240	兰科	Orchidaceae	花叶对叶兰	*Listera puberula* Maxim. var. *maculata*（Tang et Wang）S.C.Chen et Y.B.Luo
241	兰科	Orchidaceae	圆唇对叶兰	*Listera oblata* S.C.Chen
242	兰科	Orchidaceae	长叶山兰	*Oreorchis fargesii* Finet
243	兰科	Orchidaceae	对耳舌唇兰	*Platanthera finetiana* Schltr.

3.5　孑遗植物

　　大巴山自然保护区位于亚热带，北边有秦岭山脉阻挡，受第四纪冰期影响较小，保留了众多第四纪冰期以前的孑遗物种。如起源于中生代的鹅掌楸，新生代的崖柏、红豆杉、珙桐、穗花杉、领春木、水青树等。其中，大巴山自然保护区是全世界野生崖柏种群数量最大、分布最集中的分布区。这些植物曾经不同程度地经历过地球板块运动或第四纪冰期气候变迁的干扰，在全球目前仅存于少数地区。但在大巴山自然保护区，这些物种仍有集群或散生分布，保存较为完好，是十分珍贵的植物资源和生态记录，为研究古植物、古地理、古气候提供了重要的原始证据，具有重要的科研价值。

3.6　维管植物生活型组成

植物的生活型是植物长期适应外界综合环境在形态上的表型特征，是对环境的综合反应。生活型是植物群落外貌、季相结构特征的决定因素。因此，研究植物生活型有助于了解和掌握植物的群落特征和资源状况。在3571种维管植物中，以分布广、抗逆性强的草本植物最多，有1749种，占总种数的48.96%；灌木次之，有732种，占总种数的20.49%；乔木452种，占总种数的12.65%；藤本639种，占总种数的17.89%（表3-15）。

表 3-15　大巴山自然保护区维管植物生活型组成

类型	乔木	灌木	草本	藤本
蕨类	0	0	1	324
裸子	39	2	0	0
被子	413	730	1747	315
合计	452	732	1749	639
占总种数/%	12.65	20.49	48.96	17.89

3.7　资　源　植　物

目前，植物资源类型的分类还没有统一的标准，本文参照《中国资源植物》（朱太平等，2007），以资源植物的用途及其所含化合物为主要分类标准，将大巴山自然保护区内各种植物的资源类型分为5大类（表3-16）：药用资源、观赏资源、食用资源、蜜源及工业原料。据粗略统计，大巴山自然保护区内共有资源植物2458种（不重复统计）。本处仅列出典型例子简要说明，具体用途详见附表1.2。

表 3-16　大巴山自然保护区维管植物资源类型统计（单位：种）

资源类型	蕨类植物	裸子植物	被子植物	合计	占本区物种总数（3571）的比例/%
药用资源	53	10	1100	1163	32.56
观赏资源	19	15	1785	1829	51.20
食用资源	1	4	291	296	8.29
蜜源	0	0	1964	1965	55.01
工业原料	0	41	980	1021	28.58

3.7.1　药用资源

大巴山自然保护区内有1163种药用植物，占大巴山自然保护区内维管植物物种总数的32.56%。不仅包含大量民间常用药，还有朱砂莲（*Aristolochia tuberosa*）、黄连（*Coptis chinensis*）、淫羊藿（*Epimedium grandiflorum*）、龙眼独活（*Aralia fargesii*）、天麻（*Gastrodia elata*）等名贵中药材。

毛茛科包含众多药用植物，为重要的药用植物大科，大巴山自然保护区内分布有：乌头（*Aconitum carmichaeli*）母根叫乌头，为镇静剂，治风痹，风湿神经痛。侧根（子根）入药，叫附子。有回阳、逐冷、祛风湿的作用。治大汗亡阳、四肢厥逆、霍乱转筋、肾阳衰弱的腰膝冷痛、形寒爱冷、精神不振以及风寒湿痛、脚气等症。升麻（*Cimicifuga foetida*）根茎含升麻碱、水杨酸、鞣质、树脂等，发表透疹，清热解毒，升举阳气，用于风热头痛，齿痛，口疮，咽喉肿痛，麻疹不透，阳毒发斑；脱肛，子宫脱垂等。天葵（*Semiaquilegia adoxoides*），块根药用，有清热解毒、消肿止痛、利尿等作用，治乳腺炎、扁桃体炎、臃肿、瘰疬、小便不利等症；全草又作土农药。

紫金牛科包含了许多药用植物，本地分布的如：百两金（*Ardisia crispa*），根、叶有清热利咽、舒筋活血等功效，用于治疗咽喉痛、扁桃体炎、肾炎水肿及跌打风湿等症。紫金牛（*Ardisia japonica*），为民间常用中药，全株及根供药用，对治疗肺结核、咯血、咳嗽、慢性支气管炎有很好的效果；也治跌打风湿、黄疸肝炎、睾丸炎、白带、闭经等症。

唇形科也包含了许多药用植物，本地分布有夏枯草（*Prunella vulgaris*）和紫背金盘（*Ajuga nipponensis*）等。夏枯草味苦、微辛，性微温，入肝经，祛肝风，行经络。治口眼歪斜，止胫骨疼，舒肝气，开肝郁。紫背金盘全草入药，治肺炎、扁桃腺炎、咽喉炎、气管炎、腮腺炎、急性胆囊炎、肝炎、痔疮肿痛，牙疼、目赤肿痛、黄疸病、便血、妇女血气痛，有镇痛散血的功效；外用治金创、刀伤、外伤出血、跌打损伤、骨折、狂犬咬伤等症。

五加科的白簕（*Acanthopanax trifoliatus*）、楤木（*Aralia chinensis*）及常春藤（*Hedera nepalensis* var. *sinensis*）等都具有重要的药用价值。白簕为民间常用草药，有祛风除湿、舒筋活血、消肿解毒的功效，治感冒、咳嗽、风湿、坐骨神经痛等症。楤木为常用中草药，有镇痛消炎、祛风行气、祛湿活血的功效，根皮治胃炎、肾炎及风湿疼痛，也可外敷刀伤。常春藤全株药用，能够祛风利湿、活血消肿、平肝、解毒。

三叶崖爬藤（*Tetrastigma hemsleyanum*）全株供药用，有活血散瘀、解毒、化痰的作用，临床上用于治疗病毒性脑膜炎、乙型肝炎、病毒性肺炎、黄胆性肝炎，特别是块茎对小儿高烧有特效。

八角莲（*Dysosma versipelle*）根和根茎含抗癌成分鬼臼毒素和脱氧鬼臼毒素等，是民间常用的中草药，有其特殊的解毒功效，化痰散结，祛瘀止痛，清热解毒。主治咳嗽、咽喉肿痛、瘰疬、瘿瘤、臃肿、疔疮、毒蛇咬伤、跌打损伤、痹证。

阔叶十大功劳（*Mahonia bealei*）全株供药用，滋阴强壮、清凉、解毒。根、茎、叶含小檗碱等生物碱。叶：滋阴清热，主治肺结核、感冒。根、茎：清热解毒，主治细菌性痢疾、急性肠胃炎、传染性肝炎、肺炎、肺结核、支气管炎、咽喉肿痛。外用治眼结膜炎、痈疖肿毒、烧、烫伤。

飞龙掌血（*Toddalia asiatica*）根或叶入药，散瘀止血，祛风除湿，消肿解毒。根皮：主治跌打损伤、风湿性关节炎、肋间神经痛、胃痛、月经不调、痛经、闭经；外用治骨折，外伤出血。叶：外用治痈疖肿毒、毒蛇咬伤。

遍地金（*Hypericum wightianum*）全草入药，治日久水泻、久痢赤白，还可治毒蛇咬伤、黄水疮、小儿白口疮、鼻尖及乳腺炎等症。

鸡腿堇菜（*Viola acuminata*）、紫花地丁（*Viola philippica*）为民间常用的草药，全草入药，能清热解毒，排脓消肿。

积雪草（*Centella asiatica*）全草入药，清热利湿、消肿解毒，治痧氙腹痛、暑泄、痢疾、湿热黄疸、砂淋、血淋、吐血、咳血、目赤、喉肿、风疹、跌打损伤等。

黄檗属的秃叶黄檗（*Phellodendron chinense* var. *glabriusculum*）树皮内层经炮制后可入药，味苦、性寒，清热解毒，泻火燥湿。主治急性细菌性痢疾、急性肠炎、急性黄疸型肝炎、泌尿系统感染等症。外用治火烫伤、中耳炎、急性结膜炎等。

大巴山自然保护区内还有一些名贵药材，如：杜仲科植物杜仲（*Eucommia ulmoides*），干燥树皮入药，具补肝肾、强筋骨、降血压、安胎等诸多功效。兰科植物天麻，可治疗头晕目眩、肢体麻木、小儿惊风等症。

3.7.2　观赏资源

自然界可作为观赏的植物资源十分丰富。有草本花卉、灌木花卉及观赏树木花卉；有观花植物、观叶植物、观果植物。大巴山自然保护区内可供观赏的植物有 1829 种，占大巴山自然保护区内维管植物物种总数的 51.19%。蕨类植物多以观叶为主，铁线蕨（*Adiantum capillus-veneris*）、海金沙（*Lygodium japonicum*）、乌蕨（*Sphenomeris chinensis*）、瓦韦（*Lepisorus thunbergianus*）及石韦（*Pyrrosia lingua*）等常用于盆栽或者造景。裸子植物树干笔直，树形优美，大多数都可作为观赏植物，如：银杏、柏木（*Cupressus funebris*）等常被栽培作为行道树。被子植物具有各式的花，蔷薇科、杜鹃花科、锦葵科、报春花科、虎耳草科、蝶形花科、茜草科、菊科、百合科等科有许多花大且颜色多样的种类，是常见的观赏植物。

根据生活型，观赏的乔木类如柳杉（*Cryptomeria fortunei*）、水杉、鹅掌楸、樟（*Cinnamomum camphora*）、黄杞（*Engelhardia roxburghiana*）、灯台树（*Bothrocaryum controversum*）、枫香（*Liquidambar formosana*）、

七叶树（*Aesculus chinensis*）等，树形优美，是良好的观赏树种，可作行道树或园林观赏树种。灌木类如小檗科、金缕梅科、蔷薇科、杜鹃花科、紫金牛科、木犀科的许多植物，形态各异，包含南天竹（*Nandina domestica*）、六月雪（*Serissa japonica*）、火棘（*Pyracantha fortuneana*）、拟木香（*Rosa banksiopsis*）等制作盆景的良好材料。草本类如凤仙花科、报春花科、龙胆科、苦苣苔科、百合科、石蒜科及兰科植物，往往花色艳丽，形态优美，是良好的观花植物。

3.7.3　食用资源

食用植物主要包括粮、果、菜和饮料用植物资源。大巴山自然保护区内的野生植物中共有296种可作为食用资源。特别是大巴山自然保护区内生长着大量野生的中华猕猴桃（*Actinidia chinensis*）。该物种已经被作为一种营养价值极高的水果被选育出，并大量种植。其果实中含亮氨酸、苯丙氨酸、异亮氨酸、酪氨酸、缬氨酸、丙氨酸等十多种氨基酸，含有丰富的矿物质，还含有胡萝卜素和多种维生素，其中维生素C的含量达100mg（每100g果肉中）以上，是柑橘的5～10倍，苹果等水果的15～30倍，有"水果之王"的美誉。

枳椇果序轴肥厚，含糖丰富，可生食。鸡腿堇菜，紫花地丁嫩叶可作蔬菜。胡颓子属植物果实可直接食用或酿酒。南烛（*Lyonia ovalifolia*）也称乌饭树，其果实成熟后酸甜，可食。

缫丝花（*Rosa roxburghii*）别名刺梨，是滋补健身的营养珍果。刺梨的果实是加工保健食品的上等原料，成熟的刺梨肉质肥厚、味酸甜、果实富含糖、维生素、胡萝卜素、有机酸和20多种氨基酸、10余种对人体有益的微量元素，以及过氧化物歧化酶。尤其是维生素C含量极高，是当前水果中最高的，每100g鲜果中含量为841.58～3541.13mg，是柑橘的50倍，猕猴桃的10倍，具有"维生素C之王"的美称。刺梨汁具有阻断*N*-亚硝基化合物在人体内合成并具有防癌作用；对治疗人体铅中毒有特殊疗效。刺梨提取物中有效成分维生素C，有抗衰老、延长女性青春期等作用，刺梨果实可加工果汁、果酱、果酒、果脯、糖果、糕点等。

鸡桑（*Morus australis*）果可生食、酿酒、制醋。尖叶四照花（*Dendrobenthamia angustata*）等四照花属植物，果实成熟时味甜，可食用，也可酿酒。紫苏（*Perilla frutescens*）以食用嫩叶为主，可生食或做汤，嫩叶营养丰富，含有蛋白质、脂肪、可溶性糖、膳食纤维、胡萝卜素、维生素B1、维生素B2、维生素C、钾、钙、磷、铁、锰和硒等成分。紫苏不仅可食叶，其种子也因含有高蛋白、谷维素、维生素E、维生素B1、亚麻酸、亚油酸、油酸、甾醇、磷脂等成分而可食用。

蕺菜（*Houttuynia cordata*）（俗名鱼腥草、折耳根）可炒食、凉拌或做汤。其气味特异，是贵州一大野菜，妇幼老弱特别爱吃，具有浓厚的地方特色，"折耳根炒腊肉"是贵州十大名菜之一。蕺菜营养价值较高，含有蛋白质、脂肪和丰富的碳水化合物，同时含有甲基正壬酮、羊脂酸和月桂油烯等，可入药，具有清热解毒，利尿消肿，开胃理气等功效。蕺菜和腊肉加作料烹制，蕺菜绵中带脆，腊肉香醇，腊肉的美味和蕺菜的异香浑然一体，别有风味，是贵阳人情有独钟的一道美味佳肴。近年民间采挖蕺菜出售和作为特色山野菜食用之风渐盛，尤其在云南、四川、贵州等地，开发利用蕺菜的规模不断扩大，野生资源供不应求，市场价格较高。

3.7.4　蜜源

能分泌花蜜供蜜蜂采集的植物，称为狭义蜜源植物；能产生花粉供蜜蜂采集的植物，称为粉源植物。蜜蜂主要食料的来源，是花蜜和花粉；在养蜂实践上，常把它们通称为蜜源植物。蜜源植物主要包括：主要蜜源植物、辅助蜜源植物、特殊蜜源植物。无论是野生植物或栽培植物凡能提供大量商品蜜的，称为主要蜜源植物；仅能维持蜂群生活和繁殖的，称为辅助蜜源植物。蜜源植物是发展养蜂业的物质基础，一个地区蜜源植物的分布和生长情况，对蜜蜂的生活有着极为重要的影响。

据统计该区共有蜜源植物1965种，占该区物种总数的55.01%。蜜源植物主要集中于蔷薇科、豆科、杜鹃花科、忍冬科、山茶科、十字花科、唇形科、玄参科、菊科、兰科等植物中。

杜鹃花科杜鹃花属植物蜜色浅淡，蜜质优良，蜜为淡琥珀色，味甘甜纯正，适口。

山茶科柃木属（*Eurga*）植物泌蜜量大，蜜蜂喜欢采集。蜜水白色，结晶细腻，有浓郁香气，属上等蜂蜜。枳木属植物有重要价值，是我国生产优质商品蜜的主要蜜源，所产蜂蜜品质极佳，被视为蜜中珍品。

唇形科香薷属植物开花沁蜜约 30 天，新蜜浅琥珀色，味醇正、芳香。广泛分布于我国西北和西南地区。

豆科胡枝子属植物花多、花期长、泌蜜量大。花粉中含有 17 种氨基酸，各类矿物质 16 种，微量元素铁、锰、硫、锌含量也较高。我国南北皆有分布。

菊科许多属植物的开花沁蜜期长，蜜粉丰富，头状花序有利于蜜蜂的繁殖和采蜜。新蜜气味芳香，甜度较高，颇为适口。

菜花蜜浅琥珀色，略混浊，有油菜花的香气，略具辛辣味，贮放日久辣味减轻，味道甜润；极易结晶，结晶后呈乳白色，晶体呈细粒或油脂状。性温，有行血破气、消肿散结、和血补身的功效。

枣花蜜呈琥珀色、深色，因品种不同，蜜汁透明或略油，有光泽。质地黏稠，不易结晶，有时在底部可见少量粗粒结晶。气味浓香，有特殊的浓郁气味（枣花香味）。味道甜腻，甜度大，略感辣喉，回味重。具有枇杷"主治肺热喘咳、胃热呕吐、烦热口渴"的药效，有清肺、泄热、化痰、止咳平喘等保健功效，是伤风感冒、咳嗽痰多患者的理想选择。

益母草蜜含有多种维生素、氨基酸、天然葡萄及天然果糖，常饮有活血去风、滋润养颜的功效。

3.7.5　工业原料

可做工业原料的植物包括：工业用材植物、纤维植物、鞣料植物、染料植物、芳香植物、油料植物、树脂植物及树胶植物等。大巴山自然保护区内共有工业原料植物 1021 种。

工业用材植物如：泡花树（*Meliosma cuneifolia*），木材红褐色，纹理略斜，结构细，质轻，为良材之一。刺楸（*Kalopanax septemlobus*），木质坚硬细腻、花纹明显，是制作高级家具、乐器、工艺雕刻的良好材料。山桐子（*Idesia polycarpa*），木质松软，可作为建筑、家具、器具等的用材。南紫薇（*Lagerstroemia subcostata*），木质坚硬、耐腐，可作农具、家具、建筑等用材。各种榆树（*Ulmus*）木材坚重，硬度适中，力学强度高，具花纹，韧性强，耐磨，为上等用材。

纤维植物如：田麻（*Corchoropsis tomentosa*），茎皮可代替黄麻制作绳索及麻袋。山杨（*Populus davidiana*），茎皮纤维色白，具光泽，可作编织麻袋、搓绳索、编麻鞋等纺织材料。梧桐（*Firmiana platanifolia*），树皮纤维洁白，可用以造纸和编绳等。小黄构（*Wikstroemia micrantha*），茎皮纤维是制作蜡纸的主要原料。羽脉山黄麻（*Trema laevigata*），韧皮纤维可用于制造绳索、人造棉。一把香（*Wikstroemia dolichantha*）富含纤维，为重要的野生纤维植物。

鞣料植物如：白木乌桕（*Sapium japonicum*）、杉木（*Cunninghamia lanceolata*）、构树（*Broussonetia papyrifera*）、青榨槭（*Acer davidii*）、栓皮栎（*Quercus variabilis*）等，其果实、壳斗、树皮或根，均含有较丰富的单宁，经加工后可供制造胶黏剂。

染料植物如：栾树（*Koelreuteria paniculata*）的叶做蓝色染料，花可做黄色染料。异叶鼠李（*Rhamnus heterophylla*），果实为黄色染料。栀子（*Gardenia jasminoides*）果实含栀子黄，为黄色系染料。栀子黄色素为栀子果实提取物，具有着色力强、色泽鲜艳、色调自然、无异味、耐热、耐光、稳定性好、色调不受 pH 的影响、对人体无毒副作用等优点。化香树（*Platycarya strobilacea*）果序及树皮富含单宁，为优良的天然染料。

芳香植物如：川桂（*Cinnamomum wilsonii*），枝叶和果均含芳香油，川桂皮为提取芳香油的好材料。滇白珠（*Gaultheria leucocarpa* var. *crenulata*），枝叶含芳香油 0.5%～0.85%，为提取芳香油（主要成分为水杨酸甲酯）的良好材料。大叶醉鱼草（*Buddleja davidii*）、牛至（*Origanum vulgare*）等，花可提芳香油。峨眉含笑（*Michelia wilsonii*）的花、叶富含挥发性芳香油，可提浸膏。

油料植物如：山桐子，果实、种子均含油。粗糠柴，种子可提油。红椋子（*Swida hemsleyi*），种子榨油可供工业用。光皮梾木（*Swida wilsoniana*），果肉和种子均含有较多油脂，用土法榨油，出油率为 30% 左右，其油的脂肪酸组成以亚油酸及油酸为主，食用价值较高。油茶（*Camellia oleifera*），种子可榨油，茶油色清味香，营养丰富，耐储藏，是优质食用油；也可作为润滑油、防锈油用于工业。

树脂植物如马尾松（*Pinus massoniana*）、漆树（*Toxicodendron vernicifluum*）等，树胶植物如桃（*Amygdalus persica*）等。

第4章　植　被

4.1　植被总体特征

大巴山自然保护区地处大巴山南麓，秦巴山地腹地，处于我国中亚热带和北亚热带的过渡区域，是中国华东、日本植物区系西行，喜马拉雅植物区系东衍，华南植物区系北上与华北的温带植物区系南下的交汇场所，同时还是第四纪冰川期多种生物的"避难所"。生物多样性极高，是我国生物多样性保护的关键区域之一。保护区面积约 136 017hm²，区内山高沟狭，海拔高差变化大，生境差异明显，气候多样，发育形成了多样性极高的独特原始的植被类型。植被的主要特点如下。

4.1.1　群落种类组成丰富，珍稀物种多，植物区系过渡性质明显

大巴山自然保护区是华中植物区系的核心区，其植物资源具有起源古老、区系成分复杂、种类丰富、孑遗植物多和特有种属多的特点。据本次科学考察资料及前期资料综合来看，本区物种种类组成丰富，其中维管植物种类就高达 3572 种；珍稀濒危物种较多，其中包括金毛狗、银杏、红豆杉、巴山榧（*Torreya fargesii*）、崖柏、鹅掌楸、珙桐、光叶珙桐（*Davidia involucrata* var. *vilmoriniana*）、香果树等共 37 种珍稀濒危植物；大巴山自然保护区位于亚热带，植物区系是我国华东、日本植物区系西行，喜马拉雅区系东衍，华南植物区系北上与华北的温带植物区系南下的交接地带，植物区系的过渡性质十分明显。大巴山自然保护区种子植物科的区系成分中，以热带和温带分布为主，热带成分有 71 科，占总科数的 59.17%，温带成分 46 科，占总科数的 38.33%，科的分布体现了植物区系过渡性质的特点。

4.1.2　植被类型多样，植被原始

大巴山自然保护区共有 13 个植被型、18 个植被亚型、37 个群系组、60 个群系，其中植被型占《中国植被》中记载植被型的 50%。原始植被保存较为良好，在大巴山自然保护区的低山谷地分布有常绿阔叶林栲树林、甜槠栲林、包果柯林、城口青冈林等，在中山地段还有巴山松林，在中山以上分布有较多的落叶阔叶林及亚高山常绿针叶林，如城口水青冈林、秦岭冷杉林、青杆林、大果青杆林、巴山冷杉林等森林类型，这些植被保存较好，原始性较强，充分体现了保护区的森林植被多样性及原始性的特点。

4.1.3　海拔高差大，植被垂直分化明显

大巴山自然保护区内地形变化较大，境内分布有高山、丘陵、河流，且大巴山自然保护区内相对海拔高差较大，达到 1931.7m。复杂的地形变化造就了大巴山自然保护区内明显的植被垂直分布特点。随着海拔的升高，植被变化依次为沟谷常绿阔叶林，主要由甜槠栲林、栲树林组成；偏暖性针阔混交林和低中山偏暖性山地常绿、落叶阔叶混交林，主要由马尾松、巴山松（*Pinus henryi*）、华山松（*Pinus armand*）与城口青冈、包石栎（*Lithocarpus cleistocarpus*）、红桦、糙皮桦（*Betula utilis*）、灯台树、野漆树（*Toxicodendron succedaneum*）等形成的针阔混交林和常绿落叶阔叶混交林组成；中山偏暖湿性针叶林主要由华山松林、巴山松林、崖柏林等组成；亚高山偏寒性暗针叶林主要由青杆林、大果青杆林、秦岭冷杉林、巴山冷杉林等组成；山顶亚高山偏寒湿性竹类与亚高山草甸和沼泽，主要包括杂类草草甸及绣线菊沼泽和灯心草沼泽。

4.1.4 主要植被类型突出，植被过渡性质明显

大巴山自然保护区处于中亚热带和北亚热带的过渡区域，同时也临近我国温带和亚热带的分界线，植被分区为中亚热带常绿阔叶林北部亚地带，其常绿阔叶林以典型的栲类林为代表，中山及以上由于垂直分布特点，其植被分布带有暖温带分布的特点，如以山地杨桦林为典型代表的落叶阔叶林中有糙皮桦林、红桦林，此外还有槭属植物形成的血皮槭林等植被类型。山顶有多种寒温性常绿针叶林类型如青杆林、大果青杆林、矩鳞铁杉林、秦岭冷杉林等植被类型。除了森林植被类型体现植被过渡性质外，在灌丛中也有此特点，如从低山的暖性落叶灌丛枹栎-短柄枹栎灌丛、黄荆马桑灌丛开始到中山的皂柳灌丛、黄栌灌丛，最后到山顶的香柏灌丛和大白杜鹃灌丛，也充分体现了保护区植被的过渡性质。

4.1.5 由于前期的开发和破坏，部分植被还未完全得到恢复，临近居民点植被的次生性非常明显

人工松林分布面积广，如大巴山自然保护区内人工栽培的松林主要有华山松林、马尾松林、日本落叶松林。华山松由于具有一定经济价值（松子可食用），栽培较早因而面积较大；人为破坏阔叶林后飞播或人为种植的马尾松和近些年来广泛推广的日本落叶松（*Larix kaempferi*），其在保护区内的分布面积也较大。大巴山自然保护区内的次生栎类林及栎类灌丛较多，主要分布于中低山地段，受人为干扰较大，主要类型有栓皮栎林、锐齿槲栎林、麻栎林、白栎-槲栎灌丛、短柄枹栎灌丛等类型。

大巴山自然保护区生境破碎化现象较为明显。大巴山自然保护区内的高楠、北屏、岚天、河鱼、东安 5 个乡镇驻地、27 个村历经长时期人类开发活动的影响，天然植被破坏严重。区内地势稍为平缓或者有可能砍伐和开垦的地方，天然森林植被均已被开垦为农耕地带或变为人工林，导致区内生境的岛屿化。

综上所述，大巴山自然保护区植被总体具有种类组成丰富、结构复杂、原始性较强、地带性植被典型、植被垂直分布特点突出、植被过渡性质明显以及有一定次生性等特点。

4.2 植被类型及特征

4.2.1 植被分区

按照吴征镒《中国植被》的三级分区，大巴山自然保护区在植被分区上属于亚热带常绿阔叶林区域（植被区域）、东部（湿润）常绿阔叶林亚区域、中亚热带常绿阔叶林北部亚热带（植被地带）、四川盆地，栽培植被、润楠、青冈林区（植被区），分区构成如下。

Ⅳ 亚热带常绿阔叶林区
　Ⅳ A 东部（湿润）常绿阔叶林亚区域
　　Ⅳ Aii 中亚热带常绿阔叶林地带
　　　Ⅳ Aiib 中亚热带常绿阔叶林南部亚地带
　　　　Ⅳ Aiia-6 四川盆地，栽培植被、润楠、青冈林区

4.2.2 植被分类原则

本次考察结果主要按照吴征镒所著《中国植被》中的分类原则并结合《四川植被》的植被分类原则进行划分。按照植物群落学原则或植物群落学-生态学原则，主要以植物群落本生特征作为分类依据，注意群落的生态关系，力求利用所有能够利用的全部特征。具体来说，我们进行群落划分的依据有以下几个方面。

1. 植物种类组成

一定种类组成是一个群落最主要的特征，所有其他特征几乎全由这一特征决定。因此，在进行植被分类时应考虑群落的种类组成。我们选择优势种作为划分类型的标准。

我们把植物群落中各个层或层片中数量最多、盖度最大、群落学作用最明显的种作为优势种。其中，主要层片（建群层片）的优势种称作建群种。如在建群层片中有两个以上的种共同占优势，则使用这些共建种来划分群落类型。

优势种（尤其是建群种）是群落的主要建造者，它们创造了特定的群落环境，并决定其他成分的存在，他们的存在是群落存在的前提。尤其是在自然植被中，这种关系是非常明显的，一旦建群种遭到破坏，它所创造的群落环境也就随之改变，适应特定群落环境的那些生态幅狭窄的种，也将随之消失。优势种与群落是共存亡的，优势种的改变常常使群落由一个类型演替为另一类型。可见，采用优势种原则是符合自然分类要求的。

2. 外貌和结构

外貌和结构相似的植物群落常常存在于环境条件相似的不同生境，这种分隔地区内植被结构和外貌的趋同性，是建立外貌分类的主要依据。但是不应该把结构、外貌的趋同性看成是绝对的，由于植物区系发生的历史不同，在非常相似的生态条件下可能存在种类组成上很不相同的群落。尽管如此，我们仍然将群落的结构和外貌作为植被分类中的重要依据。植被的外貌和结构主要取决于优势种的生活型，因而我们本次在群落类型的划分中，特别是在较高级的分类单位的划分中，重点考虑优势种的外貌以及由其决定的群落结构。

3. 生态地理特征

任何植被类型都与一定的环境特征联系在一起。它们除具有特定的种类成分和特定的外貌、结构外，还具有特定的生态幅度和分布范围。由于历史原因，有时生活型和外貌不一定完全反映现代环境条件，按外貌原则划分的植被类型常常包括异质的类群，因此，我们在植被类型划分中，也考虑群落的生态地理特征。

4. 动态特征

由于分类时采用了优势种原则，并着重群落现状，没有特别分出原生类型（顶级群落）和次生类型（或演替系列类型）。但在具体分类时，特别是在一些小斑块、次生性较强的情况下，我们考虑了群落动态的特征。

综上所述，本次考察按照《中国植被》中的分类原则和要求，以群落本身特征作为依据。但又充分考虑到它们的生态关系和植被动态关系，这是符合植被分类的群落学-生态学原则的。上述指标力图在不同方面反映植物群落的固有特征及其与环境的关系。此外，保护区人工栽培植被较少，且大部分具有一定的自然性质，于是我们并未将人工植被单独列出，只是在详述群系特征时特别指出。

4.2.3　植被类型及特征

根据 4.2.2 所述的《中国植被》的分类原则、单位和系统，以及野外调查样方资料的整理，对大巴山自然保护区的植被类型进行划分。结果表明，大巴山自然保护区植被类型可以划分为 13 个植被型、18 个植被亚型、37 个群系组和 60 个群系（表 4-1），分类序号连续编排按《中国植被》编号所用字符，植被型用罗马字母Ⅰ、Ⅱ、Ⅲ…，植被亚型用一、二、三…，群系组用（一）（二）（三）…，群系用（1）、（2）、（3）…表示。

表 4-1 大巴山自然保护区植被分类系统及植被类型

植被型	植被亚型	群系组	群系
I 寒温性针叶林	一、寒温性落叶针叶林	（一）日本落叶松林	（1）日本落叶松林
	二、寒温性常绿针叶林	（二）铁杉林	（2）矩鳞铁杉林
		（三）云杉、冷杉林	（3）青杆林
			（4）大果青杆林
			（5）秦岭冷杉林
			（6）巴山冷杉林
II 温性针叶林	三、温性常绿针叶林	（四）温性松林	（7）华山松林
			（8）巴山松林
III 暖性针叶林	四、暖性常绿针叶林	（五）暖性松林	（9）马尾松林
		（六）杉木林	（10）杉木林
		（七）柏木林	（11）柏木林
			（12）崖柏林
IV 落叶阔叶林	五、典型落叶阔叶林	（八）栎林	（13）麻栎林
			（14）枹栎林
			（15）锐齿槲栎
			（16）栓皮栎林
			（17）板栗林
		（九）灯台树林	（18）灯台树林
		（十）水青冈林	（19）巴山水青冈林
		（十一）鹅耳枥林	（20）川陕鹅耳枥林
		（十二）枫杨林	（21）枫杨林
		（十三）漆树林	（22）野漆树林
		（十四）槭树林	（23）血皮槭林
		（十五）杜仲林	（24）杜仲林
	六、山地杨桦林	（十六）山地杨桦林	（25）响叶杨林
			（26）糙皮桦林
			（27）红桦林
V 常绿、落叶阔叶混交林	七、山地常绿落叶阔叶混交林	（十七）包果柯、落叶阔叶混交林	（28）包果柯-光叶珙桐-水青树林
		（十八）青冈、常绿落叶阔叶混交林	（29）城口青冈-化香林
VI 常绿阔叶林	八、典型常绿阔叶林	（十九）栲类林	（30）栲树林
			（31）甜槠栲林
		（二十）青冈林	（32）巴东栎-华木荷林
		（二十一）石栎林	（33）包果柯-早春杜鹃林
VII 竹林	九、温性竹林	（二十二）山地竹林	（34）箭竹林
			（35）巴山木竹林
			（36）巴山箬竹林
		（二十三）河谷、平原竹林	（37）慈竹林
VIII 常绿针叶灌丛	十、常绿针叶灌丛	（二十四）常绿针叶灌丛	（38）香柏灌丛
IX 常绿阔叶灌丛	十一、典型常绿阔叶灌丛	（二十五）常绿革叶灌丛	（39）大白杜鹃灌丛
X 落叶阔叶灌丛	十二、温性落叶阔叶灌丛	（二十六）山地中生落叶阔叶灌丛	（40）皂柳灌丛
			（41）粉花绣线菊灌丛
			（42）黄栌灌丛

植被型	植被亚型	群系组	群系
X 落叶阔叶灌丛	十三、暖性落叶阔叶灌丛	（二十七）低山丘陵落叶阔叶灌丛	（43）白栎-短柄枹栎灌丛
			（44）黄荆-马桑灌丛
			（45）木帚枸子-峨眉蔷薇灌丛
		（二十八）石灰岩山地落叶阔叶灌丛	（46）马桑灌丛
			（47）小果蔷薇-火棘灌丛
			（48）火棘灌丛
			（49）皱叶荚蒾-小花八角灌丛
XI 灌草丛	十四、温性灌草丛	（二十九）山地灌草丛	（50）陇东海棠灌草丛
	十五、暖性草丛	（三十）禾草灌草丛	（51）丝茅草丛
			（52）野古草草丛
		（三十一）序叶苎麻草丛	（53）序叶苎麻草丛
		（三十二）蕨类灌草丛	（54）蕨草草丛
		（三十三）菊科类草丛	（55）香青草丛
			（56）一年蓬草丛
XII 草甸	十六、典型草甸	（三十四）杂类草草甸	（57）华中雪莲-鄂西老鹳草草甸
		（三十五）丛生禾草草甸	（58）疏花翦股颖-早熟禾草甸
XIII 沼泽	十七、木本沼泽	（三十六）灌木沼泽	（59）绣线菊、灯芯草沼泽
	十八、草本沼泽	（三十七）禾草沼泽	（60）灯芯草沼泽

4.2.4 群系物种组成及特征

大巴山自然保护区内植被类型多样，我们按照《中国植被》及《四川植被》的分类方法，其最小分类单位分到群系，以下对每一个群系的物种组成、群落结构及分布位置特征进行较为详细的介绍。

（1）日本落叶松（Form. *Larix kaempferi*）。日本落叶松林在大巴山自然保护区内的北屏乡、东安乡、岚天乡、明中乡等低山丘陵区域的河谷、冲击小河滩地带以及居民点附近的山地分布较多，全部为人工种植植被。

由于种植密度及种植时间的差异，大巴山自然保护区内日本落叶松林在不同地方少有差异，但主要为日本落叶松组成的纯林，群落高度约 8m，林下灌木层物种较多，以盐肤木（*Rhus chinensis*）、野桐（*Mallotus japonicus* var. *floccosus*）、马棘（*Indigofera pseudotinctoria*）、全缘火棘（*Pyracantha atalantioides*）、绣球绣线菊（*Spiraea blumei*）等为主，层盖度在 40%～50%；草本层盖度较低，一般以蕨类为主，主要为淡绿金星蕨（*Parathelypteris japonica*），其他还有矮桃又称珍珠菜（*Lysimachia clethroides*）、淫羊藿、夏枯草、荩草（*Arthraxon hispidus*）、丝茅（*Imperata koenigii*）等物种。

（2）矩鳞铁杉林（Form. *Tsuga chinensis* var. *oblongisquamata*）。矩鳞铁杉林在大巴山自然保护区内主要分布于高楠乡、岚天乡、河鱼乡等海拔 1500～2200m 的山坡中、上部，通常散生于阔叶林中。

矩鳞铁杉林多喜光稳定群落，其生境多为峭壁或陡坡砾石堆中。树冠较宽，狭卵形，林冠总覆盖度 70%～85%，层次分明，乔木层除建群种铁杉外，林内常有巴山冷杉、华山松、青杆（*Picea wilsonii*）、西南花楸（*Sorbus rehderiana*）、野漆等树种混生其中，灌木层主要有大白杜鹃（*Rhododendron decorum*）、箭竹（*Fargesia spathacea*）、粉花绣线菊（*Spiraea japonica* var. *acuminate*）、长叶溲疏（*Deutzia longifolia*）、巴东小檗（*Berberis henryana*）、三桠乌药（*Lindera obtusiloba*）、宜昌荚蒾（*Viburnum erosum*）、猫儿刺（*Ilex pernyi*）、陕西卫矛（*Euonymus schensianus*）等物种。草本层主要组成物种有婆婆纳（*Veronica didyma*）、委陵菜（*Potentilla chinensis*）、沿阶草（*Ophiopogon bodinieri*）、东方草莓（*Fragaria orientalis*），此外还有多种蕨类，且苔藓植物组成十分丰富。

（3）青杆林（Form. *Picea wilsonii*）。青杆林在重庆市境内主要分布于大巴山脉的亚高山地区，大巴山自然保护区内主要分布于高楠乡、北屏乡、东安乡、岚天乡等海拔 2000～2300m 的阳坡和半阳坡山地棕色森林土壤上。

外貌呈深绿色，树木高大，林相整齐，成层明显，郁闭度 0.6～0.8，常形成单优势种群落。青杆树较高，区内青杆林高度约 30m，乔木层中除青杆外还有大果青杆、华山松、巴山冷杉（*Abies fargesii*）、椴树（*Tilia tuan*）、糙皮桦等也是重要组成成分；灌木层种类较丰富，阳坡山脊地段处常有箭竹，此外还有肖菝葜（*Heterosmilax japonica*）、华西绣线菊（*Spiraea laeta*）、长串茶藨子（*Ribes longiracemosum*）、金花忍冬（*Lonicera chrysantha*）、桦叶荚蒾（*Viburnum betulifolium*）、陕西卫矛、豪猪刺（*Berberis julianae*）、陕甘花楸（*Sorbus koehneana*）、小果蔷薇（*Rosa cymosa*）、山梅花（*Philadelphus incanus*）等；林下草本层，盖度较低，一般在 10%～30%，常见的较大型草本有糙野青茅（*Deyeuxia scabrescens*）、深山蟹甲草（*Parasenecio profundorum*）、川鄂蟹甲草（*Parasenecio vespertilo*）、七叶鬼灯檠（*Rodgersia aesculifolia*）、栗褐苔草（*Carex brunnea*）；其他还有华中铁角蕨（*Asplenium sareliii*）、瓦韦、大火草（*Anemone tomentosa*）、蛇莓（*Duchesnea indica*）、金挖耳（*Carpesium divaricatum*）等小型草本植物。

（4）大果青杆林（Form. *Picea neoveitchii*）。大果青杆林在重庆市内仅残存于本大巴山自然保护区内，植株数量约 8000 余株，分布稀少，面积不足 200hm²，仅在大巴山自然保护区的北屏乡、岚天乡等乡镇内有分布。

其林下物种组成及林下环境同青杆林十分相似，仅在物种的盖度上少有差异，大果青杆林下的灌木层较青杆林，其盖度较低，即大果青杆林的林下灌木层密度较小，局部地段以箭竹为主。草本层大果青杆林相对较多，主要以蕨类植物、苔藓为主。

（5）秦岭冷杉林（Form. *Abies chensiensis*）。大巴山自然保护区内秦岭冷杉林同大果青杆林一样，其分布面积和分布范围都较为局限，主要是在北屏乡和岚天乡境内海拔 2200m 以上的范围内。

群落外貌同青杆林类似，呈深绿色。据前人 2000 年的考察资料记载，整个重庆市秦岭冷杉植株仅有 61 000 余株，且分布面积为 500 余 hm²，大巴山自然保护区内秦岭冷杉林乔木层结构单一，在纯林中乔木树种仅秦岭冷杉一种，但其面积较小，大部分秦岭冷杉与大果青杆、巴山冷杉、青杆形成混交类型，群落郁闭度较高。

林下物种组成及林下环境与青杆林、大果青杆林类似，不再赘述。

（6）巴山冷杉（Form. *Abies fargesii*）。巴山冷杉林主要分布于四川东北部，沿大巴山、米仓山至西北部岷山。大巴山自然保护区内巴山冷杉主要分布于高楠乡、黄安乡、岚天乡、北屏乡的亚高山地带，其海拔区段大约在 1900～2300m 的阴坡或沟谷。

巴山冷杉冠开展、树干挺拔。林冠整齐，成层明显，郁闭度为 0.6～0.8，树高约 20m，大巴山自然保护区内巴山松纯林面积较少，乔木层中常有红桦、青杆、华山松、糙皮桦、五裂槭（*Acer oliverianum*）等混生其中；林下灌木层多以箭竹、美脉花楸（*Sorbus caloneura*）、青荚叶（*Helwingia japonica*）、粉花绣线菊、宜昌胡颓子（*Elaeagnus henryi*）、猫儿刺、秦岭小檗（*Berberis circumserrata*）、泡叶栒子（*Cotoneaster bullatus*）、小果蔷薇等物种组成，草本层植物常见的有黄水枝（*Tiarella polyphylla*）、川细辛（*Asarum caulescens*）、太白韭（*Allium prattii*）、中华苔草（*Carex chinensis*）、风毛菊、东方草莓等组成。此外在林缘或林内小林窗还有革叶猕猴桃（*Actinidia rubricaulis*）、南五味子（*Kadsura longipedunculata*）、藤山柳（*Actinidia rubricaulis* var. *coriacea*）等层间植物生长。

（7）华山松林（Form. *Pinus armandi*）。华山松林在四川、重庆大巴山一带分布较广，多为小块状。大巴山自然保护区内华山松林一般分布于海拔 1400～2000m 的阴坡或半阴坡，是保护区内华山松林分布最广的常绿针叶林。此次考察记录资料显示，其在高楠乡、北屏乡、东安乡、明中乡等都有大面积分布。

群落外貌绿色，树冠呈塔形或圆锥形，树形美观，乔木层高度一般为 15～20m，群落郁闭度视不同分布地段略有差异，一般郁闭度在 0.5～0.7。此外华山松还与当地栽培经济树种板栗等组成混生群落，野生群落中，乔木层中一般还有马尾松、巴山冷杉、大果青杆、亮叶桦、灯台树、千金榆（*Carpinus cordata*）、槲栎（*Quercus aliena*）、野漆等混生其中，灌木层种类较多，主要有华中山楂（*Crataegus wilsonii*）、箭竹、椋木、宜昌胡颓子、陕西卫矛、长叶胡颓子（*Elaeagnus bockii*）、板栗（*Castanea mollissima*）、猫儿屎（*Decaisnea insignis*）、细枝茶藨子（*Ribes tenue*）、山杨、异叶榕（*Ficus heteromorpha*）、马醉木（*Pieris japonica*）、大披针叶胡颓子（*Elaeagnus lanceolata*）、单叶木蓝（*Indigofera linifolia*）、构树等物种。草本层种类较少，主要有丝茅、栗褐苔草、干旱毛蕨（*Cyclosorus aridus*）等。

（8）巴山松林（Form. *Pinus henryi*）。巴山松林是油松（*Pinus tabulaeformis*）向南分布的替代种，是分布范围较狭窄的亚热带山地常绿针叶树种。大巴山自然保护区内巴山松林主要分布于海拔 800～1500m 的半阴坡。往上常与落叶阔叶混交林或马尾松或山地马桑灌丛相邻。

巴山松林在大巴山自然保护区内的东安乡兴田村及高楠乡齐心村及岭南村境内有分布。群落外貌翠青色，群落郁闭度在 0.6 左右，群落高度约 20m。大巴山自然保护区内巴山松林主要以两种群落类型存在，其一是以巴山松形成的近纯林，该群落类型较小，其二是以巴山松为主的，林内含有少量枫香、麻栎（*Quercus acutissima*）等落叶阔叶树的混交林。此外，巴山松林的乔木层组成树种还有亮叶桦、川陕鹅耳枥（*Carpinus fargesiana*）、巴东栎（*Quercus engleriana*）、化香树等。灌木层物种种类较多，主要有盐肤木、牛奶子（*Elaeagnus pungens*）、箭竹、卫矛（*Euonymus alatus*）、毛黄栌（*Cotinus coggygria* var. *pubescens*）、宜昌荚蒾、广东山胡椒（*Lindera kwangtungensis*）、杜鹃（映山红）（*Rhododendron simsii*）、铁仔（*Myrsine africana*）、豪猪刺、猫儿刺、南方六道木（*Abelia dielsii*）等。草本层比较稀疏的主要是蕨类植物，有金星蕨（*Parathelypteris glanduligera*）、狗脊（*Woodwardia japonica*）、蕨（*Pteridium aquilinum*）等。层间植物在林隙及林缘处分布较多，主要有中华猕猴桃、菝葜（*Smilax china*）、五味子（*Schisandra chinensis*）等。

（9）马尾松林（Form. *Pinus massoniana*）。马尾松林是我国东南部湿润亚热带地区分布最广、资源最大的森林群落。马尾松性喜温暖湿润气候，所在地的土壤为各种酸性基岩发育的黄褐土、黄棕壤，在经淋溶已久的石灰岩上也能生长。马尾松生长快，能长大成径材。当阔叶林屡遭砍伐或火烧后，光照增强，土壤干燥，马尾松首先侵入，逐渐形成天然马尾松林。但马尾松作为一种先锋植物群落，发展到一定阶段，它的幼苗不能在自身林冠下更新，阔叶林又逐渐侵入，代替了马尾松而取得优势。

大巴山自然保护区内马尾松林主要分布于北屏乡、东安乡、河鱼乡境内海拔 1000m 左右的沿峡谷的山坡上，呈块状分布，区内马尾松纯林面积较少，但在山脊、山顶等坡地的阔叶林中少量混生。

此群落中乔木层高度一般较矮，约 10m，林内除以马尾松占优势外，在阳坡山脊、山顶等地段常与华山松组成混交针叶林类型，此外马尾松乔木层还常有槲栎、麻栎、栓皮栎、亮叶桦等混生其中。灌木层种类中盐肤木、宜昌荚蒾、檵木（*Loropetalum chinense*）、山胡椒（*Lindera glauca*）、毛叶木姜子（*Litsea mollifolia*）、火棘、川榛（*Corylus heterophylla*）占优势地位，其他还有云贵鹅耳枥（*Carpinus pubescens*）幼树、山莓（*Rubus corchorifolius*）、野鸦椿（*Euscaphis japonica*）、桦叶荚蒾等。草本层以芒萁（*Dicranopteris pedata*）、狗脊占优势，另外草本成中还有丝茅、五节芒（*Miscanthus floridulus*）、栗褐苔草等物种。

群落灌木层中马尾松幼树或幼苗较少，说明此马尾松群落处于退化阶段，随着演替的推移，此群落可能被阔叶林群落替代。

（10）杉木林（Form. *Cunninghamia lanceolata*）。杉木林广泛分布于东部亚热带地区，它和马尾松林、柏木林组成我国东部亚热带的三大常绿针叶林类型。目前大多是人工林，少量为次生自然林。杉木适生于温暖湿润、土壤深厚、静风的山凹谷地。土壤以土层深厚、湿润肥沃、排水良好的酸性红黄壤，山地黄壤和黄棕壤最适宜，石灰性土上生长不良。杉木林一般结构整齐，层次分明。

大巴山自然保护区内杉木林主要分布于海拔 800～1200m 的山坡中下部，大巴山自然保护区内杉木林主要分布于高楠乡丁安村、左岚乡等乡镇境内。

此群落中，乔木层高度约 13m，除杉木外还混生有少量马尾松、苦槠（*Castanopsis sclerophylla*）、四川山矾（*Symplocos setchuanensis*）等乔木树种，林下层植物中较丰富，灌木层中有细枝柃（*Eurya loquaiana*）、湖北杜茎山（*Maesa hupehensis*）、山胡椒、山莓、盐肤木、算盘子（*Glochidion puberum*）、白栎（*Quercus fabri*）、楤木等；草本层以中华里白（*Diplopterygium chinense*）为优势组成成分，还有狼尾草（*Pennisetum alopecuroides*）、山麦冬（*Liriope spicata*）、里白（*Diplopterygium glaucum*）、山姜（*Alpinia japonica*）、浆果苔草（*Carex baccans*）、栗褐苔草、卷柏（*Selaginella tamariscina*）等。

（11）柏木林（Form. *Cupressus funebris*）。柏木林是四川盆地东部地区主要的森林植被类型之一，在大巴山自然保护区内主要分布于楠天乡、修葺乡、东安乡、明中乡等乡镇海拔 1000m 以下的低山丘陵地段，其分布面积较窄，主要分布于山地农用地附近，在石灰岩发育形成的土壤基质生长良好。

群落外貌苍翠，林冠整齐，群落结构简单，层次分明。种类组成和群落结构随生境的变化和人为因素的影响而异。乔木层一般以柏木为主要优势种，其他还有马尾松、化香树、野漆等，灌木层种类较多，主要有马桑、城口黄栌（*Cotinus coggygria*）、毛黄栌、火棘、黄荆（*Vitex negundo*）等。草本层盖度较高，主要种类有十字苔草（*Carex cruciata*）、中日金星蕨（*Parathelypteris nipponica*）、顶芽狗脊（*Woodwardia unigemmata*）、蜈蚣草（*Pteris vittata*）等。

　　（12）崖柏林（Form. *Thuja sutchuenensis*）。崖柏林现全世界仅残存于我国重庆市大巴山自然保护区内，极为稀有珍贵。本群落其生境较为特殊，主要生长于陡峭石灰岩崖壁或在沟谷河岸带。生长于陡峭崖壁的崖柏由于崖壁土壤基质及营养所限形成小乔木甚至灌木状，生长于沟谷河岸带的崖柏林，群落高度约 7m，且崖柏密度较稀疏，林下灌木及草本茂密。

　　大巴山自然保护区内崖柏林仅分布于咸宜、明中、燕麦，很狭窄。其坡度较陡的石灰岩崖壁生境，由于人为干扰较少，崖柏植株生长较多；沟谷河岸带生境的植株密度较低。

　　（13）麻栎林（Form. *Quercus acutissima*）。麻栎林在大巴山自然保护区内各个乡镇几乎都有分布，主要分布于海拔 800～1500m 的广大山地区域。群落外貌呈黄绿色，林冠整齐，林分组成简单，除麻栎外，其他物种还有栓皮栎、白栎、马尾松等，郁闭度在 0.8 左右，林下灌木层和草本层物种较少，灌木主要有檵木、肖菝葜、小果蔷薇、算盘子、盐肤木、南烛等；草本层主要由芒（*Miscanthus sinensis*）、香青（*Anaphalis sinica*）等物种组成。

　　（14）枹栎林（Form. *Quercus glandulifera*）。枹栎林主要见于左岚乡、岚天乡高岚乡境内海拔 1000～1800m 的亚高山地段，群落外貌在春季为嫩绿色，夏季逐渐变为深绿，秋季呈黄色至秋季落叶。群落物种组成较为简单，乔木层主要以落叶阔叶属树种为主，以栎类占优势，除枹栎（*Quercus glandulifera*）外，还有锐齿槲栎（*Quercus aliena* var. *acuteserrata*）、槲栎、栓皮栎等，其他还有灯台树、化香树等参与乔木层建成；灌木层物种密度较小，主要以短柄枹栎（*Quercus glandulifera* var. *brevipetiolata*）、小果南烛（*Lyonia ovalifolia* var. *elliptica*）、十大功劳（*Mahonia fortune*）、粉条儿菜（*Aletris spicata*）、豪猪刺、枹栎幼树、棣棠（*Kerria japonica*）等物种为主，草本层以唐松草（*Thalictrum przewalskii*）、栗褐苔草、甘肃耧斗菜（*Aquilegia oxysepala* var. *kansuensis*）、七叶鬼灯檠为主，另外，在此群落中我们还在林下草本层发现了金罂粟（*Stylophorum lasiocarpum*）、盘叶忍冬（*Lonicera tragophylla*）等较少见物种，说明此群落所在生境较为良好。

　　（15）锐齿槲栎林（Form. *Quercus aliena* var. *acuteserrata*）。锐齿槲栎林分布于大巴山自然保护区内左岚乡、高楠乡、北屏乡等乡镇境内海拔 1000～2200m 的亚高山阳坡地带，特别是在较缓山坡上，其生长良好，往往形成大面积森林群落。

　　群落外貌较整齐，林木组成较为单纯，乔木层随海拔及小生境条件变化混生不同物种，通常有栓皮栎、枹栎、短柄枹栎、川陕鹅耳枥、糙皮桦、亮叶桦、椴树、华山松等树种混生其中；灌木层主要由四川蜡瓣花（*Corylopsis willmottiae*）、胡枝子（*Lespedeza bicolor*）、三桠乌药、绣球绣线菊、猫儿刺、川榛、瓜木（*Alangium platanifolium*）、峨眉蔷薇（*Rosa omeiensis*）等物种组成；草本层则由丝茅、夏枯草、鼠麹草（*Gnaphalium affine*）、沿阶草、甘肃耧斗菜、粗毛淫羊藿（*Epimedium acuminatum*）、曼茎堇菜（*Viola diffusa*）、过路黄（*Lysimachia christinae*）、三脉紫菀（*Aster ageratoides*）等物种组成。层间植物有野葛（*Pueraria lobata*）、菝葜、南蛇藤（*Celastrus orbiculatus*）、中华猕猴桃（*Actinidia chinensis*）等物种。

　　（16）栓皮栎林（Form. *Quercus variabilis*）。栓皮栎主要分布于大巴山自然保护区内黄安、北屏、东安等乡镇的低山、浅丘地带，海拔 800～1800m 的向阳山坡中、上部及近山脊部。群落外貌黄绿色，林木分布较均匀。乔木层除栓皮栎占绝对优势外，伴生树种还有短柄枹栎、川陕鹅耳枥、槲栎、黄檀（*Dalbergia hupeana*）以及马尾松、杉木等物种。灌木层较稀疏，优势种不明显，主要有毛黄栌、中华胡枝子（*Lespedeza chinensis*）、皱叶荚蒾（*Viburnum rhytidophyllum*）、探春花（*Jasminum floridum*）、狭叶粉花绣线菊（*Spiraea japonica* var. *acuminate*）、马棘、野蔷薇（*Rosa multiflora*）等物种；草本层主要有丝茅、粗毛淫羊藿、七叶鬼灯檠、甘肃耧斗菜等物种。

　　（17）板栗林（Form. *Castanea mollissima*）。大巴山自然保护区内的板栗林基本都是人工种植的经济作物，在各乡镇均有分布，一般为纯林，在某些地段则种植于杂木林中，林中混有核桃树（*Juglans regia*）、漆树、栓皮栎、马尾松等物种。群落生长良好，林下灌木层物种缺失，某些林子内有短柄枹栎、胡颓子（*Elaeagnus pungens*）、桦叶荚蒾、茶（*Camellia sinensis*）等灌木生长，草本层则主要由香青、白酒草（*Conyza japonica*）、丝茅、金星蕨等组成。

（18）灯台树林（Form. *Cornus controversum*）。灯台树为大巴山自然保护区内分布较多的落叶阔叶树种，但纯林较少，主要混生于各种常绿、落叶阔叶混交林或落叶阔叶混交林中，或与其他落叶树种共建群落，在龙田乡、高楠乡、左岚乡、北屏乡、黄安乡等境内中山地段，海拔范围在 1000～1800m 内均有分布。乔木层中常有亮叶桦、糙皮桦、川陕鹅耳枥、化香树、野漆等落叶树种，还有华山松、城口青冈、包果柯（*Lithocarpus cleistocarpus*）等常绿树种；灌木层中物种种类较少，主要为棣棠、山莓、十大功劳、西南卫矛（*Euonymus hamiltonianus*）、胡枝子、短柄枹栎等；草本层主要以七叶鬼灯檠、蕨类为主。层间植物有野葛、南五味子等。

（19）巴山水青冈林（Form. *Fagus pashanica*）。巴山水青冈林是大巴山自然保护区内常见的亚高山落叶阔叶林，分布海拔大约在 1800m，在左岚乡、高楠乡、巴山镇、东安乡、黄安乡等乡镇均有分布。除巴山水青冈林外，巴山水青冈（*Fagus pashanica*）与川陕鹅耳枥的混交林较多。

群落内乔木层中还有其他物种如糙皮桦、华山松、楠竹（*Phyllostachys heterocycla*）、锐齿槲栎、枹栎等参与组成，层高在 15～18m。灌木层主要物种为棣棠、小果南烛、榕叶冬青（*Ilex ficoidea*）、短柄枹栎等，草本层主要由齿叶橐吾（*Ligularia dentata*）、鼠尾草（*Salvia japonica*）、糙苏（*Phlomis umbrosa*）、秋海棠叶蟹甲草（*Parasenecio begoniaefolia*）、铜钱细辛（*Asarum debile*）、活血丹（*Glechoma longituba*）等组成，在不同地段其生长情况有较大差异。

（20）川陕鹅耳枥林（Form. *Carpinus fargesiana*）。川陕鹅耳枥林，其分布海拔梯段较低，约 1200～1800m，往上则与巴山水青冈等形成混交林，群落生境主要为半阳坡或阳坡较陡的中山或亚高山地带，川陕鹅耳枥在大巴山自然保护区内较广泛分布，但主要是混生于其他森林类型当中，以其为建群种的较少，主要分布于左岚乡、高楠乡等乡镇境内。

乔木层主要树种为川陕鹅耳枥、华山松、化香树、椴树、灯台树、红桦、糙皮桦等物种，灌木层种类较多，主要为箭竹、棣棠、卫矛、十大功劳、川陕鹅耳枥幼树、美丽马醉木（*Pieris formosa*）、小果南烛、冬青等物种；草本层则主要有浆果苔草、中日金星蕨、沿阶草、川细辛、荔枝草（*Salvia plebeia*），偶尔有兰科植物分布于林下。

（21）枫杨林（Form. *Pterocarya stenoptera*）。枫杨林是喜湿的落叶林类，主要分布于大巴山自然保护区内较大河流的两岸河滩处。乔木层中除了枫杨外，还有柏树、桤木（*Alnus cremastogyne*）等参与乔木层物种组成，由于其主要分布于低山河流两岸处，受人为干扰较大，林下灌木、草本层盖度较大。灌木层主要由多花木蓝（*Indigofera amblyantha*）、火棘、马棘、杭子梢（*Campylotropis macrocarpa*）、黄荆、马桑等组成，草本层中主要由狗脊、金星蕨、凤尾蕨（*Pteris cretica* var. *nervosa*）、风毛菊、苏门白酒草（*Conyza sumatrensis*）、三脉紫菀等物种组成。此外，层间植物较为发达，主要由食用葛藤（*Pueraria edulis*）、崖爬藤（*Tetrastigma obtectum* var. *glabrum*）、葎草（*Humulus scandens*）、拉拉藤（*Galium aparine* var. *Echinospermum*）、多花铁线莲（*Clematis dasyandra* var. *polyantha*）、菝葜、大金刚藤（*Dalbergia dyeriana*）、猕猴桃（*Actindia* sp.）等组成。

（22）野漆树林（Form. *Toxicodendron succedaneum*）。野漆树林主要分布在左岚乡、高楠乡、北屏乡等海拔 1500～2000m 的山坡中下部、沟谷旁或村落旁。其乔木层通常伴生红桦、亮叶桦、灯台树、四照花（*Dendrobenthamia* var. *Chinensis*）、锐齿槲栎、槲栎、椴树等阔叶树，某些地段混生华山松、马尾松、杉木等组成混交林。

灌木层主要由中华青荚叶（*Helwingia chinensis*）、小果冬青、马桑、细枝茶藨子、阔叶十大功劳等物种组成；草本层由山地凤仙花（*Impatiens monticolo*）、盾叶唐松草、牛膝（*Achyranthes bidentata*）、虎耳草（*Saxifraga stolonifera*）、青绿苔草（*Carex brevicalmis*）、三脉紫菀等物种组成；层间植物由中华猕猴桃、中华栝楼（*Trichosanthes rosthornii*）、常春藤、三叶崖爬藤等组成。

此外，大巴山自然保护区内，左岚乡、高楠乡等地还有一些人工种植的漆树林。

（23）血皮槭林（Form. *Acer griseum*）。血皮槭林在保护区内主要分布于高岚乡、北屏乡、岚天乡等境内海拔 1200～1800m 的中山地段，其立地环境较好，林内湿度较大，林下物种组成较丰富。

群落高度一般在 12m 左右，群落郁闭度 0.75 左右，乔木层主要由血皮槭、化香、五裂槭、野漆等组成，灌木层主要由荷包山桂花（*Polygala arillata*）、粉花绣线菊、西南绣球（*Hydrangea davidii*）、千金榆、棣棠、四川溲疏（*Deutzia setchuenensis*）、虎皮楠（*Daphniphyllum oldhami*）、盐肤木、宽苞十大功劳（*Mahonia eurybracteata*）等物种组成，草本层物种较少，主要由囊吾（*Ligularia sibirica*）、唐松草、红茴香（*Illicium henryi*）等物种组成。此外层间植物有猕猴桃、牛姆瓜（*Holboellia grandiflora*）、粗齿铁线莲（*Clematis argentilucida*）等。

（24）杜仲林（Form. *Eucommia ulmoides*）。杜仲林为保护区内典型人工经济林之一，在保护区内北屏乡、修齐镇、东安乡、河鱼乡等乡镇境内均有种植。由于种植年份、密度及人工管理差异，其群落高度从5～10m 不等。林下灌木物种较少，草本较多，主要为苏门白酒草、飞蓬（*Erigeron acre*）、三脉紫菀、苍耳（*Xanthium sibircum*）、鬼针草（*Bidens pilosa*）、附地菜（*Trigonotis peduncularis*）、婆婆纳、蒲公英（*Taraxacum mongolicum*）、黄鹌菜（*Youngia japonica*）等小型草本物种。

（25）响叶杨林（Form. *Populus adenopoda*）。响叶杨林也是保护区内人工种植经济林之一，主要在黄安坝至东安的沟谷及修齐镇宽阔河滩处见大片栽培，为园林绿化苗圃。种植密度较大，植株高度约 10m，树茎较细。人工抚育较多，所以林下植物物种极少，为常见山地田间杂草。

（26）糙皮桦林（Form. *Betula utilis*）。糙皮桦林在保护区内的北屏乡、高楠乡、岚天乡、河鱼乡等乡镇的中山或亚高山地段较为常见，主要是由于针叶林等被砍伐后形成的次生杂木林。

群落外貌暗绿或黄绿色，林冠较整齐，群落高度约 15m，郁闭度 0.6 左右。乔木层主要为糙皮桦，其他还有五裂槭、川陕鹅耳枥、云贵鹅耳枥、化香、华山松、麦吊云杉等物种参与组成，灌木层主要物种为四川蜡瓣花、西南花楸、狭叶粉花绣线菊、小叶忍冬（*Abelia parvifolia*）、箭竹、醉鱼草（*Buddleja lindleyana*）等。草本层种类较少，盖度较低，约 30%，主要种类有类叶升麻（*Actaea asiatica*）、沿阶草、金星蕨、七叶鬼灯檠等。层间植物很少，偶有杨叶藤山柳（*Clematoclethra actinidioides* var. *populifolia*）、忍冬（*Lonicera japonica*）等物种生长于林隙或林缘处。

（27）红桦林（Form. *Betula albosinensis*）。红桦林同糙皮桦林类似，也是一种次生的落叶阔叶林，保护区内主要见于左岚乡、北屏乡等乡镇境内海拔 1800～2500m 的亚高山区域。

群落外貌夏季呈绿色，渐入秋冬季则群落外貌也渐近黄色，林冠较整齐，群落高度约 16m，郁闭度 0.6 左右。红桦为乔木层建群种，其他还有糙皮桦、巴山冷杉（*Abies fargesii*）、湖北花楸（*Sorbus hupehensis*）、石灰花楸（*Sorbus folgneri*）、华山松、五裂槭、野漆、川陕鹅耳枥等物种；灌木层种类较多，阴湿地段常有巴山箬竹（*Indocalamus bashanensis*）、箭竹等小径竹类组成灌木层优势种，其他较干旱地段以白檀（*Symplocos paniculata*）、粉花绣线菊、黄杨（*Buxus sinica*）、杜鹃、峨眉蔷薇、竹叶花椒（*Zanthoxylum planispinum*）、栒子（*Cotoneaster* sp.）、轮叶木姜子（*Litsea elongata* var.*subverticillat*）、川榛、三桠乌药、湖北小檗（*Berberis gagnepainii*）、山梅花等物种组成，林下草本层主要由七叶鬼灯檠、唐松草、风毛菊、浆果苔草等种类组成。层间植物有三叶木通（*Akebia trifoliata*）、华中五味子（*Schisandra sphenanthera*）、猕猴桃等种类。

（28）包果柯-光叶珙桐-水青树林（Form. *Lithocarpus cleistocarpus*，*Davidia involucrata* var. *vilmoriniana*，*Tetracentron sinense*）。包果柯-光叶珙桐-水青树林在保护区内主要生长于北屏乡和岚天乡一带立地环境较好的阴湿沟谷地带，且沟谷内常有蚂蝗分布。乔木层分为两层，第一层优势种为包果柯，其他物种还有少脉椴（*Tilia paucicostata*）、青冈（*Cyclobalanopsis glauca*）、糙皮桦等物种，层平均高度约 15m；第二层为珙桐-水青冈组成，其他物种还有华中樱桃（*Cerasus conradina*）、四照花、中华槭（*Acer sinense*）、连香树等，层平均高度约 8m。

灌木层组成物种种类较少，主要有猫儿刺、胡颓子、小果南烛、八角枫（*Alangium chinense*）、山梅花、腊莲绣球（*Hydrangea strigosa*）；草本层主要为荨麻科冷水花属（*Pilea*）、楼梯草属植物组成，另外还有少量鳞毛蕨科（Dryopteridaceae）、凤仙花（*Impatiens balsamina*）、栗褐苔草等植物分布其中。

（29）城口青冈-化香林（Form. *Cyclobalanopsis faigesii*，*Platycarya strobilacea*）。城口青冈-化香林为常绿阔叶、落叶混交林。保护区内主要分布于东安乡、厚坪乡、高楠乡、岚天乡海拔 800～1500m 的中山地带。在某些生境较好的稍高海拔段的阴坡地带主要以城口青冈为优势建群种，在干旱坡地则是化香为优势建群种，群落高度一般在 15～18m。

乔木层主要树种包括包果柯、野樱桃、糙皮桦、中华槭、椴树、川陕鹅耳枥等物种；灌木层主要由盐肤木、小果冬青（*Ilex micrococca*）、城口桤叶树（*Clethra fargesii*）、胡枝子、腊莲绣球、粉花绣线菊、杜鹃、湖北小檗、三桠乌药、棣棠、中国旌节花（*Stachyurus chinensis*）、猫儿刺等种类组成；林下草本层主要由栗褐苔草、窃衣（*Torilis scabra*）、短毛独活（*Heracleum moellendorffii*）、大火草、香青、天蓝变豆菜（*Sanicula coerulescens*）、长波叶山蚂蝗（*Desmodium sinuatum*）等组成。层间植物有华中五味子、中华猕猴桃和四叶葎（*Galium bungei*）。

（30）栲树林（Form. *Castanopsis fargesii*）。栲树林为典型亚热带常绿阔叶林植被，由于保护区内海拔起点较高，因此，栲树林在保护区内分布范围较局限，分布面积也较小。区内栲树林主要小片残存分布于左岚乡、高楠乡、黄安乡、箭岭乡、明中乡和咸宜乡等海拔 850m 以下的河谷两岸及浅丘地带，在 850～1000m 的阴湿沟谷处也有其分布的痕迹。

栲树林群落外貌暗绿灰色，群落郁闭度在 0.8 左右，乔木层组成物种除栲树为主外，还有青冈、城口青冈、曼青冈、利川润楠（*Machilus ichangensis*）、甜槠栲（*Castanopsis eyrei*）、川桂、香叶子（*Lindera fragrans*）等，灌木树种主要有岗柃（*Eurya groffii*）、崖花海桐（*Pittosporum illicioides*）、五叶鸡爪茶（*Rubus playfairianus*）、异叶梁王茶（*Nothopanax davidii*）、杜茎山（*Maesa japonica*）、长叶胡颓子、三桠乌药等。草本层分布较为稀疏，层盖度约 30%，以蕨类植物为主，如里白、狗脊、大瓦韦（*Lepisorus macrosphaerus*）、美丽复叶耳蕨（*Arachniodes speciosa*），其他如珍珠菜、碎米莎草（*Cyperus iria*）、禾叶山麦冬（*Liriope graminifolia*）、蝴蝶花（*Iris japonica*）、草珊瑚（*Sarcandra glabra*）等是草本层的重要组成成分。

林内阳光较好处常有香花崖豆藤（*Millettia dielsiana*）、三叶木通、珍珠莲（*Ficus sarmentosa*）、常春藤等多种层间植物生长。

（31）甜槠栲林（Form. *Castanopsis eyrei*）。甜槠栲林同栲树林一样在保护区内分布较为狭窄，且群落外貌与栲树林类似，甜槠栲一般散分布于其他栲树为建群种的群落中。保护区内甜槠林主要分布于巴山、修齐、桃园、燕麦和高楠的团结一带。

甜槠栲林乔木层主要组成物种除甜槠栲外还有栲树、润楠、城口青冈、曼青冈等物种，灌木层中以盐肤木、细枝柃、野鸦椿、朱砂根（*Ardisia crenata*）、杜茎山、湖北杜茎山、宜昌木姜子（*Litsea ichangensis*）、蜡瓣花（*Corylopsis sinensis*）等为主。草本层中层盖度较高，约 70%，以蝴蝶花、山姜、中华短肠蕨（*Allantodia chinensis*）为主。

（32）巴东栎-华木荷林（Form. *Quercus engleriana, Schima sinensis*）。巴东栎又叫小叶青冈，巴东栎-华木荷林是以巴东栎和华木荷为建群种的常绿阔叶林群落，巴东栎-华木荷林较成片分布于北屏乡、岚天乡、河鱼乡一带海拔区段在 950～1600m 的中山，尤其是在坡度较大的山坡中下部或沟谷两侧生长较好，偶尔在这些地段形成巴东栎群落或华木荷群落。

群落外貌外貌整齐，总盖度约 85%，不同小生境条件下混生不同的植物，乔木层除巴东栎和华木荷（*Schima sinensis*）外，还有领春木、米心水青冈（*Fagus engleriana*）、川黔千金榆（*Carpinus fangiana*）、锐齿槲栎、包果柯、巴山桤、椴树等混生其中。灌木层主要有腺萼马银花（*Rhododendron bachii*）、杭子梢、荷包山桂花、华中栒子（*Cotoneaster silvestrii*）、猫儿屎、毛叶木姜子、山梅花、湖北小檗、粉花绣线菊、悬钩子蔷薇（*Rosa rubus*）等种类。草本层主要由大百合（*Cardiocrinum giganteum*）、玉簪（*Hosta plantaginea*）、吉祥草（*Reineckea carnea*）、黄花油点草（*Tricyrtis maculata*）、升麻、花脸细辛（*Asarum splendens*）、粗毛淫羊藿、橐吾、盾叶唐松草、贯众（*Cyrtomium fortunei*）等物种组成。

（33）包果柯林（Form. *Lithocarpus cleistocarpus*）。包果柯又称包石栎，属壳斗科石栎属植物，因此包果柯林又称为石栎林，在亚高山地带较为常见，在保护区内较为成片分布于黄安乡、东安乡、厚坪乡及一字梁北坡中山较向阳的杂林中。

群落内乔木层混生物种种类丰富，主要有城口青冈、大叶青冈（*Cyclobalanopsis jenseniana*）、领春木、椴树、糙皮桦、锐齿槲栎等物种，亚乔木层中主要由南烛、小果南烛、灌木层主要物种有南烛、小果南烛、荷包山桂花、猫儿屎、绒叶木姜子（*Litsea wilsonii*）等物种组成。草本层主要由大百合、橐吾、盾叶唐松草、山麦冬、东方荚果蕨（*Matteuccia orientalis*）等物种组成。

（34）箭竹林（Form. *Fargesia spathacea*）。箭竹林主要分布于保护区内北屏乡、左岚乡、黄安乡、高楠乡等象征境内的亚高山，海拔 2000m 以上的山脊梁上，常生长于亚高山针叶林下及落叶阔叶混交林下，但局部地段也形成箭竹的单优势群落，盖度较大，约 80%。群落高度约 2～3m，林下物种组成简单，主要有春兰（*Cymbidium goeringii*）、七叶一枝花（*Paris polyphylla*）、花脸细辛等物种。

（35）巴山木竹林（Form. *Bashania fargesii*）。巴山木竹林分布于保护区内海拔 800～2000m 的中山，在本保护区内分布面积较大。其群落结构较简单，保护区内巴山木竹林群落高度在不同地段略有差异，一般在 3～6m，径粗在 2～4cm。林下物种较少，主要有丝茅、龙牙草（*Agrimonia pilosa*）等物种。

（36）巴山箬竹林（Form. *Indocalamus bashanensis*）。巴山箬竹林在保护区内主要分布于八台山和一字梁等区域，同其他小径竹类群落类似，主要以巴山箬竹形成单优势群落，植株较密，群落高度约 2～3m，林下物种组成简单。

（37）慈竹林（Form. *Neosinocalamus affinis*）。慈竹林在保护区内仅分布于低山海拔 500～1000m 的沟谷或农家房前屋后，群落高度及生长状况各有差异，最高者群落高度约 15m，主要为当地居民人工种植竹类，林下有些地段有大量蝴蝶花分布，物种组成较简单。

（38）香柏灌丛（Form. *Sabina pingii* var. *wilsonii*）。香柏灌丛主要分布于蓼子、桃园、明中、燕麦和神田、光头山及黄安坝的高海拔区域，群落高度约 2～3m，物种组成较简单，灌木层主要由香柏组成，其他还有少量的柳属、湖北海棠（*Malus hupehensis*）、胡枝子等混生其中，草本层主要以禾本科和菊科植物为主，其他科属植物较少。

（39）大白杜鹃灌丛（Form. *Rhododendron decorum*）。大白杜鹃灌丛在保护区内主要分布于左岚、高楠、岚天、箭竹等地的中山及亚高山地段，群落高度约 3m，大白杜鹃为灌木层优势种，其他如马桑、峨眉蔷薇等也是其灌木层组成成分，草本层主要由西南银莲花（*Anemone davidii*）、菊科蓟属和禾本科（Gramineae）植物组成。

（40）皂柳灌丛（Form. *Salix wallichiana*）。皂柳灌丛由于其分布海拔较高，主要见于八台山、一字梁等处，呈现斑块状分布，灌木层主要是皂柳，其他物种较少，草本层主要是鹅观草（*Roegneria kamoji*）、泽漆（*Euphorbia helioscopia*）、瞿麦（*Dianthus superbus*）等物种。

（41）粉花绣线菊灌丛（Form. *Spiraea japonica* var. *acuminate*）。粉花绣线菊灌丛为山地中生落叶灌丛，分布海拔较高，主要见于黄安坝、光头山等地，灌木层主要是粉花绣线菊，另外还有其他绣线菊属的植物参与组成，如翠蓝绣线菊（*Spiraea henryi*）、狭叶粉花绣线菊等，另外还有陇东海棠（*Malus kansuensis*）、湖北山楂（*Crataegus hupihensis*）等，草本层主要有瞿麦、鹅观草等物种。

（42）黄栌灌丛（Form. *Cotinus coggygria*）。黄栌灌丛是以黄栌属（*Cotinus*）植物为主的落叶灌丛，保护区内黄栌属植物组要包括城口黄栌、毛黄栌、粉背黄栌（*Cotinus coggygria* var. *glaucophylla*）几种。主要分布于保护区内咸宜、明通等乡镇境内河岸路边地段。其与黄荆-马桑灌丛、马桑灌丛常间断相邻分布，群落郁闭度较大，高度约 2m。灌木层主要组成物种为黄栌属、马桑、火棘、单叶木蓝、小果蔷薇等物种，草本层有丝茅、窄叶缬菜（*Valeriana stenpptera*）、鼠尾草、小舌紫菀（*Aster albescens*）等物种。

（43）白栎-短柄枹栎灌丛（Form. *Quercus fabri*，*Quercus glandulifera* var. *brevipetiolata*）。保护区内白栎-短柄抱栎灌丛主要分布于巴山镇、修齐镇等乡镇境内的浅丘黄壤地带，白栎、短柄枹栎一般为乔木树种，保护区内白栎和短柄枹栎主要混生于其他落叶阔叶林的乔木树种中，保护区内形成的白栎-短柄枹栎灌丛主要是由于早前砍伐所残留的树桩萌生及幼苗所组成，群落高度约 3m，其他还有如泡叶栒子、山莓、棣棠、多花胡枝子（*Lespedeza floribunda*）、黄荆、马桑、小果蔷薇等物种组成灌木层，而草本层主要由林生沿阶草等物种组成。

保护区除白栎-短柄枹栎形成的次生栎类灌丛外，还有如槲栎、栓皮栎等阔叶落叶灌丛类型，但因为其主要物种组成及群落结构十分类似，故未单独列出，仅在此一并阐述。

（44）黄荆-马桑灌丛（Form. *Vitex negundo*，*Coriaria nepalensis*）。黄荆-马桑灌丛为分布于保护区的低山灌丛，在中山部分的道路两旁也有分布，低山以黄荆、马桑为优势种，在中山以马桑为优势种，黄荆次之，各乡镇境内均有见到。主要灌木物种有黄荆、马桑、单叶木蓝、泡叶栒子、黄栌、小果蔷薇、毛叶绣线梅（*Neillia ribesioides*）、华北绣线菊（*Spiraea fritschiana*）等，草本层主要有丝茅、过路黄、栗褐苔草、金星蕨、楼梯草属等物种，某些地段还有地果（*Ficus tikoua*）、三叶木通、栝楼（*Trichosanthes kirilowii*）、含羞草叶黄檀（*Dalbergia mimosoides*）、中华猕猴桃等层间植物。

（45）木帚栒子-峨眉蔷薇灌丛（Form. *Cotoneaster dielsianus*，*Rosa omeiensis*）。木帚栒子-峨眉蔷薇灌丛主要分布于黄安乡、东安乡和北屏乡的神田及光头山等处，除以木帚栒子（*Cotoneaster dielsianus*）、峨眉蔷薇外，群落中灌木层还有皂柳（*Salix wallichiana*）、陇东海棠、湖北山楂等间或分布，草本层主要由深山蟹甲草、橐吾及禾本科植物组成。

（46）马桑灌丛（Form. *Coriaria nepalensis*）。马桑灌丛在保护区内广泛分布，主要以马桑为优势种所形成的灌丛群落，主要分布于路边，受人为干扰较大，群落内灌木层主要以马桑、小果蔷薇、火棘、柏木、铁仔等物种组成，草本层物种组成与火棘灌丛、黄栌灌丛差异不大。

（47）小果蔷薇-火棘灌丛（Form. *Rosa cymosa*, *Pyracantha fortuneana*）。小果蔷薇-火棘灌丛分布于保护区内阳坡或较干旱地段，也属于次生灌丛，组成灌木层的主要物种除小果蔷薇和火棘外，马桑、金佛山荚蒾（*Viburnum chinshanense*）等也是其常见物种，草本层则主要由芒、苏门白酒草、紫斑风铃草（*Campanula punctata*）、丝茅、香青、蛇莓等物种组成，层间植物有铁线莲、三叶木通、中华栝楼等。

（48）火棘灌丛（Form. *Pyracantha fortuneana*）。火棘灌丛是以火棘为优势物种，小果蔷薇、竹叶花椒等参与形成的刺灌丛，由于主要是单株间距较大，其群落郁闭度较低，约 0.5，草本反而较为发达，主要以三脉紫菀、一年蓬（*Erigeron annuus*）、丝茅等为主。

（49）皱叶荚蒾-小花八角灌丛（Form. *Viburnum rhytidophyllum*, *Illicium micranthum*）。皱叶荚蒾-小花八角灌丛主要见于北屏乡境内海拔 1400～1600m 的河岸阴坡地段，其主要沿河岸分布，群落高度约 3～4m，灌木层主要由皱叶荚蒾和小花八角组成，其他还有臭草（*Melica scabrosa*）、火棘、榕叶冬青等物种，草本层主要有金星蕨、序叶苎麻（*Boehmeria clidemioides* var. *diffusa*）、蛇莓、老鹳草（*Geranium wilfordii*）等物种。

（50）陇东海棠灌草丛（Form. *Malus kansuensis*）。陇东海棠灌草丛主要分布见于北屏乡的神田景区内，呈块状化分布于神田亚高山草甸上，其冠层树种主要是陇东海棠和湖北山楂等灌木树种，但植株密度较小，下层草本以疏花剪股颖（*Agrostis perlaxa*）、金丝草（*Pogonatherum crinitum*）、鹅观草、鄂西老鹳草（*Geranium wilsonii*）、黄苞大戟（*Euphorbia sikkimensis*）、瞿麦等物种为主。

（51）丝茅草丛（Form. *Imperata koenigii*）。丝茅又叫白茅，丝茅草丛主要分布于保护区内低海拔的路边干扰较大的地段，偶有火棘、马桑等灌木树种分布其中，主要以丝茅形成的单优势种为主，其他还有龙牙草、老鹳草、野棉花（*Anemone vitifolia*）等少量分布其中。

（52）野古草草丛（Form. *Arundinella anomala*）。野古草草丛是一种次生性草丛，分布于中山地段，在黄安坝等地有分布，其草丛内偶尔也有少量灌木物种分布，一般为绣线菊（*Spiraea* sp.）、短柄枹栎等物种，其他草本物种还有早熟禾（*Poa annua*）、鹅观草、白茅（*Imperata koenigii*）等。

（53）序叶苎麻草丛（Form. *Boehmeria clidemioides* var. *diffusa*）。序叶苎麻草丛，其分布生境与蕨草草丛类似，但更靠近溪边沟谷，阴湿地段，还有蚂蝗等动物分布于草丛中，其物种组成单一，主要以序叶苎麻为主，其他还有金星蕨、山冷水花（*Pilea japonica*）、蝴蝶花、老鹳草等。

（54）蕨草草丛（Form. *Pteridium aquilinum* var. *latiusculum*）。保护区内蕨草草丛主要分布于北屏乡、岚天乡、黄安乡等乡镇境内的阴湿地段下部坡段，其主要是以金星蕨科、楼梯草属、冷水花属及禾本科植物所组成，群落高度一般约 0.5m 以下，但盖度较大。因金星蕨类植物占主要优势，且有大量禾本科植物参与组成，所以将此类型合并为一类，称蕨草草丛，群系拉丁名用金星蕨科科名为群系名称。

（55）香青草丛（Form. *Anaphalis sinica*）。香青草丛主要见于岚天乡、高楠乡等乡镇境内海拔 1400m 以上的沟谷两岸，其主要分布于弃耕地内，群落高度一般约 30cm，主要由香青、牛蒡（*Arctium lappa*）、黄花蒿（*Artemisia annua*）、一年蓬等组成，形成原因是原有耕地弃耕后，周边的菊科植物快速入侵形成的次生性草丛。

（56）一年蓬草丛（Form. *Erigeron annuus*）。入侵植物一年蓬，其具有较强的入侵性，在保护区内主要分布于居民点周围及其耕地，在弃耕 5 年内的区域形成大面积的单优势种群落，或者形成主要以一年蓬为主的菊科植物，其他还有蓟属的植物、牛蒡、黄花蒿、香青等参与组成，其中，在岚天乡境内一处发现有大面积的一年蓬草丛，草丛中有约 2m 的蓟属植物。

（57）华中雪莲-鄂西老鹳草草甸（Form. *Saussurea veitchiana*, *Geranium wilsonii*）。保护区内的亚高山草甸群落外貌色彩鲜艳，富有季相变化，分层不明显，杂类草层片占优势，种类较多，草甸中物种组成以禾本科植物占优势，但还有许多花色鲜艳的物种参与群落构成，如瞿麦、黄苞大戟、细叶缬草（*Valeriana stenpptera*）、川东龙胆（*Gentiana arethusae*）、流苏龙胆（*Gentiana panthaica*）、橐吾等物种，因此也有"五花草甸"之称。

华中雪莲-鄂西老鹳草草甸以华中雪莲和鄂西老鹳草为优势建群种，其他物种其重要值较小，其具体成分与陇东海棠灌草丛下层草本物种相似。

（58）疏花翦股颖-早熟禾草甸（Form. *Agrostis perlaxa*，*Poa annua*）。疏花翦股颖-早熟禾草甸以疏花翦股颖和早熟禾等禾本科植物为主要优势建群种，其他物种组成与华中雪莲-鄂西老鹳草草甸类似，故不再赘述。

（59）绣线菊沼泽（Form. *Spiraea* sp.）。绣线菊沼泽是在黄安乡发现的亚高山湿地植被类型，其灌木层以绣线菊属为优势种，其中包括粉花绣线菊、翠蓝绣线菊、狭叶粉花绣线菊、疏毛绣线菊（*Spiraea hirsute*）等多种绣线菊，沼泽中的草本主要以灯心草科植物为主。

（60）灯心草沼泽（Form. *Juncus effusus*）。灯心草沼泽见于神田、黄安坝等地的亚高山沼泽类型，其形成原因主要是由于地形下陷形成的亚高山湿地，其主要由多种灯心草科植物组成，包括灯心草（*Juncus effuses*）、野灯心草（*Juncus setchuensis*）、小灯心草（*Juncus bufonius*）等。

4.3　植　被　动　态

大巴山自然保护区地处中亚热带和北亚热带的过渡区域，其地带性植被为亚热带常绿阔叶林。保护区地处大巴山南麓，夏季温度高，但冬季有严寒，因此组成其亚热带常绿阔叶林的树种主要以耐寒的常绿阔叶树种为主，如壳斗科的青冈、城口青冈、包果柯、巴东栎、甜槠栲、栲树，樟科的宜昌润楠（*Machilus ichangensis*）、黑壳楠（*Lindera megaphylla*）等。除分布较广的地带性植被外，保护区在中山及亚高山的主要植被类型是常绿落叶阔叶混交林，或落叶阔叶林和针阔混交林。组成这几种植被类型的落叶树种主要是桦木科的糙皮桦、红桦、云贵鹅耳枥、川陕鹅耳枥，另外还有漆树科的野漆、胡桃科的化香、杨柳科的山杨、壳斗科的栎属植物等物种；常绿树种主要是壳斗科的青冈属（*Cyclobalanopsis*）、石栎属（*Lithocarpus*）；针叶树种主要是常绿针叶树种，在低山常常是马尾松、巴山松和杉木、在中山常是华山松而在亚高山则是铁杉属（*Tsuga*）、云杉属（*Picea*）、冷杉属（*Abies*）为主要组成成分。在保护区的亚高山地段，其分布相对狭窄，常常形成松科为主的亚高山常绿针叶林，主要由松科铁杉属、云杉属、冷杉属植物组成。

大巴山自然保护区内的植被在中山及亚高山地区，其植被原生性较强，特别是常绿阔叶林和亚高山针叶林处于本区植被演替的顶级阶段，此种类型如无人为干扰，则十分稳定；保护区内分布面积较大的常绿阔叶落叶混交林及落叶阔叶林和针阔混交林属于演替中的过渡类型，但具有一定的次生性质，但它们在相当长的一段时间内具有一定的稳定性。此外，大巴山的森林植被在历史上曾经受到过较大破坏，特别是低山地区，常形成次生灌草丛及人工马尾松林、日本落叶松林、杉木林等植被类型。此种类型的植被具有较强的次生性质，但如无人为干扰，此种类型的植被会朝着常绿阔叶林类型的演替方向进行，例如保护区内的日本落叶松林、马尾松林、杉木林内已经开始出现较大比例的常绿阔叶树种的幼苗和幼树，居民点附近及路边的次生灌草丛由于人为干扰较大等因素影响，其演替进程将会十分缓慢。

大巴山自然保护区的植被具有一定的垂直分布特征，从低到高依次是常绿阔叶林、常落叶阔叶混交林、落叶阔叶林、常绿针叶林等几种类型，随着季节变换，群落外貌也呈现一定的颜色变化情况。春季开始，山中的植被外貌基本从冬日的枯枝萧条场景中恢复到绿色；夏季从低山到高山依次呈现的是翠绿色到深绿色的简单颜色变化；夏末，约 10 月份开始，中山的常绿阔叶阔叶混交林和落叶混交林中的落叶树种开始落叶，群落外貌开始呈现五彩的颜色变化，直至 11 月底左右，落叶树种全部落尽，因此保护区的植被外貌季相变化十分明显。

关于植被动态和植被演替，特别值得关注的是大巴山自然保护区内的亚高山常绿针叶林类型和亚高山草甸，此两种类型由于其生境相较保护区内其他类型而言比较特殊，形成目前规模的植被实属不易，其恢复力稳定性较弱，一旦受到人为破坏，将很难再恢复到原有状态，因此对于这两种植被类型应当十分注意保护。

4.4　植被的垂直分布

大巴山自然保护区地理坐标为东经 108°27′07″～109°16′40″，北纬 31°37′27″～32°12′15″，总面积 136 017hm²，其面积虽然很大，但其所跨越的经纬度相差不大，因此，植被分布的水平地带性差异不大。保护区的海拔高差较大，保护区境内最高点光头山，海拔 2685.7m，最低点为西北部田湾，海拔 754.0m，相对高差达 1931.7m，形成山地水热条件的较大差异，因此物种及植被随山体高差变化在垂直梯度上呈现出明显的带状分布。同时，在大巴山不同位置及不同坡向上，垂直带谱还存在一定差异，在此，我们根据不同海拔植被组合的差异，将保护区自然植被综合划分为五个垂直分布带。以下植被垂直带的描述主要是对保护区总体植被现状、植被类型的划分、植被动态及具体群落环境差异决定的植被类型的综合和总结。

4.4.1　沟谷常绿阔叶林、偏暖性针阔混交林带（约 754～1100m）

此林带主要有偏暖性针叶林类型、偏湿性常绿阔叶林类型、低山落叶阔叶林类型以及这些林型所组成的混交林类型。其中偏暖性针叶林类型包括马尾松林和杉木林，偏湿性常绿阔叶林包括栲树林、甜槠栲林，它们所组成的马尾松-麻栎混交林、杉木-甜槠栲林等混交林型，且在此林带间或分布有黄栌灌丛、火棘灌丛、丝茅草丛、蕨草草丛、序叶苎麻草丛等灌丛草丛植被类型及人工毛竹林、慈竹林等竹林。

主要树种有：马尾松、杉木、柏木、铁坚油杉、栲树、甜槠栲、白栎、麻栎、栓皮栎、亮叶桦、板栗。灌木种类主要有：马桑、黄荆、火棘、黄栌、小果蔷薇、单叶木蓝、绣线菊（*Spiraea hirsuta*）等。

4.4.2　低中山偏暖性山地常绿、落叶阔叶混交林带（约 800～1650m）

此林带包括山地常绿阔叶林类型和落叶阔叶林类型，其中山地常绿阔叶林类型主要包括包果柯林、包果柯-早春杜鹃林、包果柯-光叶珙桐-水青树林、城口青冈林等，落叶阔叶林类型主要包括红桦林、糙皮桦林、灯台树林、野漆林、血皮槭林、响叶杨林、麻栎林、锐齿槲栎林、栓皮栎林、板栗林等林型。此外，在此林带还分布有黄栌灌丛、马桑灌丛、火棘灌丛、箭竹林等灌草丛类型。

主要树种有：包果柯、城口青冈、巴山水青冈、巴东栎、红桦、云贵鹅耳枥、川陕鹅耳枥、锐齿槲栎、槲栎、短柄枹栎、亮叶桦、水青树、光叶珙桐、椴树、化香树、枫香树（*Liquidambar formosana*）、领春木、木荷（*Schima superb*）及糙皮桦等。

4.4.3　中山偏暖湿性针叶林带（约 1650～2000m）

此林带由偏暖性和喜湿性的针叶林类型组成，主要包括柏木林、巴山松林、华山松林、崖柏林等针叶林类型。此外还有箭竹林、马桑灌丛等类型。

主要树种有：华山松、巴山松、巴山榧、崖柏、红豆杉、三尖杉（*Cephalotaxus fortunei*）、刺柏（*Juniperus formosana*）、圆柏（*Sabina chinensis*）等。

4.4.4　亚高山偏寒性暗针叶林带（约 1850～2500m）

此林带是由一些耐寒的亚高山针叶林型组成，主要林型包括巴山冷杉林、秦岭冷杉林、大果青杆林、青杆林、矩鳞铁杉林等。此外还有皂柳灌丛、香柏灌丛、大白杜鹃灌丛等间或分布于森林之间。

主要树种有：巴山冷杉、秦岭冷杉、大果青杆、青杆、麦吊云杉、铁杉（*Tsuga chinensis*）、矩鳞铁杉（*Tsuga oblongisquamata*）、香柏（*Sabina squamata* var. *wilsonii*）等。

4.4.5　山顶亚高山偏寒湿性竹类与亚高山草甸带（约 2500～2680m）

此植被带主要包括华中雪莲鄂西老鹳草草甸、疏花翦股颖-华东早熟禾草甸以及多种小径竹类灌丛等类型。主要物种有：箭竹、疏花箭竹（*Fargesia sparsiflora*）、巴山箬竹、华中雪莲（*Saussurea veitchiana*）、鄂西老鹳草、疏花剪股颖等。此外在此植被带还有陇东海棠灌草丛、皂柳灌草丛等植被类型。

综上所述，大巴山自然保护区的各种自然植被，受气候、土壤、地形以及历史等因素影响，呈现明显有规律的垂直带状分布。

第5章 动物物种多样性

5.1 昆虫物种多样性

2000 年重庆大巴山自然保护区管理局编写的《重庆大巴山自然保护区科学考察集》所涉及的昆虫种类有 540 种，其中已鉴定种有 11 目 70 科 378 种，待鉴定种 162 种。本次综合科学考察对昆虫进行了调查，并结合历年来科研单位和大专院校对该保护区有关昆虫调查及研究资料，经整理，大巴山自然保护区已知昆虫共计 884 种。

5.1.1 昆虫物种组成

大巴山自然保护区已知昆虫有 884 种，隶属于 16 目 142 科 596 属。各个目的科、属、种数见表 5-1。从各目种类数量上看，鳞翅目最多，562 种，占大巴山自然保护区昆虫总种数的 63.57%，隶属 42 科 349 属；鞘翅目次之，160 种，占 18.10%，隶属 24 科 106 属；半翅目第三，63 种，占 7.13%，隶属 25 科 59 属；直翅目 23 种，占 2.60%，隶属 9 科 20 属；膜翅目 20 种，占 2.26%，隶属 13 科 18 属，蜻蜓目 15 种，占 1.70%，隶属 8 科 13 属；双翅目 15 种，占 1.70%，隶属 7 科 10 属。种类数量最少是竹节虫目、蜚蠊目和襀翅目，分别仅 1 科 1 属 1 种，各占 0.11%。

表 5-1 大巴山自然保护区昆虫各个目、科、属、种数一览表

目	科数	百分比/%	属数	百分比/%	种数	百分比/%
蜉蝣目 Ephemeroptera	4	2.82	7	1.17	8	0.91
蜻蜓目 Odonata	8	5.64	13	2.18	15	1.70
襀翅目 Plecoptera	1	0.70	1	0.17	1	0.11
螳螂目 Mantodea	1	0.70	2	0.34	2	0.23
竹节虫目 Phasmaodea	1	0.70	1	0.17	1	0.11
蜚蠊目 Blattodea	1	0.70	1	0.17	1	0.11
直翅目 Orthoptera	9	6.34	20	3.35	23	2.60
缨翅目 Thysanoptera	1	0.70	2	0.33	2	0.23
半翅目 Hemiptera	25	17.61	59	9.89	63	7.13
鞘翅目 Coleoptera	24	16.91	106	17.79	160	18.10
广翅目 Megaloptera	1	0.70	2	0.34	4	0.45
脉翅目 Neuroptera	1	0.70	2	0.34	4	0.45
毛翅目 Trichoptera	3	2.11	3	0.50	3	0.34
鳞翅目 Lepidoptera	42	29.58	349	58.56	562	63.57
双翅目 Diptera	7	4.93	10	1.68	15	1.70
膜翅目 Hymenoptera	13	9.16	18	3.02	20	2.26
合计	142	100.00	596	100.00	884	100.00

与 2000 年《重庆大巴山自然保护区科学考察集》记载的昆虫数量比较，增加了 344 种，从目的组成看，新增加蜉蝣目、襀翅目、螳螂目、竹节虫目、蜚蠊目和毛翅目 6 个目。长期以来，在我国昆虫学界，同翅目和半翅目一直作为 2 个并列的昆虫目被广泛使用。近年来，形态学及分子学特征数据的支序分析研究表明，同翅目不是一个自然的单系类群，而是一个人为的并系类群，已不再作为昆虫纲的一个有效目被使用。原 2000 年记载的同翅目的种类归入半翅目。

大巴山自然保护区与重庆市昆虫各个目、科、属、种数比较，昆虫种数占重庆市昆虫种数的 18.75%（表 5-2），这表明大巴山自然保护区的昆虫物种丰富度相当高。

表 5-2　大巴山自然保护区与重庆市昆虫数量比较

种类名称		目数	科数	属数	种数
地区	保护区	16	142	596	884
	重庆市	26	319	2566	4715
保护区所占比例/%		61.54	44.51	23.23	18.75

5.1.2　昆虫组成特点

1. 不同目的科多度

在保护区已知的 16 个目昆虫中，有 142 个科，超过 10 个科的有 4 个目，占目数的 25.00%，分别是鳞翅目 42 科、鞘翅目 24 科、半翅目 25 科和膜翅目 13 科等，共计 104 科，占总科数的 73.24%。

2. 不同科的属种多度

从属的数量看，超过 10 个属的有 13 个科，占总科数的 9.15%。分别是瓢虫科 3 属、天牛科 21 属、螟蛾科 15 属、尺蛾科 35 属、舟蛾科 21 属、灯蛾科 18 属、夜蛾科 34 属、天蛾科 24 属、粉蝶科 10 属、眼蝶科 21 属、蛱蝶科 37 属、灰蝶科 26 属和弄蝶科 18 属等，共计 293 属，占总属数的 49.16%。上述各科，构成保护区昆虫的优势种类。

从种的数量看，超过 20 个种的有 12 个科，占总科数的 8.45%。分别是天牛科 25 种、尺蛾科 46 种、舟蛾科 31 种、灯蛾科 30 种、夜蛾科 38 种、天蛾科 35 种、凤蝶科 22 种、粉蝶科 30 种、眼蝶科 50 种、蛱蝶科 91 种、灰蝶科 45 种和弄蝶科 34 种等，共计 477 种，占总种数的 53.96%。

把各科所包含的属数、种数划为不同数量等级来分析科在各数量等级内所占的比重（图 5-1 和图 5-2）。

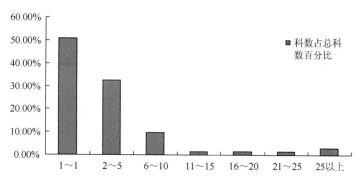

图 5-1　大巴山自然保护区昆虫属数量等级与科的关系

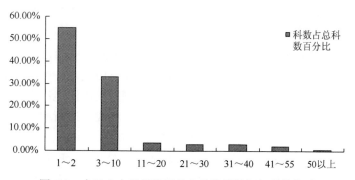

图 5-2　大巴山自然保护区昆虫种数量等级与科的关系

从图 5-1 中可看出，单属科所占比重最高，占总科数的 50.70%；属数在 2～5 个属数量范围内的科次之，占 32.39%。从图 5-2 中可看出，种在 1～2 个种数量范围内的科所占比重最高，占总科数的 54.93%；其次为种数在 3～10 个种数量范围内的科，占 33.09%。从上述属、种数量在各科中的分布可看出，保护区昆虫在各个目的科组成以单属种和种在 1～2 数量范围内的小类群为主体，一般来讲，同一科的种类有着相似性的行为、生物学习性和能量消耗方式。类群小可以充分利用能量，达到资源有效分摊，满足有机体生命过程的完成。这种结构反映出大巴山自然保护区昆虫的群落结构比较稳定。

5.1.3　昆虫区系分析

大巴山自然保护区的昆虫，进行过比较系统深入研究的有蝶类，如刘文萍等在 1999 年 7 月 10 日至 1999 年 8 月 3 日和 2000 年 5 月 27 日至 6 月 3 日，对保护区的蝶类进行过较系统的调查，经鉴定蝶类有 9 科 93 属 184 种，其中，中华虎凤蝶为国家二级保护动物；金裳凤蝶、冰清娟蝶、双星箭环蝶、箭环蝶为国家保护种类。李树恒在 1999 年 7 月和 2000 年 5 月对保护区蝶类垂直分布及多样性进行过调查，鉴定蝶类有 10 科 80 属 138 种。根据本次采集到的标本以及文献记载（刘文萍和邓合黎，2001；李树恒，2003；陈斌等，2010），大巴山自然保护已知蝶类有 12 科 129 属 283 种。就此为代表对保护区昆虫区系进行讨论（表 5-3）。

表 5-3　大巴山自然保护区蝶类组成与区系成分

科名	种类组成		区系成分		
	属	种	东洋种	古北种	广布种
凤蝶科 Papilionidae	8	22	16		6
绢蝶科 Parnassiidae	1	1		1	
粉蝶科 Pieridae	10	30	12	7	11
斑蝶科 Danaidae	1	1	1		
环蝶科 Amathusiidae	2	3	3		
眼蝶科 Satyridae	21	50	33	7	10
蛱蝶科 Nymphalidae	37	91	44	16	31
珍蝶科 Acraeidae	1	1	1		
喙蝶科 Libytheidae	1	1			1
蚬蝶科 Riodinidae	3	4	4		
灰蝶科 Lycaenidae	26	45	28		17
弄蝶科 Hesperiidae	18	34	22	4	8
合计	129	283	164（57.95）	35（12.37）	84（29.68）

注：括号内数据为所占比例

从科级水平的蝶类组成看，其物种由多至少的顺序依次为蛱蝶科（91 种）＞眼蝶科（50 种）＞灰蝶科（45 种）＞弄蝶科（34 种）＞粉蝶科（30 种）＞凤蝶科（22 种）＞蚬蝶科（4 种）＞环蝶科（3 种）＞绢蝶科（1 种）、斑蝶科（1 种）、珍蝶科（1 种）、喙蝶科（1 种）。蛱蝶科种类最多，占大巴山自然保护区蝶类种数的 32.16%；眼蝶科次之，占 17.67%；绢蝶科、斑蝶科、珍蝶科和喙蝶科最少，仅各占 0.35%。

从大巴山自然保护区已知蝶类的区系组成上来看，东洋区种类最多，有 164 种，占总种数 57.95%；广布种次之，有 84 种，占 29.68%，古北区的蝶类最少，有 35 种，占 12.37%。由此可见，大巴山自然保护区以东洋种为主，属于东洋界范畴。

大巴山自然保护区与巫山湿地、四面山和金佛山 3 个处于不同纬度的自然保护区蝶类种类区系组成进行比较（表 5-4）。其结果可看出，四面山东洋种成分最高，大巴山次之，巫山湿地最低；巫山湿地广布种成分最高，金佛山次之，四面山最低；大巴山古北种成分最高，巫山湿地次之，四面山最低。上述可见，随着纬度的增大出现东洋种成分和广布种成分逐渐减少，古北种成分逐渐增加的趋势。此结果可能与各自然保护区的地理位置（经纬度）、海拔、气候、植物分布状况有关。

蝶类是昆虫的一部分，蝶类昆虫区系成分与地理位置（经纬度）、海拔、气候、植物分布等因素密切相关，其蝶类区系成分特征必然反映出该区域的生态地理特点，这与它们所处的地理位置是相一致的。虽然大巴山自然保护区以东洋种为主，属于东洋界范畴，但是由于北邻秦岭以及特殊的自然地理、气候和植被，有较多古北种蝶类适于在此生栖，反映出大巴山自然保护区古北种成分高于巫山湿地、四面山和金佛山 3 个自然保护区，具有较强的向北方区系和秦巴山地过渡的区系性质。大部分古北种向北分布至日本、西伯利亚及欧洲。主要代表性蝶类有冰清绢蝶（*Parnassius glacialis*）、锯纹小粉蝶（*Leptidea serrata*）、白眼蝶（*Melanargia halimede*）、细带闪蛱蝶（*Apatura metis*）、白斑迷蛱蝶（*Mimathyma schrenckii*）、青豹蛱蝶（*Damora sagana*）、花弄蝶（*Pyrgus maculates*）和小赭弄蝶（*Ochlodes venata*）等。

表 5-4　大巴山自然保护区与巫山湿地、四面山和金佛山蝶类种类区系组成比较

地点	地理位置	物种数	东洋种	古北种	广布种
大巴山	108°27′～109°16′E，31°37′～32°12′N	283	164（57.95）	35（12.37）	84（29.68）
巫山湿地	109°64′～110°96′E，31°09′～31°38′N	61	12（19.70）	5（8.20）	44（71.10）
四面山	106°17′～106°30′E，28°31′～28°46′N	155	108（69.70）	6（3.90）	41（26.40）
金佛山	108°27′～109°16′E，31°37′～32°12′N	152	97（63.82）	9（5.92）	46（30.26）

注：括号内数据为所占比例

5.1.4　不同海拔高度物种的多度

大巴山自然保护区最低海拔 481m，最高海拔 2685 m。该保护区植物资源丰富，植被保存完好。虽然这次野外调查未对此进行专项调查，但从 2003 年李树恒对保护区蝶类垂直分布及多样性进行研究表明，从河谷到山顶可概略分为 4 个海拔垂直带（表 5-5）。

表 5-5　大巴山自然保护区蝶类垂直分布及多样性

垂直带	科	属	种	个体数量	多样性指数（H'）	均匀度（J）
农田和人工人林带（800m 以下）	7	36	53	260	3.59	0.90
常绿阔叶林带（800～1200m）	9	61	99	458	4.24	0.92
常绿落叶阔叶混交林带（1200～2000m）	9	53	83	351	4.03	0.91
针叶林及灌丛草坡带（2000～2685m）	4	10	15	36	2.40	0.89

1. 农田和人工林带（800m 以下）

该带采集到蝶类 260 只，计 53 种，分别隶属于 7 科 36 属；占该保护区所捕蝶类总个体数的 23.53%，总物种数的 38.41%。从物种组成上看，蛱蝶科种类最多，灰蝶科次之，凤蝶科和粉蝶科第三，其他科较少。从个体数量上看，灰蝶科个体数量上最多，蛱蝶科和粉蝶科次之，凤蝶科第三，其他科较少。优势种有碧翠凤蝶（*Papilio bianor*）、菜粉蝶（*Pieris rapae*）和直纹稻弄蝶（*Parnara guttata*）3 种。仅分布于本带内的有褐斑凤蝶（*Chilasa agestor*）、蒙链荫眼蝶（*Neope muirheadi*）、柳紫闪蛱蝶（*Apatura ilis*）、曲纹蜘蛱蝶（*Araschnia doris*）、大紫琉璃灰蝶（*Celastrina oreas*）和小黄斑弄蝶（*Ampittia nana*）6 种。

2. 常绿阔叶林带（800～1200m）

该带采集到蝶类 458 只，计 99 种，分别隶属于 9 科 61 属；占该保护区所捕蝶类总个体数的 41.45%，总物种数的 71.74%。从物种组成上看，蛱蝶科种类最多，灰蝶科次之，凤蝶科和眼蝶科第三，其他科较少。从个体数量上看，蛱蝶科个体数量上最多，粉蝶科次之，灰蝶科第三，其他科较少。优势种有麝凤蝶（*Byasa alcinous*）、酪色绢粉蝶（*Aporia potanini*）、黑纹粉蝶（*Pieris melete*）、小环蛱蝶（*Neptis sappho*）和酢浆灰蝶（*Pseudozizeeria maha*）5 种。仅分布于本带内的有褐钩凤蝶（*Meandrusa sciron*）、隐条斑粉蝶（*Delias subnubila*）、大绢斑蝶（*Parantica sita*）、连斑矍眼蝶（*Ypthima sakra*）、黄环蛱蝶（*Neptis themis*）、珂灰蝶（*Cordelia comes*）和白斑蕉弄蝶（*Erionota grandis*）等 26 种。

3. 常绿落叶阔叶混交林带（1200～2000m）

该带采集到蝶类 351 只，计 83 种，分别隶属于 9 科 53 属；占该保护区所捕蝶类总个体数的 31.76%，总物种数的 60.14%。从物种组成上看，蛱蝶科种类最多，眼蝶科次之，粉蝶科第二，其他科较少。从个体数量上看，蛱蝶科个体数量最多，粉蝶科次之，眼蝶科第三，其他科较少。优势种有华北白眼蝶（*Melanargia epimede*）、大艳眼蝶（*Callerebia suroia*）、灿福蛱蝶（*Fabriciana adippe*）、和重环蛱蝶（*Neptis alwina*）4 种。仅分布于本带内的有钩粉蝶（*Gonepteryx rhamni*）、双星箭环蝶（*Stichophthalma neumogeni*）、箭环蝶（*Stichophthalma howqua*）、箭纹粉眼蝶（*Callarge sagitta*）、嘉翠蛱蝶（*Euthalia kardama*）、白带褐蚬蝶（*Abisara fylloides*）、珞灰蝶（*Scolitantides orion*）和豹弄蝶（*Thymelicus leoninus*）等 24 种。

4. 针叶林及灌丛草坡带（2000～2685m）

该带处于山体顶部，蝶类种类最少，只采集到蝶类 36 只，计 15 种，分别隶属于 4 科 10 属；占该保护区所捕蝶类总个体数的 3.26%，总物种数的 10.87%。从种类组成上看，粉蝶科种类最多，眼蝶科次之，其他科较少。从个体数量上看，粉蝶科个体数量上最多，眼蝶科次之，其他科较少。仅分布于本带内的有锯纹小粉蝶 1 种。

从上述看出，大巴山自然保护区的蝶类与其他动物一样具有显著的垂直地带性特点，不同垂直带之间的蝶类物种差异明显。在原始的植被状态下，保护区的蝶类种群的基本规律是随着海拔升高，蝶类物种数、个体数量、物种多样性指数和均匀度指数均递减，海拔 800m 以下为农田和人工人林带，由于在人类活动的长期影响下，原始植被几乎荡然无存，大多数被马尾松、杉及农田栽培植物所代替，导致蝶类物种数、个体数量、物种多样性指数和均匀度低于常绿阔叶林带和常绿落叶阔叶混交林带。这可能是由于植被种类比较单一和人类活动的干扰造成，呈现保护区低海拔地带蝶类物种数量较少，中海拔地带蝶类物种数量较多，高海拔地带蝶类物种数量极少的特点。

常绿阔叶林带内的蝶类物种数、个体数量、物种多样性指数和均匀度指数等指标均高于其他垂直带。表明该生境中的植物种类丰富和空间结构多样，整个生态环境稳定而复杂，有利于不同种类的蝶类生存和繁衍。针叶林及灌丛草坡带蝶类物种数、个体数量、物种多样性指数和均匀度指数等指标最低，表明该垂直带海拔较高，植物稀少，植被结构单一，不利于大多数蝶类种类的生存和繁衍。由此可以得出，各垂直带物种蝶类的种类组成和个体数量与生境的多样性是成正相关的，即生境越复杂多样，在此生存的蝶类物种数也就越多，物种多样性指数也越高，造成差异的主要原因在于植被和海拔高度，植被是提供蝶类生存和繁衍的场所，海拔高度决定了生境中的植被类型同时间接影响蝶类分布。

5.1.5 资源昆虫

昆虫是自然界中一类重要的生物资源，与人类的关系十分密切。昆虫个体相对较小，种类繁多。除了少数种类对人类有害外，绝大多数均对人类是有利或中性的。它们当中，许多昆虫可以被人类作为重要资源加以利用。大巴山自然保护区昆虫资源丰富，可利用昆虫较多。昆虫资源主要包括有害昆虫、天敌昆虫、传粉昆虫、药用昆虫、食用昆虫、观赏昆虫、工业原料昆虫和有益于环保的昆虫。

1. 有害昆虫

有害昆虫会对农林牧业等带来危害，但是它有较高的存在价值，是维持生态平衡的重要因子，对自然界生物群落的稳定及生物种群的发展起着明显的调节和控制作用。2000 年据《城口县志》《四川省森林病虫普查报告》及《四川省森林昆虫名录》记载，保护区内农、经作物害虫主要有 8 目 37 科 83 种，森林害虫主要有 6 目 26 科 77 种。本次考察，主要有害昆虫 167 种，多为直翅目、半翅目、鞘翅目和鳞翅目等种类，其主要危害对象为针叶树、阔叶树、竹类、经济林木。森林害虫对森林资源的破坏起着一定的作用，通过对其调查，摸清其发生发展变化规律，确定防治重点，制订防治计划，减少灾害，对保护森林资源具有现实意义。保护区内的昆虫由于长期对环境的适应，在生物群落中占据着重要的组成成分，因其种类和数量的相对稳定而构成各种群落间的相对稳定。虽然保护区内有害昆虫较多，但真正造成大危害的种类很少，这就反映出有害昆虫的存在价值。

2. 天敌昆虫

保护区的植食性昆虫种类有一些是取食杂草的，它们是防治杂草的自然天敌。肉食性昆虫主要包括捕食性和寄生性两种类型。天敌昆虫捕食或寄生害虫，在各种生态环境中对抑制害虫的种群数量、维持自然生态平衡起重要作用。2000 年据《城口县志》和《四川省森林病虫普查报告》记载，保护区内农作物益虫已经鉴定的有 7 目 14 科 34 种，森林病虫天敌昆虫 18 种。本次调查记录保护区主要天敌昆虫种类有 10 目 30 科 86 种，天敌昆虫类群见表 5-6。主要有蜻蜓目的蜻科、蜓科、色蟌科、蟌科，螳螂目的螳科，半翅目的猎蝽科、蝎蝽科，广翅目的齿蛉科，脉翅目的草蛉科，鞘翅目的虎甲科、步甲科、隐翅虫科、瓢虫科，双翅目的食蚜蝇科和膜翅目的茧蜂科、姬蜂科等昆虫。保护区内大量存在的天敌昆虫对许多害虫起着控制作用，为保护森林资源作出了重大贡献。

表 5-6　大巴山自然保护区天敌昆虫数量统计

目	科数	属数	种数	目	科数	属数	种数
蜻蜓目 Odonata	8	13	15	广翅目 Megaloptera	1	2	4
螳螂目 Mantodea	1	2	2	脉翅目 Neuroptera	1	2	4
襀翅目 Plecoptera	1	1	1	鳞翅目 Lepidoptera	1	1	1
半翅目 Hemiptera	2	6	6	双翅目 Diptera	1	4	6
鞘翅目 Coleoptera	5	19	34	膜翅目 Hymenoptera	9	12	13
				合计	30	62	86

3. 传粉昆虫

昆虫喜花是其特殊的行为和生物学特性，有很多类群成为重要的传粉昆虫，促进了植物的繁衍与发展。同时，由于植物的发展，又为昆虫创造了良好的生存环境，表现出明显的协同进化关系。保护区主要的传粉昆虫为蜜蜂科的种类，如中华蜜蜂（*Apis ceranan*）是重要的传粉昆虫。双翅目的许多类群的成虫也是重要的传粉昆虫，较为典型的是食蚜蝇类，这个类群的多数种类喜欢访花。此外，鞘翅目中许多类群的成虫，如花金龟，鳞翅目蝶类和一些蛾类成虫，缨翅目蓟马也是重要的传粉昆虫，在农作物传粉上起重要作用。

4. 药用昆虫

药用昆虫是指昆虫体本身具有的独特的活性物质可以用于药用的昆虫种类。据程地云等（2002）记载重庆市已知药用昆虫 13 目 45 科 97 种。大多数在保护区内有分布，可以采取有效措施进行利用。保护区药用昆虫主要分布在螳螂目、直翅目、同翅目、鞘翅目、鳞翅目和膜翅目中。如中华稻蝗（*Oxya chinensis*）、东方蝼蛄（*Gryllotlpa orientalis*）干燥成虫入药，螳螂入药主要是它的卵块（螵蛸），蟪蛄的若虫羽化成虫后，若虫脱下的皮在中医学上称为蝉蜕，芜菁科昆虫体内能分泌一种称为芜菁素或斑蝥素的刺激性液体，其药用价值在李时珍的《本草纲目》中记载有破血祛瘀攻毒等功能。金凤蝶（*Papilio machaon*）干燥成虫入药、药材名为茴香虫。上述仅是《中华人民共和国药典》中提到的一些种类，其实，还有很多昆虫的药用价值未被发现。昆虫是很好的药品原材料，因此，研究开发药用昆虫对新药的开发有很大的价值。

5. 食用昆虫

作为一类特殊的食用资源，昆虫体内含有丰富的蛋白质、氨基酸、脂肪类物质、无机盐、微量元素、碳水化合物和维生素等成分。据统计，全世界的食用昆虫有 3000 余种，几乎所有目的昆虫都有人食用。

保护区的昆虫种类中，常见食用昆虫有蝗虫、鳞翅类、鞘翅类、半翅类和膜翅类等的一些成虫或幼虫。

6. 观赏昆虫

昆虫种类颜色丰富，形态多样。保护区观赏昆虫资源丰富。可供观赏的鳞翅目、鞘翅目、直翅目和半翅目昆虫种类有 300 多种。如翩翩起舞的蝶类主要为粉蝶科、眼蝶科、凤蝶科、环蝶科和蛱蝶科以及蛾类的大蚕蛾科、天蛾科等种类，形态奇特的甲虫类如虎甲、鳃金龟、花金龟、丽金龟、天牛、锹甲等，均具有重要的观赏价值。直翅目有鸣叫动听、好斗成性的蟋蟀和鸣声高亢的昆虫有半翅目（Hemiptera）的蝉，竹节虫体形呈竹节状和叶片状，高度拟态，体型较大的蜻蜓姿态优美，色彩艳丽，是人们喜闻乐见的观赏昆虫。对其开发利用，可为人类作出大的贡献。

7. 工业原料昆虫

昆虫虫体及其分泌物在工业上的研究利用，在中国有悠久的历史。保护区用于工业原料的昆虫有蚕蛾科和大蚕蛾科的产丝昆虫，如樗蚕蛾（*Philosamia cynthia*）、柞蚕蛾（*Antheraea pernyi*），蜜蜂科（Apidae）的中华蜜蜂和意大利蜜蜂（*Apis mellifera*）分泌的蜂蜜。

8. 有益于环保的昆虫

昆虫对环境变化十分敏感，利用昆虫对环境污染的不同忍耐程度，可以作为环境指示物，监测环境变化，指示环境质量。保护区有益于环保的昆虫有以下类群：鳞翅目的蝶类对气候和光线非常敏感，许多研究者都认为蝶类很适合作为环境指示物。蜉蝣目、蜻蜓目、广翅目和襀翅目的幼虫对水体环境有较高的敏感度，它们的物种类型和数量与水体环境的水质相关，它们作为水体环境变化的指示昆虫，可以成为监测现有水质量监测工作的重要补充。昆虫对清洁环境也起着很重要作用，如部分昆虫以腐食或其他物质为食物，像微生物一样分解腐烂的物质，被称为天然的清洁工。

5.2　脊椎动物物种多样性

5.2.1　脊椎动物区系

大巴山自然保护区位于秦巴山地、重庆市最北端，是目前重庆市面积最大的生态系统类型自然保护区，以其代表性、过渡性著称，同时还是森林覆盖率最高的区域。在世界动物地理区划中，中国的南方和北方分别属于东洋界和古北界。大巴山北面秦岭一向被视为我国南北方的天然分界线，它对动物的分布也起着重大的影响。郑作新等提出以秦岭作为世界动物地理分区中古北界与东洋界在我国东部的分界线。根据张荣祖（2011）的《中国动物地理》，大巴山位于东洋界中印亚界华中区西部山地高原亚区。保护区内共有陆生脊椎动物 350 种，其中东洋界 170 种，占 48.41%，包括两栖类 21 种，爬行类 16 种，鸟类 98 种，兽类 35 种；古北界 74 种，占 21.33%，均为鸟类；广布种 106 种，占 30.26%，包括两栖类 4 种，爬行类 8 种，鸟类 61 种，兽类 33 种。大巴山位于东部季风区，在更新世冰期和间冰期的轮回中，发生过数次自然地带的南北推移，因此东洋界与古北界成分在区内混杂而形成过渡区。

表 5-7　大巴山自然保护区脊椎动物区系

从属区系	东洋界	古北界	广布种
两栖类	21	0	4
爬行类	16	0	8
鸟类	98	74	61
兽类	35	0	33
合计	170	74	106

5.2.2　哺乳类

大巴山自然保护区有哺乳动物 8 目 26 科 53 属 68 种。各目中以啮齿目最多，有 25 种，其次为食肉目 21 种，偶蹄目 8 种，食虫目 6 种，翼手目 5 种，鳞甲目、灵长目和兔形目各有 1 种。啮齿目中包括鼠科 12 种，松鼠科 5 种，田鼠科 3 种，鼹鼠科 2 种，鼢鼠科、竹鼠科和豪猪科各有 1 种，其中松鼠和鼯鼠生活在森林的灌丛或乔木上，其余种类栖息于林下灌丛、草丛或农田、居民区等。食肉目中有鼬科 8 种，猫科、犬科各 4 种，灵猫科 3 种，熊科和獴科各 1 种。食肉目种类多生活在密林深处，其中犬科、熊科和猫科［豹猫（*Felis bengalensis*）除外］种类为大型兽类，其余种类为中型兽类，在野外黑熊偶尔可见，豹猫、小灵猫（*Viverricula indica*）、黄鼬（*Mustela sibirca*）等偶尔下到农耕区觅食，其余种类难觅其踪迹。偶蹄目中有鹿科 4 种，牛科 2 种，麝科和猪科各 1 种，偶蹄目均为较大型兽类，其中野猪偶尔到农耕区觅食红薯、玉米等，小鹿偶尔到林缘附近活动，其余种类在野外较难见到。灵长目仅有猴科猕猴（*Macaca mulatta*）1 种，呈集群分布。翼手目穴居，多夜晚活动。翼手目、鳞甲目和兔形目多活动于林下灌草丛或农田附近。

5.2.3　鸟类

大巴山自然保护区有鸟类 16 目 50 科 136 属 233 种。非雀形目有 15 目 21 科 56 属 75 种，包括隼形目 11 种，鸽形目 10 种，鸮形目 8 种，䴕形目和鹳形目各 7 种，鸡形目、鸳形目各 6 种，雁形目、鹤形目各 5 种，佛法僧目和鸽形目各 3 种，雨燕目 2 种，鹃鹀目和夜鹰目各 1 种。雀形目有 29 科 80 属 158 种，其中画眉科种类最多，有 25 种；其次为鸫科（Turdidae）有 23 种，莺科（Sylviidae）有 18 种，其余各科种类不足 10 种。在各种生境中，森林鸟类最多，有 89 种；其次为灌丛鸟类，有 76 种；居民区鸟类有 55 种，水域和农耕区鸟类有 27 种，洞穴鸟类和草地鸟类 24 种。各种生境的鸟类中，以居民区和农耕区的鸟类最常见，部分森林鸟类和灌丛鸟类相对少见。

5.2.4　爬行类

大巴山自然保护区有爬行类 2 目 8 科 21 属 24 种。龟鳖目有 2 科 2 属 2 种，分别为淡水龟科潘氏闭壳龟（*Caora pani*）和鳖科的鳖（*Pelodiscus sinensis*）。有鳞目有 6 科 19 属 22 种，其中游蛇科 12 种，蝰科 4 种，石龙子科 3 种，壁虎科、鬣蜥科和蜥蜴科各有 1 种。在生态型中，有水栖静水类型 1 种：潘氏闭壳龟，生活在山溪、岩石缝中，数量稀少；有水栖底栖类型 1 种：鳖，生活于沟塘渠沼、水库及水流较缓的江河中，潜身于水底淤泥之下；有半水栖类型 1 种：大眼斜鳞蛇（*Pseudoxenodon macrops*），生活在常绿阔叶林草丛中，常近水域捕食蛙类；有树栖类型 2 种：福建竹叶青和菜花原矛头蝮（*Protobothrops jerdonii*），福建竹叶青（*Trimeresurus stejnegeri*）生活在山区溪边草丛中、灌木上、岩壁上或石上、竹林中、路边枯枝上、田埂草丛中，多于阴雨天活动，晴天傍晚也可见到，以傍晚及夜间最为活跃，菜花原矛头蝮生活于 1500～3000m 的高山，见于荒草坪、耕地、路边、乱石堆中、灌木丛内、溪边草丛或干树枝上；其余 19 种为陆栖地上类型，多栖息于山地森林灌草丛，荒坡灌草丛或者田野、村舍、竹林及水域附近。

5.2.5　两栖类

大巴山自然保护区有两栖类 2 目 8 科 16 属 25 种。有尾目 2 科 3 属 3 种，分别为小鲵科施氏巴鲵（*Liua shishi*）、秦巴巴鲵（*Odorrana nanjiangensis*）、隐鳃鲵科大鲵（*Andrias daviddianus*）。无尾目 6 科 13 属 22 种，包括蛙科 14 种，其中南江臭蛙（*Odorrana nanjiangensis*）和光雾臭蛙（*Odorrana kuangwuensis*）为本次调查发现的重庆市新纪录，蟾蜍科、树蛙科、姬蛙科各 2 种，树蟾科、角蟾科各 1 种。在生态类型中，有水栖静水类型 3 种：沼水蛙（*Hylarana guentheri*）、饰纹姬蛙（*Microhyla ornata*）、黑斑侧褶蛙（*Pelophylax nigromaculata*）；水栖流溪类型 9 种；树栖类型 3 种；陆栖穴栖静水繁殖型 3 种；陆栖林栖流溪繁殖型 4

种，陆栖林栖静水繁殖型 3 种。

5.2.6　鱼类

大巴山自然保护区有鱼类 5 目 10 科 36 属 44 种。其中鲤形目有 31 种，包括鲤科 21 种，鳅科 3 种，爬鳅科 7 种；鲇形目有 9 种，包括鲇科 2 种，鲿科 6 种，鮡科 1 种；鳉形目有鳉科中华青鳉（*Oryzias latipes*）1 种；合鳃鱼目有合鳃鱼科黄鳝（*Monopterus albus*）1 种；鲈形目有鮨科斑鳜（*Siniperca scherzeri*）和鰕虎鱼科子陵吻鰕虎鱼（*Rhinogobius giurinus*）2 种。

5.3　珍稀濒危及保护动物

5.3.1　IUCN 名录物种

1. 昆虫

大巴山自然保护区没有 IUCN 名录收录昆虫。

2. 脊椎动物

根据中国物种红色名录，保护区内共有濒危物种 10 种，极危物种 3 种，近危物种 23 种，易危物种 27 种，其余种类无危或者数据缺乏未予评估。兽类中，列入濒危的种类有 7 种：穿山甲（*Manis pentadactyla*）、豺（*Cuon alpinus*）、水獭（*Lutra lutra*）、大灵猫（*Viverra zibetha*）、云豹（*Neofelis nebulosa*）、林麝（*Moschus berezovskii*）和斑羚（*Naemorhedus goral*），列为极危的有金猫（*Felis temmincki*）和豹（*Panthera pardus*）2 种，列为近危的有 11 种，易危 17 种，无危 31 种。鸟类中，列为濒危的种类有 2 种：东方白鹳（*Ciconia boyciana*）和毛脚鱼鸮（*Ketupa blakistoni*），其中东方白鹳为迷鸟，仅在 2009 年发现过 1 次 2 只疲惫的成鸟栖息在修齐农耕区附近；列为易危的有 1 种，为白冠长尾雉（*Syrmaticus reevesii*）；列为近危的有 12 种，无危 218 种。爬行类种列为濒危的有尖吻蝮（*Deinagkistrodon acutus*）1 种，列为易危的有鳖、王锦蛇（*Elaphe carinata*）、玉斑丽蛇（*Euprepiophis mandarinus*）、黑眉曙蛇（*Orthriophis taeniura*）、乌梢蛇（*Zaocys dhumnades*）、短尾蝮（*Gloydius brevicaudus*）6 种，其余种类为无危。两栖类中，列入极危的有大鲵 1 种，列为渐危的有隆肛蛙（*Feirana quadranus*）和施氏巴鲵 2 种，列为易危的有棘腹蛙（*Paa boulengeri*）和合江棘蛙（*Paa robertingeri*）2 种，其余 20 种为无危。鱼类中，列为易危的有中华青鳉 1 种，其余种类数据缺乏未予评估。

5.3.2　CITES 名录物种

1. 昆虫

大巴山自然保护区没有 CITES 名录收录昆虫。

2. 脊椎动物

大巴山自然保护区内脊椎动物列入 CITES 附录 I 的共有 4 种，列入 CITES 附录 II 的有 20 种，列入 CITES 附录 III 的有 6 种。兽类中，列入 CITES 附录 I 的有 4 种：黑熊、豹、云豹、斑羚，列入 CITES 附录 II 的有穿山甲、豺、狼（*Canis lupus*）、水獭、豹猫和林麝 6 种，列入 CITES 附录 III 的有赤狐（*Vulpes vulpes*）、黄鼬、香鼬（*Mustela altaica*）、黄腹鼬（*Mustela kathiah*）、小灵猫、大灵猫 6 种。鸟类中，有 13 种被列入 CITES 附录 II：赤腹鹰（*Accipiter soloensi*）、苍鹰（*Accipiter gentilis*）、雀鹰（*Accipiter nisu*）、秃鹫（*Aegypius monachus*）、金雕（*Aquila chrysaetos*）、普通鵟（*Buteo buteo*）、白腹鹞（*Circus spilonotus*）、黑鸢（*Milvus migrans*）、凤头蜂鹰（*Pernis ptilorhynchus*）、燕隼（*Falco subbuteo*）、红隼（*Falco tinnunculus*）、画眉和红

嘴相思鸟（*Leiothrix lutea*）。爬行类中，潘氏闭壳龟被列入 CITES 附录 II。

5.3.3　重点保护野生动物物种

1. 昆虫

大巴山自然保护区的珍稀昆虫主要指在《国家重点保护野生动物名录》、《国家保护的有益的或者有重要经济、科学研究价值的陆生野生动物名录》和《中国珍稀昆虫图鉴》中所包括的重点保护和珍稀昆虫种类。除此以外，一些种个体稀少，分布区域狭窄，生存环境特殊，形态特异种类也可视为珍稀昆虫。

2000 年国家林业局颁布的《国家保护的有益的或者有重要经济、科学研究价值的陆生野生动物名录》有中华虎凤蝶（*Luehdorfia chinensis*）、冰清绢蝶、箭环蝶、双星箭环蝶、枯叶蛱蝶（*Kallima inachus*）和中华蜜蜂等 7 种。

《大巴山自然保护区蝶类调查》（刘文萍和邓合黎，2001）记述大巴山自然保护区有国家 II 级重点保护动物中华虎凤蝶，该种在国际濒危动物保护委员会（IUCN）《受威胁的世界凤蝶》红皮书中列为 K 级（险情未详）保护对象。《重庆市昆虫》（陈斌等，2010）有收录，重庆市环保局的重庆市物种资源基础数据库也有记录分布于城口，III 级可信度，为文献记录。保护区 2000 年 8 月成立后仅被提及，但未见其标本，本次调查也未采到，需待进一步调查。

大巴山自然保护区珍稀昆虫有光斑鹿花金龟（*Dicranocephalus dabry*i）、褐斑背角花金龟（*Neopaedimus auzouxi*）、大巴山璃锹甲（*Platycerus hongwongpyoi dabashensis*）、多皱璃锹甲（*Platycerus rugosus*）、周氏出尾蕈甲（*Scaphidium zhoushuni*）、豹裳卷蛾（*Cerace xanthocosma*）、浅翅凤蛾（*Epieopeia hainesi sinicaria*）、著蕊舟蛾（*Dudusa nobilis*）、柞蚕蛾、猫目大蚕蛾（*Salassa thespis*）、枯球箩纹蛾（*Brahmophthalma wallichii*）、锚纹蛾（*Pterodecta felderi*）、金裳凤蝶（*Troides aeacus*）、橙翅襟粉蝶（*Anthocharis bambusarum*）、三黄绢粉蝶（*Aporia larraldei*）和大紫蛱蝶（*Sasakia charonda*）16 种。

所有这些特有和珍稀昆虫都应该加以重点保护，对它们的生物学特性进行研究。

2. 脊椎动物

大巴山自然保护区内共有国家 I 级重点保护野生动物 5 种、国家 II 级重点保护野生动物 38 种、重庆市市级重点保护野生动物 44 种。兽类中，有国家 I 级重点保护野生动物 3 种，分别为豹、云豹和林麝；有国家 II 级重点保护野生动物 12 种，分别为穿山甲、猕猴、豺、黑熊、黄喉貂（*Martes flavigula*）、水獭、大灵猫、小灵猫、金猫、水鹿（*Cervus unocolor*）、鬣羚（*Capricornis sumatraensis*）和斑羚；有重庆市市级重点保护野生动物 10 种，分别为狼、貉（*Nyctereutes procyonoides*）、赤狐、黄鼬、香鼬、花面狸（*Paguma larvata*）、豹猫、小麂、毛冠鹿（*Elaphodus cephalophus*）、狍（*Capreolus capreolus*）；这些重点保护兽类中有食肉目种类 16 种，偶蹄目种类 7 种，鳞甲目和灵长目种类各 1 种。鸟类中，有国家 I 级重点保护野生动物 2 种：东方白鹳，金雕；有国家 II 级重点保护野生动物 25 种，包括鸳鸯（*Aix galericulata*）、小天鹅（*Cygnus columbianus*）、红腹锦鸡（*Chrysolophus pictus*）、白冠长尾雉、红腹角雉（*Tragopan temminckii*）、灰鹤（*Grus grus*）、红翅绿鸠（*Treron sieboldii*）以及隼形目中除金雕外的 10 种，鸮形目 8 种；有重庆市市级重点保护野生动物 12 种，小䴙䴘（*Tachybaptus ruficollis*）、绿鹭（*Butorides striatus*）、灰胸竹鸡（*Bambusicola thoracica*）、董鸡（*Gallicrex cinerea*）、黑水鸡（*Gallinula chloropus*）、翠金鹃（*Chrysococcyx maculatus*）、小杜鹃（*Cuculus poliocephalus*）、四声杜鹃（*Cuculus micropterus*）、中杜鹃（*Cuculus saturatus*）、噪鹃（*Eudynamys scolopacea*）、普通夜鹰（*Caprimulgus indicus*）、黑短脚鹎（*Hypsipetes leucocephalu*）。爬行类中有重庆市市级重点保护野生动物 2 种：尖吻蝮和福建竹叶青。两栖类中，有国家 II 级重点保护野生动物 1 种：大鲵；有重庆市市级重点保护野生动物 7 种：秦巴巴鲵、施氏巴鲵、黑斑侧褶蛙、泽陆蛙、棘腹蛙、隆肛蛙、沼水蛙。鱼类中有重庆市市级重点保护野生动物 3 种：汉水薄鳅（*Leptobotia tientaiensis*）、四川华吸鳅（*Sinogastromyzon szechuanensis*）、峨眉后平鳅（*Metahomaloptera omeiensis*）。

（1）豹（*Panthera pardus*）。体型与虎相似，但较小，为大中型食肉兽类。体重 50kg 左右，体长在 1m 以上，尾长超过体长的一半。头圆、耳短、四肢强健有力，爪锐利伸缩性强。豹全身颜色鲜亮，毛色棕黄，遍布黑色斑点和环纹，形成古钱状斑纹，故称之为"金钱豹"。其背部颜色较深，腹部为乳白色。豹的栖息环境多种多样，从低山、丘陵至高山森林、灌丛均有分布，具有隐蔽性强的固定巢穴。豹的体能极强，视觉和嗅觉灵敏异常，性情机警，既会游泳，又善于爬树，成为食性广泛、胆大凶猛的食肉类。

（2）云豹（*Neofelis nebulosa*）。体重 15～20kg，体长 1m 左右，比豹小。体侧由数个狭长黑斑连接成云块状大斑，故名之为"云豹"。云豹体毛灰黄，眼周具黑环。颈背有 4 条黑纹，中间两条止于肩部，外侧两条则继续向后延伸至尾部；胸、腹部及四肢内侧呈灰白色，具暗褐色条纹；尾长 80cm 左右，末端有几个黑环。云豹属夜行性动物，清晨与傍晚最为活跃。栖息在山地常绿阔叶林内，毛色与周围环境形成良好的保护及隐蔽效果。爬树本领高，比在地面活动灵巧，尾巴是有效的平衡器官，可在树上活动和睡眠。

（3）林麝（*Moschus berezovskii*）。麝属中体型最小的一种。体长 70cm 左右，肩高 47cm，体重 7kg 左右。雌雄均无角，耳长直立，端部稍圆。雄麝上犬齿发达，向后下方弯曲，伸出唇外；腹部生殖器前有麝香囊，尾粗短，尾脂腺发达。四肢细长，后肢长于前肢。体毛粗硬色深，呈橄榄褐色，并染以橘红色。下颌、喉部、颈下以至前胸间为界限分明的白色或橘黄色区。臀部毛色近黑色，成体不具斑点。有人认为它是原麝的一个亚种。林麝生活在针叶林、针阔混交林区。性情胆怯，过独居生活，嗅觉灵敏，行动轻快敏捷。随气候和食料的变化垂直迁移，食物多以灌木嫩枝叶为主。国内已有养殖，雄麝所产麝香是名贵的中药材和高级香料。

（4）金雕（*Aquila chrysaetos*）。大型猛禽。全长 86cm 左右。体羽主要为栗褐色。未长成时，头部及颈部羽毛呈黄棕色；除初级飞羽最外侧的三枚外，所有飞羽的基部均缀有白色斑块；尾羽灰白色，先端黑褐，长成后，翅和尾部羽毛均不带白色；头顶羽毛加深，呈现金褐色。嘴黑褐色，基部沾蓝。趾、爪黄色。多栖息于高山草原和针叶林地区，平原少见。性凶猛而力强，捕食鸠、鸽、雉、鹑、野兔，甚至幼麝等。繁殖期在 2～3 月，多营巢于难以攀登的悬崖峭壁的大树上，每窝产卵 1～2 枚，青白色，带有大小不等的深赤褐色斑纹。孵卵期 44～45 天，育雏时雌雄共同参加，雏鸟 77～80 天离巢。遍布于我国东北及中西部山区，为留鸟。

（5）东方白鹳（*Ciconia boyciana*）。大型涉禽，体长为 110～128cm，体重 3.9～4.5kg。长而粗壮的嘴十分坚硬，呈黑色，仅基部缀有淡紫色或深红色。嘴的基部较厚，往尖端逐渐变细，并且略微向上翘。眼睛周围、眼先和喉部的裸露皮肤都是朱红色，眼睛内的虹膜为粉红色，外圈为黑色。身体上的羽毛主要为纯白色。主要栖息于开阔而偏僻的平原、草地和沼泽地带，特别是有稀疏树木生长的河流、湖泊、水塘以及水渠岸边和沼泽地上，有时也栖息和活动在远离居民区，具有岸边树木的水稻田地带。在我国约有 2500～3000 只，繁殖地主要在东北地区，越冬地主要在华东、华南以及西南等地区。保护区内为迷鸟。

（6）穿山甲（*Manis pentadactyla*）。顾名思义，一是有挖穴打洞的本领，二是身披褐色角质鳞片，犹如盔甲。除头部、腹部和四肢内侧有粗而硬的疏毛外，鳞甲间也有长而硬的稀毛。全长约 1m 的穿山甲，头小呈圆锥状；吻长无齿；眼小而圆，四肢粗短，五趾具强爪。雄兽肛门后有凹陷，睾丸不外露。穿山甲多在山麓地带的草丛中或丘陵杂灌丛较潮湿的地方挖穴而居。昼伏夜出，遇敌时则蜷缩成球状。舌细长，能伸缩，带有黏性唾液，觅食时，以灵敏的嗅觉寻找蚁穴，用强健的前肢爪掘开蚁洞，将鼻吻深入洞里，用长舌舔食之。外出时，幼兽伏于母兽背尾部。以蚂蚁和白蚁为食，也食昆虫的幼虫等。产于长江以南各省。

（7）猕猴（*Macaca mulatta*）。我国常见的一种猴类，体长 43～55cm，尾长 15～24cm。头部呈棕色，背上部棕灰或棕黄色，下部橙黄或橙红色，腹面淡灰黄色。鼻孔向下，具颊囊。臀部的胼胝明显。营半树栖生活，多栖息在石山峭壁、溪旁沟谷和江河岸边的密林中或疏林岩山上，群居，一般 30～50 只为一群，大群可达 200 只左右。善于攀缘跳跃，会游泳和模仿人的动作，有喜怒哀乐的表现。取食植物的花、果、枝、叶及树皮，偶尔也吃鸟卵和小型无脊椎动物。在农作物成熟季节，有时到田里采食玉米和花生等。分布于西南、华南、华中、华东、华北及西北的部分地区，地域范围十分广泛，西到青海南部，北至河北省兴隆县，南达海南岛，都能见到它们的活动踪迹。猕猴适应性强，容易驯养繁殖，生理上与人类较接近，因此是生物学、心理学、医学等多种学科研究工作中比较理想的试验动物。

（8）豺（*Cuon alpinus*）。外形与狗、狼相近，体型比狼小，体长100cm左右，体重10余kg。体毛红棕色或灰棕色，杂有少量具黑褐色毛尖的针毛，腹色较浅。四肢较短。耳短，端部圆钝。尾较长。额部隆起，鼻长，吻部短而宽。全身被毛较短，尾毛略长，尾型粗大，尾端黑色。豺为典型的山地动物，栖息于山地草原、亚高山草甸及山地疏林中。多结群营游猎生活，性警觉，嗅觉很发达，晨昏活动最频繁。十分凶残，喜追逐，发现猎物后聚集在一起进行围猎，主要捕食狍、麝、羊类等中型有蹄动物。秋季交配，冬季产仔，怀孕期约60天，每胎3～4仔。

（9）黑熊（*Selenarctos thibetanus*）。黑熊是人们比较熟悉的大型兽类。体长150～170cm，体重150kg左右。体毛黑亮而长，下颏白色，胸部有一块"V"字形白斑。头圆、耳大、眼小，吻短而尖，鼻端裸露，足垫厚实，前后足具5趾，爪尖锐不能伸缩。黑熊主要栖息于山地森林，通常在白天活动，善爬树、游泳；能直立行走。视觉差，嗅觉、听觉灵敏。食性较杂，以植物叶、芽、果实、种子为食，有时也吃昆虫、鸟卵和小型兽类。北方的黑熊有冬眠习性，整个冬季蛰伏洞中，不吃不动，处于半睡眠状态，至次年 3～4月份出洞活动。多产于东北、西北、西南、华南大部分省区。

（10）黄喉貂（*Martes flavigula*）。体形较大的貂类，体长在42～63cm，体重1.5～2.0kg。尾巴约为体长的三分之二。黄喉貂的头部较为尖细，略呈三角形，身体细长，呈圆筒状。四肢虽然短小，但强健有力。前后肢上各具5个趾，趾爪弯曲而锐利。身体的毛色比较鲜艳，主要为棕褐色或黄褐色，腹部呈灰褐色，尾巴为黑色。由于它的前胸部有明显的黄色、橙色的喉斑，其上缘还有一条明显的黑线，因此得名。因它喜欢吃蜂蜜，又有"蜜狗"之称。栖息于大面积的丘陵或山地森林，居于树洞中，常单独或成对活动，行动快速而敏捷，具有高强的爬树本领，跑动中间常以大跨步跳跃。它的性情凶猛，可以单独捕猎，也能够集群行动。典型的食肉兽，从昆虫到鱼类及小型鸟兽都在它的捕食之列。6～7月发情。妊娠期9～10个月。次年5月产仔，每胎2～4仔，饲养寿命可达14年。

（11）水獭（*Lutra lutra*）。体长60～80cm，体重可达5kg。体型细长，呈流线型。头部宽而略扁，吻短，下颏中央有数根短而硬的须。眼略突出，耳短小而圆，鼻孔、耳道有防水灌入的瓣膜。四肢短，趾间具蹼，尾长而粗大。体毛短而密，呈棕黑色或咖啡色，具丝绢光泽；腹部毛色灰褐。栖息于林木茂盛的河、溪、湖沼及岸边，营半水栖生活。在水边的灌丛、树根下、石缝或杂草丛中筑洞，洞浅，有数个出口。多在夜间活动，善游泳。嗅觉发达，动作迅速。主要捕食鱼、蛙、蟹、水鸟和鼠类。除干旱地区外多数省（区）都有分布。水獭皮板厚而绒密，柔软华丽，毛皮珍贵，因而遭到无节制的捕猎，加之开发建设使水域污染，数量已很稀少，亟须加强保护。

（12）大灵猫（*Viverra zibetha*）。体重6～10kg，体长60～80cm，比家猫大得多，其体型细长，四肢较短，尾长超过体长之半。头略尖，耳小，额部较宽阔，沿背脊有一条黑色鬃毛。雌雄两性会阴部具发达的囊状腺体，雄性为梨形，雌性呈方形，其分泌物就是著名的灵猫香。体色棕灰，杂以黑褐色斑纹。颈侧及喉部有 3 条波状黑色领纹，间夹白色宽纹，四足黑褐。尾具 5～6 条黑白相间的色环。大灵猫生性孤独，喜夜行，生活于热带、亚热带林缘灌丛。杂食，包括小型兽类、鸟类、两栖爬行类、甲壳类、昆虫和植物的果实、种子等。遇敌时，可释放极臭的物质用于防身。在活动区内有固定的排便处，可根据排泄物推断其活动强度，广布于南方各省区。大灵猫的经济价值很高，毛皮可制裘；分泌的灵猫香是香料工业的重要原料，对抑制鼠害、虫害也有重要作用。

（13）小灵猫（*Viverricula indica*）。其外形与大灵猫相似而较小，体重2～4kg，体长46～61cm，比家猫略大，吻部尖，额部狭窄，四肢细短，会阴部也有囊状香腺，雄性的较大。肛门腺体比大灵猫还发达，可喷射臭液御敌。全身以棕黄色为主，唇白色，眼下、耳后棕黑色，背部有五条连续或间断的黑褐色纵纹，具不规则斑点，腹部棕灰。四脚乌黑，故又称"乌脚狸"。尾部有7～9个深褐色环纹。栖息于多林的山地，比大灵猫更加适应凉爽的气候。多筑巢于石堆、墓穴、树洞中，有2～3个出口。以夜行性为主，虽极善攀缘，但多在地面以巢穴为中心活动。喜独居，相遇时经常相互撕咬。小灵猫的食性与大灵猫一样，也很杂。该物种有占区行为，但无固定的排泄场所。产于长江流域以南及海南、台湾、西藏。

（14）金猫（*Felis temmincki*）。比云豹略小，体长80～100cm。尾长超过体长的一半。耳朵短小直立；

眼大而圆。四肢粗壮，体强健有力，体毛多变，有几个由毛皮颜色而得的别名：全身乌黑的称"乌云豹（*Neofelis nebulosa*）"；体色棕红的称"红椿豹"；而狸豹以暗棕黄色为主；其他色型统称为"芝麻豹"。金猫主要生活在热带、亚热带山地森林。属于夜行性动物，白天多在树洞中休息。独居，善攀缘，但多在地面行动。活动区域较固定，随季节变化而垂直迁移。食性较广，小型有蹄类、鼠类、野禽都是捕食对象。产于陕西及长江以南各省区。

（15）水鹿（*Cervus unocolor*）。亚热带地区体型最大的鹿类，身长 140～260cm，尾长 20～30cm，肩高 120～140cm，体重 100～200kg，最大的可达 300 多 kg。雄鹿长着粗长的三叉角，最长可达 1m。毛色呈浅棕色或黑褐色，雌鹿略带红色。颈上有深褐色鬃毛。体毛一般为暗栗棕灰色，臀部无白色斑，颌下、腹部、四肢内侧、尾巴底下为黄白色。栖息地海拔高度为 2000～3700m，喜在日落后活动，无固定的巢穴，有沿山坡作垂直迁移的习性。其活动范围大，没有固定的窝，很少到远离水的地方去。水鹿感觉灵敏，性机警，善奔跑。喜群居。在早晨、傍晚和夜晚活动，白天休息。喜欢在水边觅食，以草、果实、树叶和嫩芽为食。夏天好在山溪中沐浴，故名水鹿。繁殖期不十分固定，在每个月都能交配，大多在每年的夏末秋初进行。雌兽的怀孕期约为 6～8 个月，次年春季生产，发情周期平均 20 天，平均妊娠期为 8～9 月，每胎产 1～2 仔，哺乳期 12～24 个月，其繁殖力相对较低。幼仔身上有白斑，2～3 岁时即发育成熟，寿命为 14～16 年。

（16）斑羚（*Naemorhedus goral*）。体大小如山羊，但无胡须。体长 110～130cm，肩高 70cm 左右，体重 40～50kg。雌雄均具黑色短直的角，长 15～20cm。四肢短而匀称，蹄狭窄而强健。毛色随地区而有差异，一般为灰棕褐色，背部有褐色背纹，喉部有一块白斑。生活于山地森林中，单独或成小群生活。多在早晨和黄昏活动，极善于在悬崖峭壁上跳跃、攀登，视觉和听觉也很敏锐。以各种青草和灌木的嫩枝叶、果实等为食。产于东北、华北、西南、华南等地。

（17）鬣羚（*Capricornis sumatraensis*）。外形似羊，略比斑羚大，体重 60～90kg。雌雄均具短而光滑的黑角。耳似驴耳，狭长而尖。自角基至颈背有长十几厘米的灰白色鬣毛，甚为明显。尾巴较短，四肢短粗，适于在山崖乱石间奔跑跳跃。全身被毛稀疏而粗硬，通体略呈黑褐色，但上下唇及耳内污白色。生活于高山岩崖或森林峭壁。单独或成小群生活，多在早晨和黄昏活动，行动敏捷，在乱石间奔跑很迅速。取食草、嫩枝和树叶，喜食菌类。产于西北、西南、华东、华南和华中地区。

（18）鸳鸯（*Aix galericulata*）。小型游禽。全长约 40cm。雄鸟羽色艳丽，并带有金属光泽。额和头顶中央羽色翠绿；枕羽金属铜赤色，与后颈的金属暗绿和暗紫色长羽形成冠羽；头顶两侧有纯白眉纹；飞羽褐色至黑褐色，翅上有一对栗黄色、直立的扇形翼帆。尾羽暗褐，上胸和胸侧紫褐色；下胸两侧绒黑。镶以两条纯白色横带；嘴暗红色。脚黄红色。雌鸟体羽以灰褐色为主，眼周和眼后有白色纹；无冠羽、翼帆。腹羽纯白。栖息于山地河谷、溪流、苇塘、湖泊、水田等处。以植物性食物为主，也食昆虫等小动物。繁殖期为 4～9 月，雌雄配对后迁至营巢区。巢置于树洞中，用干草和绒羽铺垫。每窝产卵 7～12 枚，淡绿黄色。鸳鸯多在东北北部、内蒙古繁殖；东南各省及福建、广东越冬；少数在台湾、云南、贵州等地，是留鸟。

（19）小天鹅（*Cygnus columbianus*）。大型游禽。全长约 110cm。体羽洁白，头部稍带棕黄色。颈部和嘴均比大天鹅稍短。嘴基黄色区比大天鹅小，嘴大部为灰黑色。脚黑色。生活在多芦苇的湖泊、水库和池塘中。主要以水生植物的根茎和种子等为食，也兼食少量水生昆虫、蠕虫、螺类和小鱼。生活习性似大天鹅，每年 3 月份成对北迁，筑巢于河堤的芦苇丛中，每窝产卵 5～7 枚，白色。孵卵由雌鸟担任，孵卵期 29～30 天，50～70 日龄获得飞翔能力。在东北、内蒙古、新疆北部及华北一带繁殖；南方越冬；偶见于台湾。

（20）赤腹鹰（*Accipiter soloensi*）。中等体型（33cm）的鹰类。上体淡蓝灰，背部羽尖略具白色，外侧尾羽具不明显黑色横斑；下体白，胸及两胁略沾粉色，两胁具浅灰色横纹，腿上也略具横纹。翼下特征为除初级飞羽羽端黑色外，几乎全白。栖息于山地森林和林缘地带，也见于低山丘陵和山麓平原地带的小块丛林，农田地缘和村庄附近。常单独或成小群活动，休息时多停息在树木顶端或电线杆上。主要以蛙、蜥蜴等动物性食物为食，也吃小型鸟类、鼠类和昆虫。主要在地面上捕食，常站在树顶等高处，见到猎物则突然冲下捕食。5～6 月进行繁殖。分布于西南、华南、华北及海南岛、台湾等地。

（21）苍鹰（*Accipiter gentilis*）。中型猛禽，全长 55cm 左右。上体苍灰色，头顶、枕和头侧黑褐色；

眼上方有白色眉纹；背棕黑色；肩羽和尾上覆羽有污白色横斑。飞羽及尾羽暗灰褐色，具暗褐色横斑，羽端灰白。为森林鸟类，栖息在针叶林、阔叶林和混交林的山麓。以啮齿动物、鸟类及其他小型动物为食。在高树上营巢，主要以松树枝搭成较厚的皿形巢。5~6 月间产卵，每窝 4~5 枚，孵卵期 35~38 天。雏鸟全身被白色绒羽，上体稍灰。经雌鸟喂育 41~43 天后出飞。苍鹰分布广泛，除西藏外，遍布全国。偶见于台湾。

（22）雀鹰（*Accipiter nisu*）。属小型猛禽，体长 30~41cm。雌较雄略大，翅阔而圆，尾较长。雄鸟上体暗灰色，雌鸟灰褐色，头后杂有少许白色。下体白色或淡灰白色，雄鸟具细密的红褐色横斑，雌鸟具褐色横斑。尾具 4~5 道黑褐色横斑。栖息于针叶林、混交林、阔叶林等山地森林和林缘地带。常单独生活，或飞翔于空中，或栖于树上和电柱上。以雀形目小鸟、昆虫和鼠类为食，也捕食鸽形目鸟类和榛鸡等小的鸡形目鸟类，有时也捕食野兔、蛇、昆虫幼虫。

（23）秃鹫（*Aegypius monachus*）。大型猛禽。全长约 110cm。体羽主要呈黑褐色。头被以污褐色绒羽；颈裸出，呈铅蓝色；皱领淡褐近白色。飞羽黑褐色，尾羽暗褐色。嘴黑褐色。脚灰色，爪黑色。栖息于高山裸岩上，多单独活动，在附近平原、丘陵地带翱翔觅食，发现目标后俯冲抓捕。主要以鸟兽的尸体和其他腐烂动物为食。筑巢于高大乔木上，以树枝为材，内铺小枝和兽毛等。每窝产卵 1~2 枚，污白色，多少具有深红色条纹和斑点。雌雄均参与孵卵，孵卵期约 55 天。在新疆、青海、甘肃、宁夏、内蒙古、四川为留鸟；偶见于华北、西南及华南一带。

（24）普通鵟（*Buteo buteo*）。中型猛禽，体长 51~59cm，体重 575~1073g。上体深红褐色；脸侧皮黄具近红色细纹，栗色的髭纹显著；下体主要为暗褐色或淡褐色，具深棕色横斑或纵纹，尾羽为淡灰褐色，具有多道暗色横斑，飞翔时两翼宽阔，在初级飞羽的基部有明显的白斑，在高空翱翔时两翼略呈 "V" 形。喜开阔原野且在空中热气流上高高翱翔，在裸露树枝上歇息。飞行时常停在空中振羽。普通鵟春季迁徙时间多在 3~4 月，秋季多在 10~11 月。常见在开阔平原、荒漠、旷野、开垦的耕作区、林缘草地和村庄上空盘旋翱翔。大多单独活动，有时也能见到 2~4 只在天空盘旋。性情机警，视觉敏锐，善于飞翔，每天大部分时间都在空中盘旋滑翔。翱翔时宽阔的两翅左右伸开，并稍向上抬起，呈浅 "V" 字形，短而圆的尾羽呈扇形展开，姿态极为优美。以各种鼠类为食，也食蛙、蜥蜴、蛇、野兔、小鸟和大型昆虫等动物性食物，有时也到村庄附近捕食鸡、鸭等家禽。捕食方式主要是通过在空中盘旋飞翔，用锐利的眼睛观察和觅找地面的猎物，一旦发现地面猎物，则突然快速俯冲而下，用利爪抓捕猎物。繁殖期为 5~7 月份。5~6 月产卵，每窝产卵 2~3 枚。卵为青白色，通常被有栗褐色和紫褐色的斑点和斑纹。第一枚卵产出后即开始孵卵，由亲鸟共同承担，但以雌鸟为主。孵化期大约 28 天。雏鸟为晚成性，孵出后由亲鸟共同喂养 40~45 天后，再飞翔和离巢。

（25）白腹鹞（*Circus spilonotus*）。中型猛禽，体长 41~53cm，体重 310~600g。灰色或褐色，具有显眼的白色腰部及黑色翼尖。栖息于平原和低山丘陵地带，尤其是平原上的湖泊、沼泽、河谷、草原、荒野以及低山、林间沼泽和草地、农田、沿海沼泽和芦苇塘等开阔地区。冬季有时也到村屯附近的水田、草坡和疏林地带活动。主要以小型鸟类、鼠类、蛙、蜥蜴和大型昆虫等动物性食物为食。主要在白天活动和觅食，尤以早晨和黄昏最为活跃，叫声洪亮。捕食主要在地上。常沿地面低空飞行搜寻猎物，发现后急速降到地面捕食。繁殖于新疆西北部天山，越冬于南方地区。

（26）黑鸢（*Milvus migrans*）。中型猛禽，前额基部和眼先灰白色，耳羽黑褐色，头顶至后颈棕褐色，具黑褐色羽干纹。上体暗褐色，微具紫色光泽和不甚明显的暗色细横纹和淡色端缘，尾棕褐色，呈浅叉状，其上具有宽度相等的黑色和褐色横带呈相间排列，尾端具淡棕白色羽缘；初级覆羽和大覆羽黑褐色，初级飞羽黑褐色，外侧飞羽内翈基部白色，形成翼下一大型白色斑；飞翔时极为醒目。栖息于开阔平原、草地、荒原和低山丘陵地带，常在城郊、村屯、田野、港湾、湖泊上空活动，偶尔也出现在 2000m 以上的高山森林和林缘地带。白天活动，常单独在高空飞翔，秋季有时也呈 2~3 只的小群。主要以小鸟、鼠类、蛇、蛙、鱼、野兔、蜥蜴和昆虫等动物性食物为食，偶尔也吃家禽和腐尸。觅食主要通过敏锐的视觉，通常通过在空中盘旋来观察和觅找食物，当发现地面猎物时，即迅速俯冲直下，扑向猎物，用利爪抓劫而去，飞至树上或岩石上啄食。

（27）凤头蜂鹰（*Pernis ptilorhynchus*）。中型猛禽，头顶暗褐色至黑褐色，头侧具有短而硬的鳞片状羽毛，而且较为厚密，是其独有的特征之一。后枕部通常具有短的黑色羽冠，显得与众不同。栖息于不同海拔高度的阔叶林、针叶林和混交林中，尤以疏林和林缘地带较为常见，有时也到林外村庄、农田和果园等小林内活动。主要以黄蜂、胡蜂、蜜蜂和其他蜂类为食，也吃其他昆虫和昆虫幼虫。中国境内的除了海南岛外均为夏候鸟，春季于 4 月初至 4 月末迁来，秋季于 9 月末至 10 月末迁走。

（28）燕隼（*Falco subbuteo*）。小型猛禽。全长约 30～35cm。上体暗灰色，杂以黑褐色羽干纹。头顶黑褐色，后颈具一白色颈斑；颊、喉白色；飞羽黑褐色；尾羽淡褐色，具黑褐色横斑。胸、腹部乳黄色而渐带棕黄色，密具淡黑褐色纵斑；嘴蓝灰色，先端转黑。脚黄色。栖息于开阔地带的稀疏林区，飞行迅速。主要捕食昆虫和小型鸟类。5～7 月份繁殖，大多占用乌鸦、喜鹊的旧巢。每窝产卵 2～4 枚，白色，布满砖红色斑点。孵卵期 28 天，育雏期 28～32 天。除海南岛外，为全国各地留鸟。

（29）红隼（*Falco tinnunculus*）。小型猛禽。全长 35cm 左右。雄鸟上体红砖色，背及翅上具黑色三角形斑；头顶、后颈、颈侧蓝灰色。飞羽近黑色，羽端灰白；尾羽蓝灰色，具宽阔的黑色次端斑，羽端灰白色。下体乳黄色带淡棕色，具黑褐色羽干纹及粗斑。嘴基蓝黄色，尖端灰色。脚深黄色。雌鸟上体深棕色，杂以黑褐色横斑；头顶和后颈淡棕色，具黑褐色羽干纹；尾羽深棕色，带 9～12 条黑褐色横斑。栖息于农田、疏林、灌木丛等旷野地带。主要以鼠类及小鸟为食。在乔木或岩壁洞中筑巢，常喜抢占乌鸦、喜鹊巢，或利用它们及鹰的旧巢。每窝产卵 4～6 枚，白色，具赤褐色粗斑或细点，孵卵期 28 天，幼雏留巢约 30 天。

（30）红腹锦鸡（*Chrysolophus pictus*）。大型陆禽，雄鸟全长约 100cm，雌鸟约 70cm。雄鸟头顶具金黄色丝状羽冠；后颈披肩橙棕色。上体除上背为深绿色外，大都为金黄色，腰羽深红色。飞羽、尾羽黑褐色，布满桂黄色点斑。下体通红，羽缘散离。嘴角和脚黄色。雌鸟上体棕褐，尾淡棕色，下体棕黄，均杂以黑色横斑。栖息于海拔 600～1800m 的多岩山坡，活动于竹灌丛地带。以蕨类、麦叶、胡颓子、草籽、大豆等为食。3 月下旬进入繁殖期，筑巢于乔木树下或杂草丛生的低洼处，每窝产卵 5～9 枚，淡黄褐色，无斑，孵卵期 22 天。

（31）白冠长尾雉（*Syrmaticus reevesii*）。大型陆禽。雄鸟全长约 170cm，雌鸟 68cm 左右。雄鸟上体大部金黄色，具黑缘。头、颈均为白色，白色颈部的下方有一黑领。飞羽深栗色，具白斑。尾羽特长，具黑色和栗色并列横斑。下体栗色，具白色杂斑；腹部中央黑色。嘴角绿色，脚灰褐色。雌鸟体羽以棕褐色为主，具大型矢状斑。栖息于海拔 600～2000m 的山区，常见于长满树木的悬崖陡壁下的山谷中。以松、柏、橡树种子及野百合球茎为食，也食昆虫。3 月中旬进入繁殖期，筑巢于隐蔽的茅草丛中的地面上，用栎叶铺成浅盘状。每窝产卵 8～10 枚，油灰色，有时橄榄褐色。孵卵期约 28 天。产于我国北部、中部及西南部山区。本种目前分布区显著缩小，数量锐减，应严加保护。

（32）红腹角雉（*Tragopan temminckii*）。中型陆禽。全长约 60cm。雄鸟体羽及两翅主要为深栗红色，满布具黑缘的灰色眼状斑，下体灰斑大而色浅。头部、颈环及喉下肉裙周缘为黑色；脸、颏的裸出部及头上肉角均为蓝色；后头羽冠橙红色。嘴角褐色。脚粉红，有距。雌鸟上体灰褐色，下体淡黄色，杂以黑、棕、白斑。尾羽栗褐色，有黑色和淡棕色横斑。脚无距。栖息于海拔 1600～3000m 的冷杉、赤桦等林中，隐匿于稠密的杜鹃、箭竹丛间或密被苔藓的树上。主要食植物种子、果实、幼芽、嫩叶等。多单独活动。繁殖期在 4～6 月间。多筑巢于华山松主干侧枝叉处，由松萝、于枝、藤条、枯叶等构成。每窝产卵 3～10 枚，土黄色，密布以黄褐色斑点。孵卵期 26～30 天。

（33）灰鹤（*Grus grus*）。大型涉禽。全长约 110cm。体羽灰色。头顶裸皮为朱红色，并有稀疏的黑色短羽；两颊至颈侧灰白色；喉及前、后颈灰黑色。初级、次级飞羽黑色；内侧飞羽延长弯曲成弓状，羽端。羽枝分离成毛发状。嘴青灰，先端略淡，呈乳黄色。脚灰黑色。栖息范围较广，近水平原、草原、沙滩、丘陵地等地都可见。以水草、嫩芽、野草种子、谷物。昆虫以及水生动物为食。繁殖期在 4～5 月份，筑巢于未耕过的田地上或沼泽地的草丛中，多选择离水较远而干燥的土地。巢很简陋，每窝产卵 2 枚，淡棕色或红褐色。雌雄亲鸟轮流孵卵，孵卵期约 1 个月。雏鸟夏天长大后随双亲游荡，秋天南迁越冬。繁殖于新疆、内蒙古；越冬于长江流域及以南地区；迁徙时广泛见于内陆湿地。

（34）红翅绿鸠（*Treron sieboldii*）。全长约 33cm。雄鸟额黄绿，头顶前部橙棕，后部暗绿；头侧和后颈也呈绿色，但稍淡。背和腰为绿灰色。翼上的小中覆羽为栗赤色。大覆羽黑而沾橄榄绿色。初级覆羽、初级飞羽及次级飞羽等辉黑色。中央尾羽橄榄绿。额和喉黄绿。胸浓棕，成横带状。下胸和上腹黄绿。下腹白。两胁绿蓝，杂以黄白色。雌鸟头顶和后颈橄榄绿色，上体余部亦然，但更暗。头顶和前胸无橙棕色。

翼上无栗色。上体与下腹均白。其余羽色和雄鸟同。常见单个或 3～5 只甚至十几只一群在山区的森林或多树地带活动，或停栖在林间。有见在针、阔混交林的桦木、栎树、油松、华山松等树上，也见于林缘的庄稼地，从平原到 2500m 间都可见。食物主要为浆果，如野樱桃、麝香草莓、金樱子以及其他野果和草籽等。在秦岭至长江口以南，西至云南西南部留鸟。

（35）横斑腹小鸮（*Athene brama*）。体长 20cm 左右。面盘不明显，没有耳羽簇，皱领也不显著。跗跖和趾被羽。上体为灰褐色至棕褐色，具白色斑点，尤以头顶较为细密，眉纹和两眼之间为白色，后颈具不完整的白色翎领。下体为灰色，没有条纹，两胁具横斑，所以得名，但腹的中部为纯白色，没有斑。栖息于低山、丘陵、平原、农田和村寨附近的疏林及灌木林中，也出现于花园、果园和村镇的附近。常单独或成对活动，主要以各种昆虫为食，也吃小鸟和小型哺乳动物，如鼠类、蝙蝠等。繁殖期为 11 月到翌年 4 月。通常营巢于树洞或废弃的建筑物上的墙洞中，也在河岸或岩壁洞中营巢。每窝产卵 3～5 枚。

（36）纵纹腹小鸮（*Athene noctua*）。体长 20～26cm。面盘和领翎不明显，也没有耳簇羽。上体为沙褐色或灰褐色，并散布有白色的斑点。下体为棕白色而有褐色纵纹，腹部的中央到肛周以及覆腿羽均为白色，跗跖和趾则均被有棕白色羽毛。在各地均为留鸟，栖息于低山丘陵、林缘灌丛和平原森林地带，也出现在农田、荒漠和村庄附近的树林中。主要在白天活动，常在大树顶端和电线杆上休息。飞行迅速，主要通过等待和快速追击来捕猎食物。叫声多变，主要是一种哀婉的声音，在短暂的间歇中不断反复，此外还常有一种尖叫声。食物主要是鼠类和鞘翅目昆虫。繁殖期为 5～7 月。通常营巢于悬崖的缝隙、岩洞、废弃建筑物的洞穴等处，有时也在树洞或自己挖掘的洞穴中营巢。每窝产卵 2～8 枚，通常为 3～5 枚。孵化期为 28～29 天。雏鸟为晚成性，需要亲鸟喂养 45～50 天才能飞翔。

（37）领鸺鹠（*Glaucidium brodiei*）。是我国体形最小的鸮类，体长 14～16cm，体重 40～64g。面盘不显著，没有耳羽簇。上体为灰褐色而具浅橙黄色的横斑，后颈有显著的浅黄色领斑，两侧各有一个黑斑，特征较为明显，可以同其他鸺类相区别。栖息于山地森林和林缘灌丛地带，除繁殖期外都是单独活动。主要在白天活动，中午也能在阳光下自由地飞翔和觅食。主要以昆虫和鼠类为食。繁殖期为 3～7 月，但多数在 4～5 月产卵。通常营巢于树洞和天然洞穴中，也利用啄木鸟的巢。每窝产卵 2～6 枚，多为 4 枚。卵为白色，呈卵圆形。

（38）斑头鸺鹠（*Glaucidium cuculoides*）。小型猛禽，体长 20～26cm，体重 150～260g。面盘不明显，没有耳羽簇。体羽为褐色，头部和全身的羽毛均具有细的白色横斑，腹部白色，下腹部和肛周具有宽阔的褐色纵纹，喉部还具有两个显著的白色斑。虹膜黄色，嘴黄绿色，基部较暗，蜡膜暗褐色，趾黄绿色，具刚毛状羽，爪近黑色。叫声不同于其他鸮类，晨昏时发出快速的颤音，调降而音量增。另发出一种似犬叫的双哨音，音量增高且速度加快，反复重复至全音响。为留鸟，栖息于从平原、低山丘陵到海拔 2000m 左右的中山地带的阔叶林、混交林、次生林和林缘灌丛，也出现于村寨和农田附近的疏林和树上。大多单独或成对活动。大多在白天活动和觅食，能像鹰一样在空中捕捉小鸟和大型昆虫，也在晚上活动。因为它的鸣叫声很像有辘轳的车轮声，所以在我国古代被称为"鬼车"。全天性活动是它和领鸺鹠的共同特征。高大乔木的树窟窿、古老建筑的墙缝和废旧仓库的裂隙，都是它们选择筑巢做窝的理想地点。繁殖期在 3～6 月间。通常营巢于树洞或天然洞穴中。每窝产卵 3～5 枚，多数为 4 枚。

（39）黄腿渔鸮（*Ketupa flavipes*）。体形硕大（61cm）的棕色渔鸮。具耳羽簇，眼黄，具蓬松的白色喉斑。上体棕黄色，具醒目的深褐色纵纹但纹上无斑。喜栖于海拔 1500m 以下的山区茂密森林的溪流畔，属罕见留鸟，主要捕食鱼类。分布于喜马拉雅山脉至中国南部。

（40）毛腿渔鸮（*Ketupa blakiston*）。体型大，体长约 71cm，体重约 1450g。"面盘"不完整，浅灰褐色。耳羽发达，耳突长于 9cm。头顶有一白斑。嘴灰或污黄色。雌雄成鸟的两性羽色相似。翅黑褐色，具橙棕色横斑和淡褐色虫蠹状纹。上体自额至尾上覆羽，包括肩羽等均橙棕而具黑褐色羽干纹；飞羽褐色，具浅棕色斑点。大覆羽具棕白色末端；尾羽黑褐，各羽具"V"形橙棕色斑和端斑。较罕见。栖息于河谷树林或灌丛中。夜行性，白天隐伏于树枝上。常到溪流边捕食，嗜食鱼类。受到惊扰时一般不轻易飞走，会发出深沉的"呼呼"声，或"咪咪"的猫叫声。

（41）鹰鸮（*Ninox scutulata*）。中型猛禽。全长 30cm 左右。无明显的脸盘和领翎，额基和眼先白色，眼先具黑须。头、后颈、上背及翅上覆羽为深褐色，初级飞羽表面带棕色。胸以下白色，遍布粗重的棕褐色纵纹。尾棕褐色并有黑褐色横斑，端部近白色。嘴铅灰色，跗蹠被羽，趾棕黄色，爪黑褐色。栖息于山地阔叶林中，也见于灌丛地带。在黄昏和夜间活动。飞行迅捷无声，捕食昆虫。小鼠和小鸟等。每年 5～6 月上旬繁殖，在树洞中营巢，每窝产卵 2～3 枚。在我国北方为夏候鸟，在南方为留鸟。

（42）领角鸮（*Otus bakkamoena*）。小型猛禽。全长 25cm 左右。上体及两翼大多灰褐色，体羽多具黑褐色羽干纹及虫蠹状细斑，并散有棕白色眼斑。额、脸盘棕白色；后颈的棕白色眼斑形成一个不完整的半领圈。飞羽、尾羽黑褐色，具淡棕色横斑。下体灰白，嘴淡黄染绿色。爪淡黄色。栖息于山地次生林林缘。以昆虫、鼠类、小鸟为食。筑巢于树洞中。每窝产卵 3～4 枚，白色。

（43）大鲵（*Andrias daviddianus*）。是现存有尾目中最大的一种，最长可超过 1m。头部扁平、钝圆，口大，眼不发达，无眼睑。身体前部扁平，至尾部逐渐转为侧扁。体两侧有明显的肤褶，四肢短扁，指、趾前五后四，具微蹼。尾圆形，尾上下有鳍状物。体表光滑，布满黏液。身体背面为黑色和棕红色相杂，腹面颜色浅淡。生活在山区的清澈溪流中，一般都匿居在山溪的石隙间，洞穴位于水面以下。每年 7～8 月间产卵，每尾产卵 300 枚以上，雄鲵将卵带绕在背上，2～3 周后孵化。产于华北、华中、华南和西南各省。大鲵为我国特有物种，因其叫声也似婴儿啼哭，故俗称"娃娃鱼"。大鲵的心脏构造特殊，已经出现了一些爬行类的特征，具有重要的研究价值。由于肉味鲜美，被视为珍品，遭到捕杀，资源已受到严重的破坏，需加强保护。

5.4　特 有 动 物

5.4.1　特有昆虫

特有昆虫是相对于分布的地区而言，它的断定是要受到研究基础的影响。这里主要以大巴山自然保护区为模式产地的昆虫种类，作为大巴山自然保护区的特有昆虫。就目前文献资料而论，被列为特有种有城口璃锹甲（*Platycerus kitawakii*）（见：重庆市物种资源基础数据库）、城口横线隐翅虫（*Neobisnius chengkouensis*）（邓发科，1994）、白斑出尾蕈甲（*Scaphidium pallidum*）（何文佳，2009）和暗蓝出尾蕈甲（*Scaphidium puteulanum*）（何文佳，2009）4 种。

5.4.2　特有脊椎动物

大巴山自然保护区内共有特有动物 54 种。兽类有 11 种，分别为秦岭刺猬（*Meschinus hughi*）、长吻鼩鼹（*Nasillus gracilis*）、北京鼠耳蝠（*Myotis pequinius*）、林麝、小麂、岩松鼠（*Sciurotamias davidianus*）、复齿鼯鼠（*Trogopterus xanthipes*）、高山姬鼠（*Apodemus chevrieri*）、大耳姬鼠（*Apodemus latronum*）、洮州绒鼠（*Eothenomys eva*）和绒鼠（*Eothenomys inez*）；鸟类 16 种：灰胸竹鸡、红腹锦鸡、白冠长尾雉、白头鹎（*Pycnonotus sinensis*）、领雀嘴鹎（*Spizixos semitorques*）、棕腹大仙鹟（*Niltava davidi*）、棕头雀鹛（*Alcippe ruficapilla*）、画眉、山噪鹛（*Garrulax davidi*）、斑背噪鹛（*Garrulax lunulatus*）、橙翅噪鹛（*Garrulax elliotii*）、宝兴鹛雀（*Moupinia poecilotis*）、白领凤鹛（*Yuhina diademata*）、银脸长尾山雀（*Aegithalos fuliginosus*）、酒红朱雀（*Carpodacus vinaceus*）和蓝鹀（*Latoucheornis siemsseni*）。爬行类 5 种：潘氏闭壳龟、丽纹攀蜥（*Japalura splendida*）、北草蜥（*Takydromus septentrionalis*）、蓝尾石龙子（*Eumeces elegans*）、山滑蜥（*Scincella monticola*）。两栖类 18 种：秦巴巴鲵、施氏巴鲵、大鲵、华西蟾蜍（*Bufo andrewsi*）、巫山角蟾（*Megophrys wushanensi*）、秦岭树蟾（*Hyla tsinlingensis*）、峨眉林蛙（*Rana omeimontis*）、中国林蛙（*Rana chensinensis*）、棘腹蛙、合江棘蛙、隆肛蛙、绿臭蛙（*Odorrana margaertae*）、光雾臭蛙、花臭蛙（*Odorrana schmackeri*）、崇安湍蛙（*Amolops chunganensis*）、棘皮湍蛙（*Amolops granulosus*）、斑腿泛树蛙（*Rhacophorus megacephalus*）、合征姬蛙（*Microhyla mixtura*）。特有鱼类有齐口裂腹鱼（*Schizothorax prenanti*）、四川华吸鳅、短体副鳅（*Paracobitis potanini*）和峨眉后平鳅 4 种。

5.5　模　式　动　物

5.5.1　模式昆虫

经统计，大巴山自然保护区有模式昆虫 3 种：城口横线隐翅虫、白斑出尾蕈甲和暗蓝出尾蕈甲。

5.5.2　模式脊椎动物

大巴山自然保护区没有模式脊椎动物。

第6章 生 态 系 统

6.1 生态系统类型

生态系统是在一定空间中共同栖居着的所有生物（所有生物群落）与环境之间通过不断的物质循环和能量流动过程而形成的统一整体。生态系统的范围和大小没有严格的限制，其分类也没有绝对标准。我们根据结构特征与功能特征对大巴山保护区内的生态系统进行分类，并综合考虑自然与人工两种不同主导因素，将其生态系统主要分为自然生态系统和人工生态系统两大类。

保护区自然生态系统分为陆生生态系统、水域生态系统和湿地生态系统三大类，其中陆生生态系统包括森林生态系统、灌丛生态系统、亚高山草甸生态系统等；水域生态系统主要是河流生态系统和塘库生态系统，湿地生态系统主要为亚高山湿地生态系统。

人工生态系统分为农业生态系统、人工林和经济林生态系统、乡村生态系统。

6.1.1 自然生态系统

保护区内自然生态系统类型组成多样，对于陆生生态系统类型的进一步划分主要是根据组成该生态系统的优势植被类型进行的，而对于水域生态系统则主要是根据其非生物要素进行的。在森林生态系统类型、灌丛生态系统类型、亚高山草甸生态系统类型、河流生态系统类型及亚高山湿地生态系统类型五种类型中，森林生态系统类型占地面积最大，其下级类型最多，在保护区内各种生态系统类型中发挥其生态作用也最大，因而是陆地生态系统类型的主体；河流生态系统中亚高山湿地生态系统类型分布范围较为局限，且分布面积较小，是较为脆弱的生态系统。

1. 森林生态系统

森林生态系统是陆地生态系统中最重要的类型之一，也是大巴山自然保护区内分布面积最广，生态功能作用最大的生态系统类型。首先，大巴山自然保护区内主要是亚热带常绿阔叶林，分布于海拔900m以上的中山和亚高山区域，主要由栲树林、青冈林、甜槠栲林、巴东栎林等组成。其次，大巴山自然保护区由于其相对高差达1931m，因此大巴山自然保护区内的植被呈现一定的垂直差异特点，因而在森林生态系统类型中也存在暖温带特色的暖温带落叶阔叶林如糙皮桦、红桦、鹅耳枥等组成的落叶阔叶林。此外，大巴山自然保护区内还分布有相当大面积的亚高山针叶林及暖温带针叶林类型如青杆林、大果青杆林、巴山松林、马尾松、华山松林等森林类型。特别是青杆林、大果青杆林秦岭冷杉林等在重庆市范围内都属少见森林类型，这些森林类型体现了保护区内森林生态系统的多样性。

如此丰富的森林生态系统为大巴山自然保护区内350种陆生脊椎动物提供了栖息地，为植食性动物提供了食物，从而维系复杂的食物链、食物网关系，这些动物、植物以及他们共同形成的网络关系共同组成了保护区多样而稳定的森林生态系统。

2. 灌丛生态系统

灌丛生态系统类型在保护区内主要分布于人为干扰较大的村落、道路、河滩等地段，带有较强的次生性质，另外在神田、北屏、岚天、明中等地高海拔地势比较险峻的地区分布有少量的原生性质的灌丛。主要灌丛类型包括黄栌灌丛、马桑灌丛、黄荆灌丛、火棘灌丛、小果蔷薇灌丛、木帚枸子-峨眉蔷薇灌丛、皂柳灌丛、香柏灌丛以及多种栎类灌丛，这些灌丛以及栖居于其中的各种啮齿目、爬行类、鸟类等动物还有它们的生境共同构成了保护区内的灌丛生态系统。

3. 亚高山草甸生态系统

亚高山草甸生态系统为保护区内分布范围较为局限，其海拔范围在 2200m 以上，保护区内主要在黄安坝、北屏乡的神田和光头山以及岚天的三合等高海拔山脊地带有分布。其组成类型也较简单，主要由疏花剪股颖-华东早熟禾草甸、华中雪莲-鄂西老鹳草草甸及间或分布的亚高山稀疏灌草丛等类型。草甸生态系统内生活的动物主要是一些啮齿目如松鼠和鼯鼠等、爬行类如采花原矛头蝮、两栖类动物等，此外，还有若干鸟类也在此亚高山草甸中进行捕食，此外昆虫和土壤动物在此种生态系统类型中也十分丰富，如此构成了保护区内的亚高山草甸生态系统。

4. 河流生态系统

大巴山自然保护区地处大巴山南麓，因受复杂的地形地貌影响，发育了众多的溪谷河流，流域面积达 $101\sim1000km^2$ 的河流有 12 条，$1000km^2$ 以上的 1 条。其中任河和前河为保护区的两条主要河流，任河在县境流程 128km，是城口县境内最长的一条河流，流域面积 $2360.74km^2$；前河在保护区内流程 62km，流域面积 $927.86km^2$。庞大的支流体系及流域面积为保护区内河流生态系统中 25 种两栖类动物和 44 种野生鱼类提供了稳定的生境，其中包括秦巴山鲵、大鲵、饰纹姬娃（*Microhyla ornata*）、中华青鳉（*Oryzias latipes*）。此外河流生态系统中还生活着少量的水生植物和底栖动物，这些生物同水域环境一起组成了复杂的河流生态系统。

5. 亚高山湿地生态系统

大巴山自然保护区内的亚高山湿地生态系统主要分布于境内神田及黄安坝等处，可以细分为两种类型，一种为灌丛湿地类型，另一种为草丛湿地类型。草丛湿地优势种主要为灯芯草，在神田和黄安坝均有分布，神田的天池为下陷凹地积水形成，其内生长大量灯芯草，此外还有少数水生植物组成；黄安坝也有较大面积的湿地灯芯草草丛群落分布于草甸洼地及沟谷地带。灌丛湿地其优势种是绢毛蔷薇、粉花绣线菊、陇东海棠等，其内草本物种较少，主要分布在黄安坝草丛湿地的边缘地带。保护区湿地生态系统面积较小，组成和结构均较为简单，受人为因素及全球变化影响，其系统结构和功能较为脆弱。从重庆市目前湿地类型及其分布特征看，保护区的湿地十分珍贵，必须加强保护。

6.1.2　人工生态系统

人工生态系统是一种人为干预下的"驯化"生态系统，其结构和运行既服从一般生态系统的某些普遍规律，又受到社会、经济、技术因素不断变化的影响。人工生态系统的组成主要包括农业生物系统、农业环境系统和人为调控系统，大农业生态系统还涉及农田系统（农）、经济林生态系统（林）、草场生态系统（牧）和水体渔业生态系统（渔）等类型。大农业生态系统在保护区内主要在开阔海拔较低处平坦低山，主要以农田和经济林为主。农田主要种植油菜、玉米等，旱地主要种植土豆、玉米、红薯等经济作物，经济林主要种植的是果树和药材，如杜仲等。保护区内人工生态系统的明显特点是接近于人类聚居地，在保护区内面积较小，该生态系统主要的作用为当地居民提供食物，并为当地居民提高经济收入，当对于保持水土流失及由于人类活动对保护区的功能作用是负面的。

其进一步细分可以分为农业生态系统、人工林和经济林生态系统以及乡村生态系统三小类。

1. 农业生态系统

保护区内的农业生态系统主要为农田生态系统和农地生态系统。由于地处大巴山南麓，受海拔、基质、岩性、地形地貌等各种自然因素的综合影响，保护区内可开发为农田的土地较狭窄，主要在河滩下游冲击河谷处，而农地则相对较多，主要由居民开发山地和河滩所形成。

农业生态系统组成简单，其植物主要以居民种植的人工粮食作物为主，间或生长些田地间杂草和灌丛，动物主要由土壤动物及小型啮齿目、鸟类等动物组成，共同构成简单的农业生态系统。

2. 人工林和经济林生态系统

保护区内的人工林和经济林生态系统以日本落叶松林、板栗林、漆树林、杜仲林、响叶杨林等林型为主，生态系统结构简单，人工干预影响较大，但主要以多年经营为主，除日本落叶松外，基本人工抚育、经营较为严重，林下物种结构简单，林内动物组成也相对简单，整个生态系统结构功能的稳定维持，均依靠人工经营。

3. 乡村生态系统

乡村生态系统是人工生态系统中非常突出的生态系统类型，人类干扰因素作用效果最为明显。涉及保护区内 13 个镇乡若干居民点，城镇生态系统不发达。该生态系统人类活动最为明显和突出，充分发挥该类生态系统的主观能动性，对保护区的整体保护和后续建设具有积极意义。

6.2　生态系统主要特征

生态系统的一般特征包括生态系统的结构组成特征和功能特征，关于保护区内生态系统的结构组成在 6.1 生态系统类型中已作介绍，故本部分不再赘述，主要介绍保护区内生态系统的功能特征。

6.2.1　食物网和营养级

生物能量和物质通过一系列取食与被取食的关系在生态系统中传递，各种生物按其食物关系排列的链状顺序称为食物链，各种生物成分通过食物链形成错综复杂的普遍联系，这种联系使得生物之间都有间接或直接的关系，称为食物网。

大巴山自然保护区内主要存在 3 种类型的食物链，包括牧食食物链、寄生生物链、碎屑食物链。

由于寄生生物链和碎屑食物链普遍存在于各处，不作详细介绍，主要对牧食食物链作简述。牧食食物链又称捕食食物链，是以绿色植物为基础，从食草动物开始的食物链，该种类型在保护区内陆地生态系统和水域生态系统都存在。其构成方式是植物→植食性动物→肉食性动物。其中植物主要包括各生态系统类型中的草本植物、灌木和乔木的嫩叶嫩芽及果、种子等；植食性动物（主要分析哺乳类）主要包括哺乳类啮齿目、偶蹄目、兔形目等目的动物，其中啮齿目共 7 科 25 种，偶蹄目 8 种及兔形目中 1 种，共占哺乳类动物（68 种）的 50%；肉食性动物主要包括食肉目、食虫目、翼手目、翼手目、灵长目等 34 种动物，其中灵长目猕猴（*Macaca mulatta*）和偶蹄目中的野猪都是杂食性的，但在划分上根据其主要食性划入肉食性。

营养级是指处于食物链某一环节上的所有生物种的总和称为营养级。大巴山自然保护区内有隼形目的猛禽及食肉目的兽类存在，各生态系统中营养级大约在 3～5 级。生态系统中各营养级的生物量结构组成呈现金字塔形。

6.2.2　生态系统稳定性

关于生态系统稳定性，此处着重讨论保护区内的自然生态系统类型，关于人工构建的生态系统则做简要说明。

1. 自然生态系统类型

大巴山自然保护区内自然生态系统类型主要分为两大类，5 小类，且不同的生态系统又有不同的构成方式，特别是陆地生态系统类型，其由不同的植被类型组成，因此稳定性特征也有较大差异。

森林生态系统是保护区陆地生态系统的主体，人为干扰较少，生境多样，物种多样性较高，其抵抗外界干扰的能力较强，因此此种类型的生态系统稳定性较高，如保护区内的栲树林、青冈林、包果柯林等组成的常绿阔叶林森林生态系统；但是如落叶阔叶林等森林生态系统，由于其群落生境的大部分土壤基质属于石灰岩土壤基质，在中山以上地段容易形成较干旱区，此类生态系统，其抵抗力稳定性较常绿阔叶林较低。森林生态系统类型的抵抗力较高，但恢复力则较低，倘若森林生态系统被破坏，其组成、结构和功能则很难在短时间内得到恢复，因此，应该注意对森林生态系统的保护。

灌丛和亚高山草甸生态系统，由于其物种组成多样性较低，群落结构较简单，加之本身具有较强的次生性，这两类生态系统的对外界的抵抗力稳定性较低，在受到人为干扰或环境干扰时，系统很容易系统崩溃，形成退化生态系统。但相反，这两种生态系统类型在退化后，干扰一旦消除，则会很快恢复到先前的生态系统类型，即恢复力稳定性较高。甚至，受到干扰形成的马桑、黄荆等灌丛生态系统，倘若人为干扰消失，则会向森林生态系统进行恢复性进展演替，假以时日，恢复为森林生态系统类型。

河流生态系统类型的稳定型主要与河流中的生物多样性及食物链、食物网相关。保护区内的河流生态系统，其河流主要发源于高山，其中的水生植物及水生动物组成结构均较为简单，因此其河流生态系统相对脆弱，其生态系统的抵抗力稳定性较低。

2. 人工生态系统

大巴山自然保护区内人工生态系统类型，其物种组成单一、群落结构简单，因此其生态系统的抵抗力稳定性非常低，其生态系统的维持主要依靠人工抚育，否则无法维持其稳定状态，例如保护区内的弃耕荒地，早前为农作物种植地，废弃后荒草丛生，向着灌丛演替方向进行。又如保护区内种植的日本落叶松，人工种植后，很少进行定期的人工抚育行为，则日本落叶松林内的植物组成日渐丰富，其原本单一的落叶松群落结构无法维持。

6.3　影响生态系统稳定的因素

6.3.1　自然因素

大巴山自然保护区内影响生态系统稳定的自然因素主要有泥石流、雷击火烧和长期干旱等，这些自然干扰因素其发生频率都较小，但倘若一旦发生则会引起较大面积的生态系统稳定性受到影响，如雷击造成的山火会导致大面积森林遭到破坏，长期干旱也会导致生态系统特别是河流生态系统和中山及亚高山的森林生态系统的稳定性受到影响。

6.3.2　人为因素

大巴山自然保护区内对生态系统稳定性干扰较大的是人为因素，保护区内特别是缓冲区和实验区有居民点，这些居民的生产活动，主要表现在采伐、挖药和农作物生产等，这些活动势必会对保护区内的生态系统造成影响。

6.3.3　旅游潜在因素

旅游对大巴山自然保护区的生态系统稳定性体现在以下几方面。首先，旅游开发及旅游活动可能导致大气、水和固体的直接污染。其次，旅游开发可能增加侵蚀、破坏地貌，造成对环境的间接影响。第三，景区建设占用森林或草地，对植被和动物栖息地造成影响。最后，旅游还可能增加外来有害生物入侵及增大森林火灾的可能性，对生物多样性的保护造成负面影响。

就目前大巴山自然保护区的现状而言，由于其良好的自然景观资源，近些年保护区内开发了一些景区，如神田景区、黄安坝景区等，还有每年秋季举办的彩叶节等旅游活动。这些旅游活动会对保护区内的生态系统造成一定影响，如景区开发侵占的林地及景观道两旁的植被等均会受到较大影响，特别是景区接待中心，其所带来的消费人群的消费需求，势必会扩大本区人类的生态足迹。但如果能合理控制旅游景区的开发及控制旅游活动的规模和旅游人数，并作相应的生态补偿措施，积极开展生态旅游，那么旅游活动对保护区内生态系统稳定性的影响应该是可控制的。

第7章　主要保护对象

大巴山自然保护区类型为森林生态系统，主要保护对象为亚热带森林生态系统及其生物多样性，不同自然地带的典型自然景观，典型森林野生动植物资源。

7.1　大巴山自然保护区森林生态系统

大巴山自然保护区森林生态系统特征如下。

（1）代表性和典型性。大巴山自然保护区处于北亚热带，临近温带和亚热带的分界线，气候具有北亚热带湿润季风区气候特点。大巴山自然保护区内地形变化较大，境内分布有高山、丘陵、河流，且保护区内相对海拔高差较大，达到 1931.7m，复杂的地形变化造成了大巴山自然保护区内植被的垂直分布特点较为明显。发育的大片落叶阔叶林为保护区优势植被，群落优势物种明显，代表性物种突出，而且包括了大量珍稀濒危及特有物种，因此，代表了亚热带落叶阔叶林森林的典型特征，有较好的代表性和典型性。

（2）多样性和资源的丰富性。大巴山自然保护区内有森林生态系统、灌丛生态系统、亚高山草甸生态系统、河流生态系统、亚高山湿地生态系统及农业生态系统、人工林和经济林生态系统、乡村生态系统等9 种生态系统类型，保持了较高的生态系统多样性。生境类型的多样性孕育了丰富的植物群落和植物多样性。根据《中国植被》划分原则，大巴山自然保护区有 13 个植被型，18 个植被亚型，37 个群系组和 60 个群系；有菌类 53 科 111 属 181 种；有维管植物 202 科 1030 属 3572 种，其中，珍稀濒危及重点保护植物 38 种，特有植物 207 种。植物群落的多样性为动物群落提供了丰富的食物来源和栖息环境，孕育了丰富的动物种类。大巴山自然保护区共有昆虫 142 科 596 属 884 种，脊椎动物 350 种，其中，鱼类 44 种，两栖类 25 种，爬行类 23 种，鸟类 233 种，哺乳类 68 种。

（3）完整性和脆弱性。大巴山自然保护区面积 136 700hm²，其中有林地面积 112 100hm²，其面积足以维持该区域内森林生态系统的稳定性，为各种野生动植物提供了一个可靠良好的生存空间。

大巴山自然保护区有大量石灰岩分布，为喀斯特地貌。因此，生态系统较为脆弱，一旦遭到破坏，很难恢复。此外，大巴山自然保护区包括 13 个乡镇，实验区有人口密集、耕作频繁的农业和居住区。大巴山自然保护区内人为活动较为频繁，对大巴山自然保护区的保护是一个严峻的考验。

7.2　崖柏（*Thuja sutchuenensis*）、红豆杉（*Taxus chinensis*）、光叶珙桐（*Davidia involucrata* var. *vilmoriniana*）等珍稀濒危植物资源及其生境

大巴山自然保护区共有珍稀濒危及重点保护植物 38 种。其中，国家第一批重点保护野生植物 I 级保护植物 6 种：南方红豆杉、红豆杉、光叶珙桐、珙桐、水杉、银杏；国家 II 级保护植物 32 种：桢楠（*Phoebe zhennan*）、鹅掌楸、厚朴、喜树（*Camptotheca acuminata*）、川黄檗、巴山榧等；有红皮书收录的珍稀濒危植物 38 种，濒危 2 种，渐危 24 种，稀有种 12 种。此外，大巴山自然保护区特有植物也较为丰富，有 207 种。同时也是著名的模式标本产地，有模式植物 243 种。大部分具有药用资源、观赏资源、食用资源、蜜源及工业原料方面的价值。据粗略统计，大巴山自然保护区内共有资源植物 2459 种。因此，大巴山自然保护区是上述物种重要的栖息地，建设保护区有利于上述珍稀濒危物种的保护。

7.3　林麝（*Moschus berezovskii*）、豹（*Panthera pardus*）、金雕（*Aquila chrysaetos*）、黑熊（*Selenarctos thibetanus*）等珍稀动物资源及其栖息地

大巴山自然保护区内共有国家Ⅰ级重点保护野生动物 5 种，如豹、云豹、林麝、金雕等；有国家Ⅱ级重点保护野生动物 38 种，如穿山甲、猕猴、豺、黑熊、黄喉貂（*Martes flavigula*）、水獭、大灵猫、小灵猫、金猫、水鹿、鬣羚和斑羚；有重庆市市级重点保护野生动物 44 种，如小鹏鹏、绿鹭、灰胸竹鸡、董鸡、黑水鸡、翠金鹃、小杜鹃、四声杜鹃、中杜鹃、噪鹃、普通夜鹰、黑短脚鹎等。

此外，还是众多特有动物的栖息地，大巴山自然保护区有特有昆虫 4 种，如城口璃锹甲、城口横线隐翅虫、白斑出尾蕈甲和暗蓝出尾蕈甲等。特有脊椎动物 54 种，如秦岭刺猬、长吻鼩鼹、北京鼠耳蝠、林麝、小鹿（*Muntiacus reevesi*）、灰胸竹鸡、红腹锦鸡、白冠长尾雉、白头鹎、领雀嘴鹎、棕腹大仙鹟、潘氏闭壳龟、丽纹攀蜥、北草蜥、蓝尾石龙子、齐口裂腹鱼、四川华吸鳅、短体副鳅和峨眉后平鳅等。

第8章 社会经济与社区共管

8.1 大巴山自然保护区及周边社会经济状况

8.1.1 乡镇及人口

大巴山自然保护区内共有 13 个乡镇、57 个社区。大巴山自然保护区内共有 58 351 人（表 8-1），主要分布于实验区，农田、东安、咸宜、北屏乡镇人口较多。

表 8-1 大巴山自然保护区乡镇与人口统计表

乡	村	面积/hm²	人口
左岚	齐星	2342.5	715
高楠	团结、丁安、岭楠、黄河、方斗	10 627.9	6180
巴山	农民、新岭、黄溪	4315.6	3732
龙田	五里、联丰、团堡、卫星、长矛、四湾、仓房	17 702.5	7278
北屏	松柏、金龙、安乐、仓坪、北屏、太坪、月峰	13 163.4	6168
岚天	星月、岚溪、红岸、三河	10 744.4	2361
河渔	河鱼、平溪、大店、畜牧、高洪	12 302.5	4564
高观	东升	3039.6	1022
东安	兴隆、鲜花、任河、沙湾、新建、德安、朝阳、新田、黄金	33 849.1	9774
厚坪	云峰、龙盘	5624.1	3145
明中	金池、四合、云燕、双利	12 208.5	4577
蓼子	茶林、当阳、新开	2841.4	2030
咸宜	环流、咸宜、双丰、李坪、明月	7255.5	6805
总计	57	136 017	58 351

8.1.2 交通与通信

城口县地处大巴山区，交通、通信条件相对较差。县境内现有等级、等外公路 480km，省道、县道 3 条，形成以城万公路为主干道，乡（镇）、村为网点的公路网络。有城口至陕西岚皋县总里程 47km 的省道公路一条，有龙黄路、城奉路县道两条，公路里程 47.6km，有乡道 9 条，总长 194.4km。近年来，大巴山自然保护区内的交通条件有了进一步的改善，所涉及乡镇已通公路，最远的东安乡距县城 59km，最近的龙田乡距县城 6km，其余各乡距县城 30km 左右。70 个村现已通车 26 个村，乡村通车率达到 33%，通车里程达 172km；山内有林区公路 69km；公路终点有人行步道深入大巴山自然保护区，交通比较方便。

目前城口县城乡基础设施正逐渐强化，通讯条件得到了改善，有线和无线电话已经开通，长途光缆工程已投入使用。自然保护区管理局及部分管护站已实现网络覆盖。通信条件得到了有力保证。

据 2009 年国民经济和社会发展统计数字表明，全县公路货运运输量 74 万吨，货运周转量 3787 万 t/km；公路旅客运输量 45 万人，旅客周转量 3489 万人/km。

随着大巴山自然保护区建设的进一步加强，结合实际对交通、通讯增加投入作适当改造和拓展，完全可以满足保护区管理、科研、考察、教学实习和旅游等方面的需要。

8.1.3 土地利用现状与结构

城口县幅员 32.8 万 hm²，其中耕地面积 2.87 万 hm²（水田 2130hm²），林业用地 5.92 万 hm²，牧业用地 2.19 万 hm^2，难利用地 0.62 万 hm^2，其他用地（道路、河流、建筑物等）0.55 万 hm^2。根据 1988 年森林资源二类调查和 2002 年档案更新结果，大巴山自然保护区涉及的 13 个乡镇，林业用地面积 11.21 万 hm^2，非林业用地面积 2.39 万 hm^2，森林覆盖率 80.60%。详见表 8-2。

表 8-2　各类土地面积统计表（单位：hm^2）

总面积	有林地							
	用材林	防护林	经济林	竹林	薪炭林	特用林	农林间作	疏林
136 017	38 316.2	41 418.9	678.9	1.3	6 984.1	7 628.5		2 372.1

灌木林	未成造	苗圃	无林地				非林业用地
			两荒	采伐迹地	火烧迹地	退耕地	
12 230.4	1060.6		754.4			699.0	23 872.6

8.1.4　社区经济结构

城口县是重庆市最边远的贫困县之一，由于历史的原因，经济很不发达，一直以经营农业为主。城口县 2009 年国内生产总值 41 905 万元（其中大巴山自然保护区为 1600 万元），人均国民生产总值 1954 元。工农业总值 37 205 万元（其中自然保护区 164.6 万元）。

农业以粮食为主，主要农作物有玉米、水稻、土豆、小麦、红薯；经济作物主要有油菜、漆、茶叶、果类和党参、天麻、杜仲等中药材。养殖业以养猪为主，其次为牛、羊、家禽、水产等。

工业以锰矿、钡矿、煤炭、食品、建材为支柱产业，其主要产品为锰粉、钡粉、原煤、茶、盐、酒、饮料、水泥、砂砖等。

8.1.5　社区发展

城口县当前文化教育、科技、卫生事业稳定发展。全县共有中小学 445 所，其中普通中学 8 所，在校学生 4721 人，专职教师 319 人。初中教育得到逐步普及，7～12 岁学龄儿童入学率 100%。

大巴山自然保护区有学校 20 所（含村校），已实现九年义务教育。医疗卫生水平逐年提高，达到人人享有初级卫生保健的目标。全县有各类卫生机构医院 60 个，病床 293 张。保护区内有医院 5 所，各乡镇具备基本的就医条件。

大巴山自然保护区精神文明建设和民主法制建设比较完善，区内社会安定，人民安康。

8.2　社 区 共 管

8.2.1　社区环境现状

大巴山自然保护区位于比较贫困的边远山区，这里生态环境良好，森林植被覆盖率高，生物多样性丰富，但是居民生活水平低，所受的教育程度也低。大巴山自然保护区居民主要以外出打工、农业、砍伐、采药等方式维持生计。大巴山自然保护区由于面积较大，分布人口总量相对较多。随着大巴山自然保护区全面禁伐、禁猎措施和退耕还林工程的实施，区内居民采伐、狩猎和农业收入将会减少。因此，如何协调处理保护区保护与居民发展，引导区内居民改变生产、生活方式，成为保护区社区共管的一项重要任务。

8.2.2　社区共管措施

（1）"三向分流"措施。包含以下内容：①大巴山自然保护区基础设施建设、保护工程的实施；②生态旅游及相关产业的开展；③多种经营项目的开发，解决社区农民生计和劳动就业、转产问题。

（2）采取"自下而上"的工作方法。社区群众提供劳动力，配合、支持管理局的管护活动，参与决策、规划、实施、监测等各个环节，可生产、销售和分配总体规划中所规定的经营开发项目与产品；管理局提供科技、宣教培训、技术指导、资金扶持。根据广大村民的意愿和要求开展相关工作，帮助社区脱贫致富，让农民从中得到实惠，使社区群众与大巴山自然保护区建立一种非过度消耗保护区资源的新型依赖关系。

（3）建立科技致富信息网络。通过大巴山自然保护区的各级机构，建立乡镇、行政村科技信息联络员制度，做好区内外致富信息的上传下达及协调工作，起到社区居民与外界交流的纽带和桥梁作用。

（4）提供技术与市场服务。大巴山自然保护区自建区以来，与社区的矛盾和冲突主要体现在资源利用上。由于保护区属边远山区且经济条件落后，社区居民在相当长一段时间内都是以消耗森林资源来获取他们的经济收入。因此，为处理好资源保护与社区资源利用的矛盾，大巴山自然保护区有责任通过各方面技术扶持及信息、市场服务，开创第三产业扩大就业机会，减少资源消耗。

8.2.3　基于替代生计项目分析

基于保护区及周边地区基础薄、起点低，各地发展不平衡的特点，根据区域资源优势，构建替代生计的方式提高居民生活水平与降低居民对生物资源的依赖性。选择产业关联度大，带动力强的旅游业作为先导产业，选择发展后劲大，综合效益高的服务业、种植业和养殖业作为支柱产业，利用"增长点-发展极"效应，带动和影响其他产业的发展，形成以保护自然生态环境为前提，以生态旅游和服务业为重点，带动加工业，促进农林牧业的发展，形成种、养、加、服务相结合的具有较强生命力的产业体系群。

1. 生态农业

大巴山自然保护区周边社区以山区农业为主，而且产业化程度低，因此，有必要根据区域比较优势，进行产业结构调整，将第一产业逐步缩小，相对稳定第二产业，扩大第三产业。形成以自然保护为前提，以生态旅游、服务业为主导，以加工业为支柱，带动山区农业共同发展的产业结构模式，通过优化结构效益，彻底改变周边社区居民长期依靠消耗森林资源获取经济收入的状况，更好地促进保护事业的发展。

通过部分坡耕地退耕还林，逐步缩小以毁林开荒或林下种植为主的传统农业，转而采取集约经营方式，发展优质高效农业。

2. 种植和加工业

大巴山自然保护区生物资源非常丰富，开发高产值、无污染、无公害的蔬菜、鲜果、干果、中药材等产业，发挥当地种质资源优势。结合退耕还林等工程种植重楼、当归、云木香、独活、城口猕猴桃、核桃。发展果品和中药材等的初级加工和深加工。

3. 养殖业

大巴山自然保护区自然环境优越，森林、水源等生态资源保护良好，植物种类众多，蜜源十分丰富。城口县人民政府从 2009 年开始，每年的政府工作报告中都将中蜂产业列入城口县的特色产业之一，并制定了一系列中蜂养殖扶持政策。此外，聘请有专门的养蜂技术人员，全县有养蜂技术专业人才近 500 余名，为开展中蜂养殖提供了技术保障。

中蜂产业的实施，社区居民由依赖采伐、农业方式转变到养殖业的生计方式，不仅减少了对自然资源的破坏，而且提高了居民经济收入，具有重要的综合效益。

4. 生态旅游和服务业

生态旅游作为人们物质文化生活水平提高后的一种高级精神享受，是人们旅游需求结构不断变化后的具体表现，是当前国际旅游市场发展最为迅速、适应性最广泛的一项旅游活动。

大巴山自然保护区内林木繁茂，风光秀丽，景致优美，珍、奇、古、稀动植物资源丰富，气候条件优越，年舒适期达 200～240 天，是开展度假、疗养、避暑、会议、科考和教学实习的理想场所。科学合理地组织安排旅游景点、旅游线路和旅游项目的开发，重点搞好旅游基础设施建设，在档次、品位及优势上下工夫，通过多样化旅游经营，提高全程旅游服务水平，提高旅游质量，提高旅游经济效益。

8.2.4　社区共管中存在的问题

1. 共管人员认识不够

社区共管人员缺乏必要的相关背景知识和共管经验，社区参与不够。大巴山自然保护区也未能将社区共管工作真正地纳入重要的议事日程上来。在大巴山自然保护区的管理中，大巴山自然保护区的社区共管几乎依托于保护区管理局。

2. 社区发展和保护区的保护之间存在矛盾

社区重点考虑的是发展经济，忽略自然资源的保护，而大巴山自然保护区在促进社区经济发展的同时，则要坚守保护第一的原则。因此，两者不同程度上产生了矛盾。

3. 社区项目缺乏统筹考虑

大巴山自然保护区管理局尽管结合自然资源，开展了生态旅游（农家乐）、种植业和加工业：中蜂养殖、城口猕猴桃、茶叶、食用菌和药用、食用植物。发展果品、食用菌类和中药材等的初级加工和深加工等社区项目，取得了较大进展。但是，限于技术和资金问题，受经济利益的驱使，社区项目实施缺乏统筹考虑。

4. 生态补偿制度缺乏

大巴山自然保护区部分居民参与社区项目，基本能实现同保护区的和谐相处。生态补偿成为解决其他居民的生计问题的重要途径。由于我国目前还没有成熟的生态补偿规章制度可借鉴，大巴山自然保护区生态补偿也没落到实处。因此，大巴山自然保护区管理局应率先根据自身资源特色和社区居民状况，合理规划社区项目，吸引资金，制定生态补偿制度，促进社区共建共管。

第9章　大巴山自然保护区评价

9.1　大巴山自然保护区管理评价

9.1.1　大巴山自然保护区历史沿革

大巴山自然保护区名称和机构变化较多。1979 年 5 月城口县人民政府为了保护野生动植物资源，在原渭河、黄安和东安乡所辖的林区建立了青龙峡县级自然保护区（面积 1508hm^2）；1985 年 7 月为了保护任河流域的生态环境、保持水土，在原龙田、箭竹和箭岭乡的重点防护林区建立了龙潭河县级自然保护区（面积 780hm^2）；1996 年 8 月，为了加强渝陕边界的天然林区的保护和提高人们爱护生态环境的意识，建立了神田县级森林公园（面积 1350hm^2）。

1998 年，考虑到生态系统的完整性、面积适宜性和便于管理，将上述两个县级保护区和一个县级森林公园一并区划，统一定名为"重庆大巴山自然保护区"。同年申报重庆市人民政府，2000 年 5 月重庆市人民政府以渝府发［2000］101 号批准为省级自然保护区。

1999 年在明中、桃元等地发现了销声匿迹一百多年的崖柏，引起国内外广泛关注后，重庆市、城口县各级政府和林业主管部门紧急行动，将这一地区保护起来。2000 年 11 月重庆市人民政府以渝府［2000］204 号批准将明中等地纳入重庆大巴山省级自然保护区，保护区总面积达 136 017hm^2。

2003 年 6 月，国务院办公厅以国办发［2003］54 号文件批准重庆大巴山自然保护区晋升为国家级自然保护区。

自 1979 年以来，当地政府和相关部门对自然保护区的管理和建设一直非常重视，分别以政府文件、政府通告等形式对保护区的管辖范围、管理机构、管理权限和管护制度进行了明确。近年来将野生动植物保护和自然保护区建设作为城口县国民经济和社会发展的主要内容。县委、县政府一致认为："城口县的发展要打生态牌，自然保护区建设是牌中的大王"。2000 年 3 月，城口县人民代表大会通过了《重庆大巴山自然保护区管理办法》，使大巴山自然保护区的管理和建设有了法律依据。

9.1.2　大巴山自然保护区范围及功能区划评价

大巴山自然保护区主要包括大巴山脉城口县部分和城口县南侧一字梁山脉有崖柏分布的区域两大部分，大巴山自然保护区整体形状呈横"V"字形。总面积 136 017hm^2，其中核心区面积 42 618.5hm^2，占保护区面积的 31.33%，缓冲区面积 31 530.6hm^2，占保护区面积的 23.18%，实验区面积 61 872.3hm^2，占保护区面积的 45.49%。共涉及 13 个乡镇、57 个社区。

1. 大巴山自然保护区范围和面积评价

大巴山自然保护区保护范围以大巴山和一字梁自然地形、地势等自然界线为主，结合行政、权属界线，具有延续性和连续性。几乎涵盖了城口县境内 95% 的生物资源，因此大巴山自然保护区较为完整。但大巴山自然保护区面积达 136 017hm^2，占城口县国土面积的 42.07%，实验区有大量乡镇和农地，因此，保护区范围和面积还有待优化。

2. 大巴山自然保护区功能区划评价

大巴山自然保护区总面积 136 017hm^2，核心区、缓冲区、实验区占保护区总面积比例依次为 31.33%、23.18% 和 45.49%，因此，比例较为适当。

区划 6 个核心区，自西向东分别是谭家大梁核心区、天台山核心区、三个包核心区、蒸笼铺核心区、金子山核心区和明中核心区。核心区内完整地保存了植被垂直分布、各种植被类型、全部的原始次生林及保护动植物。森林茂密，人迹罕至，自然地形特殊，生态环境良好。

谭家大梁核心区的北界、天台山核心区西段北界、三个包核心区东界和南界、明中核心区的南界在自然地形上是人迹罕至的分水岭，在行政区划上分别是省界和县界，因此这部分在分区上划出300m的缓冲带；其余部分根据核心区的区划和周边自然地形、行政界线及居民、耕地等情况，区划缓冲区。其功能是使核心区不受任何干扰和破坏，确保自然生态系统的良性循环。

大巴山自然保护区内除核心区、实验区外的区域，中山、沟谷地形，适宜生产生活、旅游开发等经营活动，区划为实验区。

整体而言，大巴山自然保护区核心区分布了主要保护对象，缓冲区起到了有效的缓冲和保护作用，实验区有效解决了社区共建公管、和谐发展的问题，因此，比较合理。

9.1.3　组织机构与人员配备

大巴山自然保护区管理机构名称定为"重庆大巴山国家级自然保护区管理局"，隶属城口县人民政府，下设办公室、财务科、资源科、宣教科4个职能科室，10个保护管理站，5个检查站，10个管护点。

全局编制定为20人，现有职工15人，按隶属关系分工如下：管理局领导4人；办公室4人；财务科2人；资源科4人；宣教科1人。

9.1.4　保护管理现状及评价

1. 保护管理

大巴山自然保护区建立前，森林资源由城口县林业局经营管理。林业局对森林资源的保护极为重视。一方面加强造林绿化，另一方面加大保护力度，每年都要集中开展严厉打击各种破坏野生动植物资源的专项斗争；连续10年保持了无重大森林火灾事故和森林病虫害发生的良好成绩，确保了林区安全。为建立自然保护区奠定了坚实的基础。

大巴山自然保护区建立后，重庆市、城口县各级政府、林业部门和科技界对该区的建设极为重视，成立了自然保护区管理局，配备了保护、管理、科技、生产人员，并由政府有关部门成立了联合保护委员会。

2. 科学研究

大巴山保护区依托各大专院校和科研单位开展了大量的科研工作。进行了重点保护野生植物资源调查、重点保护野生动物资源调查、湿地动植物资源调查、重庆大巴山植被调查。省级保护区建立后，与北京和重庆的科研单位协作，进行了崖柏的生态、生物学特性研究和繁殖实验研究，还将进行崖柏的遗传基因研究。国家级自然保护区建立后，同西南大学建立了生命科学学院生物多样性保护与研究工作站。依托工作站开展了重庆市物种资源调查、渝东北生态环境野外调查与遥感核查等研究工作。

3. 法制建设

大巴山自然保护区配备专职护林人员护林巡视，严肃查处毁林案件；与周边社区建立了自然保护区森林防火、动植物保护联防委员会，制定了联防公约，定期召开联防会议，实行联防共建；加强宣传，在交通要道口设立宣传标牌多处，每年印刷、书写上千份宣传品，发送和张贴到各乡、镇、村、居民点、学校、机关单位，收到了良好的社会效果；2000年3月，城口县人民代表大会通过了《重庆大巴山自然保护区管理办法》，使自然保护区的管理和建设有了法律依据。

4. 机构建设

2003年6月建立国家级自然保护区以来，在地方政府的支持下，自然保护区设置了办公室、财务科、资源科、计财科，建立了一套较为严格和完整的管理体制，制定了科室、站、点一系列详细的工作制度；从管理局局长、书记直到各护林员，层层签订岗位目标责任书，明确岗位职责、岗位目标和奖惩规定，严格执行，对管理人员和职工均能起到很好的激励作用。

9.2　大巴山自然保护区自然属性评价

9.2.1　物种多样性

大巴山自然保护区地处秦巴山地腹地，处于我国亚热带和温带气候带的过渡区，同时也处于我国第一大阶梯和第二大阶梯的过渡地带，因此多种生物区系物种汇聚于此，孕育了丰富的生物物种。

1. 植物物种多样性

大巴山自然保护区拥有种类丰富的植物资源，据统计，有菌类植物共计 2 门 16 目 53 科 111 属 181 种，维管植物共计 202 科 1030 属 3572 种。维管植物中，蕨类植物有 38 科 99 属 325 种，裸子植物有 9 科 24 属 41 种，被子植物有 155 科 907 属 3026 种。大巴山自然保护区维管植物物种约占重庆市维管植物物种总数的 80%，充分说明保护区维管植物物种的丰富性。大巴山自然保护区维管植物中，乔木 452 种，灌木 732 种，草本植物 1749 种，藤本植物 639 种，可见大巴山自然保护区植物生活型十分丰富。

大巴山自然保护区资源植物丰富，共计 2459 种（不重复统计），其中有野生观赏植物 1829 种，药用植物有 1163 种，野生食用植物 296 种，蜜源植物 1965 种以及工业原料植物 1021 种。

2. 动物物种多样性

大巴山自然保护区动物物种也非常丰富，其中，昆虫 142 科 596 属 884 种。脊椎动物 350 种，包括哺乳动物 8 目 26 科 53 属 68 种，鸟类 16 目 50 科 136 属 233 种，爬行类 2 目 8 科 21 属 24 种，两栖类 2 目 8 科 16 属 25 种，鱼类 5 目 10 科 36 属 44 种；其中有国家 I 级重点保护野生动物 5 种，国家 II 级重点保护野生动物 38 种，重庆市市级重点保护野生动物 44 种，特有动物 58 种。

9.2.2　生态系统类型多样性

大巴山自然保护区地处北亚热带，临近温带和亚热带的分界线。水热条件充裕，生态环境多样。大巴山自然保护区有森林生态系统、灌丛生态系统、亚高山草甸生态系统、河流生态系统、亚高山湿地生态系统、农业生态系统、人工林和经济林生态系统、乡村生态系统等 9 种生态系统类型。其中，森林生态系统包括针叶林、针阔叶混交林、阔叶林和竹林等类型，是大巴山自然保护区分布最广、组成复杂、结构完整和生物多样性最为丰富的生态系统，也体现了大巴山自然保护区生态系统的复杂多样。根据《中国植被》划分原则，大巴山自然保护区有 13 个植被型，18 个植被亚型，37 个群系组和 60 个群系。每一群系内都还有许多群丛，每一个群丛对不同动物来说，都是它们的生境或微生境。

9.2.3　稀有性

大巴山自然保护区地处秦巴山地腹地，北边横亘东西的秦岭山脉阻挡北方的冷湿气流，同时境内生境多样，为众多珍稀濒危物种的繁衍提供了理想的栖息地。由于受第四纪冰期影响较小，境内保留了崖柏、红豆杉、水青树、连香树、领春木等孑遗植物。为古植物、古地理的研究提供了重要的科研素材。此外，境内有特有植物 207 种、模式植物 243 种。有《中国物种红色名录》（2004）收录植物物种 170 种，其中，极危种 4 种、濒危种 27 种、易危种 89 种、近危种 50 种。有《濒危野生动植物种国际贸易公约》（CITES，2011）收录植物物种 13 种，《国家重点保护野生植物名录》（第一批）收录种 33 种，《中国植物红皮书》收录物种 38 种。

脊椎动物中，共有濒危动物物种 10 种，极危物种 3 种，近危物种 23 种，易危物种 27 种；有国家 I 级重点保护野生动物 5 种，国家 II 级重点保护野生动物 38 种，重庆市市级重点保护野生动物 44 种，特有动物 54 种。

9.2.4　脆弱性

大巴山自然保护区内部分多林地是在遭受较严重的破坏后逐渐恢复起来的，退化生态系统恢复也较好，森林覆盖率较高。但是，大巴山自然保护区实验区包含了一定数量的乡镇和农地，人为活动较为频繁，对很不容易才恢复起来的生态系统而言是一个严峻的考验。

此外，大巴山自然保护区实验区境内人为活动频繁的区域如公路、农用地、道路已有空心莲子草（*Alternanthera philoxeroides*）、苏门白酒草、一年蓬等入侵植物的分布。由于入侵植物具有生命力强、繁殖迅速、危害性大的特点，成为大巴山自然保护区生物多样性的一大威胁。因此，应加强对入侵生物的防疫和控制。

9.3　大巴山自然保护区价值评价

9.3.1　科学价值

大巴山自然保护区位于华中腹地，同时是北半球亚热带的核心地带，其地质、地貌、气候、土壤、植被和生物区系都显示极大的多样性，具有重大的科学意义和保护价值。

1. 典型性

该区森林生态系统保存完好，反映出我国华中地区亚热带常绿阔叶林森林生态系统的天然本底，代表性突出。该区不受三峡库区淹没的影响，自然环境相对稳定，适合作长期科学监测。

2. 多样性

该区有森林生态系统、灌丛生态系统、亚高山草甸生态系统、河流生态系统、亚高山湿地生态系统及农业生态系统、人工林和经济林生态系统、乡村生态系统等 9 种生态系统类型，保持了较高的生态系统多样性。生境类型的多样性孕育了丰富的植物群落和植物多样性。根据《中国植被》划分原则，大巴山自然保护区有 13 个植被型、18 个植被亚型、37 个群系组和 60 个群系。物种多样性丰富，有菌类 53 科 111 属 181 种；有维管植物 202 科 1029 属 3571 种，其中，珍稀濒危及重点保护植物 38 种、特有植物 207 种。植物群落的多样性为动物群落提供了丰富的食物来源和栖息环境，孕育了丰富的动物种类。大巴山自然保护区共有昆虫 142 科 596 属 884 种，脊椎动物 350 种，其中，鱼类 44 种、两栖类 25 种；爬行类 23 种；鸟类 233 种；哺乳类 68 种。

3. 稀有性

大巴山自然保护区有多种主要珍稀和特有动植物资源。其中国家重点保护野生植物 33 种、红皮书收录的珍稀濒危植物 38 种、特有植物 207 种、模式植物 243 种。有国家 I 级重点保护野生动物 5 种、国家 II 级重点保护野生动物 39 种、重庆市市级重点保护野生动物 44 种、特有动物 58 种、模式动物 3 种。

4. 自然性

该区人口稀少，加上保护区成立较早，生物多样性至今仍保存完好，核心区域人迹罕至，基本上处于原生状态。

5. 学术性

大巴山自然保护区是研究华中地区森林生态系统发生、发展及演替规律的活教材，是重要天然植物园和生物基因库，是多种生物的模式产地，具有很高的科学研究价值。

9.3.2　生态价值

1. 涵养水源

森林可以对降水进行三次再分配，并可改善土壤结构，增加土壤孔隙度。而非毛管孔隙是森林土壤贮存降水的主要场所，非毛管孔隙越大，森林贮水量越多。因此，以森林生态系统为主体的自然保护区无雨不断流、山青而水秀。

2. 保护土壤

据有关资料表明，每公顷林地可减少水土流失量为 240t/年，以此计算，保护区减少水土流失量为 2906 万 t/年，一般土壤含氮、磷、钾相当于化肥量为 23kg/t，按化肥平均价 2500 元/t 计算，其年保土价值达 167 118 万元。

3. 净化水质

据有关部门监测，大巴山自然保护区水质良好，符合国家饮用水卫生标准。大巴山自然保护区没有污染源，是一片净土。同时，大气降水经过森林土壤的自然过滤和离子交换作用，也起到了水质净化效果。据有关资料，净化饮用水平均需投资 0.08 元/t，大巴山自然保护区每年净化水质的效益为 77.3 万元。

4. 净化空气

森林通过光合作用固化大气中的二氧化碳并释放氧气，给人类提供新鲜空气。据测定，每公顷森林释放氧气量为 2.025t/年，吸收二氧化碳 2.805t/年，吸收二氧化硫 152kg，吸收尘埃 9.75t/年。大巴山自然保护区茂密的森林释放的氧气量达 245 227.50t/年，吸收二氧化硫 11 044.32t/年。如果氧气值以 3000 元/t，削减二氧化硫投资成本以 600 元/t 计算，仅此两项净化空气的效益就达 84 612.57 万元。

5. 保护生态系统和物种多样性及基因资源

大巴山自然保护区森林覆盖率高、生态系统自我调节能力强，承受外部冲击的弹性系数高，系统内的物质循环、能量流动、信息传递将保持相对稳定的平衡状态。大巴山自然保护区内的生物种群，将在保护的基础上得到发展，物种多样性、遗传多样性和生态多样性将得到保护。

6. 区域生态价值

大巴山自然保护区地处长江中游，保护区的任河和前河两条主要河流分别注入汉江和嘉陵江，而汉江和嘉陵江是长江中游两大支流。大巴山自然保护区具有高覆盖率的森林植被，保证生态系统的稳定。这不仅利于多种珍贵稀有濒危物种的生存，而且对于维护长江流域、特别是三峡库区的生态安全有着非常重要的作用。

9.3.3　社会价值

1. 科研和宣教基地

崖柏、红豆杉、黑熊是世界瞩目的珍稀濒危物种，该保护区位于全世界 25 个生物多样性热点地区之一的中国西南山地地区的腹心区，也是中国生物多样性保护的 11 个关键区域之一，被《中国生物多样性国情研究报告》、《中国生物多样性保护行动计划》、世界自然基金会"Ecoregion 200"列入中国生物多样性保护的关键地区和优先重点保护区域。

大巴山自然保护区丰富的生物资源和优美的自然生态环境为青少年环境保护意识和生物多样性保护意识教育提供了天然的实习基地。希望通过保护区与社会各界人士的共同努力，使环境保护意识和生物多样性保护意识深入民心，让全民都来关心和参与生物多样性保护和环境保护，从而推动重庆乃至全国的自然保护事业的发展。

2. 遗传保护价值

大巴山自然保护区的建立积极主动地保护了自然资源，尤其是珍稀动植物群落等其他濒危动植物资源。这部分资源不但要为我们这一代人所利用，同时要保留给子孙后代，从这个意义上可以称之为世界公众遗产，而保护区正是提供了这种遗产保存地、基因库，使之成为科普教育的最好课堂和天然实验室。大巴山自然保护区这种遗产保护功能也应作为一种资产来对待。

9.3.4　经济价值

（1）大巴山自然保护区丰富的自然资源和生态环境吸引越来越多的游客，由此形成了较好的旅游价值。随着生态旅游规划和多种经营规划的实施，保护区年经营收入 2149 万元，实现利润 385 万元，在增加地方财政收入的同时使保护区及其周边居民生活水平有所提高，并必将促进保护区周边社区的对外交流，由此带来的发展机遇，将使保护区脱贫致富，开始自我发展的良性循环。

（2）大巴山自然保护区有着丰富的动植物资源，而且中药材资源和建材资源丰富。这些资源为当地社区居民的持续生存提供了基本条件，对这些资源在有效保护和可持续利用基础之上的开发和利用，可以促进大巴山自然保护区和当地的经济发展。

（3）Costanza 等（1997）估计了生物多样性组分提供的产品，以及生态系统中各种过程提供的服务价值。按其算法，大巴山自然保护区内每公顷森林年价值为 302 美元，大巴山自然保护区有森林面积 121 100hm^2，每年的经济价值就近 3657.22 万美元。

第10章 管 理 建 议

10.1 大巴山自然保护区存在的问题

（1）大巴山自然保护区面积过大。大巴山自然保护区涉及 13 个乡镇，总面积 136 017hm²，约占城口县国土面积的 42.07%。保护区面积过大，而且实验区境内有大量的乡镇和农业用地。不仅容易出现土地和资源的权属纠纷，而且人为活动频繁不利于资源保护。

（2）基础设施设备还有待补充完善。自升级为国家级自然保护区以来，管理局和部分管护站办公及生活用房得到了极大改善，部分偏远管护站房屋是国有林场时代修建的简陋房屋，还有待修缮。护林防火工具缺乏，在深山林区问题比较突出，应急需补充先进的扑火工具。科研设备比较陈旧，为保障科学研究的开展，需要购买红外相机、鱼眼相机、光照仪等新型研究设备。保护区内大部分公路已完成水泥路面硬化，部分道路是沙石路，冻融返浆时有发生。

（3）管护难度大，破坏资源与环境行为时有发生。大巴山自然保护区处于三省（市）交界处，区内居民点分散，周边人口较多，边界线长，巡护路少，这都为保护区的宣传、管护工作加大了难度。管理站较少，管理人力不足，由于贫困和受经济利益驱动，区外一些人员法制观念淡薄，置国家法律法规于不顾，非法进入保护区内放牧、开荒、乱挖药用植物、砍柴等破坏资源与环境的活动时有发生，给保护管理工作带来较大压力。

（4）大巴山自然保护区宣教培训工作力度缺乏，对外联系与交流不够。大巴山自然保护区虽建立了一个标本馆，但保护区缺乏规范、系统的培训计划与措施，整体而言宣传教育力度不够。保护区的"窗口"作用未得到充分发挥，影响对外交流工作的进一步开展。

（5）落后的农业生产方式。在大巴山自然保护区的偏远地区，居民由于受交通和科技条件的限制，农业生产方式还很落后，传统的毁林开荒、广种薄收的耕作方式还存在，以烧火土的方式增加土壤肥力的方法还较为普遍，破坏了植被，造成了水土流失。受保护区自然地理的制约，区内的农耕地坡度均在 25°以上，容易造成水土流失。目前生产力低下，退耕还林还草进展缓慢。

（6）人员队伍缺乏和结构不合理。保护区面积为 136 017hm²，而现有在编职工 16 人，人员严重不足。有专业技术职称的科技人员 6 人，缺乏动物性、生态学、地理学方面的专业技术人员。管理队伍整体结构不合理，业务素质较低。

（7）面积大、周界长、管理难度大。大巴山自然保护区包括 13 个乡镇，居住人口达几万人，与 2 省 8个县相邻，这给管理和执法带来了难度。保护区面积达 136 017hm²，约占城口县国土面积的 42.07%，保护区管护面积大，地理跨度大，为日常的管理和管护工作带来很大挑战，极大地增加了工作量和保护管理成本。

（8）社区参与保护意识不足。保护区工作人员积极对保护区及周边居民开展生物多样性保护方面的教育和进行社区共管项目，但大多居民还没有积极、主动参与的意识，影响了社区共管的进行。

10.2 保护管理建议

（1）加强宣传教育和加大执法力度。加强《自然保护区管理条例》《自然保护区管理办法》《中华人民共和国野生动物保护法》《中华人民共和国野生植物保护条例》《森林法》以及护林防火的宣传教育，特别是对境内及周边公众的宣传教育，提高他们的保护意识。同时，要加强对保护区境内森林、河流、湖泊等的巡视工作，要依靠法律武器，加大执法力度，严厉打击进入保护区进行违法犯罪活动。特别是对保护区存在的非法占地、违建，森林砍伐、野生植物采挖及野生动物猎捕活动，应进行重点专项打击治理。

（2）开展对自然保护区主要保护对象的监测和研究。大巴山自然保护区内资源极为丰富，因加强监督和防治保护区内的森林火灾和病害、虫害、入侵生物等，严防发生大面积森林灾害。对该区域典型植被类型建立样地和永久定位监测站；对分布在其中的国家重点保护野生动植物如崖柏、林麝等保护物种生长状况、种群动态开展长期的研究；建立对有特殊价值的动植物进行专项调查和研究，从而促进对大巴山生物多样性的保护。

（3）加强退耕还林，防治水土流水。根据《重庆市生态功能区划（2008）》，明确保护区处于秦巴山地常绿阔叶-落叶林生态区属于一级生态区。本区主要生态环境问题包括：土地资源缺乏、水土流失严重、生物多样性受胁严重等，该区生态功能保护与建设的方向是建设山地亚热带常绿阔叶林生态系统，改善脆弱的生态环境。围绕生物多样性保护核心，突出自然保护区建设和水土保持与水源涵养的重点。因此严格执行退耕还林政策，进一步扩大栖息地面积，更有效地保护物种多样性。

（4）加强职工学习和培训。定期对自然保护区工作人员的自然保护理念和专业技术能力的培训，与邻近保护区和其他管理先进的保护区进行交流合作，学习先进的管理和保护经验；定期组织参加国内外的自然保护区和生态环境保护等学术交流，促进对保护和管理知识体系建立。建议在此基础上，有计划地引进科研人才，并加强与大专院校、科研院所的联系合作，系统深入开展保护区科研工作。

（5）开展生计替代项目，提高社区居民收入的同时促进社区共管。大巴山自然保护区经济总量小、综合经济实力不强，制约了地方生态环境建设的投入和经济发展速度的提升，环境基础设施建设滞后，综合治理能力薄弱。针对大巴山自然保护区丰富的自然资源，构建替代生计的方式提高居民生活水平与降低居民对生物资源的依赖性。选择发展后劲大，综合效益高的服务业、种植业如重楼、当归、云木香、独活、城口猕猴桃、核桃等和养殖业中蜂、山羊养殖作为支柱产业，利用"增长点-发展极"效应，带动和影响其他产业的发展，形成以保护自然生态环境为前提，以生态旅游和服务业为重点，带动农副产品加工业发展，形成种、养、加、服务相结合的具有较强生命力的产业体系群。在构建生计替代项目过程中加强自然保护区生物多样性、生态环境的宣传和保护，提高居民的保护意识，促进资源可持续利用和发展，生态社会经济共同发展的局面。

（6）保护区旅游建议。大巴山自然保护区旅游资源得天独厚。随着游客活动的增加，必然会给境内生态环境带来一定的负面影响。这就要求保护区要制定好严格的管理制度，在倡导生态旅游的同时，加大执法力度，坚决制止破坏生态环境和生物多样性的不良行为。

参 考 文 献

巴图，乌云高娃，图力古尔. 2005. 内蒙古高格斯台罕乌拉自然保护区大型真菌区系调查[J]. 吉林农业大学学报，27（1）：29-34.

柴新义. 2012. 安徽皇埔山大型真菌区系地理成分分析[J]. 生态学杂志，31（9）：2344-2349.

陈斌，李廷景，何正波. 2010. 重庆市昆虫[M]. 北京：科学出版社.

陈服官，闵芝兰，黄洪福，等. 1980. 陕西省秦岭大巴山地区兽类分类和区系研究[J]. 西北大学学报（自然科学版），1：137-147.

陈家骅，杨建全. 2006. 中国动物志 昆虫纲 第46卷 膜翅目 茧蜂科 窄径茧蜂亚科[M]. 北京：科学出版社.

陈世骧. 1986. 中国动物志 昆虫纲第2卷鞘翅目 铁甲科[M]. 北京：科学出版社.

陈树椿. 1999. 中国珍稀昆虫图鉴[M]. 北京：中国林业出版社.

陈晔，詹寿发，彭琴，等. 2011. 赣西北地区森林大型真菌区系成分初步分析[J]. 吉林农业大学学报，33（1）：31-35，46.

陈一心. 1999. 中国动物志 昆虫纲 第16卷 鳞翅目 夜蛾科[M]. 北京：科学出版社.

程地云，王昌华，任凌燕. 2002. 重庆的药用昆虫名录[J]. 重庆中草药研究，2（6）：27-29.

程尧华，廖正军，吴飚. 2001. 城口大巴山自然保护区现状及保护措施[J]. 重庆环境科学，23（4）：8-9.

褚新洛，郑葆珊，戴定远，等. 1999. 中国动物志 硬骨鱼纲 鲇形目[M]. 北京：科学出版社.

戴玉成，杨祝良. 2008. 中国药用真菌名录及部分名称的修订[J]. 菌物学报，27（6）：801-824.

戴玉成，周丽伟，杨祝良，等. 2010. 中国食用菌名录[J]. 菌物学报，29（1）：1-21.

戴玉成. 2009. 中国储木及建筑木材腐朽菌图志[M]. 北京：科学出版社.

邓发科. 1994. 中国横线隐翅虫属一新种及一新记录（鞘翅目：隐翅虫科：隐翅虫亚科）[J]. 昆虫学报，27（2）：213-214.

丁瑞华. 1994. 四川鱼类志[M]. 成都：四川科学技术出版社.

段彪，何冬，李操，等. 2000. 重庆市两栖动物资源及现状[J]. 四川动物，19（1）：25-28.

范滋德. 1997. 中国动物志 昆虫纲 第6卷 双翅目 丽蝇科[M]. 北京：科学出版社.

费梁，叶昌媛，江建平. 2012. 中国两栖动物及其分布[M]. 成都：四川科学技术出版社.

费梁，叶昌媛. 2003. 四川两栖类原色图鉴[M]. 北京：中国林业出版社.

冯国楣. 1996. 中国珍稀野生花卉（I）[M]. 北京：中国林业出版社.

傅立国，谭清，楷勇. 2002. 中国高等植物图鉴[M]. 青岛：青岛出版社.

傅立国. 1991. 中国植物红皮书[M]. 北京：科学出版社.

巩会生，马亦生，曾治高. 2007. 陕西秦岭及大巴山地区的鸟类资源调查[J]. 四川动物，26（4）：746-759.

郭晓思，陈彦生，黎斌，等. 2006. 大巴山（狭义）蕨类植物区系研究[J]. 西北植物学报，26（9）：1928-1934.

国家药典委员会. 2012. 中华人民共和国药典[M]. 北京：中国医药科技出版社.

何文佳，汤亮，李利珍. 2009. 中国出尾蕈属一新种一新记录种[J]. 动物分类学报，34（3）：481-484.

何文佳. 2009. 中国出尾蕈属分类研究（鞘翅目：隐翅虫科：出尾蕈亚科）[D]. 上海：上海师范大学.

胡淑琴，赵尔宓，刘承钊. 1966. 秦岭及大巴山地区两栖爬行动物调查报告[J]. 动物学报，18（1）：57-88.

黄大卫，肖晖. 2005. 中国动物志 昆虫纲 第42卷 膜翅目 金小蜂科[M]. 北京：科学出版社.

蒋书楠，陈力. 2001. 国动物志 昆虫纲 第21卷 鞘翅目 天牛科 花天牛亚科[M]. 北京：科学出版社.

乐佩琦. 2000. 中国动物志 硬骨鱼纲 鲤形目[M]. 北京：科学出版社.

李博，杨持，林鹏. 2000. 生态学[M]. 北京：高等教育出版社.

李桂垣，陈服官. 1962. 秦岭、大巴山地区的鸟类区系调查研究[J]. 动物学报，14（3）：361-380.

李桂垣. 1995. 四川鸟类原色图鉴[M]. 北京：中国林业出版社.

李鸿昌，夏凯龄. 2006. 中国动物志 昆虫纲 第43卷 直翅目 蝗总科 斑腿蝗科[M]. 北京：科学出版社.

李树恒，谢嗣光. 2003. 重庆地区蝗虫区系组成的初步研究[J]. 四川动物，22（3）：133-136.

李树恒. 2001. 重庆地区凤蝶科昆虫地理分布的聚类研究[J]. 四川动物，20（4）：201-204.

李树恒. 2003. 重庆市大巴山自然保护区蝶类垂直分布及多样性的初步研究[J]. 昆虫知识，40（1）：63-67.

李先源. 2007. 观赏植物学[M]. 重庆：西南师范大学出版社.

李振基，陈圣宾. 2011. 群落生态学[M]. 北京：气象出版社.

林晓民，李振岐，侯军. 2005. 中国大型真菌的多样性[M]. 北京：中国农业出版社.

刘初钿. 2001. 中国珍稀野生花卉（II）[M]. 北京：中国林业出版社.

刘文萍，陈晓暖，邓合黎. 2003. 重庆大巴山自然保护区鸟类资源调查[J]. 四川动物，22（2）：107-114.

刘文萍，邓合黎. 2001. 大巴山自然保护区蝶类调查[J]. 西南农业大学学报（自然科学版），23（2）：149-152.

刘友樵，李广武. 2002. 中国动物志 昆虫纲 第26卷 鳞翅目 卷蛾科[M]. 北京：科学出版社.

刘友樵，武春生. 2006. 中国动物志 昆虫纲 第47卷 鳞翅目 枯叶蛾科[M]. 北京：科学出版社.

刘玉成. 2000. 重庆国家重点保护野生植物区系地理[J]. 西南师范大学学报（自然科学版），25（4）：439-446.

罗键，刘颖梅，高红英. 2012. 重庆市两栖爬行动物分类分布名录[J]. 西南师范大学学报（自然科学版），34（4）：130-139.

马洪菊，何平，陈建民，等. 2002. 重庆市珍稀濒危植物的现状及保护对策[J]. 西南师范大学学报（自然科学版），27（6）：932-938.

卵晓岚. 2000. 中国大型真菌[M]. 郑州：河南科学技术出版社.

彭建国，朱万泽，李俊，等. 1992. 大巴山木本植物区系的研究[J]. 西北林学院学报，7（1）：36-44.

彭军，龙云，刘玉成，等. 2000. 重庆的珍稀濒危植物[J]. 武汉植物学研究，18（1）：42-48.

任毅，温战强，李刚，等. 2008. 陕西米仓山自然保护区综合科学考察报告[M]. 北京：科学出版社.

四川植被协作组. 1978. 四川植被[M]. 成都：四川人民出版社.

宋斌，邓旺秋. 2001. 广东鼎湖山自然保护区大型真菌区系初析[J]. 贵州科学，19（3）：41-49.

宋斌，李泰辉，章卫民，等. 2001. 广东南岭大型真菌区系地理成分特征初步分析[J]. 生态科学，20（4）：37-41.

宋希强. 2012. 观赏植物种质资源学[M]. 北京：中国建筑工业出版社.

宋永昌. 2001. 植被生态学[M]. 上海：华东师范大学出版社.

孙逢，冯孝杰，袁兴中. 2009. 大巴山自然保护区亢河沿岸植被调查[J]. 环境研究与监测，6（22）：44-47.

谭娟杰，王书永，周红章. 2005. 中国动物志 昆虫纲 第40卷 鞘翅目 肖叶甲科 肖叶甲亚科[M]. 北京：科学出版社版.

谭耀匡. 1985. 中国的特产鸟类[J]. 野生动物，18-21.

图力古尔，李玉. 2000. 大青沟自然保护区大型真菌区系多样性的研究[J]. 生物多样性，8（1）：73-80.

万方浩，谢柄炎，褚栋. 2008. 生物入侵：管理篇[M]. 北京：科学出版社.

汪松，解炎. 2004. 中国物种红色名录 第1卷 红色名录[M]. 北京：高等教育出版社.

汪松，解炎. 2005. 中国物种红色名录 第3卷 无脊椎动物[M]. 北京：高等教育出版社.

汪松. 1998. 中国濒危动物红皮书 兽类[M]. 北京：科学出版社.

王荷生. 1992. 植物区系地理[M]. 北京：科学出版社.

王廷正，方荣盛. 1983. 秦岭大巴山地啮齿动物的研究[J]. 动物学杂志，3：45-48.

王酉之，胡锦矗. 1999. 四川兽类原色图鉴[M]. 北京：中国林业出版社.

吴晓雯，罗晶，陈家宽，等. 2006. 中国外来入侵植物的分布格局及其与环境因子和人类活动的关系[J]. 植物生态学报，30（4）：576-584.

吴兴亮，戴玉成，李泰辉，等. 2011. 中国热带真菌[M]. 北京：科学出版社.

吴燕如. 2000. 中国动物志 昆虫纲 第20卷 膜翅目 准蜂科 蜜蜂科[M]. 北京：科学出版社.

吴征镒，孙航，周浙昆，等. 2011. 中国种子植物区系地理[M]. 北京：科学出版社.

吴征镒，周浙昆，孙航，等. 2006. 种子植物的分布区类型及其起源和分化[M]. 昆明：云南科技出版社.

吴征镒. 1980. 中国植被[M]. 北京：科学出版社.

吴征镒. 1991. 中国种子植物属的分布区类型[J]. 云南植物研究，增刊IV：1-139.

吴征镒. 2011. 中国种子植物区系地理[M]. 北京：科学出版社.

夏志良，王旭，邓其祥. 1991. 任河鱼类调查报告[J]. 四川动物，10（1）：34-35.

肖波，范宇光. 2010. 常见蘑菇野外识别手册[M]. 重庆：重庆大学出版社.

熊济华. 2009. 重庆维管植物检索表[M]. 成都：四川科学技术出版社.

徐海根，强胜. 2004. 中国外来入侵物种编目[M]. 北京：中国环境科学出版社.

徐海根，强胜. 2011. 中国外来入侵生物[M]. 北京：科学出版社.

徐江. 2012. 湖北省大型真菌资源初步研究[D]. 武汉：华中农业大学.

徐艳，石福明，杜喜翠. 2004. 四川和重庆地区蝗虫调查（直翅目：蝗总科）[J]. 西南农业大学学报（自然科学版），26（3）：

340-344.

许冬焱，徐锦海. 2001. 大巴山自然保护区植被及其特征[J]. 孝感学院学报，24（6）：46-48.

许冬焱，徐锦海. 2004. 大巴山自然保护区种子植物中国特有属的初步研究[J]. 生态科学，23（2）：137-140.

许冬焱. 2003. 大巴山自然保护区种子植物区系组成分析[J]. 西南师范大学学报（自然科学版），28（6）：963-968.

许冬焱. 2004. 大巴山自然保护区珍稀濒危植物及其保护[J]. 安徽农业大学学报，31（4）：469-474.

许冬焱. 2005. 大巴山自然保护区植被及其特征的初步研究[J]. 安徽农业大学学报，32（3）：332-335.

许冬焱. 2008. 大巴山自然保护区蕨类植物的区系分析[J]. 安徽农业大学学报，35（1）：89-94.

杨星科，杨集昆，李文柱. 2005. 中国动物志 昆虫纲 第39卷 脉翅目 草蛉科[M]. 北京：科学出版社.

杨星科. 1997. 长江三峡库区昆虫[M]. 重庆：重庆出版社.

杨祝良，臧穆. 2003. 中国南部高等真菌的热带亲缘[J]. 云南植物研究，25（2）：129-144.

易建华，甘小平，黄自豪，等. 2013. 重庆市发现光雾臭蛙和南江臭蛙[J]. 动物学杂志，48（1）：125-128.

易思荣，黄娅. 2008. 重庆市种子植物区系特征分析[J]. 热带亚热带植物学报，16（1）：23-28.

应建浙，臧穆. 1994. 西南地区大型经济真菌[M]. 北京：科学出版社.

袁锋，周尧. 2002. 中国动物志 昆虫纲 第28卷 同翅目 角蝉总科 犁胸蝉科 角蝉科[M]. 北京：科学出版社.

张春霞，曹支敏. 2007. 火地塘大型真菌区系地理成分初步分析[J]. 云南农业大学学报，22（3）：345-348.

张宏达. 1980. 华夏植物区系的起源与发展[J]. 中山大学学报，19（1）：89-98.

张军，刘正宇，任明波，等. 2008. 西南地区大巴山药用植物资源调查[J]. 资源开发与市场，24（10）：894-895.

张俊范. 1996. 四川鸟类鉴定手册[M]. 北京：中国林业出版社.

张荣祖. 1997. 中国哺乳动物分布[M]. 北京：中国林业出版社.

张荣祖. 1999. 中国动物地理[M]. 北京：科学出版社.

张荣祖. 2011. 中国动物地理 第二版[M]. 北京：科学出版社.

张世强. 2011. 天然植物基因库——大巴山自然保护区[J]. 决策导刊，（10）：39-41.

张巍巍，李元胜. 2011. 中国昆虫生态图鉴[M]. 重庆：重庆大学出版社.

张巍巍. 2007. 常见昆虫野外识别手册[M]. 重庆：重庆大学出版社.

章士美，赵泳详. 1996. 中国动物志农林昆虫地理分布[M]. 北京：中国农业出版社.

赵尔宓. 1998. 中国濒危动物红皮书 两栖类和爬行类[M]. 北京：科学出版社.

赵尔宓. 2003. 四川爬行类原色图鉴[M]. 北京：中国林业出版社.

赵尔宓. 2006. 中国蛇类[M]. 合肥：安徽科学技术出版社.

赵正阶. 1995. 中国鸟类志（上卷）[M]. 长春：吉林科学技术出版社.

赵正阶. 2001. 中国鸟类志（下卷）[M]. 长春：吉林科学技术出版社.

郑光美，王岐山. 1998. 中国濒危动物红皮书 鸟类[M]. 北京：科学出版社.

郑光美. 2011. 中国鸟类分类与分布名录（第二版）[M]. 北京：科学出版社.

中国科学院《中国植物志》编辑委员会. 1981. 中国植物志（第一至八十卷）[M]. 北京：科学出版社.

中国科学院动物研究所. 1983. 中国蛾类图鉴 Ⅰ，Ⅱ，Ⅲ，Ⅳ[M]. 北京：科学出版社.

中国科学院青藏高原综合考察队. 1994. 川西地区大型经济真菌[M]. 北京：科学出版社.

中国科学院西北植物研究所. 1983. 秦岭植物志（第一卷至第五卷）[M]. 北京：科学出版社.

重庆大巴山自然保护区管理局. 2000. 重庆大巴山自然保护区科学考察集（内部资料）.

重庆市环境保护局. 2002. 重庆市物种资源基础数据库（http://www.cepb.gov.cn/ecbp/index.asp）.

周先荣，刘玉成，尚进，等. 2007. 缙云山自然保护区种子植物区系研究[J]. 四川师范大学学报，30（5）：648-651.

周尧. 1998. 中国蝴蝶分类与鉴定[M]. 河南：河南科学技术出版社.

朱弘复，王林瑶. 1996. 中国动物志 昆虫纲 第5卷 鳞翅目 蚕蛾科 大蚕蛾科 网蛾科[M]. 北京：科学出版社.

朱弘复，王林瑶. 1997. 中国动物志 昆虫纲 第11卷 鳞翅目 天蛾科[M]. 北京：科学出版社.

朱弘复. 1984. 蛾类图册[M]. 北京：科学出版社.

朱太平，刘亮，朱明. 2007. 中国资源植物[M]. 北京：科学出版社.

朱万泽. 1992. 大巴山木本植物区系的研究[J]. 西南林学院学报，12（1）：1-9.

左家哺，傅德志，彭代文. 1996. 植物区系的数值分析[M]. 北京：中国科学技术出版社.

《四川植物志》编辑委员会. 1988. 四川植物志（第一卷至第十六卷）[M]. 成都：四川科学技术出版社.

《四川资源动物志》编辑委员会. 1982. 四川资源动物志（第一卷 总论）[M]. 成都：四川人民出版社.

《四川资源动物志》编辑委员会. 1985. 四川资源动物志（第二卷 兽类）[M]. 成都：四川科学技术出版社.

《四川资源动物志》编委会. 1985. 四川资源动物志（第三卷 鸟类）[M]. 成都：四川科学技术出版社.

《中国高等植物图鉴》编写组. 1986. 中国高等植物图鉴（第一至五卷及补编）[M]. 北京：科学出版社.

Costanza R，d'Arge R，de Groot R，et al. 1997. The value of the world's ecosystem services and natural capital[J]. Nature，387：253-260.

Kirk P M，Cannon P F，Minter D W，et al. 2008. Ainsworth & Bisby's dictionary of the fungi[M]. 10th ed. Wallingford：CABI Bioscience.

Peter Frankenberg. 1978. Methodische iiberlegungen zur florlstischen pflanzengeographie[J]. Erdkunde，32：251-258.

附表1 重庆大巴山国家级自然保护区植物名录

附表1.1 重庆大巴山国家级自然保护区大型真菌名录

序号	目名	目拉丁名	科名	科拉丁名	中文名	学名	数据来源
一					子囊菌门 Ascomycota		
1	肉座菌目	Hypocreales	麦角菌科	Clavicipitaceae	垂头虫草	*Cordyceps nutans* Pat.	1
2	肉座菌目	Hypocreales	麦角菌科	Clavicipitaceae	蝉棒束孢	*Isaria cicadae* Miq.	1
3	肉座菌目	Hypocreales	凹壳菌科	Nectriaceae	朱红丛赤壳	*Nectria cinnabarina*（Tode）Fr.	1
4	斑痣盘菌目	Rhytismatales	地锤菌科	Cudoniaceae	黄地锤菌	*Cudonia lutea*（PK.）Sacc.	1
5	斑痣盘菌目	Rhytismatales	地锤菌科	Cudoniaceae	黄地勺菌	*Spathularia flavida* Pers.：Fr.	1
6	炭角菌目	Xylariales	炭角菌科	Xylariaceae	黑轮层炭壳	*Daldinia concentrica*（Bolt.）Ces. et De Not.	1
7	炭角菌目	Xylariales	炭角菌科	Xylariaceae	截头炭团菌	*Hypoxylon anuulatum*（Schw.）Mont.	1
8	炭角菌目	Xylariales	炭角菌科	Xylariaceae	地棒炭角菌	*Xylaria kedahae* Lloyd	1
9	炭角菌目	Xylariales	炭角菌科	Xylariaceae	总状炭角菌	*Xylaria pedunculata* Fr.	1
10	盘菌目	Pezizales	马鞍菌科	Helvellaceae	皱柄白马鞍菌	*Helvella crispa*（scop.）Fr.	2
11	盘菌目	Pezizales	马鞍菌科	Helvellaceae	马鞍菌	*Helvella elastica* Bull.：Fr.	2
12	盘菌目	Pezizales	马鞍菌科	Helvellaceae	小马鞍菌	*Helvella pulla*	1
13	盘菌目	Pezizales	羊肚菌科	Morchellaceae	小羊肚菌	*Morchella deliciosa* Fr.	2
14	盘菌目	Pezizales	羊肚菌科	Morchellaceae	羊肚菌	*Morehella esculenta*（L.）Pers.	1
15	盘菌目	Pezizales	核盘菌科	Sclerotiniaceae	橙红二头孢盘菌	*Dicephalospora rufocornea*（Berk. et Broome）Spooner	1
16	盘菌目	Pezizales	盘菌科	Pezizaceae	茶褐盘菌	*Peziza praetervisa* Bers.	1
17	盘菌目	Pezizales	盘菌科	Pezizaceae	泡质盘菌	*Peziza vesicalosa* Bull.	1
18	盘菌目	Pezizales	火丝菌科	Pyronemataceae	橙黄网孢盘菌	*Aleuria aurantia*（Pers.）Fuckel	1
19	盘菌目	Pezizales	火丝菌科	Pyronemataceae	粪缘刺盘菌	*Cheilymenia coprinaria*（Cooke）Boud.	1
20	盘菌目	Pezizales	火丝菌科	Pyronemataceae	红毛盾盘菌	*Scutellinia scutellata*（L.）Lambotte	1
21	盘菌目	Pezizales	火丝菌科	Pyronemataceae	碗状疣杯菌	*Tarzetta catinus*（Holmsk.）Korf & J. K. Rogers	1
22	盘菌目	Pezizales	肉杯菌科	Sarcoscyphaceae	绯红肉杯菌	*Sarcoscypha coccinea*（Jacq.）Sacc.	1
二					担子菌门 Basidiomycota		
23	伞菌目	Agaricales	伞菌科	Agaricaceae	野蘑菇	*Agaricus arvensis* Schaeff.	1
24	伞菌目	Agaricales	伞菌科	Agaricaceae	林地蘑菇	*Agaricus silvaticus* Schaeff.	1
25	伞菌目	Agaricales	伞菌科	Agaricaceae	头状秃马勃	*Calvatia craniiformis*（Schw.）Fr.	1
26	伞菌目	Agaricales	伞菌科	Agaricaceae	灰盖鬼伞	*Coprinus cinereus*（Schaeff.）Cooke	1
27	伞菌目	Agaricales	伞菌科	Agaricaceae	小射纹鬼伞	*Coprinus patouillardi* Quél.	1
28	伞菌目	Agaricales	伞菌科	Agaricaceae	褶纹鬼伞	*Coprinus plicatilis*（Curtis）Fr.	1
29	伞菌目	Agaricales	伞菌科	Agaricaceae	乳白蛋巢菌	*Crucibulum laeve*（bull. ex Dc.）Kambl	1
30	伞菌目	Agaricales	伞菌科	Agaricaceae	纯黄白鬼伞	*Leucocoprinus birnbaumii*（Corda）sing.	1
31	伞菌目	Agaricales	伞菌科	Agaricaceae	易碎白鬼伞	*Leucocoprinus fragilissimus*（Sowerby）Pat.	1
32	伞菌目	Agaricales	伞菌科	Agaricaceae	网纹马勃	*Lycoperdon perlatum* Pers.	1

序号	目名	目拉丁名	科名	科拉丁名	中文名	学名	数据来源
33	伞菌目	Agaricales	伞菌科	Agaricaceae	小马勃	*Lycoperdon pusillum* Batsch	1
34	伞菌目	Agaricales	伞菌科	Agaricaceae	梨形马勃	*Lycoperdon pyriforme* Schaeff.	1
35	伞菌目	Agaricales	伞菌科	Agaricaceae	长柄梨形马勃	*Lycoperdon pyriforme* var. *excipuliforme* Desm.	1
36	伞菌目	Agaricales	鹅膏菌科	Amanitaceae	黄盖鹅膏菌	*Amanita gemmata*（Fr.）Gill.	1
37	伞菌目	Agaricales	鹅膏菌科	Amanitaceae	雪白鹅膏菌	*Amanita nivalis* Grev.	1
38	伞菌目	Agaricales	鹅膏菌科	Amanitaceae	豹斑毒鹅膏菌	*Amanita pantherina*（DC.：Fr.）Schrmm.	1
39	伞菌目	Agaricales	鹅膏菌科	Amanitaceae	土红粉盖鹅膏	*Amanita ruforerruginea* Hongo	1
40	伞菌目	Agaricales	鹅膏菌科	Amanitaceae	灰鹅膏	*Amanita vaginata*（Bull.：Fr.）Vitt.	1
41	伞菌目	Agaricales	球柄菌科	Bolbitiaceae	柔弱锥盖伞	*Conocybe tenera*（Schaeff.：Fr.）Fayod	1
42	伞菌目	Agaricales	球柄菌科	Bolbitiaceae	红鳞花边伞	*Hypholoma cinnabarinum* Teng	1
43	伞菌目	Agaricales	珊瑚菌科	Clavariaceae	脆珊瑚菌	*Clavaria fragilis* Holmsk	1
44	伞菌目	Agaricales	丝膜菌科	Cortinariaceae	长根暗金钱菌	*Phaeocollybia christinae*（Fr.）Heim	1
45	伞菌目	Agaricales	囊韧革菌科	Cystostereaceae	黄肉色粉褶菌	*Entoloma flavocerinus* Hk.	1
46	伞菌目	Agaricales	囊韧革菌科	Cystostereaceae	臭粉褶菌	*Rhodophyllus nidorosus*（Fr.）Quél.	1
47	伞菌目	Agaricales	轴腹菌科	Hydnangiaceae	红蜡蘑	*Laccaria laccata*（Scop.）Cooke	1
48	伞菌目	Agaricales	蜡伞科	Hygrophoraceae	尖顶金蜡伞	*Hygrophorus acutoconica*（Clem.）A. H. Smith	1
49	伞菌目	Agaricales	蜡伞科	Hygrophoraceae	条缘橙湿伞	*Hygrocybe reai*（Mraire.）J. Lange	1
50	伞菌目	Agaricales	丝盖菇科	Inocybaceae	粘锈耳	*Crepidotus mollis*（Schaeff. Fr）Gray	1
51	伞菌目	Agaricales	离褶伞科	Lyophyllaceae	星孢寄生菇	*Asterophora lycoperdoides*（Bull.）Ditmar：Fr.	1
52	伞菌目	Agaricales	小皮伞科	Marasmiaceae	脉褶菌	*Campanella junghuhnii*（Mont.）Singer.	1
53	伞菌目	Agaricales	小皮伞科	Marasmiaceae	栎裸伞	*Gymnopus dryophilus*（Bull.）Murrill	1
54	伞菌目	Agaricales	小皮伞科	Marasmiaceae	白皮微皮伞	*Marasmiellus albus-corticis*（Secr.）Singer	1
55	伞菌目	Agaricales	小皮伞科	Marasmiaceae	安络小皮伞	*Marasmius androsaceus*（L.）Fr.	1
56	伞菌目	Agaricales	小皮伞科	Marasmiaceae	栎小皮伞	*Marasmius dryophilus*（Bolt.）Karst.	1
57	伞菌目	Agaricales	小皮伞科	Marasmiaceae	叶生皮伞	*Marasmius epiphyllus*（Pers.：Fr.）Fr.	1
58	伞菌目	Agaricales	小皮伞科	Marasmiaceae	盾状小皮伞	*Marasmius personatus*（Bolt.：Fr.）Fr.	1
59	伞菌目	Agaricales	小皮伞科	Marasmiaceae	轮小皮伞	*Marasmius rotalis* Berk. et Broome .	1
60	伞菌目	Agaricales	小皮伞科	Marasmiaceae	干小皮伞	*Marasmius siccus*（Schwein.）Fr.	1
61	伞菌目	Agaricales	小伞科	Mycenaceae	红汁小菇	*Mycena haematopus*（Pers.）P. Kumm.	1
62	伞菌目	Agaricales	小伞科	Mycenaceae	浅灰色小菇	*Mycena leptocephala*（Pers.）Gillet	1
63	伞菌目	Agaricales	小伞科	Mycenaceae	洁小菇	*Mycena prua*（Pers.）P. Kumm.	1
64	伞菌目	Agaricales	小伞科	Mycenaceae	绯骨小伞	*Mycena* sp.	1
65	伞菌目	Agaricales	小伞科	Mycenaceae	鳞皮扇菇	*Panellus stypticus*（Bull.）Karst.	1
66	伞菌目	Agaricales	侧耳科	Pleurotaceae	糙皮侧耳	*Pleurotus ostreatus*（Jacq.）Quél.	1
67	伞菌目	Agaricales	侧耳科	Pleurotaceae	白黄侧耳	*Pleurotus cornucopiae*（Paulet）Rolland	1
68	伞菌目	Agaricales	光柄菇科	Pluteaceae	灰光柄菇	*Pluteus cervinus*（Schaeff.）P. Kumm.	1
69	伞菌目	Agaricales	膨瑚菌科	Physalacriaceae	蜜环菌	*Armillariella mellea*（Vahl）P. Kumm.	1
70	伞菌目	Agaricales	膨瑚菌科	Physalacriaceae	假蜜环菌	*Armillariella tabescens*（Scop.）Sing.	2
71	伞菌目	Agaricales	膨瑚菌科	Physalacriaceae	毛柄金钱菌	*Flammulina velutiper*（Fr.）Sing.	1

续表

序号	目名	目拉丁名	科名	科拉丁名	中文名	学名	数据来源
72	伞菌目	Agaricales	膨瑚菌科	Physalacriaceae	白环粘奥德蘑	*Oudenlansiella mucida*（Schrad.：Fr.）Hohnel	1
73	伞菌目	Agaricales	脆柄菇科	Psathyrellaceae	假小鬼伞	*Coprinellus disseminatus*（Pers.）J. E. Lange	1
74	伞菌目	Agaricales	脆柄菇科	Psathyrellaceae	晶粒小鬼伞	*Coprinellus micaceus*（Bull.）Fr.	1
75	伞菌目	Agaricales	脆柄菇科	Psathyrellaceae	辐毛小鬼伞	*Coprinellus radians*（Desm.）Fr.	1
76	伞菌目	Agaricales	脆柄菇科	Psathyrellaceae	绒毛鬼伞	*Lacrymaria velutina*（Persoon：Fries）Singer	1
77	伞菌目	Agaricales	脆柄菇科	Psathyrellaceae	细丽脆柄菇	*Psathyrella gracilis*（Fr.）Quél.	1
78	伞菌目	Agaricales	脆柄菇科	Psathyrellaceae	黄盖小脆柄菇	*Psathyrella candolleana*（Fr.）A. H. Smith	1
79	伞菌目	Agaricales	裂褶菌科	Schizophyllaceae	裂褶菌	*Schizophyllum commne* Fr.	1
80	伞菌目	Agaricales	球盖菇科	Strophariaceae	绿褐裸伞	*Gymnopilus aeruginosus*（Peck）Sing.	1
81	伞菌目	Agaricales	球盖菇科	Strophariaceae	桔黄裸伞	*Gymnopilus spectabilis*（Fr.）Singer	1
82	伞菌目	Agaricales	球盖菇科	Strophariaceae	滑菇	*Pholiota microspora*（Berk.）Sacc.	2
83	伞菌目	Agaricales	球盖菇科	Strophariaceae	黄褐环锈伞	*Pholiota spumosa*（Fr.）Sing.	2
84	伞菌目	Agaricales	球盖菇科	Strophariaceae	尖鳞环锈伞	*Pholiota squarrsoides*（Peck）Sacc	1
85	伞菌目	Agaricales	球盖菇科	Strophariaceae	铜绿球盖菇	*Stropharia aeruginosa*（Curtis）Quél.	1
86	伞菌目	Agaricales	球盖菇科	Strophariaceae	皱环球盖菇	*Stropharia rugosoannulata* Farl. ex Murrill	1
87	伞菌目	Agaricales	塔氏菌科	Tapinellaceae	黑毛小塔氏菌	*Tapinella atrotomentosa*（Batsch）Sutara	1
88	伞菌目	Agaricales	口蘑科	Tricholomataceae	亚白杯伞	*Clitocybe catinus*（Fr.）Quél.	1
89	伞菌目	Agaricales	口蘑科	Tricholomataceae	杯伞	*Clitocybe infundibuliformis*（Schaeff.）Quél.	1
90	伞菌目	Agaricales	口蘑科	Tricholomataceae	堆金钱菌	*Collybia acervata*（Fr.）Kummer	1
91	伞菌目	Agaricales	口蘑科	Tricholomataceae	肉色香蘑	*Lepista irina*（Fr.）Bigelow	1
92	伞菌目	Agaricales	口蘑科	Tricholomataceae	花脸香蘑	*Lepista sordida*（Schum.）Sing.	1
93	伞菌目	Agaricales	口蘑科	Tricholomataceae	铦囊蘑	*Melanoleuca cognata*（Fr.）Konr. et Maubl	2
94	伞菌目	Agaricales	口蘑科	Tricholomataceae	灰假杯伞	*Pseudoclitocybe cyathiformis*（Bull.）Singer	1
95	木耳目	Auriculariales	木耳科	Auriculariaceae	木耳	*Auricularia auricula-judae*（Bull.）Quél.	1
96	木耳目	Auriculariales	木耳科	Auriculariaceae	皱木耳	*Auricularia delicate*（Fr.）Henn.	1
97	木耳目	Auriculariales	木耳科	Auriculariaceae	毛木耳	*Auricularia polytricha*（Mont.）Sacc.	1
98	木耳目	Auriculariales	木耳科	Auriculariaceae	黑胶耳	*Exidia glandulosa*（Bull.）Fr.	1
99	木耳目	Auriculariales	胶耳科	Exidiaceae	焰耳	*Phlogiotis helvelloides*（DC.）Martin	1
100	木耳目	Auriculariales	明木耳科	Hyaloriaceae	胶质刺银耳	*Pseudohydnum gelatinosum*（Scop.）P. Karst.	1
101	牛肝菌目	Boletales	牛肝菌科	Boletaceae	美味牛肝菌	*Boletus edulis* Bull.	1
102	牛肝菌目	Boletales	牛肝菌科	Boletaceae	褐疣柄牛肝菌	*Leccinum scabrum*（Bull.）Gray	1
103	牛肝菌目	Boletales	牛肝菌科	Boletaceae	赭黄疣柄牛肝菌	*Leccinum oxydabile*（Sing.）Sing.	2
104	牛肝菌目	Boletales	牛肝菌科	Boletaceae	褶孔牛肝菌	*Phylloporus rhodoxanthus*（Schw.）Bres	1
105	牛肝菌目	Boletales	牛肝菌科	Boletaceae	黄网柄粉牛肝菌	*Pulveroboletus retipes*（Berk. & Curt.）Sing.	1
106	牛肝菌目	Boletales	牛肝菌科	Boletaceae	松塔牛肝菌	*Strobilomyces strobilaceus*（Scop.）Berk.	1
107	牛肝菌目	Boletales	牛肝菌科	Boletaceae	灰紫粉孢牛肝菌	*Tylopilus plumbeoviolaceus*（Snell.）Sing	1
108	牛肝菌目	Boletales	牛肝菌科	Boletaceae	亚绒盖牛肝菌	*Xerocomus subtomentosus*（L.）Quél	1
109	牛肝菌目	Boletales	铆钉菇科	Gomphidiaceae	斑点铆钉菇	*Gomphidius maculatus*（Scop.）Fr.	1
110	牛肝菌目	Boletales	乳牛肝菌科	Suillaceae	点柄乳牛肝菌	*Suillus granulatus*（L.）Roussel	1

续表

序号	目名	目拉丁名	科名	科拉丁名	中文名	学名	数据来源
111	牛肝菌目	Boletales	乳牛肝菌科	Suillaceae	褐环乳牛肝菌	*Suillus luteus*（L.）Roussel	2
112	鸡油菌目	Cantharellales	鸡油菌科	Cantharellaceae	鸡油菌	*Cantharellus cibarius* Fr.	1
113	鸡油菌目	Cantharellales	锁瑚菌科	Clavulinaccac	皱锁瑚菌	*Clavulina rugosa*（Bull.）J. Schröt.	1
114	花耳目	Dacrymycetales	花耳科	Dacrymycetaceae	胶角耳	*Calocera cornea*（Batsch）Fr.	1
115	花耳目	Dacrymycetales	花耳科	Dacrymycetaceae	掌状花耳	*Dacrymyces palmatus*（Schwein.）Burt	1
116	花耳目	Dacrymycetales	花耳科	Dacrymycetaceae	桂花耳	*Guepinia spathularia*（Schw.）Fr.	1
117	地星目	Geastrales	地星科	Geastraceae	尖顶地星	*Geastrum triplex* Jungh.	1
118	钉菇目	Gomphales	钉菇科	Gomphaceae	密枝瑚菌	*Ramaria stricta*（Pers.）Quél.	1
119	钉菇目	Gomphales	钉菇科	Gomphaceae	粉红枝瑚菌	*Ramaria formosa*（Pers.）Quél.	2
120	钉菇目	Gomphales	钉菇科	Gomphaceae	小刺枝瑚菌	*Ramaria spinulosa*（Pers.）Quél.	2
121	刺革菌目	Hymenochaetales	刺革菌科	Hymenochaetaceae	钹孔菌	*Coltricia perennis*（L.: Fr.）Murr.	1
122	刺革菌目	Hymenochaetales	刺革菌科	Hymenochaetaceae	红锈刺革菌	*Hymenochaete mougeotii*（Fr.）Cke.	1
123	刺革菌目	Hymenochaetales	刺革菌科	Hymenochaetaceae	辐裂锈革菌	*Hymenochaete tabacina*（Sow.: Fr.）Lév.	1
124	刺革菌目	Hymenochaetales	刺革菌科	Hymenochaetaceae	铁木层孔菌	*Phellinus ferreus*（Pers.）Bourdot & Galzin	1
125	刺革菌目	Hymenochaetales	刺革菌科	Hymenochaetaceae	平滑木层孔菌	*Phellinus laevigatus*（Fr.）Bourdot & Galzin	1
126	刺革菌目	Hymenochaetales	刺革菌科	Hymenochaetaceae	裂蹄木层孔菌	*Phellinus linteus*（Berk. et Cart.）Teng	1
127	刺革菌目	Hymenochaetales	裂孔菌科	Schizoporaceae	奇形产丝齿菌	*Hyphodontia paradoxa*（Schrad.）Langer et Vesterh	1
128	刺革菌目	Hymenochaetales	裂孔菌科	Schizoporaceae	齿白木层孔菌	*Leucophellinus irpicoides*（Pilfit）Bond. et Sing.	1
129	鬼笔目	Phallales	鬼笔科	Phallaceae	短裙竹荪	*Dictyophora duplicata*（Bosc.）Fischer	1
130	鬼笔目	Phallales	鬼笔科	Phallaceae	棱柱散尾鬼笔	*Lysurus mokusin*（L.）Fr.	1
131	鬼笔目	Phallales	鬼笔科	Phallaceae	红鬼笔	*Phallus rubicundus*（Bosc）Fr.	1
132	红菇目	Russulales	耳匙菌科	Auriscalpiaceae	耳匙菌	*Auriscalpium vulgare* S. F. Gray	1
133	红菇目	Russulales	齿菌科	Hydnaceae	美味齿菌	*Hydnum repandum* L.	1
134	红菇目	Russulales	齿菌科	Hydnaceae	白齿菌	*Hydnum repandum* var. *albidum*（Quél.）Rea	1
135	红菇目	Russulales	红菇科	Russulaceae	松乳菇	*Lactarius deliciosus*（L.）Gary	1
136	红菇目	Russulales	红菇科	Russulaceae	白乳菇	*Lactarius piperatus*（L.）Pers.	1
137	红菇目	Russulales	红菇科	Russulaceae	黄斑绿菇	*Russula crustosa* Peck	1
138	红菇目	Russulales	红菇科	Russulaceae	小黑菇	*Russula densifolia* Secr. ex Gillet	1
139	红菇目	Russulales	红菇科	Russulaceae	毒红菇	*Russula emetica*（Schaeff.）Pers.	1
140	红菇目	Russulales	红菇科	Russulaceae	红菇	*Russula lepida* Fr.	1
141	红菇目	Russulales	红菇科	Russulaceae	稀褶黑菇	*Russula nigricans*（Bull.）Fr.	1
142	红菇目	Russulales	红菇科	Russulaceae	玫瑰红菇	*Russula rosacea*（Pers.）Gray	1
143	红菇目	Russulales	红菇科	Russulaceae	绿菇	*Russula virescens*（Schaeff.）Fr.	1
144	红菇目	Russulales	韧革菌科	Stereaceae	扁韧革菌	*Stereum ostrea*（Bl. et Nees）Fr.	1
145	红菇目	Russulales	韧革菌科	Stereaceae	褐盖韧革菌	*Stereum vibrans* Berk. et Curt.	1
146	红菇目	Russulales	韧革菌科	Stereaceae	金丝趋木革菌	*Xylobolus spectabilis*（Klotzsch）Boidin	1
147	银耳目	Tremellales	银耳科	Tremellaceae	朱砂银耳	*Tremella cinnabarina*（Dont）Pat.	1
148	银耳目	Tremellales	银耳科	Tremellaceae	银耳	*Tremella fuciformis* Berk.	1
149	多孔菌目	Polyporales	拟层孔菌科	Fomitopsidaceae	硫磺菌朱红色变种	*Laetiporus sulphureus* var. *miniatus*（Jungh.）Imaz.	1

续表

序号	目名	目拉丁名	科名	科拉丁名	中文名	学名	数据来源
150	多孔菌目	Polyporales	拟层孔菌科	Fomitopsidaceae	紫褐黑孔菌	*Nigroporus vinosus*（Berk.）Murrill	1
151	多孔菌目	Polyporales	拟层孔菌科	Fomitopsidaceae	鲜红密孔菌	*Pycnoporus cinnabarinus*（Jacq.: Fr.）Karst.	1
152	多孔菌目	Polyporales	拟层孔菌科	Fomitopsidaceae	血红密孔菌	*Pycnoporus sanguineus*（L.: Fr.）Murrill	1
153	多孔菌目	Polyporales	灵芝科	Ganodermataceae	南方树舌	*Ganoderma australe*（Fr.）Pat.	1
154	多孔菌目	Polyporales	灵芝科	Ganodermataceae	树舌灵芝	*Ganoderma applanatum*（Pers.）Pat.	1
155	多孔菌目	Polyporales	灵芝科	Ganodermataceae	有柄灵芝	*Ganoderma gibbosum*（Blume & T. Nees）Pat.	1
156	多孔菌目	Polyporales	灵芝科	Ganodermataceae	灵芝	*Ganoderma lucidum*（W. Curtis.: Fr.）P. Karst.	1
157	多孔菌目	Polyporales	干朽菌科	Meruliaceae	亚黑管孔菌	*Bjerkandera fumosa*（Pers.: Fr.）Karst.	1
158	多孔菌目	Polyporales	干朽菌科	Meruliaceae	胶质射脉革菌	*Phlebia tremellosa* Nakasone & Burds.	1
159	多孔菌目	Polyporales	干朽菌科	Meruliaceae	浅色拟韧革菌	*Stereopsis diaphanum*（Schw.）Cke.	1
160	多孔菌目	Polyporales	多孔菌科	Polyporaceae	红拟迷孔菌	*Daedaleopsis rubescens*（Alb. et Schw.: Fr.）Imaz	1
161	多孔菌目	Polyporales	多孔菌科	Polyporaceae	三色拟迷孔菌	*Daedaleopsis tricolor*（Bull.: Fr.）Bond. et Sing.	1
162	多孔菌目	Polyporales	多孔菌科	Polyporaceae	根状菌索孔菌	*Fibroporia radiculosa*（Peck）Parmasto	1
163	多孔菌目	Polyporales	多孔菌科	Polyporaceae	木蹄层孔菌	*Fomes fomentarius*（L.: Fr.）Fr.	1
164	多孔菌目	Polyporales	多孔菌科	Polyporaceae	毛蜂窝菌	*Hexagonia apiaria*（Pers.）Fr.	1
165	多孔菌目	Polyporales	多孔菌科	Polyporaceae	香菇	*Lentinus edodes*（Berk.）Pegler	1
166	多孔菌目	Polyporales	多孔菌科	Polyporaceae	翘鳞韧伞	*Lentinus squarrosulus* Mont.	1
167	多孔菌目	Polyporales	多孔菌科	Polyporaceae	黄褶孔菌	*Lenzites ochrophylla* Berk.	1
168	多孔菌目	Polyporales	多孔菌科	Polyporaceae	奇异脊革菌	*Lopharia mirabilis*（Berk. & Broome）Pat.	1
169	多孔菌目	Polyporales	多孔菌科	Polyporaceae	褐扇小孔菌	*Microporus vernicipes*（Berk.）Kuntze	1
170	多孔菌目	Polyporales	多孔菌科	Polyporaceae	大革耳	*Panus giganteus*（Berk.）Corner	1
171	多孔菌目	Polyporales	多孔菌科	Polyporaceae	漏斗棱孔菌	*Polyporus arcularius* Batsch: Fr.	1
172	多孔菌目	Polyporales	多孔菌科	Polyporaceae	暗绒盖多孔菌	*Polyporus ciliatus* Fr.: Fr	1
173	多孔菌目	Polyporales	多孔菌科	Polyporaceae	黄多孔菌	*Polyporus elegans*（Bull.）Fr.	1
174	多孔菌目	Polyporales	多孔菌科	Polyporaceae	桑多孔菌	*Polyporus mori*（Pollini: Fr.）Fr.	1
175	多孔菌目	Polyporales	多孔菌科	Polyporaceae	宽鳞大孔菌	*Polyporus squamosus*（Huds.: Fr.）Fr.	1
176	多孔菌目	Polyporales	多孔菌科	Polyporaceae	猪苓	*Polyporus umbellatus*（Pers.）Fries	2
177	多孔菌目	Polyporales	多孔菌科	Polyporaceae	毛栓孔菌	*Trametes hirsuta*（Wulfen）Pilat	1
178	多孔菌目	Polyporales	多孔菌科	Polyporaceae	硬毛粗毛盖孔菌	*Trametes trogii*（Berk.）Bond. et Sing.	1
179	多孔菌目	Polyporales	多孔菌科	Polyporaceae	云芝栓孔菌	*Trametes versicolor*（L.: Fr.）Pilát	1
180	多孔菌目	Polyporales	多孔菌科	Polyporaceae	冷杉附毛孔菌	*Trichaptum abietinum*（Dicks.: Fr.）Ryv.	1
181	多孔菌目	Polyporales	多孔菌科	Polyporaceae	薄白干酪菌	*Tyromyces chioneus*（Fr.）Karst.	1

注：1 为野外见到，2 为查阅文献。

附表 1.2　重庆大巴山国家级自然保护区维管植物名录

序号	科名	科拉丁名	中文名	学名	生活型	药用	观赏	食用	蜜源	工业原料	数据来源
一				蕨类植物							
1	石杉科	Huperziaceae	四川石杉	*Huperzia sutchueniana*（Herter）Ching	草本						1
2	石杉科	Huperziaceae	金丝条马尾杉	*Phlegmariurus fargesii*（Herter）Ching	草本						1

序号	科名	科拉丁名	中文名	学名	生活型	药用	观赏	食用	蜜源	工业原料	数据来源
3	石杉科	Huperziaceae	闽浙马尾杉	*Phlegmariurus minchegensis*（Ching）L. B. Zhang	草本						1
4	石松科	Lycopodiaceae	扁枝石松	*Diphasiastrum complanatum*（L.）Holub	草本	+	+				1
5	石松科	Lycopodiaceae	多穗石松	*Lycopodium annotinum* L.	草本	+	+				1
6	石松科	Lycopodiaceae	石松	*Lycopodium japonicum* Thunb. ex Murray	草本	+	+				1
7	石松科	Lycopodiaceae	笔直石松	*Lycopodium obscurum* f. *strictum*（Milde）Nakai ex Hara	草本	+	+				1
8	石松科	Lycopodiaceae	垂穗石松	*Phalhinhaea cernua*（L.）Vasc. et Franco	草本	+	+				1
9	石松科	Lycopodiaceae	藤石松	*Lycopodiastrum casuarinoides*（Spring）Holub	草本	+	+				1
10	卷柏科	Selaginellaceae	大叶卷柏	*Selaginella bodinieri* Hieron.	草本						1
11	卷柏科	Selaginellaceae	布朗卷柏	*Selaginella braunii* Bak.	草本						1
12	卷柏科	Selaginellaceae	蔓出卷柏	*Selaginella davidii* Franch.	草本						1
13	卷柏科	Selaginellaceae	澜沧卷柏	*Selaginella davidii* Franch. subsp. *gebaueriana*（Hand.-Mazz.）X. C. Zhang	草本						1
14	卷柏科	Selaginellaceae	薄叶卷柏	*Selaginella delicatula*（Desv.）Alston	草本						1
15	卷柏科	Selaginellaceae	异穗卷柏	*Selaginella heterostachys* Baker	草本						2
16	卷柏科	Selaginellaceae	兖州卷柏	*Selaginella involvens*（Sw.）Spring	草本						1
17	卷柏科	Selaginellaceae	细叶卷柏	*Selaginella labordei* Hieron. ex Christ	草本						1
18	卷柏科	Selaginellaceae	江南卷柏	*Selaginella moellendorffii* Hieron.	草本						1
19	卷柏科	Selaginellaceae	峨眉卷柏	*Selaginella omeiensis*（Ching）H. S. Kung	草本						1
20	卷柏科	Selaginellaceae	伏地卷柏	*Selaginella nipponica* Franch. et Sav.	草本						1
21	卷柏科	Selaginellaceae	垫状卷柏	*Selaginella pulvinata*（Hook. et Grev.）Maxim.	草本						1
22	卷柏科	Selaginellaceae	卷柏	*Selaginella tamariscina*（P. Beauv.）Spring	草本						1
23	卷柏科	Selaginellaceae	翠云草	*Selaginella uncinata*（Desv.）Spring	草本	+	+				1
24	卷柏科	Selaginellaceae	鞘舌卷柏	*Selaginella vaginata* Spring	草本						2
25	卷柏科	Selaginellaceae	疏叶卷柏	*Selaginella remotifolia*（Spring）H. S. Kung	草本						1
26	木贼科	Equisetaceae	披散木贼	*Equisetum diffusum* D. Don	草本						1
27	木贼科	Equisetaceae	犬问荆	*Equisetum palustre* L.	草本						1
28	木贼科	Equisetaceae	问荆	*Equisetum arvense* L.	草本						1
29	木贼科	Equisetaceae	节节草	*Equisetum ramosissimum* Desf.	草本						1
30	木贼科	Equisetaceae	笔管草	*Equisetum ramosissimum* Desf. subsp. *debile*（Roxb. ex Vauch.）Hauke	草本						1
31	木贼科	Equisetaceae	密枝木贼	*Equisetum diffusum* Don	草本						1
32	阴地蕨科	Botrychiaceae	穗状假阴地蕨	*Botrypus strictus*（Underw.）Holub	草本						1
33	阴地蕨科	Botrychiaceae	四川阴地蕨	*Botrychium sutchuenense* Ching	草本						1
34	阴地蕨科	Botrychiaceae	蕨萁	*Botrychium virginianus*（L.）Holub	草本						1
35	阴地蕨科	Botrychiaceae	粗壮阴地蕨	*Sceptridium robustum*（Rupr.）Lyon	草本						2
36	阴地蕨科	Botrychiaceae	阴地蕨	*Sceptridium ternatum*（Thunb.）Lyon	草本						1
37	阴地蕨科	Botrychiaceae	劲直阴地蕨	*Botrychium strictum* Underw.	草本						1
38	松叶蕨科	Psilotaceae	松叶蕨	*Psilotum nudum*（L.）Beauv.	草本	+					2
39	瓶儿小草科	Ophioglossaceae	心叶瓶儿小草	*Ophioglossum reticulatum* L.	草本	+					1
40	瓶儿小草科	Ophioglossaceae	瓶儿小草	*Ophioglossum vulgatum* L.	草本	+					1
41	紫萁科	Osmundaceae	紫萁	*Osmunda japonica* Thunb	草本		+				1

序号	科名	科拉丁名	中文名	学名	生活型	药用	观赏	食用	蜜源	工业原料	数据来源
42	紫萁科	Osmundaceae	华南紫萁	*Osmunda vachelii* Hook.	草本		+				1
43	瘤足蕨科	Plagiogyriaceae	华中瘤足蕨	*Plagiogyria euphlebia*（Kunze）Mett.	草本						1
44	瘤足蕨科	Plagiogyriaceae	华东瘤足蕨	*Plagiogyria japonica* Nakai	草本						1
45	瘤足蕨科	Plagiogyriaceae	镰叶瘤足蕨	*Plagiogyria rankanensis* Hayata	草本						1
46	瘤足蕨科	Plagiogyriaceae	耳形瘤足蕨	*Plagiogyria stenoptera*（Hance）Diels	草本						1
47	里白科	Gleicheniaceae	中华里白	*Diplopterygium chinense*（Rosenst.）De Vol	草本						1
48	里白科	Gleicheniaceae	里白	*Diplopterygium glaucum*（Thunb. ex Houtt.）Nakai	草本						1
49	里白科	Gleicheniaceae	光里白	*Diplopterygium laevissimum*（Christ）Nakai	草本						1
50	里白科	Gleicheniaceae	芒萁	*Dicranopteris pedata*（Houtt.）Nakaike	草本						1
51	海金沙科	Lygodiaceae	海金沙	*Lygodium japonicum*（Thunb.）Sw.	藤本	+					1
52	膜蕨科	Hymenophyllaceae	城口瓶蕨	*Trichomanes fargesii* Christ	草本						2
53	膜蕨科	Hymenophyllaceae	华东瓶蕨	*Trichomanes orientale* C. chr.	草本						1
54	膜蕨科	Hymenophyllaceae	漏斗瓶蕨	*Trichomanes striatum* D. Don	草本						1
55	膜蕨科	Hymenophyllaceae	细齿叶瓶蕨	*Trichomanes radicans* Sw.	草本						1
56	膜蕨科	Hymenophyllaceae	翅柄假脉蕨	*Crepidomanes latealatum*（V. d. B.）Cop.	草本						1
57	膜蕨科	Hymenophyllaceae	团扇蕨	*Gonocormus saxifragoides*（Presl）V. d. B.	草本						1
58	膜蕨科	Hymenophyllaceae	华东膜蕨	*Hymenophyllum barbatum*（V. d. B.）Bak.	草本						1
59	膜蕨科	Hymenophyllaceae	小叶膜蕨	*Hymenophyllum oxyoaon* Bak.	草本						1
60	膜蕨科	Hymenophyllaceae	小果膜蕨	*Mecodium microsorum*（V. d. B.）Ching	草本						1
61	蚌壳蕨科	Dicksoniaceae	金毛狗	*Cibotium barometz*（L.）J. Sm.	草本	+					2
62	碗蕨科	Dennstaedtiaceae	细毛碗蕨	*Dennstaedtia hirsuta*（Sw.）Mett. ex Miq.	草本						1
63	碗蕨科	Dennstaedtiaceae	碗蕨	*Dennstaedtia scabra*（Wall. ex Hook.）Moore	草本						1
64	碗蕨科	Dennstaedtiaceae	光叶碗蕨	*Dennstaedtia scabra*（Wall. ex Hook.）Moore var. *glabrescens*（Ching）C. Chr.	草本						1
65	碗蕨科	Dennstaedtiaceae	溪洞碗蕨	*Dennstaedtia wilfordii*（Moore）Christ	草本						1
66	碗蕨科	Dennstaedtiaceae	顶生碗蕨	*Dennstaedtia appendiculata*（Wall. ex Hook.）J. Sm.	草本						2
67	碗蕨科	Dennstaedtiaceae	边缘鳞盖蕨	*Microlepia marginata*（Panzer）C. Chr.	草本						1
68	碗蕨科	Dennstaedtiaceae	假粗毛鳞盖蕨	*Microlepia pseudo-strigosa* Makino	草本						1
69	碗蕨科	Dennstaedtiaceae	光叶鳞盖蕨	*Microlepia calvescens*（Wall. ex Hook.）Presl.	草本						1
70	碗蕨科	Dennstaedtiaceae	西南鳞盖蕨	*Microlepia khasiyana*（Hook.）Presl.	草本						1
71	碗蕨科	Dennstaedtiaceae	粗毛鳞盖蕨	*Microlepia strigosa*（Thunb.）Presl.	草本						1
72	鳞始蕨科	Lindsaceae	鳞始蕨	*Lindsaea odorata* Roxb.	草本						1
73	鳞始蕨科	Lindsaceae	乌蕨	*Sphenomeris chinensis*（L.）Maxon	草本						1
74	姬蕨科	Hypolepidaceae	姬蕨	*Hypolepis punctata*（Thunb.）Mett.	草本						1
75	蕨科	Pteridiaceae	蕨	*Pteridium aquilinum*（L.）Kuhn var. *latiusculum*（Desv.）Underw. ex Heller	草本			+			1
76	蕨科	Pteridiaceae	密毛蕨	*Pteridium revolutum*（Bl.）Nakai	草本						1
77	凤尾蕨科	Pteridaceae	猪鬣凤尾蕨	*Pteris actiniopteroides* Christ	草本						1
78	凤尾蕨科	Pteridaceae	凤尾蕨	*Pteris cretica* L. var. *nervosa*（Thunb.）Ching et S. H. Wu	草本						1
79	凤尾蕨科	Pteridaceae	指状凤尾蕨	*Pteris dactylina* Hook.	草本						1
80	凤尾蕨科	Pteridaceae	岩凤尾蕨	*Pteris deltodon* Bak.	草本						2

序号	科名	科拉丁名	中文名	学名	生活型	药用	观赏	食用	蜜源	工业原料	数据来源
81	凤尾蕨科	Pteridaceae	叉羽凤尾蕨	*Pteris ensiformis* Burm. var. *furcans* Ching ex Ching et S. H. Wu	草本						1
82	凤尾蕨科	Pteridaceae	溪边凤尾蕨	*Pteris excelsa* Graud.	草本						1
83	凤尾蕨科	Pteridaceae	辐状凤尾蕨	*Pteris actinopteroides* Christ	草本						1
84	凤尾蕨科	Pteridaceae	狭叶凤尾蕨	*Pteris henryi* Christ	草本						1
85	凤尾蕨科	Pteridaceae	金钗凤尾蕨	*Pteris fauriei* Hieron.	草本						1
86	凤尾蕨科	Pteridaceae	鸡爪凤尾蕨	*Pteris gallinopes* Ching ex Ching et S. H. Wu	草本						1
87	凤尾蕨科	Pteridaceae	井栏边草	*Pteris multifida* Poir.	草本						1
88	凤尾蕨科	Pteridaceae	尾头凤尾蕨	*Pteris oshimensis* Hieron. var. *paraemeiensis* Ching ex S. H. Wu	草本						1
89	凤尾蕨科	Pteridaceae	蜈蚣草	*Pteris vittata* L.	草本	+					1
90	中国蕨科	Sinopteridaceae	多鳞粉背蕨	*Aleuritopteris anceps*（Blanford）Panigrahi	草本						1
91	中国蕨科	Sinopteridaceae	阔盖粉背蕨	*Aleuritopteris gresia*（Blanford）Panigrahi	草本						1
92	中国蕨科	Sinopteridaceae	狭西粉背蕨	*Aleuritopteris shensiensis* Ching	草本						1
93	中国蕨科	Sinopteridaceae	银粉背蕨	*Aleuritopteris argentea*（Gmél.）Fée	草本						1
94	中国蕨科	Sinopteridaceae	毛轴碎米蕨	*Cheilosoria chusanna*（Hook.）Ching et Shing	草本						1
95	中国蕨科	Sinopteridaceae	野雉尾金粉蕨	*Onychium japonicum*（Thunb.）Kze.	草本						1
96	中国蕨科	Sinopteridaceae	栗柄金粉蕨	*Onychium japonicum*（Thunb.）Kze. var. *lucidum*（Don）Christ	草本						1
97	中国蕨科	Sinopteridaceae	宝兴金粉蕨	*Onychium moupinense* Ching	草本						1
98	中国蕨科	Sinopteridaceae	旱蕨	*Pellaea nitidula*（Hook.）Bak.	草本						1
99	铁线蕨科	Adiantaceae	铁线蕨	*Adiantum capillus-veneris* L.	草本						1
100	铁线蕨科	Adiantaceae	白背铁线蕨	*Adiantum davidii* Franch.	草本						1
101	铁线蕨科	Adiantaceae	长刺铁线蕨	*Adiantum davidii* Franch. var. *longispinum* Ching	草本						1
102	铁线蕨科	Adiantaceae	月芽铁线蕨	*Adiantum edentulum* Christ	草本						1
103	铁线蕨科	Adiantaceae	肾盖铁线蕨	*Adiantum erythrochlamys* Diels	草本						1
104	铁线蕨科	Adiantaceae	假鞭叶铁线蕨	*Adiantum malesianum* Ghatak	草本						2
105	铁线蕨科	Adiantaceae	灰背铁线蕨	*Adiantum myriosorum* Bak	草本						1
106	铁线蕨科	Adiantaceae	掌叶铁线蕨	*Adiantum pedatum* L.	草本						1
107	铁线蕨科	Adiantaceae	陇南铁线蕨	*Adiantum roborowskii* Maxim	草本						1
108	铁线蕨科	Adiantaceae	峨眉铁线蕨	*Adiantum roborowskii* Maxim. f. *faberi*（Bak.）Y. X. Lin	草本						2
109	铁线蕨科	Adiantaceae	红盖铁线蕨	*Adiantum erythrochlamys* Diels	草本						1
110	裸子蕨科	Hemionitidaceae	尖齿凤丫蕨	*Coniogramme affinis*（Wall.）Hieron	草本						1
111	裸子蕨科	Hemionitidaceae	尾尖凤丫蕨	*Coniogramme caudiformis* Ching et Shing	草本						1
112	裸子蕨科	Hemionitidaceae	峨眉凤丫蕨	*Coniogramme emeiensis* Ching et Shing	草本						1
113	裸子蕨科	Hemionitidaceae	普通凤丫蕨	*Coniogramme intermedia* Hieron.	草本						1
114	裸子蕨科	Hemionitidaceae	黑轴凤丫蕨	*Coniogramme robusta* Christ	草本						1
115	裸子蕨科	Hemionitidaceae	乳头凤丫蕨	*Coniogramme rosthornii* Hieron.	草本						2
116	裸子蕨科	Hemionitidaceae	上毛凤丫蕨	*Coniogramme suprapilosa* Ching	草本						2
117	裸子蕨科	Hemionitidaceae	太白山凤丫蕨	*Coniogramme taipaishanensis* Ching et Y. T. Hsieh	草本						2
118	裸子蕨科	Hemionitidaceae	疏网凤丫蕨	*Coniogramme wilsonii* Hieron.	草本						1
119	书带蕨科	Vittariaceae	书带蕨	*Vittaria flexuosa* Fée	草本	+					1

序号	科名	科拉丁名	中文名	学名	生活型	药用	观赏	食用	蜜源	工业原料	数据来源
120	书带蕨科	Vittariaceae	平肋书带蕨	*Vittaria fudzinoi* Makino	草本	+					1
121	蹄盖蕨科	Athyriaceae	亮毛蕨	*Acystopteris japonica*（Luerss.）Nakai	草本						1
122	蹄盖蕨科	Athyriaceae	薄盖短肠蕨	*Allantodia hachijoensis*（Nakai）Ching	草本						1
123	蹄盖蕨科	Athyriaceae	假耳羽短肠蕨	*Allantodia okudairai*（Makino）Ching	草本						1
124	蹄盖蕨科	Athyriaceae	鳞柄短肠蕨	*Allantodia squamigera*（Mett.）Ching	草本						1
125	蹄盖蕨科	Athyriaceae	中华短肠蕨	*Allantodia chinensis*（Baher）Ching	草本						1
126	蹄盖蕨科	Athyriaceae	卵果短肠蕨	*Allantodia ovata* W. M. Chu	草本						1
127	蹄盖蕨科	Athyriaceae	淡绿短肠蕨	*Allantodia virescans*（Kze.）Ching	草本						1
128	蹄盖蕨科	Athyriaceae	华东安蕨	*Anisocampium sheareri*（Bak.）Ching	草本						1
129	蹄盖蕨科	Athyriaceae	假蹄盖蕨	*Athyriopsis japonica*（Thunb.）Ching	草本						1
130	蹄盖蕨科	Athyriaceae	毛轴假蹄盖蕨	*Athyriopsis petersenii*（Kunze）Ching	草本						1
131	蹄盖蕨科	Athyriaceae	美丽假蹄盖蕨	*Athyriopsis concinna* Z. R. Wang	草本						1
132	蹄盖蕨科	Athyriaceae	短柄蹄盖蕨	*Athyrium brevistipes* Ching	草本						1
133	蹄盖蕨科	Athyriaceae	峨眉蹄盖蕨	*Athyrium omeiense* Ching	草本						1
134	蹄盖蕨科	Athyriaceae	长江蹄盖蕨	*Athyrium iseanum* Rosenst.	草本						1
135	蹄盖蕨科	Athyriaceae	日本蹄盖蕨	*Athyrium nipponica*（Mett.）Hance	草本						1
136	蹄盖蕨科	Athyriaceae	光蹄盖蕨	*Athyrium otophorum*（Miq.）Koidz.	草本						1
137	蹄盖蕨科	Athyriaceae	华中蹄盖蕨	*Athyrium wardii*（Hook.）Makino	草本						1
138	蹄盖蕨科	Athyriaceae	翅轴蹄盖蕨	*Athyrium delavayi* Christ	草本						1
139	蹄盖蕨科	Athyriaceae	轴果蹄盖蕨	*Athyrium epirachis*（Christ）Ching	草本						1
140	蹄盖蕨科	Athyriaceae	密羽蹄盖蕨	*Athyrium imbricatum* Christ	草本						2
141	蹄盖蕨科	Athyriaceae	小齿长江蹄盖蕨	*Athyrium iseanum* var. *pausisestum* Ching	草本						1
142	蹄盖蕨科	Athyriaceae	华北蹄盖蕨	*Athyrium pachyphlebium* C. Chr.	草本						1
143	蹄盖蕨科	Athyriaceae	尖头蹄盖蕨	*Athyrium vidalii*（Franch. et Sav.）Nakai	草本						1
144	蹄盖蕨科	Athyriaceae	胎生蹄盖蕨	*Athyrium viviparum* Christ	草本						1
145	蹄盖蕨科	Athyriaceae	角蕨	*Cornopteris decurrenti-alata*（Hook.）Nakai	草本						1
146	蹄盖蕨科	Athyriaceae	川黔肠蕨	*Diplaziopsis cavaleriana*（Christ）C. Chr.	草本						1
147	蹄盖蕨科	Athyriaceae	单叶双盖蕨	*Diplazium subsinuatum*（Wall. ex Hook. et Grev.）Tagawa	草本						1
148	蹄盖蕨科	Athyriaceae	中华介蕨	*Dryoahtyrium chinense* Ching	草本						1
149	蹄盖蕨科	Athyriaceae	鄂西介蕨	*Dryoathyrium henryi*（Bak.）Ching	草本						1
150	蹄盖蕨科	Athyriaceae	华中介蕨	*Dryoathyrium okuboanum*（Makino）Ching	草本						2
151	蹄盖蕨科	Athyriaceae	刺毛介蕨	*Dryoathyrium setigerum* Ching ex Y. T. Hsieh	草本						1
152	蹄盖蕨科	Athyriaceae	峨眉介蕨	*Dryoathyrium unifurcatum*（Bak.）Ching	草本						1
153	蹄盖蕨科	Athyriaceae	川东介蕨	*Dryoathyrium stenoptera*（Christ）Ching	草本						1
154	蹄盖蕨科	Athyriaceae	绿叶介蕨	*Dryoathyrium viridifrons*（Makino）Ching	草本						1
155	蹄盖蕨科	Athyriaceae	东亚羽节蕨	*Gymnocarpium oyamense*（Bak.）Ching	草本						1
156	蹄盖蕨科	Athyriaceae	陕西蛾眉蕨	*Lunathyrium giraldii*（Christ）Ching	草本						1
157	蹄盖蕨科	Athyriaceae	壳盖蛾眉蕨	*Lunathyrium vegetius* (Kitagawa) Ching var. *trugidum* Ching et Z. R. Wang	草本						1
158	蹄盖蕨科	Athyriaceae	城口假冷蕨	*Pseudocystopteris remota* Ching	草本						2
159	蹄盖蕨科	Athyriaceae	大叶假冷蕨	*Pseudocystopteris atkinsonii*（Bedd.）Ching	草本						1

序号	科名	科拉丁名	中文名	学名	生活型	药用	观赏	食用	蜜源	工业原料	数据来源
160	蹄盖蕨科	Athyriaceae	三角叶假冷蕨	*Pseudocystopteris subtriangularis*（Hook.）Ching	草本						1
161	肿足蕨科	Hypodematiaceae	肿足蕨	*Hypodematium crenatum*（Forssk.）Kuhn	草本						1
162	金星蕨科	Thelypteridaceae	星毛蕨	*Ampelopteris prolifera*（Retz.）Cop.	草本						1
163	金星蕨科	Thelypteridaceae	小叶钩毛蕨	*Cyclogramma flexilis*（Christ）Tagawa	草本						1
164	金星蕨科	Thelypteridaceae	狭基钩毛蕨	*Cyclogramma leveillei*（Christ.）Ching	草本						2
165	金星蕨科	Thelypteridaceae	峨眉钩毛蕨	*Cyclogramma omeiensis*（Bak.）Tagawa	草本						1
166	金星蕨科	Thelypteridaceae	渐尖毛蕨	*Cyclosorus acuminatus*（Houtt.）Nakai	草本						1
167	金星蕨科	Thelypteridaceae	干旱毛蕨	*Cyclosorus aridus*（Don）Tagawa	草本						1
168	金星蕨科	Thelypteridaceae	齿牙毛蕨	*Cyclosorus dentatus*（Forssk.）Ching	草本						1
169	金星蕨科	Thelypteridaceae	方秆蕨	*Glaphyropteridopsis erubescens*（Hook.）Ching	草本						1
170	金星蕨科	Thelypteridaceae	普通针毛蕨	*Macrothelypteris torresiana*（Gaud.）Ching	草本						1
171	金星蕨科	Thelypteridaceae	林下凸轴蕨	*Metathelypteris hattorii*（H. Ito）Ching	草本						1
172	金星蕨科	Thelypteridaceae	金星蕨	*Parathelypteris glanduligera*（Kze.）Ching	草本						2
173	金星蕨科	Thelypteridaceae	光脚金星蕨	*Parathelypteris japonica*（Bak.）Ching	草本						1
174	金星蕨科	Thelypteridaceae	淡绿金星蕨	*Parathelypteris japonica*（Bak.）Ching var. *viridescens*（H. Ito）Ching	草本						1
175	金星蕨科	Thelypteridaceae	中日金星蕨	*Parathelypteris nipponica*（Franch. et Sav.）Ching	草本						1
176	金星蕨科	Thelypteridaceae	延羽卵果蕨	*Phegopteris decursive-pinnata*（van Hall）Fée	草本						1
177	金星蕨科	Thelypteridaceae	披针新月蕨	*Pronephrium penangianum*（Hook.）Holtt.	草本						1
178	金星蕨科	Thelypteridaceae	红色新月蕨	*Pronephrium lakhimpurense*（Rosenst.）Holtt.	草本						1
179	金星蕨科	Thelypteridaceae	普通假毛蕨	*Pseudocyclosorus subochthodes*（Ching）Ching	草本						1
180	金星蕨科	Thelypteridaceae	紫柄蕨	*Pseudophegopteris pyrrhorachis*（Kunze）Ching	草本						1
181	金星蕨科	Thelypteridaceae	光叶紫柄蕨	*Pseudophegopteris pyrrhorachis*（Kze.）Ching var. *glabrata*（Clarke）Ching	草本						1
182	金星蕨科	Thelypteridaceae	峨眉伏蕨	*Leptogramma scallani*（Christ）Ching	草本						1
183	金星蕨科	Thelypteridaceae	小叶伏蕨	*Leptogramma tottoides* H. Ito	草本						1
184	铁角蕨科	Aspleniaceae	城口铁角蕨	*Asplenium chengkouense* Ching ex X. X. Kong	草本						2
185	铁角蕨科	Aspleniaceae	肾羽铁角蕨	*Asplenium humistratum* Ching ex H. S. Kung	草本						1
186	铁角蕨科	Aspleniaceae	线裂铁角蕨	*Asplenium coenobiale* Hance	草本						1
187	铁角蕨科	Aspleniaceae	虎尾铁角蕨	*Asplenium incisum* Thunb.	草本						1
188	铁角蕨科	Aspleniaceae	阴地铁角蕨	*Asplenium fugax* Christ	草本						1
189	铁角蕨科	Aspleniaceae	宝兴铁角蕨	*Asplenium moupinense* Franch.	草本						1
190	铁角蕨科	Aspleniaceae	倒挂铁角蕨	*Asplenium normale* Don	草本						1
191	铁角蕨科	Aspleniaceae	长叶铁角蕨	*Asplenium prolongatum* Hook.	草本						1
192	铁角蕨科	Aspleniaceae	华中铁角蕨	*Asplenium sarelii* Hook.	草本						1
193	铁角蕨科	Aspleniaceae	疏羽铁角蕨	*Asplenium subtenuifolium*（Christ）Ching et S. H. Wu	草本						2
194	铁角蕨科	Aspleniaceae	铁角蕨	*Asplenium trichomanes* L.	草本						1
195	铁角蕨科	Aspleniaceae	剑叶铁角蕨	*Asplenium ensiforme* Wall. ex Hook.	草本						1
196	铁角蕨科	Aspleniaceae	三翅铁角蕨	*Asplenium tripteropus* Nakai	草本						1

序号	科名	科拉丁名	中文名	学名	生活型	药用	观赏	食用	蜜源	工业原料	数据来源
197	铁角蕨科	Aspleniaceae	半边铁角蕨	*Asplenium unilaterale* Lam.	草本						1
198	铁角蕨科	Aspleniaceae	云南铁角蕨	*Asplenium yunnanensis* Franch.	草本						1
199	铁角蕨科	Aspleniaceae	细柄铁角蕨	*Asplenium capillipes* Makino	草本						1
200	铁角蕨科	Aspleniaceae	北京铁角蕨	*Asplenium pekinense* Hance	草本						1
201	铁角蕨科	Aspleniaceae	多裂铁角蕨	*Asplenium ruta-muraia* L. var. *subtenuifolium* Christ	草本						1
202	铁角蕨科	Aspleniaceae	疏齿铁角蕨	*Asplenium wrightioides* Christ	草本						1
203	睫毛蕨科	Pleurosoriopsidaceae	睫毛蕨	*Pleurosoriopsis makinoi*（Maxim. ex Makino）Fomin	草本						1
204	球子蕨科	Onocleaceae	中华荚果蕨	*Matteuccia intermedia* C. Chr.	草本						1
205	球子蕨科	Onocleaceae	东方荚果蕨	*Matteuccia orientalis*（Hook.）Trev.	草本						1
206	球子蕨科	Onocleaceae	荚果蕨	*Matteuccia struthiopteris*（L.）Todaro	草本						1
207	乌毛蕨科	Blechaceae	乌毛蕨	*Blechnum orientale* L.	草本	+					2
208	乌毛蕨科	Blechaceae	顶芽狗脊	*Woodwardia unigemmata*（Makino）Nakai	草本	+					1
209	乌毛蕨科	Blechaceae	狗脊	*Woodwardia japonica*（L. f.）Sm.	草本	+					1
210	乌毛蕨科	Blechaceae	荚囊蕨	*Struthiopteris eburnea*（Christ）Ching	草本						1
211	岩蕨科	Woodsiaceae	耳羽岩蕨	*Woodsia polystichoides* Eaton	草本						1
212	岩蕨科	Woodsiaceae	陕西岩蕨	*Woodsia shensiensis* Ching	草本						1
213	岩蕨科	Woodsiaceae	神龙岩蕨	*Woodsia shennongensis* D. S. Jiang	草本						1
214	鳞毛蕨科	Dryopteridaceae	尾形复叶耳蕨	*Arachniodes caudata* Ching	草本						1
215	鳞毛蕨科	Dryopteridaceae	福建复叶耳蕨	*Arachniodes fujianensis* Ching	草本						1
216	鳞毛蕨科	Dryopteridaceae	美丽复叶耳蕨	*Arachniodes speciosa*（D. Don）Ching	草本						1
217	鳞毛蕨科	Dryopteridaceae	镰羽复叶耳蕨	*Arachniodes estina*（Hance）Ching	草本						1
218	鳞毛蕨科	Dryopteridaceae	稀羽复叶耳蕨	*Arachniodes simplicior*（Makino）Ohwi	草本						1
219	鳞毛蕨科	Dryopteridaceae	华西复叶耳蕨	*Arachniodes simulans*（Ching）Ching	草本						1
220	鳞毛蕨科	Dryopteridaceae	镰羽贯众	*Cyrtomium balansae*（Christ）C. Chr.	草本	+					2
221	鳞毛蕨科	Dryopteridaceae	刺齿贯众	*Cyrtomium caryotideum*（Wall. ex Hook. et Grev.）Presl	草本	+					1
222	鳞毛蕨科	Dryopteridaceae	披针贯众	*Cyrtomium devexiscapulae*（Koidz.）Ching	草本	+					1
223	鳞毛蕨科	Dryopteridaceae	贯众	*Cyrtomium fortunei* J. Sm.	草本	+					1
224	鳞毛蕨科	Dryopteridaceae	大叶贯众	*Cyrtomium macrophyllum*（Makino）Tagawa	草本	+					1
225	鳞毛蕨科	Dryopteridaceae	多羽贯众	*Cyrtomium fortunei* f. *polypteruerum*（Diels）Ching	草本	+					1
226	鳞毛蕨科	Dryopteridaceae	楔基大羽贯众	*Cyrtomium macrophyllum* f. *muticum*（Christ）Ching	草本	+					1
227	鳞毛蕨科	Dryopteridaceae	阔羽贯众	*Cyrtomium yamamotoi* Tagawa	草本	+					1
228	鳞毛蕨科	Dryopteridaceae	粗齿贯众	*Cyrtomium coryotideum* f. grossedentetum Ching ex Shing	草本	+					1
229	鳞毛蕨科	Dryopteridaceae	单叶贯众	*Cyrtomium hemionitis* Christ	草本	+					1
230	鳞毛蕨科	Dryopteridaceae	巫溪贯众	*Cyrtomium falcipianum* Ching	草本	+					1
231	鳞毛蕨科	Dryopteridaceae	暗鳞鳞毛蕨	*Dryopteris atrata*（Kunze）Ching	草本						1
232	鳞毛蕨科	Dryopteridaceae	阔鳞鳞毛蕨	*Dryopteris championii*（Benth.）C. Chr.	草本						2
233	鳞毛蕨科	Dryopteridaceae	红盖鳞毛蕨	*Dryopteris erythrosora*（Eaton）O. Ktze.	草本						2
234	鳞毛蕨科	Dryopteridaceae	台湾鳞毛蕨	*Dryopteris formosana*（Christ）C. Chr.	草本						1
235	鳞毛蕨科	Dryopteridaceae	黑足鳞毛蕨	*Dryopteris fuscipes* C. Chr.	草本						1

序号	科名	科拉丁名	中文名	学名	生活型	药用	观赏	食用	蜜源	工业原料	数据来源
236	鳞毛蕨科	Dryopteridaceae	黑鳞远轴鳞毛蕨	*Dryopteris namegatae*（Kurata）Kurata	草本						1
237	鳞毛蕨科	Dryopteridaceae	倒鳞鳞毛蕨	*Dryopteris reflexosquumata* Hayata	草本						1
238	鳞毛蕨科	Dryopteridaceae	川西鳞毛蕨	*Dryopteris rosthornii*（Diels）C. Chr.	草本						1
239	鳞毛蕨科	Dryopteridaceae	两色鳞毛蕨	*Dryopteris setosa*（Thunb.）Akasawa	草本						1
240	鳞毛蕨科	Dryopteridaceae	稀羽鳞毛蕨	*Dryopteris sparsa*（Buch.-Ham. ex D. Don）O. Ktze.	草本						1
241	鳞毛蕨科	Dryopteridaceae	绵马鳞毛蕨	*Dryopteris crassirhizoma* Nakai	草本						2
242	鳞毛蕨科	Dryopteridaceae	湖北鳞毛蕨	*Dryopteris hupehensis* Ching	草本						1
243	鳞毛蕨科	Dryopteridaceae	变异鳞毛蕨	*Dryopteris varia*（L.）O. Ktze.	草本						1
244	鳞毛蕨科	Dryopteridaceae	暗色鳞毛蕨	*Dryopteris cycadina*（Franch. et Sav.）C. Chr.	草本						1
245	鳞毛蕨科	Dryopteridaceae	狭基鳞毛蕨	*Dryopteris dickinsii*（Franch. et Sw.）C. Chr.	草本						1
246	鳞毛蕨科	Dryopteridaceae	顶育鳞毛蕨	*Dryopteris neolacara* Ching	草本						2
247	鳞毛蕨科	Dryopteridaceae	新黑足鳞毛蕨	*Dryopteris neofuscipes* Ching et Z. Y. Liu	草本						1
248	鳞毛蕨科	Dryopteridaceae	日本鳞毛蕨	*Dryopteris nipponensis* Koidz.	草本						1
249	鳞毛蕨科	Dryopteridaceae	黑鳞鳞毛蕨	*Dryopteris rosthornii*（Diels）C. Chr.	草本						1
250	鳞毛蕨科	Dryopteridaceae	拟变异鳞毛蕨	*Dryopteris sino-varia* Ching et Z. Y. Liu	草本						1
251	鳞毛蕨科	Dryopteridaceae	毛枝蕨	*Leptorumohra miqueliana*（Maxim. ex Fanch. et Sav.）H. Ito	草本						1
252	鳞毛蕨科	Dryopteridaceae	纳雍耳蕨	*Polystichum nayongense* P. S. Wang et X. Y. Wang	草本						1
253	鳞毛蕨科	Dryopteridaceae	尖齿耳蕨	*Polystichum acutidens* Christ	草本						1
254	鳞毛蕨科	Dryopteridaceae	小狭叶芽胞耳蕨	*Polystichum atkinsonii* Bedd.	草本						1
255	鳞毛蕨科	Dryopteridaceae	对生耳蕨	*Polystichum deltodon*（Bak.）Diels	草本						2
256	鳞毛蕨科	Dryopteridaceae	圆顶耳蕨	*Polystichum dielsii* Christ	草本						1
257	鳞毛蕨科	Dryopteridaceae	草叶耳蕨	*Polystichum herbaceum* Ching et Z. Y. Liu ex Z. Y. Liu	草本						1
258	鳞毛蕨科	Dryopteridaceae	长叶耳蕨	*Polystichum longissimum* Ching et Z. Y. Liu	草本						2
259	鳞毛蕨科	Dryopteridaceae	黑鳞耳蕨	*Polystichum makinoi*（Tagawa）Tagawa	草本						1
260	鳞毛蕨科	Dryopteridaceae	革叶耳蕨	*Polystichum neolobatum* Nakai	草本						1
261	鳞毛蕨科	Dryopteridaceae	鞭叶耳蕨	*Polystichum craspedosorum*（Maxim.）Diels.	草本						1
262	鳞毛蕨科	Dryopteridaceae	阔鳞耳蕨	*Polystichum rigens* Tagawa	草本						1
263	鳞毛蕨科	Dryopteridaceae	中华对马耳蕨	*Polystichum sino-tsus-simense* Ching et Z. Y. Liu ex Z. Y. Liu	草本						1
264	鳞毛蕨科	Dryopteridaceae	戟叶耳蕨	*Polystichum tripteron*（Kunze）Presl	草本						1
265	鳞毛蕨科	Dryopteridaceae	对马耳蕨	*Polystichum tsus-simense*（Hook.）J. Sm.	草本						2
266	鳞毛蕨科	Dryopteridaceae	城口耳蕨	*Polystichum chenkouense* Ching	草本						1
267	鳞毛蕨科	Dryopteridaceae	剑叶耳蕨	*Polystichum xiphophyllum*（Bak.）Diels	草本						1
268	实蕨科	Bolbitidaceae	长叶实蕨	*Bolitis heteroclita*（Presl）Ching	草本						1
269	肾蕨科	Nephrolepidaceae	肾蕨*	*Nephrolepis auriculata*（L.）Trimen	草本	+					1
270	水龙骨科	Bolbitidaceae	曲边线蕨	*Colysis elliptica*（Thunb.）Ching var. *flexiloba*（Christ）L. Shi et X. C. Zhang	草本						1
271	水龙骨科	Bolbitidaceae	矩圆线蕨	*Colysis henryi*（Bak.）Ching	草本						1
272	水龙骨科	Bolbitidaceae	丝带蕨	*Drymotaenium miyoshianum*（Makino）Makino	草本						1

序号	科名	科拉丁名	中文名	学名	生活型	药用	观赏	食用	蜜源	工业原料	数据来源
273	水龙骨科	Bolbitidaceae	抱石莲	*Lepidogrammitis drymoglossoides*（Bak.）Ching	草本						1
274	水龙骨科	Bolbitidaceae	中间骨牌蕨	*Lepidogrammitis intermidia* Ching	草本						1
275	水龙骨科	Bolbitidaceae	鳞果星蕨	*Lepidomicrosorum buergerianum*（Miq.）Ching et Shing	草本						1
276	水龙骨科	Bolbitidaceae	二色瓦韦	*Lepisorus bicolor* Ching	草本	+					1
277	水龙骨科	Bolbitidaceae	扭瓦韦	*Lepisorus contortus*（Christ）Ching	草本	+					1
278	水龙骨科	Bolbitidaceae	大瓦韦	*Lepisorus macrosphaerus*（Bak.）Ching	草本	+					1
279	水龙骨科	Bolbitidaceae	有边瓦韦	*Lepisorus marginatus* Ching	草本	+					1
280	水龙骨科	Bolbitidaceae	鳞瓦韦	*Lepisorus oligolepidus*（Bak.）Ching	草本	+					1
281	水龙骨科	Bolbitidaceae	瓦韦	*Lepisorus thunbergianus*（Kaulf.）Ching	草本	+					1
282	水龙骨科	Bolbitidaceae	江南星蕨	*Microsorum fortunei*（T. Moore）Ching	草本						1
283	水龙骨科	Bolbitidaceae	羽裂星蕨	*Microsorum insigne*（Blume）Cop.	草本						1
284	水龙骨科	Bolbitidaceae	攀援星蕨	*Microsorium buergerianum*（Miq.）Ching	草本						1
285	水龙骨科	Bolbitidaceae	红柄星蕨	*Microsorium rubripes* Ching et W. M. Chu	草本						1
286	水龙骨科	Bolbitidaceae	表面星蕨	*Microsorium superficiale*（Blume）Ching	草本						1
287	水龙骨科	Bolbitidaceae	戟叶盾蕨	*Neolepisorus dengii* Ching et P. S. Wang f. *hastatus* Ching et P. S. Wang	草本						2
288	水龙骨科	Bolbitidaceae	深裂盾蕨	*Neolepisorus emeiensis* Ching et Shing f. *dissectus* Ching et Shing	草本						2
289	水龙骨科	Bolbitidaceae	蟹爪盾蕨	*Neolepisorus ovatus*（Bedd.）Ching f. *doryopteris*（Christ）Ching	草本						1
290	水龙骨科	Bolbitidaceae	世纬盾蕨	*Neolepisorus dengii* Ching et P. S. Wang	草本						2
291	水龙骨科	Bolbitidaceae	峨眉盾蕨	*Neolepisorus emeiensis* Ching et Shing	草本						1
292	水龙骨科	Bolbitidaceae	三角叶盾蕨	*Neolepisorus ovatus*（Bedd.）Ching f. *deltoideus*（Baker）Ching	草本						1
293	水龙骨科	Bolbitidaceae	盾蕨	*Neolepisorus ovatus*（Bedd.）Ching	草本						1
294	水龙骨科	Bolbitidaceae	指叶假瘤蕨	*Phymatopteris dactylina*（Christ）Pic. Serm.	草本						1
295	水龙骨科	Bolbitidaceae	大果假瘤蕨	*Phymatopteris griffithiana*（Hook.）Pic. Serm.	草本						1
296	水龙骨科	Bolbitidaceae	金鸡脚假瘤蕨	*Phymatopteris hastata*（Thunb.）Pic. Serm.	草本						1
297	水龙骨科	Bolbitidaceae	陕西假瘤蕨	*Phymatopteris shensiensis*（Christ）Pic.	草本						2
298	水龙骨科	Bolbitidaceae	川拟水龙骨	*Polypodiastrum dielseanum*（C. Chr.）Ching	草本	+					1
299	水龙骨科	Bolbitidaceae	友水龙骨	*Polypodiodes amoena*（Wall. ex Mett.）Ching	草本	+					1
300	水龙骨科	Bolbitidaceae	中华水龙骨	*Polypodiodes chinensis*（Christ）S. G. Lu	草本	+					1
301	水龙骨科	Bolbitidaceae	日本水龙骨	*Polypodiodes niponica*（Mett.）Ching	草本	+					1
302	水龙骨科	Bolbitidaceae	光石韦	*Pyrrosia calvata*（Bak.）Ching	草本	+					1
303	水龙骨科	Bolbitidaceae	西南石韦	*Pyrrosia gralla*（Gies.）Ching	草本	+					1
304	水龙骨科	Bolbitidaceae	石韦	*Pyrrosia lingua*（Thunb.）Farwell	草本	+					1
305	水龙骨科	Bolbitidaceae	有柄石韦	*Pyrrosia petiolosa*（Christ）Ching	草本	+					1
306	水龙骨科	Bolbitidaceae	拟毡毛石韦	*Pyrrosia pseudodrakeana* Shing	草本	+					1
307	水龙骨科	Bolbitidaceae	相异石韦	*Pyrrosia assimilis*（Bak.）Ching	草本	+					2
308	水龙骨科	Bolbitidaceae	庐山石韦	*Pyrrosia sheareri*（Bak.）Ching	草本	+					1
309	水龙骨科	Bolbitidaceae	石蕨	*Saxiglossum angustissimum*（Gies.）Ching	草本						1
310	水龙骨科	Bolbitidaceae	中华水龙骨	*Polypodiodes chinensis*（Christ）S. G. Lu	草本						1
311	三叉蕨科	Aspidiaceae	川黔肋毛蕨	*Ctenitis Chuii* Z. Y. Liu	草本						1

序号	科名	科拉丁名	中文名	学名	生活型	药用	观赏	食用	蜜源	工业原料	数据来源
312	三叉蕨科	Aspidiaceae	泡鳞肋毛蕨	*Ctenitis mariformis*（Rosenst）Ching	草本						1
313	三叉蕨科	Aspidiaceae	虹鳞肋毛蕨	*Ctenitis rhodolepis*（Clarke）Ching	草本						1
314	三叉蕨科	Aspidiaceae	毛叶轴脉蕨	*Ctenitopsis devexa*（Kze.）Ching et C. H. Wang	草本						1
315	三叉蕨科	Aspidiaceae	紫柄三叉蕨	*Tectaria coadunatum*（J. Sm.）C. Chr.	草本						1
316	槲蕨科	Drynariaceae	槲蕨	*Drynaria roosii* Nakaike	草本	+	+				1
317	槲蕨科	Drynariaceae	川滇槲蕨	*Drynaria delavayi* Christ	草本	+	+				1
318	槲蕨科	Drynariaceae	秦岭槲蕨	*Drynaria sinica* Diels	草本	+	+				1
319	剑蕨科	Loxogrammaceae	褐柄剑蕨	*Loxogramme duclouxii* Christ	草本	+	+				1
320	剑蕨科	Loxogrammaceae	匙叶剑蕨	*Loxogramme grammitoides*（Bak.）C. Chr.	草本	+	+				1
321	剑蕨科	Loxogrammaceae	柳叶剑蕨	*Loxogramme salicifolia*（Makino）Makino	草本	+	+				1
322	苹科	Marsileaceae	苹	*Marsilea quadrifolia* L.	草本		+				1
323	槐叶苹科	Marsileaceae	槐叶苹	*Salvinia natans*（L.）All.	草本		+				1
324	满江红科	Azollaceae	满江红	*Azolla imbricata*（Roxb.）Nakai	草本		+				1
325	满江红科	Azollaceae	细叶满江红	*Azolla filiculoides* Lam.	草本		+				1
二				裸子植物							
1	银杏科	Ginkgoaceae	银杏*	*Ginkgo biloba* L.	乔木	+	+	+		+	1
2	苏铁科	Cycadaceae	苏铁*	*Cycas revoluta* Thunb.	乔木	+	+			+	1
3	松科	Pinaceae	秦岭冷杉	*Abies chensiensis* van Tiegh.	乔木					+	1
4	松科	Pinaceae	巴山冷杉	*Abies fargesii* Franch.	乔木		+			+	1
5	松科	Pinaceae	铁坚油杉	*Keteleeria davidiana*（Bertr.）Beissn.	乔木					+	1
6	松科	Pinaceae	雪松*	*Cedrus deodara*（Roxb.）D. Don	乔木		+			+	1
7	松科	Pinaceae	日本落叶松*	*Larix kaempferi*（Lamb.）Carr.	乔木		+			+	1
8	松科	Pinaceae	华山松	*Pinus armandi* Franch.	乔木			+		+	1
9	松科	Pinaceae	巴山松	*Pinus henryi* Mast.	乔木					+	1
10	松科	Pinaceae	马尾松	*Pinus massoniana* Lamb.	乔木					+	1
11	松科	Pinaceae	油松	*Pinus tabulaeformis* Carr.	乔木					+	1
12	松科	Pinaceae	麦吊云杉	*Picea brachytyla*（Franch.）Pritz.	乔木					+	1
13	松科	Pinaceae	大果青杆	*Picea neoveitchii* Mast.	乔木					+	1
14	松科	Pinaceae	青杆	*Picea wilsonii* Mast.	乔木					+	1
15	松科	Pinaceae	黄杉	*Pseudotsuga sinensis* Dode	乔木					+	1
16	松科	Pinaceae	铁杉	*Tsuga chinensis*（Franch.）Pritz.	乔木					+	1
17	松科	Pinaceae	矩鳞铁杉	*Tsuga chinensis*（Franch.）Pritz. var. *oblongisquamata* Cheng et L. K. Fu	乔木					+	2
18	杉科	Taxodiaceae	柳杉*	*Cryptomeria fortunei* Hooibrenk ex Otto et Dietr.	乔木		+			+	1
19	杉科	Taxodiaceae	日本柳杉*	*Cryptomeria japonica*（L. f.）D. Don	乔木		+			+	1
20	杉科	Taxodiaceae	杉木	*Cunninghamia lanceolata*（Lamb.）Hook.	乔木					+	1
21	杉科	Taxodiaceae	水杉*	*Metasequoia glyptostroboides* Hu et Cheng	乔木		+			+	1
22	柏科	Cupressaceae	柏木	*Cupressus funebris* Endl.	乔木	+				+	1
23	柏科	Cupressaceae	日本花柏*	*Chamaecyparia pisifera*（Sieb. et Zucc.）Endl.	乔木		+			+	1
24	柏科	Cupressaceae	刺柏	*Juniperus formosana* Hayata	乔木					+	1
25	柏科	Cupressaceae	圆柏	*Sabina chinensis*（L.）Ant.	乔木					+	1

序号	科名	科拉丁名	中文名	学名	生活型	药用	观赏	食用	蜜源	工业原料	数据来源
26	柏科	Cupressaceae	香柏	*Sabina pingii*（Cheng ex Ferre）Cheng et W. T. Wang var. *wilsonii*（Rehd.）Cheng et L. K. Fu	乔木					+	1
27	柏科	Cupressaceae	高山柏	*Sabina squamata*（Buch.-Ham.）Ant.	乔木					+	2
28	柏科	Cupressaceae	崖柏	*Thuja sutchuenensis* Franch.	乔木					+	1
29	罗汉松科	Podocarpaceae	罗汉松*	*Podocarpus macrophyllus*（Thunb.）D. Don	乔木	+	+			+	1
30	罗汉松科	Podocarpaceae	狭叶罗汉松*	*Podocarpus macrophyllus*（Thunb.）D. Don var. *angustifolius* Bl.	乔木	+	+			+	1
31	三尖杉科	Cephalotaxaceae	三尖杉	*Cephalotaxus fortunei* Hook. f.	乔木	+				+	1
32	三尖杉科	Cephalotaxaceae	绿背三尖杉	*Cephalotaxus fortunei* Hook. f. var. *concolor* Franch.	乔木	+				+	1
33	三尖杉科	Cephalotaxaceae	篦子三尖杉	*Cephalotaxus oliveri* Mast.	乔木	+				+	1
34	三尖杉科	Cephalotaxaceae	粗榧	*Cephalotaxus sinensis*（Rehd. et Wils.）Li	乔木					+	1
35	三尖杉科	Cephalotaxaceae	宽叶粗榧	*Cephalotaxus sinensis*（Rehd. et Wils.）Li var. *latifolia* Cheng et L. K. Fu	乔木					+	1
36	红豆杉科	Taxaceae	穗花杉	*Amentotaxus argotaenia*（Hance）Pilger	乔木					+	1
37	红豆杉科	Taxaceae	红豆杉	*Taxus chinensis*（Pilger.）Rehd.	乔木	+	+	+		+	1
38	红豆杉科	Taxaceae	南方红豆杉	*Taxus chinensis*（Pilger.）Rehd. var. *mairei*（Lemée et Lévl.）Cheng et L. K. Fu.	乔木	+	+	+		+	1
39	红豆杉科	Taxaceae	巴山榧	*Torreya fargesii* Franch.	灌木					+	1
40	红豆杉科	Taxaceae	榧树	*Torreya grandis* Fort. ex Lindl.	灌木					+	1
41	南洋杉科	Araucariaceae	南洋杉*	*Araucaria heterophylla*（Salisb.）Franco	乔木		+			+	1
三				被子植物							
1	三白草科	Saururaceae	白苞裸蒴	*Gymnotheca involucrata* Pei	草本	+			+		1
2	三白草科	Saururaceae	蕺菜	*Houttuynia cordata* Thunb.	草本	+		+	+		1
3	三白草科	Saururaceae	三白草	*Saururus chinensis*（Lour.）Baill.	草本	+			+		1
4	胡椒科	Piperaceae	豆瓣绿	*Peperomia tetraphylla*（Forst. f.）Hook. et Arn.	藤本						1
5	胡椒科	Piperaceae	毛蒟	*Piper puberulum*（Benth.）Maxim.	藤本						1
6	胡椒科	Piperaceae	石南藤	*Piper wallichii* var. *hupeense*（C. DC.）Hand.-Mazz.	藤本						1
7	胡椒科	Piperaceae	竹叶胡椒	*Piper bambusaefolium* Tseng	藤本	+					2
8	金粟兰科	Chloranthaceae	鱼子兰	*Chloranthus elatior* Link	草本	+					1
9	金粟兰科	Chloranthaceae	丝穗金粟兰	*Chloranthus fortunei*（A. Gray）Solms-Laub.	草本	+					1
10	金粟兰科	Chloranthaceae	宽叶金粟兰	*Chloranthus henryi* Hemsl.	草本	+					1
11	金粟兰科	Chloranthaceae	多穗金粟兰	*Chloranthus multistachya* Pei	草本	+					1
12	金粟兰科	Chloranthaceae	及己	*Chloranthus serratus*（Thunb.）Roem. et Schult.	草本	+					1
13	金粟兰科	Chloranthaceae	金粟兰	*Chloranthus spicatus*（Thunb.）Makino	灌木	+					1
14	金粟兰科	Chloranthaceae	草珊瑚	*Sarcandra glabra*（Thunb.）Nakai	灌木	+					1
15	杨柳科	Salicaceae	响叶杨*	*Populus adenopoda* Maxim.	乔木		+			+	1
16	杨柳科	Salicaceae	山杨	*Populus davidiana* Dode	乔木		+			+	1
17	杨柳科	Salicaceae	毛山杨	*Populus davidiana* Dode var. *tomentella*（Schneid.）Nakai	乔木		+			+	1
18	杨柳科	Salicaceae	大叶杨	*Populus lasiocarpa* Oliv.	乔木		+			+	1
19	杨柳科	Salicaceae	椅杨	*Populus wilsonii* Schneid.	乔木		+			+	2
20	杨柳科	Salicaceae	杯腺柳	*Salix cupularis* Rehd.	乔木					+	1

续表

序号	科名	科拉丁名	中文名	学名	生活型	药用	观赏	食用	蜜源	工业原料	数据来源
21	杨柳科	Salicaceae	宽叶翻白柳	*Salix hypoleuca* Seemen var. *platyphylla* Schneid.	灌木					+	1
22	杨柳科	Salicaceae	垂柳*	*Salix babylonica* L.	乔木					+	1
23	杨柳科	Salicaceae	川鄂柳	*Salix fargesii* Burk.	乔木					+	1
24	杨柳科	Salicaceae	甘肃柳	*Salix fargesii* Burk. var. *kansuensis*（Hao）N. Chao	乔木					+	1
25	杨柳科	Salicaceae	紫枝柳	*Salix heterochroma* Seem.	乔木					+	1
26	杨柳科	Salicaceae	光背紫枝柳	*Salix heterochroma* Seem. var. *concolor* Görz	乔木					+	1
27	杨柳科	Salicaceae	小叶柳	*Salix hypoleuca* Seem.	灌木					+	1
28	杨柳科	Salicaceae	丝毛柳	*Salix luctuosa* Lévl.	灌木					+	1
29	杨柳科	Salicaceae	旱柳	*Salix matsudana* Koidz.	灌木		+			+	1
30	杨柳科	Salicaceae	龙爪柳	*Salix matsudana* Koidz. f. *tortuosa*（Vilm.）Rehd.	灌木		+			+	1
31	杨柳科	Salicaceae	秋华柳	*Salix variegata* Franch.	灌木					+	1
32	杨柳科	Salicaceae	皂柳	*Salix wallichiana* Anderss	灌木					+	1
33	杨柳科	Salicaceae	巴山柳	*Salix etosia* Schneid.	灌木					+	1
34	杨柳科	Salicaceae	南川柳	*Salix rosthornii* Franch.	乔木					+	1
35	杨柳科	Salicaceae	网脉柳	*Salix dictyoneura* Seemen	灌木					+	1
36	杨柳科	Salicaceae	巫山柳	*Salix fargesii* Burkill	灌木					+	1
37	杨柳科	Salicaceae	光果巫山柳	*Salix fargesii* Burkill var. *kansuensis*（Hao）N. Chao	灌木					+	2
38	胡桃科	Juglandaceae	青钱柳	*Cyclocarya paliurus*（Batal.）Iljinsk.	乔木		+			+	1
39	胡桃科	Juglandaceae	黄杞	*Engelhardia roxburghiana* Wall.	乔木					+	1
40	胡桃科	Juglandaceae	毛叶黄杞	*Engelhardia spicata* Leschenault ex Blume var. *colebrookeana*（Lindley）Koorders et Valeton	乔木					+	1
41	胡桃科	Juglandaceae	野核桃	*Juglans cathayensis* Dode	乔木	+	+	+		+	1
42	胡桃科	Juglandaceae	胡桃	*Juglans regia* L.	乔木	+	+	+		+	1
43	胡桃科	Juglandaceae	泡核桃	*Juglans sigillata* Dode.	乔木	+	+	+		+	1
44	胡桃科	Juglandaceae	胡桃楸	*Juglans mandshurica* Maxim.	乔木	+	+	+		+	1
45	胡桃科	Juglandaceae	化香树	*Platycarya strobilacea* Sieb. et Zucc.	乔木					+	1
46	胡桃科	Juglandaceae	枫杨	*Pterocarya stenoptera* C. DC.	乔木					+	1
47	胡桃科	Juglandaceae	短翅枫杨	*Pterocarya stenoptera* C. DC. var. *brevialata* Pampan.	乔木					+	1
48	胡桃科	Juglandaceae	湖北枫杨	*Pterocarya hupehensis* Skan	乔木					+	1
49	胡桃科	Juglandaceae	华西枫杨	*Pterocarya insignis* Rehd. et Wils.	乔木					+	1
50	桦木科	Betulaceae	桤木	*Alnus cremastogyne* Burk.	乔木					+	1
51	桦木科	Betulaceae	尼泊尔桤木	*Alnus nepalensis* D. Don	乔木					+	1
52	桦木科	Betulaceae	红桦	*Betula albo-sinensis* Burk.	乔木					+	1
53	桦木科	Betulaceae	狭翅桦	*Betula chinensis* Maxim. var. *fargesii*（Franch.）P. C. Li	乔木					+	1
54	桦木科	Betulaceae	香桦	*Betula insignis* Franch.	乔木					+	1
55	桦木科	Betulaceae	亮叶桦	*Betula luminifera* H. Winkler	乔木					+	1
56	桦木科	Betulaceae	糙皮桦	*Betula utilis* D. Don	乔木					+	1
57	桦木科	Betulaceae	华千金榆	*Carpinus cordata* Bl. var. *chinensis* Franch.	乔木					+	1
58	桦木科	Betulaceae	毛叶千金榆	*Carpinus cordata* Bl. var. *mollis*（Rehd.）Cheng ex Chen	乔木					+	1

续表

序号	科名	科拉丁名	中文名	学名	生活型	药用	观赏	食用	蜜源	工业原料	数据来源
59	桦木科	Betulaceae	川黔千金榆	*Carpinus fangiana* Hu.	乔木					+	1
60	桦木科	Betulaceae	川陕鹅耳枥	*Carpinus fargesiana* H. Winkle	乔木					+	1
61	桦木科	Betulaceae	千金榆	*Carpinus cordata* Bl.	乔木					+	2
62	桦木科	Betulaceae	贵州鹅耳枥	*Carpinus kweichowensis* Hu	乔木					+	1
63	桦木科	Betulaceae	陕西鹅耳枥	*Carpinus shensiensis* Hu	乔木					+	1
64	桦木科	Betulaceae	湖北鹅耳枥	*Carpinus hupeana* Hu	乔木					+	1
65	桦木科	Betulaceae	川鄂鹅耳枥	*Carpinus hupeana* Hu var. *henryana*（H. Winkl.）P. C. Li	乔木					+	1
66	桦木科	Betulaceae	单齿鹅耳枥	*Carpinus hupeana* Hu var. *simplicidentata*（Hu）P. C. Li	乔木					+	1
67	桦木科	Betulaceae	多脉鹅耳枥	*Carpinus polyneura* Franch.	乔木					+	1
68	桦木科	Betulaceae	云贵鹅耳枥	*Carpinus pubescens* Burk.	乔木					+	1
69	桦木科	Betulaceae	雷公鹅耳枥	*Carpinus viminea* Wall.	乔木					+	1
70	桦木科	Betulaceae	披针叶榛	*Corylus fargesii*（Franch.）Schneid.	乔木					+	1
71	桦木科	Betulaceae	刺榛	*Corylus ferox* Wall.	乔木					+	1
72	桦木科	Betulaceae	藏刺榛	*Corylus thibetics* Bata.	乔木					+	1
73	桦木科	Betulaceae	川榛	*Corylus heterophylla* Fisch. ex Trautv. var. *sutchuenensis* Franch.	乔木					+	1
74	桦木科	Betulaceae	绒苞榛	*Corylus fargesii*（Franch.）Schneid.	乔木					+	1
75	桦木科	Betulaceae	毛榛	*Corylus mandshurica* Maxim.	乔木					+	1
76	桦木科	Betulaceae	铁木	*Ostrya japonica* Sarg.	乔木					+	2
77	壳斗科	Fagaceae	钩锥	*Castanopsis tibetana* Hance	乔木					+	1
78	壳斗科	Fagaceae	米槠	*Castanopsis carlesii*（Hemsl.）Hayata.	乔木					+	1
79	壳斗科	Fagaceae	短刺米槠	*Castanopsis carlesii*（Hemsl.）Hayata var. *spinulosa* Cheng et C. S. Chao	乔木					+	1
80	壳斗科	Fagaceae	甜槠	*Castanopsis eyrei*（Champ.）Tutch.	乔木					+	1
81	壳斗科	Fagaceae	栲	*Castanopsis fargesii* Franch.	乔木					+	1
82	壳斗科	Fagaceae	湖北栲	*Castanopsis hupehensis* C. S. chao	乔木					+	1
83	壳斗科	Fagaceae	苦槠	*Castanopsis sclerophylla*（Lindl.）Schott.	乔木					+	1
84	壳斗科	Fagaceae	茅栗	*Castanea seguinii* Dode	乔木			+		+	1
85	壳斗科	Fagaceae	锥栗	*Castanea henryi*（Skan）Rehd. et Wils.	乔木			+		+	1
86	壳斗科	Fagaceae	板栗	*Castanea mollissima* Bl.	乔木	+		+		+	1
87	壳斗科	Fagaceae	青冈	*Cyclobalanopsis glauca*（Thunb.）Oerst.	乔木					+	1
88	壳斗科	Fagaceae	城口青冈	*Cyclobalanopsis fargesii* Franch.	乔木					+	1
89	壳斗科	Fagaceae	细叶青冈	*Cyclobalanopsis gracilis*（Rekd. et Wils.）Cheng et T. Hong	乔木					+	1
90	壳斗科	Fagaceae	大叶青冈	*Cyclobalanopsis jenseniana*（Hand.-Mazz.）Cheng et T. Hong	乔木					+	1
91	壳斗科	Fagaceae	多脉青冈	*Cyclobalanopsis multinervis* Cheng et T. Hong	乔木					+	1
92	壳斗科	Fagaceae	小叶青冈	*Cyclobalanopsis myrsinaefolia*（Bl.）Oerst.	乔木					+	1
93	壳斗科	Fagaceae	曼青冈	*Cyclobalanopsis oxyodon*（Miq.）Oerst.	乔木					+	1
94	壳斗科	Fagaceae	南川青冈	*Cyclobalanopsis nanchuanica*（Huang）Y. T. Chang	乔木					+	2
95	壳斗科	Fagaceae	短星毛青冈	*Cyclobalanopsis breviradiata* Cheng	乔木					+	1
96	壳斗科	Fagaceae	台湾水青冈	*Fagus hayatae* Palib. ex Hayata	乔木					+	1

序号	科名	科拉丁名	中文名	学名	生活型	药用	观赏	食用	蜜源	工业原料	数据来源
97	壳斗科	Fagaceae	米心水青冈	*Fagus engleriana* Seem.	乔木					+	1
98	壳斗科	Fagaceae	水青冈	*Fagus longipetiolata* Seem	乔木					+	1
99	壳斗科	Fagaceae	巴山水青冈	*Fagus pashanica* C. C. Yang	乔木					+	1
100	壳斗科	Fagaceae	亮叶水青冈	*Fagus lucida* Rehd. et Wils.	乔木					+	1
101	壳斗科	Fagaceae	石柯	*Lithocarpus pasania* Huang et Y. T. Chang	乔木					+	1
102	壳斗科	Fagaceae	包果柯	*Lithocarpus cleistocarpus*（Seem.）Rehd. et Wils.	乔木					+	1
103	壳斗科	Fagaceae	川柯	*Lithocarpus fangii*（Hu et Cheng）H. Chang	乔木					+	1
104	壳斗科	Fagaceae	石栎	*Lithocarpus glaber*（Thunb.）Nakai	乔木					+	1
105	壳斗科	Fagaceae	硬壳柯	*Lithocarpus hancei*（Benth.）Rehd.	乔木					+	1
106	壳斗科	Fagaceae	灰柯	*Lithocarpus henryi*（Seem.）Rehd. et Wils.	乔木					+	1
107	壳斗科	Fagaceae	木姜叶柯	*Lithocarpus litseifolius*（Hance）Chun	乔木					+	1
108	壳斗科	Fagaceae	大叶柯	*Lithocarpus megalophyllus* Rehd. et Wils.	乔木					+	1
109	壳斗科	Fagaceae	枇杷叶柯	*Lithocarpus eriobotryoide* Huang et Y. T. Chang	乔木					+	1
110	壳斗科	Fagaceae	小叶栎	*Quercus chenii* Nakai	乔木					+	1
111	壳斗科	Fagaceae	岩栎	*Quercus acrodonta* Seem.	乔木					+	1
112	壳斗科	Fagaceae	麻栎	*Quercus acutissima* Carr.	乔木					+	1
113	壳斗科	Fagaceae	槲栎	*Quercus aliena* Bl.	乔木					+	1
114	壳斗科	Fagaceae	锐齿槲栎	*Quercus aliena* Bl. var. *acuteserrata* Maxim. ex Wenz.	乔木					+	1
115	壳斗科	Fagaceae	匙叶栎	*Quercus dolicholepis* A. Cam.	乔木					+	1
116	壳斗科	Fagaceae	巴东栎	*Quercus engleriana* Seem.	乔木					+	1
117	壳斗科	Fagaceae	白栎	*Quercus fabri* Hance	乔木					+	1
118	壳斗科	Fagaceae	大叶栎	*Quercus griffithii* Hook. f. et Thoms. ex Miq.	乔木					+	1
119	壳斗科	Fagaceae	尖叶栎	*Quercus oxyphylla*（Wils.）Hand.-Mazz.	乔木					+	2
120	壳斗科	Fagaceae	乌冈栎	*Quercus phillyraeoides* A. Gray	乔木					+	1
121	壳斗科	Fagaceae	枹栎	*Quercus glandulifera* Bl.	乔木					+	1
122	壳斗科	Fagaceae	短柄枹栎	*Quercus glandulifera* Bl. var. *brevipetiolata*（DC.）Nakai	乔木					+	1
123	壳斗科	Fagaceae	刺叶高山栎	*Quercus spinosa* David ex Franch.	乔木					+	1
124	壳斗科	Fagaceae	欧洲栓皮栎	*Quercus suber* L.	乔木					+	1
125	壳斗科	Fagaceae	栓皮栎	*Quercus variabilis* Bl.	乔木					+	1
126	壳斗科	Fagaceae	异毛栎	*Quercus obscura* Seemen	乔木					+	1
127	榆科	Ulmaceae	糙叶树	*Aphananthe aspera*（Thunb.）Planch	乔木					+	1
128	榆科	Ulmaceae	紫弹树	*Celtis biondii* Pamp.	乔木					+	1
129	榆科	Ulmaceae	黑弹朴	*Celtis bungeana* Bl.	乔木					+	1
130	榆科	Ulmaceae	珊瑚朴	*Celtis julianae* Schneid.	乔木					+	1
131	榆科	Ulmaceae	朴树	*Celtis sinensis* Pers.	乔木					+	1
132	榆科	Ulmaceae	青檀	*Pteroceltis tatarinowii* Maxim.	乔木					+	1
133	榆科	Ulmaceae	羽脉山黄麻	*Trema laevigata* Hand.-Mazz.	乔木					+	1
134	榆科	Ulmaceae	银毛叶山黄麻	*Trema nitida* C. J. Chen	乔木					+	1
135	榆科	Ulmaceae	异色山黄麻	*Trema orientalis*（L.）Bl.	乔木					+	1
136	榆科	Ulmaceae	榔榆	*Ulmus parvifolia* Jacq.	乔木					+	1

序号	科名	科拉丁名	中文名	学名	生活型	药用	观赏	食用	蜜源	工业原料	数据来源
137	榆科	Ulmaceae	榆树	*Ulmus pumila* L.	乔木					+	1
138	榆科	Ulmaceae	大果榉	*Zelkova sinica* Schneid.	乔木					+	1
139	桑科	Moraceae	葎草*	*Humulus scandens*（Lour.）Merr.	藤本					+	1
140	桑科	Moraceae	藤构	*Broussonetia kaempferi* Sieb. var. *australis* Suzuki	灌木					+	1
141	桑科	Moraceae	小构树	*Broussonetia kazinoki* Sieb.	灌木					+	1
142	桑科	Moraceae	构树	*Broussonetia papyrifera*（L.）L'Her. ex Vent.	乔木						1
143	桑科	Moraceae	大麻	*Cannabis sativa* L.	草本						1
144	桑科	Moraceae	构棘	*Cudrania cochinchinensis*（Lour.）Kudo et Masam.	灌木						1
145	桑科	Moraceae	柘树	*Cudrania tricuspidata*（Carr.）Bur. ex Lavall.	乔木						2
146	桑科	Moraceae	水蛇麻	*Fatoua villosa*（Thunb.）Nakai	草本						1
147	桑科	Moraceae	石榕树	*Ficus abelii* Miq.	灌木						1
148	桑科	Moraceae	榕树	*Ficus microcarpa* L. f.	乔木						1
149	桑科	Moraceae	无花果*	*Ficus carica* L.	灌木			+			1
150	桑科	Moraceae	菱叶冠毛榕	*Ficus gasparriniana* Miq. var. *laceratifolia*（Lévl. et Vant.）Corner	灌木						1
151	桑科	Moraceae	长叶冠毛榕	*Ficus gasparriniana* var. *esquirolii*（Lévl. et Vant.）Corner	灌木						1
152	桑科	Moraceae	尖叶榕	*Ficus henryi* Warb. ex Diels	灌木						1
153	桑科	Moraceae	异叶榕	*Ficus heteromorpha* Hemsl.	灌木						1
154	桑科	Moraceae	九丁榕	*Ficus nervosa* Heyne ex Roth	乔木						2
155	桑科	Moraceae	琴叶榕	*Ficus pandurata* Hance	灌木						1
156	桑科	Moraceae	薜荔	*Ficus pumila* L.	藤本	+	+				1
157	桑科	Moraceae	珍珠莲	*Ficus sarmentosa* Buch-Ham. ex J. E. Smith. var. *henryi*（King ex D. Oliv.）Corner	藤本		+				1
158	桑科	Moraceae	爬藤榕	*Ficus sarmentosa* Buch-Ham. ex J. E. Smith. var. *impressa*（Champ.）Corner	藤本		+				1
159	桑科	Moraceae	竹叶榕	*Ficus stenophylla* Hemsl.	藤本		+				1
160	桑科	Moraceae	地果	*Ficus tikoua* Bur.	藤本	+	+	+			1
161	桑科	Moraceae	黄葛树	*Ficus virens* Ait. var. *sublanceolata*（Miq.）Corner	乔木		+			+	1
162	桑科	Moraceae	掌叶榕	*Ficus hirta* Vahl	乔木		+			+	1
163	桑科	Moraceae	桑	*Morus alba* L.	灌木		+	+		+	1
164	桑科	Moraceae	鸡桑	*Morus australis* Poir	灌木		+	+		+	1
165	桑科	Moraceae	花叶鸡桑	*Morus australis* Poir. var. *inusitata*（Lévl.）C. Y. Wu	灌木		+	+		+	1
166	桑科	Moraceae	华桑	*Morus cathayana* Hemsl.	灌木		+	+		+	1
167	桑科	Moraceae	蒙桑	*Morus mongolia*（Bur.）Schneid.	灌木		+	+		+	1
168	荨麻科	Urticaceae	华中冷水花	*Pilea angulata*（Bl.）Bl. subsp. *latiuscula* C. J. Chen	草本						1
169	荨麻科	Urticaceae	波缘冷水花	*Pilea cavaleriei* Lévl.	草本						1
170	荨麻科	Urticaceae	山冷水花	*Pilea japonica*（Maxim.）Hand.-Mazz.	草本						1
171	荨麻科	Urticaceae	大叶冷水花	*Pilea martinii*（Lévl.）Hand.-Mazz.	草本						1
172	荨麻科	Urticaceae	冷水花	*Pilea notata* C. H. Wright	草本						1

序号	科名	科拉丁名	中文名	学名	生活型	药用	观赏	食用	蜜源	工业原料	数据来源
173	荨麻科	Urticaceae	齿叶矮冷水花	*Pilea peploides*（Gaud.）Hook. et Arn. var. *major* Wedd.	草本						1
174	荨麻科	Urticaceae	西南冷水花	*Pilea plataniflora* C. H. Wright	草本						1
175	荨麻科	Urticaceae	透茎冷水花	*Pilea pumila*（L.）A. Gray	草本						1
176	荨麻科	Urticaceae	粗齿冷水花	*Pilea sinofasciata* C. J. Wright	草本						2
177	荨麻科	Urticaceae	翅茎冷水花	*Pilea subcoriacea*（Hand.-Mazz.）C. J. Chen	草本						1
178	荨麻科	Urticaceae	三角形冷水花	*Pilea swinglei* Merr.	草本						1
179	荨麻科	Urticaceae	疣果冷水花	*Pilea verrucosa* Hand.-Mazz.	草本						1
180	荨麻科	Urticaceae	翠茎冷水花	*Pilea hilliana* Hand.-Mazz.	草本						2
181	荨麻科	Urticaceae	序托冷水花	*Pilea receptacularis* C. J. Chen	草本						1
182	荨麻科	Urticaceae	镰叶冷水花	*Pilea semisessilis* Hand.-Mazz.	草本						1
183	荨麻科	Urticaceae	序叶苎麻	*Boehmeria clidemioides* Miq. var. *diffusa*（Wedd.）Hand.-Mazz.	草本	+				+	1
184	荨麻科	Urticaceae	细穗苎麻	*Boehmeria gracilis* C. H. Wright	草本	+				+	1
185	荨麻科	Urticaceae	大叶苎麻	*Boehmeria longispica* Steud.	草本	+				+	1
186	荨麻科	Urticaceae	苎麻	*Boehmeria nivea*（L.）Gaud.	草本	+				+	1
187	荨麻科	Urticaceae	小赤麻	*Boehmeria spicata*（Thunb.）Thunb	草本	+				+	1
188	荨麻科	Urticaceae	赤麻	*Boehmeria silvestrii*（Pamp.）W. T. Wang	草本	+				+	1
189	荨麻科	Urticaceae	悬铃木叶苎麻	*Boehmeria tricuspis*（Hance）Makino	草本	+				+	2
190	荨麻科	Urticaceae	长叶水麻	*Debregeasia longifolia*（Burm. f.）Wedd.	草本	+				+	1
191	荨麻科	Urticaceae	水麻	*Debregeasia orientalis* C. J. Chen	草本	+				+	1
192	荨麻科	Urticaceae	短齿楼梯草	*Elatostema brachyodontum*（Hand.-Mazz.）W. T. Wang	草本						1
193	荨麻科	Urticaceae	骤尖楼梯草	*Elatostema cuspidatum* Wight.	草本						1
194	荨麻科	Urticaceae	宜昌楼梯草	*Elatostema ichangense* H. Schroter	草本						1
195	荨麻科	Urticaceae	楼梯草	*Elatostema involucratum* Franch. et Sav.	草本						1
196	荨麻科	Urticaceae	长梗楼梯草	*Elatostema longipes* W. T. Wang	草本						1
197	荨麻科	Urticaceae	多序楼梯草	*Elatostema macintyrei* Dunn	草本						1
198	荨麻科	Urticaceae	长圆楼梯草	*Elatostema oblongifolium* Fu ex W. T. Wang	草本						1
199	荨麻科	Urticaceae	钝叶楼梯草	*Elatostema obtusum* Wedd.	草本						1
200	荨麻科	Urticaceae	多脉楼梯草	*Elatostema pseudoficoides* W. T. Wang	草本						1
201	荨麻科	Urticaceae	对叶楼梯草	*Elatostema sinense* H. Schroter	草本						1
202	荨麻科	Urticaceae	庐山楼梯草	*Elatostema stewardii* Merr.	草本						1
203	荨麻科	Urticaceae	石生楼梯草	*Elatostema rupestre*（Ham.）Wedd.	草本						1
204	荨麻科	Urticaceae	疣果楼梯草	*Elatostema trichocarpum* Hand.-Mazz.	草本						1
205	荨麻科	Urticaceae	小叶楼梯草	*Elatostema parvum*（Bl.）Miq.	草本						1
206	荨麻科	Urticaceae	红火麻	*Girardinia suborbiculata* C. J. Chen subsp. *triloba* C. J. Chen	草本						1
207	荨麻科	Urticaceae	蝎子草	*Girardinia suborbiculata* C. J. Chen	草本	+					1
208	荨麻科	Urticaceae	大蝎子草	*Girardinia diversifolia* subsp. *diversifolia*	草本	+					1
209	荨麻科	Urticaceae	糯米团	*Gonostegia hirta*（Bl.）Miq.	草本	+					1
210	荨麻科	Urticaceae	珠芽艾麻	*Laportea bulbifera*（Sieb. et Zucc.）Wedd	草本	+					1
211	荨麻科	Urticaceae	艾麻	*Laportea elevata* C. J. Chen	草本	+					1
212	荨麻科	Urticaceae	假楼梯草	*Lecanthus peduncularis*（Royle）Wedd.	草本						1

续表

序号	科名	科拉丁名	中文名	学名	生活型	药用	观赏	食用	蜜源	工业原料	数据来源
213	荨麻科	Urticaceae	花点草	*Nanocnide japonica* Bl.	草本						1
214	荨麻科	Urticaceae	毛花点草	*Nanocnide lobata* Wedd.	草本						1
215	荨麻科	Urticaceae	紫麻	*Oreocnide frutescens*（Thunb.）Miq.	草本						2
216	荨麻科	Urticaceae	墙草	*Parietaria micrantha* Ledeb.	草本						2
217	荨麻科	Urticaceae	赤车	*Pellionia radicans*（Sieb. et Zucc.）Wedd.	草本						1
218	荨麻科	Urticaceae	长茎赤车	*Pellionia radicans*（Sieb. et Zucc.）Wedd. f. *grandis* Gagn.	草本						1
219	荨麻科	Urticaceae	绿赤车	*Pellionia viridis* C. H. Wright	草本						1
220	荨麻科	Urticaceae	红雾水葛	*Pouzolzia sanguinea*（Bl.）Merr.	草本					+	1
221	荨麻科	Urticaceae	雾水葛	*Pouzolzia zeylanica*（L.）Benn.	草本					+	1
222	荨麻科	Urticaceae	荨麻	*Urtica thunbergiana* S. et Z.	草本	+				+	1
223	荨麻科	Urticaceae	宽叶荨麻	*Urtica laetevirens* Maxim.	草本	+				+	1
224	荨麻科	Urticaceae	细野麻	*Boehmeria gracilis* C. H. Wright	草本	+				+	1
225	荨麻科	Urticaceae	长序苎麻	*Boehmeria longispica* Steud.	草本	+				+	1
226	荨麻科	Urticaceae	苎麻	*Boehmeria nivea*（L.）Gaud.	草本	+				+	1
227	铁青树科	Olacaceae	青皮木	*Schoepfia jasminodora* Sieb. et Zucc.	乔木						1
228	檀香科	Santalaceae	米面蓊	*Buckleya lanceolate*（Sieb. et Zucc.）Miq.	灌木						1
229	檀香科	Santalaceae	檀梨	*Pyrularia edulis* A. DC.	乔木						1
230	檀香科	Santalaceae	华檀梨	*Pyrularia sinensis* Wu	乔木						1
231	檀香科	Santalaceae	重寄生	*Phacellaria fargesii* Lecomte	灌木	+					2
232	檀香科	Santalaceae	百蕊草	*Thesium chinense* Turcz.	草本	+					1
233	桑寄生科	Loranthaceae	狭茎栗寄生	*Korthalsella japonica*（Thunb.）Engl. var. *fasciculata*（Van.）Tiegh. H. S. Kiu	灌木	+					1
234	桑寄生科	Loranthaceae	椆树桑寄生	*Loranthus delavayi* Van Tiegh.	灌木	+					1
235	桑寄生科	Loranthaceae	北桑寄生	*Loranthus tanakae* Fr. et Sav.	灌木	+					1
236	桑寄生科	Loranthaceae	红花寄生	*Scurrula parasitica* L.	灌木	+					1
237	桑寄生科	Loranthaceae	显脉钝果寄生	*Taxillus caloreas*（Diels）Danser var. *fargesii*（Lecamte）H. S. Kiu	灌木	+					2
238	桑寄生科	Loranthaceae	毛叶钝果寄生	*Taxillus nigrans*（Hance）Danser	灌木	+					1
239	桑寄生科	Loranthaceae	桑寄生	*Taxillus sutchuenensis*（Lec.）Danser	灌木	+					2
240	桑寄生科	Loranthaceae	灰毛桑寄生	*Taxillus sutchuenensis*（Lec.）Danser var. *duclouxii*（Lec.）H. S. Kiu	灌木	+					1
241	桑寄生科	Loranthaceae	松柏钝果寄生	*Taxillus caloreas*（Diels）Danser	灌木	+					1
242	桑寄生科	Loranthaceae	扁枝槲寄生	*Viscum articulatum* Burm. F.	灌木	+					1
243	桑寄生科	Loranthaceae	槲寄生	*Viscum colorarum*（Kom.）Nakai	灌木	+					1
244	桑寄生科	Loranthaceae	棱枝槲寄生	*Viscum diospyrosicolum* Hayata	灌木	+					1
245	桑寄生科	Loranthaceae	线叶槲寄生	*Viscum fargesii* Lecomte	灌木	+					1
246	桑寄生科	Loranthaceae	油杉寄生	*Arceuthobium chinensis* Lecomte	灌木	+					1
247	马兜铃科	Aristolochiaceae	马兜铃	*Aristolochia debilis* Sieb. et Zucc.	草本	+			+		1
248	马兜铃科	Aristolochiaceae	异叶马兜铃	*Aristolochia heterophylla*（Hemsl.）S. M. Hwang	草本	+			+		1
249	马兜铃科	Aristolochiaceae	木通马兜铃	*Aristolochia manshuriensis* Kom.	草本	+			+		1
250	马兜铃科	Aristolochiaceae	朱砂莲	*Aristolochia tuberosa* C. F. Ling et S. M. Hwang	草本	+			+		1
251	马兜铃科	Aristolochiaceae	管花马兜铃	*Aristolochia tubiflora* Dunn	草本	+			+		1

序号	科名	科拉丁名	中文名	学名	生活型	药用	观赏	食用	蜜源	工业原料	数据来源
252	马兜铃科	Aristolochiaceae	北马兜铃	*Aristolochia contorta* Bunge	草本	+			+		1
253	马兜铃科	Aristolochiaceae	尾花细辛	*Asarum caudigerum* Hance.	草本	+			+		1
254	马兜铃科	Aristolochiaceae	花叶尾花细辛	*Asarum caudigerum* Hance var. *cardiophyllum*（Franch.）C. Y. Cheng et C. S. Yang	草本	+			+		1
255	马兜铃科	Aristolochiaceae	川细辛	*Asarum caulescens* Maxim.	草本	+			+		2
256	马兜铃科	Aristolochiaceae	川北细辛	*Asarum chinense* Franch.	草本	+			+		1
257	马兜铃科	Aristolochiaceae	铜钱细辛	*Asarum debile* Franch.	草本	+			+		1
258	马兜铃科	Aristolochiaceae	单叶细辛	*Asarum himalaicum* Hook. f. et *Thoms.* ex Klotzsch.	草本	+			+		1
259	马兜铃科	Aristolochiaceae	大叶马蹄香	*Asarum maximum* Hemsl.	草本	+			+		1
260	马兜铃科	Aristolochiaceae	细辛	*Asarum sieboldii* Miq.	草本	+			+		1
261	马兜铃科	Aristolochiaceae	花脸细辛	*Asarum splendens*（Maekawa）C. Y. Cheng et C. S. Yang	草本	+			+		1
262	马兜铃科	Aristolochiaceae	城口细辛	*Asarum chenkoense* Z. L. Yang	草本	+			+		1
263	马兜铃科	Aristolochiaceae	短柱细辛	*Asarum brevistylum* Fr.	草本	+			+		1
264	马兜铃科	Aristolochiaceae	苕叶细辛	*Asarum fargesii* Fr.	草本	+			+		1
265	马兜铃科	Aristolochiaceae	马蹄香	*Saruma henryi* Oliv.	草本	+			+		1
266	蛇菰科	Balanophoraceae	筒鞘蛇菰	*Balanophora involucrata* Hook. f.	草本	+					1
267	蛇菰科	Balanophoraceae	穗花蛇菰	*Balanophora spicata* Hayata	草本	+					1
268	蛇菰科	Balanophoraceae	多蕊蛇菰	*Balanophora polyandra* Griff.	草本	+					1
269	蛇菰科	Balanophoraceae	冬红蛇菰	*Balanophora harlandii* Hook. f.	草本	+					1
270	蓼科	Polygonaceae	大黄	*Rheum officinale* Baill.	草本	+					1
271	蓼科	Polygonaceae	金线草	*Antenoron filiforme*（Thunb.）Rob. et Vaut.	草本	+					1
272	蓼科	Polygonaceae	短毛金线草	*Antenoron filiforme*（Thunb.）Rob. var. *neofiliforme*（Nakai）A. J. Li	草本	+					1
273	蓼科	Polygonaceae	金荞麦	*Fagopyrum dibotrys*（D. Don）Hara	草本	+			+		1
274	蓼科	Polygonaceae	细梗野荞麦	*Fagopyrum gracilipes*（Hemsl.）Damm. ex Diels	草本	+			+		1
275	蓼科	Polygonaceae	硬枝野荞麦	*Fagopyrum urophyllum*（Bur. et Franch.）H. Gross	草本	+			+		1
276	蓼科	Polygonaceae	苦荞麦	*Fagopyrum tataricum*（L.）Gaertn.	草本	+			+		1
277	蓼科	Polygonaceae	齿翅蓼	*Fallopia dentate-alata*（Fr. Schm.）Holub.	草本	+			+		1
278	蓼科	Polygonaceae	何首乌	*Fallopia multiflora*（Thunb.）Harald.	藤本	+			+		1
279	蓼科	Polygonaceae	毛脉蓼	*Fallopia multiflora*（Thunb.）Harald. var. *ciliinerve*（Nakai）A. J. Li	草本	+			+		1
280	蓼科	Polygonaceae	卷茎蓼	*Fallopia convolvulus*（L.）A. Love	草本	+			+		1
281	蓼科	Polygonaceae	山蓼	*Oxyria digyna*（L.）Hill	草本	+			+		1
282	蓼科	Polygonaceae	抱茎蓼	*Polygonum amplexicaule* D. Don	草本	+			+		1
283	蓼科	Polygonaceae	中华抱茎蓼	*Polygonum amplexicaule* D. Don var. *sinense* Forb. et Hemsl.	草本	+			+		1
284	蓼科	Polygonaceae	酸模叶蓼	*Polygonum lapathifoliym* L.	草本	+			+		1
285	蓼科	Polygonaceae	绵毛酸模叶蓼	*Polygonum lapathifolium* L. var. *salicifolium* Sibth.	草本	+			+		1
286	蓼科	Polygonaceae	习见蓼	*Polygonum plebeium* R. Br.	草本	+			+		1
287	蓼科	Polygonaceae	萹蓄	*Polygonum aviculare* L.	草本	+			+		1
288	蓼科	Polygonaceae	头花蓼	*Polygonum capitatum* Buch.-Ham. ex D. Don	草本	+			+		1

序号	科名	科拉丁名	中文名	学名	生活型	药用	观赏	食用	蜜源	工业原料	数据来源
289	蓼科	Polygonaceae	火炭母	*Polygonum chinense* L.	草本	+			+		1
290	蓼科	Polygonaceae	稀花蓼	*Polygonum dissitiflorum* Hemsl.	草本	+			+		1
291	蓼科	Polygonaceae	水蓼	*Polygonum hydropiper* L.	草本	+			+		1
292	蓼科	Polygonaceae	蚕茧草	*Polygonum japonicum* Meisn.	草本	+			+		1
293	蓼科	Polygonaceae	长鬃蓼	*Polygonum longisetum* De Bruyn.	草本	+			+		1
294	蓼科	Polygonaceae	圆基长鬃蓼	*Polygonum longistetum* De Bruyn. var. *rotundatum* A. J. Li	草本	+			+		1
295	蓼科	Polygonaceae	圆穗蓼	*Polygonum macrophyllum* D. Don	草本	+			+		1
296	蓼科	Polygonaceae	尼泊尔蓼	*Polygonum nepalense* Meisn.	草本	+			+		1
297	蓼科	Polygonaceae	红蓼	*Polygonum orientale* L.	草本	+			+		1
298	蓼科	Polygonaceae	草血竭	*Polygonum paleaceum* Wall.	草本	+			+		1
299	蓼科	Polygonaceae	杠板归	*Polygonum perfoliatum* L.	藤本	+			+		1
300	蓼科	Polygonaceae	桃叶蓼	*Polygonum persicaria* L.	草本	+			+		1
301	蓼科	Polygonaceae	丛枝蓼	*Polygonum posumbu* Buch.-Ham. ex D. Don	草本	+			+		1
302	蓼科	Polygonaceae	赤胫散	*Polygonum runcinatum* Buch.-Ham. ex D. Don	草本	+			+		1
303	蓼科	Polygonaceae	中华赤胫散	*Polygonum runcinatum* Buch.-Ham. var. *sinense* Hemsl.	草本	+			+		1
304	蓼科	Polygonaceae	刺蓼	*Polygonum senticosum*（Meisn.）Franch. et Sav.	草本	+			+		1
305	蓼科	Polygonaceae	箭叶蓼	*Polygonum sieboldii* Meisn.	草本	+			+		1
306	蓼科	Polygonaceae	支柱蓼	*Polygonum suffultum* Maxim.	草本	+			+		1
307	蓼科	Polygonaceae	戟叶蓼	*Polygonum thunbergii* Sieb. et Zucc.	草本	+			+		1
308	蓼科	Polygonaceae	珠芽蓼	*Polygonum viviparum* L.	草本	+			+		1
309	蓼科	Polygonaceae	粘蓼	*Polygonum viscoferum* Makino	草本	+			+		1
310	蓼科	Polygonaceae	翅柄蓼	*Polygonum sinomontanum* Sam.	草本	+			+		1
311	蓼科	Polygonaceae	虎杖	*Polygonum japonica* Houtt.	草本	+			+		1
312	蓼科	Polygonaceae	酸模	*Rumex acetosa* L. ex Regel	草本	+			+		1
313	蓼科	Polygonaceae	皱叶酸模	*Rumex crispus* L.	草本	+			+		1
314	蓼科	Polygonaceae	齿果酸模	*Rumex dentatus* L.	草本	+			+		1
315	蓼科	Polygonaceae	羊蹄	*Rumex japonicus* Houtt.	草本	+			+		1
316	蓼科	Polygonaceae	尼泊尔酸模	*Rheum nepalensis* Spreng.	草本	+			+		1
317	蓼科	Polygonaceae	钝叶酸模	*Rheum obtusifolius* L.	草本	+			+		1
318	蓼科	Polygonaceae	网果酸模	*Rheum chalepensis* Mill.	草本	+			+		1
319	藜科	Chenopodiaceae	藜	*Chenopodium album* L.	草本	+					1
320	藜科	Chenopodiaceae	土荆芥	*Chenopodium ambrosioides* L.	草本	+					1
321	藜科	Chenopodiaceae	杖藜	*Chenopodium giganteum* D. Don	草本	+					1
322	藜科	Chenopodiaceae	杂配藜	*Chenopodium hybridum* L.	草本	+					1
323	藜科	Chenopodiaceae	小藜	*Chenopodium serotinum* L.	草本	+					1
324	藜科	Chenopodiaceae	地肤	*Kochia scoparia*（L.）Schrad.	草本	+					1
325	藜科	Chenopodiaceae	猪毛菜	*Salsola collina* Pall.	草本	+					1
326	藜科	Chenopodiaceae	千针苋	*Acroglochin persicarioides*（Poir.）Moq.	草本	+					1
327	苋科	Amaranthaceae	土牛膝	*Achyranthes aspera* L.	草本	+					1
328	苋科	Amaranthaceae	牛膝	*Achyranthes bidentata* Bl.	草本	+					1
329	苋科	Amaranthaceae	红叶牛膝	*Achyranthes bidentata* Bl. f. *rubra* Ho ex Kuan	草本	+	+				1

续表

序号	科名	科拉丁名	中文名	学名	生活型	药用	观赏	食用	蜜源	工业原料	数据来源
330	苋科	Amaranthaceae	柳叶牛膝	*Achyranthes longifolia*（Makino）Makino	草本	+					1
331	苋科	Amaranthaceae	红柳叶牛膝	*Achyranthes longifolia* f. *rubra* H.	草木	+					1
332	苋科	Amaranthaceae	喜旱莲子草	*Alternanthera philoxeroides*（Mart.）Griseb.	草本	+					1
333	苋科	Amaranthaceae	莲子草	*Alternanthera sessilis*（L.）DC.	草本	+					1
334	苋科	Amaranthaceae	尾穗苋	*Amaranthus caudatus* L.	草本	+					1
335	苋科	Amaranthaceae	绿穗苋	*Amaranthus hybridus* L.	草本	+					1
336	苋科	Amaranthaceae	凹头苋	*Amaranthus lividus* L.	草本	+					1
337	苋科	Amaranthaceae	刺苋	*Amaranthus spinosus* Linn.	草本	+					1
338	苋科	Amaranthaceae	青葙	*Celosia argentea* L.	草本	+	+				1
339	紫茉莉科	Nyctaginaceae	紫茉莉	*Mirabilis jalapa* L.	草本	+	+				1
340	商陆科	Phytolaccaceae	垂序商陆	*Phytolacca americana* L.	草本	+	+				1
341	商陆科	Phytolaccaceae	商陆	*Phytolacca acinosa* Roxb.	草本	+	+		+		1
342	粟米草科	Molluginaceae	粟米草	*Mollugo pentaphylla* L.	草本				+		1
343	马齿苋科	Portulacaceae	马齿苋	*Portulaca oleracea* L.	草本				+		1
344	落葵科	Basellaceae	落葵薯	*Anredera cordifolia*（Tenore）Steenis	草本		+		+		1
345	落葵科	Basellaceae	落葵	*Basella alba* Linn.	草本		+	+	+		1
346	石竹科	Caryophyllaceae	蚤缀	*Arenaria serpyllifolia* L.	草本				+		1
347	石竹科	Caryophyllaceae	卷耳	*Cerastium arvense* L.	草本				+		1
348	石竹科	Caryophyllaceae	簇生卷耳	*Cerastium caespitosum* Gilib.	草本				+		1
349	石竹科	Caryophyllaceae	球序卷耳	*Cerastium glomeratum* Thuill.	草本				+		1
350	石竹科	Caryophyllaceae	缘毛卷耳	*Cerastium furcatum* Cham. et Schlecht.	草本				+		1
351	石竹科	Caryophyllaceae	卵叶卷耳	*Cerastium wilsonii* Takeda	草本				+		1
352	石竹科	Caryophyllaceae	狗筋蔓	*Cucubalus baccifer* L.	草本				+		1
353	石竹科	Caryophyllaceae	瞿麦	*Dianthus superbus* L.	草本				+		1
354	石竹科	Caryophyllaceae	长萼瞿麦	*Dianthus longicalyx* Miq.	草本				+		1
355	石竹科	Caryophyllaceae	鹅肠菜	*Myosoton aquaticum*（L.）Fries	草本				+		1
356	石竹科	Caryophyllaceae	孩儿参	*Pseudostellaria heterophylla*（Miq.）Pax	草本				+		2
357	石竹科	Caryophyllaceae	漆姑草	*Sagina japonica*（SW.）Ohwi	草本				+		1
358	石竹科	Caryophyllaceae	女娄菜	*Silene apricum*（Turcz. ex Fisch. et Mey.）Rohrb.	草本				+		1
359	石竹科	Caryophyllaceae	湖北蝇子草	*Silene hupehensis* C. L. Tang	草本				+		1
360	石竹科	Caryophyllaceae	团伞蝇子草	*Silene pseudofortunei* W. Y. Tsui et C. L. Tang	草本				+		2
361	石竹科	Caryophyllaceae	红齿蝇子草	*Silene asclepiadea* Fr.	草本				+		1
362	石竹科	Caryophyllaceae	鹤草	*Silene fortunei* Vis.	草本				+		1
363	石竹科	Caryophyllaceae	石生蝇子草	*Silene tatarinowii*（Regel）Y. M.	草本				+		1
364	石竹科	Caryophyllaceae	中国繁缕	*Stellaria chinensis* Regel	草本				+		2
365	石竹科	Caryophyllaceae	繁缕	*Stellaria media*（L.）Cyr.	草本				+		1
366	石竹科	Caryophyllaceae	柳叶繁缕	*Stellaria salicifolia* Y. W. Tsui ex P. Ke	草本				+		1
367	石竹科	Caryophyllaceae	雀舌草	*Stellaria alsine* Grimm. ex Grande	草本				+		1
368	石竹科	Caryophyllaceae	箐姑草	*Stellaria vestita* Kurz	草本				+		1
369	石竹科	Caryophyllaceae	巫山繁缕	*Stellaria wushanensis* Williams	草本				+		1
370	领春木科	Eupteleaceae	领春木	*Euptelea pleiospermum* Hook. f. et Thoms.	乔木						1
371	连香树科	Cercidiphyllaceae	连香树	*Cercidiphyllum japonicum* Sieb. et Zucc.	乔木						1

续表

序号	科名	科拉丁名	中文名	学名	生活型	药用	观赏	食用	蜜源	工业原料	数据来源
372	毛茛科	Ranunculaceae	大麻叶乌头	*Aconitum cannabifolium* Franch. ex Finet et Gagnep.	草本	+			+	+	1
373	毛茛科	Ranunculaceae	乌头	*Aconitum carmichaeli* Debx.	草本	+			+	+	1
374	毛茛科	Ranunculaceae	高乌头	*Aconitum excelsum* Nakai	草本	+			+	+	1
375	毛茛科	Ranunculaceae	瓜叶乌头	*Aconitum hemsleyanum* Pritz.	草本	+			+	+	1
376	毛茛科	Ranunculaceae	白色松潘乌头	*Aconitum sungpanense* Hand.-Mazz. var. *leucanthum* W. T. Wang	草本	+			+	+	1
377	毛茛科	Ranunculaceae	川鄂乌头	*Aconitum henryi* Pritz.	草本	+			+	+	1
378	毛茛科	Ranunculaceae	展毛川鄂乌头	*Aconitum henryi* Pritz. var. *villosum* W. T. Wang	草本	+			+	+	1
379	毛茛科	Ranunculaceae	细裂川鄂乌头	*Aconitum henryi* Pritz. var. *compositum* Hand.-Mazz.	草本	+			+	+	2
380	毛茛科	Ranunculaceae	铁棒锤	*Aconitum pendulum* Busch	草本	+			+	+	2
381	毛茛科	Ranunculaceae	岩乌头	*Aconitum racemulosum* Franch.	草本	+			+	+	1
382	毛茛科	Ranunculaceae	花葶乌头	*Aconitum scaposum* Franch.	草本	+			+	+	1
383	毛茛科	Ranunculaceae	聚叶花葶乌头	*Aconitum scaposum* Franch. var. *vaginatum*（Pritz.）Rap.	草本	+			+	+	1
384	毛茛科	Ranunculaceae	等叶花葶乌头	*Aconitum scaposum* Franch. var. *hupehanum* Rap.	草本	+			+	+	1
385	毛茛科	Ranunculaceae	类叶升麻	*Actaea asiatica* Hara	草本	+	+		+		1
386	毛茛科	Ranunculaceae	蜀侧金盏花	*Adonis sutchuanensis* Franch.	草本		+		+		2
387	毛茛科	Ranunculaceae	卵叶银莲花	*Anemone begoniifolia* Lévl. et Vant.	草本		+		+		1
388	毛茛科	Ranunculaceae	西南银莲花	*Anemone davidii* Franch.	草本		+		+		2
389	毛茛科	Ranunculaceae	鄂西银莲花	*Anemone exiensis* G. F. Tao	草本		+		+		1
390	毛茛科	Ranunculaceae	打破碗花花	*Anemone hupehensis* Lem.	草本		+		+		1
391	毛茛科	Ranunculaceae	草玉梅	*Anemone rivularis* Buch.-Ham. ex DC.	草本		+		+		1
392	毛茛科	Ranunculaceae	小花草玉梅	*Anemone rivularis* Buch.-Ham. ex DC. var. *flore-minore* Maxim.	草本		+		+		1
393	毛茛科	Ranunculaceae	巫溪银莲花	*Anemone rockii* Ulbr. var. *pilocarpa* W. T. Wang	草本		+		+		1
394	毛茛科	Ranunculaceae	大火草	*Anemone tomentosa*（Maxim.）Pei	草本		+		+		1
395	毛茛科	Ranunculaceae	野棉花	*Anemone vitifolia* Buch.-Ham.	草本		+		+		1
396	毛茛科	Ranunculaceae	直距耧斗菜	*Aquilegia rookii* Munz	草本		+		+		1
397	毛茛科	Ranunculaceae	甘肃耧斗菜	*Aquilegia oxysepala* Trautv. et Mey. var. *kansuensis* Bruhl. ex Hand.-Mazz.	草本		+		+		1
398	毛茛科	Ranunculaceae	华北耧斗菜	*Aquilegia yabeana* Kitag.	草本		+		+		1
399	毛茛科	Ranunculaceae	铁破锣	*Beesia calthifolia*（Maxim.）Ulbr.	草本	+			+		1
400	毛茛科	Ranunculaceae	短果升麻	*Cimicifuga brachycarpa* Hsiao	草本	+	+		+		1
401	毛茛科	Ranunculaceae	升麻	*Cimicifuga foetida* L.	草本	+	+		+		1
402	毛茛科	Ranunculaceae	单穗升麻	*Cimicifuga simplex* Wormsk.	草本	+			+		1
403	毛茛科	Ranunculaceae	钝齿铁线莲	*Clematis apiifolia* DC var. *obtusidentata* Rehd. et Wils.	藤本				+	+	1
404	毛茛科	Ranunculaceae	小木通	*Clematis armandii* Franch.	藤本				+	+	1
405	毛茛科	Ranunculaceae	威灵仙	*Clematis chinensis* Osbeck	藤本				+	+	1
406	毛茛科	Ranunculaceae	多花铁线莲	*Clematis dasyandra* Maxim. var. *polyantha* Finet et Gagnap.	藤本				+	+	1
407	毛茛科	Ranunculaceae	山木通	*Clematis finetiana* Lévl. et Vant.	藤本				+	+	1
408	毛茛科	Ranunculaceae	扬子铁线莲	*Clematis ganpiniana*（Lévl. et Vant.）Tamura	藤本				+	+	1

序号	科名	科拉丁名	中文名	学名	生活型	药用	观赏	食用	蜜源	工业原料	数据来源
409	毛茛科	Ranunculaceae	小蓑衣藤	*Clematis gouriana* Roxb. ex DC.	藤本				+	+	1
410	毛茛科	Ranunculaceae	粗齿铁线莲	*Clematis argentilucida*（Rehd. et Wils.）W. T. Wang	藤本				+	+	1
411	毛茛科	Ranunculaceae	金佛铁线莲	*Clematis gratopsis* W. T. Wang	藤本				+	+	2
412	毛茛科	Ranunculaceae	单叶铁线莲	*Clematis henryi* Oliv.	藤本				+	+	1
413	毛茛科	Ranunculaceae	巴山铁线莲	*Clematis kirilowii* Maxim. var. *pashanensis* M. C. Chang	藤本				+	+	1
414	毛茛科	Ranunculaceae	贵州铁线莲	*Clematis kweichowensis* Pei	藤本				+	+	2
415	毛茛科	Ranunculaceae	毛蕊铁线莲	*Clematis lasiandra* Maxim.	藤本				+	+	1
416	毛茛科	Ranunculaceae	锈毛铁线莲	*Clematis leschenaultiana* DC.	藤本				+	+	1
417	毛茛科	Ranunculaceae	绣球藤	*Clematis montana* Buch.-Ham. ex DC.	藤本				+	+	1
418	毛茛科	Ranunculaceae	秦岭铁线莲	*Clematis obscura* Maxim.	藤本				+	+	1
419	毛茛科	Ranunculaceae	宽柄铁线莲	*Clematis otophora* Franch. ex Finet et Gagnep.	藤本				+	+	2
420	毛茛科	Ranunculaceae	钝萼铁线莲	*Clematis peterae* Hand.-Mazz.	藤本				+	+	1
421	毛茛科	Ranunculaceae	毛果铁线莲	*Clematis peterae* Hand.-Mazz. var. *trichocarpa* W. T. Wang	藤本				+	+	1
422	毛茛科	Ranunculaceae	柱果铁线莲	*Clematis uncinata* Champ.	藤本				+	+	1
423	毛茛科	Ranunculaceae	尾叶铁线莲	*Clematis urophylla* Franch.	藤本				+	+	1
424	毛茛科	Ranunculaceae	黄连	*Coptis chinensis* Franch.	草本	+			+		1
425	毛茛科	Ranunculaceae	还亮草	*Delphinium anthriscifolium* Hance	草本				+		1
426	毛茛科	Ranunculaceae	卵瓣还亮草	*Delphinium anthriscifolium* Hance var. *calleryi*（Franch.）Finet et Gagnep.	草本				+		1
427	毛茛科	Ranunculaceae	大花还亮草	*Delphinium anthriscifolium* Hance var. *majus* Pamp.	草本				+		1
428	毛茛科	Ranunculaceae	川黔翠雀花	*Delphinium bonvalotii* Franch.	草本		+		+		1
429	毛茛科	Ranunculaceae	秦岭翠雀花	*Delphinium giraldii* Diels	草本		+		+		1
430	毛茛科	Ranunculaceae	川陕翠雀花	*Delphinium henryi* Franch.	草本		+		+		1
431	毛茛科	Ranunculaceae	毛茎翠雀花	*Delphinium hirticaule* Franch.	草本		+		+		2
432	毛茛科	Ranunculaceae	毛梗翠雀花	*Delphinium eriostylum* Lévl.	草本		+		+		1
433	毛茛科	Ranunculaceae	黑水翠雀花	*Delphinium potaninii* Huth	草本		+		+		1
434	毛茛科	Ranunculaceae	纵肋人字果	*Dichocarpum fargesii*（Franch.）W. T. Wang et Hsiao	草本				+		1
435	毛茛科	Ranunculaceae	小花人字果	*Dichocarpum franchetii*（Finet et Gagnep.）W. T. Wang et Hsiao	草本				+		1
436	毛茛科	Ranunculaceae	人字果	*Dichocarpum adiantifolium* var. *sutchuenense*（Franch.）D. Z. Fu	草本				+		1
437	毛茛科	Ranunculaceae	川鄂獐耳细辛	*Hepatica henryi*（Oliv.）Steward	草本	+			+		1
438	毛茛科	Ranunculaceae	禺毛茛	*Ranunculus cantoniensis* DC.	草本	+			+		1
439	毛茛科	Ranunculaceae	茴茴蒜	*Ranunculus chinensis* Bunge	草本	+	+		+		1
440	毛茛科	Ranunculaceae	西南毛茛	*Ranunculus ficariifolius* Lévl. et Vant.	草本	+	+		+		1
441	毛茛科	Ranunculaceae	毛茛	*Ranunculus japonicus* Thunb.	草本	+	+		+		1
442	毛茛科	Ranunculaceae	石龙芮	*Ranunculus sceleratus* L.	草本	+	+		+		1
443	毛茛科	Ranunculaceae	扬子毛茛	*Ranunculus sieboldii* Miq.	草本	+	+		+		1
444	毛茛科	Ranunculaceae	天葵	*Semiaquilegia adoxoides*（DC.）Makino	草本		+		+		1
445	毛茛科	Ranunculaceae	尖叶唐松草	*Thalictrum acutifolium*（Hand.-Mazz.）Boivin	草本		+		+		1
446	毛茛科	Ranunculaceae	大叶唐松草	*Thalictrum faberi* Ulbr.	草本		+		+		1

续表

序号	科名	科拉丁名	中文名	学名	生活型	药用	观赏	食用	蜜源	工业原料	数据来源
447	毛茛科	Ranunculaceae	西南唐松草	*Thalictrum fargesii* Franch. ex Finet et Gagnep.	草本		+		+		1
448	毛茛科	Ranunculaceae	盾叶唐松草	*Thalictrum ichangense* Lecoy. ex Oliv.	草本		+		+		1
449	毛茛科	Ranunculaceae	爪哇唐松草	*Thalictrum javanicum* Bl.	草本		+		+		1
450	毛茛科	Ranunculaceae	长喙唐松草	*Thalictrum macrorhynchum* Franch.	草本		+		+		2
451	毛茛科	Ranunculaceae	小果唐松草	*Thalictrum microgynum* Lecoy. ex Oliv.	草本		+		+		1
452	毛茛科	Ranunculaceae	东亚唐松草	*Thalictrum minus* L. var. *hypoleucum*（Sieb. et Zucc.）Miq.	草本		+		+		1
453	毛茛科	Ranunculaceae	川鄂唐松草	*Thalictrum osmundifolium* Finet et Gagenep.	草本		+		+		1
454	毛茛科	Ranunculaceae	长柄唐松草	*Thalictrum przewalskii* Maxim.	草本		+		+		1
455	毛茛科	Ranunculaceae	多枝唐松草	*Thalictrum ramosum* Boivin	草本		+		+		1
456	毛茛科	Ranunculaceae	粗壮唐松草	*Thalictrum robustum* Maxim.	草本		+		+		1
457	毛茛科	Ranunculaceae	弯柱唐松草	*Thalictrum uncinulatum* Franch.	草本		+		+		1
458	毛茛科	Ranunculaceae	白头翁	*Pulsatilla chinensis*（Bunge）Regel	草本		+		+		1
459	毛茛科	Ranunculaceae	川陕金莲花	*Trollius buddae* Schipcz.	草本		+		+		1
460	芍药科	Paeoniaceae	芍药*	*Paeonia lactiflora* Pall.	草本	+	+		+		1
461	芍药科	Paeoniaceae	川赤芍	*Paeonia veitchii* Lynch	草本	+	+		+		1
462	芍药科	Paeoniaceae	毛叶草芍药	*Paeonia obovata* Maxim. var. *willmottiae*（Stapf）Stern	草本	+	+		+		1
463	木通科	Sargentodoxaceae	大血藤	*Sargentodoxa cuneata*（Oliv.）Rehd. et Wils.	藤本	+			+		1
464	木通科	Sargentodoxaceae	木通	*Akebia quinata*（Houtt.）Decne	藤本	+		+	+	+	1
465	木通科	Sargentodoxaceae	三叶木通	*Akebia trifoliata*（Thunb.）Koidz	藤本	+		+	+	+	1
466	木通科	Sargentodoxaceae	白木通	*Akebia trifoliata*（Thunb.）Koidz. subsp. *australis*（Diels）Shimizu	藤本			+	+	+	1
467	木通科	Sargentodoxaceae	猫儿屎	*Decaisnea insignis*（Griff.）Hook. f. et Thoms.	藤本			+	+	+	1
468	木通科	Sargentodoxaceae	牛姆瓜	*Holboellia grandiflora* Reaub.	藤本				+	+	1
469	木通科	Sargentodoxaceae	五枫藤	*Holboellia angustifolia* Wall.	藤本				+	+	1
470	木通科	Sargentodoxaceae	鹰爪枫	*Holboellia coriacea* Diels	藤本				+	+	1
471	木通科	Sargentodoxaceae	串果藤	*Sinofranchetia chinensis*（Franch.）Hemsl.	藤本				+	+	1
472	小檗科	Berberidaceae	堆花小檗	*Berberis aggregate* Schneid.	灌木	+			+	+	1
473	小檗科	Berberidaceae	短柄小檗	*Berberis brachypoda* Maxim.	灌木	+			+	+	1
474	小檗科	Berberidaceae	单花小檗	*Berberis candidula* Schneid.	灌木	+			+	+	1
475	小檗科	Berberidaceae	秦岭小檗	*Berberis circumserrata* Schneid.	灌木	+			+	+	1
476	小檗科	Berberidaceae	城口小檗	*Berberis daiana* T. S. Ying	灌木	+			+	+	1
477	小檗科	Berberidaceae	直穗小檗	*Berberis dasystachya* Maxim.	灌木	+			+	+	2
478	小檗科	Berberidaceae	首阳小檗	*Berberis dielsiana* Fedde.	灌木	+			+	+	1
479	小檗科	Berberidaceae	南川小檗	*Berberis fallaciosa* Schneid.	灌木	+			+	+	1
480	小檗科	Berberidaceae	湖北小檗	*Berberis gagnepainii* Schneid.	灌木	+			+	+	2
481	小檗科	Berberidaceae	巴东小檗	*Berberis henryana* Schneid.	灌木	+			+	+	1
482	小檗科	Berberidaceae	豪猪刺	*Berberis julianae* Schneid.	灌木	+			+	+	1
483	小檗科	Berberidaceae	刺黑珠	*Berberis sargentiana* Schneid.	灌木	+			+	+	2
484	小檗科	Berberidaceae	华西小檗	*Berberis silva-taroucana* Schneid.	灌木	+			+	+	1
485	小檗科	Berberidaceae	兴山小檗	*Berberis silvicola* Schneid.	灌木	+			+	+	1
486	小檗科	Berberidaceae	假豪猪刺	*Berberis soulieana* Schneid	灌木	+			+	+	1

序号	科名	科拉丁名	中文名	学名	生活型	药用	观赏	食用	蜜源	工业原料	数据来源
487	小檗科	Berberidaceae	芒齿小檗	*Berberis triacanthophora* Fedde	灌木	+			+	+	1
488	小檗科	Berberidaceae	鄂西小檗	*Berberis zanlaecianensis* Pamp.	灌木	+			+	+	1
489	小檗科	Berberidaceae	川鄂小檗	*Berberis henryana* Schneid.	灌木	+			+	+	1
490	小檗科	Berberidaceae	松潘小檗	*Berberis dictyoneura* Schneid.	灌木	+			+	+	1
491	小檗科	Berberidaceae	南方山荷叶	*Diphylleia sinensis* H. L. Li	草本	+			+	+	1
492	小檗科	Berberidaceae	小八角莲	*Dysosma difformis*（Hemsl. et Wils.）T. H. Wang ex T. S. Ying	草本	+	+		+	+	1
493	小檗科	Berberidaceae	六角莲	*Dysosma pleianthum*（Hance）Woods	草本	+	+		+	+	1
494	小檗科	Berberidaceae	川八角莲	*Dysosma veitchii*（Hemsl. et Wils.）S. H. Fu ex T. S. Ying	草本	+	+		+	+	1
495	小檗科	Berberidaceae	八角莲	*Dysosma versipelle*（Hance）M. Cheng ex T. S. Ying	草本	+	+		+	+	1
496	小檗科	Berberidaceae	粗毛淫羊藿	*Epimedium acuminatum* Franch.	草本	+			+		1
497	小檗科	Berberidaceae	川鄂淫羊藿	*Epimedium fargesii* Franch.	草本	+			+		1
498	小檗科	Berberidaceae	淫羊藿	*Epimedium grandiflorum* Morr.	草本	+			+		1
499	小檗科	Berberidaceae	三枝九叶草	*Epimedium sagittatum*（Sieb. et Zucc.）Maxim.	草本	+			+		1
500	小檗科	Berberidaceae	光叶淫羊藿	*Epimedium sagittatum* var. *glabratum* T. S. Ying	草本	+			+		1
501	小檗科	Berberidaceae	四川淫羊藿	*Epimedium sutchuenense* Franch.	草本	+			+		1
502	小檗科	Berberidaceae	星毛淫羊藿	*Epimedium stellulatum* Stearm	草本	+			+		1
503	小檗科	Berberidaceae	阔叶十大功劳	*Mahonia bealei*（Fort.）Carr.	灌木	+	+		+		1
504	小檗科	Berberidaceae	鄂西十大功劳	*Mahonia decipiens* Schneid.	灌木	+	+		+		1
505	小檗科	Berberidaceae	宽苞十大功劳	*Mahonia eurybracteata* Fedde	灌木	+	+		+		1
506	小檗科	Berberidaceae	十大功劳	*Mahonia fortunei*（Lindl.）Fedde	灌木	+	+		+		1
507	小檗科	Berberidaceae	安坪十大功劳	*Mahonia eurybracteata* Fedde subsp. *ganpinensis*（Levl.）Ying et Boufford	灌木	+	+		+		1
508	小檗科	Berberidaceae	湖北十大功劳	*Mahonia confusa* Sprahue	灌木	+	+		+		1
509	小檗科	Berberidaceae	南天竹	*Nandina domestica* Thunb.	灌木	+	+		+	工业	1
510	防己科	Menispermaceae	木防己	*Cocculus orbiculatus*（L.）DC.	藤本	+				+	1
511	防己科	Menispermaceae	轮环藤	*Cyclea racemosa* Oliv.	藤本	+				+	1
512	防己科	Menispermaceae	四川轮环藤	*Cyclea sutchtenensis* Gagnep.	藤本	+				+	2
513	防己科	Menispermaceae	西南轮环藤	*Cyclea wattii* Diels	藤本	+				+	1
514	防己科	Menispermaceae	秤钩风	*Diploclisia affinis*（Oliv.）Diels	藤本	+				+	1
515	防己科	Menispermaceae	细圆藤	*Pericampylus glaucus*（Lam.）Merr.	藤本	+				+	1
516	防己科	Menispermaceae	风龙	*Sinomenium acutum*（Thunb.）Rehd. et Wils.	藤本	+				+	1
517	防己科	Menispermaceae	金线吊乌龟	*Stephania cepharantha* Hayata	藤本	+				+	1
518	防己科	Menispermaceae	草质千金藤	*Stephania herbacea* Gagnep.	藤本	+				+	2
519	防己科	Menispermaceae	华千金藤	*Stephania sinica* Diels	藤本	+				+	1
520	防己科	Menispermaceae	青牛胆	*Tinospora sagittata*（Oliv.）Gagnep.	藤本	+				+	1
521	八角科	Illiciaceae	红茴香	*Illicium henryi* Diels	乔木	+		+		+	1
522	八角科	Illiciaceae	小花八角	*Illicium micranthum* Dunn.	乔木	+		+			1
523	八角科	Illiciaceae	厚皮香八角	*Illicium ternstroemioides* A. C. Sm.	乔木	+		+			1
524	八角科	Illiciaceae	红花八角	*Illicium dunnaianum* Tutch.	乔木	+		+			1
525	八角科	Illiciaceae	华中八角	*Illicium fargesii* Finet et Gagnep	乔木	+		+			1

序号	科名	科拉丁名	中文名	学名	生活型	药用	观赏	食用	蜜源	工业原料	数据来源
526	五味子科	Schisandraceae	黑老虎	*Kadsura coccinea*（Lam.）A. C. Smith	藤本	+					1
527	五味子科	Schisandraceae	南五味子	*Kadsura longipedunculata* Finet et Gagnep.	藤本	+					1
528	五味子科	Schisandraceae	五味子	*Schisandra chinensis*（Turcz.）Baill.	藤本	+					1
529	五味子科	Schisandraceae	金山五味子	*Schisandra glaucescens* Diels	藤本	+					1
530	五味子科	Schisandraceae	翼梗五味子	*Schisandra henryi* Clarke	藤本	+					1
531	五味子科	Schisandraceae	铁箍散	*Schisandra propinqua*（Wall.）Baill. var. *sinensis* Oliv.	藤本	+					1
532	五味子科	Schisandraceae	红花五味子	*Schisandra rubriflora*（Franch.）Rehd. et Wils.	藤本	+					1
533	五味子科	Schisandraceae	华中五味子	*Schisandra sphenanthera* Rehd. et Wils	藤本	+					1
534	木兰科	Magnoliaceae	鹅掌楸	*Liriodendron chinense*（Hemsl.）Sarg.	乔木	+	+		+		1
535	木兰科	Magnoliaceae	华中木兰	*Magnolia biondii* Pamp.	乔木	+	+		+		1
536	木兰科	Magnoliaceae	厚朴	*Magnolia officinalis* Rehd. et Wils.	乔木	+	+		+		1
537	木兰科	Magnoliaceae	凹叶厚朴	*Magnolia officinalis* 'Biloba	乔木	+	+		+		1
538	木兰科	Magnoliaceae	武当木兰	*Magnolia sprengeri* Pampan.	乔木		+		+		1
539	木兰科	Magnoliaceae	圆叶木兰	*Magnolia sinensis*（R. et W.）Stapf	乔木		+		+		1
540	木兰科	Magnoliaceae	红花木莲	*Manglietia insignis*（Wall.）Bl.	乔木		+		+		1
541	木兰科	Magnoliaceae	巴东木莲	*Manglietia patungensis* Hu	乔木						1
542	木兰科	Magnoliaceae	四川含笑	*Michelia szechuanica* Dandy	乔木		+		+		1
543	蜡梅科	Calycanthaceae	蜡梅	*Chimonanthus praecox*（L.）Link.	灌木		+		+	+	1
544	水青树科	Tetracentraceae	水青树	*Tetracentron sinense* Oliv.	乔木					+	1
545	樟科	Lauraceae	红果黄肉楠	*Actinodaphne cupularis*（Hemsl.）Gamble	乔木					+	1
546	樟科	Lauraceae	柳叶黄肉楠	*Actinodaphne lecomtei* Allen	乔木					+	1
547	樟科	Lauraceae	隐脉黄肉楠	*Actinodaphne obscurinervia* Yang et P. H. Huang	乔木					+	1
548	樟科	Lauraceae	毛果黄肉楠	*Actinodaphne trichocarpa* Allen	乔木					+	1
549	樟科	Lauraceae	贵州琼楠	*Beilschmiedia kweichowensis* Cheng	乔木					+	1
550	樟科	Lauraceae	雅安琼楠	*Beilschmiedia yaanica* N. Chao	乔木					+	1
551	樟科	Lauraceae	毛桂	*Cinnamomum appelianum* Schewe	乔木					+	1
552	樟科	Lauraceae	猴樟	*Cinnamomum bodinieri* Lévl.	乔木					+	2
553	樟科	Lauraceae	狭叶阴香	*Cinnamomum burmannii*（C. G. et Th. Nees）Blume. var. *linearifolium*（H. Lec.）N. Chao	乔木					+	1
554	樟科	Lauraceae	樟	*Cinnamomum camphora*（L.）Presl	乔木	+				+	1
555	樟科	Lauraceae	油樟	*Cinnamomum longepaniculatum*（Gamble）N. Chao	乔木	+				+	1
556	樟科	Lauraceae	银叶桂	*Cinnamomum mairei* Lévl.	乔木					+	1
557	樟科	Lauraceae	阔叶樟*	*Cinnamomum platyphyllum*（Diels）Allen	乔木					+	1
558	樟科	Lauraceae	香桂	*Cinnamomum subavenium* Miq.	乔木					+	1
559	樟科	Lauraceae	城口樟	*Cinnamomum chengkouense* N. Chao	乔木					+	1
560	樟科	Lauraceae	川桂	*Cinnamomum wilsonii* Gamble	乔木					+	1
561	樟科	Lauraceae	香叶树	*Lindera communis* Hemsl.	乔木				+	+	1
562	樟科	Lauraceae	红果山胡椒	*Lindera erythrocarpa* Makino	乔木				+	+	1
563	樟科	Lauraceae	香叶子	*Lindera fragrans* Oliv.	乔木				+	+	1
564	樟科	Lauraceae	绿叶甘橿	*Lindera fruticosa* Hemsl.	乔木				+	+	1
565	樟科	Lauraceae	山胡椒	*Lindera glauca*（Sieb. et Zucc.）Bl.	灌木				+	+	1

序号	科名	科拉丁名	中文名	学名	生活型	药用	观赏	食用	蜜源	工业原料	数据来源
566	樟科	Lauraceae	广东山胡椒	*Lindera kwangtungensis*（Liou）Allen	乔木				+	+	1
567	樟科	Lauraceae	黑壳楠	*Lindera megaphylla* Hemsl.	乔木				+	+	1
568	樟科	Lauraceae	毛黑壳楠	*Lindera megaphylla* Hemsl. f. *trichoclada*（Rehd.）Cheng	乔木				+	+	1
569	樟科	Lauraceae	绒毛山胡椒	*Lindera nacusua*（D. Don）Merr.	乔木				+	+	1
570	樟科	Lauraceae	三桠乌药	*Lindera obtusiloba* Bl.	乔木				+	+	1
571	樟科	Lauraceae	香粉叶	*Lindera pulcherrima*（Wall.）Benth. var. *attenuata* Allen	灌木				+	+	1
572	樟科	Lauraceae	川钓樟	*Lindera pulcherrima*（Wall.）Benth. var. *hemsleyana*（Diels）H. P. Tsui	乔木				+	+	1
573	樟科	Lauraceae	山橿	*Lindera reflexa* Hemsl.	乔木				+	+	1
574	樟科	Lauraceae	四川山胡椒	*Lindera setchuenensis* Gamble	乔木				+	+	1
575	樟科	Lauraceae	菱叶钓樟	*Lindera supracostata* H. Lec.	乔木				+	+	1
576	樟科	Lauraceae	毛豹皮樟	*Litsea coreana* Lévl. var. *lanuginosa*（Migo）Yang et P. H. Huang	乔木				+	+	1
577	樟科	Lauraceae	豹皮樟	*Litsea rotundifolia* Hemsl. var. *oblongifolia*（Nees）Allen	乔木				+	+	1
578	樟科	Lauraceae	山鸡椒	*Litsea cubeba*（Lour.）Pers.	乔木				+	+	1
579	樟科	Lauraceae	石木姜子	*Litsea elongata* var. *faberi*（Hemsl.）Yang et P. H. Huang	乔木				+	+	1
580	樟科	Lauraceae	近轮叶木姜子	*Litsea elongata*（Wall. ex Nees）Benth. et Hook. f. var. *subverticillata*（Yang）Yang et P. H. Huang	乔木				+	+	1
581	樟科	Lauraceae	宜昌木姜子	*Litsea ichangensis* Gamble	乔木				+	+	1
582	樟科	Lauraceae	毛叶木姜子	*Litsea mollifolia* Chun	乔木				+	+	1
583	樟科	Lauraceae	宝兴木姜子	*Litsea moupinensis* H. Lec.	乔木				+	+	1
584	樟科	Lauraceae	四川木姜子	*Litsea moupinensis* H. Lec. var. *szechuanica*（Allan）Yang et P. H. Huang	乔木				+	+	1
585	樟科	Lauraceae	红皮木姜子	*Litsea pedunculata*（Diels）Yang et P. H. Huang	乔木				+	+	1
586	樟科	Lauraceae	杨叶木姜子	*Litsea populifolia*（Hemsl.）Gamble	乔木				+	+	1
587	樟科	Lauraceae	红叶木姜子	*Litsea rubescens* Lec. f. *nanchuanensis* Yang	乔木				+	+	1
588	樟科	Lauraceae	尖叶木姜子	*Litsea pungens* Hemsl.	乔木				+	+	1
589	樟科	Lauraceae	绢毛木姜子	*Litsea sericea*（Nees）Hook. f.	乔木				+	+	1
590	樟科	Lauraceae	钝叶木姜子	*Litsea veitchiana* Gamble	乔木				+	+	1
591	樟科	Lauraceae	绒叶木姜子	*Litsea wilsonii* Gamble	乔木				+	+	2
592	樟科	Lauraceae	湖北木姜子	*Litsea hupehana* Hemsl	乔木				+	+	1
593	樟科	Lauraceae	宜昌润楠	*Machilus ichangensis* Rehd. et Wils.	乔木				+	+	1
594	樟科	Lauraceae	利川润楠	*Machilus lichuanensis* Cheng	乔木				+	+	1
595	樟科	Lauraceae	小果润楠	*Machilus microcarpa* Hemsl.	乔木				+	+	1
596	樟科	Lauraceae	润楠	*Machilus pingii* Cheng ex Yang	乔木				+	+	1
597	樟科	Lauraceae	川鄂新樟	*Neocinnamomum fargesii*（Lec.）Kosterm.	乔木				+	+	1
598	樟科	Lauraceae	白毛新木姜子	*Neolitsea aurata*（Hayata）Koidz. var. *glauca* Yang	乔木				+	+	1
599	樟科	Lauraceae	簇叶新木姜子	*Neolitsea confertifolia*（Hemsl.）Merr.	乔木				+	+	1
600	樟科	Lauraceae	大叶新木姜子	*Neolitsea levinei* Merr.	乔木				+	+	1
601	樟科	Lauraceae	紫新木姜子	*Neolitsea purpurescens* Yang	乔木				+	+	2

序号	科名	科拉丁名	中文名	学名	生活型	药用	观赏	食用	蜜源	工业原料	数据来源
602	樟科	Lauraceae	巫山新木姜子	*Neolitsea wushanica*（Chun）Merr.	乔木				+	+	1
603	樟科	Lauraceae	山楠	*Phoebe chinensis* Chun	乔木				+	+	1
604	樟科	Lauraceae	竹叶楠	*Phoebe faberi*（Hemsl.）Chun	乔木				+	+	1
605	樟科	Lauraceae	白楠	*Phoebe neurantha*（Hemsl.）Gamble	乔木				+	+	1
606	樟科	Lauraceae	紫楠	*Phoebe sheareri*（Hemsl.）Gamble	乔木				+	+	1
607	樟科	Lauraceae	楠木	*Phoebe zhennan* S. Lee et F. N. Wei	乔木				+	+	1
608	樟科	Lauraceae	檫木	*Sassafras tsumu*（Hemsl.）Hemsl.	乔木				+	+	1
609	金鱼藻科	Ceratophyllaceae	金鱼藻	*Ceratophyllum demersum* L.	草本						1
610	罂粟科	Papaveraceae	白屈菜	*Chelidonium majus* L.	草本						2
611	罂粟科	Papaveraceae	巫溪紫堇	*Corydalis bulbillifera* C. Y. Wu	草本	+			+		1
612	罂粟科	Papaveraceae	尖距紫堇	*Corydalis sheareri* S. Moore	草本	+			+		1
613	罂粟科	Papaveraceae	秦岭紫堇	*Corydalis trisecta* Franch.	草本	+			+		1
614	罂粟科	Papaveraceae	神农架紫堇	*Corydalis ternatifolia* C. Y. Wu，Z. Y. Su et Liden	草本	+	+		+		2
615	罂粟科	Papaveraceae	巴东紫堇	*Corydalis hemsleyana* Franch. ex Prain	草本	+			+		1
616	罂粟科	Papaveraceae	川东紫堇	*Corydalis acuminata* Franch.	草本	+			+		1
617	罂粟科	Papaveraceae	碎米蕨叶黄堇	*Corydalis cheilanthifolia* Hemsl.	草本	+			+		1
618	罂粟科	Papaveraceae	紫堇	*Corydalis edulis* Maxim.	草本	+			+		21
619	罂粟科	Papaveraceae	蛇果黄堇	*Corydalis ophiocarpa* Hook. f. et Thoms.	草本	+			+		1
620	罂粟科	Papaveraceae	黄堇	*Corydalis pallida*（Thunb.）Pers.	草本	+			+		1
621	罂粟科	Papaveraceae	石生黄堇	*Corydalis saxicola* Bunting	草本	+			+		1
622	罂粟科	Papaveraceae	大叶紫堇	*Corydalis temulifolia* Franch.	草本	+			+		1
623	罂粟科	Papaveraceae	毛黄堇	*Corydalis tomentella* Franch.	草本	+			+		1
624	罂粟科	Papaveraceae	北岭黄堇	*Corydalis fargesii* Franch.	草本	+			+		1
625	罂粟科	Papaveraceae	川鄂黄堇	*Corydalis wilsonii* N. E. Br.	草本	+			+		1
626	罂粟科	Papaveraceae	血水草	*Eomecon chionantha* Hance	草本	+			+		1
627	罂粟科	Papaveraceae	荷青花	*Hylomecon japonica*（Thunb.）Prantl et Kundig	草本	+			+		1
628	罂粟科	Papaveraceae	博落回	*Macleaya cordata*（Wild）R. Br.	草本	+			+		1
629	罂粟科	Papaveraceae	小果博落回	*Macleaya microcarpa*（Maxim.）Fedde	草本	+			+		1
630	罂粟科	Papaveraceae	柱果绿绒蒿	*Meconopsis oliveriana* Franch. et Prain ex Prain	草本	+			+		1
631	罂粟科	Papaveraceae	椭果绿绒蒿	*Meconopsis chelidoniifolia* Bureau.	草本	+			+		1
632	罂粟科	Papaveraceae	山罂粟	*Papaver nudicaule* subsp. *rubro-aurantiacum* var. *chinense*（Regel）Fedde	草本	+			+		2
633	罂粟科	Papaveraceae	金罂粟	*Stylophorum lasiocarpum*（Oliv.）Fedda	草本	+			+		2
634	罂粟科	Papaveraceae	四川金罂粟	*Stylophorum sutchuense*（Fr.）Fedde	草本	+			+		1
635	十字花科	Cruciferae	大头菜*	*Brassica juncea* var. *megarrhiza* Tsen et Lee	草本						1
636	十字花科	Cruciferae	榨菜*	*Brassica juncea* var. *tumida* Tsen et Lee	草本						1
637	十字花科	Cruciferae	荠	*Capsella bursa-pastoris*（L.）Medic.	草本						1
638	十字花科	Cruciferae	弯曲碎米荠	*Cardamine flexuosa* With.	草本						1
639	十字花科	Cruciferae	碎米荠	*Cardamine hirsuta* L.	草本						1
640	十字花科	Cruciferae	弹裂碎米荠	*Cardamine impatiens* L.	草本						1
641	十字花科	Cruciferae	水田碎米荠	*Cardamine lyrata* Bunge.	草本						2

续表

序号	科名	科拉丁名	中文名	学名	生活型	药用	观赏	食用	蜜源	工业原料	数据来源
642	十字花科	Cruciferae	大叶碎米荠	*Cardamine macrophylla* Willd	草本						1
643	十字花科	Cruciferae	紫花碎米荠	*Cardamine tangutorum* O. E. Schul	草本						1
644	十字花科	Cruciferae	华中碎米荠	*Cardamine urbaniana* O. E. Schul	草本						1
645	十字花科	Cruciferae	云南碎米荠	*Cardamine yunnanensis* Fr.	草本						1
646	十字花科	Cruciferae	臭荠	*Coronopus didymus*（L.）J. E. Smith	草本						1
647	十字花科	Cruciferae	葶苈	*Draba nemorosa* L.	草本						1
648	十字花科	Cruciferae	欧洲菘蓝*	*Isatis tinctoria* L.	草本						1
649	十字花科	Cruciferae	独行菜	*Lepidium apetalum* Willd.	草本						1
650	十字花科	Cruciferae	楔叶独行菜	*Lepidium cuneiforme* C. Y. Wu	草本						1
651	十字花科	Cruciferae	北美独行菜	*Lepidium virginicum* L.	草本						1
652	十字花科	Cruciferae	堇叶芥	*Neomartinella violifolia*（Lévl.）Pilger	草本						1
653	十字花科	Cruciferae	诸葛菜	*Orychophragmus violaceus*（L.）O. E. Schulz	草本						1
654	十字花科	Cruciferae	无瓣蔊菜	*Rorippa dubia*（Pers.）Hara	草本						1
655	十字花科	Cruciferae	蔊菜	*Rorippa indica*（L.）Hiern	草本						2
656	十字花科	Cruciferae	沼生蔊菜	*Rorippa islandica*（Oed.）Rorb.	草本						1
657	十字花科	Cruciferae	菥蓂	*Thlaspi arvense* L.	草本						1
658	景天科	Crassulaceae	川鄂八宝	*Hylotelephium bonnafousii*（Hamet.）H. Ohba	草本	+			+		1
659	景天科	Crassulaceae	八宝	*Hylotelephium erythrostictum*（Miq.）H. Ohba	草本	+			+		1
660	景天科	Crassulaceae	轮叶八宝	*Hylotelephium verticillatum*（L.）H. Ohba	草本	+			+		1
661	景天科	Crassulaceae	瓦松	*Orostachys fimbriatus*（Turcz.）Berger	草本	+			+		1
662	景天科	Crassulaceae	菱叶红景天	*Rhodiola henryi*（Diels）S. H. Fu	草本	+			+		1
663	景天科	Crassulaceae	费菜	*Sedum aizoon* L.	草本	+			+		1
664	景天科	Crassulaceae	珠芽景天	*Sedum buibiferum* Makino	草本	+			+		1
665	景天科	Crassulaceae	乳瓣景天	*Sedum dielsii* Hamet	草本	+			+		1
666	景天科	Crassulaceae	细叶景天	*Sedum elatinoides* Franch.	草本	+			+		1
667	景天科	Crassulaceae	石板菜	*Sedum emarginatum* Migo	草本	+			+		1
668	景天科	Crassulaceae	小山飘风	*Sedum filipes* Hemsl.	草本	+			+		1
669	景天科	Crassulaceae	佛甲草	*Sedum lineare* Thunb.	草本	+			+		1
670	景天科	Crassulaceae	山飘风	*Sedum major*（Hemsl.）Migo	草本	+			+		1
671	景天科	Crassulaceae	齿叶景天	*Sedum odontophyllum* Frod.	草本	+			+		1
672	景天科	Crassulaceae	南川景天	*Sedum rosthornianum* Diels	草本	+			+		2
673	景天科	Crassulaceae	垂盆草	*Sedum sarmentosum* Bunge	草本	+			+		1
674	景天科	Crassulaceae	火焰草	*Sedum stellariifolium* Franch.	草本	+			+		1
675	景天科	Crassulaceae	短蕊景天*	*Sedum yvesii* Hamet	草本	+			+		1
676	景天科	Crassulaceae	城口景天	*Sedum bonnieri* Hamet	草本	+			+		2
677	虎耳草科	Saxifragaceae	落新妇	*Astilbe chinensis*（Maxim.）Franch. et Sav.	草本	+			+		1
678	虎耳草科	Saxifragaceae	大落新妇	*Astilbe grandis* Stapf ex Wils	草本	+			+		1
679	虎耳草科	Saxifragaceae	多花落新妇	*Astilbe rivularis* Buch.-Ham. var. *myriantha*（Diels.）J. T. Pan	草本	+			+		1
680	虎耳草科	Saxifragaceae	岩白菜	*Bergenia purpurascens*（Hook. f. et Thoms.）Engl.	草本	+			+		2
681	虎耳草科	Saxifragaceae	锈毛金腰	*Chrysosplenium davidianum* Decne. ex Maxim.	草本	+			+		1
682	虎耳草科	Saxifragaceae	大叶金腰	*Chrysosplenium macrophyllum* Oliv.	草本	+			+		1

续表

序号	科名	科拉丁名	中文名	学名	生活型	药用	观赏	食用	蜜源	工业原料	数据来源
683	虎耳草科	Saxifragaceae	柔毛金腰	*Chrysosplenium pilosum* Maxim. var. *valdepilosum* Ohwi	草本	+			+		1
684	虎耳草科	Saxifragaceae	韫珍金腰	*Chrysosplenium wuwenchenii* Jien	草本	+			+		1
685	虎耳草科	Saxifragaceae	赤壁木	*Decumaria sinensis* Oliv.	藤本	+			+		1
686	虎耳草科	Saxifragaceae	异色溲疏	*Deutzia discolor* Hemsl.	灌木	+			+		1
687	虎耳草科	Saxifragaceae	粉背溲疏	*Deutzia hypoglauca* Rehd.	灌木	+			+		1
688	虎耳草科	Saxifragaceae	长叶溲疏	*Deutzia longifolia* Franch.	灌木	+			+		1
689	虎耳草科	Saxifragaceae	南川溲疏	*Deutzia nanchuanensis* W. T. Wang	灌木	+			+		2
690	虎耳草科	Saxifragaceae	长江溲疏	*Deutzia schneideriana* Rehd.	灌木	+			+		2
691	虎耳草科	Saxifragaceae	四川溲疏	*Deutzia setchuenensis* Franch.	灌木	+			+		1
692	虎耳草科	Saxifragaceae	多花溲疏	*Deutzia setchuenensis* Franch. var. *corymbiflora*（Lemoine ex Andre）Rehd.	灌木	+			+		1
693	虎耳草科	Saxifragaceae	革叶溲疏	*Deutzia coriacea* R.	灌木	+			+		2
694	虎耳草科	Saxifragaceae	黄常山	*Dichroa febrifuga* Lour.	灌木	+			+		1
695	虎耳草科	Saxifragaceae	冠盖绣球	*Hydrangea anomala* D. Don	灌木		+		+		1
696	虎耳草科	Saxifragaceae	东陵绣球	*Hydrangea bretschneideri* Dipp.	灌木		+		+		1
697	虎耳草科	Saxifragaceae	中国绣球	*Hydrangea chinensis* Maxim.（H. umbellata Rehd.）	灌木		+		+		1
698	虎耳草科	Saxifragaceae	西南绣球	*Hydrangea davidii* Franch.	灌木		+		+		1
699	虎耳草科	Saxifragaceae	白背绣球	*Hydrangea hypoglauca* Rehd.	灌木		+		+		2
700	虎耳草科	Saxifragaceae	陕西绣球	*Hydrangea hypoglauca* Rehd. var. *giraldii*（Diels）Wei	灌木		+		+		1
701	虎耳草科	Saxifragaceae	长柄绣球	*Hydrangea longipes* Franch.	灌木		+		+		1
702	虎耳草科	Saxifragaceae	锈毛绣球	*Hydrangea longipes* Franch. var. *fulvescens*（Rehd.）W. T. Wang ex Wei	灌木		+		+		1
703	虎耳草科	Saxifragaceae	绣球*	*Hydrangea macrophylla*（Thunb.）Ser.	灌木		+		+		1
704	虎耳草科	Saxifragaceae	大枝绣球	*Hydrangea rosthornii* Diels	灌木		+		+		1
705	虎耳草科	Saxifragaceae	腊莲绣球	*Hydrangea strigosa* Rehd.	灌木		+		+		1
706	虎耳草科	Saxifragaceae	阔叶腊莲绣球	*Hydrangea strigosa* Rehd. var. *macrophylla*（Hemsl.）Rehd.	灌木		+		+		1
707	虎耳草科	Saxifragaceae	挂苦绣球	*Hydrangea xanthoneura* Diels	灌木		+		+		1
708	虎耳草科	Saxifragaceae	柔毛绣球	*Hydrangea villosa* R.	灌木		+		+		1
709	虎耳草科	Saxifragaceae	马桑绣球	*Hydrangea aspera* D. Don	灌木		+		+		2
710	虎耳草科	Saxifragaceae	粉背绣球	*Hydrangea glaucophylla* C. C. Yang	灌木		+		+		1
711	虎耳草科	Saxifragaceae	月月青	*Itea ilicifolia* Oliv.	灌木		+		+		1
712	虎耳草科	Saxifragaceae	矩叶鼠刺	*Itea oblonga* Hand.-Mazz.	灌木		+		+		1
713	虎耳草科	Saxifragaceae	鼠刺	*Itea chinensis* Hook. et Arn.	灌木		+		+		1
714	虎耳草科	Saxifragaceae	突隔梅花草	*Parnassia delavayi* Franch.	草本		+		+		2
715	虎耳草科	Saxifragaceae	鸡眼梅花草	*Parnassia wightiana* Wall. ex Wight et Arn.	草本		+		+		1
716	虎耳草科	Saxifragaceae	棒状梅花草	*Parnassia noemiae* Fr.	草本		+		+		1
717	虎耳草科	Saxifragaceae	扯根菜	*Penthorum chinense* Pursh	草本		+		+		2
718	虎耳草科	Saxifragaceae	山梅花	*Philadelphus incanus* Koehne	灌木		+		+		1
719	虎耳草科	Saxifragaceae	绢毛山梅花	*Philadelphus sericanthus* Koehne	灌木		+		+		1
720	虎耳草科	Saxifragaceae	毛柱山梅花	*Philadelphus subcanus* Koehne	灌木		+		+		1
721	虎耳草科	Saxifragaceae	城口山梅花	*Philadelphus subcanus* Koehne var. *magdalenae*（Koehne）S. Y. Hu	灌木		+		+		1

序号	科名	科拉丁名	中文名	学名	生活型	药用	观赏	食用	蜜源	工业原料	数据来源
722	虎耳草科	Saxifragaceae	紫萼山梅花	*Philadelphus purpurrascens*（Koehne）R.	灌木		+		+		1
723	虎耳草科	Saxifragaceae	冠盖藤	*Pileostegia viburnoides* Hook. f. et Thoms	灌木				+		1
724	虎耳草科	Saxifragaceae	革叶茶藨	*Ribes davidii* Franch.	灌木				+	+	1
725	虎耳草科	Saxifragaceae	鄂西茶藨	*Ribes franchetii* Jancz	灌木				+	+	1
726	虎耳草科	Saxifragaceae	冰川茶藨	*Ribes glaciale* Wall.	灌木				+	+	1
727	虎耳草科	Saxifragaceae	糖茶藨	*Ribes emodense* Rehd.	灌木				+	+	1
728	虎耳草科	Saxifragaceae	长串茶藨	*Ribes longiracemosum* Franch.	灌木				+	+	1
729	虎耳草科	Saxifragaceae	宝兴茶藨子	*Ribes moupinense* Franch.	灌木				+	+	1
730	虎耳草科	Saxifragaceae	三裂茶藨子	*Ribes moupinense* Franch. var. *tripartitum*（Batalin）Jancz.	灌木				+	+	1
731	虎耳草科	Saxifragaceae	细枝茶藨子	*Ribes tenue* Jancz.	灌木				+	+	1
732	虎耳草科	Saxifragaceae	四川茶藨子	*Ribes setchuense* Jancz.	灌木				+	+	1
733	虎耳草科	Saxifragaceae	四川蔓茶藨子	*Ribes ambiguum* Maxim.	灌木				+	+	2
734	虎耳草科	Saxifragaceae	七叶鬼灯檠	*Rodgersia aesculifolia* Batal.	草本	+			+	+	1
735	虎耳草科	Saxifragaceae	秦岭虎耳草	*Saxifraga giraldiana* Engl.	草本				+		1
736	虎耳草科	Saxifragaceae	扇叶虎耳草	*Saxifraga rufescens* var. *flabellifolia* C. Y. Wu et J. T. Pan	草本				+		1
737	虎耳草科	Saxifragaceae	球茎虎耳草	*Saxifraga sibirica* L.	草本	+			+		1
738	虎耳草科	Saxifragaceae	虎耳草	*Saxifraga stolonifera* Curt.	草本	+			+		1
739	虎耳草科	Saxifragaceae	红毛虎耳草	*Saxifraga rufescens* Balf. f.	草本	+			+		1
740	虎耳草科	Saxifragaceae	钻地风	*Schizophragma integrifolium* Oliv.	草本				+		1
741	虎耳草科	Saxifragaceae	黄水枝	*Tiarella polyphylla* D. Don	草本				+		1
742	海桐花科	Pittosporaceae	大叶海桐	*Pittosporum adaphniphylloides* Hu et Wang	灌木	+			+	+	1
743	海桐花科	Pittosporaceae	皱叶海桐	*Pittosporum crispulum* Gagnep.	灌木	+			+	+	1
744	海桐花科	Pittosporaceae	突肋海桐	*Pittosporum elevaticostatum* H. T. Chang et Yan	灌木	+			+	+	1
745	海桐花科	Pittosporaceae	狭叶海桐	*Pittosporum glabratum* Lindl. var. *neriifolium* Rehd. et Wils.	灌木	+			+	+	1
746	海桐花科	Pittosporaceae	异叶海桐	*Pittosporum heterophyllum* Franch.	灌木	+			+	+	1
747	海桐花科	Pittosporaceae	崖花海桐	*Pittosporum illicioides* Makino	灌木	+			+	+	1
748	海桐花科	Pittosporaceae	柄果海桐	*Pittosporum podocarpum* Gagnep.	灌木	+			+	+	1
749	海桐花科	Pittosporaceae	线叶柄果海桐	*Pittosporum podocarpum* Gagnep. var. *angustatum* Gowda	灌木	+			+	+	1
750	海桐花科	Pittosporaceae	崖花子	*Pittosporum truncatum* Pritz.	灌木	+			+	+	1
751	海桐花科	Pittosporaceae	木果海桐	*Pittosporum xylocarpum* Hu et Wang	灌木	+			+	+	1
752	金缕梅科	Hamamelidaceae	鄂西蜡瓣花	*Corylopsis henryi* Hemsl.	灌木				+		1
753	金缕梅科	Hamamelidaceae	蜡瓣花	*Corylopsis sinensis* Hemsl.	灌木				+		2
754	金缕梅科	Hamamelidaceae	秃枝蜡瓣花	*Corylopsis sinensis* Hemsl. var. *calvescens* R. et W.	灌木				+		1
755	金缕梅科	Hamamelidaceae	红药蜡瓣花	*Corylopsis veitchiana* Bean.	灌木				+		1
756	金缕梅科	Hamamelidaceae	四川蜡瓣花	*Corylopsis willmottiae* Rehd. et Wils.	灌木				+		1
757	金缕梅科	Hamamelidaceae	圆叶蜡瓣花	*Corylopsis rotundifolia* Chang	灌木				+		1
758	金缕梅科	Hamamelidaceae	小叶蚊母树	*Distylium buxifolium*（Hance）Merr.	灌木				+		1
759	金缕梅科	Hamamelidaceae	杨梅叶蚊母树	*Distylium myricoides* Hemsl.	灌木				+		1
760	金缕梅科	Hamamelidaceae	金缕梅	*Hamamelis mollis* Oliv.	灌木				+		1

序号	科名	科拉丁名	中文名	学名	生活型	药用	观赏	食用	蜜源	工业原料	数据来源
761	金缕梅科	Hamamelidaceae	枫香树	*Liquidambar formosana* Hance	乔木				+		1
762	金缕梅科	Hamamelidaceae	山枫香	*Liquidambar formosana* Hance var. *monticola* Rehd. et Wils.	乔木				+		1
763	金缕梅科	Hamamelidaceae	檵木	*Loropetalum chinense*（R. Bl.）Oliv.	灌木				+		1
764	金缕梅科	Hamamelidaceae	山白树	*Sinowilsonia henryi* Hemsl.	灌木				+		1
765	金缕梅科	Hamamelidaceae	水丝梨	*Sycopsis sinensis* Oliv.	乔木				+		2
766	杜仲科	Eucommiaceae	杜仲	*Eucommia ulmoides* Oliv.	乔木	+			+		1
767	蔷薇科	Rosaceae	龙芽草	*Agrimonia pilosa* Ledeb.	草本	+			+		1
768	蔷薇科	Rosaceae	唐棣	*Amelanchier sinica*（Schneid.）Chun	灌木				+		1
769	蔷薇科	Rosaceae	山桃	*Amygdalus davidiana*（Carr.）C. de Vos ex Henry	灌木				+		1
770	蔷薇科	Rosaceae	桃*	*Amygdalus persica* L.	灌木				+		1
771	蔷薇科	Rosaceae	杏*	*Armeinaca vulgaris* Lam.	灌木				+		1
772	蔷薇科	Rosaceae	假升麻	*Aruncus sylvester* Kostel.	草本				+		1
773	蔷薇科	Rosaceae	贡山假升麻	*Aruncus gombalanus* Hand.-Mazz.	草本				+		1
774	蔷薇科	Rosaceae	微毛樱桃	*Cerasus clarofolia*（Schneid.）Yu et C. L. Li	乔木		+	+	+		1
775	蔷薇科	Rosaceae	华中樱桃	*Cerasus conradina*（Koehne）Yu et C. L. Li	乔木		+	+	+		1
776	蔷薇科	Rosaceae	尾叶樱	*Cerasus dielsiana*（Schneid.）Yu et C. L. Li	乔木		+	+	+		1
777	蔷薇科	Rosaceae	西南樱桃	*Cerasus duclouxii*（Koehne.）Yu et C. L. Li.	乔木		+	+	+		1
778	蔷薇科	Rosaceae	多毛樱桃	*Cerasus polytricha*（Koehne）Yu et C. L. Li	乔木		+	+	+		2
779	蔷薇科	Rosaceae	崖樱桃	*Cerasus scopulorum*（Koehne）Yü et C. L. Li	乔木		+	+	+		1
780	蔷薇科	Rosaceae	四川樱桃	*Cerasus szechuanica*（Batal.）Yü et C. L. Li	乔木		+	+	+		1
781	蔷薇科	Rosaceae	康定樱桃	*Cerasus tatsienensis*（Batal.）Yü et Li	乔木		+	+	+		1
782	蔷薇科	Rosaceae	毛樱桃	*Cerasus tomentosa*（Thunb.）Wall.	乔木		+	+	+		1
783	蔷薇科	Rosaceae	云南樱桃	*Cerasus yunnanensis*（Fr.）Yü et Li	乔木		+	+	+		1
784	蔷薇科	Rosaceae	山樱花	*Cerasus serrulata*（Lindl.）G. Don	乔木		+	+	+		1
785	蔷薇科	Rosaceae	毛叶木瓜	*Chaenomeles cathayensis*（Hemsl.）Schneid.	灌木		+	+	+		1
786	蔷薇科	Rosaceae	密毛灰栒子	*Cotoneaster acutifolius* Turcz. var. *villosulus* Rehd. et Wils.	灌木		+		+		1
787	蔷薇科	Rosaceae	匍匐栒子	*Cotoneaster adpressus* Bois	灌木		+		+		1
788	蔷薇科	Rosaceae	细尖栒子	*Cotoneaster apiculatus* Rehd. et Wils	灌木		+		+		1
789	蔷薇科	Rosaceae	泡叶栒子	*Cotoneaster bullatus* Bois.	灌木		+		+		1
790	蔷薇科	Rosaceae	木帚栒子	*Cotoneaster dielsianus* Pritz.	灌木		+		+		1
791	蔷薇科	Rosaceae	散生栒子	*Cotoneaster divaricatus* Rehd. et Wils.	灌木		+		+		1
792	蔷薇科	Rosaceae	麻核栒子	*Cotoneaster foveolatus* Rehd. et Wils.	灌木		+		+		1
793	蔷薇科	Rosaceae	光叶栒子	*Cotoneaster glabratus* Rehd. et Wils.	灌木		+		+		1
794	蔷薇科	Rosaceae	细弱栒子	*Cotoneaster gracilis* Rehd. et Wils.	灌木		+		+		1
795	蔷薇科	Rosaceae	平枝栒子	*Cotoneaster horizontalis* Dcne.	灌木		+		+		1
796	蔷薇科	Rosaceae	小叶平枝栒子	*Cotoneaster horizontalis* Dcne. var. *perpusillus* Schneid.	灌木		+		+		1
797	蔷薇科	Rosaceae	小叶栒子	*Cotoneaster microphylla* Wall. ex Lindl.	灌木		+		+		1
798	蔷薇科	Rosaceae	宝兴栒子	*Cotoneaster moupinensis* Franch.	灌木		+		+		1
799	蔷薇科	Rosaceae	暗红栒子	*Cotoneaster obscurus* Rehd. et Wils.	灌木		+		+		1
800	蔷薇科	Rosaceae	柳叶栒子	*Cotoneaster salicifolius* Franch.	灌木		+		+		1

序号	科名	科拉丁名	中文名	学名	生活型	药用	观赏	食用	蜜源	工业原料	数据来源
801	蔷薇科	Rosaceae	华中枸子	*Cotoneaster silvestrii* Pamp.	灌木		+		+		1
802	蔷薇科	Rosaceae	西北枸子	*Cotoneaster zabelii* Schneid.	灌木		+		+		1
803	蔷薇科	Rosaceae	钝叶枸子	*Cotoneaster hebephyllus* Diels	灌木		+		+		1
804	蔷薇科	Rosaceae	毛叶水枸子	*Cotoneaster submultiflorus* Popov	灌木		+		+		1
805	蔷薇科	Rosaceae	圆叶枸子	*Cotoneaster rotundifolius* Wall. ex Lindl.	灌木		+		+		1
806	蔷薇科	Rosaceae	粉叶枸子	*Cotoneaster glaucophyllus* Fr.	灌木		+		+		1
807	蔷薇科	Rosaceae	麻叶枸子	*Cotoneaster rhytidophyllus* R. et W.	灌木		+		+		1
808	蔷薇科	Rosaceae	矮生枸子	*Cotoneaster dammerii* Schneid.	灌木		+		+		1
809	蔷薇科	Rosaceae	恩施枸子	*Cotoneaster fangianus* Yü	灌木		+		+		1
810	蔷薇科	Rosaceae	野山楂	*Crataegus cuneata* Sicb. et Zucc.	灌木	+	+	+	+		1
811	蔷薇科	Rosaceae	湖北山楂	*Crataegus hupihensis* Sarg.	灌木	+	+	+	+		1
812	蔷薇科	Rosaceae	华中山楂	*Crataegus wilsonii* Sarg.	灌木	+	+	+	+		1
813	蔷薇科	Rosaceae	皱果蛇莓	*Duchesnea chrysantha*（Zool. et Mor.）Miq.	草本	+	+	+	+		1
814	蔷薇科	Rosaceae	蛇莓	*Duchesnea indica*（Andr.）Focke	草本	+	+	+	+		1
815	蔷薇科	Rosaceae	大花枇杷	*Eriobotrya cavaleriei*（Lévl.）Rehd.	乔木	+	+	+	+		1
816	蔷薇科	Rosaceae	枇杷*	*Eriobotrya japonica*（Thunb.）Lindl.	乔木	+	+	+	+		1
817	蔷薇科	Rosaceae	黄毛草莓	*Fragaria nilgerrensis* Schlecht. ex Gay	草本			+	+		1
818	蔷薇科	Rosaceae	纤细草莓	*Fragaria gracilis* Lozinsk.	草本			+	+		1
819	蔷薇科	Rosaceae	五叶草莓	*Fragaria pentaphylla* Lozinsk.	草本			+	+		1
820	蔷薇科	Rosaceae	东方草莓	*Fragaria orientalis* Lozinsk	草本			+	+		1
821	蔷薇科	Rosaceae	路边青	*Geum aleppicum* Jacq.	草本				+		1
822	蔷薇科	Rosaceae	柔毛路边青	*Geum japonicum* Thunb. var. *chinense* F. Bolle	草本				+		1
823	蔷薇科	Rosaceae	棣棠*	*Kerria japonica*（L.）DC.	灌木				+		1
824	蔷薇科	Rosaceae	刺叶桂樱	*Laurocerasus spinulosa*（Sieb. et Zucc.）Schneid.	灌木			+	+		1
825	蔷薇科	Rosaceae	大叶桂樱	*Laurocerasus zippeliana*（Miq.）Yu et Lu	灌木			+	+		1
826	蔷薇科	Rosaceae	华西臭樱	*Maddenia wilsonii* Koehne	灌木				+		1
827	蔷薇科	Rosaceae	山荆子	*Malus baccata*（L.）Borkh.	灌木		+	+	+		1
828	蔷薇科	Rosaceae	湖北海棠	*Malus hupehensis*（Pamp.）Rehd.	灌木		+	+	+		1
829	蔷薇科	Rosaceae	陇东海棠	*Malus kansuensis*（Batal.）Schneid.	灌木		+	+	+		1
830	蔷薇科	Rosaceae	光叶陇东海棠	*Malus kansuensis*（Batal.）Schneid. f. *calva* Rehd.	灌木		+	+	+		1
831	蔷薇科	Rosaceae	毛山荆子	*Malus manshurica*（Maxim.）Kom.	灌木		+	+	+		1
832	蔷薇科	Rosaceae	滇池海棠	*Malus yunnanensis*（Franch.）Schneid.	灌木		+	+	+		1
833	蔷薇科	Rosaceae	毛叶绣线梅	*Neillia ribesioides* Rehd.	灌木		+	+	+		1
834	蔷薇科	Rosaceae	中华绣线梅	*Neillia sinensis* Oliv.	灌木		+	+	+		1
835	蔷薇科	Rosaceae	沙梨*	*Pyrus pyrifolia*（Burm. f.）Nakai	灌木		+	+	+		1
836	蔷薇科	Rosaceae	杜梨*	*Pyrus betulaefolia* Bunge	灌木		+	+	+		1
837	蔷薇科	Rosaceae	川梨*	*Pyrus pashia* Buch.-Ham. ex D. Don	灌木		+	+	+		1
838	蔷薇科	Rosaceae	麻梨	*Pyrus serrulata* Rehd.	灌木			+	+		1
839	蔷薇科	Rosaceae	短梗稠李	*Padus brachypoda*（Batal.）Schneid	灌木				+		1
840	蔷薇科	Rosaceae	鳞木稠李	*Padus buergeriana*（Miq.）Yu et Ku	灌木				+		1
841	蔷薇科	Rosaceae	灰叶稠李	*Padus grayana*（Maxim.）Schneid.	灌木				+		1

续表

序号	科名	科拉丁名	中文名	学名	生活型	药用	观赏	食用	蜜源	工业原料	数据来源
842	蔷薇科	Rosaceae	粗梗稠李	*Padus napaulensis*（Ser.）Schneid.	灌木				+		1
843	蔷薇科	Rosaceae	细齿稠李	*Padus obtusata*（Koehne）Yu et Ku	灌木				+		1
844	蔷薇科	Rosaceae	毡毛稠李	*Padus velutina*（Batal.）Schneid.	灌木				+		1
845	蔷薇科	Rosaceae	绢毛稠李	*Padus wilsonoo* Schneid.	灌木				+		1
846	蔷薇科	Rosaceae	中华石楠	*Photinia beauverdiana* Schneid.	灌木		+		+		1
847	蔷薇科	Rosaceae	短叶中华石楠	*Photinia beauverdiana* Schneid. var. *brevifolia* Card.	灌木		+		+		1
848	蔷薇科	Rosaceae	椤木石楠	*Photinia davidsoniae* Rehd. et Wils.	灌木		+		+		1
849	蔷薇科	Rosaceae	光叶石楠	*Photinia glabra*（Thunb.）Maxim.	灌木		+		+		1
850	蔷薇科	Rosaceae	卵叶石楠	*Photinia lasiogyna*（Franch.）Schneid.	灌木		+		+		1
851	蔷薇科	Rosaceae	小叶石楠	*Photinia parvifolia*（Pritz.）Schneid.	灌木		+		+		1
852	蔷薇科	Rosaceae	绒毛石楠	*Photinia schneiderian* Rehd. et Wils.	灌木		+		+		1
853	蔷薇科	Rosaceae	石楠	*Photinia serrulata* Lindl.	灌木		+		+		1
854	蔷薇科	Rosaceae	毛叶石楠	*Photinia villosa*（Thunb.）DC.	灌木		+		+		1
855	蔷薇科	Rosaceae	毛果石楠	*Photinia pilosicalyx* Yü	灌木		+		+		1
856	蔷薇科	Rosaceae	伞花石楠	*Photinia subumbellata* Rehd. et Wils	灌木		+		+		1
857	蔷薇科	Rosaceae	委陵菜	*Potentilla chinensis* Ser.	草本	+			+		1
858	蔷薇科	Rosaceae	狼牙委陵菜	*Potentilla cryptotaeniae* Maxim.	草本	+			+		1
859	蔷薇科	Rosaceae	翻白草	*Potentilla discolor* Bunge	草本	+			+		1
860	蔷薇科	Rosaceae	莓叶委陵菜	*Potentilla fragarioides* L.	草本	+			+		1
861	蔷薇科	Rosaceae	三叶委陵菜	*Potentilla freyniana* Bornm.	草本	+			+		1
862	蔷薇科	Rosaceae	西南委陵菜	*Potentilla fulgens* Wall. ex Hook.	草本	+			+		1
863	蔷薇科	Rosaceae	银露梅	*Potentilla glabra* Lodd.	草本	+			+		1
864	蔷薇科	Rosaceae	蛇含委陵菜	*Potentilla kleiniana* Wight et Arn.	草本	+			+		1
865	蔷薇科	Rosaceae	银叶委陵菜	*Potentilla leuconota* D. Don	草本	+			+		1
866	蔷薇科	Rosaceae	丛生钉柱委陵菜	*Potentilla saundersinan* Royle var. caespitosa Royle	草本	+			+		2
867	蔷薇科	Rosaceae	全缘火棘	*Pyracantha atalantioides*（Hance）Stapf	灌木		+	+	+		1
868	蔷薇科	Rosaceae	细圆齿火棘	*Pyracantha crenulata*（D. Don）Roem.	灌木		+	+	+		1
869	蔷薇科	Rosaceae	火棘	*Pyracantha fortuneana*（Maxim.）Li	灌木		+	+	+		1
870	蔷薇科	Rosaceae	木香花	*Rosa banksiae* Ait.	灌木		+	+	+		1
871	蔷薇科	Rosaceae	单瓣白木香	*Rosa banksiae* Ait. var. *normalis* Regel	灌木		+	+	+		1
872	蔷薇科	Rosaceae	尾萼蔷薇	*Rosa caudata* Baker	灌木		+	+	+		1
873	蔷薇科	Rosaceae	城口蔷薇	*Rosa chengkouensis* Yu et Ku	灌木		+	+	+		1
874	蔷薇科	Rosaceae	伞房蔷薇	*Rosa corymbulosa* Rolfe	灌木		+	+	+		1
875	蔷薇科	Rosaceae	小果蔷薇	*Rosa cymosa* Tratt.	灌木		+	+	+		1
876	蔷薇科	Rosaceae	陕西蔷薇	*Rosa giraldii* Crep.	灌木		+	+	+		1
877	蔷薇科	Rosaceae	绣球蔷薇	*Rosa glomerata* Rehd. et Wils.	灌木		+	+	+		1
878	蔷薇科	Rosaceae	卵果蔷薇	*Rosa helenae* Rehd. et Wils.	灌木		+	+	+		1
879	蔷薇科	Rosaceae	软条七蔷薇	*Rosa henryi* Bouleng.	灌木		+	+	+		1
880	蔷薇科	Rosaceae	金樱子	*Rosa laevigata* Michx.	灌木		+	+	+		1
881	蔷薇科	Rosaceae	华西蔷薇	*Rosa moyesii* Hemsl. et Wils.	灌木		+	+	+		1
882	蔷薇科	Rosaceae	野蔷薇	*Rosa multiflora* Thunb.	灌木		+	+	+		1

续表

序号	科名	科拉丁名	中文名	学名	生活型	药用	观赏	食用	蜜源	工业原料	数据来源
883	蔷薇科	Rosaceae	七姊妹	*Rosa multiflora* Thunb. var. *carnea* Thory	灌木		+	+	+		1
884	蔷薇科	Rosaceae	峨眉蔷薇	*Rosa omeiensis* Rolfe	灌木		+	+	+		1
885	蔷薇科	Rosaceae	缫丝花	*Rosa roxburghii* Tratt.	灌木		+	+	+		1
886	蔷薇科	Rosaceae	单瓣缫丝花	*Rosa roxburghii* Tratt. f. *normalis* Rehd. et Wils.	灌木		+	+	+		1
887	蔷薇科	Rosaceae	悬钩子蔷薇	*Rosa rubus* Lévl. et Vant.	灌木		+	+	+		1
888	蔷薇科	Rosaceae	钝叶蔷薇	*Rosa sertata* Rolfe	灌木		+	+	+		1
889	蔷薇科	Rosaceae	山刺玫	*Rosa davurica* Pall.	灌木		+	+	+		1
890	蔷薇科	Rosaceae	绢毛蔷薇	*Rosa sericea* Lindl.	灌木		+	+	+		1
891	蔷薇科	Rosaceae	扁刺蔷薇	*Rosa sweginzowii* Koehne	灌木		+	+	+		1
892	蔷薇科	Rosaceae	腺刺扁刺蔷薇	*Rosa sweginzowii* Koehne var. *glandulosa* Card.	灌木		+	+	+		1
893	蔷薇科	Rosaceae	西南蔷薇	*Rosa murielae* R. et W.	灌木		+	+	+		1
894	蔷薇科	Rosaceae	西北蔷薇	*Rosa davidii* Crep.	灌木		+	+	+		1
895	蔷薇科	Rosaceae	秀丽莓	*Rubus amabilis* Focke	灌木		+	+	+		1
896	蔷薇科	Rosaceae	西南悬钩子	*Rubus assamensis* Focke	灌木		+	+	+		1
897	蔷薇科	Rosaceae	竹叶鸡爪茶	*Rubus bambusarum* Focke	灌木		+	+	+		1
898	蔷薇科	Rosaceae	粉枝莓	*Rubus biflorus* Buch.-Ham. ex Sm.	灌木		+	+	+		1
899	蔷薇科	Rosaceae	寒莓	*Rubus buergeri* Miq.	灌木		+	+	+		1
900	蔷薇科	Rosaceae	毛萼莓	*Rubus chroosepalus* Focke	灌木		+	+	+		1
901	蔷薇科	Rosaceae	山莓	*Rubus corchorifolius* L. f.	灌木		+	+	+		1
902	蔷薇科	Rosaceae	插田泡	*Rubus coreanus* Miq.	灌木		+	+	+		1
903	蔷薇科	Rosaceae	栽秧泡	*Rubus ellipticus* Smith var. *obcordatus* （Franch.）Focke	灌木		+	+	+		1
904	蔷薇科	Rosaceae	桉叶悬钩子	*Rubus eucalyptus* Focke	灌木		+	+	+		1
905	蔷薇科	Rosaceae	无腺桉叶悬钩子	*Rubus eucalyptus* Focke var. *trullisatus* （Focke）Yu et Lu	灌木		+	+	+		1
906	蔷薇科	Rosaceae	大红泡	*Rubus eustephanus* Focke ex Diels	灌木		+	+	+		1
907	蔷薇科	Rosaceae	腺毛大红泡	*Rubus eustephanus* Focke ex Diels var. *glanduliger* Yu et Lu	灌木		+	+	+		1
908	蔷薇科	Rosaceae	攀枝莓	*Rubus flagelliflorus* Fock ex Diels	灌木		+	+	+		1
909	蔷薇科	Rosaceae	弓茎悬钩子	*Rubus flosculosus* Focke	灌木		+	+	+		1
910	蔷薇科	Rosaceae	大序悬钩子	*Rubus grandipaniculatus* Yu et Lu	灌木		+	+	+		1
911	蔷薇科	Rosaceae	鸡爪茶	*Rubus henryi* Hemsl. et Ktze.	灌木		+	+	+		1
912	蔷薇科	Rosaceae	大叶鸡爪茶	*Rubus henryi* Hemsl. et ktze. var. *sozostylus* （Focke）Yu et Lu	灌木		+	+	+		1
913	蔷薇科	Rosaceae	宜昌悬钩子	*Rubus ichangensis* Hemsl. et Ktze.	灌木		+	+	+		1
914	蔷薇科	Rosaceae	白叶莓	*Rubus innominatus* S. Moore	灌木		+	+	+		1
915	蔷薇科	Rosaceae	灰毛泡	*Rubus irenaeus* Focke	灌木		+	+	+		1
916	蔷薇科	Rosaceae	高粱泡	*Rubus lambertiamus* Ser.	灌木		+	+	+		1
917	蔷薇科	Rosaceae	光叶高粱泡	*Rubus lambertiamus* Ser. var. *glaber* Hemsl.	灌木		+	+	+		1
918	蔷薇科	Rosaceae	绵果悬钩子	*Rubus lasiostylus* Focke	灌木		+	+	+		2
919	蔷薇科	Rosaceae	棠叶悬钩子	*Rubus malifolius* Focke	灌木		+	+	+		1
920	蔷薇科	Rosaceae	喜荫悬钩子	*Rubus mesogaeus* Focke	灌木		+	+	+		1
921	蔷薇科	Rosaceae	乌泡子	*Rubus parkeri* Hance	灌木		+	+	+		1

序号	科名	科拉丁名	中文名	学名	生活型	药用	观赏	食用	蜜源	工业原料	数据来源
922	蔷薇科	Rosaceae	茅莓	*Rubus parvifolius* L.	灌木		+	+	+		1
923	蔷薇科	Rosaceae	黄泡	*Rubus pectinellus* Maxim.	灌木		+	+	+		1
924	蔷薇科	Rosaceae	陕西悬钩子	*Rubus piluliferus* Focke	灌木		+	+	+		1
925	蔷薇科	Rosaceae	五叶鸡爪茶	*Rubus playfairianus* Hemsl. ex Focke	灌木		+	+	+		1
926	蔷薇科	Rosaceae	针刺悬钩子	*Rubus pungens* Camb.	灌木		+	+	+		1
927	蔷薇科	Rosaceae	空心泡	*Rubus rosaefolius* Smith	灌木		+	+	+		1
928	蔷薇科	Rosaceae	川莓	*Rubus setchuenensis* Bur. et Franch.	灌木		+	+	+		1
929	蔷薇科	Rosaceae	单茎悬钩子	*Rubus simplex* Focke	灌木		+	+	+		1
930	蔷薇科	Rosaceae	木莓	*Rubus swinhoei* Hance	灌木		+	+	+		1
931	蔷薇科	Rosaceae	巫山悬钩子	*Rubus wushanensis* Yu et Lu	灌木		+	+	+		1
932	蔷薇科	Rosaceae	黄脉莓	*Rubus xanthoneurus* Focke ex Diels	灌木		+	+	+		1
933	蔷薇科	Rosaceae	小柱悬钩子	*Rubus columelsris* Tutcher	灌木		+	+	+		1
934	蔷薇科	Rosaceae	红泡刺藤	*Rubus niveus* Thunb.	灌木		+		+		1
935	蔷薇科	Rosaceae	地榆	*Sanguisorba officinalis* L.	草本		+		+		2
936	蔷薇科	Rosaceae	高丛珍珠梅	*Sorbaria arborea* Schneid.	灌木		+		+		1
937	蔷薇科	Rosaceae	光叶高丛珍珠	*Sorbaria arborea* Schneid. var. *glabrata* Rehd.	灌木		+		+		1
938	蔷薇科	Rosaceae	水榆花楸	*Sorbus alnifolia*（Sieb. et Zucc .）K. koch	乔木		+		+		1
939	蔷薇科	Rosaceae	美脉花楸	*Sorbus caloneura*（Stapf）Rehd.	乔木		+		+		1
940	蔷薇科	Rosaceae	石灰花楸	*Sorbus folgneri*（Schneid.）Rehd.	乔木		+		+		1
941	蔷薇科	Rosaceae	湖北花楸	*Sorbus hupehensis* Schneid.	乔木		+		+		1
942	蔷薇科	Rosaceae	毛序花楸	*Sorbus keissleri*（Schneid.）Rehd.	乔木		+		+		1
943	蔷薇科	Rosaceae	陕甘花楸	*Sorbus koehneana* Schneid.	乔木		+		+		2
944	蔷薇科	Rosaceae	大果花楸	*Sorbus megalocarpa* Rehd.	乔木		+		+		1
945	蔷薇科	Rosaceae	华西花楸	*Sorbus wilsoniana* Schneid.	乔木		+		+		1
946	蔷薇科	Rosaceae	黄脉花楸	*Sorbus xanthoneura* Rehd.	乔木		+		+		1
947	蔷薇科	Rosaceae	长果花楸	*Sorbus zahlbruckneri* Schneid.	乔木		+		+		1
948	蔷薇科	Rosaceae	西南花楸	*Sorbus rehderiana* Koehne	乔木		+		+		1
949	蔷薇科	Rosaceae	绣球绣线菊	*Spiraea blumei* G. Don	灌木		+		+		1
950	蔷薇科	Rosaceae	麻叶绣线菊	*Spiraea cantoniensis* Lour.	灌木		+		+		1
951	蔷薇科	Rosaceae	华北绣线菊	*Spiraea fritschiana* Schneid.	灌木		+		+		1
952	蔷薇科	Rosaceae	翠蓝绣线菊	*Spiraea henryi* Hemsl.	灌木		+		+		1
953	蔷薇科	Rosaceae	疏毛绣线菊	*Spiraea hirsuta*（Hemsl.）Schneid.	灌木		+		+		1
954	蔷薇科	Rosaceae	粉花绣线菊	*Spiraea japonica* L. f. var. *acuminate* Franch.	灌木		+		+		1
955	蔷薇科	Rosaceae	狭叶粉花绣线菊	*Spiraea japonica* L. f. var. *acuminate* Franch.	灌木		+		+		1
956	蔷薇科	Rosaceae	光叶粉花绣线菊	*Spiraea japonica* L. f. var. *fortunei* Planch.	灌木		+		+		1
957	蔷薇科	Rosaceae	华西绣线菊	*Spiraea laeta* Rehd.	灌木		+		+		1
958	蔷薇科	Rosaceae	广椭绣线菊	*Spiraea ovalis* Rehd.	灌木		+		+		2
959	蔷薇科	Rosaceae	土庄绣线菊	*Spiraea pubescens* Turcz.	灌木		+		+		1
960	蔷薇科	Rosaceae	南川绣线菊	*Spiraea rosthornii* Pritz.	灌木		+		+		1
961	蔷薇科	Rosaceae	鄂西绣线菊	*Spiraea veitchii* Hemsl.	灌木		+		+		1
962	蔷薇科	Rosaceae	陕西绣线菊	*Spiraea wilsonii* Duthie	灌木		+		+		1

序号	科名	科拉丁名	中文名	学名	生活型	药用	观赏	食用	蜜源	工业原料	数据来源
963	蔷薇科	Rosaceae	川滇绣线菊	*Spiraea schneideriana* R.	灌木		+		+		1
964	蔷薇科	Rosaceae	毛萼红果树	*Stranvaesia amphidoxa* Schneid.	灌木		+		+		1
965	蔷薇科	Rosaceae	光萼红果树	*Stranvaesia amphidoxa* Schneid. var. *amphileia*（Hand.-Mazz.）Yu	灌木		l		+		1
966	蔷薇科	Rosaceae	红果树	*Stranvaesia davidiana* Dcne.	灌木		+		+		1
967	蔷薇科	Rosaceae	波叶红果树	*Stranvaesia davidiana* Dcne. var. *undulate*（Dcne.）Rehd. et Wils.	灌木		+		+		2
968	蔷薇科	Rosaceae	绒毛红果树	*Stranvaesia tomentosa* Yu et Ku	灌木		+		+		1
969	蔷薇科	Rosaceae	毛叶绣线梅	*Neillia ribesioides* Rehd.	灌木		+		+		1
970	蔷薇科	Rosaceae	中华绣线梅	*Neillia sinensis* Oliv.	灌木		+		+		1
971	豆科	Leguminosae	合萌	*Aeschynomene indica* L.	草本				+		1
972	豆科	Leguminosae	合欢	*Albizia julibrissin* Durazz.	乔木				+		1
973	豆科	Leguminosae	山槐	*Albizia kalkora*（Roxb.）Prain	乔木				+		1
974	豆科	Leguminosae	土栾儿	*Apios fortunei* Maxim.	草本				+		1
975	豆科	Leguminosae	落花生	*Arachis hypogaea* L.	草本				+		1
976	豆科	Leguminosae	地八角	*Astragalus bhotanensis* Baker	草本	+			+		1
977	豆科	Leguminosae	秦岭黄芪	*Astragalus henryi* Oliv.	草本	+			+		1
978	豆科	Leguminosae	紫云英	*Astragalus sinicus* L.	草本	+			+		1
979	豆科	Leguminosae	巫山黄芪	*Astragalus wushanicus* Simps.	草本	+			+		2
980	豆科	Leguminosae	莲山黄芪	*Astragalus leansanius* Ulbr.	草本	+			+		1
981	豆科	Leguminosae	金翼黄芪	*Astragalus chrysopterus* Bge.	草本	+			+		1
982	豆科	Leguminosae	鞍叶羊蹄甲	*Bauhinia brachycarpa* Wall. ex Benth.	灌木		+		+		1
983	豆科	Leguminosae	小鞍叶羊蹄甲	*Bauhinia brachycarpa* var. *microphylla*（Oliv. ex Craib）K. et S. S. larsen	灌木		+		+		1
984	豆科	Leguminosae	龙须藤	*Bauhinia championii*（Benth.）Benth.	灌木		+		+		2
985	豆科	Leguminosae	鄂羊蹄甲	*Bauhinia glauca*（Wall. ex Benth.）Benth. subsp. *hupehana* Craib	灌木		+		+		1
986	豆科	Leguminosae	华南云实	*Caesalpinia crista* L.	灌木		+		+		1
987	豆科	Leguminosae	云实	*Caesalpinia decapetala*（Roth）Alston	灌木		+		+		1
988	豆科	Leguminosae	西南杭子梢	*Campylotropis delavayi*（Franch.）Schindl.	草本		+		+		1
989	豆科	Leguminosae	杭子梢	*Campylotropis macrocarpa*（Bunge）Rehd.	草本		+		+		1
990	豆科	Leguminosae	披针叶杭子梢	*Campylotropis macrocarpa*（Bunge）Rehd. f. *lanceolata* P. Y. Fu	草本		+		+		1
991	豆科	Leguminosae	小雀花	*Campylotropis polyantha*（Fr.）Schneid.	草本		+		+		1
992	豆科	Leguminosae	锦鸡儿	*Caragana sinica*（Buchoz）Rehd.	草本		+		+		1
993	豆科	Leguminosae	柄荚锦鸡儿	*Caragana stipitata* Kom.	草本		+		+		1
994	豆科	Leguminosae	决明*	*Cassia tora* L.	草本		+		+		1
995	豆科	Leguminosae	含羞草决明	*Cassia mimosoides* L.	草本		+		+		1
996	豆科	Leguminosae	豆茶决明	*Cassia nomame*（Sieb.）Kitagawa	草本		+		+		1
997	豆科	Leguminosae	紫荆*	*Cercis chinensis* Bunge	灌木		+		+		1
998	豆科	Leguminosae	湖北紫荆	*Cercis glabra* Pampan.	灌木		+		+		1
999	豆科	Leguminosae	小花香槐	*Cladrastis sinensis* Hemsl.	灌木		+		+		1
1000	豆科	Leguminosae	香槐	*Cladrastis wilsonii* Takeda	灌木		+		+		1
1001	豆科	Leguminosae	南岭黄檀	*Dalbergia balansae* Prain.	灌木		+		+		1

序号	科名	科拉丁名	中文名	学名	生活型	药用	观赏	食用	蜜源	工业原料	数据来源
1002	豆科	Leguminosae	大金刚藤黄檀	*Dalbergia dyeriana* Prain. ex Harms	灌木		+		+		2
1003	豆科	Leguminosae	藤黄檀	*Dalbergia hancei* Benth.	灌木		+		+		1
1004	豆科	Leguminosae	黄檀	*Dalbergia hupeana* Hance	灌木				+		1
1005	豆科	Leguminosae	狭叶黄檀	*Dalbergia stenophylla* Prain	灌木				+		1
1006	豆科	Leguminosae	含羞草叶黄檀	*Dalbergia mimosoides* Franch.	灌木				+		1
1007	豆科	Leguminosae	小槐花	*Desmodium caudatum*（Thunb.）DC.	草本				+		1
1008	豆科	Leguminosae	长波叶山蚂蝗	*Desmodium sinuatum*（Miq.）Bl. ex Baker	草本				+		1
1009	豆科	Leguminosae	硬毛山黑豆	*Dumasia hirsute* Craib	草本				+		1
1010	豆科	Leguminosae	千金拔	*Flemingia philippinensis*（Merr. Et Rolfe）Li	草本				+		1
1011	豆科	Leguminosae	皂荚	*Gleditsia sinensis* Lam.	乔木				+		1
1012	豆科	Leguminosae	野大豆	*Glycine soja* Sieb. et Zucc.	草本				+		1
1013	豆科	Leguminosae	川鄂米口袋	*Gueldenstaedtia henryi* Ulbr.	草本						2
1014	豆科	Leguminosae	多花木蓝	*Indigofera amblyantha* Craib	草本				+		1
1015	豆科	Leguminosae	马棘	*Indigofera pseudotinctoria* Mats.	草本				+		1
1016	豆科	Leguminosae	单叶木蓝	*Indigofera linifolia*（L. f.）Retz.	草本				+	+	1
1017	豆科	Leguminosae	长萼鸡眼草	*Kummerowia stipulacea*（Maxim.）Makino	草本				+	+	1
1018	豆科	Leguminosae	鸡眼草	*Kummerowia striata*（Thunb.）Schindl.	草本				+	+	1
1019	豆科	Leguminosae	扁豆	*Lablab purpureus*（L.）Sweet	草本				+	+	1
1020	豆科	Leguminosae	胡枝子	*Lespedeza bicolor* Turcz.	草本				+	+	1
1021	豆科	Leguminosae	绿叶胡枝子	*Lespedeza buergeri* Miq.	草本				+	+	1
1022	豆科	Leguminosae	中华胡枝子	*Lespedeza chinensis* G. Don	草本				+	+	1
1023	豆科	Leguminosae	截叶铁扫帚	*Lespedeza cuneata*（Dum.-Cours.）G. Don	草本				+	+	1
1024	豆科	Leguminosae	大叶胡枝子	*Lespedeza davidii* Franch.	草本				+	+	1
1025	豆科	Leguminosae	美丽胡枝子	*Lespedeza formosa*（Vog.）Koehne	草本				+	+	1
1026	豆科	Leguminosae	铁马鞭	*Lespedeza pilosa*（Thunb.）Sieb. et Zucc.	草本				+	+	1
1027	豆科	Leguminosae	山豆花	*Lespedeza tomentosa*（Thunb.）Sieb. ex Maxim.	草本				+	+	2
1028	豆科	Leguminosae	细梗胡枝子	*Lespedeza virgata*（Thunb.）DC.	草本				+	+	1
1029	豆科	Leguminosae	多花胡枝子	*Lespedeza floribunda* Bunge	草本				+	+	1
1030	豆科	Leguminosae	春花胡枝子	*Lespedeza dunnii* Schneid.	草本				+	+	1
1031	豆科	Leguminosae	百脉根	*Lotus corniculatus* L.	草本				+	+	1
1032	豆科	Leguminosae	天蓝苜蓿	*Medicago lupulina* L.	草本				+	+	1
1033	豆科	Leguminosae	小苜蓿	*Medicago minima*（L.）L.	草本				+	+	1
1034	豆科	Leguminosae	黄花草木犀	*Melilotus officinalis*（L.）Desr.	草本				+	+	1
1035	豆科	Leguminosae	草木犀	*Melilotus suaveolens* Ledeb.	草本				+	+	1
1036	豆科	Leguminosae	香花崖豆藤	*Millettia dielsiana* Harms	藤本		+		+	+	1
1037	豆科	Leguminosae	厚果崖豆藤	*Millettia pachycarpa* Benth.	藤本		+		+	+	1
1038	豆科	Leguminosae	网络崖豆藤	*Millettia reticulata* Benth.	藤本		+		+	+	1
1039	豆科	Leguminosae	锈毛崖豆藤	*Millettia sericosema* Hance	藤本		+		+	+	1
1040	豆科	Leguminosae	常春油麻藤	*Mucuna sempervirens* Hemsl.	藤本		+		+	+	1
1041	豆科	Leguminosae	红豆树	*Ormosia hosiei* Hemsl. et Wils.	乔木		+		+		1
1042	豆科	Leguminosae	羽叶长柄山蚂蝗	*Podocarpium oldhami* Oliv.	草本		+		+		1

序号	科名	科拉丁名	中文名	学名	生活型	药用	观赏	食用	蜜源	工业原料	数据来源
1043	豆科	Leguminosae	长柄山蚂蝗	*Podocarpium podocarpum*（DC.）Yang et Huang	草本		+		+		1
1044	豆科	Leguminosae	尖叶长柄山蚂蝗	*Podocarpium podocarpum*（DC.）Yang et Huang var. *oxyphyllum*（DC.）Yang et Huang	草本		+		+		1
1045	豆科	Leguminosae	四川长柄山蚂蝗	*Podocarpium podocarpum* var. *szechuenensis*（Craib）Yang et Huang	草本		+		+		1
1046	豆科	Leguminosae	食用葛藤	*Pueraria edulis* Pamp.	藤本	+		+	+		1
1047	豆科	Leguminosae	野葛	*Pueraria lobata*（Willd.）Ohwi	藤本	+		+	+		1
1048	豆科	Leguminosae	葛麻姆	*Pueraria lobata* var. *montana*（Lour.）Van der Maesen	藤本	+		+	+		1
1049	豆科	Leguminosae	粉葛	*Pueraria lobata* var. *thomsonii*（Benth.）Van der Maesen	藤本	+		+	+		1
1050	豆科	Leguminosae	菱叶鹿藿	*Rhynchosia dielsii* Harms	草本				+		1
1051	豆科	Leguminosae	紫脉花鹿藿	*Rhynchosia craibiana* Rehd.	草本				+		1
1052	豆科	Leguminosae	鹿藿	*Rhynchosia volubilis* Lour.	草本				+		1
1053	豆科	Leguminosae	小鹿藿	*Rhynchosia minima*（L.）DC.	草本				+		1
1054	豆科	Leguminosae	刺槐*	*Robinia pseudoacacia* L.	乔木				+		1
1055	豆科	Leguminosae	白刺花	*Sophora viciifolia* Hance	草本		+		+		1
1056	豆科	Leguminosae	苦参	*Sophora flavescens* Ait.	灌木		+		+		1
1057	豆科	Leguminosae	槐树	*Sophora japonica* L.	乔木		+		+		1
1058	豆科	Leguminosae	西南槐	*Sophora prazeri* var. *mairei*（Pamp.）Tsoong	乔木		+		+		1
1059	豆科	Leguminosae	红车轴草	*Trifolium pratense* L.	草本		+		+		1
1060	豆科	Leguminosae	白车轴草	*Trifolium repens* L.	草本		+		+		1
1061	豆科	Leguminosae	荆豆	*Ulex europaeus* L.	草本		+		+		1
1062	豆科	Leguminosae	山野豌豆	*Vicia amoena* Fisch.	草本				+		1
1063	豆科	Leguminosae	华野豌豆	*Vicia chinensis* Fr.	草本				+		1
1064	豆科	Leguminosae	广布野瑰豆	*Vicia cracca* L.	草本				+		1
1065	豆科	Leguminosae	小巢菜	*Vicia hirsute*（L.）S. F. Gray	草本				+		1
1066	豆科	Leguminosae	救荒野豌豆	*Vicia sativa* L.	草本				+		1
1067	豆科	Leguminosae	四籽野豌豆	*Vicia tetrasperma* Moench	草本				+		1
1068	豆科	Leguminosae	歪头菜	*Vicia unijuga* A. Br.	草本				+		1
1069	牻牛儿苗科	Geraniaceae	牻牛儿苗	*Erodium stephanianum* Wild.	草本	+					1
1070	牻牛儿苗科	Geraniaceae	尼泊尔老鹳草	*Geranium nepalense* Sw.	草本	+					1
1071	牻牛儿苗科	Geraniaceae	湖北老鹳草	*Geranium hupehanum* R. Knuth	草本	+					1
1072	牻牛儿苗科	Geraniaceae	鼠掌老鹳草	*Geranium sibiricum* L.	草本	+					1
1073	牻牛儿苗科	Geraniaceae	老鹳草	*Geranium wilfordii* Maxim.	草本	+					1
1074	牻牛儿苗科	Geraniaceae	汉荭鱼腥草	*Geranium robertianum* Linn.	草本	+					1
1075	牻牛儿苗科	Geraniaceae	具腺老鹳草	*Geranium wilfordii* Maxim. var. *glandulosum* Z. M. Tan	草本	+					2
1076	牻牛儿苗科	Geraniaceae	见血愁老鹳草	*Geranium henryi* R. Knuth	草本	+					1
1077	牻牛儿苗科	Geraniaceae	四川老鹳草	*Geranium fangii* R. kauth	草本	+					1
1078	牻牛儿苗科	Geraniaceae	鄂西老鹳草	*Geranium wilsonii* R knuth	草本	+					1
1079	亚麻科	Linaceae	野亚麻	*Linum stelleroides* Planch.	草本	+			+		2
1080	亚麻科	Linaceae	石海椒	*Reinwardtia trigyna*（Roxb.）Planch.	草本	+			+		1
1081	酢浆草科	Oxalidaceae	红花酢浆草*	*Oxalis corymbosa* DC.	草本				+		1

序号	科名	科拉丁名	中文名	学名	生活型	药用	观赏	食用	蜜源	工业原料	数据来源
1082	酢浆草科	Oxalidaceae	酢浆草	*Oxalis corniculata* L.	草本				+		1
1083	酢浆草科	Oxalidaceae	山酢浆草	*Oxalis acetosella* L. subsp. *griffithii*（Edgew. et Hook. f.）Hara	草本				+		1
1084	芸香科	Rutaceae	松风草	*Boenninghausenia albiflora*（Hook.）Reichb. ex Meisn.	草本				+	+	1
1085	芸香科	Rutaceae	宜昌橙	*Citrus ichangensis* Swing.	灌木	+		+	+	+	1
1086	芸香科	Rutaceae	香橙*	*Citrus junos* Sieb. ex Tanaka	灌木	+		+	+	+	1
1087	芸香科	Rutaceae	香橼	*Citrus medica* L.	灌木	+		+	+	+	1
1088	芸香科	Rutaceae	臭辣吴萸	*Evodia fagesii* Dode	灌木	+			+	+	1
1089	芸香科	Rutaceae	吴茱萸*	*Evodia rutaecarpa*（Juss.）Benth.	灌木	+			+	+	1
1090	芸香科	Rutaceae	石虎	*Evodia rutaecarpa* var. *officinalis*（Dode）Huang	灌木	+			+	+	1
1091	芸香科	Rutaceae	湖北吴萸	*Evodia henryi* Dode	灌木	+			+	+	1
1092	芸香科	Rutaceae	臭檀吴萸	*Evodia daniellii*（Benn.）Hemsl.	灌木	+			+	+	1
1093	芸香科	Rutaceae	四川吴萸	*Evodia sutchuenensis* Dode	灌木	+			+	+	1
1094	芸香科	Rutaceae	楝叶吴萸	*Evodia glabrifolia*（Benth.）Huang	灌木	+			+	+	1
1095	芸香科	Rutaceae	臭常山	*Orixa japonica* Thunb.	灌木	+			+	+	1
1096	芸香科	Rutaceae	黄檗	*Phellodendron amurense* Rupr.	乔木	+			+	+	1
1097	芸香科	Rutaceae	川黄檗	*Phellodendron chinense* Schneid.	乔木	+			+	+	1
1098	芸香科	Rutaceae	秃叶黄檗	*Phellodendron chinense* Schneid. var. *glabriusculum* Schneid.	乔木	+			+	+	1
1099	芸香科	Rutaceae	枳	*Poncirus trifoliate*（L.）Raf.	灌木	+		+	+	+	1
1100	芸香科	Rutaceae	茵芋	*Skimmia reevesiana* Fort.	灌木	+		+	+	+	1
1101	芸香科	Rutaceae	飞龙掌血	*Toddalia asiatica*（L.）Lam.	灌木	+		+	+	+	1
1102	芸香科	Rutaceae	竹叶花椒	*Zanthoxylum planispinum* Sieb. et Zucc.	灌木	+		+	+	+	1
1103	芸香科	Rutaceae	毛竹叶花椒	*Zanthoxylum planispinum* Sieb. et Zucc. f. *ferrugineum*	灌木	+		+	+	+	1
1104	芸香科	Rutaceae	花椒*	*Zanthoxylum bungeanum* Maxim.	灌木	+		+	+	+	1
1105	芸香科	Rutaceae	两面针	*Zanthoxylum nitidum*（Roxb.）DC.	灌木	+		+	+	+	1
1106	芸香科	Rutaceae	青花椒	*Zanthoxylum schinifolium* Sieb. et Zucc.	灌木	+		+	+	+	1
1107	芸香科	Rutaceae	蚬壳花椒	*Zanthoxylum dissitum* Hemsl.	灌木	+		+	+	+	1
1108	芸香科	Rutaceae	刺壳花椒	*Zanthoxylum echinocarpum* Hemsl.	灌木	+		+	+	+	1
1109	芸香科	Rutaceae	岩椒	*Zanthoxylum esquirolii* Lévl.	灌木	+		+	+	+	1
1110	芸香科	Rutaceae	小花花椒	*Zanthoxylum micranthum* Hemsl.	灌木	+		+	+	+	1
1111	芸香科	Rutaceae	异叶花椒	*Zanthoxylum dimorphophyllum* Hemsl.	灌木	+		+	+	+	1
1112	芸香科	Rutaceae	刺异叶花椒	*Zanthoxylum dimorphophyllum* Hemsl. var. *spinifolium*（Rehd. et Wils.）Huang	灌木	+		+	+	+	1
1113	芸香科	Rutaceae	花椒勒	*Zanthoxylum scandens* Bl.	灌木	+		+	+	+	1
1114	芸香科	Rutaceae	野花椒	*Zanthoxylum simulans* Hance	灌木	+		+	+	+	1
1115	芸香科	Rutaceae	狭叶花椒	*Zanthoxylum stenophyllum* Hemsl.	灌木	+		+	+	+	1
1116	芸香科	Rutaceae	卵叶花椒	*Zanthoxylum ovalifolium* Wight	灌木	+		+	+	+	1
1117	芸香科	Rutaceae	巴山花椒	*Zanthoxylum pashanense* N. Chao	灌木	+		+	+	+	1
1118	苦木科	Simaroubaceae	臭椿	*Ailanthus altissima*（Mill.）Swingle	乔木				+	+	1
1119	苦木科	Simaroubaceae	毛臭椿	*Ailanthus giraldii* Dode	乔木				+	+	1
1120	苦木科	Simaroubaceae	刺臭椿	*Ailanthus vilmoriniana* Dode	乔木				+	+	1

序号	科名	科拉丁名	中文名	学名	生活型	药用	观赏	食用	蜜源	工业原料	数据来源
1121	苦木科	Simaroubaceae	苦木	*Picrasma quassioides*（D. Don）Benn.	乔木					+	+	1
1122	楝科	Meliaceae	楝	*Melia azedarach* L.	乔木	+				+	+	1
1123	楝科	Meliaceae	红椿	*Toona ciliate* Roem.	乔木	+				+	+	1
1124	楝科	Meliaceae	毛红椿	*Toona sureni*（Bl.）Merr.	乔木	+				+	+	1
1125	楝科	Meliaceae	香椿*	*Toona sinensis*（A. Juss.）Roem .	乔木	+				+	+	1
1126	远志科	Polygalaceae	荷苞山桂花	*Polygala arillata* Buch.-Ham. ex D. Don	灌木				+			1
1127	远志科	Polygalaceae	瓜子金	*Polygala japonica* Houtt.	草本							1
1128	远志科	Polygalaceae	西伯利亚远志	*Polygala sibirica* L.	草本							1
1129	远志科	Polygalaceae	小扁豆	*Polygala tatariniwii* Regel.	草本							1
1130	远志科	Polygalaceae	长毛远志	*Polygala wattersii* Hance	草本							1
1131	远志科	Polygalaceae	尾叶远志	*Polygala caudata* Rehd. et Wils.	草本							1
1132	大戟科	Euphorbiaceae	铁苋菜	*Acalypha australis* L.	草本							1
1133	大戟科	Euphorbiaceae	短序铁苋菜	*Acalypha brachystachya* Hornem.	草本							2
1134	大戟科	Euphorbiaceae	山麻杆	*Alchornea davidii* Franch.	灌木							1
1135	大戟科	Euphorbiaceae	秋枫	*Bischofia javanica* Bl.	乔木							1
1136	大戟科	Euphorbiaceae	巴豆	*Croton tiglium* L.	灌木							1
1137	大戟科	Euphorbiaceae	假多包叶	*Discocleidion rufescens*（Franch.）Pax et Hoffm.	灌木							1
1138	大戟科	Euphorbiaceae	泽漆	*Euphorbia helioscopia* L.	草本							1
1139	大戟科	Euphorbiaceae	飞扬草*	*Euphorbia hirta* L.	草本							1
1140	大戟科	Euphorbiaceae	地锦	*Euphorbia humifusa* Willd. ex Schlecht.	草本							1
1141	大戟科	Euphorbiaceae	斑地锦	*Euphorbia maculata* L.	草本							1
1142	大戟科	Euphorbiaceae	通奶草	*Euphorbia hypericifllia* L.	草本							2
1143	大戟科	Euphorbiaceae	续随子	*Euphorbia lathyris* L.	草本							1
1144	大戟科	Euphorbiaceae	黄苞大戟	*Euphorbia sikkimensis* Boiss.	草本	+						1
1145	大戟科	Euphorbiaceae	湖北大戟	*Euphorbia hylonoma* Hand.-Mazz.	草本	+						1
1146	大戟科	Euphorbiaceae	钩腺大戟	*Euphorbia sieboldiana* Morr. et Decne.	草本	+						2
1147	大戟科	Euphorbiaceae	算盘子	*Glochidion puberum*（L.）Hutch.	草本	+						1
1148	大戟科	Euphorbiaceae	湖北算盘子	*Glochidion wilsonii* Hutch.	草本							1
1149	大戟科	Euphorbiaceae	革叶算盘子	*Glochidion daltonii*（Muell.-Arg.）Kurz	草本							1
1150	大戟科	Euphorbiaceae	雀儿舌头	*Leptopus chinensis*（Bunge）Pojark	草本							1
1151	大戟科	Euphorbiaceae	白背叶	*Mallotus apelta*（Lour.）Muell.-Arg.	草本							1
1152	大戟科	Euphorbiaceae	毛桐	*Mallotus barbatus*（Wall.）Muell.-Arg.	灌木						+	1
1153	大戟科	Euphorbiaceae	野桐	*Mallotus japonicus*（Thunb.）Muell.-Arg. var. *floccosus*（Muell.-Arg.）S. M. Hwang	灌木						+	1
1154	大戟科	Euphorbiaceae	红叶野桐	*Mallotus paxii* Pamp.	灌木							1
1155	大戟科	Euphorbiaceae	粗糠柴	*Mallotus philippensis*（Lam.）Muell.-Arg.	灌木						+	1
1156	大戟科	Euphorbiaceae	石岩枫	*Mallotus repandus*（Willd.）Muell.-Arg.	灌木							1
1157	大戟科	Euphorbiaceae	杠香藤	*Mallotus repandus*（Willd.）Muell.-Arg. var. *chrysocarpus*	藤本						+	1
1158	大戟科	Euphorbiaceae	余柑子	*Phyllanthus emblica* L.	灌木	+						1
1159	大戟科	Euphorbiaceae	弯曲叶下珠	*Phyllanthus flexuosus*（Sieb. et Zucc.）Muell.-Arg.	草本	+						2
1160	大戟科	Euphorbiaceae	青灰叶下珠	*Phyllanthus glaucus* Wall. ex Muell.-Arg.	草本	+						1

续表

序号	科名	科拉丁名	中文名	学名	生活型	药用	观赏	食用	蜜源	工业原料	数据来源
1161	大戟科	Euphorbiaceae	叶下珠	*Phyllanthus urinaria* L.	草本	+					1
1162	大戟科	Euphorbiaceae	蓖麻泽漆	*Ricinus communis* L.	灌木	+					1
1163	大戟科	Euphorbiaceae	山乌桕	*Sapium discolor*（Champ. ex Benth.）Muell.-Arg.	乔木	+			+	+	1
1164	大戟科	Euphorbiaceae	白木乌桕	*Sapium japonicum*（Sieb. et Zucc.）Pax et Hoffm.	乔木	+			+	+	1
1165	大戟科	Euphorbiaceae	乌桕	*Sapium sebiferum*（L.）Roxb.	乔木	+			+	+	1
1166	大戟科	Euphorbiaceae	苍叶守宫木	*Sauropus garrettii* Craib	灌木	+			+	+	1
1167	大戟科	Euphorbiaceae	油桐	*Vernicia fordii*（Hemsl.）Airy-Shaw	乔木	+			+	+	1
1168	虎皮楠科	Daphniphyllaceae	虎皮楠	*Daphniphyllum oldhami*（Hemsl.）Rosenth.	乔木				+	+	1
1169	虎皮楠科	Daphniphyllaceae	狭叶虎皮楠	*Daphniphyllum angustifolium* Hutch.	乔木				+	+	2
1170	虎皮楠科	Daphniphyllaceae	脉叶虎皮楠	*Daphniphyllum paxianum* Rosenth.	乔木				+	+	2
1171	虎皮楠科	Daphniphyllaceae	交让木	*Daphniphyllum macropodum* Miq.	乔木				+	+	1
1172	黄杨科	Buxaceae	宜昌黄杨	*Buxus ichangensis* Hatusima	灌木					+	1
1173	黄杨科	Buxaceae	匙叶黄杨	*Buxus harlandii* Hance	灌木					+	1
1174	黄杨科	Buxaceae	杨梅黄杨	*Buxus myrica* Lévl.	灌木					+	1
1175	黄杨科	Buxaceae	黄杨	*Buxus sinica*（Rehd. et Wils.）M. Cheng	灌木					+	1
1176	黄杨科	Buxaceae	尖叶黄杨	*Buxus sinica*（Rehd. et Wils.）M. Cheng subsp. *aemulans*（Rehd. et Wils.）M. Cheng	灌木					+	1
1177	黄杨科	Buxaceae	皱叶黄杨	*Buxus rugulosa* Hatusima	灌木					+	1
1178	黄杨科	Buxaceae	板凳果	*Pachysandra axillaris* Franch.	草本						1
1179	黄杨科	Buxaceae	顶花板凳果	*Pachysandra terminalis* Sieb. et Zucc.	草本						1
1180	黄杨科	Buxaceae	双蕊野扇花	*Sarcococca hookeriana* Baill. var. *digyna* Franch.	灌木						1
1181	黄杨科	Buxaceae	东方野扇花	*Sarcococca orientalis* C. Y. Wu	灌木						1
1182	黄杨科	Buxaceae	羽脉野扇花	*Sarcococca orientalis* C. Y. Wu	灌木						1
1183	黄杨科	Buxaceae	野扇花	*Sarcococca ruscifolia* Stapf	灌木						1
1184	马桑科	Coriariaceae	马桑	*Coriaria nepalensis* Wall.	灌木						1
1185	漆树科	Anacardiaceae	南酸枣	*Choerospondias axillaries*（Roxb.）Burtt et Hill	乔木				+	+	1
1186	漆树科	Anacardiaceae	毛脉南酸枣	*Choerospondias axillaries*（Roxb.）Burtt et Hill var. *pubinervis*（Rehd. et Wils.）Burtt et Hill	乔木				+	+	1
1187	漆树科	Anacardiaceae	城口黄栌	*Cotinus coggygria* Scop. var. *chengkouensis* Y. T. Wu	灌木				+	+	1
1188	漆树科	Anacardiaceae	毛黄栌	*Cotinus coggygria* Scop. var. *pubescens* Engl.	灌木				+	+	1
1189	漆树科	Anacardiaceae	粉背黄栌	*Cotinus coggygria* Scop. var. *glaucophylla* C. Y. Wu	灌木				+	+	1
1190	漆树科	Anacardiaceae	矮黄栌	*Cotinus nana* W. W. Smith	灌木				+	+	1
1191	漆树科	Anacardiaceae	黄连木	*Pistacia chinensis* Bunge	乔木				+	+	1
1192	漆树科	Anacardiaceae	盐肤木	*Rhus chinensis* Mill.	灌木				+	+	1
1193	漆树科	Anacardiaceae	滨盐肤木	*Rhus chinensis* Mill. var. *roxburghii*（DC.）Rehd.	灌木				+	+	2
1194	漆树科	Anacardiaceae	青麸杨	*Rhus potaninii* Maxim.	灌木				+	+	1
1195	漆树科	Anacardiaceae	毛叶麸杨	*Rhus punjabensis* Stewart. var. *pilosa* Engl.	灌木				+	+	1
1196	漆树科	Anacardiaceae	红麸杨	*Rhus Punjabensis* Stewart. var. *sinica*（Diels）Rehd. et Wils.	灌木				+	+	1

序号	科名	科拉丁名	中文名	学名	生活型	药用	观赏	食用	蜜源	工业原料	数据来源
1197	漆树科	Anacardiaceae	野漆	*Toxicodendron succedaneum*（L.）O. Kuntze	乔木	+			+	+	1
1198	漆树科	Anacardiaceae	木蜡树	*Toxicodendron sylvestres*（Sieb. et Zucc.）O. Kuntze	灌木				+	+	1
1199	漆树科	Anacardiaceae	漆树	*Toxicodendron vernicifluum*（Stokes）f. A. Barkl.	乔木	+			+	+	1
1200	冬青科	Aquifoliaceae	珊瑚冬青	*Ilex corallina* Franch.	乔木						1
1201	冬青科	Aquifoliaceae	刺叶珊瑚冬青	*Ilex corallina* Franch. var. *aberrans* Hand.-Mazz	乔木						1
1202	冬青科	Aquifoliaceae	狭叶冬青	*Ilex fargesii* Franch	乔木						1
1203	冬青科	Aquifoliaceae	榕叶冬青	*Ilex ficoidea* Hemsl.	乔木						1
1204	冬青科	Aquifoliaceae	大果冬青	*Ilex macrocarpa* Oliv.	乔木						1
1205	冬青科	Aquifoliaceae	小果冬青	*Ilex micrococca* Maxim.	乔木						1
1206	冬青科	Aquifoliaceae	具柄冬青	*Ilex pedunculosa* Miq.	乔木						1
1207	冬青科	Aquifoliaceae	猫儿刺	*Ilex pernyi* Franch.	灌木						1
1208	冬青科	Aquifoliaceae	冬青	*Ilex chinensis* Sims	乔木						1
1209	冬青科	Aquifoliaceae	四川冬青	*Ilex szechwanensis* Loes.	乔木						2
1210	冬青科	Aquifoliaceae	灰叶冬青	*Ilex tephrophylia*（Loes.）S. Y. Hu	乔木						1
1211	冬青科	Aquifoliaceae	三花冬青	*Ilex trifflora* Bl.	乔木						1
1212	冬青科	Aquifoliaceae	尾叶冬青	*Ilex wilsonii* Loes.	乔木						1
1213	冬青科	Aquifoliaceae	云南冬青	*Ilex yunnanensis* Franch.	乔木						1
1214	冬青科	Aquifoliaceae	城口冬青	*Ilex chengkouensis* C. J. Tseng	乔木						21
1215	卫矛科	Celastraceae	苦皮藤	*Celastrus angulatus* Maxim.	藤本						1
1216	卫矛科	Celastraceae	灰叶南蛇藤	*Celastrus glaucophyllus* Rehd. et Wils.	藤本	+				+	1
1217	卫矛科	Celastraceae	皱脉灰叶南蛇藤	*Celastrus glaucophyllus* var. *rugosus*（Rehd. et Wils.）C. Y. Cheng	藤本	+				+	1
1218	卫矛科	Celastraceae	青江藤	*Celastrus hindsii* Benth.	藤本	+				+	1
1219	卫矛科	Celastraceae	粉背南蛇藤	*Celastrus hypoleucus*（Oliv.）Warb.	藤本	+				+	1
1220	卫矛科	Celastraceae	南蛇藤	*Celastrus orbiculatus* Thunb.	藤本	+				工业原料	1
1221	卫矛科	Celastraceae	短柄南蛇藤	*Celastrus rosthornianus* Loes.	藤本	+				+	1
1222	卫矛科	Celastraceae	显柱南蛇藤	*Celastrus stylosus* Wall.	藤本	+				+	1
1223	卫矛科	Celastraceae	光南蛇藤	*Celastrus stylosus* Wall. subsp. *glaber* D. Hou	藤本	+				+	1
1224	卫矛科	Celastraceae	长序南蛇藤	*Celastrus vaniotii*（Levl.）Rehd.	藤本	+				+	1
1225	卫矛科	Celastraceae	大芽南蛇藤	*Celastrus gemmatus* Loes.	藤本	+				+	1
1226	卫矛科	Celastraceae	刺果卫矛	*Euonymus acanthocarpus* Franch.	灌木					+	1
1227	卫矛科	Celastraceae	软刺卫矛	*Euonymus aculeatus* Hemsl.	灌木					+	1
1228	卫矛科	Celastraceae	卫矛	*Euonymus alatus*（Thun.）Sieb.	灌木					+	1
1229	卫矛科	Celastraceae	白杜	*Euonymus bunganus* Maxim.	灌木					+	1
1230	卫矛科	Celastraceae	角翅卫矛	*Euonymus cornutus* Hemsl.	灌木					+	1
1231	卫矛科	Celastraceae	裂果卫矛	*Euonymus dielsianus* Loes. ex Diels	灌木					+	1
1232	卫矛科	Celastraceae	扶芳藤	*Euonymus fortunei*（Turcz）Hand.-Mazz.	藤本					+	1
1233	卫矛科	Celastraceae	西南卫矛	*Euonymus hamiltonianus* Wall.	灌木					+	1
1234	卫矛科	Celastraceae	革叶卫矛	*Euonymus lecleri* Lévl.	灌木					+	1
1235	卫矛科	Celastraceae	小果卫矛	*Euonymus microcarpus*（Oliv.）Sprague	灌木					+	1
1236	卫矛科	Celastraceae	大果卫矛	*Euonymus myrianthus* Hemsl.	灌木					+	1

续表

序号	科名	科拉丁名	中文名	学名	生活型	药用	观赏	食用	蜜源	工业原料	数据来源
1237	卫矛科	Celastraceae	栓翅卫矛	*Euonymus phellomanes* Loes.	灌木					+	1
1238	卫矛科	Celastraceae	八宝茶	*Euonymus przwalskii* Maxim.	灌木					+	1
1239	卫矛科	Celastraceae	石枣子	*Euonymus sanguineus* Loes.	灌木					+	1
1240	卫矛科	Celastraceae	陕西卫矛	*Euonymus schensianus* Maxim.	灌木					+	1
1241	卫矛科	Celastraceae	无柄卫矛	*Euonymus subsessilis* Sprague	灌木					+	1
1242	卫矛科	Celastraceae	曲脉卫矛	*Euonymus venosus* Hemsl.	灌木					+	1
1243	卫矛科	Celastraceae	疣点卫矛	*Euonymus verrucosoides* Loes.	灌木					+	1
1244	卫矛科	Celastraceae	三花假卫矛	*Microtropis triflora* Merr. et Freem.	灌木					+	1
1245	卫矛科	Celastraceae	核子木	*Perrottetia racemosa*（Oliv.）Loes.	灌木					+	1
1246	省沽油科	Staphyleaceae	野鸦椿	*Euscaphis japonica*（Thunb.）Dippel	灌木					+	1
1247	省沽油科	Staphyleaceae	省沽油	*Staphylea bumalda* DC.	灌木	+					1
1248	省沽油科	Staphyleaceae	膀胱果	*Staphylea holocarpa* Hemsl.	灌木	+					1
1249	省沽油科	Staphyleaceae	瘿椒树	*Tapiscia sinensis* Oliv.	乔木	+					1
1250	省沽油科	Staphyleaceae	利川瘿椒树	*Tapiscia lichuanensis* W. C. Cheng et C. D. Chu	乔木						1
1251	省沽油科	Staphyleaceae	硬毛山香圆	*Turpinia affinis* Merr. et Perry	乔木						1
1252	省沽油科	Staphyleaceae	锐尖山香圆	*Turpinia arguta*（Lindl.）Seem.	乔木						1
1253	茶茱萸科	Icacinaceae	马比木	*Nothapodytes pittosporoides*（Oliv.）Sleumer	灌木		+				1
1254	槭树科	Aceraceae	阔叶槭	*Acer amplum* Rehd.	乔木		+				1
1255	槭树科	Aceraceae	太白深灰槭	*Acer caesium* Wall. ex Brandis subsp. *giraldii*（Pax）E. Murr.	乔木		+				1
1256	槭树科	Aceraceae	小叶青皮槭	*Acer cappadocicum* Gled. var. *sinicum* Rehd.	乔木		+				1
1257	槭树科	Aceraceae	三尾青皮槭	*Acer cappadocicum* Gled. var. *tricardatum*（Rehd. ex Veitch）Rehd.	乔木		+				1
1258	槭树科	Aceraceae	梓叶槭	*Acer catalpifolium* Rehd.	乔木		+				1
1259	槭树科	Aceraceae	多齿长尾槭	*Acer caudatum* Wall. var. *multiserratum*（Maxim.）Rehd.	乔木		+				1
1260	槭树科	Aceraceae	紫果槭	*Acer cordatum* Pax	乔木		+				1
1261	槭树科	Aceraceae	青榨槭	*Acer davidii* Franch.	乔木		+				1
1262	槭树科	Aceraceae	异色槭	*Acer discolor* Maxim.	乔木		+				1
1263	槭树科	Aceraceae	毛花槭	*Acer erianthum* Schwer.	乔木		+				1
1264	槭树科	Aceraceae	罗孚槭	*Acer fabri* Hance	乔木		+				1
1265	槭树科	Aceraceae	红翅罗浮槭	*Acer fabri* Hance var. *rubrocarpum* Metc.	乔木		+				1
1266	槭树科	Aceraceae	扇叶槭	*Acer flabellatum* Rehd.	乔木		+				1
1267	槭树科	Aceraceae	房县槭	*Acer faranchetii* Pax	乔木		+				1
1268	槭树科	Aceraceae	血皮槭	*Acer griseum*（Franch.）Pax	乔木		+			+	1
1269	槭树科	Aceraceae	建始槭	*Acer henryi* Pax	乔木		+				1
1270	槭树科	Aceraceae	光叶槭	*Acer laevigatum* Wall.	乔木		+				1
1271	槭树科	Aceraceae	疏花槭	*Acer laxiflorum* Pax	乔木		+				1
1272	槭树科	Aceraceae	长柄槭	*Acer longipes* Franch.	乔木		+				1
1273	槭树科	Aceraceae	五尖槭	*Acer maximowicazii* Pax	乔木		+				1
1274	槭树科	Aceraceae	色木槭	*Acer mono* Maxim.	乔木		+				1
1275	槭树科	Aceraceae	大翅色木槭	*Acer mono* Maxim. var. *tricuspis*（Rehd.）Rehd.	乔木		+				1
1276	槭树科	Aceraceae	飞蛾槭	*Acer oblongum* Wall. ex DC.	乔木		+				1

续表

序号	科名	科拉丁名	中文名	学名	生活型	药用	观赏	食用	蜜源	工业原料	数据来源
1277	槭树科	Aceraceae	峨眉飞蛾槭	*Acer oblongum* Wall. ex DC. var. *omeiense* Fang et Soong	乔木		+				1
1278	槭树科	Aceraceae	五裂槭	*Acer oliverianum* Pax	乔木		+				1
1279	槭树科	Aceraceae	鸡爪槭	*Acer palmatum* Thunb.	灌木		+				1
1280	槭树科	Aceraceae	杈叶槭	*Acer robustum* Pax	乔木		+				1
1281	槭树科	Aceraceae	中华槭	*Acer sinense* Pax	乔木		+				1
1282	槭树科	Aceraceae	毛叶槭	*Acer stachyophyllum* Hiern	乔木		+				1
1283	槭树科	Aceraceae	四川槭	*Acer sutchuenense* Franch.	乔木		+				1
1284	槭树科	Aceraceae	四蕊槭	*Acer tetramerum* Pax	乔木		+				1
1285	槭树科	Aceraceae	桦叶四蕊槭	*Acer tetramerum* Pax var. *betulifolium*（Maxim.）Rehd.	乔木		+				1
1286	槭树科	Aceraceae	三峡槭	*Acer wilsonii* Rehd.	乔木		+				1
1287	槭树科	Aceraceae	金钱槭	*Dipteronia sinensis* Oliv.	乔木		+				1
1288	七叶树科	Hippocastanaceae	七叶树	*Aesculus chinensis* Bunge	乔木		+		+		1
1289	七叶树科	Hippocastanaceae	天师栗	*Aesculus wilsonii* Rehd	乔木		+		+		1
1290	无患子科	Sapindaceae	复羽叶栾树	*Koelreuteria bipinnata* Franch.	乔木		+		+		1
1291	无患子科	Sapindaceae	栾树	*Koelreuteria paniculata* Laxm.	乔木		+		+		1
1292	无患子科	Sapindaceae	全缘叶栾树	*Koelreuteria bipinnata* Franch. var. *integrifoliola*（Merr.）T. Chen	乔木		+		+		1
1293	清风藤科	Sabiaceae	珂楠树	*Meliosma beaniana* Rehd. et Wils.	乔木				+		1
1294	清风藤科	Sabiaceae	泡花树	*Meliosma cuneifolia* Franch.	乔木				+		1
1295	清风藤科	Sabiaceae	垂枝泡花树	*Meliosma flexuosa* Pamp.	乔木				+		1
1296	清风藤科	Sabiaceae	贵州泡花树	*Meliosma henryi* Diels	乔木				+		1
1297	清风藤科	Sabiaceae	鄂西清风藤	*Sabia campanulata* Wall. ex Roxb. subsp. *ritchieae*（Rehd. et Wils.）Y. F. Wu	藤本				+	+	1
1298	清风藤科	Sabiaceae	凹萼清风藤	*Sabia emarinata* Lecomte	藤本				+	+	1
1299	清风藤科	Sabiaceae	清风藤	*Sabia japonica* Maxim.	藤本				+	+	1
1300	清风藤科	Sabiaceae	四川清风藤	*Sabia schumanniana* Diels	藤本				+	+	1
1301	清风藤科	Sabiaceae	多花清风藤	*Sabia abia schumanniana* Diels subsp. *pluriflora*（Rehd. et Wils.）Y. F. Wu	藤本				+	+	1
1302	清风藤科	Sabiaceae	尖叶清风藤	*Sabia swinhoei* Hemsl. ex Forb. et Hemsl.	藤本				+	+	1
1303	清风藤科	Sabiaceae	阔叶清风藤	*Sabia yunnanensis* Franch. subsp. *latifolia*（Rehd. et Wils.）Y. F. Wu	藤本				+	+	1
1304	凤仙花科	Balsaminaceae	凤仙花	*Impatiens balsamina* L.	草本	+	+		+		1
1305	凤仙花科	Balsaminaceae	牯岭凤仙花	*Impatiens davidii* Franch.	草本	+	+		+		1
1306	凤仙花科	Balsaminaceae	齿萼凤仙花	*Impatiens dicentra* Franch.	草本	+	+		+		1
1307	凤仙花科	Balsaminaceae	小花凤仙花	*Impatiens exiguiflora* Hook. f.	草本	+	+		+		1
1308	凤仙花科	Balsaminaceae	川鄂凤仙花	*Impatiens fargesii* Hook. f.	草本	+	+		+		1
1309	凤仙花科	Balsaminaceae	细柄凤仙花	*Impatiens leptocaulon* Hook. f.	草本	+	+		+		1
1310	凤仙花科	Balsaminaceae	长翼凤仙花	*Impatiens longialata* Pritz. ex Diels.	草本	+	+		+		1
1311	凤仙花科	Balsaminaceae	山地凤仙花	*Impatiens monticolo* Hook. f.	草本	+	+		+		1
1312	凤仙花科	Balsaminaceae	水金凤	*Impatiens noli-tangere* L.	草本	+	+		+		1
1313	凤仙花科	Balsaminaceae	湖北凤仙花	*Impatiens pritzelii* Hook. f.	草本	+	+		+		1
1314	凤仙花科	Balsaminaceae	翼萼凤仙花	*Impatiens pterosepala* Pritz. ex Hook. f.	草本	+	+		+		1
1315	凤仙花科	Balsaminaceae	四川凤仙花	*Impatiens setchuanensis* Franch. ex Hook. f.	草本	+	+		+		1

序号	科名	科拉丁名	中文名	学名	生活型	药用	观赏	食用	蜜源	工业原料	数据来源
1316	凤仙花科	Balsaminaceae	黄金凤	*Impatiens siculifer* Hook. f.	草本	+	+		+		2
1317	凤仙花科	Balsaminaceae	窄萼凤仙花	*Impatiens stenosepala* Pritz. ex Diels	草本	+	+		+		1
1318	凤仙花科	Balsaminaceae	齿叶凤仙花	*Impatiens sdontophylla* Hook. f.	草本	+	+		+		1
1319	凤仙花科	Balsaminaceae	顶喙凤仙花	*Impatiens compta* Hook. f.	草本	+	+		+		1
1320	凤仙花科	Balsaminaceae	大鼻凤仙花	*Impatiens osuta* Hook. f.	草本	+	+		+		1
1321	凤仙花科	Balsaminaceae	膜叶凤仙花	*Impatiens membranifolia* Fr. ex Kook. f.	草本	+	+		+		1
1322	凤仙花科	Balsaminaceae	细圆齿凤仙花	*Impatiens crenulata* Kook. f.	草本	+	+		+		1
1323	凤仙花科	Balsaminaceae	美丽凤仙花	*Impatiens bellula* Kook. f.	草本	+	+		+		1
1324	凤仙花科	Balsaminaceae	毛柄凤仙花	*Impatiens trichopoda* Kook. f.	草本	+	+		+		1
1325	凤仙花科	Balsaminaceae	透明凤仙花	*Impatiens diaphana* Kook. f.	草本	+	+		+		1
1326	凤仙花科	Balsaminaceae	三角萼凤仙花	*Impatiens trigonosepala* Kook. f.	草本	+	+		+		1
1327	鼠李科	Rhamnaceae	黄背勾儿茶	*Berchemia flavescens*（Wall.）Brongn.	灌木						1
1328	鼠李科	Rhamnaceae	多花勾儿茶	*Berchemia floribunda*（Wall.）Brongn.	灌木						1
1329	鼠李科	Rhamnaceae	牯岭勾儿茶	*Berchemia kulingensis* Schneid.	灌木						1
1330	鼠李科	Rhamnaceae	峨眉勾儿茶	*Berchemia omeiensis* Fang ex Y. L. Chen	灌木						1
1331	鼠李科	Rhamnaceae	多叶勾儿茶	*Berchemia polyphylla* Wall. ex Laws.	灌木						1
1332	鼠李科	Rhamnaceae	光枝勾儿茶	*Berchemia polyphylla* Wall. ex Laws. var. *leioclada* Hand.-Mazz.	灌木						1
1333	鼠李科	Rhamnaceae	勾儿茶	*Berchemia sinica* Schneid.	灌木						1
1334	鼠李科	Rhamnaceae	云南勾儿茶	*Berchemia yunnanensis* Franch.	灌木						1
1335	鼠李科	Rhamnaceae	枳椇	*Hovenia acerba* Lindl.	灌木	+				+	1
1336	鼠李科	Rhamnaceae	北枳椇	*Hovenia dulcis* Thunb.	灌木	+				+	1
1337	鼠李科	Rhamnaceae	铜钱树	*Paliurus hemsleyanus* Rehd.	灌木	+				+	1
1338	鼠李科	Rhamnaceae	马甲子	*Paliurus ramosissimus*（Lour.）Poir	灌木	+				+	1
1339	鼠李科	Rhamnaceae	猫乳	*Rhamnella franguloides*（Maxim.）Weberb.	灌木	+				+	1
1340	鼠李科	Rhamnaceae	长叶冻绿	*Rhamnus crenata* Sieb. et Zucc.	灌木					+	1
1341	鼠李科	Rhamnaceae	刺鼠李	*Rhamnus dumetorum* Schneid.	灌木					+	1
1342	鼠李科	Rhamnaceae	贵州鼠李	*Rhamnus esquirolii* Lévl.	灌木					+	2
1343	鼠李科	Rhamnaceae	亮叶鼠李	*Rhamnus hemsleyana* Schneid.	灌木					+	1
1344	鼠李科	Rhamnaceae	异叶鼠李	*Rhamnus heterophylla* Oliv.	灌木					+	1
1345	鼠李科	Rhamnaceae	桃叶鼠李	*Rhamnus iteinophylla* Schneid.	灌木					+	1
1346	鼠李科	Rhamnaceae	薄叶鼠李	*Rhamnus leptophyllus* Schneid.	灌木					+	1
1347	鼠李科	Rhamnaceae	小冻绿树	*Rhamnus rosthornii* Pritz.	灌木					+	1
1348	鼠李科	Rhamnaceae	皱叶鼠李	*Rhamnus rugulosa* Hemsl.	灌木					+	1
1349	鼠李科	Rhamnaceae	脱毛皱叶鼠李	*Rhamnus rugulosa* Hemsl. var. *glabrata* Y. L. Ghen et P. K. Chou	灌木					+	1
1350	鼠李科	Rhamnaceae	多脉鼠李	*Rhamnus sargentiana* Schneid.	灌木					+	1
1351	鼠李科	Rhamnaceae	甘青鼠李	*Rhamnus tangutius* J. Vass.	灌木					+	1
1352	鼠李科	Rhamnaceae	黄鼠李	*Rhamnus fulvo-tincta* Metcalf	灌木					+	1
1353	鼠李科	Rhamnaceae	毛叶鼠李	*Rhamnus henryi* Schneid.	灌木					+	1
1354	鼠李科	Rhamnaceae	小叶鼠李	*Rhamnus parvifolia* Bunge	灌木					+	1
1355	鼠李科	Rhamnaceae	冻绿	*Rhamnus utilis* Decne.	灌木					+	1
1356	鼠李科	Rhamnaceae	钩刺雀梅藤	*Sageretia hamosa*（Wall.）Brongn.	藤本					+	1

序号	科名	科拉丁名	中文名	学名	生活型	药用	观赏	食用	蜜源	工业原料	数据来源
1357	鼠李科	Rhamnaceae	梗花雀梅藤	*Sageretia henryi* Drumm. et Sprague	藤本					+	1
1358	鼠李科	Rhamnaceae	对节刺	*Sageretia pycnophylla* Schneid.	藤本					+	1
1359	鼠李科	Rhamnaceae	皱叶雀梅藤	*Sageretia rugosa* Hance	藤本					+	1
1360	鼠李科	Rhamnaceae	尾叶雀梅藤	*Sageretia subcaudata* Schneid	藤本					+	1
1361	鼠李科	Rhamnaceae	雀梅藤	*Sageretia thea*（Osbeck）Johnst.	藤本					+	1
1362	鼠李科	Rhamnaceae	凹叶雀梅藤	*Sageretia horrida* Pax et K. Hoffm.	藤本					+	1
1363	鼠李科	Rhamnaceae	枣泽漆	*Ziziphus jujuba* Mill.	藤本	+					1
1364	葡萄科	Vitaceae	蓝果蛇葡萄	*Ampelopsis bodinieri*（Lévl. et Vant.）Rehd	藤本						1
1365	葡萄科	Vitaceae	灰毛蛇葡萄	*Ampelopsis bodinieri* var. *cinerea*（Gagnep.）Rehd.	藤本						1
1366	葡萄科	Vitaceae	羽叶蛇葡萄	*Ampelopsis chaffanjoni*（Lévl. et Vant.）Rehd.	藤本						1
1367	葡萄科	Vitaceae	三裂叶蛇葡萄	*Ampelopsis delavayana* Planch.	藤本						1
1368	葡萄科	Vitaceae	异叶蛇葡萄	*Ampelopsis heterophylla*（Thunb.）Sieb. et Zucc.	藤本						1
1369	葡萄科	Vitaceae	光叶蛇葡萄	*Ampelopsis heterophylla*（Thunb.）Sieb. et Zucc. var. *hancei* Planch.	藤本						1
1370	葡萄科	Vitaceae	锈毛蛇葡萄	*Ampelopsis heterophylla* var. *vestita* Rehd.	藤本						1
1371	葡萄科	Vitaceae	白蔹	*Ampelopsis japonica*（Thunb.）Makino	藤本						1
1372	葡萄科	Vitaceae	大叶蛇葡萄	*Ampelopsis megalophylla* Diels et Gilg	藤本						1
1373	葡萄科	Vitaceae	毛枝蛇葡萄	*Ampelopsis rubifolia*（Wall.）Planch.	藤本						2
1374	葡萄科	Vitaceae	白毛乌蔹莓	*Cayratia albifolia* C. L. Li	藤本						1
1375	葡萄科	Vitaceae	脱毛乌蔹莓	*Cayratia oligocarpa* Gagnep var. *glabra*（Gagnep.）Rehd.	藤本						1
1376	葡萄科	Vitaceae	乌蔹莓	*Cayratia japonica*（Thunb.）Gagnep.	藤本						1
1377	葡萄科	Vitaceae	毛乌蔹莓	*Cayratia japonica* var. *mollis*（Wall.）Planch.	藤本						1
1378	葡萄科	Vitaceae	尖叶乌蔹莓	*Cayratia japonica* var. *pseudotrifolia*（W. T. Wang）C. L. Li	藤本						1
1379	葡萄科	Vitaceae	华中乌蔹莓	*Cayratia oligocarpa*（Lévl. et Vant.）Gagnep.	藤本						1
1380	葡萄科	Vitaceae	苦郎藤	*Cissus assamica*（Laws.）Craib	藤本						1
1381	葡萄科	Vitaceae	异叶地锦	*Parthenocissus heterophylla*（Bl.）Merr.	藤本						1
1382	葡萄科	Vitaceae	爬山虎	*Parthenocissus tricuspidata*（Sieb. et Zucc.）Planch.	藤本						1
1383	葡萄科	Vitaceae	三叶崖爬藤	*Tetrastigma hemsleyanum* Diels et Gilg	藤本						1
1384	葡萄科	Vitaceae	崖爬藤	*Tetrastigma obtectum*（Wall.）Planch. var. *glabrum*（Lévl. et Vant.）Gagnep.	藤本						1
1385	葡萄科	Vitaceae	毛叶崖爬藤	*Tetrastigma obtectum* Planch. var. *pilosum* Gagnep	藤本						1
1386	葡萄科	Vitaceae	美丽葡萄	*Vitis bellula*（Rehd.）W. T. Wang	藤本					+	1
1387	葡萄科	Vitaceae	桦叶葡萄	*Vitis betulifolia* Diels et Gilg	藤本					+	1
1388	葡萄科	Vitaceae	刺葡萄	*Vitis davidii* Foex.	藤本					+	1
1389	葡萄科	Vitaceae	葛藟	*Vitis flexuosa* Thunb.	藤本					+	1
1390	葡萄科	Vitaceae	毛葡萄	*Vitis quinquangularis* Rehd.	藤本					+	1
1391	葡萄科	Vitaceae	变叶葡萄	*Vitis piasezkii* Maxim.	藤本					+	1
1392	葡萄科	Vitaceae	少毛变叶葡萄	*Vitis piasezkii* Maxim. var. *pagnuccii*（Roman. Du Caill. ex Planch.）Rehd.	藤本					+	1
1393	葡萄科	Vitaceae	秋葡萄	*Vitis romaneti* Roman. du Cail. ex Planch.	藤本					+	1

序号	科名	科拉丁名	中文名	学名	生活型	药用	观赏	食用	蜜源	工业原料	数据来源
1394	葡萄科	Vitaceae	网脉葡萄	*Vitis wilsonae* Veitch	藤本					+	1
1395	葡萄科	Vitaceae	俞藤	*Yua thomsoni*（Laws.）C. L. Li	藤本						1
1396	杜英科	Elaeocarpaceae	褐毛杜英	*Elaeocarpus duclouxii* Gagnep	乔木		+			+	1
1397	杜英科	Elaeocarpaceae	薯豆	*Elaeocarpus japonicus* Sieb. et Zucc.	乔木		+			+	1
1398	杜英科	Elaeocarpaceae	山杜英	*Elaeocarpus sylvestris*（Lour.）Poir.	乔木		+			+	1
1399	杜英科	Elaeocarpaceae	杜英	*Elaeocarpus decipiens* Hemsl.	乔木		+			+	1
1400	杜英科	Elaeocarpaceae	猴欢喜	*Sloanea sinensis*（Hance）Hemsl.	乔木		+			+	1
1401	杜英科	Elaeocarpaceae	仿栗	*Sloanea hemsleyana*（Ito）Rehd. et Wils.	乔木		+			+	1
1402	杜英科	Elaeocarpaceae	薄果猴欢喜	*Sloanea leptocarpa* Diels	乔木		+			+	1
1403	椴树科	Tiliaceae	田麻	*Corchoropsis tomentosa*（Thunb.）Makino	草本		+			+	1
1404	椴树科	Tiliaceae	扁担杆	*Grewia biloba* G. Don	灌木		+			+	1
1405	椴树科	Tiliaceae	小花扁担杆	*Grewia biloba* G. Don var. *parviflora*（Bunge）Hand.-Mazz.	灌木		+			+	1
1406	椴树科	Tiliaceae	华椴	*Tilia chinensis* Maxim.	乔木		+			+	1
1407	椴树科	Tiliaceae	粉椴	*Tilia oliveri* Szysz.	乔木		+			+	1
1408	椴树科	Tiliaceae	灰背椴	*Tilia oliveri* Szysz. var. *cinerascens* Rehd. et Wils.	乔木		+			+	1
1409	椴树科	Tiliaceae	少脉椴	*Tilia paucicostata* Maxim.	乔木		+			+	1
1410	椴树科	Tiliaceae	椴树	*Tilia tuan* Szysz.	乔木		+			+	1
1411	椴树科	Tiliaceae	杨叶椴	*Tilia populifolia* H. T. Chang	乔木					+	1
1412	锦葵科	Malvaceae	苘麻	*Abutilon theophrasti* Medic.	灌木				+		1
1413	锦葵科	Malvaceae	蜀葵	*Althaea rosea*（L.）Cav.	灌木				+		1
1414	锦葵科	Malvaceae	圆叶锦葵	*Malva rotundifolia* L.	灌木				+		1
1415	锦葵科	Malvaceae	地桃花	*Urena lobata* L.	灌木				+		1
1416	锦葵科	Malvaceae	木槿*	*Hibiscus syriacus* Linn.	灌木		+		+		1
1417	梧桐科	Sterculiaceae	梧桐*	*Firmiana platanifolia*（L. f.）Marsili	灌木		+		+		1
1418	猕猴桃科	Actinidiaceae	凸脉猕猴桃	*Actinidia arguta*（Sieb. et Zucc.）Planch. ex Miq. var. *nervosa* C. F. Liang	藤本		+	+	+		1
1419	猕猴桃科	Actinidiaceae	紫果猕猴桃	*Actinidia arguta*（Sieb. et Zucc.）Planch. ex Miq. var. *purpurea*（Rehd.）C. F. Liang	藤本		+	+	+		1
1420	猕猴桃科	Actinidiaceae	称花藤	*Actinidia callosa* Lindl. var. *henryi* Maxim.	藤本		+	+	+		1
1421	猕猴桃科	Actinidiaceae	城口猕猴桃	*Actinidia chengkouensis* C. Y. Chang	藤本		+	+	+		1
1422	猕猴桃科	Actinidiaceae	中华猕猴桃	*Actinidia chinensis* Planch.	藤本		+	+	+		1
1423	猕猴桃科	Actinidiaceae	美味猕猴桃	*Actinidia deliciosa*（A. Chev.）C. F. Liang et A. R. Ferguson	藤本		+	+	+		1
1424	猕猴桃科	Actinidiaceae	狗枣猕猴桃	*Actinidia kolomikta*（Rupr. et Maxim.）Maxim.	藤本		+	+	+		1
1425	猕猴桃科	Actinidiaceae	黑蕊猕猴桃	*Actinidia melanandra* Franch.	藤本		+	+	+		1
1426	猕猴桃科	Actinidiaceae	葛枣猕猴桃	*Actinidia polygama*（Sieb. et Zucc.）Maxim.	藤本		+	+	+		1
1427	猕猴桃科	Actinidiaceae	革叶猕猴桃	*Actinidia rubricaulis* Dunn var. *coriacea*（Finet et Gagnep.）C. F. Liang	藤本		+	+	+		1
1428	猕猴桃科	Actinidiaceae	四萼猕猴桃	*Actinidia teramera* Maxim.	藤本		+	+	+		1
1429	猕猴桃科	Actinidiaceae	毛蕊猕猴桃	*Actinidia trichogyna* Franch.	藤本		+	+	+		1
1430	猕猴桃科	Actinidiaceae	星毛猕猴桃	*Actinidia stellato-pilosa* C. Y. Chang	藤本		+	+	+		1
1431	猕猴桃科	Actinidiaceae	硬毛猕猴桃	*Actinidia chinensis* Planch. var. *hispida* C. F. Liang	藤本		+	+	+		1

序号	科名	科拉丁名	中文名	学名	生活型	药用	观赏	食用	蜜源	工业原料	数据来源
1432	猕猴桃科	Actinidiaceae	猕猴桃藤山柳	*Clematoclethra actinidioides* Maxim.	灌木				+		1
1433	猕猴桃科	Actinidiaceae	杨叶藤山柳	*Clematoclethra actinidioides* Maxim. var. *populifolia* C. F. Liang et Y. C. Chen	灌木				+		1
1434	猕猴桃科	Actinidiaceae	毛背藤山柳	*Clematoclethra faberi* Franch.	灌木				+		1
1435	猕猴桃科	Actinidiaceae	藤山柳	*Clematoclethra lasioclada* Maxim.	灌木				+		1
1436	猕猴桃科	Actinidiaceae	大叶藤山柳	*Clematoclethra lasioclada* var. *grandis* C. F. Liang et Y. C. Chen	灌木				+		1
1437	猕猴桃科	Actinidiaceae	粗毛藤山柳	*Clematoclethra strigllosa* Franch.	灌木				+		1
1438	猕猴桃科	Actinidiaceae	心叶藤山柳	*Clematoclethra cordifolia* Franch.	灌木				+		1
1439	猕猴桃科	Actinidiaceae	多花藤山柳	*Clematoclethra floribunda* W. T. Wang	灌木				+		1
1440	猕猴桃科	Actinidiaceae	刚毛藤山柳	*Clematoclethra scandens* Maxim.	灌木				+		1
1441	猕猴桃科	Actinidiaceae	绵毛藤山柳	*Clematoclethra lanosa* R.	灌木				+		1
1442	山茶科	Theaceae	川杨桐	*Adinandra bockiana* Pritz. ex Diels	灌木				+		1
1443	山茶科	Theaceae	油茶	*Camellia oleifera* Abel	灌木		+	+	+		1
1444	山茶科	Theaceae	西南红山茶	*Camellia pitardii* Coh.-St.	灌木		+	+	+		1
1445	山茶科	Theaceae	川鄂连蕊茶	*Camellia rosthorniana* Hand.-Mazz.	灌木		+	+	+		1
1446	山茶科	Theaceae	茶	*Camellia sinensis*（L.）O. Ktze.	灌木		+	+	+		1
1447	山茶科	Theaceae	瘤果茶	*Camellia tuberculata* Chien	灌木		+	+	+		1
1448	山茶科	Theaceae	普洱茶*	*Camellia assamica*（Mast.）Chang var. *assamica*（Mast.）Chang	灌木		+	+	+		1
1449	山茶科	Theaceae	翅柃	*Eurya alata* Kobuski	灌木				+		1
1450	山茶科	Theaceae	金叶柃	*Eurya aurea*（Lévl.）Hu et L. K. Ling	灌木				+		1
1451	山茶科	Theaceae	短柱柃	*Eurya brevistyla* Kobuski	灌木				+		1
1452	山茶科	Theaceae	川柃	*Eurya fangii* Rehd.	灌木				+		1
1453	山茶科	Theaceae	岗柃	*Eurya groffii* Merr.	灌木				+		1
1454	山茶科	Theaceae	微毛柃	*Eurya hebeclados* Y. K. Ling	灌木				+		1
1455	山茶科	Theaceae	细枝柃	*Eurya loquaiana* Dunn	灌木				+		1
1456	山茶科	Theaceae	细齿叶柃	*Eurya nitida* Korthls	灌木				+		1
1457	山茶科	Theaceae	钝叶柃	*Eurya obtusifolia* H. T. Chang	灌木				+		1
1458	山茶科	Theaceae	四角柃	*Eurya tetragonoclada* Merr. et Chun	灌木				+		2
1459	山茶科	Theaceae	矩圆叶柃	*Eurya oblonga* Yang	灌木				+		1
1460	山茶科	Theaceae	银木荷	*Schima argentea* Pritz. ex Diels	乔木		+		+		1
1461	山茶科	Theaceae	大苞木荷	*Schima grandiperulata* Chang	乔木		+		+		1
1462	山茶科	Theaceae	小花木荷	*Schima parviflora* H. T. Cheng et Chang	乔木		+		+		1
1463	山茶科	Theaceae	华木荷	*Schima sinensis* Airy-Shaw	乔木		+		+		1
1464	山茶科	Theaceae	木荷	*Schima superba* Gardn. et Champ.	乔木		+		+		1
1465	藤黄科	Guttiferae	黄海棠	*Hypericum ascyron* L.	草本		+		+		1
1466	藤黄科	Guttiferae	赶山鞭	*Hypericum attenuatum* Choisy	草本		+		+		1
1467	藤黄科	Guttiferae	小连翘	*Hypericum erectum* Thunb. ex Murray	草本	+			+		1
1468	藤黄科	Guttiferae	扬子小连翘	*Hypericum faberi* R. Keller	草本	+			+		1
1469	藤黄科	Guttiferae	地耳草	*Hypericum japonicum* Thunb. ex Murray	草本	+			+		1
1470	藤黄科	Guttiferae	金丝桃	*Hypericum monogynum* L.	灌木	+			+		1
1471	藤黄科	Guttiferae	金丝梅	*Hypericum patulum* Thunb.	灌木	+			+		1
1472	藤黄科	Guttiferae	贯叶连翘	*Hypericum perforatum* L.	草本	+			+		1

续表

序号	科名	科拉丁名	中文名	学名	生活型	药用	观赏	食用	蜜源	工业原料	数据来源
1473	藤黄科	Guttiferae	元宝草	*Hypericum sampsonii* Hance	草本	+			+		1
1474	藤黄科	Guttiferae	遍地金	*Hypericum wightianum* Wall. ex Wight et Arn.	草本	+			+		1
1475	藤黄科	Guttiferae	川鄂金丝桃	*Hypericum wilsonii* N. Robson	灌木	+			+		1
1476	藤黄科	Guttiferae	短柄小连翘	*Hypericum petiolulatum* Hook. f. et Thoms. ex Dyer	灌木	+			+		1
1477	堇菜科	Violaceae	戟叶堇菜	*Viola betonicifolia* J. E. Smith	草本	+	+		+		1
1478	堇菜科	Violaceae	球果堇菜	*Viola collina* Bess.	草本	+	+		+		1
1479	堇菜科	Violaceae	心叶堇菜	*Viola concordifolia* C. J. Wang	草本	+	+		+		1
1480	堇菜科	Violaceae	深圆齿堇菜	*Viola davidii* Franch.	草本	+	+		+		1
1481	堇菜科	Violaceae	蔓茎堇菜	*Viola diffusa* Ging.	草本	+	+		+		1
1482	堇菜科	Violaceae	紫花堇菜	*Viola grypoceras* A. Gray	草本	+	+		+		1
1483	堇菜科	Violaceae	紫花地丁	*Viola philippica* Cav.	草本	+	+		+		1
1484	堇菜科	Violaceae	柔毛堇菜	*Viola principis* H. de Boiss.	草本	+	+		+		1
1485	堇菜科	Violaceae	浅圆齿堇菜	*Viola schneideri* W. Beck.	草本	+	+		+		1
1486	堇菜科	Violaceae	深山堇菜	*Viola selkirkii* Pursh ex Gold.	草本	+	+		+		1
1487	堇菜科	Violaceae	庐山堇菜	*Viola stewardiana* W. Beck.	草本	+	+		+		1
1488	堇菜科	Violaceae	堇菜	*Viola verecunda* A. Gray	草本	+	+		+		1
1489	堇菜科	Violaceae	茜堇菜	*Viola phalacrocarpa* Maxim.	草本	+	+		+		1
1490	堇菜科	Violaceae	犁头叶堇菜	*Viola magnifica* C. J. Wang et X. D. Wang	草本	+	+		+		1
1491	堇菜科	Violaceae	光叶堇菜	*Viola hossei* W. Beck.	草本	+	+		+		1
1492	堇菜科	Violaceae	阔紫叶堇菜	*Viola cameleo* H. De Boiss.	草本	+	+		+		1
1493	堇菜科	Violaceae	鸡腿堇菜	*Viola acuminata* Ledeb.	草本	+	+		+		1
1494	堇菜科	Violaceae	南山堇菜	*Viola chaerophylloides*（Regel）W. Beck.	草本	+	+		+		1
1495	堇菜科	Violaceae	阔萼堇菜	*Viola grandisepala* W. Beck.	草本	+	+		+		1
1496	堇菜科	Violaceae	如意菜	*Viola hamiltoniana* D. Don	草本	+	+		+		2
1497	大风子科	Flacourtiaceae	山羊角树	*Carrierea calycina* Franch.	乔木		+		+		1
1498	大风子科	Flacourtiaceae	山桐子	*Idesia polycarpa* Maxim.	乔木				+		1
1499	大风子科	Flacourtiaceae	毛叶山桐子	*Idesia polycarpa* Maxim. var. *vestita* Diels	乔木				+		1
1500	大风子科	Flacourtiaceae	栀子皮	*Itoa orientalis* Hemsl.	乔木				+		1
1501	大风子科	Flacourtiaceae	柞木	*Xylosma japonicum*（Walp.）A. Gray	灌木				+		1
1502	大风子科	Flacourtiaceae	南岭柞木	*Xylosma controversum* Clos	灌木				+		1
1503	旌节花科	Stachyuraceae	中国旌节花	*Stachyurus chinensis* Franch.	灌木						1
1504	旌节花科	Stachyuraceae	宽叶旌节花	*Stachyurus chinensis* Franch. var. *latus* Li	灌木						1
1505	旌节花科	Stachyuraceae	短穗旌节花	*Stachyurus chinensis* Franch. var. *brachystachyus* Franch.	灌木						1
1506	旌节花科	Stachyuraceae	矩圆叶旌节花	*Stachyurus oblongifolius* Weng et Thoms.	灌木						1
1507	旌节花科	Stachyuraceae	倒卵叶旌节花	*Stachyurus obovatus*（Rehd.）Li	灌木						1
1508	旌节花科	Stachyuraceae	柳叶旌节花	*Stachyurus salicifolius* Franch.	灌木						1
1509	旌节花科	Stachyuraceae	云南旌节花	*Stachyurus yunnanensis* Franch.	灌木						1
1510	秋海棠科	Begoniaceae	秋海棠	*Begonia grandis* Dry.	草本		+		+		1
1511	秋海棠科	Begoniaceae	掌叶秋海棠	*Begonia hemsleyana* Hook. f.	草本		+		+		1
1512	秋海棠科	Begoniaceae	掌裂秋海棠	*Begonia pedatifida* Lévl.	草本		+		+		1
1513	秋海棠科	Begoniaceae	中华秋海棠	*Begonia sinensis* A. DC.	草本		+		+		1

续表

序号	科名	科拉丁名	中文名	学名	生活型	药用	观赏	食用	蜜源	工业原料	数据来源
1514	秋海棠科	Begoniaceae	变叶秋海棠	*Begonia versicolor* Irmsch.	草本		+		+		1
1515	瑞香科	Thymelaeaceae	芫花	*Daphne genkwa* Sieb. et Zucc	灌木		+		+		1
1516	瑞香科	Thymelaeaceae	缙云瑞香	*Daphne jinyunensis* C. Y. Chang	灌木					+	1
1517	瑞香科	Thymelaeaceae	毛瑞香	*Daphne kiusiana* Miq. var. *atrocaulis*（Rehd.）Kamym.	灌木					+	1
1518	瑞香科	Thymelaeaceae	金边瑞香	*Daphne odora* Thunb. var. *marginata* Thunb.	灌木					+	1
1519	瑞香科	Thymelaeaceae	白瑞香	*Daphne papyracea* Wall. ex Steud.	灌木					+	1
1520	瑞香科	Thymelaeaceae	唐古特瑞香	*Daphne tangutica* Maxim.	灌木					+	1
1521	瑞香科	Thymelaeaceae	小娃娃皮	*Daphne gracilis* E. Pritz.	灌木					+	1
1522	瑞香科	Thymelaeaceae	野梦花	*Daphne tangutica* Maxim. var. *wilsonii*（Rehd.）H. F. Zhou ex C. Y. Chang	灌木				+	+	1
1523	瑞香科	Thymelaeaceae	结香	*Edgeworthia chrysantha* Lindl.	灌木				+	+	1
1524	瑞香科	Thymelaeaceae	头序芫花	*Wikstroemia capitata* Rehd.	灌木				+	+	1
1525	瑞香科	Thymelaeaceae	小黄构	*Wikstroemia micrantha* Hemsl.	灌木				+	+	1
1526	瑞香科	Thymelaeaceae	城口芫花	*Wikstroemia fargesii*（Lecomte）Domke	灌木				+	+	1
1527	瑞香科	Thymelaeaceae	光叶芫花	*Wikstroemia glabra* Cheng	灌木				+	+	1
1528	瑞香科	Thymelaeaceae	一把香	*Wikstroemia dolichantha* Diels	灌木				+	+	1
1529	胡颓子科	Elaeagnaceae	长叶胡颓子	*Elaeagnus bockii* Diels	灌木			+			1
1530	胡颓子科	Elaeagnaceae	巴东胡颓子	*Elaeagnus difficilis* Serv.	灌木			+			1
1531	胡颓子科	Elaeagnaceae	蔓胡颓子	*Elaeagnus glabra* Thunb.	灌木			+			1
1532	胡颓子科	Elaeagnaceae	宜昌胡颓子	*Elaeagnus henryi* Warb.	灌木			+			1
1533	胡颓子科	Elaeagnaceae	披针叶胡颓子	*Elaeagnus lanceolata* Warb.	灌木			+			1
1534	胡颓子科	Elaeagnaceae	大披针叶胡颓子	*Elaeagnus lanceolata* Warb. subsp. *grandifolia* Serv.	灌木			+			1
1535	胡颓子科	Elaeagnaceae	银果胡颓子	*Elaeagnus magna* Rehd.	灌木			+			1
1536	胡颓子科	Elaeagnaceae	胡颓子	*Elaeagnus pungens* Thunb.	灌木			+			1
1537	胡颓子科	Elaeagnaceae	星毛羊奶子	*Elaeagnus stellipila* Rehd.	灌木			+			1
1538	胡颓子科	Elaeagnaceae	牛奶子	*Elaeagnus umbellata* Thunb.	灌木			+			1
1539	胡颓子科	Elaeagnaceae	巫山牛奶子	*Elaeagnus wushanensis* C. Y. Chang	灌木			+			1
1540	千屈菜科	Lythraceae	节节菜	*Rotala indica*（Willd.）Koehne	草本						1
1541	千屈菜科	Lythraceae	圆叶节节菜	*Rotala rotundifolia*（Buch.-Ham. ex Roxb.）Koehne	草本						1
1542	蓝果树科	Nyssaceae	喜树	*Camptotheca acuminata* Decne.	乔木						1
1543	蓝果树科	Nyssaceae	蓝果树	*Nyssa sinensis* Oliv.	乔木						1
1544	珙桐科	Davidiaceae	珙桐	*Davidia involucrata* Baill.	乔木		+		+		1
1545	珙桐科	Davidiaceae	光叶珙桐	*Davidia involucrata* Baill. var. *vilmoriniana*（Dode）Wanger.	乔木		+		+		1
1546	八角枫科	Alangiaceae	八角枫	*Alangium chinense*（Lour.）Harms	灌木				+		1
1547	八角枫科	Alangiaceae	稀花八角枫	*Alangium chinense*（Lour.）Harms subsp. *pauciflorum* Fang	灌木				+		1
1548	八角枫科	Alangiaceae	伏毛八角枫	*Alangium chinense*（Lour.）Harms subsp. *strigosum* Fang	灌木				+		1
1549	八角枫科	Alangiaceae	深裂八角枫	*Alangium chinense*（Lour.）Harms subsp. *triangulare*（Wanger.）Fang	灌木				+		1
1550	八角枫科	Alangiaceae	小花八角枫	*Alangium faberi* Oliv.	灌木				+		1
1551	八角枫科	Alangiaceae	异叶八角枫	*Alangium faberi* Oliv. var. *heterophyllum* Fang	灌木		+		+		1

序号	科名	科拉丁名	中文名	学名	生活型	药用	观赏	食用	蜜源	工业原料	数据来源
1552	八角枫科	Alangiaceae	瓜木	*Alangium platanifolium*（Sieb. et Zucc.）Harms	灌木		+		+		1
1553	使君子科	Combretaceae	使君子*	*Quisqualis indica* L.	藤本		+		+		1
1554	桃金娘科	Myrtaceae	四川蒲桃*	*Syzygium szechuanense* H. T. Chang et Miau	乔木		+		+		1
1555	野牡丹科	Melastomataceae	异药花	*Fordiophyton faberi* Stapf	灌木		+		+		1
1556	野牡丹科	Melastomataceae	展毛野牡丹	*Melastoma normale* D. Don	灌木		+		+		1
1557	野牡丹科	Melastomataceae	金锦香	*Osbeckia chinensis* L.	草本		+		+		1
1558	野牡丹科	Melastomataceae	假朝天罐	*Osbeckia crinita* Benth.	草本		+		+		1
1559	野牡丹科	Melastomataceae	小花叶底红	*Phyllagathis fordi*（Hance）C. Chen var. *micrantha* C. Chen	草本		+		+		1
1560	野牡丹科	Melastomataceae	锦香草	*Phyllagathis cavaleriei*（Lévl. et Vant.）Guillaum.	草本		+		+		1
1561	野牡丹科	Melastomataceae	肉穗草	*Sarcopyramis bodiniari* Lévl. et Vant.	草本		+		+		1
1562	菱科	Trapaceae	菱	*Trapa bispinosa* Roxb.	草本		+				1
1563	柳叶菜科	Onagraceae	高山露珠草	*Circaea alpina* L.	草本		+				1
1564	柳叶菜科	Onagraceae	高原露珠草	*Circaea alpina* L. subsp. *imaicola*（Asch. et Mag.）Kitamura	草本		+				1
1565	柳叶菜科	Onagraceae	高寒露珠草	*Circaea alpina* L. subsp. *micrantha*（Skvorstov）Boufford	草本		+				1
1566	柳叶菜科	Onagraceae	露珠草（牛泷草）	*Circaea cordata* Royle	草本		+				2
1567	柳叶菜科	Onagraceae	谷蓼	*Circaea erubescens* Franch. et Sav.	草本		+				1
1568	柳叶菜科	Onagraceae	秃梗露珠草	*Circaea glabrescens*（Pamp.）Hand.-Mazz.	草本						1
1569	柳叶菜科	Onagraceae	南方露珠草	*Circaea mollis* Sieb. et Zucc.	草本						1
1570	柳叶菜科	Onagraceae	毛脉柳叶菜	*Epilobium amurense* Hausskn.	草本				+		1
1571	柳叶菜科	Onagraceae	光柳叶菜	*Epilobium amurense* subsp. *cephalostigma*（Hausskn.）C. J. Chen ex Hoch et Raven	草本				+		1
1572	柳叶菜科	Onagraceae	腺茎柳叶菜	*Epilobium brevifolium* D. Don subsp. *trichoneurum*（Hausskn.）Raven	草本				+		1
1573	柳叶菜科	Onagraceae	柳叶菜	*Epilobium hirstutum* L.	草本				+		1
1574	柳叶菜科	Onagraceae	小花柳叶菜	*Epilobium parviflorum* Schreb.	草本				+		1
1575	柳叶菜科	Onagraceae	阔柱柳叶菜	*Epilobium platystigmatosum* C. B. Rob	草本				+		1
1576	柳叶菜科	Onagraceae	长籽柳叶菜	*Epilobium pyrricholophum* Franch. et Sav.	草本				+		1
1577	柳叶菜科	Onagraceae	中华柳叶菜	*Epilobium sinense* Lévl.	草本				+		2
1578	柳叶菜科	Onagraceae	柳兰	*Epilobium angustifolium* L.	草本				+		1
1579	柳叶菜科	Onagraceae	毛脉柳兰	*Epilobium angustifolium* L. subsp. *circumvagum* Mosquin	草本				+		1
1580	柳叶菜科	Onagraceae	短梗柳叶菜	*Epilobium royleanum* Hausskn.	草本				+		1
1581	柳叶菜科	Onagraceae	沼生柳叶菜	*Epilobium paluster* L.	草本				+		1
1582	柳叶菜科	Onagraceae	光籽柳叶菜	*Epilobium tanguticum* Hausskn	草本				+		1
1583	柳叶菜科	Onagraceae	假柳叶菜	*Ludwigia epilobioides* Maxim.	草本				+		1
1584	小二仙草科	Haloragidaceae	小二仙草	*Haloragis micrantha* R. Br.	草本						1
1585	小二仙草科	Haloragidaceae	狐尾藻	*Myriophyllum verticillattum* L.	草本						1
1586	杉叶藻科	Hippuridaceae	杉叶藻	*Hippuris vulgaris* L.	草本						1
1587	假繁缕科	Theligonaceae	假牛繁缕	*Theligonum macranthum* Franch.	草本						1
1588	五加科	Araliaceae	头序楤木	*Aralia dasyphy* Miq.	灌木	+				+	1

序号	科名	科拉丁名	中文名	学名	生活型	药用	观赏	食用	蜜源	工业原料	数据来源
1589	五加科	Araliaceae	棘茎楤木	*Aralia echinocaulis* Hand.-Mazz.	灌木	+				+	1
1590	五加科	Araliaceae	楤木	*Aralia chinensis* L.	灌木	+				+	1
1591	五加科	Araliaceae	龙眼独活	*Aralia fargesii* Franch.	灌木	+			+	+	1
1592	五加科	Araliaceae	白背楤木	*Aralia chinensis* L. var. *nuda* Nakai	灌木	+			+	+	1
1593	五加科	Araliaceae	树参	*Dendropanax dentiger*（Harms）Merr.	灌木	+			+	+	1
1594	五加科	Araliaceae	吴茱萸五加	*Acanthopanax evodiaefolius* Franch.	灌木	+			+	+	1
1595	五加科	Araliaceae	中华五加	*Acanthopanax sinensis* Hoo	灌木	+			+	+	1
1596	五加科	Araliaceae	五加	*Acanthopanax gracilistylus* W. W. Sm.	灌木	+			+	+	1
1597	五加科	Araliaceae	柔毛五加	*Acanthopanax gracilistylus* W. W. Sm. var. *villosulus*（Harms）Li	灌木	+			+	+	1
1598	五加科	Araliaceae	糙叶五加	*Acanthopanax henryi*（Oliv.）Harms	灌木	+			+	+	1
1599	五加科	Araliaceae	藤五加	*Acanthopanax leucorrhizus*（Oliv.）Harms	灌木	+			+	+	1
1600	五加科	Araliaceae	糙叶藤五加	*Acanthopanax leucorrhizus* Oliv. var. *fulvescens* Harms et R.	灌木	+			+	+	1
1601	五加科	Araliaceae	蜀五加	*Acanthopanax setchuenensis* Harms ex Diels	灌木	+			+	+	1
1602	五加科	Araliaceae	细刺五加	*Acanthopanax setulosus* Franch.	灌木	+			+	+	1
1603	五加科	Araliaceae	刚毛五加	*Acanthopanax simonii* Schneid.	灌木	+			+	+	1
1604	五加科	Araliaceae	白簕	*Acanthopanax trifoliatus*（L.）Merr.	灌木	+			+	+	1
1605	五加科	Araliaceae	人参木	*Chengiopanax fargesii*（Fr.）Shang et J. Y. Huang	灌木	+			+	+	1
1606	五加科	Araliaceae	常春藤	*Hedera nepalensis* var. *sinensis*（Tobl.）Rehd.	藤本				+	+	1
1607	五加科	Araliaceae	刺楸	*Kalopanax septemlobus*（Thunb.）Nakai	灌木				+	+	1
1608	五加科	Araliaceae	短梗大参	*Macropanax rosthornii*（Harms）C. Y. Wu ex Hoo	灌木				+	+	1
1609	五加科	Araliaceae	异叶梁王茶	*Nothopanax davidii*（Franch.）Harms ex Diels	灌木				+	+	1
1610	五加科	Araliaceae	梁王茶	*Nothopanax delavayi*（Franch.）Harms ex Diels	灌木				+	+	1
1611	五加科	Araliaceae	大叶三七	*Panax pseudo-ginseny* Wall. var. *japonicus*（C. A. Mey.）Hoo et Tseny	灌木				+	+	1
1612	五加科	Araliaceae	短序鹅掌柴	*Schefflera bodinieri*（Lévl.）Rehd.	灌木				+	+	2
1613	五加科	Araliaceae	穗序鹅掌柴	*Schefflera delavayi*（Franch.）Harms ex Diels	灌木				+	+	1
1614	五加科	Araliaceae	刺通草	*Trevesia palmate*（Roxb.）Vis.	灌木				+	+	1
1615	五加科	Araliaceae	通脱木	*Tetrapanax papyrifer*（Hook.）K. Koch	灌木				+	+	1
1616	伞形科	Umbelliferae	疏叶当归	*Angelica laxifoiata* Diels	草本	+			+		1
1617	伞形科	Umbelliferae	管鞘当归	*Angelica pseudoselinum* de Boiss.	草本	+			+		1
1618	伞形科	Umbelliferae	城口当归	*Angelica dielsii* H. de Boiss.	草本	+			+		1
1619	伞形科	Umbelliferae	曲柄当归	*Angelica fargesii* H. de Boiss.	草本	+			+		2
1620	伞形科	Umbelliferae	峨参	*Anthriscus sylvestris*（L.）Hoffm.	草本	+			+		1
1621	伞形科	Umbelliferae	空心柴胡	*Bupleurum longicaule* Wall. ex DC. var. *franchetii* de Boiss.	草本	+			+		1
1622	伞形科	Umbelliferae	紫花大叶柴胡	*Bupleurum longiradiatum* Turcz. var. *porphyranthum* Shan et Y. Li	草本	+			+		1
1623	伞形科	Umbelliferae	竹叶柴胡	*Bupleurum marginatum* Wall. ex DC.	草本	+			+		1
1624	伞形科	Umbelliferae	马尾柴胡	*Bupleurum microcephalum* Diels	草本	+			+		1
1625	伞形科	Umbelliferae	积雪草	*Centella asiatica*（L.）Urban	草本	+			+		1
1626	伞形科	Umbelliferae	蛇床	*Cnidium monnieri*（L.）Cusson	草本	+			+		1

序号	科名	科拉丁名	中文名	学名	生活型	药用	观赏	食用	蜜源	工业原料	数据来源
1627	伞形科	Umbelliferae	鸭儿芹	*Cryptotaenia japonica* Hassk.	草本	+			+		1
1628	伞形科	Umbelliferae	野胡萝卜	*Daucus carota* L.	草本	+			+		1
1629	伞形科	Umbelliferae	短毛独活	*Heracleum moellendorffii* Hance	草本	+			+		1
1630	伞形科	Umbelliferae	平截独活	*Heracleum vicinum* de Boiss.	草本	+			+		1
1631	伞形科	Umbelliferae	城口独活	*Heracleum fargesii* H. de Boiss.	草本	+			+		1
1632	伞形科	Umbelliferae	中华天胡荽	*Hydrocotyle javanica* Thunb. var. *chinensis* Dunn ex Shan et Liou	草本	+			+		1
1633	伞形科	Umbelliferae	红马蹄草	*Hydrocotyle nepalensis* Hook.	草本	+			+		1
1634	伞形科	Umbelliferae	天胡荽	*Hydrocotyle sibthorpioides* Lam.	草本	+			+		1
1635	伞形科	Umbelliferae	短片藁本	*Ligusticum branchylobum* Franch.	草本	+			+		1
1636	伞形科	Umbelliferae	膜苞藁本	*Ligusticum oliverianum*（de Boiss.）Shan	草本	+			+		1
1637	伞形科	Umbelliferae	藁本	*Ligusticum sinense* Oliv.	草本	+			+		1
1638	伞形科	Umbelliferae	细裂藁本	*Ligusticum tenuisectum* de Boiss.	草本	+			+		1
1639	伞形科	Umbelliferae	尖叶藁本	*Ligusticum acuminatum* Franch.	草本	+			+		1
1640	伞形科	Umbelliferae	紫伞芹	*Melanosciadium pimpinelloideum* de Boiss.	草本	+			+		1
1641	伞形科	Umbelliferae	白苞芹	*Nothosmyrnium japonicum* Miq.	草本	+			+		1
1642	伞形科	Umbelliferae	羌活	*Notopterygium incisum* Ting et H. T. Chang	草本	+			+		1
1643	伞形科	Umbelliferae	宽叶羌活	*Notopterygium forbesii* de Boiss.	草本	+			+		1
1644	伞形科	Umbelliferae	西南水芹	*Oenanthe dielsii* de Boiss.	草本	+			+		1
1645	伞形科	Umbelliferae	水芹	*Oenanthe javanica*（Bl.）DC.	草本	+			+		1
1646	伞形科	Umbelliferae	中华水芹	*Oenanthe sinensis* Dunn	草本	+			+		1
1647	伞形科	Umbelliferae	疏叶香根芹	*Osmorhiza aristata* var. *laxa*（Royle）Constance et Shan	草本	+			+		1
1648	伞形科	Umbelliferae	竹节前胡	*Peucedanum dielsianum* Fedde ex Wolff	草本	+			+		1
1649	伞形科	Umbelliferae	华中前胡	*Peucedanum medicum* Dunn	草本	+			+		1
1650	伞形科	Umbelliferae	武隆前胡	*Peucedanum wulongense* Shan et Sheh	草本	+			+		1
1651	伞形科	Umbelliferae	前胡	*Peucedanum praeruptortum* Dunn	草本	+			+		1
1652	伞形科	Umbelliferae	锐叶茴芹	*Pimpinella arguta* Diels	草本				+		1
1653	伞形科	Umbelliferae	异叶茴芹	*Pimpinella diversifolia* DC.	草本				+		1
1654	伞形科	Umbelliferae	城口茴芹	*Pimpinella fargesii* de Boiss.	草本				+		2
1655	伞形科	Umbelliferae	川鄂茴芹	*Pimpinella henryi* Diels	草本				+		1
1656	伞形科	Umbelliferae	沼生茴芹	*Pimpinella helosciadia* H. de Boiss.	草本				+		1
1657	伞形科	Umbelliferae	谷生茴芹	*Pimpinella valleculosa* K. T. Fu	草本				+		1
1658	伞形科	Umbelliferae	羊齿囊瓣芹	*Pleurospermum filicinum*（Franch.）Hand.-Mazz.	草本				+		1
1659	伞形科	Umbelliferae	五匹青	*Pternopetalum vulgare*（Dunn）Hand.-Mazz.	草本				+		1
1660	伞形科	Umbelliferae	尖叶五匹青	*Pternopetalum vulgare*（Dunn）Hand.-Mazz. var. *acuminatum* C. Y. Wu	草本				+		1
1661	伞形科	Umbelliferae	川滇变豆菜	*Sanicula astrantiifolia* Wolff ex Kretsch.	草本				+		1
1662	伞形科	Umbelliferae	天蓝变豆菜	*Sanicula coerulescens* Franch.	草本				+		1
1663	伞形科	Umbelliferae	薄片变豆菜	*Sanicula lamelligera* Hance	草本				+		1
1664	伞形科	Umbelliferae	直刺变豆菜	*Sanicula orthacantha* S. Moore	草本				+		1
1665	伞形科	Umbelliferae	防风	*Saposhnikovia divaricata*（Turcz.）Schischk.	草本	+			+		1
1666	伞形科	Umbelliferae	城口东俄芹	*Tongoloa silaifolia*（de Boiss.）Wolff	草本				+		1

序号	科名	科拉丁名	中文名	学名	生活型	药用	观赏	食用	蜜源	工业原料	数据来源
1667	伞形科	Umbelliferae	小窃衣	*Torilis japonica*（Houtt.）DC.	草本				+		1
1668	伞形科	Umbelliferae	窃衣	*Torilis scabra*（Thunb.）DC.	草本				+		1
1669	伞形科	Umbelliferae	葛缕子	*Carum carvi* Linn.	草本				+		1
1670	山茱萸科	Umbelliferae	斑叶珊瑚	*Aucuba albo-punctifolia* Wang	灌木				+		1
1671	山茱萸科	Umbelliferae	窄斑叶珊瑚	*Aucuba albo-punctifolia* Wang var. *angustula* Fang et Soong	灌木				+		1
1672	山茱萸科	Umbelliferae	桃叶珊瑚	*Aucuba chnensis* Benth.	灌木				+		1
1673	山茱萸科	Umbelliferae	喜马拉雅珊瑚	*Aucuba himalaica* Hook. f. et Thoms	灌木				+		1
1674	山茱萸科	Umbelliferae	长叶桃叶珊瑚	*Aucuba himalaica* Hook. f. et Thoms. var. *dolichophylla* Fang et Soong	灌木				+		1
1675	山茱萸科	Umbelliferae	倒心叶珊瑚	*Aucuba obcordata*（Rehd.）Fu	灌木				+		1
1676	山茱萸科	Umbelliferae	川鄂山茱萸	*Cornus chinensis* Wanger.	灌木				+		1
1677	山茱萸科	Umbelliferae	山茱萸	*Cornus officinalis* Sieb. et Zucc.	灌木				+		1
1678	山茱萸科	Umbelliferae	头状四照花	*Dendrobenthamia capitata*（Wall.）Hutch.	乔木		+		+		1
1679	山茱萸科	Umbelliferae	四照花	*Dendrobenthamia japonica*（DC.）Fang var. *chinensis*（Osborn）Fang	乔木		+		+		1
1680	山茱萸科	Umbelliferae	白毛四照花	*Dendrobenthamia japonica*（DC.）Fang var. *leucotricha* Fang et Hsieh	乔木		+		+		1
1681	山茱萸科	Umbelliferae	黑毛四照花	*Dendrobenthamia melanotricha*（Pojark.）Fang	乔木		+		+		1
1682	山茱萸科	Umbelliferae	多脉四照花	*Dendrobenthamia multinervosa*（Pojark.）Fang	乔木		+		+		1
1683	山茱萸科	Umbelliferae	尖叶四照花	*Dendrobenthamia angustata*（Chun）Fang	乔木		+		+		1
1684	山茱萸科	Umbelliferae	大型四照花	*Dendrobenthamia gigantea*（Hand.-Mazz.）Fang	乔木		+		+		1
1685	山茱萸科	Umbelliferae	香港四照花	*Dendrobenthamia hongkongensis*（Hemsl.）Hutch.	乔木		+		+		1
1686	山茱萸科	Umbelliferae	中华青荚叶	*Helwingia chinensis* Batal.	灌木		+				2
1687	山茱萸科	Umbelliferae	钝齿青荚叶	*Helwingia chinensis* Batal. var. *crenata*（Lingelsh. et Limpr.）Fang	灌木		+				1
1688	山茱萸科	Umbelliferae	喜马拉雅青荚叶	*Helwingia himalaica* Hook. f. et Thoms. et Clarke	灌木						1
1689	山茱萸科	Umbelliferae	青荚叶	*Helwingia japonica*（Thunb.）Dietr.	灌木						1
1690	山茱萸科	Umbelliferae	白粉青荚叶	*Helwingia japonica*（Thunb.）Dietr. var. *hypoleuca* Hemsl. ex Rehd.	灌木		+				1
1691	山茱萸科	Umbelliferae	乳突青荚叶	*Helwingia japonica*（Thunb.）Dietr. var. *papillosa* Fang et Soong	灌木		+				1
1692	山茱萸科	Umbelliferae	长圆叶青荚叶	*Helwingia omeiensis*（Fang）Hara et Kurosawa var. *oblonga* Fang et Soong	灌木		+				1
1693	山茱萸科	Umbelliferae	红椋子	*Cornus hemsleyi*（Schneid. et Wanger.）Sojak	乔木						1
1694	山茱萸科	Umbelliferae	梾木	*Cornus macrophylla*（Wall.）Sojak	乔木						1
1695	山茱萸科	Umbelliferae	长圆叶梾木	*Cornus oblonga*（Wall.）Sojak	乔木						1
1696	山茱萸科	Umbelliferae	小梾木	*Cornus paucinervis*（Hance）Sojak	乔木						1
1697	山茱萸科	Umbelliferae	灰叶梾木	*Cornus poliophylla*（Schneid. et Wanger.）Sojak	乔木						1
1698	山茱萸科	Umbelliferae	卷毛梾木	*Cornus ulotricha*（Schneid. et Wanger.）Sojak	乔木						1
1699	山茱萸科	Umbelliferae	灯台树	*Cornus controversum*（Hemsl.）Pojark.	乔木						1
1700	山茱萸科	Umbelliferae	窄叶灯台树	*Cornus controversa* Hemsl. ex prain. var. *angustifdia* Wanger.	乔木						2

续表

序号	科名	科拉丁名	中文名	学名	生活型	药用	观赏	食用	蜜源	工业原料	数据来源
1701	山茱萸科	Umbelliferae	光皮梾木	*Swida wilsoniana*（Wanger.）Sojak	乔木						1
1702	山茱萸科	Umbelliferae	角叶鞘柄木	*Toricellia angulata* Oliv.	乔木						1
1703	山柳科	Clethraceae	城口桤叶树	*Clethra fargesii* Franch.	乔木						1
1704	鹿蹄草科	Pyrolaceae	喜冬草	*Chimaphila japonica* Miq.	草本				+		1
1705	鹿蹄草科	Pyrolaceae	水晶兰	*Monotropa uniflora* L.	草本				+		1
1706	鹿蹄草科	Pyrolaceae	紫背鹿蹄草	*Pyrola atropurpurea* Franch.	草本				+		1
1707	鹿蹄草科	Pyrolaceae	鹿蹄草	*Pyrola calliantha* H. Andr.	草本				+		1
1708	鹿蹄草科	Pyrolaceae	普通鹿蹄草	*Pyrola decorata* H. Andr.	草本				+		1
1709	鹿蹄草科	Pyrolaceae	皱叶鹿蹄草	*Pyrola rugosa* H. Andr.	草本				+		1
1710	杜鹃花科	Ericaceae	灯笼树	*Enkianthus chinensis* Franch.	灌木		+		+		1
1711	杜鹃花科	Ericaceae	齿缘吊钟花	*Enkianthus serrulatus*（Wils.）Schneid.	灌木		+		+		1
1712	杜鹃花科	Ericaceae	毛叶吊钟花	*Enkianthus deflexus*（Griff.）Schneid.	灌木		+		+		1
1713	杜鹃花科	Ericaceae	吊钟花	*Enkianthus quinqueflorus* Lour.	灌木		+		+		1
1714	杜鹃花科	Ericaceae	尾叶白珠	*Gaultheria griffithiana* Wight	灌木		+		+		1
1715	杜鹃花科	Ericaceae	珍珠花（南烛）	*Lyonia ovalifolia*（Wall.）Drude	灌木		+		+		1
1716	杜鹃花科	Ericaceae	狭叶南烛	*Lyonia ovalifolia*（Wall.）Drude var. *lanceolata*（Wall.）Hand.-Mazz.	灌木		+		+		1
1717	杜鹃花科	Ericaceae	小果珍珠花	*Lyonia ovalifolia*（Wall.）Drude var. *elliptica*（Sieb. et Zucc.）Hand.-Mazz.	灌木		+		+		1
1718	杜鹃花科	Ericaceae	美丽马醉木	*Pieris formosa*（Wall.）D. Don	灌木		+		+		1
1719	杜鹃花科	Ericaceae	马醉木	*Pieris japonica*（Thunb.）D. Don ex G. Don	灌木		+		+		1
1720	杜鹃花科	Ericaceae	弯尖杜鹃	*Rhododendron adenopodum* Franch.	灌木		+		+		1
1721	杜鹃花科	Ericaceae	问客杜鹃	*Rhododendron ambiguum* Hemsl.	灌木		+		+		1
1722	杜鹃花科	Ericaceae	毛肋杜鹃	*Rhododendron angustinii* Hemsl.	灌木		+		+		2
1723	杜鹃花科	Ericaceae	腺萼马银花	*Rhododendron bachii* Lévl.	灌木		+		+		1
1724	杜鹃花科	Ericaceae	秀雅杜鹃	*Rhododendron concinnum* Hemsl.	灌木		+		+		1
1725	杜鹃花科	Ericaceae	大白杜鹃	*Rhododendron decorum* Franch.	灌木		+		+		1
1726	杜鹃花科	Ericaceae	喇叭杜鹃	*Rhododendron discolor* Franch.	灌木		+		+		1
1727	杜鹃花科	Ericaceae	云锦杜鹃	*Rhododendron fortunei* Lindl.	灌木		+		+		1
1728	杜鹃花科	Ericaceae	粉白杜鹃	*Rhododendron hypoglaucum* Hemsl.	灌木		+		+		1
1729	杜鹃花科	Ericaceae	麻花杜鹃	*Rhododendron maculiferum* Franch.	灌木		+		+		1
1730	杜鹃花科	Ericaceae	照山白	*Rhododendron micranthum* Turcz.	灌木		+		+		1
1731	杜鹃花科	Ericaceae	满山红	*Rhododendron mariesii* Hemsl. et Wils.	灌木		+		+		1
1732	杜鹃花科	Ericaceae	羊踯躅	*Rhododendron molle* G. Don	灌木		+		+		1
1733	杜鹃花科	Ericaceae	马银花	*Rhododendron ovatum* Planch.	灌木		+		+		1
1734	杜鹃花科	Ericaceae	早春杜鹃	*Rhododendron praevernum* Hutch.	灌木		+		+		1
1735	杜鹃花科	Ericaceae	杜鹃	*Rhododendron simsii* Planch.	灌木		+		+		1
1736	杜鹃花科	Ericaceae	长蕊杜鹃	*Rhododendron stamineum* Franch.	灌木		+		+		1
1737	杜鹃花科	Ericaceae	四川杜鹃	*Rhododendron sutchuenensis* Franch.	灌木		+		+		1
1738	杜鹃花科	Ericaceae	锦绣杜鹃	*Rhododendron pulchrum* Sweet	灌木		+		+		1
1739	杜鹃花科	Ericaceae	粉红杜鹃	*Rhododendron oreodoxa* Franch. var. *fargesii*（Franch.）Chamb. ex Cullen et Chamb.	灌木		+		+		1
1740	杜鹃花科	Ericaceae	南烛	*Vaccinium bracteatum* Thunb.	灌木		+		+		1

序号	科名	科拉丁名	中文名	学名	生活型	药用	观赏	食用	蜜源	工业原料	数据来源
1741	杜鹃花科	Ericaceae	无梗越橘	*Vaccinium henryi* Hemsl.	灌木		+		+		1
1742	杜鹃花科	Ericaceae	黄背越橘	*Vaccinium iteophyllum* Hance	灌木		+		+		1
1743	杜鹃花科	Ericaceae	扁枝越橘	*Vaccinium japonicum* Miq. var. *sinicum*（Nakai）Rehd.	灌木		+		+		1
1744	杜鹃花科	Ericaceae	江南越橘	*Vaccinium mandarinorum* Diels	灌木		+		+		1
1745	紫金牛科	Myrsinaceae	九管血	*Ardisia brevicaulis* Diels	灌木	+	+				1
1746	紫金牛科	Myrsinaceae	朱砂根	*Ardisia crenata* Sims f. *hortensis*（Migo）W. Z. Fang et K. Yao	灌木	+	+				1
1747	紫金牛科	Myrsinaceae	红凉伞	*Ardisia crenata* Sims	灌木	+	+				1
1748	紫金牛科	Myrsinaceae	百两金	*Ardisia crispa*（Thunb.）A. DC.	灌木	+	+				1
1749	紫金牛科	Myrsinaceae	月月红	*Ardisia faberi* Hemsl.	灌木	+	+				1
1750	紫金牛科	Myrsinaceae	紫金牛	*Ardisia japonica*（Thunb.）Bl.	灌木						1
1751	紫金牛科	Myrsinaceae	湖北杜茎山	*Maesa hupehensis* Rehd.	灌木						1
1752	紫金牛科	Myrsinaceae	杜茎山	*Maesa japonica*（Thunb.）Moritzi et Zollinger	灌木						1
1753	紫金牛科	Myrsinaceae	金珠柳	*Maesa montana* A. DC.	灌木						1
1754	紫金牛科	Myrsinaceae	铁仔	*Myrsine africana* L.	灌木						1
1755	紫金牛科	Myrsinaceae	针齿铁仔	*Myrsine semiserrata* Wall.	灌木						1
1756	报春花科	Primulaceae	细蔓点地梅	*Androsace cuscutiformis* Franch.	草本						1
1757	报春花科	Primulaceae	莲叶点地梅	*Androsace henryi* Oliv.	草本						1
1758	报春花科	Primulaceae	点地梅	*Androsace umbellata*（Lour.）Merr.	草本	+					1
1759	报春花科	Primulaceae	大叶点地梅	*Androsace mirabilis* Franch.	草本	+					1
1760	报春花科	Primulaceae	秦巴点地梅	*Androsace laxa* C. M. Hu et Y. C. Yang	草本	+					1
1761	报春花科	Primulaceae	四川点地梅	*Androsace sutchuenensis* Franch.	草本	+					1
1762	报春花科	Primulaceae	泽珍珠菜	*Lysimachia candida* Lindl.	草本	+					1
1763	报春花科	Primulaceae	细梗香草	*Lysimachia capillipes* Hemsl.	草本	+					1
1764	报春花科	Primulaceae	过路黄	*Lysimachia christinae* Hance	草本	+					1
1765	报春花科	Primulaceae	露珠珍珠菜	*Lysimachia ciraeoides* Hemsl.	草本	+					1
1766	报春花科	Primulaceae	矮桃	*Lysimachia clethroides* Duby	草本	+					1
1767	报春花科	Primulaceae	聚花过路黄	*Lysimachia congestiflora* Hemsl.	草本	+					1
1768	报春花科	Primulaceae	延叶珍珠菜	*Lysimachia decurrens* Forst. f.	草本	+					1
1769	报春花科	Primulaceae	长柄过路黄	*Lysimachia esquirolii* Bonati	草本	+					1
1770	报春花科	Primulaceae	管茎过路黄	*Lysimachia fistulosa* Hand.-Mazz.	草本	+					1
1771	报春花科	Primulaceae	五岭管茎过路黄	*Lysimachia fistulosa* Hand.-Mazz. var. *wulingensis* Chen et C. M. Hu	草本	+					1
1772	报春花科	Primulaceae	点腺过路黄	*Lysimachia hemsleyana* Maxim.	草本	+					1
1773	报春花科	Primulaceae	宜昌过路黄	*Lysimachia henryi* Hemsl.	草本	+					1
1774	报春花科	Primulaceae	琴叶过路黄	*Lysimachia ophelioides* Hemsl.	草本	+					1
1775	报春花科	Primulaceae	落地梅	*Lysimachia paridiformis* Franch.	草本	+					1
1776	报春花科	Primulaceae	叶头过路黄	*Lysimachia phyllocephala* Hand.-Mazz.	草本	+					1
1777	报春花科	Primulaceae	鄂西香草	*Lysimachia pseudotrichopoda* Hand.-Mazz.	草本	+					1
1778	报春花科	Primulaceae	疏头过路黄	*Lysimachia pseudo-henryi* Pamp.	草本	+					1
1779	报春花科	Primulaceae	腺药珍珠菜	*Lysimachia stenosepala* Hemsl.	草本	+					1
1780	报春花科	Primulaceae	北延叶珍珠菜	*Lysimachia silvestrii*（Pamp.）Hand.-Mazz.	草本	+					1

序号	科名	科拉丁名	中文名	学名	生活型	药用	观赏	食用	蜜源	工业原料	数据来源
1781	报春花科	Primulaceae	距萼过路黄	*Lysimachia crista-galli* Pamp. ex Hand.-Mazz.	草本	+					1
1782	报春花科	Primulaceae	山萝过路黄	*Lysimachia melampyroides* R. Knuth.	草本	+					1
1783	报春花科	Primulaceae	灰绿报春	*Primula cinerascens* Franch.	草本	+	+		+		1
1784	报春花科	Primulaceae	川东灯台报春	*Primula mallophylla* Balf. f.	草本	+	+		+		2
1785	报春花科	Primulaceae	鄂报春	*Primula obconica* Hance	草本	+	+		+		1
1786	报春花科	Primulaceae	齿萼报春	*Primula odontocalyx*（Franch.）Pax	草本	+	+		+		1
1787	报春花科	Primulaceae	卵叶报春	*Primula ovalifolia* Franch.	草本	+	+		+		1
1788	报春花科	Primulaceae	多脉报春	*Primula polyneura* Franch.	草本	+	+		+		1
1789	报春花科	Primulaceae	小伞报春	*Primula sertulum* Franch.	草本	+	+		+		1
1790	报春花科	Primulaceae	藏报春	*Primula sinensis* Sabine ex Lindl.	草本	+	+		+		1
1791	报春花科	Primulaceae	城口报春	*Primula fagosa* Balf. f. et Craib	草本	+	+		+		2
1792	报春花科	Primulaceae	保康报春	*Primula neurocalyx* Franch.	草本	+	+		+		1
1793	报春花科	Primulaceae	葵叶报春	*Primula malvacea* Franch.	草本	+	+		+		1
1794	报春花科	Primulaceae	肥满报春	*Primula obsessa* W. W. Smith	草本	+	+		+		1
1795	报春花科	Primulaceae	俯垂粉报春	*Primula nutantiflora* Hemsl.	乔木	+	+		+		1
1796	柿树科	Ebenaceae	柿*	*Diospyros kaki* Thunb.	乔木		+	+			1
1797	柿树科	Ebenaceae	油柿	*Diospyros oleifera* Cheng	乔木		+	+			1
1798	柿树科	Ebenaceae	乌柿*	*Diospyros cathayensis* Steward	灌木		+	+			1
1799	柿树科	Ebenaceae	福州柿*	*Diospyros cathayensis* Steward var. *foochowensis*（Metc. et Chen）S. Lee	乔木		+	+			1
1800	柿树科	Ebenaceae	岩柿	*Diospyros dumetorum* W. W. Smith	乔木		+	+			1
1801	柿树科	Ebenaceae	君迁子	*Diospyros lotus* L.	乔木		+	+			1
1802	柿树科	Ebenaceae	罗浮柿	*Diospyros morrisiana* Hance	乔木		+	+			1
1803	山矾科	Symplocaceae	薄叶山矾	*Symplocos anomala* Brand	乔木						1
1804	山矾科	Symplocaceae	华山矾	*Symplocos chinensis*（Lour.）Druce	乔木						1
1805	山矾科	Symplocaceae	总状山矾	*Symplocos botryantha* Franch.	乔木						1
1806	山矾科	Symplocaceae	光叶山矾	*Symplocos lancifolia* Sieb. et Zucc.	乔木						1
1807	山矾科	Symplocaceae	枝穗山矾	*Symplocos multipes* Brand	乔木						1
1808	山矾科	Symplocaceae	白檀	*Symplocos paniculata*（Thunb.）Miq.	乔木						1
1809	山矾科	Symplocaceae	多花山矾	*Symplocos ramosissima* Wall. ex G. Don	乔木						1
1810	山矾科	Symplocaceae	四川山矾	*Symplocos setchuanensis* Brand.	乔木						1
1811	山矾科	Symplocaceae	老鼠矢	*Symplocos stellaris* Brand.	乔木						1
1812	山矾科	Symplocaceae	银色山矾	*Symplocos subconnata* Hand.-Mazz.	乔木						1
1813	山矾科	Symplocaceae	山矾	*Symplocos sumuntia* Buch.-Ham. ex D. Don	乔木						1
1814	山矾科	Symplocaceae	叶萼山矾	*Symplocos phyllocalyx* Clarke	乔木						1
1815	山矾科	Symplocaceae	长花柱山矾	*Symplocos dolichostylosa* Y. F. Wu	乔木						1
1816	山矾科	Symplocaceae	密花山矾	*Symplocos congesta* Benth.	乔木						1
1817	安息香科	Styracaceae	赤杨叶	*Alniphyllum fortunei*（Hemsl.）Makino	乔木		+				1
1818	安息香科	Styracaceae	白辛树	*Pterostyrax psilophyllus* Diels ex Perk.	乔木		+				1
1819	安息香科	Styracaceae	木瓜红	*Rehderodendron macrocarpum* Hu	乔木		+				1
1820	安息香科	Styracaceae	南川安息香	*Styrax hemsleyana* Diels	乔木		+				1
1821	安息香科	Styracaceae	野茉莉	*Styrax japonica* Sieb. et Zucc.	乔木		+				1

序号	科名	科拉丁名	中文名	学名	生活型	药用	观赏	食用	蜜源	工业原料	数据来源
1822	安息香科	Styracaceae	粉花安息香	*Styrax roseus* Dunn	乔木		+				1
1823	安息香科	Styracaceae	红皮安息香	*Styrax suberifolia* Hook. et Arn.	乔木		+				1
1824	木犀科	Oleaceae	秦连翘	*Forsythia giraldiana* Lingelsh.	灌木		+				1
1825	木犀科	Oleaceae	连翘	*Forsythia suspensa*（Thunb.）Vahl	灌木		+				1
1826	木犀科	Oleaceae	对节白蜡	*Fraxinus hupehensis* Chu Shang et Su.	灌木		+		+		1
1827	木犀科	Oleaceae	白蜡树	*Fraxinus chinensis* Roxb.	灌木		+		+		1
1828	木犀科	Oleaceae	光蜡树	*Fraxinus griffithii* Clarke	灌木		+		+		1
1829	木犀科	Oleaceae	苦枥木	*Fraxinus insularis* Hemsley	乔木		+		+		1
1830	木犀科	Oleaceae	齿缘苦枥木	*Fraxinus insularis* Hemsley var. *henryana*（Oliv.）Z. Wei	乔木		+		+		1
1831	木犀科	Oleaceae	水曲柳	*Fraxinus mandshurica* Rupr.	乔木		+		+		1
1832	木犀科	Oleaceae	秦岭白蜡树	*Fraxinus paxiana* Lingesh.	乔木		+		+		1
1833	木犀科	Oleaceae	尖萼梣	*Fraxinus odontocalyx* Hand.-Mazz.	乔木		+		+		1
1834	木犀科	Oleaceae	探春花	*Jasminum floridum* Bunge	灌木		+		+		1
1835	木犀科	Oleaceae	清香藤	*Jasminum lanceolarium* Roxb.	藤本		+		+		1
1836	木犀科	Oleaceae	迎春花*	*Jasminum nudiflorum* Lindl.	灌木		+		+		1
1837	木犀科	Oleaceae	长叶女贞	*Ligustrum compactum*（Wall. ex G. Don）Hook. f. et Thoms. ex Brand.	灌木		+		+	+	1
1838	木犀科	Oleaceae	紫药女贞	*Ligustrum lelavayanum* Hariot	灌木		+		+	+	1
1839	木犀科	Oleaceae	丽叶女贞	*Ligustrum henryi* Hemsl.	灌木		+		+	+	1
1840	木犀科	Oleaceae	蜡子树	*Ligustrum leuanthum*（S. Moore）P. S. Green	灌木		+		+	+	2
1841	木犀科	Oleaceae	女贞	*Ligustrum lucidum* Ait.	乔木		+		+	+	1
1842	木犀科	Oleaceae	宜昌女贞	*Ligustrum strongylophyllum* Hemsl.	灌木		+		+	+	1
1843	木犀科	Oleaceae	总梗女贞	*Ligustrum pricei* Hayata	灌木		+		+	+	1
1844	木犀科	Oleaceae	小蜡*	*Ligustrum sinense* Lour.	灌木		+		+		1
1845	木犀科	Oleaceae	光萼小蜡	*Ligustrum sinense* Lour. var. *myrianthum*（Diels）Hook. f.	灌木		+		+		1
1846	木犀科	Oleaceae	多毛小蜡	*Ligustrum sinense* Lour. var. *coryanum*（W. W. Smith）Hand.-Mazz.	灌木		+		+		1
1847	木犀科	Oleaceae	红柄木犀	*Osmanthus armatus* Diels	灌木		+		+		1
1848	木犀科	Oleaceae	木犀	*Osmanthus fragrans*（Thunb.）Lour.	灌木		+		+		1
1849	木犀科	Oleaceae	野桂花	*Osmanthus yunnanensis*（Franch.）P. S. Green	灌木		+		+		1
1850	木犀科	Oleaceae	小叶巧玲花	*Syringa pubescens* Turcz. subsp. *microphylla*（Diels）M. C. Chang et X. L. Chen	灌木		+		+		1
1851	木犀科	Oleaceae	西蜀丁香	*Syringa komarowii* C. K. Schneider	灌木		+		+		1
1852	木犀科	Oleaceae	四川丁香	*Syringa sweginzowii* Koehne et Lingelsheim	灌木		+		+		1
1853	醉鱼草科	Buddlejaceae	巴东醉鱼草	*Buddleja albiflora* Hemsl.	灌木	+	+		+		1
1854	醉鱼草科	Buddlejaceae	大叶醉鱼草	*Buddleja davidii* Franch.	灌木	+	+		+		1
1855	醉鱼草科	Buddlejaceae	醉鱼草	*Buddleja lindleyana* Fort.	灌木	+	+		+		1
1856	醉鱼草科	Buddlejaceae	密蒙花	*Buddleja officinalis* Maxim.	灌木	+	+		+		1
1857	醉鱼草科	Buddlejaceae	柳叶蓬莱葛	*Gardneria lanceolata* Rehd. et Wils.	灌木		+		+		1
1858	醉鱼草科	Buddlejaceae	蓬莱葛	*Gardneria multiflora* Makino	灌木		+		+		1
1859	龙胆科	Gentianaceae	川东龙胆	*Gentiana arethusae* Burk.	草本	+	+		+		1
1860	龙胆科	Gentianaceae	大颈龙胆	*Gentiana incompta* H. Sm.	草本	+	+		+		2

续表

序号	科名	科拉丁名	中文名	学名	生活型	药用	观赏	食用	蜜源	工业原料	数据来源
1861	龙胆科	Gentianaceae	多枝龙胆	*Gentiana myrioclada* Franch.	草本	+	+		+		1
1862	龙胆科	Gentianaceae	流苏龙胆	*Gentiana panthaica* Prain et Burk.	草本	+	+		+		1
1863	龙胆科	Gentianaceae	红花龙胆	*Gentiana rhodantha* Franch. ex Hemsl.	草本	+	+		+		1
1864	龙胆科	Gentianaceae	深红龙胆	*Gentiana rubicunda* Franch.	草本	+	+		+		1
1865	龙胆科	Gentianaceae	二裂深红龙胆	*Gentiana rubicunda* Franch. var. *biloba* T. N. Ho	草本	+	+		+		1
1866	龙胆科	Gentianaceae	水繁缕龙胆	*Gentiana samolifolia* Franch.	草本	+	+		+		1
1867	龙胆科	Gentianaceae	母草叶龙胆	*Gentiana vandellioides* Hemsl.	草本	+	+		+		1
1868	龙胆科	Gentianaceae	二裂母草叶龙胆	*Gentiana vandellioides* Hemsl. var. *biloba* Franch.	草本	+	+		+		1
1869	龙胆科	Gentianaceae	密花龙胆	*Gentiana densiflora* T. N. Ho	草本	+	+		+		1
1870	龙胆科	Gentianaceae	糙毛龙胆	*Gentiana iincompta* H. Smith	草本	+					1
1871	龙胆科	Gentianaceae	湿生扁蕾	*Gentianopsis paludosa*（Hook. f.）Ma	草本		+		+		1
1872	龙胆科	Gentianaceae	卵叶扁蕾	*Gentianopsis paludosa* var. *ovato-deltoidea*（Burk.）Ma ex T. N. Ho	草本		+		+		1
1873	龙胆科	Gentianaceae	椭圆叶花锚	*Halenia elliptica* D. Don	草本		+		+		1
1874	龙胆科	Gentianaceae	大花花锚	*Halenia elliptica* D. Don var. *grandiflora* Hemsl.	草本		+		+		1
1875	龙胆科	Gentianaceae	美丽肋柱花	*Lomatogonium bellum*（Hemsl.）H. Sm.	草本		+		+		1
1876	龙胆科	Gentianaceae	川东大钟花	*Megacodon venosus*（Hemsl.）H. Sm.	草本		+		+		1
1877	龙胆科	Gentianaceae	翼萼蔓龙胆	*Pterygocalyx volubilis* Maxim.	草本		+		+		1
1878	龙胆科	Gentianaceae	獐牙菜	*Swertia bimaculata* Hook. f. et Thoms.	草本		+		+		1
1879	龙胆科	Gentianaceae	叉序獐牙菜	*Swertia divaricata* H. Smith	草本		+		+		1
1880	龙胆科	Gentianaceae	北方獐牙菜	*Swertia diluta*（Turze.）Benth. et Hook. f.	草本		+		+		1
1881	龙胆科	Gentianaceae	红直獐牙菜	*Swertia erythrosticta* Maxim.	草本		+		+		2
1882	龙胆科	Gentianaceae	贵州獐牙菜	*Swertia kouytchensis* Franch.	草本		+		+		1
1883	龙胆科	Gentianaceae	显脉獐牙菜	*Swertia nervosa*（G. Don）Wall. ex Clarke	草本		+		+		1
1884	龙胆科	Gentianaceae	鄂西獐牙菜	*Swertia oculata* Hemsl.	草本		+		+		1
1885	龙胆科	Gentianaceae	峨眉双蝴蝶	*Tripterospermum cordatum*（Marq.）H. Sm.	草本		+		+		1
1886	龙胆科	Gentianaceae	湖北双蝴蝶	*Tripterospermum discoideum*（Marq.）H. Sm	草本		+		+		1
1887	龙胆科	Gentianaceae	细茎双蝴蝶	*Tripterospermum filicaule*（Hemsl.）H. Sm.	草本		+		+		1
1888	龙胆科	Gentianaceae	毛萼双蝴蝶	*Tripterospermum hirticalyx* C. Y. Wu ex C. J. Wu	草本		+		+		1
1889	龙胆科	Gentianaceae	双蝴蝶	*Tripterospermum chinensis*（Migo）H. Smith	草本		+		+		1
1890	夹竹桃科	Apocynaceae	短柱络石	*Trachelospermum brevistylum* Hand.-Mazz.	藤本	+			+		1
1891	夹竹桃科	Apocynaceae	乳儿绳	*Trachelospermum cathayanum* Schneid.	藤本	+			+		1
1892	夹竹桃科	Apocynaceae	湖北络石	*Trachelospermum gracilipes* Hook. f. var. *hupehense* Tsiang et P. T. Li	藤本	+			+		1
1893	夹竹桃科	Apocynaceae	细梗络石	*Trachelospermum gracilipes* Hook. f.	藤本	+			+		1
1894	夹竹桃科	Apocynaceae	鳝藤	*Anodendron affine*（Hook. et Arn.）Druce	藤本	+			+		1
1895	夹竹桃科	Apocynaceae	夹竹桃	*Nerium oleander* Linn.	灌木	+			+		1
1896	萝摩科	Asclepiadaceae	巴东吊灯花	*Ceropegia driophila* Schneid.	藤本	+			+		1
1897	萝摩科	Asclepiadaceae	吊灯花	*Ceropegia trichantha* Hemsl.	藤本	+			+		1
1898	萝摩科	Asclepiadaceae	牛皮消	*Cynanchum auriculatum* Royle et Wight	藤本	+			+		1
1899	萝摩科	Asclepiadaceae	刺瓜	*Cynanchum corymbosum* Wight	藤本	+			+		1
1900	萝摩科	Asclepiadaceae	峨眉牛皮消	*Cynanchum giraldii* Schltr.	藤本	+			+	+	1

序号	科名	科拉丁名	中文名	学名	生活型	药用	观赏	食用	蜜源	工业原料	数据来源
1901	萝藦科	Asclepiadaceae	白前	*Cynanchum glaucescens*（Decne.）Hand.-Mazz.	藤本	+			+	+	1
1902	萝藦科	Asclepiadaceae	竹灵消	*Cynanchum inamoenum*（Maxim）Loes	藤本	+			+	+	1
1903	萝藦科	Asclepiadaceae	朱砂藤	*Cynanchum officinale*（Hemsl.）Tsiang et Zhang	藤本	+			+	+	1
1904	萝藦科	Asclepiadaceae	徐长卿	*Cynanchum paniculatum*（Bunge）Kitag.	藤本	+			+	+	1
1905	萝藦科	Asclepiadaceae	隔山消	*Cynanchum wilfordii*（Maxim.）Hemsl.	藤本	+			+	+	1
1906	萝藦科	Asclepiadaceae	大理白前	*Cynanchum forrestii* Schltr.	藤本	+			+	+	1
1907	萝藦科	Asclepiadaceae	苦绳	*Dregea sinensis* Hemsl.	藤本	+			+	+	1
1908	萝藦科	Asclepiadaceae	贯筋藤	*Dregea sinensis* Hemsl. var. *corrugata*（Schneid.）Tsang et P. T. Li	藤本	+			+	+	1
1909	萝藦科	Asclepiadaceae	醉魂藤	*Heterostemma alatum* Wight	藤本	+			+	+	1
1910	萝藦科	Asclepiadaceae	牛奶菜	*Marsdenia sinensis* Hemsl.	藤本	+			+	+	1
1911	萝藦科	Asclepiadaceae	华萝藦	*Metaplexis hemsleyana* Oliv.	藤本	+			+	+	1
1912	萝藦科	Asclepiadaceae	萝藦	*Metaplexis japonica*（Thunb.）Makino	藤本	+			+	+	1
1913	萝藦科	Asclepiadaceae	青蛇藤	*Periploca calophylla*（Wight）Falc.	藤本	+			+		1
1914	萝藦科	Asclepiadaceae	黑龙骨	*Periploca forrestii* Schltr.	藤本	+			+		1
1915	萝藦科	Asclepiadaceae	杠柳	*Periploca sepium* Bunge	藤本	+			+		1
1916	旋花科	Convolvulaceae	打碗花	*Calystegia hederacea* ex Roxb. Wall.	藤本	+			+	+	1
1917	旋花科	Convolvulaceae	藤长苗	*Calystegia pellita*（Ledeb.）G. Don	藤本	+			+	+	1
1918	旋花科	Convolvulaceae	鼓子花	*Calystegia silvatica*（Kitaib.）Griseb. subsp. *orientalis* Brummitt	藤本	+			+		1
1919	旋花科	Convolvulaceae	菟丝子	*Cuscuta chinensis* Lam.	藤本	+			+	+	1
1920	旋花科	Convolvulaceae	日本菟丝子	*Cuscuta japonica* Choisy	藤本	+			+	+	1
1921	旋花科	Convolvulaceae	马蹄金	*Dichondra repens* Forst.	草本	+					1
1922	旋花科	Convolvulaceae	土丁桂	*Evolvulus alsinoides*（L.）L.	草本				+		1
1923	旋花科	Convolvulaceae	北鱼黄草	*Merremia sibirica*（L.）Hall. f.	草本				+		1
1924	旋花科	Convolvulaceae	毛籽鱼黄草	*Merremia sibirica*（L.）Hall. f. var. *trichosperma* C. C. Huang ex C. Y. Wu et H. W. Li	草本				+		1
1925	旋花科	Convolvulaceae	变色牵牛	*Pharbitis indica*（Burm.）R. C. Fang	藤本				+		1
1926	旋花科	Convolvulaceae	腺毛飞蛾藤	*Porana duclouxii* Gagnep. et Courch. var. *lasia*（Schneid.）Hand.-Mazz	藤本				+		1
1927	旋花科	Convolvulaceae	飞蛾藤	*Porana racemosa* Roxb.	藤本				+		1
1928	旋花科	Convolvulaceae	近无毛飞蛾藤	*Porana sinensis* Hemsl. var. *delavayi*（Gagnep. et Courch）Rehd.	藤本				+		1
1929	花荵科	Polemoniaceae	中华花荵	*Polemonium chinense*（Brand）Brand	草本				+		1
1930	紫草科	Boraginaceae	倒提壶	*Cynoglossum amabile* Stapf et Drumm.	草本						1
1931	紫草科	Boraginaceae	小花琉璃草	*Cynoglossum lanceolatum* Forsk.	草本						1
1932	紫草科	Boraginaceae	琉璃草	*Cynoglossum zeylanicum*（Vahl）Thunb. ex Lehm.	草本						1
1933	紫草科	Boraginaceae	粗糠树	*Ehretia macrophylla* Wall.	乔木						1
1934	紫草科	Boraginaceae	光叶粗糠树	*Ehretia macrophylla* Wall. var. *glabrescens*（Nakai）Y. L. Liu	乔木						1
1935	紫草科	Boraginaceae	厚壳树	*Ehretia thyrsiflora*（Sieb. et Zucc.）Nakai	乔木						1
1936	紫草科	Boraginaceae	车前紫草	*Sinojohnstonia plantaginea* Hu	草本						1
1937	紫草科	Boraginaceae	盾果草	*Thyrocarpus sampsonii* Hance	草本						1

序号	科名	科拉丁名	中文名	学名	生活型	药用	观赏	食用	蜜源	工业原料	数据来源
1938	紫草科	Boraginaceae	钝萼附地菜	*Trigonotis amblyosepala* Nakai et Kitag.	草本						1
1939	紫草科	Boraginaceae	西南附地菜	*Trigonotis cavaleriei*（Lévl.）Hand.-Mazz.	草本						1
1940	紫草科	Boraginaceae	多花附地菜	*Trigonotis floribunda* Johnst.	草本						1
1941	紫草科	Boraginaceae	秦岭附地菜	*Trigonotis giraldii* Brand	草本						1
1942	紫草科	Boraginaceae	湖北附地菜	*Trigonotis mollis* Hemsl.	草本						1
1943	紫草科	Boraginaceae	附地菜	*Trigonotis peduncularis*（Trev.）Benth. ex Baker et Moore	草本						1
1944	紫草科	Boraginaceae	勿忘草	*Myosotis silvatica* Ehrh. ex Hoffm.	草本						1
1945	马鞭草科	Verbenaceae	紫珠	*Callicarpa bodinieri* Lévl.	灌木						1
1946	马鞭草科	Verbenaceae	南川紫珠	*Callicarpa bodinieri* var. *rosthornii*（Diels）Rehd.	灌木						1
1947	马鞭草科	Verbenaceae	柳叶紫珠	*Callicarpa bodinieri* var. *iteophylla* Roxb.	灌木						1
1948	马鞭草科	Verbenaceae	老鸦糊	*Callicarpa giraldii* Hesse ex Rehd.	灌木						1
1949	马鞭草科	Verbenaceae	湖北紫珠	*Callicarpa gracilipes* Rehd.	灌木						1
1950	马鞭草科	Verbenaceae	全缘叶紫珠	*Callicarpa integerrima* Champ.	灌木						1
1951	马鞭草科	Verbenaceae	日本紫珠	*Callicarpa japonica* Thunb.	灌木						1
1952	马鞭草科	Verbenaceae	窄叶紫珠	*Callicarpa japonica* Thunb. var. *angustata* Rehd.	灌木						1
1953	马鞭草科	Verbenaceae	朝鲜紫珠	*Callicarpa japonica* Thunb. var. *luxurians* Thunb.	灌木						1
1954	马鞭草科	Verbenaceae	红紫珠	*Callicarpa rubella* Lindl.	灌木						1
1955	马鞭草科	Verbenaceae	黄腺紫珠	*Callicarpa luteopunctata* H. T. Chang	灌木						1
1956	马鞭草科	Verbenaceae	尖叶紫珠	*Callicarpa acutifolia* Bunge	灌木						1
1957	马鞭草科	Verbenaceae	短柄紫珠	*Callicarpa brevipes*（Benth.）Hance	灌木						1
1958	马鞭草科	Verbenaceae	金腺莸	*Caryopteris aureoglandulosa*（Vant.）C. Y. Wu	草本						1
1959	马鞭草科	Verbenaceae	莸	*Caryopteris divaricata*（Sieb. et Zucc.）Maxim.	草本						1
1960	马鞭草科	Verbenaceae	兰香草	*Caryopteris incana*（Thunb.）Miq.	草本						1
1961	马鞭草科	Verbenaceae	三花莸	*Caryopteris terniflora* Maxim.	草本						1
1962	马鞭草科	Verbenaceae	小叶灰毛莸	*Caryopteris forrestii* var. *minor* Diels	草本						2
1963	马鞭草科	Verbenaceae	臭牡丹	*Clerodendrum bungei* Steud.	草本				+	+	1
1964	马鞭草科	Verbenaceae	大青	*Clerodendrum cyrtophyllum* Turcz.	灌木				+	+	1
1965	马鞭草科	Verbenaceae	黄腺大青	*Clerodendrum confine* S. L. Chen et T. D. Zhuang	灌木				+	+	1
1966	马鞭草科	Verbenaceae	川黔大青	*Clerodendrum luteopunctatum* Pei et S. L. Chen	灌木				+	+	1
1967	马鞭草科	Verbenaceae	海通	*Clerodendrum manderinorum* Diels	灌木				+	+	1
1968	马鞭草科	Verbenaceae	海州常山	*Clerodendrum trichotomum* Thunb.	灌木				+	+	1
1969	马鞭草科	Verbenaceae	臭黄荆	*Premna ligustroides* Hemsl.	灌木				+	+	1
1970	马鞭草科	Verbenaceae	狐臭柴	*Premna puberula* Pamp.	灌木				+	+	1
1971	马鞭草科	Verbenaceae	马鞭草	*Verbena officinalis* L.	灌木				+	+	1
1972	马鞭草科	Verbenaceae	黄荆	*Vitex negundo* L.	灌木	+			+	+	1
1973	马鞭草科	Verbenaceae	牡荆	*Vitex negundo* L. var. *cannabifolia*（Sieb. et Zucc.）Hand.-Mazz.	灌木	+			+	+	1
1974	马鞭草科	Verbenaceae	灰毛牡荆	*Vitex cannescens* Kurz.	灌木	+			+	+	1
1975	马鞭草科	Verbenaceae	荆条	*Vitex negundo* Linn. var. *heterophylla*（Franch.）Rehd.	灌木	+			+	+	1

序号	科名	科拉丁名	中文名	学名	生活型	药用	观赏	食用	蜜源	工业原料	数据来源
1976	马鞭草科	Verbenaceae	拟黄荆	*Vitex negundo* L. var. *thyrsoides* Pei	灌木	+			+	+	1
1977	唇形科	Labiatae	藿香	*Agastache rugosa*（Fisch. et Mey.）O. Ktze.	草本	+			+		1
1978	唇形科	Labiatae	筋骨草	*Ajuga ciliata* Bunge	草本	+			+		1
1979	唇形科	Labiatae	金疮小草	*Ajuga decumbens* Thunb.	草本	+			+		2
1980	唇形科	Labiatae	圆叶筋骨草	*Ajuga ovalifolia* Bur. et Franch	草本	+			+		1
1981	唇形科	Labiatae	紫背金盘	*Ajuga nipponensis* Makino	草本	+			+		1
1982	唇形科	Labiatae	水棘针	*Amethystea caerulea* L.	草本	+			+		1
1983	唇形科	Labiatae	风轮菜	*Clinopodium chinense*（Benth.）O. Ktze.	草本	+			+		1
1984	唇形科	Labiatae	细风轮菜	*Clinopodium gracile*（Benth.）Matsum.	草本	+			+		1
1985	唇形科	Labiatae	灯笼草	*Clinopodium polycephalum*（Diels）C. Y. Wu et Hsuan ex H. W. Li	草本	+			+		1
1986	唇形科	Labiatae	匍匐风轮菜	*Clinopodium repens*（D. Don）Wall. ex Benth.	草本	+			+		1
1987	唇形科	Labiatae	紫花香薷	*Elsholtzia argyi* Lévl.	草本	+			+		1
1988	唇形科	Labiatae	香薷	*Elsholtzia ciliata*（Thunb.）Hyland.	草本	+			+		1
1989	唇形科	Labiatae	野香草	*Elsholtzia cyprianii*（Pavol.）S. Chow ex Hsu	草本	+			+		1
1990	唇形科	Labiatae	狭叶野香草	*Elsholtzia cyprianii*（Pavol.）S. Chow ex Hsu var. *angustifolia* C. Y. Wu et S. C. Huang	草本	+			+		1
1991	唇形科	Labiatae	鸡骨柴	*Elsholtzia fruticosa*（D. Don）Rehd.	草本	+			+		1
1992	唇形科	Labiatae	穗状香薷	*Elsholtzia stachyodes*（Link）C. Y. Wu	草本	+			+		1
1993	唇形科	Labiatae	木香薷	*Elsholtzia stauntonii* Benth.	草本	+			+		1
1994	唇形科	Labiatae	小野芝麻	*Galeobdolon chinense*（Benth.）C. Y. Wu	草本	+			+		1
1995	唇形科	Labiatae	白透骨草	*Glechoma biondiana*（Diels）C. Y. Wu et C. Chen	草本	+			+		1
1996	唇形科	Labiatae	活血丹	*Glechoma longituba*（Nakai）Kupr.	草本	+			+		1
1997	唇形科	Labiatae	异野芝麻	*Heterolamium debile*（Hemsl.）C. Y. Wu	草本	+			+		1
1998	唇形科	Labiatae	细齿异野芝麻	*Heterolamium debile*（Hemsl.）C. Y. Wu var. *cardiophyllum*（Hemsl.）C. Y. Wu	草本	+			+		1
1999	唇形科	Labiatae	拟缺香茶菜	*Isodon excisoides*（Sun ex C. H. Hu）C. Y. Wu et H. W. Li	草本	+			+		1
2000	唇形科	Labiatae	粗齿香茶菜	*Isodon grosseserratus*（Dunn）Kudo	草本	+			+		1
2001	唇形科	Labiatae	鄂西香茶菜	*Isodon henryi*（Hemsl.）Kudo	草本	+			+		1
2002	唇形科	Labiatae	宽叶香茶菜	*Isodon latifolius* C. Y. Wu et Hsuan	草本	+			+		1
2003	唇形科	Labiatae	碎米桠	*Isodon rubescens*（Hemsl.）Hara	草本	+			+		1
2004	唇形科	Labiatae	粉红动蕊花	*Kinostemon ablorubrum*（Hemsl.）C. Y. Wu et S. Chow	草本	+			+		1
2005	唇形科	Labiatae	动蕊花	*Kinostemon ornatum*（Hemsl.）Kudo	草本	+			+		1
2006	唇形科	Labiatae	夏至草	*Lagopsis supina*（Steph.）Ik.-Gal. ex Knorr.	草本	+			+		1
2007	唇形科	Labiatae	宝盖草	*Lamium amplexicaule* L.	草本	+			+		1
2008	唇形科	Labiatae	益母草	*Leonurus artemisia*（Lour.）S. Y. Hu	草本	+			+		1
2009	唇形科	Labiatae	疏毛白绒草	*Leucas mollissima* Wall. var. *chinensis* Benth.	草本	+			+		1
2010	唇形科	Labiatae	斜萼草	*Loxocalyx urticilolius* Hemsl.	草本	+			+		1
2011	唇形科	Labiatae	地笋	*Lycopus lucidus* Turze.	草本	+			+	+	1
2012	唇形科	Labiatae	硬毛地笋	*Lycopus lucidus* Turcz. var. *hirtus* Regel	草本	+			+	+	1
2013	唇形科	Labiatae	华西龙头草	*Meehania fargesii*（Lévl.）C. Y. Wu	草本	+			+	+	1

序号	科名	科拉丁名	中文名	学名	生活型	药用	观赏	食用	蜜源	工业原料	数据来源
2014	唇形科	Labiatae	梗花华西龙头草	*Meehania fargesii*（Levl.）C. Y. Wu var. *pedunculata*（Hemsl.）C. Y. Wu	草本	+			+	+	1
2015	唇形科	Labiatae	龙头草	*Meehania henryi*（Hemsl.）Sun ex C. Y. Wu	草本	+			+	+	1
2016	唇形科	Labiatae	蜜蜂花	*Melissa axillaris*（Benth.）Bakh. f.	草本	+			+	+	1
2017	唇形科	Labiatae	薄荷	*Mentha haplocalyx* Briq.	草本	+			+	+	1
2018	唇形科	Labiatae	留兰香	*Mentha spicata* L.	草本	+			+	+	1
2019	唇形科	Labiatae	粗壮冠唇花	*Microtoena robusta* Hemsl.	草本	+			+	+	2
2020	唇形科	Labiatae	石香薷	*Mosla chinensis* Maxim.	草本	+			+	+	1
2021	唇形科	Labiatae	小鱼仙草	*Mosla dianthera*（Buch.-Ham.）Maxim.	草本	+			+	+	1
2022	唇形科	Labiatae	石荠苎	*Mosla scabra*（Thunb.）C. Y. Wu et H. W. Li	草本	+			+	+	1
2023	唇形科	Labiatae	荆芥	*Nepeta cataria* L.	草本	+			+	+	1
2024	唇形科	Labiatae	心叶荆芥	*Nepeta fodrii* Hemsl.	草本	+			+	+	1
2025	唇形科	Labiatae	裂叶荆芥	*Nepeta tenuifolia* Benth.	草本	+			+	+	1
2026	唇形科	Labiatae	罗勒	*Ocimum basilicum* L.	草本	+			+	+	1
2027	唇形科	Labiatae	疏柔毛罗勒	*Ocimum basilicum* L. var. *pilosum*（Willa.）Benth.	草本	+			+	+	1
2028	唇形科	Labiatae	牛至	*Origanum vulgare* L.	草本	+			+	+	1
2029	唇形科	Labiatae	紫苏	*Perilla frutescens*（L.）Britt.	草本	+			+	+	1
2030	唇形科	Labiatae	糙苏	*Phlomis umbrosa* Turcz.	草本	+			+	+	1
2031	唇形科	Labiatae	南方糙苏	*Phlomis umbrosa* Turcz. var. *australis* Hemsl.	草本	+			+	+	1
2032	唇形科	Labiatae	硬毛夏枯草	*Prunella hispida* Benth.	草本	+			+	+	1
2033	唇形科	Labiatae	夏枯草	*Prunella vulgaris* L.	草本	+			+	+	1
2034	唇形科	Labiatae	狭叶夏枯草	*Prunella vulgaris* L. var. *lanceolata*（Bart.）Fern.	草本	+			+	+	1
2035	唇形科	Labiatae	贵州鼠尾草	*Salvia cavaleriei* Lévl.	草本	+			+	+	1
2036	唇形科	Labiatae	血盆草	*Salvia cavalerie* Lévl. var. *simplicifolia* Stib.	草本	+			+	+	2
2037	唇形科	Labiatae	犬形鼠尾草	*Salvia cynica* Dunn	草本	+			+	+	1
2038	唇形科	Labiatae	鼠尾草	*Salvia japonica* Thunb.	草本	+			+	+	2
2039	唇形科	Labiatae	南川鼠尾草	*Salvia nanchuanensis* Sun	草本	+			+	+	1
2040	唇形科	Labiatae	居间南川鼠尾草	*Salvia nanchuanensis* Sun f. *intermedia* Sun	草本	+			+	+	1
2041	唇形科	Labiatae	宽苞峨眉鼠尾草	*Salvia omeiana* Stib. var. *grangibracteata* Stib.	草本	+			+	+	1
2042	唇形科	Labiatae	荔枝草	*Salvia plebeia* R. Br.	草本	+			+	+	1
2043	唇形科	Labiatae	岩藿香	*Scutellaria franchetiana* Lévl.	草本	+			+	+	1
2044	唇形科	Labiatae	锯叶峨眉黄芩	*Scutellaria omeiensis* C. Y. Wu var. *serratifolia* C. Y. Wu et S. Chow	草本	+			+	+	2
2045	唇形科	Labiatae	针筒菜	*Stachys oblongifolia* Benth.	草本	+			+	+	1
2046	唇形科	Labiatae	西南水苏	*Stachys kouyangensis*（Vaniot）Dunn	草本	+			+	+	1
2047	唇形科	Labiatae	甘露子	*Stachys sieboldi* Miq.	草本	+			+	+	1
2048	唇形科	Labiatae	近无毛甘露子	*Stachys sieboldi* Miq. var. *glabrescens* C. Y. Wu	草本	+			+	+	1
2049	唇形科	Labiatae	黄花地钮菜	*Stachys xanthantha* C. Y. Wu	草本	+			+	+	1
2050	唇形科	Labiatae	长毛香科科	*Teucrium pilosum*（Pamp.）C. Y. Wu et S. Chow	草本	+			+	+	1

续表

序号	科名	科拉丁名	中文名	学名	生活型	药用	观赏	食用	蜜源	工业原料	数据来源
2051	唇形科	Labiatae	血见愁	*Teucrium viscidum* Bl.	草本	+			+	+	1
2052	唇形科	Labiatae	微毛血见愁	*Teucrium viscidum* Bl. var. *nepetoides* (Levl.) C. Y. Wu et S. Chow	草本	+			+	+	2
2053	茄科	Solanaceae	天蓬子	*Atropanthe sinensis* (Hemsl.) Pascher	藤本				+		1
2054	茄科	Solanaceae	红丝线	*Lycianthes biflora* (Lour.) Bitter	藤本				+		1
2055	茄科	Solanaceae	鄂红丝线	*Lycianthes hupehensis* (Bitter) C. Y. Wu et S. C. Huang	藤本				+		1
2056	茄科	Solanaceae	单花红丝线	*Lycianthes lysimachioides* (Wall.) Bitter	藤本				+		1
2057	茄科	Solanaceae	紫单花红丝线	*Lycianthes lysimachioides* (Wall.) Bitter var. *purpuriflora* C. Y. Wu et S. C. Huang	藤本				+		1
2058	茄科	Solanaceae	中华红丝线广	*Lycianthes lysimachioides* (Wall.) Bitter var. *sinensis* Bitter	藤本				+		1
2059	茄科	Solanaceae	枸杞*	*Lycium chinense* Mill.	灌木		+		+		1
2060	茄科	Solanaceae	假酸浆	*Nicandra physaloides* (L.) Gaertn.	草本		+		+		1
2061	茄科	Solanaceae	酸浆	*Physalis alkekengi* L.	草本		+		+		1
2062	茄科	Solanaceae	挂金灯	*Physalis alkekengi* L. var. *francheti* (Msat.) Makino	草本		+		+		1
2063	茄科	Solanaceae	苦蘵	*Physalis angulata* L.	草本		+		+		1
2064	茄科	Solanaceae	小酸浆	*Physalis minima* L.	草本		+		+		1
2065	茄科	Solanaceae	灯笼果	*Physalis peruviana* Linn.	草本		+		+	+	1
2066	茄科	Solanaceae	喀西茄	*Solanum aculeatissimum* Jacq.	草本		+		+		1
2067	茄科	Solanaceae	紫少花龙葵	*Solanum photeinocarpum* Nakamara et Odashima var. *violaccum* (Chen) C. Y. Wu	草本		+		+		1
2068	茄科	Solanaceae	牛茄子	*Solanum surattence* Burm. f	草本	+	+		+		1
2069	茄科	Solanaceae	白英	*Solanum lyratum* Thunb.	草本	+	+		+	+	1
2070	茄科	Solanaceae	龙葵	*Solanum nigrum* L.	草本	+	+		+		1
2071	茄科	Solanaceae	海桐叶白英	*Solanum pittosporifolium* Hemsl.	草本		+		+	+	1
2072	茄科	Solanaceae	刺天茄	*Solanum indicum* L.	草本		+		+	+	1
2073	茄科	Solanaceae	黄果茄	*Solanum xanthocarpum* Schrad	草本		+		+		1
2074	茄科	Solanaceae	野茄	*Solanum undatum* Lamarck	草本		+		+	+	1
2075	茄科	Solanaceae	千年不烂心	*Solanum cathayanum* C. Y. Wu et S. C. Huang	草本		+		+		1
2076	茄科	Solanaceae	大叶泡囊草	*Physochlaina macrophylla* Bonati	草本		+		+		2
2077	玄参科	Scrophulariaceae	来江藤	*Brandisia hancei* Hook. f.	草本		+		+		1
2078	玄参科	Scrophulariaceae	幌菊	*Ellisiophyllum pinnatum* (Wall.) Makino	草本		+		+		1
2079	玄参科	Scrophulariaceae	短腺小米草	*Euphrasia regelii* Wettst.	草本		+		+		1
2080	玄参科	Scrophulariaceae	小米草	*Euphrasia pectinata* Ten.	草本		+		+		1
2081	玄参科	Scrophulariaceae	石龙尾	*Limnophila sessiliflora* (Vahl) Bl.	草本		+		+		2
2082	玄参科	Scrophulariaceae	泥花草	*Lindernia antipoda* (L.) Alston	草本		+		+		1
2083	玄参科	Scrophulariaceae	母草	*Lindernia crustacea* (L.) F. Muell	草本		+		+		1
2084	玄参科	Scrophulariaceae	陌上菜	*Lindernia procumbens* (Krock.) Von. Borbas	草本		+		+		1
2085	玄参科	Scrophulariaceae	旱田草	*Lindernia ruellioides* (Colsm.) Pennell	草本		+		+		1
2086	玄参科	Scrophulariaceae	美丽通泉草	*Mazus pulchellus* Hemsl. ex Forb. et Hemsl.	草本		+		+		1
2087	玄参科	Scrophulariaceae	通泉草	*Mazus pumilus* (Burm. f.) van. Steenis	草本		+		+		1
2088	玄参科	Scrophulariaceae	毛果通泉草	*Mazus spicatus* Vant.	草本		+		+		1
2089	玄参科	Scrophulariaceae	弹刀子菜	*Mazus stachydifolius* (Turcz.) Maxim.	草本		+		+		1

序号	科名	科拉丁名	中文名	学名	生活型	药用	观赏	食用	蜜源	工业原料	数据来源
2090	玄参科	Scrophulariaceae	威氏通泉草	*Mazus omeiensis* Li	草本		+		+		1
2091	玄参科	Scrophulariaceae	岩白菜	*Mazus wilsonii* Bonati	草本		+		+		1
2092	玄参科	Scrophulariaceae	四川沟酸浆	*Mimulus szechuanensis* Pai	草本		+		+		1
2093	玄参科	Scrophulariaceae	沟酸浆	*Mimulus tenellus* Bge.	草本		+		+		1
2094	玄参科	Scrophulariaceae	尼泊尔沟酸浆	*Mimulus tenellus* Bunge var. *nepalensis*（Benth.）Tsoong	草本		+		+		1
2095	玄参科	Scrophulariaceae	川泡桐	*Paulownia fargesii* Franch.	乔木		+		+		1
2096	玄参科	Scrophulariaceae	白花泡桐	*Paulownia fiortunei*（Seem.）Hemsl.	乔木		+		+		1
2097	玄参科	Scrophulariaceae	短茎马先蒿	*Pedicularis artselaeri* Maxim.	草本		+		+		1
2098	玄参科	Scrophulariaceae	美观马先蒿	*Pedicularis decora* Franch.	草本		+		+		1
2099	玄参科	Scrophulariaceae	华中马先蒿	*Pedicularis fagesii* Franch.	草本		+		+		2
2100	玄参科	Scrophulariaceae	疏花马先蒿	*Pedicularis laxiflora* Franch.	草本		+		+		1
2101	玄参科	Scrophulariaceae	江南马先蒿	*Pedicularis henryi* Maxim.	草本		+		+		1
2102	玄参科	Scrophulariaceae	西南马先蒿	*Pedicularis labordei* Vant. et Bonati	草本		+		+		1
2103	玄参科	Scrophulariaceae	焊菜叶马先蒿	*Pedicularis nasturitiifolia* Franch.	草本		+		+		2
2104	玄参科	Scrophulariaceae	扭旋马先蒿	*Pedicularis torta* Maxim.	草本		+		+		1
2105	玄参科	Scrophulariaceae	扭盖马先蒿	*Pedicularis davidii* Franch.	草本		+		+		1
2106	玄参科	Scrophulariaceae	羊齿叶马先蒿	*Pedicularis filicifolia* Hemsl. ex Forbes et Hemsl	草本		+		+		1
2107	玄参科	Scrophulariaceae	轮叶马先蒿	*Pedicularis verticillata* L.	草本		+		+		1
2108	玄参科	Scrophulariaceae	法氏马先蒿	*Pedicularis fargesii* Franch.	草本		+		+		1
2109	玄参科	Scrophulariaceae	粗野马先蒿	*Pedicularis rudis* Maxim.	草本		+		+		1
2110	玄参科	Scrophulariaceae	之形喙马先蒿	*Pedicularis sigmoidea* Franch. ex Maxim	草本		+		+		2
2111	玄参科	Scrophulariaceae	松蒿	*Phtheirospermum japonicum*（Thunb.）Kanitz	草本		+		+		1
2112	玄参科	Scrophulariaceae	湖北地黄	*Rehmannia henryi* N. E. Br	草本		+		+		1
2113	玄参科	Scrophulariaceae	茄叶地黄	*Rehmannia solanifolia* Tsoong et Chin	草本		+		+		1
2114	玄参科	Scrophulariaceae	长梗玄参	*Scrophularia fargesii* Franch.	草本		+		+		1
2115	玄参科	Scrophulariaceae	鄂西玄参	*Scrophularia henryi* Hemsl.	草本		+		+		1
2116	玄参科	Scrophulariaceae	川玄参	*Scrophularia kakudensis* Franch.	草本		+		+		1
2117	玄参科	Scrophulariaceae	玄参	*Scrophularia ningpoensis* Hemsl.	草本		+		+		1
2118	玄参科	Scrophulariaceae	光叶蝴蝶草	*Torenia glabra* Osbeck	草本		+				1
2119	玄参科	Scrophulariaceae	西南蝴蝶草	*Torenia cordifolia* Roxb.	草本		+				1
2120	玄参科	Scrophulariaceae	紫萼蝴蝶草	*Torenia violacea*（Azaola）Pennell.	草本		+				1
2121	玄参科	Scrophulariaceae	呆白菜	*Triaenophora rupestris*（Hemsl.）Soler.	草本		+				1
2122	玄参科	Scrophulariaceae	全缘呆白菜	*Triaenophora integra*（Li）Ivanina	草本		+				2
2123	玄参科	Scrophulariaceae	水苦荬	*Veronica undulata* Wall.	草本		+				1
2124	玄参科	Scrophulariaceae	北水苦荬	*Veronica anagallis-aquatica* L.	草本		+				1
2125	玄参科	Scrophulariaceae	婆婆纳	*Veronica didyma* Tenore	草本		+				1
2126	玄参科	Scrophulariaceae	直立婆婆纳	*Veronica arvensis* Linn.	草本		+				1
2127	玄参科	Scrophulariaceae	城口婆婆纳	*Veronica fargesii* Franch	草本		+				1
2128	玄参科	Scrophulariaceae	华中婆婆纳	*Veronica henryi* Yamazaki	草本		+				1
2129	玄参科	Scrophulariaceae	疏花婆婆纳	*Veronica laxa* Benth.	草本		+				1
2130	玄参科	Scrophulariaceae	蚊母草	*Veronica peregvina* L.	草本		+				2

序号	科名	科拉丁名	中文名	学名	生活型	药用	观赏	食用	蜜源	工业原料	数据来源
2131	玄参科	Scrophulariaceae	阿拉伯婆婆纳	*Veronica persica* Poir.	草本		+				1
2132	玄参科	Scrophulariaceae	小婆婆纳	*Veronica serpyllifolia* L.	草本		+				1
2133	玄参科	Scrophulariaceae	四川婆婆纳	*Veronica szechuanica* Batal.	草本		+				1
2134	玄参科	Scrophulariaceae	川陕婆婆纳	*Veronica tsinglingensis* Hong	草本		+				1
2135	玄参科	Scrophulariaceae	川西婆婆纳	*Veronica sutchuensis* Fr.	草本		+				1
2136	玄参科	Scrophulariaceae	美穗草	*Veronicastrum brunonianum*（Benth.）Hong	草本		+				1
2137	玄参科	Scrophulariaceae	宽叶腹水草	*Veronicastrum latifolium*（Hemsl.）Yamazaki	草本		+				1
2138	玄参科	Scrophulariaceae	细穗腹水草	*Veronicastrum stenostachyum*（Hemsl.）Yamazaki	草本		+				1
2139	玄参科	Scrophulariaceae	长穗腹水草	*Veronicastrum longispicatum*（Merr.）Yamazaki	草本		+				1
2140	紫葳科	Bignoniaceae	川楸	*Catalpa fargesi* Bur.	乔木		+		+		1
2141	紫葳科	Bignoniaceae	梓树	*Catalpa ovata* G. Don	乔木		+		+		1
2142	胡麻科	Pedaliaceae	茶菱	*Trapella sinensis* Oliv	草本		+		+		1
2143	列当科	Orobanchaceae	丁座草	*Boschniakia himalaica* Hook. f. et Thoms.	草本	+	+		+		1
2144	列当科	Orobanchaceae	列当	*Orobanche coerulescens* Steph.	草本	+	+		+		1
2145	苦苣苔科	Gesneriaceae	矮直瓣苣苔	*Ancylostemon humilis* W. T. Wang	草本	+	+		+		1
2146	苦苣苔科	Gesneriaceae	直瓣苣苔	*Ancylostemon saxatilis*（Hemsl.）Craib	草本	+	+		+		2
2147	苦苣苔科	Gesneriaceae	大花旋蒴苣苔	*Boea clarkeana* Hemsl.	草本	+	+		+		2
2148	苦苣苔科	Gesneriaceae	旋蒴苣苔	*Boea hygrometrica*（Bunge）R. Br.	草本	+	+		+		2
2149	苦苣苔科	Gesneriaceae	筒花苣苔	*Briggsiopsis delavayi*（Franch.）K. Y. Pan	草本	+	+		+		1
2150	苦苣苔科	Gesneriaceae	革叶粗筒苣苔	*Briggsia mihieri*（Franch.）Craib	草本	+	+		+		1
2151	苦苣苔科	Gesneriaceae	鄂西粗筒苣苔	*Briggsia speciosa*（Hemsl.）Craib	草本	+	+		+		1
2152	苦苣苔科	Gesneriaceae	牛耳朵	*Chirita eburnea* Hance	草本	+	+		+		1
2153	苦苣苔科	Gesneriaceae	珊瑚苣苔	*Corallodiscus cordatulus*（Craib）Burtt	草本	+	+		+		1
2154	苦苣苔科	Gesneriaceae	纤细半蒴苣苔	*Hemiboea gracilis* Franch.	草本	+	+		+		1
2155	苦苣苔科	Gesneriaceae	半蒴苣苔	*Hemiboea henryi* Clarke	草本	+	+		+		1
2156	苦苣苔科	Gesneriaceae	降龙草	*Hemiboea subcapitata* Clarke	草本	+	+		+		1
2157	苦苣苔科	Gesneriaceae	城口金盏苣苔	*Isometrum fargesii*（Fr.）Burtt	草本	+	+		+		1
2158	苦苣苔科	Gesneriaceae	圆苞吊石苣苔	*Lysionotus involucratus* Franch.	草本	+	+		+		1
2159	苦苣苔科	Gesneriaceae	吊石苣苔	*Lysionotus pauciflorus* Maxim.	草本	+	+		+		1
2160	苦苣苔科	Gesneriaceae	皱叶后蕊苣苔	*Opithandra fargesii*（Fr.）Burtt	草本	+	+		+		1
2161	苦苣苔科	Gesneriaceae	厚叶蛛毛苣苔	*Paraboea crassifolia*（Hemsl.）Burtt	草本	+	+		+		1
2162	苦苣苔科	Gesneriaceae	蛛毛苣苔	*Paraboea sinensis*（Oliv.）Burtt	草本	+	+		+		2
2163	水马齿科	Callitrichaceae	水马齿	*Callitriche pulustris* L.	草本		+				1
2164	狸藻科	Lentibulariaceae	黄花狸藻	*Utricularia aurea* Lour.	草本		+				1
2165	爵床科	Acanthaceae	白接骨	*Asystasiella chinensis*（S. Moore）E. Hossain	草本		+				1
2166	爵床科	Acanthaceae	翅柄马蓝	*Pteracanthus alatus*（Nees）Bremek.	草本		+				1
2167	爵床科	Acanthaceae	森林马蓝	*Pteracanthus nemorosus*（R. Ben.）C. Y. Wu et C. C. Hu	草本		+				1
2168	爵床科	Acanthaceae	城口马蓝	*Pteracanthus flexus*（R. Ben.）C. Y. Wu et C. C. Hu	草本		+				1
2169	爵床科	Acanthaceae	少花马蓝	*Pteracanthus oliganthus* Miq.	草本		+				1

序号	科名	科拉丁名	中文名	学名	生活型	药用	观赏	食用	蜜源	工业原料	数据来源
2170	爵床科	Acanthaceae	圆苞杜根藤	*Calophanoides chinensis*（Champ.）C. Y. Wu et H. S. Lo	草本		+				1
2171	爵床科	Acanthaceae	狗肝菜	*Dicliptera chinensis*（L.）Ness.	草本		+				1
2172	爵床科	Acanthaceae	九头狮子草	*Peristrophe japonica*（Thunb.）Bremek.	草本		+				1
2173	爵床科	Acanthaceae	爵床	*Rostellularia procumbens*（L.）Ness	草本		+				1
2174	透骨草科	Phrymataceae	透骨草	*Phryma leptostachya* var. *oblongifolia*（Koidz.）Honda	草本		+				1
2175	车前科	Plantaginaceae	车前	*Plantago asiatica* L.	草本	+	+				1
2176	车前科	Plantaginaceae	疏花车前	*Plantago asiatica* subsp. *erosa*（Wall.）Z. Y. Li	草本	+	+				1
2177	车前科	Plantaginaceae	长叶车前	*Plantago lanceolata* L.	草本	+	+				1
2178	车前科	Plantaginaceae	平车前	*Plantago depressa* Willd.	草本	+	+				1
2179	车前科	Plantaginaceae	大车前	*Plantago major* L.	草本	+	+				1
2180	茜草科	Rubiaceae	细叶水团花	*Adina rubella* Hance	草本		+				1
2181	茜草科	Rubiaceae	虎刺	*Damnacanthus indicus*（L.）Gaertn. f.	灌木		+				1
2182	茜草科	Rubiaceae	柳叶虎刺	*Damnacanthus labordei*（Lévl.）Lo	灌木		+				1
2183	茜草科	Rubiaceae	浙皖虎刺	*Damnacanthus macrophyllus* Sieb. ex Miq.	灌木		+				2
2184	茜草科	Rubiaceae	狗骨柴	*Tricalysia dubia*（Lindl.）Ohwi	灌木		+				1
2185	茜草科	Rubiaceae	香果树	*Emmenopterys henryi* Oliv.	乔木		+				1
2186	茜草科	Rubiaceae	猪殃殃	*Galium aparine* L. var. *tenerum*（Gren. et Godr.）Rcbb.	藤本		+				1
2187	茜草科	Rubiaceae	拉拉藤	*Galium aparine* L. var. *echinospermum*（Wallr.）Cuf.	藤本		+				1
2188	茜草科	Rubiaceae	六叶葎	*Galium asperuloides* Edgew. var. *hoffmeisteri*（Klotz.）Hand.-Mazz.	藤本		+				1
2189	茜草科	Rubiaceae	硬毛拉拉藤	*Galium boreale* L. var. *ciliatum* Nakai	藤本		+				1
2190	茜草科	Rubiaceae	四叶葎	*Galium bungei* Steud.	藤本		+				1
2191	茜草科	Rubiaceae	线梗拉拉藤	*Galium comari* Lévl.	藤本		+				1
2192	茜草科	Rubiaceae	西南拉拉藤	*Galium elegans* Wall. ex Roxb.	藤本		+				1
2193	茜草科	Rubiaceae	湖北拉拉藤	*Galium hupehense* Pampan.	藤本		+				1
2194	茜草科	Rubiaceae	林生拉拉藤	*Galium paradoxum* Maxim.	藤本		+				1
2195	茜草科	Rubiaceae	小叶猪殃殃	*Galium trifidum* L.	藤本		+				1
2196	茜草科	Rubiaceae	莲子菜	*Galium verum* L.	草本		+				1
2197	茜草科	Rubiaceae	栀子*	*Gardenia jasminoides* Ellis	灌木		+				1
2198	茜草科	Rubiaceae	粗叶耳草	*Hedyotis verticillata*（L.）Lam.	草本		+				1
2199	茜草科	Rubiaceae	西南粗叶木	*Lasianthus henryi* Hutch.	灌木		+				1
2200	茜草科	Rubiaceae	瓦山野丁香	*Leptodermis parvifolia* Hutch.	灌木		+				2
2201	茜草科	Rubiaceae	野丁香	*Leptodermis potaninii* Batal.	灌木		+				1
2202	茜草科	Rubiaceae	羊角藤	*Morinda umbellata* L.	藤本		+				1
2203	茜草科	Rubiaceae	湖北巴戟天	*Morinda hupehensis* S. Y. Hu	草本		+				1
2204	茜草科	Rubiaceae	西南巴戟天	*Morinda scabrifolia* Y. Z. Ruan	草本		+				1
2205	茜草科	Rubiaceae	巴戟天	*Morinda officinalis* How	草本		+				1
2206	茜草科	Rubiaceae	展枝玉叶金花	*Mussaenda divaricata* Hutch.	草本		+				1
2207	茜草科	Rubiaceae	柔毛玉叶金花	*Mussaenda divaricata* Hutch. var. *mollis* Hutch.	草本		+				1

序号	科名	科拉丁名	中文名	学名	生活型	药用	观赏	食用	蜜源	工业原料	数据来源
2208	茜草科	Rubiaceae	玉叶金花	*Mussaenda pubescens* Ait. f.	草本		+				1
2209	茜草科	Rubiaceae	密脉木	*Myrioneuron fabri* Hemsl.	草本		+				1
2210	茜草科	Rubiaceae	西南新耳草	*Neanotis wightiana*（Wall.）Hook. f.	草本		+		+		1
2211	茜草科	Rubiaceae	广州蛇根草	*Ophiorrhiza cantoniensis* Hance	草本		+		+		1
2212	茜草科	Rubiaceae	中华蛇根草	*Ophiorrhiza chinensis* H. S. Lo	草本		+		+		1
2213	茜草科	Rubiaceae	峨眉蛇根草	*Ophiorrhiza chinensis* H. S. Lo f. *emeiensis* Lo	草本		+		+		1
2214	茜草科	Rubiaceae	日本蛇根草	*Ophiorrhiza japanica* Bl.	草本		+		+		1
2215	茜草科	Rubiaceae	蛇根草	*Ophiorrhiza mungos* L.	草本		+		+		1
2216	茜草科	Rubiaceae	白毛鸡矢藤	*Paederia pertomentosa* Merr. ex Li	藤本	+	+		+		1
2217	茜草科	Rubiaceae	狭叶鸡矢藤	*Paederia stenophylla* Merr.	藤本	+	+		+		1
2218	茜草科	Rubiaceae	鸡矢藤	*Paederia scandens*（Lour.）Merr.	藤本	+	+		+		1
2219	茜草科	Rubiaceae	毛鸡矢藤	*Paederia scandens*（Lour.）Merr. var. *tomentosa*（Bl.）Hand.-Mazz.	藤本	+	+		+		1
2220	茜草科	Rubiaceae	硬毛鸡矢藤	*Paederia villosa* Hayata	藤本	+	+		+		1
2221	茜草科	Rubiaceae	金剑草	*Rubia alata* Roxb.	藤本		+				1
2222	茜草科	Rubiaceae	茜草	*Rubia cordifolia* L.	藤本		+				1
2223	茜草科	Rubiaceae	长叶茜草	*Rubia cordifolia* L. var. *longifolia* Hand.-Mazz.	藤本		+				1
2224	茜草科	Rubiaceae	卵叶茜草	*Rubia ovatifolia* Z. Y. Zhang	藤本		+				1
2225	茜草科	Rubiaceae	少花茜草	*Rubia ovatifolia* Z. Y. Zhang var. *oligantha* Z. Y. Zhang	藤本		+				1
2226	茜草科	Rubiaceae	大叶茜草	*Rubia schumanniana* Pritz.	藤本		+				1
2227	茜草科	Rubiaceae	林生茜草	*Rubia sylvatica*（Maixm.）Nakai	藤本		+				1
2228	茜草科	Rubiaceae	东南茜草	*Rubia argyi*（Lévl. et Vant）Hara ex L. Lauener et D. K. Fergus	藤本		+				1
2229	茜草科	Rubiaceae	阔瓣茜草	*Rubia latipetala* L.	藤本		+				2
2230	茜草科	Rubiaceae	六月雪	*Serissa japonica*（Thunb.）Thunb.	灌木		+				1
2231	茜草科	Rubiaceae	白马骨	*Serissa serissoides*（DC.）Druce	灌木		+				1
2232	茜草科	Rubiaceae	毛狗骨柴	*Tricalysia fruticosa*（Hemsl.）K. Schum.	灌木		+				1
2233	茜草科	Rubiaceae	狗骨柴	*Tricalysia dubia*（Lindl.）Matsam.	灌木		+				1
2234	茜草科	Rubiaceae	钩藤	*Uncaria rhynchophylla*（Miq.）Miq. ex Havil	藤本		+				1
2235	茜草科	Rubiaceae	华钩藤	*Uncaria sinensis*（Oliv.）Havil	藤本		+				1
2236	忍冬科	Caprifoliaceae	糯米条	*Abelia chinensis* R. Br.	灌木		+				1
2237	忍冬科	Caprifoliaceae	南方六道木	*Abelia dielsii*（Graebn.）Rehd.	灌木		+			+	1
2238	忍冬科	Caprifoliaceae	短枝六道木	*Abelia engleriana*（Graebn.）Rehd.	灌木		+			+	1
2239	忍冬科	Caprifoliaceae	二翅六道木	*Abelia macrotera*（Graebn. et Buchw.）Rehd.	灌木		+			+	1
2240	忍冬科	Caprifoliaceae	小叶六道木	*Abelia parvifolia* Hemsl.	灌木		+			+	1
2241	忍冬科	Caprifoliaceae	伞花六道木	*Abelia umbellata*（Graebn. et Buchw.）Rehd.	灌木		+			+	1
2242	忍冬科	Caprifoliaceae	细瘦六道木	*Abelia forrestii*（Diels）W. W. Smith	灌木		+			+	1
2243	忍冬科	Caprifoliaceae	双盾木	*Dipelta floribunda* Maxim.	灌木		+			+	1
2244	忍冬科	Caprifoliaceae	云南双盾木	*Dipelta yunnanensis* Franch.	灌木		+			+	1
2245	忍冬科	Caprifoliaceae	淡红忍冬	*Lonicera acuminata* Wall. ex Roxb.	藤本	+	+			+	1
2246	忍冬科	Caprifoliaceae	金花忍冬	*Lonicera chrysantha* Turcz.	藤本	+	+			+	1
2247	忍冬科	Caprifoliaceae	粘毛忍冬	*Lonicera fargesii* Fr.	藤本	+	+			+	1

序号	科名	科拉丁名	中文名	学名	生活型	药用	观赏	食用	蜜源	工业原料	数据来源
2248	忍冬科	Caprifoliaceae	葱皮忍冬	*Lonicera ferdinandii* Franch.	藤本	+	+			+	1
2249	忍冬科	Caprifoliaceae	苦糖果	*Lonicera standishii* Jacq.	藤本	+	+			+	1
2250	忍冬科	Caprifoliaceae	蕊被忍冬	*Lonicera gynochlamydea* Hemsl.	藤本	+	+			+	1
2251	忍冬科	Caprifoliaceae	红腺忍冬	*Lonicera hypoglauca* Miq.	藤本	+	+			+	1
2252	忍冬科	Caprifoliaceae	忍冬	*Lonicera japonica* Thunb.	藤本	+	+			+	1
2253	忍冬科	Caprifoliaceae	柳叶忍冬	*Lonicera lanceolata* Wall.	藤本	+	+			+	1
2254	忍冬科	Caprifoliaceae	金银忍冬	*Lonicera maackii*（Rupr.）Maxim.	藤本	+	+			+	1
2255	忍冬科	Caprifoliaceae	灰毡毛忍冬	*Lonicera macranthoides* Hand.-Mazz.	藤本	+	+			+	1
2256	忍冬科	Caprifoliaceae	越桔叶忍冬	*Lonicera myrtillus* Hook. f. et Thoms.	藤本	+	+			+	1
2257	忍冬科	Caprifoliaceae	红脉忍冬	*Lonicera nervosa* Maxim.	藤本	+	+			+	1
2258	忍冬科	Caprifoliaceae	蕊帽忍冬	*Lonicera pileata* Oliv.	藤本	+	+			+	1
2259	忍冬科	Caprifoliaceae	袋花忍冬	*Lonicera saccata* Rehd.	藤本	+	+			+	1
2260	忍冬科	Caprifoliaceae	毛果袋花忍冬	*Lonicera saccata* Rehd. var. *tangiana*（Chien）Hsu et H. J. Wang	藤本	+	+			+	1
2261	忍冬科	Caprifoliaceae	细毡毛忍冬	*Lonicera similis* Hemsl.	藤本	+	+			+	1
2262	忍冬科	Caprifoliaceae	冠果忍冬	*Lonicera stephanocarpa* R.	藤本	+	+			+	1
2263	忍冬科	Caprifoliaceae	四川忍冬	*Lonicera szechuanica* Batal.	藤本	+	+			+	1
2264	忍冬科	Caprifoliaceae	唐古特忍冬	*Lonicera tangutica* Maxim.	藤本	+	+			+	1
2265	忍冬科	Caprifoliaceae	盘叶忍冬	*Lonicera tragophylla* Hemsl.	藤本	+	+			+	1
2266	忍冬科	Caprifoliaceae	毛果忍冬	*Lonicera trichogyne* Rehd.	藤本	+	+			+	1
2267	忍冬科	Caprifoliaceae	华西忍冬	*Lonicera webbiana* Wall. ex DC.	藤本	+	+			+	1
2268	忍冬科	Caprifoliaceae	凹叶忍冬	*Lonicera retusa* Franch.	藤本	+	+			+	1
2269	忍冬科	Caprifoliaceae	血满草	*Sambucus adnata* Wall. ex DC.	草本	+	+				1
2270	忍冬科	Caprifoliaceae	接骨草	*Sambucus chinensis* Lindl.	草本	+	+				1
2271	忍冬科	Caprifoliaceae	接骨木	*Sambucus williamsii* Hance	灌木	+	+				1
2272	忍冬科	Caprifoliaceae	毛核木	*Symphoricarpos sinensis* Rehd.	灌木	+	+				1
2273	忍冬科	Caprifoliaceae	莛子藨	*Triosteum pinnatifidum* Maxim.	灌木		+				1
2274	忍冬科	Caprifoliaceae	穿心莛子藨	*Triosteum himalayanum* Wall.	灌木		+				1
2275	忍冬科	Caprifoliaceae	蓝黑果荚蒾	*Viburnum atrocyaneum* C. B. Clarke	灌木		+				1
2276	忍冬科	Caprifoliaceae	桦叶荚蒾	*Viburnum betulifolium* Batal.	灌木		+				1
2277	忍冬科	Caprifoliaceae	卷毛荚蒾（亚种）	*Viburnum betulifolium* Batal. var. *flocculosum*（Rehd.）Hsu	灌木		+				1
2278	忍冬科	Caprifoliaceae	短序荚蒾	*Viburnum brachybotryum* Hemsl.	灌木		+				1
2279	忍冬科	Caprifoliaceae	短筒荚蒾	*Viburnum brevitubum*（Hsu）Hsu	灌木		+				1
2280	忍冬科	Caprifoliaceae	金佛山荚蒾	*Viburnum chinshanense* Graebn.	灌木		+				1
2281	忍冬科	Caprifoliaceae	水红木	*Viburnum cylindricum* Buch.-Ham. ex D. Don	灌木		+				1
2282	忍冬科	Caprifoliaceae	荚蒾	*Viburnum dilatatum* Thunb.	灌木		+				1
2283	忍冬科	Caprifoliaceae	北方荚蒾	*Viburnum dilatatum* Thunb. subsp. *septentriona* Hsu	灌木		+				1
2284	忍冬科	Caprifoliaceae	宜昌荚蒾	*Viburnum erosum* Thunb.	灌木		+				1
2285	忍冬科	Caprifoliaceae	黑果宜昌荚蒾	*Viburnum erosum* Thunb. var. *ichangense* Hemsl	灌木		+				1
2286	忍冬科	Caprifoliaceae	红荚蒾	*Viburnum eubescens* Wall.	灌木		+				1
2287	忍冬科	Caprifoliaceae	紫药红荚蒾	*Viburnum erubescens* Wall. var. *prattii*（Graebn.）Rehd.	灌木		+				1

序号	科名	科拉丁名	中文名	学名	生活型	药用	观赏	食用	蜜源	工业原料	数据来源
2288	忍冬科	Caprifoliaceae	直角荚蒾	*Viburnum foetidum* Wall. var. *rectangulatum*（Graebn.）Rehd.	灌木		+				1
2289	忍冬科	Caprifoliaceae	南方荚蒾	*Viburnum fordiae* Hance	灌木		+				1
2290	忍冬科	Caprifoliaceae	球花荚蒾	*Viburnum glomeratum* Maxim.	灌木		+				1
2291	忍冬科	Caprifoliaceae	巴东荚蒾	*Viburnum henryi* Hemsl.	灌木		+				1
2292	忍冬科	Caprifoliaceae	湖北荚蒾	*Viburnum hupehense* Rehd.	灌木		+				1
2293	忍冬科	Caprifoliaceae	北方荚蒾（亚种）	*Viburnum hupehense* Rehd. subsp. *septentrionale* Hsu	灌木		+				1
2294	忍冬科	Caprifoliaceae	阔叶荚蒾	*Viburnum lobophylllum* Craebn.	灌木		+				1
2295	忍冬科	Caprifoliaceae	长伞梗荚蒾	*Viburnum longiradiatum* Hsu et S. W. Fan	灌木		+				2
2296	忍冬科	Caprifoliaceae	绣球荚蒾	*Viburnum macrocephalum* Fort.	灌木		+				1
2297	忍冬科	Caprifoliaceae	珊瑚树	*Viburnum odoratissimum* Ker-Gawl.	灌木		+				1
2298	忍冬科	Caprifoliaceae	少花荚蒾	*Viburnum oliganthum* Batal.	灌木		+				1
2299	忍冬科	Caprifoliaceae	卵叶荚蒾	*Viburnum ovatifolium* Rehd.	灌木		+				1
2300	忍冬科	Caprifoliaceae	鸡树条荚蒾	*Viburnum opulus* L. var. *calvescens*（Rehd.）Hara	灌木		+				1
2301	忍冬科	Caprifoliaceae	蝴蝶戏珠花	*Viburnum plicatum* Thunb. var. *tomentosum*（Thunb.）Miq.	灌木		+				1
2302	忍冬科	Caprifoliaceae	球核荚蒾	*Viburnum propinquum* Hemsl.	灌木		+				1
2303	忍冬科	Caprifoliaceae	狭叶球核荚迷	*Viburnum propinquum* Hemsl. var. *mairei* W. W. Smith	灌木		+				1
2304	忍冬科	Caprifoliaceae	皱叶荚蒾	*Viburnum rhytidophyllum* Hemsl.	灌木		+				1
2305	忍冬科	Caprifoliaceae	陕西荚蒾	*Viburnum schensianum* Maxim.	灌木		+				1
2306	忍冬科	Caprifoliaceae	茶荚蒾（汤饭子）	*Viburnum setigerum* Hance	灌木						1
2307	忍冬科	Caprifoliaceae	合轴荚蒾	*Viburnum sympodiale* Graebn.	灌木		+				1
2308	忍冬科	Caprifoliaceae	三叶荚蒾	*Viburnum ternatum* Rehd.	灌木		+				1
2309	忍冬科	Caprifoliaceae	烟管荚蒾	*Viburnum utile* Hemsl.	灌木		+				1
2310	忍冬科	Caprifoliaceae	水马桑	*Weigela japonica* Thunb. var. *sinica*（Rehd.）Bailey	灌木		+				1
2311	败酱科	Valerianaceae	异叶败酱	*Patrinia heterophylla* Bunge	草本		+				2
2312	败酱科	Valerianaceae	窄叶败酱	*Patrinia heterophylla* Bunge subsp. *angustifolia*（Hemsl.）H. J. Wang	草本		+				1
2313	败酱科	Valerianaceae	少蕊败酱	*Patrinia monandra* Clarke	草本		+				1
2314	败酱科	Valerianaceae	败酱	*Patrinia scabiosaefolia* Fisch. ex Trev.	草本		+				1
2315	败酱科	Valerianaceae	白花败酱	*Patrinia villosa*（Thunb.）Juss.	草本		+				1
2316	败酱科	Valerianaceae	岩败酱	*Patrinia rupestris*（Pall.）Juss.	草本		+				1
2317	败酱科	Valerianaceae	柔垂缬草	*Valeriana flaccidissima* Maxim.	草本		+				1
2318	败酱科	Valerianaceae	长序缬草	*Valeriana hardwickii* Wall.	草本		+				1
2319	败酱科	Valerianaceae	蜘蛛香	*Valeriana jatamansi* Jones	草本		+				1
2320	败酱科	Valerianaceae	宽叶缬草	*Valeriana officinalis* L. var. *latifolia* Miq.	草本		+				2
2321	败酱科	Valerianaceae	窄叶缬草	*Valeriana stenpptera* Diels	草本		+				1
2322	川续断科	Dipsacaceae	川续断	*Dipsacus asperoides* C. Y. Cheng et. T. M. Ai	草本		+				1
2323	川续断科	Dipsacaceae	日本续断	*Dipsacus japoncicus* Miq.	草本		+				1
2324	川续断科	Dipsacaceae	双参	*Triplostegia glandulifera* Wall. ex DC.	草本		+				1

序号	科名	科拉丁名	中文名	学名	生活型	药用	观赏	食用	蜜源	工业原料	数据来源
2325	葫芦科	Cucurbitaceae	心籽绞股蓝	*Gynostemma cardiospermum* Cogn. ex Oliv.	藤本	+	+				1
2326	葫芦科	Cucurbitaceae	五柱绞股蓝	*Gynostemma pentagynum* Z. P. Wang	藤本	+	+				1
2327	葫芦科	Cucurbitaceae	绞股蓝	*Gynostemma pentaphyllum*（Thunb.）Makino	藤本	+	+				1
2328	葫芦科	Cucurbitaceae	雪胆	*Hemsleya chinensis* Cogn. ex Forb. et Hemsl.	藤本	+	+				1
2329	葫芦科	Cucurbitaceae	小花雪胆	*Hemsleya graciliflora*（Harms）Cogn.	藤本	+	+				1
2330	葫芦科	Cucurbitaceae	马㼅儿	*Zehneria hettvopnglla* Cogo	藤本		+	+	+		1
2331	葫芦科	Cucurbitaceae	钮子瓜	*Zehneria maysorensis*（Wight et Arn.）Arn.	藤本		+	+	+		1
2332	葫芦科	Cucurbitaceae	湖北裂瓜	*Schizopepon dioicus* Cogn. ex. Oliv.	藤本		+	+	+		1
2333	葫芦科	Cucurbitaceae	四川裂瓜	*Schizopepon dioicus* Cogn. ex. Oliv. var. *wilsonii*（Ganep.）A. M. Lu et Z. Y. Zhang	藤本		+	+	+		1
2334	葫芦科	Cucurbitaceae	赤瓟	*Thladiantha dubia* Bunge	藤本		+	+	+		1
2335	葫芦科	Cucurbitaceae	皱果赤瓟	*Thladiantha henryi* Hemsl.	藤本		+	+	+		1
2336	葫芦科	Cucurbitaceae	喙赤瓟	*Thladiantha henryi* Hemsl. var. *verrucosa* Hemsl.	藤本		+	+	+		2
2337	葫芦科	Cucurbitaceae	三叶赤瓟	*Thladiantha hookeri* Clarke var. *palmatifolia*（Cogn.）A. M. Lu et Z. Y. Zhang	藤本		+	+	+		1
2338	葫芦科	Cucurbitaceae	南赤瓟	*Thladiantha nudiflora* Hemsl. ex Forbes. et Hemsl.	藤本		+	+	+		1
2339	葫芦科	Cucurbitaceae	鄂赤瓟	*Thladiantha oliveri* Cogn. ex Mottet	藤本		+	+	+		1
2340	葫芦科	Cucurbitaceae	川赤瓟	*Thladiantha davidii* Fr.	藤本		+	+	+		1
2341	葫芦科	Cucurbitaceae	刚毛赤瓟	*Thladiantha setispina* A. M. Lu et Z. Y. Zhang	藤本		+	+	+		1
2342	葫芦科	Cucurbitaceae	长毛赤瓟	*Thladiantha villosula* Cogn	藤本		+	+	+		1
2343	葫芦科	Cucurbitaceae	木鳖子	*Momordica cochinchinensis*（Lour.）Spreng.	藤本		+		+		1
2344	葫芦科	Cucurbitaceae	栝楼	*Trichosanthes kirilowii* Maxim.	藤本		+		+		1
2345	葫芦科	Cucurbitaceae	中华栝楼	*Trichosanthes rosthornii* Harms f. *guizhouensis* C. Y. Cheng	藤本		+		+		1
2346	桔梗科	Campanulaceae	丝裂沙参	*Adenophora capillaris* Hemsl.	草本	+	+	+	+		1
2347	桔梗科	Campanulaceae	鄂西沙参	*Adenophora hubeiensis* Hong	草本	+	+	+	+		1
2348	桔梗科	Campanulaceae	杏叶沙参	*Adenophora hunanensis* Nannf.	草本	+	+	+	+		1
2349	桔梗科	Campanulaceae	湖北沙参	*Adenophora longipedicellata* Hong	草本	+	+	+	+		1
2350	桔梗科	Campanulaceae	秦岭沙参	*Adenophora petiolata* pax et Hoffm.	草本	+	+	+	+		1
2351	桔梗科	Campanulaceae	多毛沙参	*Adenophora rupincola* Hemsl.	草本	+	+	+	+		1
2352	桔梗科	Campanulaceae	沙参	*Adenophora stricta* Miq.	草本	+	+	+	+		1
2353	桔梗科	Campanulaceae	无柄沙参	*Adenophora stricta* Miq. subsp. *sessilifolia* Hong	草本	+	+	+	+		1
2354	桔梗科	Campanulaceae	轮叶沙参	*Adenophora teraphylla*（Thunb.）Fisch.	草本	+	+	+	+		1
2355	桔梗科	Campanulaceae	聚叶沙参	*Adenophora wilsonii* Nannf.	草本	+	+	+	+		1
2356	桔梗科	Campanulaceae	长柱沙参	*Adenophora stenanthina*（Ledeb）Kitagawa	草本	+	+	+	+		1
2357	桔梗科	Campanulaceae	金钱豹	*Campanumoea javanica* Bl. subsp. *japonica*（Makino）Hong	藤本	+	+	+	+		1
2358	桔梗科	Campanulaceae	长叶轮钟草	*Campanumoea lancifolia*（Roxb.）Merr.	藤本	+	+	+	+		1
2359	桔梗科	Campanulaceae	羊乳	*Codonopsis lanceolata*（Sieb. et Zucc.）Trautv.	藤本	+	+	+	+		1
2360	桔梗科	Campanulaceae	党参	*Codonopsis pilosula*（Franch.）Nannf.	藤本	+	+	+	+		1
2361	桔梗科	Campanulaceae	川党参	*Codonopsis tangshen* Oliv.	藤本	+	+	+	+		1
2362	桔梗科	Campanulaceae	心叶党参	*Codonopsis cordifolioedes* Tsoong	藤本	+	+	+	+		1

序号	科名	科拉丁名	中文名	学名	生活型	药用	观赏	食用	蜜源	工业原料	数据来源
2363	桔梗科	Campanulaceae	三角叶党参	*Codonopsis deltoidea* Chipp	藤本	+	+	+	+		1
2364	桔梗科	Campanulaceae	半边莲	*Lobelia chinensis* Lour.	草本	+	+	+	+		1
2365	桔梗科	Campanulaceae	桔梗	*Platycodon grandiflorus*（Jacq.）A. DC.	草本	+	+	+	+		1
2366	桔梗科	Campanulaceae	铜锤玉带草	*Pratia nummularia*（Lam.）A. Br. Et Ascher	草本	+	+		+		1
2367	桔梗科	Campanulaceae	蓝花参	*Wahlenbergia marginata*（Thunb.）A. DC.	草本	+	+		+		1
2368	桔梗科	Campanulaceae	紫斑风铃草	*Campanula punctata* Lam.	草本	+	+		+		1
2369	菊科	Compositae	云南蓍	*Achillea wilsoniana*（Heim.）Heim.	草本		+		+		1
2370	菊科	Compositae	和尚菜	*Adenocaulon himalaicum* Edgew.	草本		+		+		1
2371	菊科	Compositae	下田菊	*Adenostemma lavenia*（L.）O. Kuntze	草本		+		+		1
2372	菊科	Compositae	藿香蓟	*Ageratum conyzoides* L.	草本		+		+		1
2373	菊科	Compositae	光叶兔儿风	*Ainsliaea glabra* Hemsl.	草本		+		+		1
2374	菊科	Compositae	纤细兔儿风	*Ainsliaea gracilis* Franch.	草本		+		+		1
2375	菊科	Compositae	粗齿兔儿风	*Ainsliaea grossedentata* Franch.	草本		+		+		1
2376	菊科	Compositae	红背兔儿风	*Ainsliaea rubrifolia* Franch.	草本		+		+		1
2377	菊科	Compositae	四川兔儿风	*Ainsliaea sutchuenensis* Franch.	草本		+		+		1
2378	菊科	Compositae	白背兔儿风	*Ainsliaea pertyoides* Franch. var. *albo-tomentosa* Beauverd	草本		+		+		1
2379	菊科	Compositae	狭叶兔儿风	*Ainsliaea angustifolia* Hook. f. et Thoms. ex C. B. Clarke	草本		+		+		1
2380	菊科	Compositae	异叶亚菊	*Ajania variifolia*（Chang）Tzvel.	草本		+		+		1
2381	菊科	Compositae	黄腺香青	*Anaphalis aureo-punctata* Ling et Borza	草本		+		+		1
2382	菊科	Compositae	脱毛黄腺香青	*Anaphalis aureo-punctata* Ling et Borza f. *calvescens*（Pamp.）Chen Chen	草本		+		+		1
2383	菊科	Compositae	车前叶黄腺香青	*Anaphalis aureo-punctata* Ling et Borza var. *plantaginifolia* Lingelsh et Borza	草本		+		+		2
2384	菊科	Compositae	旋叶香青	*Anaphalis contorta*（D. Don）Hook. f.	草本		+		+		1
2385	菊科	Compositae	伞房香青	*Anaphalis corymbifera* Chang	草本		+		+		2
2386	菊科	Compositae	宽翅香青	*Anaphalis latialata* Ling et Y. L. Chen	草本		+		+		1
2387	菊科	Compositae	珠光香青	*Anaphalis margaritacea*（L.）Benth. et Hook. f.	草本		+		+		1
2388	菊科	Compositae	黄褐珠光香青	*Anaphalis margaritacea*（L.）Benth. var. *cinnamomea*（DC）Herd. ex Maxim.	草本		+		+		1
2389	菊科	Compositae	线叶珠光香青	*Anaphalis margaritacea*（L.）Benth. et Hook. f. var. *japonica*（Sch.-Bip.）Makino	草本		+		+		1
2390	菊科	Compositae	香青	*Anaphalis sinica* Hance	草本		+		+		1
2391	菊科	Compositae	牛蒡	*Arctium lappa* L.	草本		+	+	+	+	1
2392	菊科	Compositae	黄花蒿	*Artemisia annua* L.	草本		+		+	+	1
2393	菊科	Compositae	艾蒿	*Artemisia argyi* Lévl. et Vant.	草本		+		+	+	1
2394	菊科	Compositae	灰毛艾蒿	*Artemisia argyi* Lévl. et Vant. var. *incana*（Maxim.）Pamp.	草本		+		+	+	1
2395	菊科	Compositae	茵陈蒿	*Artemisia capillaris* Thunb.	草本		+		+	+	1
2396	菊科	Compositae	青蒿	*Artemisia carvifolia* Buch.-Ham. ex Roxb.	草本		+		+	+	1
2397	菊科	Compositae	南毛蒿	*Artemisia chingii* Pamp.	草本		+		+	+	1
2398	菊科	Compositae	南牡蒿	*Artemisia eriopoda* Bunge	草本		+		+	+	1
2399	菊科	Compositae	细叶艾	*Artemisia feddei* Lévl. et Vant	草本	+	+		+	+	1
2400	菊科	Compositae	五月艾	*Artemisia indica* Willd.	草本	+	+		+		1

序号	科名	科拉丁名	中文名	学名	生活型	药用	观赏	食用	蜜源	工业原料	数据来源
2401	菊科	Compositae	牡蒿	*Artemisia japonica* Thunb.	草本	+	+		+	+	1
2402	菊科	Compositae	白苞蒿	*Artemisia lactiflora* Wall.	草本	+	+		+	+	1
2403	菊科	Compositae	矮蒿	*Artemisia lancea* Vant.	草本	+	+		+	+	1
2404	菊科	Compositae	野艾蒿	*Artemisia lavandulaefolia* DC.	草本	+	+		+	+	1
2405	菊科	Compositae	粘毛蒿	*Artemisia mattfeldii* Pamp.	草本	+	+		+	+	1
2406	菊科	Compositae	魁蒿	*Artemisia princeps* Pamp.	草本	+	+		+	+	1
2407	菊科	Compositae	灰苞蒿	*Artemisia roxburghiana* Bess.	草本	+	+		+		1
2408	菊科	Compositae	大籽蒿	*Artemisia sieversiana* Ehrhart ex Willd.	草本	+	+		+	+	1
2409	菊科	Compositae	阴地蒿	*Artemisia sylvatica* Maxim.	草本	+	+		+	+	1
2410	菊科	Compositae	太白山蒿	*Artemisia taibaishanensis* Y. R. Ling et C. J. Humphrie	草本	+	+		+	+	1
2411	菊科	Compositae	三脉紫菀	*Aster ageratoides* Turcz.	草本	+	+		+		1
2412	菊科	Compositae	微糙三脉紫菀	*Aster ageratoides* Turcz. var. *scaberulus* （Miq.） Ling	草本	+	+		+		1
2413	菊科	Compositae	长毛三脉紫菀	*Aster ageratoides* Turcz. var. *pilosus* （Diels） Hand.-Mazz.	草本	+	+		+		1
2414	菊科	Compositae	小花三脉紫菀	*Aster ageratoides* Turcz. var. *micranthus* Ling	草本	+	+		+		1
2415	菊科	Compositae	翼柄紫菀	*Aster alatipes* Hemsl.	草本	+	+		+		1
2416	菊科	Compositae	小舌紫菀	*Aster albescens* （DC.） Hand.-Mazz.	草本	+	+		+		1
2417	菊科	Compositae	川鄂紫菀	*Aster moupinensis* （Franch.） Hand.-Mazz.	草本	+	+		+		1
2418	菊科	Compositae	甘川紫菀	*Aster smithianus* Hand.-Mazz.	草本	+	+		+		1
2419	菊科	Compositae	钻叶紫菀	*Aster subulatus* Michx.	草本	+	+		+		1
2420	菊科	Compositae	紫菀	*Aster tataricus* L. f.	草本	+	+		+		1
2421	菊科	Compositae	鄂西苍术	*Atractylodes carlinoides* （Hand.-Mazz.） Kitam.	草本	+	+	+	+		1
2422	菊科	Compositae	苍术	*Atractylodes lancea* （Thunb.） DC.	草本	+	+	+	+		1
2423	菊科	Compositae	白术*	*Atractylodes macrocephala* Koidz.	草本	+	+	+	+		1
2424	菊科	Compositae	婆婆针	*Bidens bipinnata* L.	草本	+	+				1
2425	菊科	Compositae	金盏银盘	*Bidens biternata* （Lour.） Merr. et Sherff.	草本	+	+				1
2426	菊科	Compositae	小花鬼针草*	*Bidens parviflora* Willd.	草本	+	+				1
2427	菊科	Compositae	鬼针草*	*Bidens pilosa* L.	草本	+	+				1
2428	菊科	Compositae	白花鬼针草*	*Bidens pilosa* L. var. *radiata* Sch.-Bip.	草本	+	+		+		1
2429	菊科	Compositae	狼杷草*	*Bidens tripartita* L.	草本	+	+		+		1
2430	菊科	Compositae	东风草	*Blumea megacephala* （Randeria） Chang et Tseng	草本	+	+		+		1
2431	菊科	Compositae	柔毛艾纳香	*Blumea mollis* （D. Don） Merr.	草本	+	+		+		1
2432	菊科	Compositae	馥芳艾纳香	*Blumea aromatica* DC.	草本	+	+		+		1
2433	菊科	Compositae	节毛飞廉	*Carduus acanthoides* L.	草本	+	+		+		1
2434	菊科	Compositae	丝毛飞廉	*Carduus crispus* L.	草本	+	+		+		1
2435	菊科	Compositae	天名精	*Carpesium abrotanoides* L.	草本		+		+		1
2436	菊科	Compositae	烟管头草	*Carpesium cernuum* L.	草本		+		+		1
2437	菊科	Compositae	金挖耳	*Carpesium divaricatum* Sieb. et Zucc.	草本		+		+		1
2438	菊科	Compositae	贵州天名精	*Carpesium faberi* Winkl.	草本		+		+		1
2439	菊科	Compositae	薄叶天名精	*Carpesium leptophyllum* Chen et C. M. Hu	草本		+		+		1

序号	科名	科拉丁名	中文名	学名	生活型	药用	观赏	食用	蜜源	工业原料	数据来源
2440	菊科	Compositae	长叶天名精	*Carpesium longifolium* Chen et C. M. Hu	草本		+		+		1
2441	菊科	Compositae	尼泊尔天名精	*Carpesium nepalense* Less.	草本		+		+		1
2442	菊科	Compositae	粗齿天名精	*Carpesium trachelifolium* Less.	草本		+		+		1
2443	菊科	Compositae	石胡荽	*Centipeda minima*（L.）A. Br. et Aschers.	草本		+		+		1
2444	菊科	Compositae	山芫荽	*Cotula hemisphaerica*（DC.）Wall. ex C. B. Clarke	草本		+		+		1
2445	菊科	Compositae	等苞蓟	*Cirsium fargesii*（Franch.）Diels	草本		+		+		1
2446	菊科	Compositae	灰蓟	*Cirsium griseum* Lévl.	草本		+		+		1
2447	菊科	Compositae	刺苞蓟	*Cirsium henryi*（Franch.）Diels	草本		+		+		1
2448	菊科	Compositae	湖北蓟	*Cirsium hupehense* Pamp.	草本		+		+		1
2449	菊科	Compositae	蓟	*Cirsium japonicum* Fisch. ex DC.	草本		+		+		1
2450	菊科	Compositae	线叶蓟	*Cirsium lineare*（Thunb.）Sch.-Bip.	草本		+		+		1
2451	菊科	Compositae	马刺蓟	*Cirsium monocephalum*（Vant.）Lévl.	草本		+		+		1
2452	菊科	Compositae	烟苞蓟	*Cirsium pendulum* Fisch. ex DC.	草本		+		+		1
2453	菊科	Compositae	刺儿菜	*Cirsium setosum*（Willd.）MB.	草本		+		+		1
2454	菊科	Compositae	牛口蓟	*Cirsium shansiense* Petrak	草本		+		+		1
2455	菊科	Compositae	苏门白酒草*	*Conyza sumatrensis*（Retz.）Walker	草本		+		+		1
2456	菊科	Compositae	香丝草*	*Conyza bonariensis*（L.）Cronq.	草本		+		+		1
2457	菊科	Compositae	小蓬草*	*Conyza canadensi*（L.）Cronq.	草本		+		+		1
2458	菊科	Compositae	白酒草*	*Conyza japonica*（Thunb.）Less.	草本		+		+		1
2459	菊科	Compositae	金鸡菊*	*Coreopsis basalis*（OttoetA. Dietr.）S. F. Blake	草本		+		+		1
2460	菊科	Compositae	野茼蒿*	*Crassooephalum crepidioides* Benth.	草本		+		+		1
2461	菊科	Compositae	小菊	*Dendranthema chanefii*（Lévl.）Shih	草本		+		+		1
2462	菊科	Compositae	野菊	*Dendranthema indicum*（L.）Des Moul.	草本		+		+		1
2463	菊科	Compositae	甘菊	*Dendranthema lavandulaefolium*（Fisch. ex Trautv.）Kitam.	草本		+		+		1
2464	菊科	Compositae	鱼眼草	*Dichrocephala auriculata*（Thunb.）Druce.	草本	+	+		+		1
2465	菊科	Compositae	小鱼眼草	*Dichrocephala benthamii* Clarke	草本	+	+		+		1
2466	菊科	Compositae	鳢肠	*Eclipta prostrata*（L.）L.	草本	+	+		+		1
2467	菊科	Compositae	一点红	*Emilia sonchifolia*（L.）DC.	草本		+		+		1
2468	菊科	Compositae	飞蓬*	*Erigeron acre* L.	草本		+		+		1
2469	菊科	Compositae	短葶飞蓬	*Erigeron breviscapus*（Vant.）Hand.-Mazz.	草本		+		+		1
2470	菊科	Compositae	长茎飞蓬	*Erigeron elongatus* Ledeb.	草本		+		+		1
2471	菊科	Compositae	一年蓬*	*Erigeron annuus*（L.）Pers.	草本		+		+		1
2472	菊科	Compositae	佩兰	*Eupatorium fortunei* Turcz.	草本		+		+		1
2473	菊科	Compositae	异叶泽兰	*Eupatorium heterophyllum* DC.	草本		+		+		1
2474	菊科	Compositae	泽兰	*Eupatorium japonicum* Thunb.	草本		+		+		1
2475	菊科	Compositae	辣子草	*Galinsoga parviflora* Cav.	草本		+		+		1
2476	菊科	Compositae	多裂大丁草	*Gerbera anandria*（Linn.）Sch.-Bip. var. *densiloba* Mattf.	草本		+		+		1
2477	菊科	Compositae	鼠麹草	*Gnaphalium affine* D. Don	草本		+		+		1
2478	菊科	Compositae	细叶鼠麹草	*Gnaphalium japonicum* Thunb.	草本		+		+		1
2479	菊科	Compositae	匙叶鼠麹草	*Gnaphalium pensylvanicum* Willd	草本		+		+		1

续表

序号	科名	科拉丁名	中文名	学名	生活型	药用	观赏	食用	蜜源	工业原料	数据来源
2480	菊科	Compositae	红凤菜*	Gynura bicolor（Willd.）DC.	草本		+		+		1
2481	菊科	Compositae	菊芋*	Helianthus tuberosus L.	草本		+		+		1
2482	菊科	Compositae	泥胡菜	Hemistepta lyrata（Bunge）Bunge	草本		+		+		1
2483	菊科	Compositae	阿尔泰狗娃花	Heteropappus altaicus（Willd.）Novopokr.	草本		+		+		1
2484	菊科	Compositae	狗娃花	Heteropappus hispidus（Thunb.）Lees.	草本		+		+		1
2485	菊科	Compositae	圆齿狗娃花	Heteropappus crenatifolius（Hand.-Mazz.）Griers.	草本		+		+		1
2486	菊科	Compositae	山柳菊	Hieracium umbellatum L.	草本		+		+		1
2487	菊科	Compositae	羊耳菊	Inula cappa（Buch.-Ham.）DC.	草本		+		+		1
2488	菊科	Compositae	湖北旋覆花	Inula hupehensis（Ling）Ling	草本		+		+		1
2489	菊科	Compositae	旋覆花	Inula japonica Thunb.	草本		+		+		1
2490	菊科	Compositae	山苦荬	Ixeris chinensis（Thunb.）Nakai	草本		+		+		1
2491	菊科	Compositae	苦荬菜	Ixeris polycephala Cass.	草本		+		+		1
2492	菊科	Compositae	剪刀股	Ixeris debilis（Thunb.）A. Gray	草本		+		+		1
2493	菊科	Compositae	中华小苦荬	Ixeridium chinense（Thunb.）Tzvel	草本		+		+		1
2494	菊科	Compositae	细叶小苦荬	Ixeridium gracilis（DC.）Stebb.	草本		+		+		1
2495	菊科	Compositae	精细小苦荬	Ixeridium elegans（Fr.）Shih	草本		+		+		1
2496	菊科	Compositae	窄叶小苦荬	Ixeridium gramineum（Fisch.）Tzvel	草本		+		+		1
2497	菊科	Compositae	抱茎小苦荬	Ixeridium sonchifolium（Maxim.）Shih	草本		+		+		1
2498	菊科	Compositae	马兰	Kalimeris indica（L.）Sch.-Bip.	草本	+	+		+		1
2499	菊科	Compositae	毡毛马兰	Kalimeris shimadai（Kitam.）Kitam.	草本	+	+		+		1
2500	菊科	Compositae	薄雪火绒草	Leontopodium japonicum Miq.	草本		+		+		2
2501	菊科	Compositae	华火绒草	Leontopodium sinense Hemsl.	草本		+		+		1
2502	菊科	Compositae	艾叶火绒草	Leontopodium artemisiifolium（Lévl.）Beauv.	草本		+		+		1
2503	菊科	Compositae	川甘火绒草	Leontopodium chuii Hand.-Mazz.	草本		+		+		1
2504	菊科	Compositae	齿叶橐吾	Ligularia dentata（A. Gray）Hara	草本		+		+		1
2505	菊科	Compositae	矢叶橐吾	Ligularia fargesii（Franch.）Diels	草本		+		+		1
2506	菊科	Compositae	鹿蹄橐吾	Ligularia hodgsonii Hook.	草本		+		+		1
2507	菊科	Compositae	复序橐吾	Ligularia jaluensis Kom.	草本		+		+		1
2508	菊科	Compositae	西域橐吾	Ligularia thomsonii（C. B. Clarke）Pojark.	草本		+		+		2
2509	菊科	Compositae	橐吾	Ligularia sibirica（L.）Cass.	草本		+		+		1
2510	菊科	Compositae	离舌橐吾	Ligularia veitchiana（Hemsl.）Greenm.	草本		+		+		1
2511	菊科	Compositae	川鄂橐吾	Ligularia wilsoniana（Hemsl.）Greenm.	草本		+		+		1
2512	菊科	Compositae	细茎橐吾	Ligularia hookeri（Clarke）Hand.-Mazz.	草本		+		+		1
2513	菊科	Compositae	簇梗橐吾	Ligularia tenuipes（Franch.）Diels	草本		+		+		1
2514	菊科	Compositae	圆舌粘冠草	Myriactis nepalensis Less.	草本		+		+		1
2515	菊科	Compositae	细梗紫菊	Notoseris grailipes Shih	草本		+		+		1
2516	菊科	Compositae	多裂紫菊	Notoseris henryi（Dunn）Shih	草本		+		+		1
2517	菊科	Compositae	黑花紫菊	Notoseris melanantha（Franch.）Shih	草本		+		+		1
2518	菊科	Compositae	紫菊	Notoseris psilolepis Shih	草本		+		+		1
2519	菊科	Compositae	黄瓜菜	Paraixeris denticulata（Houtt）Stebb.	草本		+		+		1
2520	菊科	Compositae	羽裂黄瓜菜	Paraixeris pinnatipartita（Makino）Tzvel.	草本		+		+		1

序号	科名	科拉丁名	中文名	学名	生活型	药用	观赏	食用	蜜源	工业原料	数据来源
2521	菊科	Compositae	密毛假福王草	*Paraprenanthes glandulosissima*（Chang）Shih	草本		+		+		1
2522	菊科	Compositae	三角叶假福王草	*Paraprenanthes hastata* Shih	草本		+		+		1
2523	菊科	Compositae	假福王草	*Paraprenanthes sororia*（Miq.）Shih	草本		+		+		1
2524	菊科	Compositae	兔儿风花蟹甲草	*Parasenecio ainsliaeflora*（Franch.）Hand.-Mazz.	草本		+		+		1
2525	菊科	Compositae	秋海棠叶蟹甲草	*Parasenecio begoniaefolia*（Franch.）Hand.-Mazz.	草本		+		+		1
2526	菊科	Compositae	披针叶蟹甲草	*Parasenecio lancifolia*（Franch.）Y. L. Chen	草本		+		+		1
2527	菊科	Compositae	湖北蟹甲草	*Parasenecio hupehensis* Hand.-Mazz.	草本		+		+		1
2528	菊科	Compositae	白头蟹甲草	*Parasenecio leucocephala*（Franch.）Hand.-Mazz.	草本		+		+		1
2529	菊科	Compositae	深山蟹甲草	*Parasenecio profundorum*（Dunn）Hand.-Mazz.	草本		+		+		1
2530	菊科	Compositae	珠芽蟹甲草	*Parasenecio bulbiferoides*（Hand.-Mazz.）Y. L. Chen	草本		+		+		1
2531	菊科	Compositae	三角叶蟹甲草	*Parasenecio deltophyllus*（Maxim.）Y. L. Chen	草本		+		+		1
2532	菊科	Compositae	苞鳞蟹甲草	*Parasenecio phyllolepis*（Franch.）Y. L. Chen	草本		+		+		2
2533	菊科	Compositae	川鄂蟹甲草	*Parasenecio vespertilo*（Franch.）Y. L. Chen	草本		+		+		1
2534	菊科	Compositae	紫背蟹甲草	*Parasenecio ianthophyllus*（Franch.）Y. L. Chen	草本		+		+		1
2535	菊科	Compositae	红毛蟹甲草	*Parasenecio rufiplis*（Franch.）Y. L. Chen	草本		+		+		1
2536	菊科	Compositae	耳叶蟹甲草	*Parasenecio auriculatus*（DC.）H. Koyama	草本		+		+		1
2537	菊科	Compositae	华帚菊	*Pertya sinensis* Oliv.	草本		+		+		1
2538	菊科	Compositae	巫山帚菊	*Pertya tsoongiana* Ling	草本		+		+		1
2539	菊科	Compositae	蜂斗菜	*Petasites japonicus*（Sieb. et Zucc.）Maxim.	草本		+		+		1
2540	菊科	Compositae	毛裂蜂斗菜	*Petasites tricholobus* Franch.	草本		+		+		1
2541	菊科	Compositae	毛连菜	*Picris hieracioides* L.	草本		+		+		1
2542	菊科	Compositae	单毛毛连菜	*Picris hieracioides* L. subsp. *fuscipilosa* Hand.-Mazz.	草本		+		+		1
2543	菊科	Compositae	日本毛连菜	*Picris japonica* Thunb.	草本		+		+		1
2544	菊科	Compositae	福王草	*Prenanthes tatarinowii* Maxim.	草本		+		+		1
2545	菊科	Compositae	狭锥福王草	*Prenanthes faberi* Hemsl.	草本		+		+		1
2546	菊科	Compositae	多裂福王草	*Prenanthes macrophylla* Franch.	草本		+		+		1
2547	菊科	Compositae	台湾翅果菊	*Pterocypsela formosana*（Maxim.）Shih	草本		+		+		1
2548	菊科	Compositae	翅果菊（山莴苣）	*Pterocypsela indica*（L.）Shih	草本		+		+		1
2549	菊科	Compositae	高大翅果菊	*Pterocypsela elata*（Hemsl.）Shih	草本		+		+		1
2550	菊科	Compositae	大头翅果菊	*Pterocypsela laciniata*（Houtt.）Shih	草本		+		+		1
2551	菊科	Compositae	多裂翅果菊	*Pterocypsela laciniata*（Hoult.）Shih	草本		+		+		1
2552	菊科	Compositae	毛脉翅果菊	*Pterocypsela raddeana*（Maxim.）Shih	草本		+		+		1
2553	菊科	Compositae	秋分草	*Rhynchospermum verticillatum* Reinw. ex Bl.	草本		+		+		1
2554	菊科	Compositae	云木香	*Saussurea costus*（Falc.）Lipsch.	草本		+		+		1
2555	菊科	Compositae	翼柄风毛菊	*Saussurea alatipes* Hemsl.	草本	+	+		+		1
2556	菊科	Compositae	蓟状风毛菊	*Saussurea carduiformis* Franch.	草本	+	+		+		1

序号	科名	科拉丁名	中文名	学名	生活型	药用	观赏	食用	蜜源	工业原料	数据来源
2557	菊科	Compositae	心叶风毛菊	*Saussurea cordifolia* Hemsl.	草本	+	+		+		1
2558	菊科	Compositae	三角叶风毛菊	*Saussurea deltoide*（DC.）Sch.-Bip	草本	+	+		+		1
2559	菊科	Compositae	风毛菊	*Saussurea japonica*（Thunb.）DC.	草本	+	+		+		1
2560	菊科	Compositae	带叶风毛菊	*Saussurea lorifirmis* W. W. Smith	草本	+	+		+		1
2561	菊科	Compositae	川陕风毛菊	*Saussurea dimorphaea* Franch.	草本	+	+		+		1
2562	菊科	Compositae	东川风毛菊	*Saussurea decurrens* Hemsel.	草本	+	+		+		1
2563	菊科	Compositae	柳叶菜风毛菊	*Saussurea epilobioides* Maxim.	草本	+	+		+		1
2564	菊科	Compositae	川东风毛菊	*Saussurea fargesii* Franch.	草本	+	+		+		1
2565	菊科	Compositae	城口风毛菊	*Saussurea flexuosa* Franch.	草本	+	+		+		2
2566	菊科	Compositae	巴东风毛菊	*Saussurea henryi* Hemsl.	草本	+	+		+		1
2567	菊科	Compositae	少花风毛菊	*Saussurea oligantha* Franch.	草本	+	+		+		1
2568	菊科	Compositae	狭头风毛菊	*Saussurea dielsiana* Koidz.	草本	+	+		+		1
2569	菊科	Compositae	多头风毛菊	*Saussurea polycephala* Hand.-Mazz.	草本	+	+		+		1
2570	菊科	Compositae	尾尖风毛菊	*Saussurea saligna* Franch.	草本	+	+		+		2
2571	菊科	Compositae	四川风毛菊	*Saussurea sutchuenesis* Franch.	草本	+	+		+		1
2572	菊科	Compositae	大耳风毛菊	*Saussurea macrota* Franch.	草本	+	+		+		1
2573	菊科	Compositae	喜林风毛菊	*Saussurea stricta* Franch.	草本	+	+		+		1
2574	菊科	Compositae	秦岭风毛菊	*Saussurea tsinlingensis* Hand.-Mazz. .	草本	+	+		+		1
2575	菊科	Compositae	华中雪莲	*Saussurea veitchiana* Drumm. et Hutc.	草本	+	+		+		1
2576	菊科	Compositae	利马川风毛菊	*Saussurea leclerei* Lévl.	草本	+	+		+		1
2577	菊科	Compositae	华北鸦葱	*Scorzonera albicaulis* Bunge	草本		+		+		1
2578	菊科	Compositae	菊状千里光	*Senecio laetus* Edgew.	草本		+		+		1
2579	菊科	Compositae	千里光	*Senecio scandens* Buch.-Ham. et D. Don	草本		+		+		1
2580	菊科	Compositae	缺裂千里光	*Senecio scandens* var. *incisus* Franch.	草本		+		+		1
2581	菊科	Compositae	林荫千里光	*Senecio nemorensis* L.	草本		+		+		1
2582	菊科	Compositae	额河千里光	*Senecio argunensis* Turcz.	草本		+		+		1
2583	菊科	Compositae	散生千里光	*Senecio exul* Hance	草本		+		+		1
2584	菊科	Compositae	北千里光	*Senecio dubitabilis* C. Jeffrey et Y. L. Chen	草本		+		+		1
2585	菊科	Compositae	岩生千里光	*Senecio wightii*（DC. et Wighe）Benth. ex Clarke	草本		+		+		2
2586	菊科	Compositae	双花千里光	*Senecio dianthus* Franch.	草本		+		+		1
2587	菊科	Compositae	仙客来蒲儿根	*Sinosenecio cyclaminifolius*（Franch.）B. Nord.	草本		+		+		1
2588	菊科	Compositae	单头蒲儿根	*Sinosenecio hederifolius*（Dunn）B. Nord.	草本		+		+		1
2589	菊科	Compositae	川鄂蒲儿根	*Sinosenecio dryas*（Dunn）C. Jeffrey et Y. L. Chen	草本		+		+		1
2590	菊科	Compositae	葡枝蒲儿根	*Sinosenecio globigerus*（Chang）B. Nord.	草本		+		+		1
2591	菊科	Compositae	蒲儿根	*Sinosenecio oldhamianus*（Maxim.）B. Nord.	草本		+		+		1
2592	菊科	Compositae	紫毛蒲儿根	*Sinosenecio villiferus*（Franch.）B. Nord.	草本		+		+		1
2593	菊科	Compositae	石生蒲儿根	*Sinosenecio maximowicyil*（Winkl.）B. Nord.	草本		+		+		1
2594	菊科	Compositae	革叶蒲儿根	*Sinosenecio subcoriaceus* C. Jeffey et Y. L. Chen	草本		+		+		1
2595	菊科	Compositae	虾须草	*Sheararia nana* S. Moore	草本		+		+		1
2596	菊科	Compositae	豨莶	*Siegesbeckia orientalis* L.	草本		+		+		1
2597	菊科	Compositae	腺梗豨莶	*Siegesbeckia pubescens* Makino	草本		+		+		1

序号	科名	科拉丁名	中文名	学名	生活型	药用	观赏	食用	蜜源	工业原料	数据来源
2598	菊科	Compositae	华蟹甲	*Sinacalia tangutica*（Maxim.）B. Nord.	草本		+		+		1
2599	菊科	Compositae	一枝黄花	*Solidago decurrens* Lour.	草本		+				1
2600	菊科	Compositae	苣荬菜	*Sonchus arvensis* L.	草本		+	+	+		1
2601	菊科	Compositae	苦苣菜	*Sonchus oleraceus* L.	草本		+	+	+		1
2602	菊科	Compositae	兔儿伞	*Syneilesis aconitifolia*（Bunge）Maxim.	草本		+		+		1
2603	菊科	Compositae	华合耳菊	*Synotis sinica*（Diels）C. Jeffrey et Y. L. Chen	草本		+		+		1
2604	菊科	Compositae	锯叶合耳菊	*Synotis nagensium*（C. B. Clarke）C. Jeffreyet Y. L. Chen	草本		+		+		1
2605	菊科	Compositae	山牛蒡	*Synurus deltoides*（Ait.）Nakai	草本		+		+		1
2606	菊科	Compositae	蒲公英	*Taraxacum mongolicum* Hand.-Mazz.	草本		+		+		1
2607	菊科	Compositae	狗舌草	*Tephroseris kirilowii*（Turcz. ex DC.）Holul	草本		+		+		1
2608	菊科	Compositae	款冬	*Tussilago farfara* L.	草本		+		+		1
2609	菊科	Compositae	斑鸠菊	*Vernonia esculenta* Hemsl.	草本		+		+		1
2610	菊科	Compositae	苍耳	*Xanthium sibircum* Patrin ex Widder	草本		+		+		1
2611	菊科	Compositae	红果黄鹌菜	*Youngia erythrocarpa*（Vaniot）Babcock et Stebbins	草本		+		+		1
2612	菊科	Compositae	长裂黄鹌菜	*Youngia henryi*（Diels）Babc. et Stebb.	草本		+		+		1
2613	菊科	Compositae	异叶黄鹌菜	*Youngia heterophylla*（Hemsl.）Babc. et Stebb.	草本		+		+		1
2614	菊科	Compositae	黄鹌菜	*Youngia japonica*（L.）DC.	草本		+		+		1
2615	菊科	Compositae	羽裂黄鹌菜	*Youngia paleacea*（Diels）Babc. et Stebb.	草本		+		+		1
2616	菊科	Compositae	川黔黄鹌菜	*Youngia rubida* Babc. et Stebb.	草本		+		+		1
2617	菊科	Compositae	羽裂黄鹌菜	*Youngia paleacea*（Diels）Babcock et Stebbin	草本		+		+		2
2618	菊科	Compositae	栉齿黄鹌菜	*Youngia wilsoni*（Babcock）Babcock et Stebbin	草本		+		+		1
2619	菊科	Compositae	顶戟黄鹌菜	*Youngia hastiformis* Shih	草本		+		+		1
2620	菊科	Compositae	川西黄鹌菜	*Youngia pratti*（Babc.）Babc. et Stebb.	草本		+		+		1
2621	香蒲科	Typhaceae	水烛	*Typha angustifolia* L.	草本		+				1
2622	香蒲科	Typhaceae	宽叶香蒲	*Typha latifolia* L.	草本		+				1
2623	香蒲科	Typhaceae	香蒲	*Typha orientalis* Presl	草本		+				1
2624	眼子菜科	Potamogetonaceae	菹草	*Potamogeton crispus* L.	草本		+				1
2625	眼子菜科	Potamogetonaceae	眼子菜	*Potamogeton distincus* A. Benn.	草本		+				1
2626	眼子菜科	Potamogetonaceae	浮叶眼子菜	*Potamogeton natans* Linn.	草本		+				1
2627	眼子菜科	Potamogetonaceae	光叶眼子菜	*Potamogeton lucens* Linn.	草本		+				1
2628	茨藻科	Najadaceae	多孔茨藻	*Najas foveolata* A. Br. ex Magnus	草本		+				2
2629	茨藻科	Najadaceae	草茨藻	*Najas graminea* Del.	草本	+	+				1
2630	茨藻科	Najadaceae	小茨藻	*Najas minor* All.	草本	+	+				1
2631	角果藻科	Zannichelliaceae	角果藻	*Zannichellia palustris* L.	草本	+	+				1
2632	泽泻科	Alismataceae	窄叶泽泻	*Alisma canaliculatum* A. Br. et Bouche.	草本	+	+	+			1
2633	泽泻科	Alismataceae	矮慈姑	*Sagittaria pygmaea* Miq.	草本	+	+	+			1
2634	泽泻科	Alismataceae	野慈姑	*Sagittaria trifolia* L.	草本	+	+	+			1
2635	泽泻科	Alismataceae	剪刀草	*Sagittaria trifolia* L. f. *longiloba*（Turcz.）Makino	草本	+	+				1
2636	水鳖科	Hydrocharitaceae	水筛	*Blyxa japonica*（Miq.）Maxim.	草本	+	+				1
2637	水鳖科	Hydrocharitaceae	黑藻	*Hydrilla verticillata*（L. f.）Royle	草本		+				1

序号	科名	科拉丁名	中文名	学名	生活型	药用	观赏	食用	蜜源	工业原料	数据来源
2638	禾本科	Gramineae	华北剪股颖	*Agrostis clavata* Trin.	草本		+			+	1
2639	禾本科	Gramineae	四川剪股颖	*Agrostis clavata* var. *szechuanica* Trin.	草本		+			+	1
2640	禾本科	Gramineae	台湾剪股颖	*Agrostis sozanensis* Hayata	草本		+			+	1
2641	禾本科	Gramineae	剪股颖	*Agrostis matsumurae* Hack. ex Honda	草本		+			+	1
2642	禾本科	Gramineae	大锥剪股颖	*Agrostis megathyrsa* Keng	草本		+			+	1
2643	禾本科	Gramineae	小花剪股颖	*Agrostis micrantha* Steud.	草本		+			+	1
2644	禾本科	Gramineae	多花剪股颖	*Agrostis myriantha* Hook. f.	草本		+			+	1
2645	禾本科	Gramineae	疏花剪股颖	*Agrostis perlaxa* Pilger	草本		+			+	1
2646	禾本科	Gramineae	丽江剪股颖	*Agrostis schneideri* Pilger	草本		+			+	1
2647	禾本科	Gramineae	外玉山剪股颖	*Agrostis transmorrisonensis* Hayata	草本		+			+	2
2648	禾本科	Gramineae	看麦娘	*Alopecurus aequalis* Sobol.	草本		+			+	1
2649	禾本科	Gramineae	大看麦娘	*Alopecurus pratensis* L.	草本		+			+	1
2650	禾本科	Gramineae	荩草	*Arthraxon hispidus*（Thunb.）Makino	草本		+			+	1
2651	禾本科	Gramineae	疏序荩草	*Arthraxon xinanensis* S. L. Chen et Y. X. Jin var. *laxiflorus* S. L. Chen et Y. X. Jin	草本		+			+	1
2652	禾本科	Gramineae	匿芒荩草	*Arthraxon hispidus*（Thunb.）Makino var. *cryptatherus*（Hack.）Honda	草本		+			+	1
2653	禾本科	Gramineae	茅叶荩草	*Arthraxon lanceolatus*（Roxb.）Hochst.	草本		+			+	1
2654	禾本科	Gramineae	野古草	*Arundinella anomala* steud.	草本		+			+	1
2655	禾本科	Gramineae	瘦瘠野古草	*Arundinella anomala* var. *depauperata*	草本		+			+	1
2656	禾本科	Gramineae	芦竹	*Arundo donax* L.	草本		+			+	1
2657	禾本科	Gramineae	野燕麦	*Avena fatua* L.	草本		+			+	1
2658	禾本科	Gramineae	光稃野燕麦	*Avena fatua* L. var. *glabrata* Peterm.	草本		+			+	1
2659	禾本科	Gramineae	料慈竹	*Bambusa distegia*（Keng et Keng f.）Keng f.	灌木		+			+	1
2660	禾本科	Gramineae	孝顺竹*	*Bambusa multiplex*（Lour.）Raeusch. ex J. A. et J. H. Schult.	乔木		+			+	1
2661	禾本科	Gramineae	刺南竹*	*Bambusa sinospinosa* McClure	乔木	+				+	1
2662	禾本科	Gramineae	硬头黄竹*	*Bambusa rigida* Keng et Keng f.	乔木	+				+	1
2663	禾本科	Gramineae	巴山木竹	*Bashania fargesii*(E. G. Camus)Keng f. et Yi	灌木		+			+	1
2664	禾本科	Gramineae	白羊草	*Bothriochloa ischaemum*（L.）Keng	草本		+			+	1
2665	禾本科	Gramineae	毛臂形草	*Brachiaria villosa*（Lam.）A. Camus	草本					+	1
2666	禾本科	Gramineae	雀麦	*Bromus japonicus* Thunb.	草本		+			+	1
2667	禾本科	Gramineae	大雀麦	*Bromus magnus* Keng	草本		+			+	1
2668	禾本科	Gramineae	疏花雀麦	*Bromus remotiflorus*（Steud.）Ohwi	草本		+			+	1
2669	禾本科	Gramineae	拂子茅	*Calamagrostis epigejos*（L.）Roth	草本		+			+	1
2670	禾本科	Gramineae	竹枝细柄草	*Capillipedium assimile*（Stued.）A. Camus	草本		+			+	1
2671	禾本科	Gramineae	细柄草	*Capillipedium parviflorum*（R. Br.）Stapf	草本		+			+	1
2672	禾本科	Gramineae	沿沟草	*Catabrosa aquatica*（L.）Beauv.	草本		+			+	1
2673	禾本科	Gramineae	寒竹	*Chimonobambusa marmorea*（Mitf.）Makino	灌木		+			+	1
2674	禾本科	Gramineae	薏苡	*Coix lacryma-jobi* L.	草本		+			+	1
2675	禾本科	Gramineae	狗牙根	*Cynodon dactylon*（L.）Pers.	草本					+	1
2676	禾本科	Gramineae	鸭茅	*Dactylis glomerata* L.	草本		+			+	1
2677	禾本科	Gramineae	糙野青茅	*Deyeuxia scabrescens* Munro ex Duthie	草本		+			+	1
2678	禾本科	Gramineae	野青茅	*Deyeuxia arundinacea* Beauv.	草本	+				+	1

序号	科名	科拉丁名	中文名	学名	生活型	药用	观赏	食用	蜜源	工业原料	数据来源
2679	禾本科	Gramineae	长舌野青茅	*Deyeuxia araundinacea* Beauv. var. *ligulata*	草本		+			+	1
2680	禾本科	Gramineae	疏穗野青茅	*Deyeuxia effusiflora* Rendle	草本		+			+	1
2681	禾本科	Gramineae	紫花野青茅	*Deyeuxia purpurea*（Trin.）Trin.	草本		+			+	1
2682	禾本科	Gramineae	房县野青茅	*Deyeuxia henryi* Rendle	草本		+			+	2
2683	禾本科	Gramineae	湖北野青茅	*Deyeuxia hupehensis* Rendle	草本		+			+	1
2684	禾本科	Gramineae	毛马唐	*Digitaria chrysoblephara* Fig. et De Not.	草本		+			+	1
2685	禾本科	Gramineae	马唐	*Digitaria sanguinalis*（L.）Scop.	草本		+			+	1
2686	禾本科	Gramineae	紫马唐	*Digitaria violascens* Link	草本		+			+	1
2687	禾本科	Gramineae	光头稗	*Echinochloa colonum*（L.）Link	草本		+			+	1
2688	禾本科	Gramineae	稗*	*Echinochloa crusgalli*（L.）Beauv.	草本		+			+	1
2689	禾本科	Gramineae	无芒稗	*Echinochloa crusgalli*（L.）Beauv. var. *mitis*（Pursh）Peterm	草本		+			+	1
2690	禾本科	Gramineae	西来稗	*Echinochloa crusgalli*（L.）Beauv. var. *zelayensis*（HBK.）Hitche.	草本		+			+	1
2691	禾本科	Gramineae	水田稗	*Echinochloa oryzoides*（Ard.）Fritsch.	草本		+			+	1
2692	禾本科	Gramineae	旱稗	*Echinochloa hispidula*（Retz.）Nees	草本		+			+	1
2693	禾本科	Gramineae	牛筋草	*Eleusine indica*（L.）Gaertn.	草本		+			+	1
2694	禾本科	Gramineae	麦宾草	*Elymus tangutorum*（Nevski）Hand.-Mazz.	草本		+			+	1
2695	禾本科	Gramineae	大画眉草	*Eragrostis cilianensis*（All.）Link ex Vignolo-Lu-tati	草本		+			+	1
2696	禾本科	Gramineae	知风草	*Eragrostis ferruginea*（Thunb.）Beauv.	草本		+			+	1
2697	禾本科	Gramineae	乱草	*Eragrostis japonica*（Thunb.）Trin.	草本		+			+	1
2698	禾本科	Gramineae	画眉草	*Eragrostis pilosa*（L.）Beauv.	草本		+			+	1
2699	禾本科	Gramineae	假俭草	*Eremochloa ophiuroides*（Munro）Hack.	草本		+			+	1
2700	禾本科	Gramineae	蔗茅	*Erianthus rufipilus*（Steud.）Griseb.	草本		+			+	1
2701	禾本科	Gramineae	野黍	*Eriochloa villosa*（Thunb.）Kunth	草本		+			+	1
2702	禾本科	Gramineae	拟金茅	*Eulaliopsis binata*（Retz.）C. E. Hubb.	草本		+			+	1
2703	禾本科	Gramineae	箭竹	*Fargesia spathacea* Franch.	草本		+			+	1
2704	禾本科	Gramineae	羊茅	*Festuca ovina* L.	草本		+			+	1
2705	禾本科	Gramineae	小颖羊茅	*Festuca parvigluma* Steud.	草本		+			+	1
2706	禾本科	Gramineae	紫羊茅	*Festuca rubra* L.	草本		+			+	1
2707	禾本科	Gramineae	中华羊茅	*Festuca sinensis* Keng	草本		+			+	1
2708	禾本科	Gramineae	甜茅	*Glyceria acutiflora* Torr. subsp. *japonica*（Steud.）T. Koyama et Kawano	草本		+			+	1
2709	禾本科	Gramineae	牛鞭草	*Hemarthria altissima*（Poir.）Stapf et C. E. Hubb.	草本		+			+	1
2710	禾本科	Gramineae	扁穗牛鞭草	*Hemarthria compressa*（L. f.）R. Br.	草本		+			+	1
2711	禾本科	Gramineae	黄茅	*Heteropogon contortus*（L.）Beauv. ex Roem. et Schult.	草本		+			+	1
2712	禾本科	Gramineae	猬草	*Hystrix duthiei*（Stapf.）Bor	草本		+			+	1
2713	禾本科	Gramineae	丝茅（白茅）	*Imperata koenigii*（Retz.）Beauv.	草本		+			+	1
2714	禾本科	Gramineae	巴山箬竹	*Indocalamus bashanensis*（C. D. Chu et C. S. Chao）H. R. Chao et Y. L. Yang	灌木		+			+	1
2715	禾本科	Gramineae	鄂西箬竹	*Indocalamus wilsoni*（Rendle）C. S. Chaoe et C. D. Chu	灌木		+			+	1
2716	禾本科	Gramineae	日本柳叶箬	*Isachne nipponensis* Ohwi	草本		+			+	1

序号	科名	科拉丁名	中文名	学名	生活型	药用	观赏	食用	蜜源	工业原料	数据来源
2717	禾本科	Gramineae	柳叶箬	*Isachne globosa*（Thunb.）Kuntze	草本		+			+	1
2718	禾本科	Gramineae	料慈竹	*Lingnania diategia*（Keng et Keng f.）Keng f.	灌木		+			+	1
2719	禾本科	Gramineae	千金子	*Leptochloa chinensis*（L.）Nees	草本		+			+	1
2720	禾本科	Gramineae	虮子草	*Leptochloa panicea*（Retz.）Ohwi	草本		+			+	1
2721	禾本科	Gramineae	淡竹叶	*Lophatherum gracile* Brongn	草本		+			+	1
2722	禾本科	Gramineae	月月竹	*Microstegium enstruocalamus* Yi	草本		+			+	1
2723	禾本科	Gramineae	刚莠竹	*Microstegium ciliatum*（Trin.）A. Camus	草本		+			+	1
2724	禾本科	Gramineae	竹叶茅	*Microstegium nudum*（Trin）A. Camus	草本		+			+	1
2725	禾本科	Gramineae	柔枝莠竹	*Microstegium vimineum*（Trin.）A. Camus	草本		+			+	1
2726	禾本科	Gramineae	粟草	*Milium effusum* L.	草本		+			+	1
2727	禾本科	Gramineae	五节芒	*Miscanthus floridulus*（Lab.）Warb. ex Schum. et Laut.	草本		+			+	1
2728	禾本科	Gramineae	芒	*Miscanthus sinensis* Anderss	草本		+			+	1
2729	禾本科	Gramineae	乱子草	*Muhlenbergia hugelii* Trin	草本		+			+	1
2730	禾本科	Gramineae	日本乱子草	*Muhlenbergia japonica* Steud.	草本		+			+	2
2731	禾本科	Gramineae	多枝乱子草	*Muhlenbergia ramosa*（Hack.）Makino	草本		+			+	1
2732	禾本科	Gramineae	河八王	*Narenga porphyrocoma*（Hance）Bor	草本		+			+	1
2733	禾本科	Gramineae	慈竹	*Neosinocalamus affinis*（Rendle）Keng f.	乔木		+			+	1
2734	禾本科	Gramineae	类芦	*Neyraudia neynaudiana*（Kunth）Keng ex Hitchc.	草本		+			+	1
2735	禾本科	Gramineae	竹叶草	*Oplismenus compositus*（L.）Beavu.	草本		+			+	1
2736	禾本科	Gramineae	求米草	*Oplismenus undulatifolius*（Arduino）Beauv.	草本		+			+	1
2737	禾本科	Gramineae	中华落芒草	*Oryzopsis chinensis* Hitchc.	草本		+			+	1
2738	禾本科	Gramineae	钝颖落芒草	*Orthoraphium obtusa* Stapf	草本		+			+	1
2739	禾本科	Gramineae	糠稷	*Panicum bisulcatum* Thunb.	草本		+			+	1
2740	禾本科	Gramineae	黍	*Panicum miliaceum* L.	草本		+			+	2
2741	禾本科	Gramineae	圆果雀稗	*Paspalum orbiculare* Forst.	草本		+			+	1
2742	禾本科	Gramineae	双穗雀稗	*Paspalum paspaloides*（Michx.）Scribn.	草本		+			+	1
2743	禾本科	Gramineae	雀稗	*Paspalum thunbergii* Kunth ex Steud.	草本		+			+	1
2744	禾本科	Gramineae	狼尾草	*Pennisetum alopecuroides*（L.）Spreng.	草本		+			+	1
2745	禾本科	Gramineae	白草	*Pennisetum centrasiaticum* Tzvel.	草本		+			+	1
2746	禾本科	Gramineae	显子草	*Phaenosperma globosa* Munro ex Benth.	草本		+			+	1
2747	禾本科	Gramineae	鬼蜡烛	*Phleum paniculatum* Hunds.	草本		+			+	1
2748	禾本科	Gramineae	芦苇	*Phragmites communis* Trin.	草本		+			+	1
2749	禾本科	Gramineae	水竹	*Phyllostachys heteroclada* Oliv.	灌木		+			+	1
2750	禾本科	Gramineae	毛竹*	*Phyllostachys heterocycla*（Carr.）Mitford cv. Pubescens	灌木		+			+	1
2751	禾本科	Gramineae	金竹	*Phyllostachys sulphurea*（Carr.）A. et C. Riv.	灌木		+			+	1
2752	禾本科	Gramineae	苦竹*	*Pleioblastus amarus*（Keng）Keng f.	灌木		+			+	1
2753	禾本科	Gramineae	斑苦竹*	*Pleioblastus maculatus*（McClure）C. D. Chu et C. S. Chao	灌木		+			+	1
2754	禾本科	Gramineae	白顶早熟禾	*Poa acroleuca* Steud.	草本		+			+	1
2755	禾本科	Gramineae	早熟禾	*Poa annua* L.	草本		+			+	1
2756	禾本科	Gramineae	细长早熟禾	*Poa prolixior* Rendle	草本		+			+	1

序号	科名	科拉丁名	中文名	学名	生活型	药用	观赏	食用	蜜源	工业原料	数据来源
2757	禾本科	Gramineae	硬质早熟禾	*Poa sphondylodes* Trin	草本		+			+	2
2758	禾本科	Gramineae	套鞘早熟禾	*Poa tunicata* Keng	草本		+			+	1
2759	禾本科	Gramineae	金丝草	*Pogonatherum crinitum*（Thunb.）Kunth	草本		+			+	1
2760	禾本科	Gramineae	金发草	*Pogonatherum paniceum*（Lam.）Hack.	草本		+			+	1
2761	禾本科	Gramineae	棒头草	*Polypogon fugax* Nees ex Steud.	草本		+			+	1
2762	禾本科	Gramineae	钙生鹅观草	*Roegneria calcicola* Keng	草本		+			+	2
2763	禾本科	Gramineae	竖立鹅观草	*Roegneria japonensis*（Honda）Keng	草本		+			+	1
2764	禾本科	Gramineae	鹅观草	*Roegneria kamoji* Ohwi	草本		+			+	1
2765	禾本科	Gramineae	东瀛鹅观草	*Roegneria mayebarana*（Honda）Ohwi	草本		+			+	1
2766	禾本科	Gramineae	肃草	*Roegneria stricta* Keng	草本		+			+	1
2767	禾本科	Gramineae	斑茅	*Saccharum arundinaceum* Retz.	草本					+	2
2768	禾本科	Gramineae	甜根子草	*Saccharum spontaneum* L.	草本		+			+	1
2769	禾本科	Gramineae	囊颖草	*Sacciolepis indica*（L.）A. Chase	草本		+			+	1
2770	禾本科	Gramineae	裂稃草	*Schizachyrium brevifolium*（Sw.）Nees ex Buse.	草本		+			+	1
2771	禾本科	Gramineae	莩草	*Setaria chondrachne*（Steud.）Honda	草本		+			+	1
2772	禾本科	Gramineae	大狗尾草	*Setaria faberii* Herrm.	草本		+			+	1
2773	禾本科	Gramineae	西南莩草	*Setaria forbesiana*（Nees）Hook. f.	草本		+			+	1
2774	禾本科	Gramineae	金色狗尾草	*Setaria glauca*（L.）Beauv.	草本					+	2
2775	禾本科	Gramineae	棕叶狗尾草	*Setaria palmifolia*（Koen.）Stapf	草本		+			+	1
2776	禾本科	Gramineae	皱叶狗尾草	*Setaria plicata*（Lam.）T. Cooke	草本		+			+	1
2777	禾本科	Gramineae	狗尾草	*Setaria viridis*（L.）Beauv.	草本		+			+	1
2778	禾本科	Gramineae	巨大狗尾草	*Setaria viridis*（L.）Beauv. subsp. *pycnocoma*（Steud.）Tzvel.	草本		+			+	1
2779	禾本科	Gramineae	晾衫竹	*Sinobambusa intermedia* Maclure	草本		+			+	1
2780	禾本科	Gramineae	拟高粱*	*Sorghum propinquum*（Kunth）Hitchc.	草本		+			+	1
2781	禾本科	Gramineae	大油芒	*Spodiopogon sibiricus* Trin.	草本		+			+	1
2782	禾本科	Gramineae	鼠尾粟	*Sporobolus fertilis*（Steud.）W. D. Clayt.	草本		+			+	1
2783	禾本科	Gramineae	钝叶草	*Stenotaphrum helferi* Munro	草本		+			+	1
2784	禾本科	Gramineae	苞子草	*Themeda candata*（Nees）A. Camus	草本		+			+	1
2785	禾本科	Gramineae	黄背草	*Themeda japonica*（Willd.）Tanada	草本		+			+	1
2786	禾本科	Gramineae	菅	*Themeda villosa*（Poir.）A. Camus	草本		+			+	1
2787	禾本科	Gramineae	荻	*Triarrhena sacchariflorus*（Maxim.）Nakai	草本		+			+	1
2788	禾本科	Gramineae	湖北三毛草	*Trisetum henryi* Rendle	草本		+			+	1
2789	禾本科	Gramineae	尾稃草	*Urochloa reptans*（L.）Stapf	草本		+			+	1
2790	禾本科	Gramineae	鄂西玉山竹	*Yushania confusa*（MaClure）Z. P. Wang et G. H. Ye	草本		+			+	1
2791	禾本科	Gramineae	菰（茭白）	*Zizania caduciflora*（Turcz. exTrin.）Hand.-Mazz.	草本		+			+	1
2792	莎草科	Cyperaceae	丝叶球柱草	*Bulbostylis densa*（Wall.）Hand.-Mazz.	草本		+			+	1
2793	莎草科	Cyperaceae	浆果苔草	*Carex baccans* Nees	草本		+			+	1
2794	莎草科	Cyperaceae	青绿苔草	*Carex brevicalmis* R. Br.	草本		+			+	1
2795	莎草科	Cyperaceae	褐果苔草	*Carex brunnea* Thunb.	草本		+			+	1
2796	莎草科	Cyperaceae	发秆苔草	*Carex capillacea* Boott	草本		+			+	2

序号	科名	科拉丁名	中文名	学名	生活型	药用	观赏	食用	蜜源	工业原料	数据来源
2797	莎草科	Cyperaceae	丝叶苔草	*Carex capilliformis* Franch.	草本		+			+	1
2798	莎草科	Cyperaceae	中华苔草	*Carex chinensis* Retz.	草本		+			+	1
2799	莎草科	Cyperaceae	十字苔草	*Carex cruciata* Wahlenb.	草本		+			+	1
2800	莎草科	Cyperaceae	无喙囊苔草	*Carex davidii* Franch.	草本		+			+	1
2801	莎草科	Cyperaceae	皱果苔草	*Carex dispalata* Boott	草本		+			+	1
2802	莎草科	Cyperaceae	川东苔草	*Carex fargesii* Franch.	草本		+			+	1
2803	莎草科	Cyperaceae	穹隆苔草	*Carex gibba* Wahlenb.	草本		+			+	1
2804	莎草科	Cyperaceae	宽叶亲族苔草	*Carex gentilis* Fr. var. *intermedia* Tang et Wang ex L. X. Dai	草本		+			+	1
2805	莎草科	Cyperaceae	大果亲族苔草	*Carex gentilis* Fr. var. *macrocarpa* Tang et Wang ex L. X. Dai	草本		+			+	1
2806	莎草科	Cyperaceae	狭穗苔草	*Carex ischnostachya* Steud.	草本		+			+	1
2807	莎草科	Cyperaceae	日本苔草	*Carex japonica* Thunb.	草本		+			+	1
2808	莎草科	Cyperaceae	大披针苔草	*Carex lanceolata* Boott	草本		+			+	1
2809	莎草科	Cyperaceae	舌叶苔草	*Carex ligulata* Nees	草本		+			+	1
2810	莎草科	Cyperaceae	长穗柄苔草	*Carex longipes* D. Don	草本		+			+	1
2811	莎草科	Cyperaceae	城口苔草	*Carex luctuosa* Franch.	草本		+			+	1
2812	莎草科	Cyperaceae	鄂西苔草	*Carex mancaeformis* Clarke ex Franch.	草本		+			+	1
2813	莎草科	Cyperaceae	套鞘苔草	*Carex maubertiana* Boott	草本		+			+	2
2814	莎草科	Cyperaceae	乳突苔草	*Carex maximowiczii* Miq.	草本		+			+	1
2815	莎草科	Cyperaceae	条穗苔草	*Carex nemostachys* Steud.	草本		+			+	1
2816	莎草科	Cyperaceae	褐红脉苔草	*Carex nubigena* D. Don subsp. *albata*（Boott）T. Koyama	草本		+			+	1
2817	莎草科	Cyperaceae	黄绿苔草	*Carex psychrophila* Nees	草本		+			+	2
2818	莎草科	Cyperaceae	匍匐苔草	*Carex rochebfuni* Fr. et Sav. subsp. *reptans*（Fr.）S. Y. Liang et Y. C. Tang	草本		+			+	1
2819	莎草科	Cyperaceae	长颈苔草	*Carex rhynchophora* Fr.	草本		+			+	1
2820	莎草科	Cyperaceae	硬果苔草	*Carex sclerocarpa* Franch.	草本		+			+	1
2821	莎草科	Cyperaceae	仙台苔草	*Carex sendaica* Fr.	草本		+			+	1
2822	莎草科	Cyperaceae	刺毛苔草	*Carex setosa* Boott	草本		+			+	2
2823	莎草科	Cyperaceae	锈点苔草	*Carex setosa* Boott var. *punctata* S. Y. Liang	草本		+			+	1
2824	莎草科	Cyperaceae	阿穆尔莎草	*Cyperus amuricus* Maxim.	草本		+			+	1
2825	莎草科	Cyperaceae	异型莎草	*Cyperus difformis* L.	草本		+			+	1
2826	莎草科	Cyperaceae	碎米莎草	*Cyperus iria* L.	草本		+			+	1
2827	莎草科	Cyperaceae	短叶茳芏	*Cyperus malaccensis* Lam. var. *brevifolius* Bocklr	草本		+			+	1
2828	莎草科	Cyperaceae	旋鳞莎草	*Cyperus michelianus*（L.）Link	草本		+			+	1
2829	莎草科	Cyperaceae	具芒碎米莎草	*Cyperus microiria* Steud.	草本		+			+	1
2830	莎草科	Cyperaceae	香附子	*Cyperus rotundus* L.	草本		+			+	1
2831	莎草科	Cyperaceae	扁杆藨草	*Scirpus planiculmis* Franch. et Schmidt	草本		+			+	1
2832	莎草科	Cyperaceae	百球藨草	*Scirpus rosthornii* Diels	草本		+			+	1
2833	莎草科	Cyperaceae	萤蔺	*Scirpus juncoides* Roxb.	草本		+			+	1
2834	莎草科	Cyperaceae	藨草	*Scirpus triqueter* L.	草本		+			+	1
2835	莎草科	Cyperaceae	猪毛草	*Scirpus wallichii* Nees	草本	+	+			+	1

序号	科名	科拉丁名	中文名	学名	生活型	药用	观赏	食用	蜜源	工业原料	数据来源
2836	莎草科	Cyperaceae	牛毛毡	*Eleocharis yokoscensis*（Franch. et Sav.）Tang et Wang	草本	+	+			+	1
2837	莎草科	Cyperaceae	紫果蔺	*Eleocharis atropurpurea*（Retz.）Presl	草本	+	+			+	1
2838	莎草科	Cyperaceae	荸荠	*Eleocharis dulcis*（Burm. f.）Trin. ex Henschel	草本	+	+			+	1
2839	莎草科	Cyperaceae	木贼状荸荠	*Eleocharis equisetina* J. et C. Presl	草本	+	+			+	1
2840	莎草科	Cyperaceae	夏飘拂草	*Fimbristylis aestivalis*（Retz.）Vahl.	草本	+	+			+	1
2841	莎草科	Cyperaceae	两歧飘拂草	*Fimbristylis dichotoma*（L.）Vahl	草本	+	+			+	1
2842	莎草科	Cyperaceae	矮两歧飘拂草	*Fimbristylis dichotoma* f. *depauperata*（C. B. Clarke）Ohwi	草本	+	+			+	1
2843	莎草科	Cyperaceae	宜昌飘拂草	*Fimbristylis henryi* Clarke	草本	+	+			+	1
2844	莎草科	Cyperaceae	水虱草	*Fimbristylis miliacea*（L.）Vahl	草本	+	+			+	1
2845	莎草科	Cyperaceae	高五棱飘拂草	*Fimbristylis quinquangularis*（Vahl）Kunth var. *elata* Tang et Wang	草本	+	+			+	1
2846	莎草科	Cyperaceae	结状飘拂草	*Fimbristylis rigidula* Nees	草本	+	+			+	1
2847	莎草科	Cyperaceae	水莎草	*Juncellus serotinus*（Rottb.）Clarke	草本	+	+			+	1
2848	莎草科	Cyperaceae	水蜈蚣	*Kyllinga brevifolia* Rottb.	草本	+	+			+	1
2849	莎草科	Cyperaceae	一箭球	*Kyllinga cororata*（L.）Druce	草本	+	+				1
2850	莎草科	Cyperaceae	砖子苗	*Mariscus umbellatus* Vahl	草本	+	+				1
2851	莎草科	Cyperaceae	红鳞扁莎	*Pycreus sanguinolentus*（Vahl）Nees	草本	+	+				1
2852	莎草科	Cyperaceae	高秆珍珠茅	*Scleria elata* Thw.	草本	+					1
2853	莎草科	Cyperaceae	毛果珍珠茅	*Scleria herbecarpa* Nees	草本		+				1
2854	棕榈科	Palmae	棕榈	*Trachycarpus fortunei*（Hook.）H. Wendl.	草本	+	+			+	1
2855	天南星科	Araceae	菖蒲	*Acorus calamus* L.	草本	+	+			+	1
2856	天南星科	Araceae	金钱蒲	*Acorus gramineus* Soland.	草本	+	+			+	1
2857	天南星科	Araceae	石菖蒲	*Acorus tatarinowii* Schott	草本	+	+			+	1
2858	天南星科	Araceae	魔芋*	*Amorphophallus rivieri* Durieu	草本	+	+				1
2859	天南星科	Araceae	刺柄南星	*Arisaema asperatum* N. E. Br	草本	+	+				1
2860	天南星科	Araceae	长耳南星	*Arisaema auriculatum* Buchet	草本	+	+				1
2861	天南星科	Araceae	棒头南星	*Arisaema clavatum* Buchet	草本	+	+				1
2862	天南星科	Araceae	一把伞南星	*Arisaema erubescens*（Wall.）Schott	草本	+	+				1
2863	天南星科	Araceae	螃蟹七	*Arisaema fargesii* Buchet	草本	+	+				2
2864	天南星科	Araceae	象头花	*Arisaema franchetianum* Engl.	草本	+	+				1
2865	天南星科	Araceae	天南星	*Arisaema heterophyllum* Bl.	草本	+	+				1
2866	天南星科	Araceae	湘南星	*Arisaema hunanense* Hand.-Mazz.	草本	+	+				1
2867	天南星科	Araceae	蛇头草	*Arisaema japonicum* Bl.	草本	+	+				1
2868	天南星科	Araceae	花南星	*Arisaema lobatum* Engl.	草本	+	+				1
2869	天南星科	Araceae	雪里见	*Arisaema rhizomatum* C. E. C. Fischer	草本	+	+				1
2870	天南星科	Araceae	绥阳雪里见	*Arisaema rhizomatum* var. *nudum* C. E. C. Fischer	草本	+	+				1
2871	天南星科	Araceae	黑南星	*Arisaema rhombiforme* Buchet	草本	+	+				2
2872	天南星科	Araceae	褐斑南星	*Arisaema meleagris* Buchet	草本	+	+				1
2873	天南星科	Araceae	具齿褐斑南星	*Arisaema meleagris* Buchet var. *sinuatum* Buchet	草本	+	+				1
2874	天南星科	Araceae	短苞南星	*Arisaema brevispathum* Buchet	草本	+	+				1

续表

序号	科名	科拉丁名	中文名	学名	生活型	药用	观赏	食用	蜜源	工业原料	数据来源
2875	天南星科	Araceae	灯台莲	*Arisaema sikokianum* Franch. et Sav. var. *serratum*（Makino）Hand.-Mazz.	草本	+	+				1
2876	天南星科	Araceae	大野芋	*Colocasia gigantea*（Bl.）Hook. f.	草本	+	+				2
2877	天南星科	Araceae	野芋	*Colocasia antiquorum* Schott	草本	+	+				2
2878	天南星科	Araceae	虎掌	*Pinellia pedatisecta* Schott.	草本	+	+				1
2879	天南星科	Araceae	半夏	*Pinellia ternata*（Thunb.）Breit.	草本	+	+				1
2880	天南星科	Araceae	石柑子	*Pothos chinensis*（Raf.）Merr.	草本	+	+				1
2881	天南星科	Araceae	百足藤	*Pothos repens*（Lour.）Druce	草本	+	+				1
2882	天南星科	Araceae	犁头尖	*Typhonium divaricatum*（L.）Decne.	草本	+	+				1
2883	天南星科	Araceae	独角莲	*Typhonium giganteum* Engl.	草本	+	+				1
2884	天南星科	Araceae	毛过山龙	*Rhaphidophora hookeri* Schott	草本	+	+				1
2885	浮萍科	Lemnaceae	三脉浮萍	*Lemna trinervis*（Austin）Small	草本	+	+				1
2886	浮萍科	Lemnaceae	浮萍	*Lemna minor* L.	草本	+	+				1
2887	浮萍科	Lemnaceae	少根紫萍	*Spirodela oligorrhiza*（Kurz）Hegellm.	草本	+	+				1
2888	浮萍科	Lemnaceae	紫萍	*Spirodela polyrrhiza*（L.）Schleid.	草本	+	+				1
2889	浮萍科	Lemnaceae	四川紫萍	*Spirodela sichuannensis* M. G. Liu et K. M. Xie	草本	+	+				1
2890	浮萍科	Lemnaceae	昆明紫萍	*Spirodela polyrhiza* var. *masonii* Daubs	草本	+	+				1
2891	浮萍科	Lemnaceae	无根萍	*Wolffia arrhiza*（L.）Wimmer	草本	+	+				1
2892	鸭跖草科	Commelinaceae	饭包草	*Commelina bengalensis* L.	草本	+	+				1
2893	鸭跖草科	Commelinaceae	鸭跖草	*Commelina communis* L.	草本	+	+				1
2894	鸭跖草科	Commelinaceae	根茎水竹叶	*Murdannia hookeri*（C. B. Clarke）Bruckn.	草本	+	+				1
2895	鸭跖草科	Commelinaceae	杜若	*Pollia japonica* Thunnb.	草本	+	+				1
2896	鸭跖草科	Commelinaceae	川杜若	*Pollia miranda*（Lev1.）Hara	草本	+	+				1
2897	鸭跖草科	Commelinaceae	竹叶吉祥草	*Spatholirion longifolium*（Gagnep.）Dunn	草本	+	+				1
2898	鸭跖草科	Commelinaceae	竹叶子	*Streptolirion volubile* Edgew.	草本	+	+				1
2899	雨久花科	Pontederiaceae	凤眼莲*	*Eichhornia crassipes*（Mart.）Solms	草本	+	+				1
2900	雨久花科	Pontederiaceae	雨久花	*Monochoria korsakowii* Regel et Maack	草本	+	+				1
2901	雨久花科	Pontederiaceae	鸭舌草	*Monochoria vaginalis*（Burm. f.）Presl	草本	+	+				1
2902	灯心草科	Juncaceae	翅茎灯心草	*Juncus alatus* Franch. et Sav.	草本	+	+				1
2903	灯心草科	Juncaceae	小花灯心草	*Juncus articulatus* L.	草本	+	+				1
2904	灯心草科	Juncaceae	小灯心草	*Juncus bufonius* L.	草本	+	+				2
2905	灯心草科	Juncaceae	扁茎灯心草	*Juncus compressus* Jacq.	草本	+	+				2
2906	灯心草科	Juncaceae	星花灯心草	*Juncus diastrophanthus* Buchen.	草本	+	+				1
2907	灯心草科	Juncaceae	灯心草	*Juncus effusus* L.	草本	+	+				1
2908	灯心草科	Juncaceae	多花灯心草	*Juncus modicus* N. E. Br.	草本	+	+				1
2909	灯心草科	Juncaceae	野灯心草	*Juncus setchuensis* Buchen.	草本	+	+				1
2910	灯心草科	Juncaceae	长柱灯心草	*Juncus przewalskii* Buchen.	草本	+	+				1
2911	灯心草科	Juncaceae	淡花地杨梅	*Luzula pallescens*（Wahlenb.）Bess.	草本	+	+				1
2912	灯心草科	Juncaceae	多花地杨梅	*Luzula multiflora*（Retz.）Lej.	草本	+	+				1
2913	百部科	Stemonaceae	百部	*Stemona japonica*（Bl.）Miq.	草本	+	+		+		1
2914	百部科	Stemonaceae	大百部	*Stemona tuberosa* Lour.	草本	+	+		+		1
2915	百合科	Liliaceae	无毛粉条儿菜	*Aletris glabra* Bur. et Franch.	草本	+	+		+		1

序号	科名	科拉丁名	中文名	学名	生活型	药用	观赏	食用	蜜源	工业原料	数据来源
2916	百合科	Liliaceae	疏花粉条儿菜	*Aletris laxiflora* Bur.	草本	+	+		+		1
2917	百合科	Liliaceae	粉条儿菜	*Aletris spicata*（Thunb.）Franch.	草本	+	+		+		1
2918	百合科	Liliaceae	窄瓣粉条儿菜	*Aletris stenoloba* Franch.	草本	+	+		+		1
2919	百合科	Liliaceae	少花粉条儿菜	*Aletris pauciflora*（Klotz.）Hand.-Mazz.	草本	+	+		+		1
2920	百合科	Liliaceae	蓝花韭	*Allium beesianum* W. W. Sm.	草本	+	+	+	+	+	1
2921	百合科	Liliaceae	野葱	*Allium chrysanthum* Regel	草本	+	+	+	+	+	1
2922	百合科	Liliaceae	天蓝韭	*Allium cyaneum* Regel	草本	+	+	+	+	+	1
2923	百合科	Liliaceae	玉簪叶韭	*Allium funckiaefolium* Hand.-Mazz.	草本	+	+	+	+	+	1
2924	百合科	Liliaceae	异梗韭	*Allium heteronema* Wang et Tang	草本	+	+	+	+	+	1
2925	百合科	Liliaceae	宽叶韭	*Allium hookeri* Thwaites	草本	+	+	+	+	+	1
2926	百合科	Liliaceae	卵叶韭	*Allium ovalifolium* Hand.-Mazz.	草本	+	+	+	+	+	1
2927	百合科	Liliaceae	天蒜	*Allium paepalanthoides* Airy-Shaw	草本	+	+	+	+	+	1
2928	百合科	Liliaceae	多叶韭	*Allium plurifoliatum* Rendle	草本	+	+	+	+	+	1
2929	百合科	Liliaceae	太白韭	*Allium prattii* C. H. Wright	草本	+	+	+	+	+	1
2930	百合科	Liliaceae	合被韭	*Allium tubiflorum* Rendle	草本	+	+	+	+	+	2
2931	百合科	Liliaceae	茖葱	*Allium victorialis* L.	草本		+	+	+		1
2932	百合科	Liliaceae	天门冬	*Asparagus cochinchinensis*（Lour.）Merr.	草本		+				1
2933	百合科	Liliaceae	羊齿天门冬	*Asparagus filicinus* Ham. ex D. Don	草本		+				1
2934	百合科	Liliaceae	短梗天门冬	*Asparagus lycopodineus* Wall. ex Baker	草本		+				1
2935	百合科	Liliaceae	西南天门冬	*Asparagus munitus* Wang et S. C. Chen	草本		+				1
2936	百合科	Liliaceae	粽粑叶	*Aspidistra zongbayi* Lang et Z. Y. Zhu	草本		+				1
2937	百合科	Liliaceae	大百合	*Cardiocrinum giganteum*（Wall.）Makino	草本	+	+		+		1
2938	百合科	Liliaceae	西南吊兰	*Chlorophytum nepalense*（Lindl.）Baker	草本	+	+		+		1
2939	百合科	Liliaceae	七筋菇	*Clintonia udensis* Trautv. et Mey.	草本	+	+		+		2
2940	百合科	Liliaceae	山菅	*Dianella ensifolia*（L.）DC.	草本		+				
2941	百合科	Liliaceae	散斑肖万寿竹	*Disporopsis aspera*（Hua）Engl. ex Krause	草本	+	+		+		1
2942	百合科	Liliaceae	长蕊万寿竹	*Disporum bodinieri*（Lévl. et Vant.）Wang et Tang	草本	+	+		+		1
2943	百合科	Liliaceae	万寿竹	*Disporum cantoniense*（Lour.）Merr.	草本	+	+		+		1
2944	百合科	Liliaceae	大花万寿竹	*Disporum megalanthum* Wang et Tang	草本	+	+		+		1
2945	百合科	Liliaceae	宝铎草	*Disporum sessile* D. Dong	草本	+	+		+		1
2946	百合科	Liliaceae	单花万寿竹	*Disporum uniflorum* Baker	草本	+	+		+		1
2947	百合科	Liliaceae	小鹭鸶草	*Diuranthera minor*（C. H. Wright）Hemsl	草本	+	+		+		1
2948	百合科	Liliaceae	湖北贝母	*Fritillaria hupehensis* Hsiao et K. C. Hsia	草本	+	+	+	+		1
2949	百合科	Liliaceae	太白贝母	*Fritillaria taipaiensis* P. Y. Li	草本	+	+	+	+		1
2950	百合科	Liliaceae	黄花菜	*Hemerocallis citrina* Baroni	草本	+	+	+	+		1
2951	百合科	Liliaceae	小黄花菜	*Hemerocallis minor* Mill.	草本	+	+	+	+		1
2952	百合科	Liliaceae	萱草	*Hemerocallis fulva*（L.）L.	草本	+	+	+	+		1
2953	百合科	Liliaceae	折叶萱草	*Hemerocallis plicata* Stapf	草本	+	+	+	+		1
2954	百合科	Liliaceae	玉簪	*Hosta plantaginea*（Lam.）Aschers.	草本	+	+	+	+		1
2955	百合科	Liliaceae	紫萼	*Hosta ventricosa*（Salisb.）Stearn	草本	+	+	+	+		1
2956	百合科	Liliaceae	野百合	*Lilium brownii* F. E. Br. ex Miellze	草本	+	+	+	+	+	1

续表

序号	科名	科拉丁名	中文名	学名	生活型	药用	观赏	食用	蜜源	工业原料	数据来源
2957	百合科	Liliaceae	百合*	*Lilium brownii* F. E. Br. ex Miellez var. *viridulum* Baker	草本	+	+	+	+	+	1
2958	百合科	Liliaceae	淡黄花百合	*Lilium sulphureum* Baker and Hook. f.	草本	+	+	+	+	+	2
2959	百合科	Liliaceae	宜昌百合	*Lilium leucanthum*（Baker）Baker	草本	+	+	+	+	+	1
2960	百合科	Liliaceae	川百合	*Lilium davidii* Duch.	草本	+	+	+	+	+	1
2961	百合科	Liliaceae	绿花百合	*Lilium fargesii* Franch.	草本	+	+	+	+	+	1
2962	百合科	Liliaceae	湖北百合	*Lilium henryi* Baker	草本	+	+	+	+	+	1
2963	百合科	Liliaceae	卷丹	*Lilium lancifolium* Thunb.	草本	+	+	+	+	+	1
2964	百合科	Liliaceae	紫花百合	*Lilium souliei*（Franch.）Sealy	草本	+	+	+	+	+	1
2965	百合科	Liliaceae	大理百合	*Lilium taliense* Franch.	草本	+	+	+	+	+	1
2966	百合科	Liliaceae	禾叶山麦冬	*Liriope graminifolia*（L.）Baker	草本	+	+		+	+	1
2967	百合科	Liliaceae	长梗山麦冬	*Liriope longipedicellata* Wang et Tang	草本	+	+		+	+	1
2968	百合科	Liliaceae	山麦冬	*Liriope spicata*（Thunb.）Lour.	草本	+	+		+	+	1
2969	百合科	Liliaceae	西藏洼瓣花	*Lloydia tibetica* Baker ex Oliv.	草本	+	+		+		1
2970	百合科	Liliaceae	洼瓣花	*Lloydia serotina*（L.）Rchb.	草本	+	+		+		1
2971	百合科	Liliaceae	连药沿阶草	*Ophiopogon bockianus* Diels	草本	+	+				1
2972	百合科	Liliaceae	短药沿阶草	*Ophiopogon bockianus* Diels var. *angustifoliatus* Wang et Tang	草本	+	+				1
2973	百合科	Liliaceae	沿阶草	*Ophiopogon bodinieri* Lévl.	草本	+	+				1
2974	百合科	Liliaceae	长茎沿阶草	*Ophiopogon chingii* Wang et Tang	草本	+	+				1
2975	百合科	Liliaceae	粉叶沿阶草	*Ophiopogon chingiii* Wang et Tang var. *glaucifolius* Wang et Dai	草本	+	+				1
2976	百合科	Liliaceae	棒叶沿阶草	*Ophiopogon clavatus* C. H. Wright ex Oliv.	草本	+	+				1
2977	百合科	Liliaceae	间型沿阶草	*Ophiopogon intermedius* D. Don	草本	+	+				1
2978	百合科	Liliaceae	麦冬	*Ophiopogon japonicus*（L. f.）Ker-Gawl.	草本	+	+				1
2979	百合科	Liliaceae	西南沿阶草	*Ophiopogon mairei* Lévl.	草本	+	+				1
2980	百合科	Liliaceae	狭叶沿阶草	*Ophiopogon stenophyllus*（Merr.）Rodrig.	草本	+	+				1
2981	百合科	Liliaceae	林生沿阶草	*Ophiopogon sylvicola* Wang et Tang	草本	+	+				1
2982	百合科	Liliaceae	阴生沿阶草	*Ophiopogon umbraticola* Hance	草本	+	+				2
2983	百合科	Liliaceae	钝叶沿阶草	*Ophiopogon amblyphyllus* Wang et Dai	草本	+	+				1
2984	百合科	Liliaceae	异药沿阶草	*Ophiopogon heterandrus* Wang et Dai	草本	+	+				1
2985	百合科	Liliaceae	巴山重楼	*Paris bashanensis* Wang et Tang	草本	+	+		+		1
2986	百合科	Liliaceae	球药隔重楼	*Paris fargesii* Franch.	草本	+	+		+		1
2987	百合科	Liliaceae	具柄重楼	*Paris fargesii* Franch. var. *petiolata*（Baker ex C. H. Wright）Wang et Tang	草本	+	+		+		1
2988	百合科	Liliaceae	七叶一枝花	*Paris polyphylla* Sm.	草本	+	+		+		1
2989	百合科	Liliaceae	白花重楼	*Paris polyphylla* Sm. var. *alba* H. Li et R. J. Mitchell.	草本	+	+		+		1
2990	百合科	Liliaceae	短梗重楼	*Paris polyphylla* Sm. var. *appendiculata* Hara	草本	+	+		+		1
2991	百合科	Liliaceae	华重楼	*Paris polyphylla* Sm. var. *chinensis*（Franch.）Hara	草本	+	+		+		1
2992	百合科	Liliaceae	长药隔重楼	*Paris polyphylla* Sm. var. *thibetica* H. Li	草本	+	+		+		1
2993	百合科	Liliaceae	狭叶重楼	*Paris polyphylla* Sm. var. *stenophylla* Franch.	草本	+	+		+		1
2994	百合科	Liliaceae	条叶重楼	*Paris polyphylla* Smith var. *brachystemon* Franch	草本	+	+		+		2
2995	百合科	Liliaceae	小重楼	*Paris polyphylla* Smith var. *minor* S. F. Wang	草本	+	+		+		1

序号	科名	科拉丁名	中文名	学名	生活型	药用	观赏	食用	蜜源	工业原料	数据来源
2996	百合科	Liliaceae	花叶重楼	*Paris marmorata* Stearn	草本	+	+		+		1
2997	百合科	Liliaceae	黑籽重楼	*Paris thibetica* Franch.	草本	+	+				1
2998	百合科	Liliaceae	毛重楼	*Paris mairei* Levl.	草本	+	+		+		1
2999	百合科	Liliaceae	北重楼	*Paris verticillata* Bieb.	草本	+	+				1
3000	百合科	Liliaceae	大盖球子草	*Peliosanthes macrostegia* Hance	草本	+	+				1
3001	百合科	Liliaceae	卷叶黄精	*Polygonatum cirrhifolium*（Wall.）Royle	草本	+	+	+			1
3002	百合科	Liliaceae	多花黄精	*Polygonatum cyrtonema* Hua	草本	+	+	+	+		1
3003	百合科	Liliaceae	距药黄精	*Polygonatum franchetii* Hua	草本						2
3004	百合科	Liliaceae	滇黄精	*Polygonatum kingianum* Coll. et Hemsl.	草本	+	+	+	+		1
3005	百合科	Liliaceae	轮叶黄精	*Polygonatum verticillatum*（L.）All.	草本	+	+	+	+		1
3006	百合科	Liliaceae	湖北黄精	*Polygonatum zanlanscianense* Pamp.	草本	+	+	+	+		1
3007	百合科	Liliaceae	玉竹	*Polygonatum odoratum*（Mill.）Druce	草本	+	+	+	+		1
3008	百合科	Liliaceae	康定玉竹	*Polygonatum prattii* Baker	草本	+	+	+	+		1
3009	百合科	Liliaceae	垂叶黄精	*Polygonatum curvistylum* Hua	草本	+	+	+	+		1
3010	百合科	Liliaceae	吉祥草	*Reineckea carnea*（Andr.）Kunth	草本	+	+		+		1
3011	百合科	Liliaceae	绵枣儿	*Scilla scilloides*（Lindl.）Druce	草本	+	+		+		1
3012	百合科	Liliaceae	窄瓣鹿药	*Smilacina estsienensis*（Franch.）Wang et Tang	草本	+	+		+		1
3013	百合科	Liliaceae	少叶鹿药	*Smilacina estsiensis*（Franch.）Wang et Tang var. *stenoloba*（Franch.）Wang et Tang	草本	+	+		+		1
3014	百合科	Liliaceae	管花鹿药	*Smilacina henryi*（Baker）Wang et Tang	草本	+	+		+		1
3015	百合科	Liliaceae	鹿药	*Smilacina japonica* A. Gray	草本	+	+		+		1
3016	百合科	Liliaceae	高大鹿药	*Maianthemum atropurpureum*（Franch）La Frankie	草本	+	+		+		1
3017	百合科	Liliaceae	合瓣鹿药	*Maianthemum tubiferum*（Batalin）La Frankie	草本	+	+		+		1
3018	百合科	Liliaceae	华肖菝葜	*Heterosmilax chinensis* Wang	藤本	+	+		+	+	2
3019	百合科	Liliaceae	肖菝葜	*Heterosmilax japonica* Kunth	藤本	+	+		+	+	1
3020	百合科	Liliaceae	短柱肖菝葜	*Heterosmilax yunnanensis* Gagnep	藤本	+	+		+	+	1
3021	百合科	Liliaceae	尖叶菝葜	*Smilax arisanensis* Hayata	藤本	+	+		+	+	1
3022	百合科	Liliaceae	密疣菝葜	*Smilax chapaensis* Gagnep.	藤本	+	+		+	+	1
3023	百合科	Liliaceae	菝葜	*Smilax china* L.	藤本	+	+		+	+	1
3024	百合科	Liliaceae	柔毛菝葜	*Smilax chingii* Wang et Tang	藤本	+	+		+	+	1
3025	百合科	Liliaceae	银叶菝葜	*Smilax cocculoides* Warb.	藤本	+	+		+	+	1
3026	百合科	Liliaceae	平滑菝葜	*Smilax darrisii* Lévl.	藤本	+	+		+	+	1
3027	百合科	Liliaceae	托柄菝葜	*Smilax discotis* Warb.	藤本	+	+		+	+	1
3028	百合科	Liliaceae	长托菝葜	*Smilax ferox* Wall. et Kunth	藤本	+	+		+	+	1
3029	百合科	Liliaceae	土茯苓	*Smilax glabra* Roxb.	藤本	+	+		+	+	1
3030	百合科	Liliaceae	黑果菝葜	*Smilax glauco-china* Warb.	藤本	+	+		+	+	1
3031	百合科	Liliaceae	马甲菝葜	*Smilax lanceifolia* Roxb.	藤本	+	+		+	+	1
3032	百合科	Liliaceae	粗糙菝葜	*Smilax lebrunii* Levl.	藤本	+	+		+	+	2
3033	百合科	Liliaceae	小叶菝葜	*Smilax microphylla* C. H. Wright	藤本	+	+		+	+	1
3034	百合科	Liliaceae	黑叶菝葜	*Smilax nigrescens* Wang et Tang ex P. Y. Li	藤本	+	+		+	+	1
3035	百合科	Liliaceae	武当菝葜	*Smilax outanscianensis* Pamp.	藤本	+	+			+	1
3036	百合科	Liliaceae	红果菝葜	*Smilax polycolea* Wanb.	藤本	+	+		+	+	1

续表

序号	科名	科拉丁名	中文名	学名	生活型	药用	观赏	食用	蜜源	工业原料	数据来源
3037	百合科	Liliaceae	牛尾菜	*Smilax riparia* A. DC.	藤本	+	+		+	+	1
3038	百合科	Liliaceae	尖叶牛尾菜	*Smilax riparia* A. DC. var. *acuminata*（C. H. Wright）Wang et Tang	藤本	+	+		+	+	1
3039	百合科	Liliaceae	毛牛尾菜	*Smilax riparia* A. DC. var. *pubescens*（C. H. Wright）Wang et Tang	藤本	+	+		+	+	1
3040	百合科	Liliaceae	短梗菝葜	*Smilax scobinicaulis* C. H. Wright	藤本	+	+		+	+	1
3041	百合科	Liliaceae	鞘柄菝葜	*Smilax stans* Maxim.	藤本	+	+		+	+	1
3042	百合科	Liliaceae	糙柄菝葜	*Smilax trachypoda* Norton	藤本	+	+		+	+	1
3043	百合科	Liliaceae	疣叶菝葜	*Smilax stans* Maxia. var. *verruculosifolia* J. M. Xu	藤本	+	+		+	+	2
3044	百合科	Liliaceae	抱茎菝葜	*Smilax ocreata* A. DC.	藤本	+	+		+	+	1
3045	百合科	Liliaceae	岩菖蒲	*Tofieldia thibetica* Franch.	草本	+	+		+	+	1
3046	百合科	Liliaceae	毛茎油点草	*Tricyrtis polosa* Wall.	草本	+	+		+		1
3047	百合科	Liliaceae	黄花油点草	*Tricyrtis maculata*（D. Don）Machride	草本	+	+		+		1
3048	百合科	Liliaceae	延龄草	*Trillium tschonoskii* Maxim.	草本		+		+		1
3049	百合科	Liliaceae	开口箭	*Tupistra chinensis* Baker	草本		+		+		1
3050	百合科	Liliaceae	剑叶开口箭	*Tupistra ensifolia* Wang et Tang	草本		+		+		1
3051	百合科	Liliaceae	藜芦	*Veratrum nigrum* L.	草本		+		+		1
3052	百合科	Liliaceae	长梗藜芦	*Veratrum oblongum* Loes. f.	草本		+		+		1
3053	百合科	Liliaceae	小花藜芦	*Veratrum micranthum* F. T. Wang et Tang	草本		+		+		1
3054	百合科	Liliaceae	狭叶藜芦	*Veratrum stenophyllum* Diels	草本		+		+		1
3055	百合科	Liliaceae	丫蕊花	*Ypsilandra thibetica* Franch.	草本		+		+		1
3056	百合科	Liliaceae	高山丫蕊花	*Ypsilandra alpinia* F. T. Wang et Tang	草本		+		+		1
3057	百合科	Liliaceae	棋盘花	*Zigadenus sibiricus*（L.）A. Gray	草本		+		+		1
3058	百合科	Liliaceae	疏花无叶莲	*Petrosavia sakuraii*（Makino）Dandy	草本		+		+		1
3059	百合科	Liliaceae	小花扭柄花	*Streptopus parviflorus* Franch.	草本		+		+		1
3060	百合科	Liliaceae	腋花扭柄花	*Streptopus simplex* D. Don	草本		+		+		1
3061	百合科	Liliaceae	扭柄花	*Streptopus obtusatus* Fassett	草本		+		+		1
3062	仙茅科	Hypoxidaceae	大叶仙茅	*Curculigo capitulata*（Lour.）O. Kuntze	草本		+				1
3063	仙茅科	Hypoxidaceae	疏花仙茅	*Curculigo gracilis*（Wall. ex Kurz.）Hook. f.	草本		+				1
3064	仙茅科	Hypoxidaceae	小金梅草	*Hypoxis aurea* Lour.	草本		+				1
3065	石蒜科	Amaryllidaceae	石蒜*	*Lycoris radiata*（L'Her.）Herb.	草本		+		+		1
3066	薯蓣科	Dioscoreaceae	黄独	*Dioscorea bulbifera* L.	藤本	+	+			+	1
3067	薯蓣科	Dioscoreaceae	薯莨	*Dioscorea cirrhosa* Lour.	藤本	+	+	+		+	1
3068	薯蓣科	Dioscoreaceae	叉蕊薯蓣	*Dioscorea collettii* Hook. f.	藤本	+	+	+		+	2
3069	薯蓣科	Dioscoreaceae	粉背薯蓣	*Dioscorea collettii* Hook. f. var. *hypoglauca*（Palibin）Peiet C. T. Ting	藤本	+	+	+		+	2
3070	薯蓣科	Dioscoreaceae	山薯	*Dioscorea fordii* Prain et Burkill	藤本	+	+	+		+	1
3071	薯蓣科	Dioscoreaceae	日本薯蓣	*Dioscorea japonica* Thunb.	藤本	+	+	+		+	1
3072	薯蓣科	Dioscoreaceae	毛芋头薯蓣	*Dioscorea kamoonensis* Kunth	藤本	+	+	+		+	1
3073	薯蓣科	Dioscoreaceae	穿龙薯蓣	*Dioscorea nipponica* Makino	藤本	+	+	+		+	1
3074	薯蓣科	Dioscoreaceae	紫黄姜	*Dioscorea nipponica* Makino subsp. *rosthornii*（Prain et Burkill）C. T. Ting	藤本	+	+	+		+	1
3075	薯蓣科	Dioscoreaceae	薯蓣	*Dioscorea opposita* Thunb.	藤本	+	+	+		+	1

序号	科名	科拉丁名	中文名	学名	生活型	药用	观赏	食用	蜜源	工业原料	数据来源
3076	薯蓣科	Dioscoreaceae	五叶薯蓣	*Dioscorea pentaphylla* L.	藤本	+	+	+		+	1
3077	薯蓣科	Dioscoreaceae	毛胶薯蓣	*Dioscorea subcalva* Prain et Burk.	藤本	+	+	+		+	1
3078	薯蓣科	Dioscoreaceae	盾叶薯蓣	*Dioscorea zingiberensis* C. H. Wright	藤本	+	+	+		+	2
3079	薯蓣科	Dioscoreaceae	黄山药	*Dioscorea panthaica* Prain et Burkill	藤本	+	+	+		+	1
3080	薯蓣科	Dioscoreaceae	褐苞薯蓣	*Dioscorea persimilis* Prain et Burkill	藤本	+	+	+		+	1
3081	鸢尾科	Iridaceae	射干*	*Belamcanda chinensis*（L.）DC.	草本		+		+		1
3082	鸢尾科	Iridaceae	扁竹兰	*Iris confusa* Sealy	草本		+		+		1
3083	鸢尾科	Iridaceae	长柄鸢尾	*Iris henryi* Baker	草本		+		+		1
3084	鸢尾科	Iridaceae	蝴蝶花	*Iris japonica* Thunb.	草本		+		+		1
3085	鸢尾科	Iridaceae	鸢尾	*Iris tectorum* Maxim.	草本		+		+		1
3086	鸢尾科	Iridaceae	黄花鸢尾	*Iris wilsonii* C. H. Wright	草本		+		+		2
3087	鸢尾科	Iridaceae	西南鸢尾	*Iris bulleyana* Kykes	草本		+		+		1
3088	姜科	Zingiberaceae	山姜	*Alpinia japonica*（Thunb.）Miq.	草本		+		+		1
3089	姜科	Zingiberaceae	艳山姜	*Alpinia zerumbet*（Pers.）Burtt et Smith	草本		+		+		1
3090	姜科	Zingiberaceae	四川山姜	*Alpinia sichuanensis* Z. Y. Zhu	草本		+		+		1
3091	姜科	Zingiberaceae	姜花	*Hedychium coronarium* Koenig	草本		+		+		1
3092	姜科	Zingiberaceae	圆瓣姜花	*Hedychium forrestii* Diels	草本		+		+		1
3093	姜科	Zingiberaceae	阳荷	*Zingiber striolatum* Diels	草本		+		+		1
3094	姜科	Zingiberaceae	川东姜	*Zingiber atrorubens* Gagnep.	草本		+		+		1
3095	兰科	Orchidaceae	西南齿唇兰	*Anoectochilus elwesii*（Clarke ex Hook. f.）King et Pantl.	草本		+		+		1
3096	兰科	Orchidaceae	竹叶兰	*Arundina graminifolia*（D. Don）Hochr.	草本		+		+		1
3097	兰科	Orchidaceae	头序无柱兰	*Amitostigma capitatum* Tang et Wang	草本		+		+		1
3098	兰科	Orchidaceae	少花无柱兰	*Amitostigma parceflorum*（Finet）Schltr.	草本		+		+		1
3099	兰科	Orchidaceae	小白芨	*Bletilla formosana*（Hayata）Schltr.	草本		+		+		1
3100	兰科	Orchidaceae	黄花白芨	*Bletilla ochracea* Schltr.	草本		+		+		1
3101	兰科	Orchidaceae	白芨	*Bletilla striata*（Thunb. ex A. Murray）Rchb. f.	草本		+		+		1
3102	兰科	Orchidaceae	梳帽卷瓣兰	*Bulbophyllum andersonii*（Hook. f.）J. J. Sm.	草本		+		+		1
3103	兰科	Orchidaceae	斑唇卷瓣兰	*Bulbophyllum pectenveneris*（Gagnep.）Seidenf.	草本		+		+		1
3104	兰科	Orchidaceae	球茎石豆兰	*Bulbophyllum sphaericum* Z. H. Tsi	草本		+		+		1
3105	兰科	Orchidaceae	城口石豆兰	*Bulbophyllum chrondiophorum*（Gagnep.）Seidenf.	草本		+		+		1
3106	兰科	Orchidaceae	泽泻叶虾脊兰	*Calanthe alismaefolia* Lindl.	草本		+		+		1
3107	兰科	Orchidaceae	流苏虾脊兰	*Calanthe alpina* Hook. f. ex Lindl.	草本		+		+		1
3108	兰科	Orchidaceae	弧距虾脊兰	*Calanthe arcuata* Rolfe	草本		+		+		1
3109	兰科	Orchidaceae	肾唇虾脊兰	*Calanthe brevicornu* Lindl.	草本		+		+		1
3110	兰科	Orchidaceae	细花虾脊兰	*Calanthe mannii* Hook. f.	草本		+		+		1
3111	兰科	Orchidaceae	三棱虾脊兰	*Calanthe tricarinata* Wall. ex Lindl.	草本		+		+		1
3112	兰科	Orchidaceae	三褶虾脊兰	*Calanthe triplicata*（Willem.）Ames	草本		+		+		1
3113	兰科	Orchidaceae	剑叶虾脊兰	*Calanthe davidii* Franch.	草本		+		+		1
3114	兰科	Orchidaceae	短叶虾脊兰	*Calanthe arcuata* Rolfe var. *Brevifolia* Z. H. Tsi	草本		+		+		2
3115	兰科	Orchidaceae	少花虾脊兰	*Calanthe delavayi* Finet	草本		+		+		1

续表

序号	科名	科拉丁名	中文名	学名	生活型	药用	观赏	食用	蜜源	工业原料	数据来源
3116	兰科	Orchidaceae	密花虾脊兰	*Calanthe densiflora* Lindl.	草本		+		+		2
3117	兰科	Orchidaceae	天府虾脊兰	*Calanthe fargesii* Finet	草本		+		+		1
3118	兰科	Orchidaceae	银兰	*Cephalanthera erecta*（Thunb. ex A. Murray）Bl.	草本		+		+		1
3119	兰科	Orchidaceae	金兰	*Cephalanthera falcata*（Thunb. ex A. Murray）Lindl.	草本		+		+		1
3120	兰科	Orchidaceae	头蕊兰	*Cephalanthera longifolia*（L.）Fritsch	草本		+		+		1
3121	兰科	Orchidaceae	独花兰	*Changnienia amoena* Chien	草本		+		+		1
3122	兰科	Orchidaceae	蜈蚣兰	*Cleisostoma scolopendrifolium*（Makino）Garay	草本		+		+		1
3123	兰科	Orchidaceae	凹舌兰	*Coeloglossum viride*（L.）Hartm.	草本		+		+		2
3124	兰科	Orchidaceae	杜鹃兰	*Cremastra appendiculata*（D. Don）Makino	草本		+		+		1
3125	兰科	Orchidaceae	建兰	*Cymbidium ensifolium*（L.）Sw.	草本		+		+		1
3126	兰科	Orchidaceae	蕙兰	*Cymbidium faberi* Rolfe	草本		+		+		1
3127	兰科	Orchidaceae	多花兰	*Cymbidium floribundum* Lindl.	草本		+		+		1
3128	兰科	Orchidaceae	春兰	*Cymbidium goeringii*（Rchb. f.）Rchb. f.	草本		+		+		1
3129	兰科	Orchidaceae	线叶春兰	*Cymbidium goeringii*（Rchb. f.）Rchb. f. var. *serratum*（Schltr.）Y. S. Wu et S. C. Chen	草本		+		+		1
3130	兰科	Orchidaceae	寒兰	*Cymbidium kanran* Makino	草本		+		+		1
3131	兰科	Orchidaceae	兔耳兰	*Cymbidium lancifolium* Hook.	草本		+		+		1
3132	兰科	Orchidaceae	长叶兰	*Cymbidium erythraeum* Lindl.	草本		+		+		1
3133	兰科	Orchidaceae	对叶杓兰	*Cypripedium debile* Rchb. f.	草本		+		+		1
3134	兰科	Orchidaceae	毛瓣杓兰	*Cypripedium fargesii* Franch.	草本		+		+		1
3135	兰科	Orchidaceae	大叶杓兰	*Cypripedium fasciolatum* Franch.	草本		+		+		1
3136	兰科	Orchidaceae	毛杓兰	*Cypripedium franchetii* Wils	草本		+		+		1
3137	兰科	Orchidaceae	绿花杓兰	*Cypripedium henryi* Rolfe	草本		+		+		2
3138	兰科	Orchidaceae	扇脉杓兰	*Cypripedium japonicum* Thunb.	草本		+		+		1
3139	兰科	Orchidaceae	黄花杓兰	*Cypripedium flavum* P. F. Hunt et Summerh	草本		+		+		2
3140	兰科	Orchidaceae	斑叶杓兰	*Cypripedium margaritaceum* Franch.	草本		+		+		2
3141	兰科	Orchidaceae	小花杓兰	*Cypripedium micranthum* Franch.	草本		+		+		1
3142	兰科	Orchidaceae	细叶石斛	*Dendrobium hancockii* Rolfe	草本		+		+		1
3143	兰科	Orchidaceae	罗河石斛	*Dendrobium lohohense* Tang et Wang	草本		+		+		1
3144	兰科	Orchidaceae	细茎石斛	*Dendrobium moniliforme*（L.）Sw.	草本		+		+		2
3145	兰科	Orchidaceae	石斛	*Dendrobium nobile* Lindl	草本		+		+		1
3146	兰科	Orchidaceae	广东石斛	*Dendrobium wilsinii* Rolfe	草本		+		+		1
3147	兰科	Orchidaceae	铁皮石斛	*Dendrobium officinale* Kimura et Migo	草本		+		+		1
3148	兰科	Orchidaceae	合柱兰	*Diplomeris pulchella* D. Don	草本		+		+		1
3149	兰科	Orchidaceae	单叶厚唇兰	*Epigeneium fargesii*（Finet）Gagnep.	草本		+		+		1
3150	兰科	Orchidaceae	火烧兰	*Epipactis helleborine*（L.）Crantz.	草本		+		+		1
3151	兰科	Orchidaceae	大叶火烧兰	*Epipactis mairei* Schltr.	草本		+		+		1
3152	兰科	Orchidaceae	山珊瑚	*Galeola faberi* Rolfr.	草本		+		+		1
3153	兰科	Orchidaceae	毛萼山珊瑚	*Galeola lindleyana*（Hook. f. et Thoms.）Rchb. f.	草本		+		+		1
3154	兰科	Orchidaceae	城口盆距兰	*Gastrochilus fargesii*（Kraenzl.）Schltr.	草本		+		+		2
3155	兰科	Orchidaceae	细茎盆距兰	*Gastrochilus intermedius*（Griff. ex Lindl）Kuntze	草本		+		+		1

序号	科名	科拉丁名	中文名	学名	生活型	药用	观赏	食用	蜜源	工业原料	数据来源
3156	兰科	Orchidaceae	天麻	*Gastrodia elata* Bl.	草本	+	+		+		1
3157	兰科	Orchidaceae	绿天麻	*Gastrodia elata* Bl. f. *viridis*（Makino）Makino	草本	+	+		+		1
3158	兰科	Orchidaceae	大花斑叶兰	*Goodyera biflora*（Lindl.）Hook. f.	草本		+		+		1
3159	兰科	Orchidaceae	光萼斑叶兰	*Goodyera henryi* Rolfe	草本		+		+		1
3160	兰科	Orchidaceae	小叶斑叶兰	*Goodyera repens*（L.）R. Br.	草本		+		+		1
3161	兰科	Orchidaceae	斑叶兰	*Goodyera schechtendaliana* Rchb. f.	草本		+		+		1
3162	兰科	Orchidaceae	绒叶斑叶兰	*Goodyera velutina* Maxim.	草本		+		+		2
3163	兰科	Orchidaceae	多叶斑叶兰	*Goodyera foliosa*（Lindl）Benth. ex Clarke	草本		+		+		1
3164	兰科	Orchidaceae	西南手参	*Gymnadenia orchidis* Lindl.	草本		+		+		1
3165	兰科	Orchidaceae	手参	*Gymnadenia conopsea*（Linn.）R. Br.	草本		+		+		1
3166	兰科	Orchidaceae	长距玉凤花	*Habenaria davidii* Franch.	草本		+		+		1
3167	兰科	Orchidaceae	毛葶玉凤花	*Habenaria ciliolaris* Kranzl.	草本		+		+		1
3168	兰科	Orchidaceae	雅致玉凤花	*Habenaria fargesii* Finet	草本		+		+		2
3169	兰科	Orchidaceae	裂唇舌喙兰	*Hemipilia henryi* Rolfe	草本		+		+		1
3170	兰科	Orchidaceae	叉唇角盘兰	*Herminium lanceum*（Thunb.）Vuijk	草本		+		+		1
3171	兰科	Orchidaceae	小羊耳蒜	*Liparis fargesii* Finet.	草本		+		+		1
3172	兰科	Orchidaceae	羊耳蒜	*Liparis japonica*（Miq.）Maxim.	草本		+		+		1
3173	兰科	Orchidaceae	见血青	*Liparis nervosa*（Thunb.）Lindl.	草本		+		+		1
3174	兰科	Orchidaceae	香花羊耳蒜	*Liparis odorata*（Willd.）Lindl.	草本		+		+		2
3175	兰科	Orchidaceae	大花羊耳蒜	*Liparis distans* C. B. Clarke	草本		+		+		1
3176	兰科	Orchidaceae	裂瓣羊耳蒜	*Liparis fissipetala* Finet	草本		+		+		1
3177	兰科	Orchidaceae	长唇羊耳蒜	*Liparis pauliana* Hand.-Mazz.	草本		+		+		1
3178	兰科	Orchidaceae	圆唇羊耳蒜	*Liparis balansae* Gagnep.	草本		+		+		1
3179	兰科	Orchidaceae	对叶兰	*Listera puberula* Maxim.	草本		+		+		1
3180	兰科	Orchidaceae	花叶对叶兰	*Listera puberula* Maxim. var. *maculata*（Tang et Wang）S. C. Chen et Y. B. Luo	草本		+		+		2
3181	兰科	Orchidaceae	圆唇对叶兰	*Listera oblata* S. C. Chen	草本		+		+		1
3182	兰科	Orchidaceae	大花对叶兰	*Listera grandiflora* Rolfe	草本		+		+		1
3183	兰科	Orchidaceae	沼兰	*Malaxis monophyllos*（L.）Sw.	草本		+		+		1
3184	兰科	Orchidaceae	全唇兰	*Myrmechis chinensis* Rolfe	草本		+		+		1
3185	兰科	Orchidaceae	凤兰	*Neofinetia falcata*（Thunb.）Hu	草本		+		+		1
3186	兰科	Orchidaceae	密花兜被兰	*Neottianthe calcicola*（W. W. Smith）Schltr.	草本		+		+		1
3187	兰科	Orchidaceae	尖唇齿鸟巢兰	*Neottia acuminata* Schltr.	草本		+		+		1
3188	兰科	Orchidaceae	短唇鸟巢兰	*Neottia brevilabris* Tang et Wang	草本		+		+		1
3189	兰科	Orchidaceae	广布红门兰	*Orchis chusua* D. Don	草本		+		+		1
3190	兰科	Orchidaceae	长叶山兰	*Oreorchis fargesii* Finet	草本		+		+		1
3191	兰科	Orchidaceae	山兰	*Oreorchis patens*（Lindl.）Lindl.	草本		+		+		1
3192	兰科	Orchidaceae	耳唇兰	*Otochilus porrectus* Lindl.	草本		+		+		2
3193	兰科	Orchidaceae	云南石仙桃	*Pholidota yunnanensis* Rolfe	草本		+		+		2
3194	兰科	Orchidaceae	舌唇兰	*Platanthera japonica*（Thunb. ex Marray）Lindl.	草本		+		+		1
3195	兰科	Orchidaceae	二叶舌唇兰	*Platanthera chlorantha* Cust. ex Rchb.	草本		+		+		1
3196	兰科	Orchidaceae	对耳舌唇兰	*Platanthera finetiana* Schltr.	草本		+		+		1

序号	科名	科拉丁名	中文名	学名	生活型	药用	观赏	食用	蜜源	工业原料	数据来源
3197	兰科	Orchidaceae	密花舌唇兰	*Platanthera hologlottis* Maxim.	草本		+		+		1
3198	兰科	Orchidaceae	独蒜兰	*Pleione bulbocodioides*（Franch.）Rolfe	草本		+		+		2
3199	兰科	Orchidaceae	朱兰	*Pogonia japonica* Rchb. f.	草本		+		+		1
3200	兰科	Orchidaceae	短茎萼脊兰	*Sedirea subparishii*（Z. H. Tsi）Christenson	草本		+		+		1
3201	兰科	Orchidaceae	绶草	*Spiranthes sinensis*（Pers.）Ames	草本		+		+		1
3202	兰科	Orchidaceae	带叶兰	*Taeniophyllum glandulosum* Bl.	草本		+		+		1
3203	兰科	Orchidaceae	带唇兰	*Tainia dunnii* Rolfe	草本		+		+		1
3204	兰科	Orchidaceae	小叶白点兰	*Thrixspermum japonicum*（Miq.）Rchb. f.	草本		+		+		1
3205	兰科	Orchidaceae	小花蜻蜓兰	*Tulotis ussuriensis*（Reg. et Maack）Hara	草本		+		+		1
3206	兰科	Orchidaceae	线柱兰	*Zeuxine strateumatica*（Linn.）Schltr.	草本		+		+		1

备注：*为栽培种、外来种，1 为野外采集和见到，2 为查阅文献。

附表 2　重庆大巴山国家级自然保护区样方调查记录表

样方编号：001　　　调查人：张腾达　　　记录日期：2011-10-30　　　记录人：郭庆学

植被类型	板栗林	环境特征						
地点名称	黄安乡	地形	海拔高程（m）		坡向	坡度		坡位
样地面积	（30×20）m²	山地	1553		北偏东20°	35°		中坡
经纬度	E 108°43′18″　N 32°01′11″				郁闭度	0.6		
层次	种类组成及其生长状况							
乔木层	种名	高度（m）	胸围（cm）	冠幅（m×m）	种名	高度（m）	胸围（cm）	冠幅（m×m）
	板栗	8	68	6×6	板栗	6	36	7×6
	板栗	8.4	64	6×5	板栗	6.5	62	6×5
	板栗	7.5	69	5×4	板栗	6.2	55	5×4
	板栗	8.3	83	7×6	板栗	7	17	3×3
	板栗	6	26	3×2	杉木	11	21	4×4
	板栗	7	70	6×7	板栗	8	91	7×8
	板栗	5	37	4×4	板栗	5.7	87	3×2
	板栗	9	83	7×8	板栗	8.5	70	4×6
灌木层 1（5m×5m）	种名	高度（m）		冠幅（m×m）	种名	高度（m）		冠幅（m×m）
	板栗	0.6		0.5×0.4	板栗	0.7		0.5×0.4
	炮栎	1.5		1.5×1	板栗	1.2		1.8×2
	炮栎	3.2		2.5×2	亮叶桦	2.2		2.3×2
	炮栎	2.2		1.5×7	板栗	2.2		1.5×7
	炮栎	0.6		0.6×0.4	炮栎	0.5		0.6×0.4
灌木层 2（5m×5m）	种名	高度（m）		冠幅（m×m）	种名	高度（m）		冠幅（m×m）
	炮栎	0.7		0.3×0.4	板栗	0.5		0.4×0.2
	南烛	0.8		0.65×1	板栗	1.8		0.7×0.5
	胡颓子	1.2		0.5×0.3	胡颓子	1.1		0.7×0.5
	南烛	0.7		0.4×0.2	板栗	2.2		1.5×7
	板栗	2.3		1.2×1.5	炮栎	0.5		0.5×0.4
	板栗	1.8		0.6×0.6				

样方编号：002　　　调查人：张腾达　　　记录日期：2011-10-30　　　记录人：郭庆学

植被类型	炮栎林	环境特征						
地点名称	黄安乡	地形	海拔高程（m）		坡向	坡度		坡位
样地面积	（20×20）m²	山地	1333		北偏东20°	30°		中坡
经纬度	E 108°39′59″　N 32°04′49″				郁闭度	0.7		
层次	种类组成及其生长状况							
乔木层	种名	高度（m）	胸围（cm）	冠幅（m×m）	种名	高度（m）	胸围（cm）	冠幅（m×m）
	炮栎	8	54	6×6	杉木	15	60	7×6
	炮栎	11	64	6×5	炮栎	10	50	6×5
	榕叶冬青	8	33	5×4	杉木	12	48	5×4
	炮栎	6	33	7×6	炮栎	7	32	3×3
	炮栎	9	26	3×2	炮栎	5	45	4×4
	炮栎	5	32	6×7	炮栎	8	44	7×8
	炮栎	6	28	4×4	炮栎	9	32	3×2
	炮栎	5	23	7×8	炮栎	11	42	4×6

续表

层次	种类组成及其生长状况						
	种名	高度（m）		冠幅（m×m）	种名	高度（m）	冠幅（m×m）
灌木层 （5m×5m）	木蓝	1.3		0.5×0.4	荚蒾	0.7	0.4×0.4
	映山红	0.7		1.4×1	映山红	1.2	1.8×2
	炮栎	2.5		2.1×2	炮栎	2.2	2.3×2
	四照花	1.5		1.5×7	炮栎	2.2	1.6×7
	南烛	2.5		0.6×0.4	炮栎	0.5	0.5×0.4
	四照花	1.5		0.6×0.8	南烛	2.6	0.5×0.8
草本 （1m×1m）	种名	高度（m）	盖度（%）				
	知风草	20	2				
	蕨	80	20				

样方编号：003　　调查人：张腾达　　记录日期：2011-11-1　　记录人：郭庆学

植被类型	灌丛	环境特征				
地点名称	黄安乡	地形	海拔高程（m）	坡向	坡度	坡位
样地面积	（5×5）m²	山地	1324	北偏东20°	30°	中坡
经纬度	E 108°40′26″　N 32°04′58″		郁闭度	0.6		

层次	种类组成及其生长状况							
	种名	高度（m）	胸围（cm）	冠幅（m×m）	种名	高度（m）	胸围（cm）	冠幅（m×m）
灌木层 （5m×5m）	山茶	3.2		1.2×1.2	异叶梁王茶	1.7		0.4×0.3
	山茶	3.5		2×2	山梅花	2		0.5×0.5
	荚蒾	2		3×2	异叶梁王茶	0.7		0.4×0.4
	映山红	1.3		0.6×0.5	山茶	4.5		0.3×0.5
	山茶	4.2		4×3	山茶	0.4		1×1.5
	山梅花	2.5		1×2	三角槭	1.5		1×2
	构树	3.5		2×1.5	三颗针	0.5		0.8×0.6
	山茶	1.6		1×2	青冈	0.5		0.3×0.4
	灰粘毛忍冬	0.5		0.2×0.4	悬钩子	0.4		0.3×0.4
草本1 （1m×1m）	种名	高度（m）	盖度（%）					
	沿阶草	0.1	15					
	干旱毛蕨	0.3	15					
草本1 （1m×1m）	种名	高度（m）	盖度（%）					
	沿阶草	0.1	20					
	斜方复叶耳蕨	0.15	2					

样方编号：004　　调查人：张腾达　　记录日期：2011-11-1　　记录人：郭庆学

植被类型	华山松幼林	环境特征				
地点名称	黄安乡	地形	海拔高程（m）	坡向	坡度	坡位
样地面积	（10×10）m²	山地	1370	北偏东20°	30°	中坡
经纬度	E 108°40′26″　N 32°04′44″		郁闭度	0.7		

层次	种类组成及其生长状况							
	种名	高度（m）	胸围（cm）	冠幅（m×m）	种名	高度（m）	胸围（cm）	冠幅（m×m）
灌木层 （10m×10m）	华山松	2.6		1.2×1.2	构树	4		0.4×0.3
	华山松	2.1		2×2	木蓝	3.7		0.5×0.5
	长叶胡颓子	1.8		3×2	长叶胡颓子	2		0.4×0.4
	灰粘毛忍冬	3.4		0.6×0.5	映山红	1.5		0.3×0.5
	板栗	4.8		4×3	木蓝	2.7		1×1.5

续表

层次	种类组成及其生长状况						
灌木层 （10m×10m）	茶藨子	3	1×2	木蓝	3		1×2
	华山松	3.2	2×1.5	华山松	4.5		0.8×0.6
	华山松	1.7	1×2	华山松	4		0.3×0.4
	华山松	3.5	0.2×0.4	华山松	3		0.3×0.4
	板栗	1.2	0.4×0.3	华山松	4		0.8×0.6
	板栗	2	0.5×0.5	四照花	0.8		0.3×0.4
	板栗	2.5	0.4×0.4	小叶杨	4		0.3×0.4
	华山松	4.7	0.3×0.5	异叶榕	0.8		4×3
	茶藨子	1.4	1×1.5	猫儿屎	1.4		1×2
	茶藨子	0.7	1×2	猫儿屎	3		2×1.5
	长叶胡颓子	0.4	0.8×0.6	江南越桔	1		1×2
	映山红	3	0.3×0.4	亮叶桦	1.8		1×2
	日本落叶松	1.7	0.3×0.4				

草本 1 （1m×1m）	种名	高度（m）	盖度（%）	草本 2 （1m×1m）	种名	高度（m）	盖度（%）
	茅草	2.7	87		茅草	3.6	90

样方编号：005　　　调查人：陶建平　　　记录日期：2012-6-21　　　记录人：郭庆学

植被类型	城口青冈林	环境特征				
地点名称	黄安乡	地形	海拔高程（m）	坡向	坡度	坡位
样地面积	（10×10）m²	山地	1419	南偏西 30°	30°	中坡
经纬度	E 108°45′03″　N 32°02′14″		郁闭度		0.6	

层次	种类组成及其生长状况						
乔木层	种名	高度（m）	胸围（cm）	冠幅（m×m）	种名	高度（m）	胸围（cm）	冠幅（m×m）
	栎木	14	98	6×8	石楠	5	25	2×2
	栎木	16	74	6×6	血皮槭	7	32	3×3
	城口青冈	7	23	2×4	城口青冈	7	40	3×3
	城口青冈	6	32	5×3				

层次	种名	高度（m）		冠幅（m×m）	种名	高度（m）		冠幅（m×m）
灌木层 （10m×10m）	十大功劳	0.9		0.4×0.4	野花椒	0.4		0.3×0.3
	厚皮香	1		0.6×0.6	青荚叶	0.4		0.6×0.3
	栎木	1		0.5×0.4	长蕊杜鹃	0.8		0.4×0.3
	交让木	1.3		0.3×0.3	宜昌润楠	4		1×2
	城口青冈	4		2×2	青荚叶	0.7		0.4×0.4
	十大功劳	0.8		0.2×0.2	无刺五加	2.4		0.4×0.4
	小叶青冈	3		0.3×0.4	三颗针	0.8		0.8×0.6
	厚皮香	0.8		1×1	刺叶珊瑚冬青	0.6		0.5×0.2
	三颗针	0.6		0.4×0.4	川桂	4		0.6×0.6
	无刺五加	2		2×2	长蕊杜鹃	0.6		0.2×0.3
	青荚叶	0.3		0.1×0.1	无刺五加	1.6		0.4×0.4
	厚皮香	0.6		1×1	长蕊杜鹃	0.4		0.1×0.2
	血皮槭	0.6		0.4×0.4	三颗针	1.2		0.6×0.6
	五裂槭	0.8		0.2×0.2	尖叶四照花	1.1		0.4×0.4
	交让木	1		0.2×0.2	川陕鹅耳枥	1.5		0.2×0.2
	厚皮香	1.5		1×2	淫羊藿	0.2		0.2×0.1

草本 1 （1m×1m）	种名	高度（m）	盖度（%）	草本 2 （1m×1m）	种名	高度（m）	盖度（%）
	樱草	0.7	20		耳蕨	0.4	2
	苔草	0.2	15		苔草	0.15	30
	革叶耳蕨	0.3	2				

样方编号：006　　调查人：陶建平　　记录日期：2012-6-21　　记录人：郭庆学

植被类型	巴山水青冈林	环境特征				
地点名称	黄安乡	地形	海拔高程（m）	坡向	坡度	坡位
样地面积	（10×10）m²	山地	1419	南偏西 30°	30°	中坡
经纬度	E 108°45′03″　N 32°02′14″			郁闭度	0.6	
层次	种类组成及其生长状况					
	种名	高度（m）	胸围（cm）	冠幅（m×m）	种名	高度（m）	胸围（cm）	冠幅（m×m）

层次	种名	高度（m）	胸围（cm）	冠幅（m×m）	种名	高度（m）	胸围（cm）	冠幅（m×m）
乔木层	山桐子	14	60	4×4	无刺五加	5	26	3×3
	五裂槭	7	18	2×2	巴山水青冈	8	31	2×3
	城口青冈	10	43	3×2	巴山水青冈	10	52	5×5
	交让木	14	39	2×2	巴山水青冈	8	48	4×4
	厚皮香	12	48	3×2				

样方编号：007　　调查人：陶建平　　记录日期：2012-6-21　　记录人：郭庆学

植被类型	血皮槭林	环境特征				
地点名称	黄安乡	地形	海拔高程（m）	坡向	坡度	坡位
样地面积	（10×10）m²	山地	1315	南偏西 30°	25°	中坡
经纬度	E 109°5′00″　N 31°50′43″			郁闭度	0.8	
层次	种类组成及其生长状况					

层次	种名	高度（m）	胸围（cm）	冠幅（m×m）	种名	高度（m）	胸围（cm）	冠幅（m×m）
乔木层	长蕊杜鹃	7	29	3×3	石楠	7	32	3×3
	尖叶四照花	12	58	3×4	尖叶四照花	12	40	3×4
	尖叶四照花	13	69	4×5	城口青冈	5	19	3×1.5
	尖叶四照花	10	17	1×1	亮叶鼠李	5	16	2×1
	尖叶四照花	10	21	2×2	小叶青冈	7	82	3×4
	尖叶四照花	9	12	1×1	尖叶四照花	6	78	3×3
	血皮槭	7	30	2×2	长蕊杜鹃	6	45	4×4
	化香	7	18	1×2	交让木	5	18	2×2
	尖叶四照花	6	18	1×1	城口青冈	6	60	3×4
	尖叶四照花	8	28	2×2	血皮槭	12	36	3×3
	城口青冈	5	12	1×1	血皮槭	12	38	3×3
	血皮槭	6	18	2×2	厚皮香	7	17	2×2
	城口青冈	7	53	3×3	厚皮香	7	21	3×1.5

层次	种名	高度（m）	胸围（cm）	冠幅（m×m）	种名	高度（m）	胸围（cm）	冠幅（m×m）
灌木层 （10m×10m）	交让木	1.5		0.6×0.7	荚蒾	0.4		0.2×0.2
	鞘柄菝葜	0.5		0.4×0.4	杭子梢	0.4		0.2×0.2
	杜鹃	0.6		0.8×0.8	杭子梢	0.6		0.2×0.2
	杜鹃	0.6		0.2×0.2	石楠	0.6		0.3×0.3
	杜鹃	0.7		1×1	红豆杉	0.7		0.4×0.4
	杜鹃	0.6		0.8×0.8	长叶溲疏	1		0.4×0.4
	杜鹃	0.5		0.4×0.4	三颗针	0.6		0.4×0.2
	杜鹃	0.7		0.5×0.7	杭子梢	0.4		0.2×0.2
	杜鹃	0.5		0.5×0.5	胡颓子	2.2		2×1
	杜鹃	0.7		0.8×0.6	城口青冈	3		1×1
	荚蒾	1.2		0.4×0.4	川陕鹅耳枥	1.1		0.2×0.1
	川陕鹅耳枥	0.9		0.4×0.4	石楠	0.4		0.2×0.2
	忍冬	1.8		0.3×0.3	杭子梢	0.3		0.2×0.2

层次	种类组成及其生长状况						
灌木层 （10m×10m）	厚皮香	1.1		0.4×0.4	十大功劳	1.1	0.5×0.5
	尖叶四照花	1.7		0.3×0.8	厚皮香	0.8	0.4×0.4
	化香	3		1×2	化香	0.6	0.15×0.15
	白毛新木姜子	1.8		0.7×0.6	胡颓子	0.4	0.2×0.2
	尖叶四照花	1.1		0.2×0.5	杜鹃	0.3	0.2×0.2
	城口青冈	1.4		0.3×0.6	杭子梢	0.4	0.3×0.3
	三颗针	0.6		0.6×0.8	杜鹃	0.3	0.2×0.2
	川桂	1.2		0.4×0.4	杜鹃	0.4	0.2×0.2
	红豆杉	1.2		0.4×0.4	杜鹃	0.3	0.2×0.2
	三颗针	0.6		0.8×0.8	杜鹃	0.2	0.1×0.1
	半枫荷	1.4		0.2×0.2	杜鹃	0.2	0.1×0.1
	杜鹃	2		0.5×0.6	杜鹃	0.3	0.2×0.1
	十大功劳	0.8		0.3×0.3	杜鹃	0.4	0.2×0.2
	小花八角	0.7		0.2×0.3	杜鹃	0.3	0.2×0.1
	三颗针	0.3		0.2×0.3	荚蒾	1.7	0.9×0.9
	十大功劳	1.3		0.3×0.3	青冈	0.5	0.2×0.2
	红豆杉	0.6		0.3×0.6	三颗针	0.3	0.2×0.2
	红豆杉	0.5		0.3×0.3	淫羊藿	0.4	0.4×0.4
	红豆杉	0.8		0.5×0.5	红豆杉	0.7	0.4×0.3
	短柱柃	3		1×2	厚皮香	0.8	0.3×0.3
	石楠	0.8		0.4×0.4	杭子梢	0.6	0.2×0.2
	长蕊杜鹃	0.8		0.4×0.3	荚蒾	0.4	0.1×0.1
	十大功劳	1.8		0.3×0.3	城口青冈	3	1×2
	疣果卫矛	1.1		0.4×0.4	五裂槭	1.3	0.5×0.5
	城口青冈	3		2×1	五裂槭	3	0.2×0.2
	城口青冈	4		1×1.5	红豆杉	0.3	0.4×0.4
	石楠	4		2×2	半枫荷	0.2	0.2×0.2
	小叶青冈	1.2		0.2×0.2	半枫荷	0.2	0.2×0.2
	小叶青冈	1.3		0.8×0.8	荚蒾	0.8	0.3×0.3
	城口青冈	1.2		0.4×0.4	卫矛	1.2	0.5×0.5
	荀子	0.3		0.2×0.3	半枫荷	0.2	0.2×0.2
	半枫荷	0.2		0.2×0.2			

层次	种名	高度（m）	盖度（%）		种名	高度（m）	盖度（%）
草本1 （1m×1m）	栗褐苔草	0.2	30	草本2 （1m×1m）	栗褐苔草	0.25	35

样方编号：008　　　调查人：陶建平　　　记录日期：2012-6-21　　　记录人：郭庆学

植被类型	板栗林	环境特征				
地点名称	黄安坝	地形	海拔高程（m）	坡向	坡度	坡位
样地面积	（10×10）m²	山地	1504	正南	30°	中坡
经纬度	E 109°5′55″　N 31°51′34″			郁闭度	0.6	
层次	种类组成及其生长状况					

层次	种名	高度（m）	胸围（cm）	冠幅（m×m）	种名	高度（m）	胸围（cm）	冠幅（m×m）
乔木层	板栗	12	31	2×3	板栗	11	44	2×2
	短柄炮栎	6	10	2×1.5	板栗	10	44	4×2
	尖叶四照花	5	10	2×2	尖叶四照花	11	25	2×2
	板栗	11	29	2×2	尖叶四照花	5	15	3×2

续表

层次	种类组成及其生长状况						
	种名	高度（m）		冠幅（m×m）	种名	高度（m）	冠幅（m×m）
灌木层 （10m×10m）	南酸枣	2		1.5×1.5	南酸枣	0.3	0.2×0.3
	尖叶四照花	0.5		0.8×0.3	尖叶四照花	0.3	0.1×0.2
	南酸枣	0.3		0.4×0.3	南酸枣	0.8	0.5×0.4
	尖叶四照花	3.5		1.5×1.5	尖叶四照花	0.5	0.3×0.3
	尖叶四照花	2.5		1.5×1.5	越橘	4.5	4×3
	尖叶四照花	1.8		2×1	南酸枣	0.8	0.4×0.4
	短柄枹栎	1.2		1.2×0.3	南酸枣	0.3	0.3×0.2
	杭子梢	0.6		0.3×0.3	南酸枣	0.3	0.1×0.3
	杭子梢	0.5		0.2×0.3	冻绿	0.9	0.4×0.2
	杭子梢	0.5		0.2×0.2	杭子梢	0.7	0.2×0.2
	南酸枣	0.5		0.4×0.4	绣线菊	0.3	0.3×0.1
草本 1 （1m×1m）	种名	高度（m）	盖度（%）				
	干旱毛蕨	0.2	5				
	蕨	0.4	10				
	百合	0.2	80				

样方编号：009　　　调查人：陶建平　　　记录日期：2012-6-21　　　记录人：郭庆学

植被类型	板栗林	环境特征					
地点名称	黄安坝沿途	地形	海拔高程（m）	坡向	坡度	坡位	
样地面积	（10×10）m²	山地	1504	正南	30°	中坡	
经纬度	E 109°5′55″　N 31°51′34″	郁闭度	0.6				

层次	种类组成及其生长状况							
	种名	高度（m）	胸围（cm）	冠幅（m×m）	种名	高度（m）	胸围（cm）	冠幅（m×m）
乔木层	板栗	9	46	4×4	板栗	12	47	4×5
	板栗	10	47	4×5	板栗	9	35	3×3
	板栗	7	19	3×1.5	板栗	10	31	2×2
	红叶木姜子	5	10	2×2	板栗	9	30	3×3
	种名	高度（m）		冠幅（m×m）	种名	高度（m）		冠幅（m×m）
灌木层 （10m×10m）	短柄枹栎	1.5		0.8×0.8	短柄枹栎	2		1×1
	短柄枹栎	1		0.3×0.3	平竹	1.7		3×3
	南酸枣	0.2		0.1×0.1	尖叶四照花	3		3×3
	南酸枣	0.3		0.2×0.2	短柄枹栎	3		2×2
	南酸枣	0.2		0.2×0.1	杭子梢	0.6		0.2×0.2
	南酸枣	0.5		0.2×0.2	杭子梢	0.5		0.2×0.2
	南酸枣	0.4		0.2×0.1	杭子梢	0.3		0.2×0.2
灌木层 （10m×10m）	忍冬	0.41		0.2×0.3	杭子梢	0.3		0.2×0.2
	忍冬	1		1×0.4	千金榆	0.2		0.3×0.2
	短柄枹栎	0.7		0.4×0.3	忍冬	0.3		0.1×0.1
	短柄枹栎	1.3		0.4×0.4	红叶木姜子	2.5		0.5×0.5
	短序荚蒾	2		2×2	越橘	2		1.5×1
	盐肤木	2		0.8×0.2	菝葜	0.2		0.5×0.1
草本 1 （1m×1m）	种名	高度（m）	盖度（%）	草本 2 （1m×1m）	种名	高度（m）	盖度（%）	
	玉簪	0.7	20		天南星	0.6	2	
	百合	0.2	55		干旱毛蕨	0.2	10	
	紫菀	0.6	5					

样方编号：**010** 　　调查人：陶建平 　　记录日期：2012-6-22 　　记录人：郭庆学

植被类型	板栗林	环境特征					
地点名称	黄安坝沿途	地形	海拔高程（m）	坡向		坡度	坡位
样地面积	（10×10）m²	山地	1504	正南		30°	中坡
经纬度	E 109°5′55″　N 31°51′34″			郁闭度		0.6	
层次	种类组成及其生长状况						

乔木层	种名	高度（m）	胸围（cm）	冠幅（m×m）	种名	高度（m）	胸围（cm）	冠幅（m×m）
	千金榆	12	28	3×4	千金榆	11	32	3×3
	尖叶四照花	6	14	3×4	尖叶四照花	5	15	2×1.5
	板栗	12	44	4×4	越橘	5	12	3×3
	尖叶四照花	6	15	3×3	千金榆	8	18	1×1
	尖叶四照花	5	10	3×3	千金榆	8	20	1×1

灌木层 1 （5m×5m）	种名	高度（m）		冠幅（m×m）	种名	高度（m）		冠幅（m×m）
	尖叶四照花	4		2×2	尖叶四照花	2		1×1
	短序荚蒾	3		2×2	尖叶四照花	3		1×1
	青冈	0.7		0.2×0.2	杭子梢	0.8		0.3×0.3
	南酸枣	0.5		0.3×0.3	杭子梢	1		0.8×0.8
	南酸枣	0.2		0.2×0.2	南酸枣	1.2		0.6×0.6
	南酸枣	0.6		0.3×0.3	尖叶四照花	4		3×3
	短柄枹栎	0.6		0.3×0.2	南酸枣	0.3		0.2×0.2
	忍冬	0.7		0.3×0.3	南酸枣	0.2		0.2×0.1
	猫儿刺	0.3		0.1×0.1	南酸枣	0.2		0.2×0.2
	越橘	2		1.5×1	川陕鹅耳枥	4.5		1×1

灌木层 2 （5m×5m）	种名	高度（m）		冠幅（m×m）	种名	高度（m）		冠幅（m×m）
	南酸枣	0.4		0.2×0.3	短柄枹栎	3		1×2
	冻绿	0.8		1×0.6	忍冬	0.8		0.6×0.6
	冻绿	0.8		1×0.6	越橘	4		4×4
	南酸枣	2		1×1	南酸枣	1.5		1×0.5
	杜鹃	2.2		0.4×0.4	鹅耳枥	2.5		1.5×1.5
	川陕鹅耳枥	4.5		1×1	南酸枣	0.3		0.1×0.1

草本 1 （1m×1m）	种名	高度（m）	盖度（%）		种名	高度（m）	盖度（%）	
	干旱毛绝	0.3	5	草本 2 （1m×1m）	干旱毛绝	0.2	25	
	百合	0.2	10		芒	0.5	2	
	玉簪	0.1	1		百合	0.2	40	
					紫菀	0.3	2	

样方编号：**011** 　　调查人：陶建平 　　记录日期：2012-6-22 　　记录人：郭庆学

植被类型	老鹳草草丛	环境特征					
地点名称	黄安坝沿途	地形	海拔高程（m）	坡向		坡度	坡位
样地面积	（4×1×1）m²	山地	2413	正南		30°	中坡
经纬度	E 109°10′11″　N 31°51′11″			郁闭度		0.9	
层次	种类组成及其生长状况						

草本 1 （1m×1m）	种名	高度（m）	盖度（%）		种名	高度（m）	盖度（%）
	野枯草	0.8	60	草本 2 （1m×1m）	野枯草	0.7	55
	柳叶菜	0.6	15		中日金星蕨	0.25	30
	抱茎蓼	0.4	4		老鹳草	0.3	2
	唐松草	0.4	4		野草莓	0.2	2
	马先蒿	0.2	4		白车轴草	0.2	2
	绣线菊	0.3	4		蒲公英	0.2	2
	老鹳草	0.2	4		紫草	0.2	2

续表

层次	种类组成及其生长状况						
				羽裂蟹甲草	0.3	2	
				蓼	0.2	2	
				柳叶菜	0.5	2	
	种名	高度（m）	盖度（%）	种名	高度（m）	盖度（%）	
	柳叶菜	0.8	35	发草	0.3	95	
	堇菜	0.2	50	苔草	0.4	5	
草本 3	老鹳草	0.5	2	柳叶菜	0.6	10	
（1m×1m）	画眉草	0.6	5	老鹳草	0.5	3	
	巴戟蓼	0.2	3	蒲公英	0.2	4	
草本 4	苔草	0.4	5	抱茎蓼	0.2	3	
（1m×1m）	野草莓	0.2	2	画眉草	0.5	2	
	婆婆纳	0.2	10	升麻	0.3	2	

样方编号：012　　　调查人：陶建平　　　记录日期：2012-6-22　　　记录人：郭庆学

植被类型	湿地灌丛	环境特征				
地点名称	黄安坝湿地	地形	海拔高程（m）	坡向	坡度	坡位
样地面积	（4×5×5）m²	山地	2263	西偏东20°	15°	中坡
经纬度	E 109°10′44″　N 31°50′26″		郁闭度	0.7		

层次	种类组成及其生长状况						
	种名	高度（m）		冠幅（m×m）	种名	高度（m）		冠幅（m×m）
	川皮忍冬	2	2×2	2×2	绣线菊	0.9	0.2×0.1	1×1
灌木层 1	皂柳	2.5	1×1	2×2	娟毛蔷薇	1.3	1.2×0.9	1×1
（5m×5m）	绣线菊	1.1	0.6×0.4	0.2×0.2	陇东海棠	3.5	3×3	0.3×0.3
	绣线菊	1	0.4×0.3	0.3×0.3	茅莓	1.1	0.6×0.4	0.8×0.8
	绣线菊	0.6	0.2×0.2	0.2×0.2	绣线菊	0.7	0.5×0.5	0.6×0.6
	绣线菊	0.7	0.3×0.1	0.3×0.3	绣线菊	0.8	0.4×0.4	3×3
	种名	高度（m）		冠幅（m×m）	种名	高度（m）		冠幅（m×m）
	疣果卫矛	1.3	1×1		粉花锈线菊	0.6	0.3×0.3	
	湖北海棠	3	2×1.5		湖北海棠	2.2	0.7×0.8	
灌木层 2	粉花锈线菊	0.7	0.4×0.4		粉花锈线菊	0.4	0.2×0.2	
（5m×5m）	粉花锈线菊	0.5	0.4×0.3		粉花锈线菊	0.7	0.4×0.4	
	粉花锈线菊	0.7	0.3×0.3		粉花锈线菊	0.8	0.4×0.5	
	粉花锈线菊	0.6	0.4×0.4		娟毛蔷薇	3	2×1	
	娟毛蔷薇	0.9	1.7×0.8	0.2×0.3	短柄枹栎	3		1×2
	种名	高度（m）		冠幅（m×m）	种名	高度（m）		冠幅（m×m）
	疣果卫矛	2.2		1.5×1.5	粉花锈线菊	0.8		0.6×0.4
	川皮忍冬	2.8		2×2	粉花锈线菊	0.4		0.3×0.3
	翠蓝绣线菊	2		2×2	粉花锈线菊	0.5		0.2×0.2
	疣果卫矛	1.3		1.2×1	粉花锈线菊	0.5		0.3×0.3
灌木层 3	川皮忍冬	1.3		0.6×0.6	粉花锈线菊	0.5		0.2×0.2
（5m×5m）	川皮忍冬	1.8		1.1×1.1	粉花锈线菊	0.5		0.2×0.2
	陇东海棠	2.5		1.5×1.5	粉花锈线菊	0.8		0.8×0.7
	翠蓝绣线菊	2.7		4×3	娟毛蔷薇	0.6		0.4×0.4
	粉花锈线菊	0.4		0.3×0.3	粉花锈线菊	0.9		0.6×0.6
	粉花锈线菊	0.3		0.3×0.3	粉花锈线菊	0.3		0.2×0.2
	粉花锈线菊	0.8		0.3×0.3	粉花锈线菊	0.7		0.2×0.2

层次	种类组成及其生长状况						
	种名	高度（m）		冠幅（m×m）	种名	高度（m）		冠幅（m×m）
灌木层4 （5m×5m）	泡叶枸子	3		1.4×1.4	粉花锈线菊	0.6		0.4×0.4
	疣果卫矛	2		1×1.5	粉花锈线菊	0.7		0.2×0.2
	娟毛蔷薇	2.5		1×1	粉花锈线菊	0.9		0.4×0.4
	川皮忍冬	2.5		1.5×2	粉花锈线菊	1		0.3×0.3
	娟毛蔷薇	2.5		1×1	粉花锈线菊	0.6		0.2×0.2
	娟毛蔷薇	2.2		1.5×1.5	粉花锈线菊	0.8		0.3×0.3
	泡叶枸子	2.8		2×2	川皮忍冬	0.6		0.2×0.2
	泡叶枸子	0.8		0.2×0.2	粉花锈线菊	0.6		1×1.1
	陇东海棠	4		3×3	娟毛蔷薇	1.1		0.5×0.5
	粉花锈线菊	1.1		0.4×0.4	粉花锈线菊	0.7		0.2×0.2
	粉花锈线菊	0.7		0.2×0.3	粉花锈线菊	0.6		0.2×0.2
	粉花锈线菊	0.5		0.2×0.3	粉花锈线菊	1.1		0.3×0.3
	粉花锈线菊	0.6		0.2×0.2				

层次	种名	高度（m）	盖度（%）		种名	高度（m）	盖度（%）
草本1 （1m×1m）	早熟禾	0.2	80	草本2 （1m×1m）	尖叶囊吾	0.2	20
	唐松草	0.3	3		乳白香青	0.1	1
	香青	0.1	5		元宝草	0.2	15
	马先蒿	0.15	2		天葵	0.1	1
	蓟菜	0.5	1		唐松草	0.2	5
	老鹳草	0.1	2		地耳草	0.15	5
	元宝草	0.4	1		黄毛草莓	0.1	1
					马先蒿	0.3	2
					早熟禾	0.1	40
草本3 （1m×1m）	种名	高度（m）	盖度（%）	草本4 （1m×1m）	种名	高度（m）	盖度（%）
	微孔草	0.3	20		尖叶囊吾	0.4	50
	尖叶囊吾	0.4	40		抱茎蓼	0.6	1
	老鹳草	0.3	30		苔草	0.8	20
	紫花蓟	0.5	1		唐松草	0.9	1
	千金子	0.5	40				

样方编号：013　　　调查人：陶建平　　　记录日期：2012-6-21　　　记录人：郭庆

植被类型	糙皮桦林		环境特征			
地点名称	黄安坝沿途	地形	海拔高程（m）	坡向	坡度	坡位
样地面积	（10×10）m²	山地	2203	正南	30°	中坡
经纬度	E 109°10′32″　N 31°51′34″			郁闭度		0.6
层次	种类组成及其生长状况					

层次	种名	高度（m）	胸围（cm）	冠幅（m×m）	种名	高度（m）	胸围（cm）	冠幅（m×m）
乔木层	糙皮桦	15	1.5	6×6	桦木	12	60	4×4
	湖北花楸	5	13	1.5×2	桦木	6	18	2×3
	湖北花楸	6	14	1×1	糙皮桦	14	72	4×4
	湖北花楸	7	18	2×1	湖北花楸	6	18	2×2
	糙皮桦	17	55	4×4	湖北花楸	7	18	2×1
	桦木	7	18	2×1.5	糙皮桦	17	60	4×4

续表

层次	种类组成及其生长状况						
乔木层	桦木	6	12	1×1	湖北花楸	6	17	2×1.5
	湖北花楸	5	10	3×1	绣球	6	20	1.5×1.5
	绣球	6	22	2×1	绣球	6	18	1×2
	绣球	6	24	1×1.5	绣球	5	30	3×2
灌木层 1 （5m×5m）	种名	高度（m）		冠幅（m×m）	种名	高度（m）		冠幅（m×m）
	木姜子	0.9		0.4×0.4	木姜子	1.4		1×2
	湖北花楸	4		2×1	木姜子	1.3		0.7×0.7
	湖北花楸	4		2×1	木姜子	1		0.2×0.2
	陇东海棠	3		2×1	娟毛蔷薇	0.8		0.4×0.4
	木姜子	2		1×1	华山松	4		2×2
	陇东海棠	4		2×2	槭树	1.8		0.4×0.4
	荚蒾	0.6		0.4×0.6	槭树	2.5		1×1
	娟毛蔷薇	2		1.5×1	槭树	4		1×1
	娟毛蔷薇	2		1×1	三桠乌药	2.5		2×1
灌木层 2 （5m×5m）	种名	高度（m）		冠幅（m×m）	种名	高度（m）		冠幅（m×m）
	木姜子	1.5		0.4×0.4	平竹	2		4×2
	木姜子	1		0.2×0.3	野蔷薇	2.5		0.4×0.4
	娟毛蔷薇	0.8		0.1×0.1	娟毛蔷薇	1.8		0.6×0.6
	桦木	2.5		0.4×0.8	娟毛蔷薇	1.5		0.4×0.6
	桦木	4		3×3	木姜子	1.1		0.3×0.4
灌木层 3 （5m×5m）	种名	高度（m）		冠幅（m×m）	种名	高度（m）		冠幅（m×m）
	平竹	4		0.4×0.4	华山松	1.5		1×1
	木姜子	0.6		0.2×0.2	华山松	1.5		1×1
	木姜子	0.8		0.5×0.4	槭树	3		0.5×0.5
	木姜子	0.6		0.2×0.2	木姜子	0.7		0.3×0.3
	粉花绣线菊	0.5		0.2×0.2	青荚叶	0.9		0.3×0.1
	粉花绣线菊	0.5		0.1×0.2	木姜子	0.7		0.2×0.2
	娟毛蔷薇	0.6		0.4×0.2	槭树	0.8		0.2×0.2
灌木层 4 （5m×5m）	种名	高度（m）		冠幅（m×m）	种名	高度（m）		冠幅（m×m）
	湖北花楸	2.5		1×1	木姜子	1.2		0.4×0.4
	湖北花楸	4		2×2	湖北花楸	4		1×1
	湖北花楸	4		1×1	湖北花楸	4		1.5×1
	木姜子	0.8		0.2×0.2	湖北花楸	2		0.5×0.5
	娟毛蔷薇	2.5		2×1	川榛	2.5		1×1
	湖北花楸	3		1×1				
草本 1 （1m×1m）	种名	高度（m）	盖度（%）		种名	高度（m）	盖度（%）	
	荚果蕨	0.5	30	草本 2 （1m×1m）	荚果蕨	0.6	80	
	香青	0.3	10		百合科	0.2	10	
	茜草	0.2	1					
	疏花婆婆纳	0.4	2					
	金钱草	0.1	3					
草本 3 （1m×1m）	种名	高度（m）	盖度（%）		种名	高度（m）	盖度（%）	
	升麻	0.3	3	草本 4 （1m×1m）	报春花	0.3	3	
	荚果蕨	0.4	30		落新妇	0.7	20	
	四叶葎	0.1	2					

样方编号：014　　　　调查人：陶建平　　　　记录日期：2013-6-12　　　　记录人：伍小刚

植被类型	马尾松林	环境特征				
地点名称	北屏乡坪上村	地形	海拔高程（m）	坡向	坡度	坡位
样地面积	（10×10）m²	山地	1208	正南	30°	中坡
经纬度	E 108°47′47″　N 31°57′39″			郁闭度		0.6

层次	种类组成及其生长状况						
乔木层	种名	高度（m）	胸围（cm）	冠幅（m×m）	种名	高度（m）	胸围（cm）	冠幅（m×m）

层次	种名	高度（m）	胸围（cm）	冠幅（m×m）	种名	高度（m）	胸围（cm）	冠幅（m×m）
乔木层	马尾松	17	40	2×2	马尾松	12	20	2×2
	马尾松	16	42	2×2	马尾松	12	20	1×2
	马尾松	17	30	2×1	马尾松	17	30	2×1
	马尾松	17	38	2×1	马尾松	17	25	2×1
	杉木	5	10	1×1	马尾松	15	20	1.5×1
	杉木	9	20	2×1.5	马尾松	18	40	2×1.5
	马尾松	17	38	2×2	马尾松	17	30	3×3
	马尾松	16	20	2×2	马尾松	18	45	2×2
	马尾松	17	35	2×3	马尾松	13	25	2×3
	马尾松	17	50	1×1	马尾松	17	45	1×1
	杨树	6	17	2×1				

层次	种名	高度（m）		冠幅（m×m）	种名	高度（m）		冠幅（m×m）
灌木层1（5m×5m）	山胡椒	0.9		0.4×0.4	桦叶荚蒾	1.4		1×2
	麻栎	4		2×1	火棘	1.3		0.7×0.7
	火棘	4		2×1	木姜子	1		0.2×0.2
	山胡椒	3		2×1	麻栎	0.6		0.4×0.6
	火棘	2		1×1	川榛	2		1.5×1
	马尾松幼苗	4		2×2	胡颓子	2		1×1

层次	种名	高度（m）		冠幅（m×m）	种名	高度（m）		冠幅（m×m）
灌木层2（5m×5m）	匍匐栒子	1.5		0.4×0.4	杨树	2		4×2
	桦叶荚蒾	1		0.2×0.3	盐肤木	2.5		0.4×0.4
	火棘	0.8		0.1×0.1	山胡椒	1.8		0.6×0.6
	绣线菊	2.5		0.4×0.8	马桑	1.5		0.4×0.6
	火棘	4		3×3	杉木	1.1		0.3×0.4
	杉木	3		1×1	青荚叶	1.5		1×1
	山梅花	0.5		0.4×0.8	桦叶荚蒾	1.5		0.4×0.8

层次	种名	高度（m）	盖度（%）		种名	高度（m）	盖度（%）	
草本1（1m×1m）	金星蕨	0.4	40	草本2（1m×1m）	鸢尾	0.4	30	
	蒿	0.7	5		芒	0.5	10	
	苔草	0.2	15		干旱毛蕨	0.3	20	
	紫菀	0.4	2		苔草	0.2	15	
					紫菀	0.4	2	

附表 3　重庆大巴山国家级自然保护区昆虫名录

序号	目名	目拉丁名	科名	科拉丁名	中文名	学名	害虫	天敌	传粉	医药	食用	观赏	工业	环保	数据来源
1	蜉蝣目	Ephemeroptera	四节蜉科	Baetidae	棘蜉	*Ameletus* sp.								+	1
2	蜉蝣目	Ephemeroptera	四节蜉科	Baetidae	四节蜉	*Baetis* sp.								+	1
3	蜉蝣目	Ephemeroptera	四节蜉科	Baetidae	边缘二翅蜉	*Cloeon marginale* Hagen								+	1
4	蜉蝣目	Ephemeroptera	扁蜉科	Heptagenidae	扁蜉	*Heptagenia* sp.								+	1
5	蜉蝣目	Ephemeroptera	扁蜉科	Heptagenidae	紫艾恩蜉	*Ironopsis* sp.								+	1
6	蜉蝣目	Ephemeroptera	蜉蝣科	Ephemeridae	蜉蝣	*Ephemera* sp.								+	1
7	蜉蝣目	Ephemeroptera	蜉蝣科	Ephemeridae	紫蜉	*Ephemera purpurata* Ulmer								+	1
8	蜉蝣目	Ephemeroptera	小蜉科	Ephemerellidae	小蜉	*Ephemerella* sp.								+	1
9	蜻蜓目	Odonata	溪螅科	Epallagidae	巨齿尾溪螅	*Bayadera indica* Selys		+						+	2
10	蜻蜓目	Odonata	丽螅科	Amphipterygidae	粗壮恒河螅	*Philoganga robusta* Navas		+						+	2
11	蜻蜓目	Odonata	色螅科	Calopterygidae	单脉色螅	*Matrona basilaris* Selys		+						+	1
12	蜻蜓目	Odonata	色螅科	Calopterygidae	褐单脉色螅	*Matrona nigripectus* Selys		+						+	1
13	蜻蜓目	Odonata	色螅科	Calopterygidae	亮翅绿色螅	*Mnais maclachani* Frase		+						+	1
14	蜻蜓目	Odonata	螅科	Coenagrionidae	白腹小螅	*Agriocnemis lactcola* Selys		+						+	1
15	蜻蜓目	Odonata	螅科	Coenagrionidae	褐斑异痣螅	*Ischnura senegalensis*（Rambur）		+						+	2
16	蜻蜓目	Odonata	原螅科	Protoneuridae	乌齿原螅	*Prodasineura autumnalis*（Fraser）		+						+	2
17	蜻蜓目	Odonata	蜻科	Libellulidae	白尾灰蜻	*Orthetrum albistylum* Selys		+				+		+	1
18	蜻蜓目	Odonata	蜻科	Libellulidae	华斜痣蜻	*Tramea Virginia*（Rambur）		+				+		+	1
19	蜻蜓目	Odonata	蜻科	Libellulidae	红蜻	*Crocothemis servilia* Drury		+		+		+		+	1
20	蜻蜓目	Odonata	蜻科	Libellulidae	大陆秋赤蜻	*Sympetrum depressiusculum*（Selys）		+				+		+	2
21	蜻蜓目	Odonata	蜓科	Aeschnidae	碧伟蜓	*Anax parthenope julius* Brauer		+		+		+		+	1
22	蜻蜓目	Odonata	蜓科	Aeschnidae	佩蜓	*Periaeschma* sp.		+				+		+	1
23	蜻蜓目	Odonata	伪蜻科	Corduliidae	缘斑毛伪蜻	*Epitheca marginata*（Selys）		+				+		+	1
24	襀翅目	Plecoptera	石蝇科	Perlidae	石蝇	*Perla* sp.		+						+	1
25	蜚蠊目	Blattodea	光蠊科	Epilampridae	黑带光蠊	*Rhabdoblatta nigrovittata* Bey-Bienko								+	1
26	螳螂目	Mantodea	螳科	Mantidae	薄翅螳	*Mantis religiosa* Linnaeus		+		+					1

续表

序号	目名	目拉丁名	科名	科拉丁名	中文名	学名	害虫	天敌	传粉	医药	食用	观赏	工业	环保	数据来源
27	螳螂目	Mantodea	螳科	Mantidae	短胸大刀螳	*Tenodera brevicollis* Beier									1
28	直翅目	Orthoptera	锥头蝗科	Pyrgomorphidae	长额负蝗	*Atractomorpha lata* Motschoulsky		+		+					1
29	直翅目	Orthoptera	斑腿蝗科	Catantopidae	中华稻蝗	*Oxya chinensis*（Thunbery）	+			+	+				2
30	直翅目	Orthoptera	斑腿蝗科	Catantopidae	小稻蝗	*Oxya intricata*（Stal）	+				+				2
31	直翅目	Orthoptera	斑腿蝗科	Catantopidae	峨眉腹露蝗	*Fruhstorferiola omei*（Rehn et Rehn）					+				1
32	直翅目	Orthoptera	斑腿蝗科	Catantopidae	微翅小蹦蝗	*Pedopodisma microptera* Zhang					+				1
33	直翅目	Orthoptera	斑腿蝗科	Catantopidae	四川凸额蝗	*Traulia szetshuanensis* Ramme					+				1
34	直翅目	Orthoptera	斑腿蝗科	Catantopidae	短角外斑腿蝗	*Xenocatantops brachycerus* Willemse					+				1
35	直翅目	Orthoptera	斑腿蝗科	Catantopidae	绿腿腹露蝗	*Fruhstorferiola viridifemorata*（Caudell）	+				+				1
36	直翅目	Orthoptera	斑腿蝗科	Catantopidae	日本黄脊蝗	*Patanga japonica*（Bolivar）					+				2
37	直翅目	Orthoptera	斑腿蝗科	Catantopidae	稻蝗	*Chondracris rosea* De Geer									1
38	直翅目	Orthoptera	斑翅蝗科	Oedipodidae	赤翅蝗	*Celes skalozubovi* Adelung									2
39	直翅目	Orthoptera	斑翅蝗科	Oedipodidae	东亚飞蝗	*Locusta migratoria manilensis*（Meyen）	+								1
40	直翅目	Orthoptera	斑翅蝗科	Oedipodidae	黄胫小车蝗	*Oedaleus infernalis* Saussure									2
41	直翅目	Orthoptera	剑角蝗科	Acrididae	中华佛蝗	*Phlaeoba sinensis* Bolivar									1
42	直翅目	Orthoptera	蚱科	Tetrigidae	日本蚱	*Terrix japonica*（Bolivar）									1
43	直翅目	Orthoptera	露螽科	Phaneropteridae	镰尾露螽	*Phaneroptera falcata*（Poda）									2
44	直翅目	Orthoptera	露螽科	Phaneropteridae	中华半掩耳螽	*Hemielmaea chinensis* Brunner									1
45	直翅目	Orthoptera	蟋蟀科	Gryllidae	油葫芦	*Gryllulus testaceas* Walker	+			+					1
46	直翅目	Orthoptera	蟋蟀科	Gryllidae	小棺头蟋	*Loxoblemmus aomoriensis* Shiraki									2
47	直翅目	Orthoptera	蟋蟀科	Gryllidae	多伊棺头蟋	*Loxoblemmus doenitzi* Stein									2
48	直翅目	Orthoptera	蛉蟋科	Eneopteridae	黄缘六齿蛉	*Calyptotrypus flavomarginatus* Hsia et Liu									2
49	直翅目	Orthoptera	蝼蛄科	Gryllotalpidae	东方蝼蛄	*Gryllotlpa orientalis* Burmeistr	+			+					1
50	直翅目	Orthoptera	蝼蛄科	Gryllotalpidae	非洲蝼蛄	*Gryllotalpa africuna* Palisotde-Beanvois	+			+					2
51	竹节虫目	Phasmatodea	笛竹节虫科	Diapheromeridae	棉竹节虫	*Sipyloidea sipylus*（Westwood）									1
52	缨翅目	Thysanoptera	蓟马科	Thripidae	稻蓟马	*Stenchaetohrips biformis*（Bagnall）	+		+						2
53	缨翅目	Thysanoptera	管蓟马科	Phlaeothripidae	榕管蓟马	*Gynaikothrips uzeli*（Zimmerman）	+		+						2
54	半翅目	Hemiptera	木虱科	Psyllidae	皂角幽木虱	*Euphalerus robinae*（Shinzi）	+								2

续表

序号	目名	目拉丁名	科名	科拉丁名	中文名	学 名	害虫	天敌	传粉	医药	食用	观赏	工业	环保	数据来源
55	半翅目	Hemiptera	粉虱科	Aleyrodidae	温室白粉虱	Trialeurodes vaporariorum（Westwood）	+								2
56	半翅目	Hemiptera	蚜科	Aphididae	玉米蚜	Rhopalosiphum maidis（Fitch）	+								2
57	半翅目	Hemiptera	蚜科	Aphididae	高粱蚜	Melanaphis sacchari（Lehnlner）	+								2
58	半翅目	Hemiptera	蚜科	Aphididae	麦长管蚜	Sitobion avenae（Fabricius）	+								2
59	半翅目	Hemiptera	蚜科	Aphididae	大豆蚜	Aphis glycines Matsumura	+								2
60	半翅目	Hemiptera	蚜科	Aphididae	桃蚜	Myzus persicae（Sulzer）	+								2
61	半翅目	Hemiptera	蚜科	Aphididae	萝卜蚜	Lipaphis erysimi（Kaltenbach）	+								2
62	半翅目	Hemiptera	蚜科	Aphididae	麦二叉蚜	Schizaphis graminium（Rondani）	+								2
63	半翅目	Hemiptera	蚜科	Aphididae	梨二叉蚜	Schizaphis piricola Matsumura	+								2
64	半翅目	Hemiptera	蚜科	Aphididae	茶二叉蚜	Toxoptera aurantii（Boyer）	+								2
65	半翅目	Hemiptera	盾蚧科	Diaspididae	中华松针蚧	Matsucoccus sinensis Chen	+								2
66	半翅目	Hemiptera	蝉科	Cicadoidae	黑蚱蝉	Cryptotympana atrata Fabricius				+	+	+			1
67	半翅目	Hemiptera	蝉科	Cicadoidae	蟪蝉	Pomponia linearis（Walker）				+	+	+			1
68	半翅目	Hemiptera	蝉科	Cicadoidae	陶洁蝉	Purana samia（Walker）						+			1
69	半翅目	Hemiptera	叶蝉科	Cicadellidae	橙带突额叶蝉	Gunungidia aurantiifasciata（Jacobi）									1
70	半翅目	Hemiptera	叶蝉科	Cicadellidae	黑尾叶蝉	Nephotettix cineticeps（Uhler）	+								1
71	半翅目	Hemiptera	叶蝉科	Cicadellidae	白翅叶蝉	Thaia rubiginosa Kuoh	+								2
72	半翅目	Hemiptera	叶蝉科	Cicadellidae	大青叶蝉	Cicadella viridis（Linnaeus）	+								2
73	半翅目	Hemiptera	叶蝉科	Cicadellidae	小绿叶蝉	Empoasca flavescens（Fabricius）	+								2
74	半翅目	Hemiptera	叶蝉科	Cicadellidae	红边片头叶蝉	Petalocephala manchurica Koto									2
75	半翅目	Hemiptera	沫蝉科	Cercopidae	黑斑丽沫蝉	Cosmoscarta dorsimacula Walker									1
76	半翅目	Hemiptera	袖蜡蝉科	Derbidae	红袖蜡蝉	Diostrombus politus Uhler						+			1
77	半翅目	Hemiptera	象蜡蝉科	Dictyopharidae	中华象蜡蝉	Dictyophara sinica Walker									2
78	半翅目	Hemiptera	广蜡蝉科	Ricaniidae	透明疏广蜡蝉	Euricania clara Kato									2
79	半翅目	Hemiptera	飞虱科	Delphacidae	灰飞虱	Laodelpax striatella Fallen	+								2
80	半翅目	Hemiptera	飞虱科	Delphacidae	褐飞虱	Nilaparuata lugens（Stal）	+								2
81	半翅目	Hemiptera	飞虱科	Delphacidae	白背飞虱	Sogatella furcifana（Honvalh）	+								2
82	半翅目	Hemiptera	飞虱科	Delphacidae	烟翅白背飞虱	Sogatella kolophon（Kirkaldy）	+								2

续表

序号	目名	目拉丁名	科名	科拉丁名	中文名	学名	害虫	天敌	传粉	医药	食用	观赏	工业	环保	数据来源
83	半翅目	Hemiptera	黾蝽科	Gerridae	水黾	*Gerris* sp.									1
84	半翅目	Hemiptera	蝎蝽科	Nepidae	中华蝤蝎蝽	*Ranatra chinensis* Mayr									1
85	半翅目	Hemiptera	仰泳蝽科	Notonectidae	仰游蝽	*Notonecta* sp.									1
86	半翅目	Hemiptera	猎蝽科	Reduviidae	黄足猎蝽	*Sixthenea flavipes*（Stal）		+							2
87	半翅目	Hemiptera	猎蝽科	Reduviidae	艳红猎蝽	*Cydnocoris russatus* Stal		+							2
88	半翅目	Hemiptera	猎蝽科	Reduviidae	环斑猛猎蝽	*Sphedanolestes impressicollis*（Stal）		+							2
89	半翅目	Hemiptera	猎蝽科	Reduviidae	褐菱猎蝽	*Isyndus obscurus*（Dallas）		+							2
90	半翅目	Hemiptera	猎蝽科	Reduviidae	日月盗猎蝽	*Pirates arcuatus*（Stal）		+							2
91	半翅目	Hemiptera	盲蝽科	Miridae	尖盾苜蓿盲蝽	*Adelphocoris sichuanus* Kerzhner et Schuh									2
92	半翅目	Hemiptera	蛛缘蝽科	Alydidae	点蜂缘蝽	*Riptortus pedestris*（Fabricius）	+								1
93	半翅目	Hemiptera	网蝽科	Tingidae	梨冠网蝽	*Stephanitis nashi* Esaki et Takeya	+								2
94	半翅目	Hemiptera	网蝽科	Tingidae	长毛菊网蝽	*Tingis*（*Tropidocheila*）*pilosa* Hummel	+								2
95	半翅目	Hemiptera	蝽科	Pentatomidae	峨眉疣蝽	*Cazira emria* Zhang et Lin									2
96	半翅目	Hemiptera	蝽科	Pentatomidae	蠋蝽	*Anma chinensis* Fabricius		+							2
97	半翅目	Hemiptera	蝽科	Pentatomidae	薄蝽	*Brachymna tenuis* Stali									2
98	半翅目	Hemiptera	蝽科	Pentatomidae	稻绿蝽	*Nezara viridula*（Linnaeus）	+			+	+				1
99	半翅目	Hemiptera	蝽科	Pentatomidae	绿岱蝽	*Dalpada smaragdina*（Walker）					+				1
100	半翅目	Hemiptera	蝽科	Pentatomidae	尖角普蝽	*Priassus spiniger* Haglund									1
101	半翅目	Hemiptera	蝽科	Pentatomidae	弯角蝽	*Lelia decempuntata* Motschulsky									1
102	半翅目	Hemiptera	蝽科	Pentatomidae	茶翅蝽	*Halyomorpha picus*（Fabricius）	+								1
103	半翅目	Hemiptera	蝽科	Pentatomidae	二星蝽	*Eysarcoris guttiger* Thunberg									1
104	半翅目	Hemiptera	兜蝽科	Dinidoridae	小皱蝽	*Cyclopelta parva* Distan				+					2
105	半翅目	Hemiptera	荔蝽科	Tessaratomidae	硕蝽	*Eurostus validus* Dallas	+					+			1
106	半翅目	Hemiptera	荔蝽科	Tessaratomidae	玛蝽	*Mattiphus splendidus* Distant									2
107	半翅目	Hemiptera	缘蝽科	Coreidae	云南冈缘蝽	*Gonocerus yunnanensis* Hsiao	+								2
108	半翅目	Hemiptera	缘蝽科	Coreidae	茶色赭缘蝽	*Ochrochira camelina* Kiritshenko	+								2
109	半翅目	Hemiptera	缘蝽科	Coreidae	黑竹缘蝽	*Notobitus meleagris*（Fabricius）	+								1
110	半翅目	Hemiptera	缘蝽科	Coreidae	曼缘蝽	*Manocoreus* sp.	+								2

续表

序号	目名	目拉丁名	科名	科拉丁名	中文名	学名	害虫	天敌	传粉	医药	食用	观赏	工业	环保	数据来源
111	半翅目	Hemiptera	同蝽科	Acanthosomatidae	泛刺同蝽	Acanthosoma spicolle potanini Lindberg									1
112	半翅目	Hemiptera	同蝽科	Acanthosomatidae	宽铗同蝽	Acanthosoma labiduroidae Jakovlev									1
113	半翅目	Hemiptera	同蝽科	Acanthosomatidae	副锥同蝽	Sastragala edessoides Distant									2
114	半翅目	Hemiptera	盾蝽科	Scutelleridae	全绿宽盾蝽	Poecilocoris lewisi (Distant)									1
115	半翅目	Hemiptera	红蝽科	Pyrrhocoridae	小斑红蝽	Physopelta quadriguttata Bergroth									1
116	半翅目	Hemiptera	红蝽科	Pyrrhocoridae	突背斑红蝽	Physopelta gutta (Burmeister)						+			1
117	广翅目	Megaloptera	齿蛉科	Corydalidae	东方巨齿蛉	Acanthacorydalis orientalis (Mclachlan)		+		+		+		+	2
118	广翅目	Megaloptera	齿蛉科	Corydalidae	单齿巨齿蛉	Acanthacorydalis unimaculata Yang et Yang		+				+		+	1
119	广翅目	Megaloptera	齿蛉科	Corydalidae	中华斑鱼蛉	Neochauliodes sinensis (Walker)		+						+	2
120	广翅目	Megaloptera	齿蛉科	Corydalidae	圆端斑鱼蛉	Neochauliodes rotundatus Tjeder		+						+	1
121	脉翅目	Neuroptera	草蛉科	Chrysopidae	大草蛉	Chrysopa pallens (Rambur)		+							1
122	脉翅目	Neuroptera	草蛉科	Chrysopidae	丽草蛉	Chrysopa formosa Brauer		+							2
123	脉翅目	Neuroptera	草蛉科	Chrysopidae	日本通草蛉	Chrysoperla nipponsis (Okamoto)		+							2
124	脉翅目	Neuroptera	草蛉科	Chrysopidae	松氏通草蛉	Chrysoperla savioi (Navas)		+							2
125	鞘翅目	Coleoptera	虎甲科	Cicindilidae	中华虎甲	Cicindela chinensis Degeer		+				+			2
126	鞘翅目	Coleoptera	虎甲科	Cicindilidae	芽斑虎甲	Cicindela gemmata Faldermann		+				+			2
127	鞘翅目	Coleoptera	虎甲科	Cicindilidae	多型虎甲	Cicindela hybrida Linnaeus		+				+			1
128	鞘翅目	Coleoptera	虎甲科	Cicindilidae	金斑虎甲	Cosmodela aurulentn (Fabricius)		+				+			2
129	鞘翅目	Coleoptera	步甲科	Carabidae	安妮卡步甲	Carbus (Apotomopterus) grossefoveatus annikse Kleinfeld		+							2
130	鞘翅目	Coleoptera	步甲科	Carabidae	鄂步甲	Carbus (Apotomopterus) hupeensis baycki Hauser		+							2
131	鞘翅目	Coleoptera	步甲科	Carabidae	信托步甲	Carbus (Isiocarabus) fiduciarius Thomson		+							2
132	鞘翅目	Coleoptera	步甲科	Carabidae	巨步甲	Carbus (Oreocarbus) titanus Breuning		+							2
133	鞘翅目	Coleoptera	步甲科	Carabidae	阿熙步甲	Carbus (Oreocarbus) ohshimaianus Deuve		+							2
134	鞘翅目	Coleoptera	步甲科	Carabidae	尤峰步甲	Carbus (Shanichioarabus) nenoianus Imura		+							2
135	鞘翅目	Coleoptera	步甲科	Carabidae	陕步甲	Carbus (Tomocarabus) shaanxiensis Deuve		+							2
136	鞘翅目	Coleoptera	步甲科	Carabidae	双斑青步甲	Chlaenius bioculatus Morawitz		+							1
137	鞘翅目	Coleoptera	步甲科	Carabidae	四眼膨胸步甲	Dischissus mirandus Bates		+		+					1
138	鞘翅目	Coleoptera	步甲科	Carabidae	耶尼步甲	Pheropsophus jessoensis Morawitz		+							2

续表

序号	目名	目拉丁名	科名	科拉丁名	中文名	学 名	害虫	天敌	传粉	医药	食用	观赏	工业	环保	数据来源
139	鞘翅目	Coleoptera	龙虱科	Dytiscidae	黄龙虱	*Rhantu suturalis* (Macleay)									1
140	鞘翅目	Coleoptera	龙虱科	Dytiscidae	黄条龙虱	*Hydaticus bowringi* (Clark)									1
141	鞘翅目	Coleoptera	龙虱科	Dytiscidae	东方异爪龙虱	*Hyphydrus orientalis* Clark									1
142	鞘翅目	Coleoptera	隐翅虫科	Staphylinidae	陕西锥须隐翅虫	*Bolitobius shaanxiensis* Schülke									2
143	鞘翅目	Coleoptera	隐翅虫科	Staphylinidae	亮腹长足隐翅虫	*Derops nitidipennis* Schülke									2
144	鞘翅目	Coleoptera	隐翅虫科	Staphylinidae	波哈毛须隐翅虫	*Ischnosoma bohaci* Kocian									2
145	鞘翅目	Coleoptera	隐翅虫科	Staphylinidae	伪凸背毛须隐翅虫	*Ischnosoma quadriguttatum* (Champion)									2
146	鞘翅目	Coleoptera	隐翅虫科	Staphylinidae	黑足横线隐翅虫	*Neobisnius nigripes* Berhauer									2
147	鞘翅目	Coleoptera	隐翅虫科	Staphylinidae	城口横线隐翅虫	*Neobisnius chengkouensis* Zheng									2
148	鞘翅目	Coleoptera	隐翅虫科	Staphylinidae	长窄横线隐翅虫	*Neobisnius praelongus* (Gmninger et Harold)									2
149	鞘翅目	Coleoptera	隐翅虫科	Staphylinidae	台湾横线隐翅虫	*Neobisnius formosae* Cameron									2
150	鞘翅目	Coleoptera	隐翅虫科	Staphylinidae	丽长角隐翅虫	*Nitidotachinus excellens* Bernhauer									2
151	鞘翅目	Coleoptera	隐翅虫科	Staphylinidae	冠突眼隐翅虫	*Stenus* (*Hemistenus*) *coronatus* Benick									2
152	鞘翅目	Coleoptera	隐翅虫科	Staphylinidae	胡氏突眼隐翅虫	*Stenus* (*Hemistenus*) *hui* Tang, Zheng et Puthz									2
153	鞘翅目	Coleoptera	隐翅虫科	Staphylinidae	闪蓝突眼隐翅虫	*Stenus* (*Hemistenus*) *viridanus* Champion									2
154	鞘翅目	Coleoptera	隐翅虫科	Staphylinidae	黑头突眼隐翅虫	*Stenus* (*Hemistenus*) *nigriceps* Tang, Zheng et Puthz									2
155	鞘翅目	Coleoptera	隐翅虫科	Staphylinidae	异突眼隐翅虫	*Stenus* (*Stenus*) *alienus* Sharp									2
156	鞘翅目	Coleoptera	隐翅虫科	Staphylinidae	华北突眼隐翅虫	*Stenus* (*Stenus*) *huabeiensis* Rougemont									2
157	鞘翅目	Coleoptera	隐翅虫科	Staphylinidae	小黑突眼隐翅虫	*Stenus* (*Stenus*) *melanarius* Stephens									2
158	鞘翅目	Coleoptera	隐翅虫科	Staphylinidae	多毛突眼隐翅虫	*Stenus* (*Tesnus*) *pilosiventris* Bernhauer									2
159	鞘翅目	Coleoptera	隐翅虫科	Staphylinidae	神农圆胸隐翅虫	*Tachinus* (*Tachinoberus*) *striatulus* Ullrich									2
160	鞘翅目	Coleoptera	锹甲科	Lucanidar	四川锹甲	*Aesalus sichuanensis* Araya et al.						+			2
161	鞘翅目	Coleoptera	锹甲科	Lucanidar	小角锹甲	*Ceruhus minor* Tanikato et Okuda						+			2
162	鞘翅目	Coleoptera	锹甲科	Lucanidar	城口钩锹甲	*Gonometopus triapicalis* Houlbert									2
163	鞘翅目	Coleoptera	锹甲科	Lucanidar	熊半刀锹甲	*Hemisodorcus ursulae* Schenk Klaus-Dirk									2
164	鞘翅目	Coleoptera	锹甲科	Lucanidar	布氏璃锹甲巴山亚种	*Platycerus businskyi bashanicus* Imura et Tanikado									2
165	鞘翅目	Coleoptera	锹甲科	Lucanidar	大巴山璃锹甲	*Platycerus hongwongpyoi dabashensis* Norio									2
166	鞘翅目	Coleoptera	锹甲科	Lucanidar	城口璃锹甲	*Platycerus kitawakii* Imura et Tanikado									2

续表

序号	目名	目拉丁名	科名	科拉丁名	中文名	学名	害虫	天敌	传粉	医药	食用	观赏	工业	环保	数据来源
167	鞘翅目	Coleoptera	锹甲科	Lucanidar	多皱璃锹甲	*Platycerus rugosus* Norio						+			2
168	鞘翅目	Coleoptera	锹甲科	Lucanidar	金柱锹甲	*Primognathus davidis cheni* Bomans et Ratti						+			2
169	鞘翅目	Coleoptera	鳃金龟科	Melolonthidae	黑鳃金龟	*Holotrichia kiotoensis* Brenske	+					+			2
170	鞘翅目	Coleoptera	鳃金龟科	Melolonthidae	大栗鳃金龟	*Melolontha hippocastani* Fabricius	+					+			2
171	鞘翅目	Coleoptera	花金龟科	Cetoniidae	褐绣花金龟	*Anthracophora* (*Poecilophilides*) *rusticola* Burmeister	+		+			+			2
172	鞘翅目	Coleoptera	花金龟科	Cetoniidae	绿凹缘花金龟	*Dicranobia potanini* Kraatz	+		+			+			2
173	鞘翅目	Coleoptera	花金龟科	Cetoniidae	光斑鹿花金龟	*Dicranocephalus dabryi* Ausaux			+			+			2
174	鞘翅目	Coleoptera	花金龟科	Cetoniidae	褐斑背角花金龟	*Neopaedimus auzouxi* Lucas			+			+			2
175	鞘翅目	Coleoptera	花金龟科	Cetoniidae	斑青花金龟	*Oxycetonia bealiae* (Gory et Prrcheron)			+			+			1
176	鞘翅目	Coleoptera	花金龟科	Cetoniidae	小青花金龟	*Oxycetonia jucundu* Faldermann	+		+	+		+			2
177	鞘翅目	Coleoptera	花金龟科	Cetoniidae	凸星花金龟	*Protaetia* (*Calopotosia*) *aerate* Frichson			+			+			2
178	鞘翅目	Coleoptera	花金龟科	Cetoniidae	绿罗花金龟	*Rhomborrhina unicolor* Motschulsky			+			+			2
179	鞘翅目	Coleoptera	花金龟科	Cetoniidae	黑绒花金龟	*Glycyphana* sp.			+			+			2
180	鞘翅目	Coleoptera	丽金龟科	Rutelidae	斑喙丽金龟	*Adoretus tenuimaculatus* Waterhoue						+			2
181	鞘翅目	Coleoptera	丽金龟科	Rutelidae	古黑异丽金龟	*Anomala antique* (Gyllenhal)						+			2
182	鞘翅目	Coleoptera	丽金龟科	Rutelidae	铜绿异丽金龟	*Anomala corpulenta* Molschulsky				+		+			2
183	鞘翅目	Coleoptera	丽金龟科	Rutelidae	亮绿彩丽金龟	*Mimela splendens* Gyllenhal						+			2
184	鞘翅目	Coleoptera	丽金龟科	Rutelidae	黄闪彩丽金龟	*Mimela tsetaceoviridis* Blanchard	+					+			2
185	鞘翅目	Coleoptera	丽金龟科	Rutelidae	弯股彩丽金龟	*Mimela excisipes* Reitter	+					+			1
186	鞘翅目	Coleoptera	丽金龟科	Rutelidae	玻璃弧丽金龟	*Popillia flavosellata* Fairmaire	+					+			2
187	鞘翅目	Coleoptera	丽金龟科	Rutelidae	弱斑弧丽金龟	*Popillia histeroides* Gyllenhal	+					+			2
188	鞘翅目	Coleoptera	丽金龟科	Rutelidae	中华弧丽金龟	*Popillia quadriguttata* (Fabricius)						+			2
189	鞘翅目	Coleoptera	丸甲科	Byrrhidae	弯沟丸甲	*Byrrhus* (*Rotudobyrrhus*) *crispisulcattus* Fabbri et Zhou									2
190	鞘翅目	Coleoptera	红萤科	Lycidae	桃红短红萤	*Lipernes perspectus* Waterhouse		+							2
191	鞘翅目	Coleoptera	瓢虫科	Coccinellidae	六斑异瓢虫	*Aiolocaria hexaspilota* (Hope)		+							2
192	鞘翅目	Coleoptera	瓢虫科	Coccinellidae	奇变瓢虫	*Aiolocaria mirabilis* (Motschulsky)		+							2
193	鞘翅目	Coleoptera	瓢虫科	Coccinellidae	华裸瓢虫	*Calvia chinensis* (Mulsant)		+							2
194	鞘翅目	Coleoptera	瓢虫科	Coccinellidae	十五星裸瓢虫	*Calvia quinquedecimguttata* (Fabricius)		+							2

续表

序号	目名	目拉丁名	科名	科拉丁名	中文名	学名	害虫	天敌	传粉	医药	食用	观赏	工业	环保	数据来源
195	鞘翅目	Coleoptera	瓢虫科	Coccinellidae	日本丽瓢虫	Callicaria superba (Mulsant)		+							2
196	鞘翅目	Coleoptera	瓢虫科	Coccinellidae	红点唇瓢虫	Chilocorus kuwanae Silvestri		+							2
197	鞘翅目	Coleoptera	瓢虫科	Coccinellidae	二双斑唇瓢虫	Chilocorus biungus Mulsant		+							2
198	鞘翅目	Coleoptera	瓢虫科	Coccinellidae	七星瓢虫	Coccinella septempunctata Linnaeus		+							1
199	鞘翅目	Coleoptera	瓢虫科	Coccinellidae	李斑瓢虫	Coccinella geminopunctata Liu		+							2
200	鞘翅目	Coleoptera	瓢虫科	Coccinellidae	双七瓢虫	Coccinella guatuordecimpustulata (Linnaeus)		+							2
201	鞘翅目	Coleoptera	瓢虫科	Coccinellidae	四斑月瓢虫	Menochilus quadriplagiala (Swartz)		+							2
202	鞘翅目	Coleoptera	瓢虫科	Coccinellidae	异色瓢虫	Harmonia axyridis (Pallas)		+							1
203	鞘翅目	Coleoptera	瓢虫科	Coccinellidae	隐斑瓢虫	Harmonia yedensis (Takizawa)		+							2
204	鞘翅目	Coleoptera	瓢虫科	Coccinellidae	茄二十八星瓢虫	Henosepilachna vigintioctopunctata (Fabricius)	+								2
205	鞘翅目	Coleoptera	瓢虫科	Coccinellidae	龟纹瓢虫	Propylaea japonica (Thunberg)		+							1
206	鞘翅目	Coleoptera	瓢虫科	Coccinellidae	十斑大瓢虫	Megalocaria dilatata (Fabricius)		+							2
207	鞘翅目	Coleoptera	瓢虫科	Coccinellidae	十二斑菌瓢虫	Vibidia duodeimguttata (Poda)		+							2
208	鞘翅目	Coleoptera	瓢虫科	Coccinellidae	黄斑盘瓢虫	Lemni (Lemni) saucia (Mulsant)		+							2
209	鞘翅目	Coleoptera	瓢虫科	Coccinellidae	十二斑巧瓢虫	Oenopia bissexnotata (Mulsant)		+							2
210	鞘翅目	Coleoptera	芫菁科	Meloidae	毛角豆芫菁	Epicauta (Epicauta) hirticornis (Haag-Rutenberg)		+		+					1
211	鞘翅目	Coleoptera	芫菁科	Meloidae	杮胸豆芫菁	Epicauta (Epicauta) sibirica (Pallas)		+		+					2
212	鞘翅目	Coleoptera	芫菁科	Meloidae	横纹芫菁	Mylabris cichorii (Linnaeus)		+		+					2
213	鞘翅目	Coleoptera	扁泥甲科	Psephenidae	扁泥甲	Psephenus sp.		+							1
214	鞘翅目	Coleoptera	扁泥甲科	Psephenidae	黑四鳃泥虫	Eubrinax secretus Lee et al.	+								1
215	鞘翅目	Coleoptera	郭公虫科	Cleridae	毛郭公	Trichodes sp.		+							2
216	鞘翅目	Coleoptera	天牛科	Cerambycidae	茶天牛	Acolesthes imduta (Newman)	+								2
217	鞘翅目	Coleoptera	天牛科	Cerambycidae	皱胸闪光天牛	Aeolesthes holosericea (Fabricius)	+			+					2
218	鞘翅目	Coleoptera	天牛科	Cerambycidae	赤缘花天牛	Anoplodera rubra dichroa (Blanchard)	+			+					2
219	鞘翅目	Coleoptera	天牛科	Cerambycidae	星天牛	Anoplophora chinensis (Forster)	+			+	+	+			1
220	鞘翅目	Coleoptera	天牛科	Cerambycidae	瘤胸簇天牛	Aristobia hispida (Saunders)	+								2
221	鞘翅目	Coleoptera	天牛科	Cerambycidae	桃红颈天牛	Aromia bungii (Falderman)	+			+					2
222	鞘翅目	Coleoptera	天牛科	Cerambycidae	苎麻双脊天牛	Paraglenea fortunei (Saunders)	+					-			2

续表

序号	目名	目拉丁名	科名	科拉丁名	中文名	学名	害虫	天敌	传粉	医药	食用	观赏	工业	环保	数据来源
223	鞘翅目	Coleoptera	天牛科	Cerambycidae	蛴齿胫天牛	Paraleprodera carolina (Fairmaire)	+								2
224	鞘翅目	Coleoptera	天牛科	Cerambycidae	白带坡天牛	Pterolophia albanina Gressitt	+								1
225	鞘翅目	Coleoptera	天牛科	Cerambycidae	柳坡翅天牛	Pterolophia rigida (Bates)	+					+			2
226	鞘翅目	Coleoptera	天牛科	Cerambycidae	黑尾丽天牛	Rosalia fornosa Pic	+								2
227	鞘翅目	Coleoptera	天牛科	Cerambycidae	拟蛴天牛	Stenygrinum quadrinotatum Bates	+								2
228	鞘翅目	Coleoptera	天牛科	Cerambycidae	麻竖毛天牛	Thyestilla gebleri (Faldermann)	+								2
229	鞘翅目	Coleoptera	天牛科	Cerambycidae	瘤胸簇天牛	Aristobia hispida (Saunders)	+								2
230	鞘翅目	Coleoptera	天牛科	Cerambycidae	橙斑白条天牛	Batocera davidis Deyrolle	+								2
231	鞘翅目	Coleoptera	天牛科	Cerambycidae	多斑白条天牛	Batocera horsfieldi (Hope)	+			+					2
232	鞘翅目	Coleoptera	天牛科	Cerambycidae	赤杨伞花天牛	Corymbia dichroa (Blanchard)	+								2
233	鞘翅目	Coleoptera	天牛科	Cerambycidae	双带粒筒天牛	Lamiomimus gottsshei Kolbe	+								2
234	鞘翅目	Coleoptera	天牛科	Cerambycidae	黄纹花天牛	Leptura ochraceofasciata (Motschulsky)	+								2
235	鞘翅目	Coleoptera	天牛科	Cerambycidae	顶斑筒天牛	Linda fraterna (Chevrolat)	+								2
236	鞘翅目	Coleoptera	天牛科	Cerambycidae	栗山天牛	Massicus raddei (Blessig)	+								2
237	鞘翅目	Coleoptera	天牛科	Cerambycidae	异斑象天牛	Mesosa stictica Blanchard	+								2
238	鞘翅目	Coleoptera	天牛科	Cerambycidae	粒肩天牛	Apriona germari Hope	+								1
239	鞘翅目	Coleoptera	天牛科	Cerambycidae	合欢双条天牛	Xystrocera globosa (Olivier)	+								1
240	鞘翅目	Coleoptera	天牛科	Cerambycidae	伪筒天牛	Pseudanaethetis langana Pic	+								2
241	鞘翅目	Coleoptera	出尾蕈甲科	Scaphidiidae	伪颏出尾蕈甲	Scaphidium falsum He									2
242	鞘翅目	Coleoptera	出尾蕈甲科	Scaphidiidae	伯仲出尾蕈甲	Scaphidium frater He									2
243	鞘翅目	Coleoptera	出尾蕈甲科	Scaphidiidae	白斑出尾蕈甲	Scaphidium pallidum He									2
244	鞘翅目	Coleoptera	出尾蕈甲科	Scaphidiidae	舒克出尾蕈甲	Scaphidium schulkei Lobl									2
245	鞘翅目	Coleoptera	出尾蕈甲科	Scaphidiidae	周氏出尾蕈甲	Scaphidium zhoushuni He et al.									2
246	鞘翅目	Coleoptera	出尾蕈甲科	Scaphidiidae	暗蓝出尾蕈甲	Scaphidium puteulanum He									2
247	鞘翅目	Coleoptera	叶甲科	Chrysomelidae	漆树直缘跳甲	Ophrida scaphoides (Baly)									2
248	鞘翅目	Coleoptera	叶甲科	Chrysomelidae	黄色凹缘跳甲	Podontia lutea (Olivier)									2
249	鞘翅目	Coleoptera	叶甲科	Chrysomelidae	杨尾蟞甲东方亚种	Agelastica alni orientalis Baly									2
250	鞘翅目	Coleoptera	叶甲科	Chrysomelidae	桤木叶甲	Chrysomela adamsi (Jacoby)									2

续表

序号	目名	目拉丁名	科名	科拉丁名	中文名	学名	害虫	天敌	传粉	医药	食用	观赏	工业	环保	数据来源
251	鞘翅目	Coleoptera	叶甲科	Chrysomelidae	杨叶甲	Chrysomela populi Linnaeus									2
252	鞘翅目	Coleoptera	叶甲科	Chrysomelidae	柳二十斑叶甲	Chrysomela vigintipunctata (Scopoli)	+								2
253	鞘翅目	Coleoptera	叶甲科	Chrysomelidae	核桃扁叶甲	Gastrolina depressa Baly	+								2
254	鞘翅目	Coleoptera	叶甲科	Chrysomelidae	红翅长刺萤叶甲	Atrachya rubripennis Gressitt et Kimoto									2
255	鞘翅目	Coleoptera	叶甲科	Chrysomelidae	黄守瓜	Aulacophora femoralis Motschulsky	+								2
256	鞘翅目	Coleoptera	伪叶甲科	Lagriidae	中华角伪叶甲	Cerogria chinensis Faldermann									2
257	鞘翅目	Coleoptera	肖叶甲科	Eumolpidae	丽鞘甘薯叶甲	Colasposoma dauricum auripenne (Motschulsky)	+								2
258	鞘翅目	Coleoptera	肖叶甲科	Eumolpidae	圆角溜岩叶甲	Basilepta ruficollis (Jacoby)	+								2
259	鞘翅目	Coleoptera	肖叶甲科	Eumolpidae	粉筒胸岩叶甲	Lypesthes ater (Motschulsky)	+								2
260	鞘翅目	Coleoptera	肖叶甲科	Eumolpidae	银纹毛肖叶甲	Trichochrysea japana (Motschulsky)	+								2
261	鞘翅目	Coleoptera	铁甲科	Hispidae	纤瘦趾铁甲	Dactylispa (S.str.) longula Maulik	+								2
262	鞘翅目	Coleoptera	铁甲科	Hispidae	狭顶叉趾铁甲	Dactylispa (Tr.) stoetzneri Uhmann	+								2
263	鞘翅目	Coleoptera	铁甲科	Hispidae	四川锯龟甲	Basiprionota gressitti Medvedev									2
264	鞘翅目	Coleoptera	铁甲科	Hispidae	甜菜大龟甲	Cassida nebulosa Linnweus	+								2
265	鞘翅目	Coleoptera	铁甲科	Hispidae	甘薯蜡龟甲	Laccoptera quadrimaculata (Thunberg)	+								2
266	鞘翅目	Coleoptera	负泥虫科	Crioceridae	稻负泥虫	Lema oryzae Kuwayana	+								2
267	鞘翅目	Coleoptera	负泥虫科	Crioceridae	稻食根叶甲	Donacia provosti Fairmaire	+								2
268	鞘翅目	Coleoptera	象甲科	Curculionidae	核桃长足象	Alcidodes juglans Chao	+								2
269	鞘翅目	Coleoptera	象甲科	Curculionidae	短胸长足象	Alcidodes trifidus (Pascoe)	+								2
270	鞘翅目	Coleoptera	象甲科	Curculionidae	红足绿象	Chlorophanus roseipes Heller	+								2
271	鞘翅目	Coleoptera	象甲科	Curculionidae	核桃横沟象	Dyscerus juglans Chao	+								2
272	鞘翅目	Coleoptera	象甲科	Curculionidae	大粒横沟象	Dyscerus cribripennis Matsumura et Kono	+								2
273	鞘翅目	Coleoptera	象甲科	Curculionidae	宽肩象	Ectatorrhinus adamsi Pascoe	+								2
274	鞘翅目	Coleoptera	象甲科	Curculionidae	松树皮象	Hylobius abietis haroldst Faust	+								2
275	鞘翅目	Coleoptera	象甲科	Curculionidae	褐斑圆筒象	Macrocorynus plumbeus Formanek	+								2
276	鞘翅目	Coleoptera	象甲科	Curculionidae	大圆筒象	Macrocorynus psittacinus Redtenbacher	+								2
277	鞘翅目	Coleoptera	象甲科	Curculionidae	尖筒象	Myllocerus sp.	+								2
278	鞘翅目	Coleoptera	象甲科	Curculionidae	长角切叶象	Paratrachelohorus longicornis Roelcfs	+								2

续表

序号	目名	目拉丁名	科名	科拉丁名	中文名	学名	害虫	天敌	传粉	医药	食用	观赏	工业	环保	数据来源
279	鞘翅目	Coleoptera	象甲科	Curculionidae	小阴象	Calomycterus obconicus Chao	+								2
280	鞘翅目	Coleoptera	豆象科	Bruchidae	豌豆象	Bruchus pisorum Linnaeus	+								2
281	鞘翅目	Coleoptera	小蠹科	Scolytidae	华山松大小蠹	Dendroctonus armandi Tsai et Li	+								2
282	鞘翅目	Coleoptera	小蠹科	Scolytidae	横坑切梢小蠹	Tomicus minor（Hartig）	+								2
283	鞘翅目	Coleoptera	小蠹科	Scolytidae	纵坑切梢小蠹	Tomicus piniperda（Linnweus）	+								2
284	鞘翅目	Coleoptera	小蠹科	Scolytidae	暗额星坑小蠹	Pityogenes japonicus Nobuchi	+								2
285	毛翅目	Trichoptera	石蛾科	Phryganeidae	石蚕	Phryganea sp.									1
286	毛翅目	Trichoptera	等翅石蚕科	Philopotamidae	弯额石蚕	Chimarra sp.									1
287	毛翅目	Trichoptera	毛石蛾科	Sericostomatidae	短石蚕	Brachyceutrus sp.									1
288	鳞翅目	Lepidoptera	蝙蝠蛾科	Hepialidae	点蝙蛾	Phassus sinensis Moore									2
289	鳞翅目	Lepidoptera	蓑蛾科	Psychidae	小窠蓑蛾	Clania minuscula Butler	+								2
290	鳞翅目	Lepidoptera	蓑蛾科	Psychidae	刺槐袋蛾	Acanthopsyche nigraplaga Wileman									2
291	鳞翅目	Lepidoptera	举肢蛾科	Heliodinidae	核桃举肢蛾	Atrijuglans hetaohei Yang	+								2
292	鳞翅目	Lepidoptera	菜蛾科	Plutellidae	小菜蛾	Plutella xylostella（Linnaeus）	+								2
293	鳞翅目	Lepidoptera	麦蛾科	Gelechiidae	马铃薯块茎蛾	Phthorimaea operculella（Zeller）	+								2
294	鳞翅目	Lepidoptera	木蠹蛾科	Cossidae	黄胸木蠹蛾	Cossus chinensis Rothschild									2
295	鳞翅目	Lepidoptera	木蠹蛾科	Cossidae	芳香木蠹蛾	Cossus cossus Linnaeus									1
296	鳞翅目	Lepidoptera	卷蛾科	Tortricidae	南川卷蛾	Hoshinoa longicellana（Walsingham）	+								2
297	鳞翅目	Lepidoptera	卷蛾科	Tortricidae	棉褐带卷蛾	Adoxophyes orana orana（Fisher v. Roslerstamm）	+								2
298	鳞翅目	Lepidoptera	卷蛾科	Tortricidae	杉梢花翅小卷叶蛾	Lobesia（Neodasyphora）cunninghamiacola（Liu et Pai）	+								2
299	鳞翅目	Lepidoptera	卷蛾科	Tortricidae	松针小卷蛾	Epinotia rubiginosana（Herrich-Schäffer）	+								2
300	鳞翅目	Lepidoptera	卷蛾科	Tortricidae	杨柳小卷蛾	Gypsonoma minutana（Hübner）	+								2
301	鳞翅目	Lepidoptera	卷蛾科	Tortricidae	梨小食心虫	Grapholita molesta（Busck）	+								2
302	鳞翅目	Lepidoptera	巢蛾科	Yponomeutidae	卫矛巢蛾	Yponomeuta griseatus Moriuti									2
303	鳞翅目	Lepidoptera	螟蛾科	Pyralidae	二化螟	Chilo suppressalis（Walker）	+								2
304	鳞翅目	Lepidoptera	螟蛾科	Pyralidae	稻纵卷叶螟	Cnaphalocrocis medinlis（Guenee）	+								2
305	鳞翅目	Lepidoptera	螟蛾科	Pyralidae	亚洲玉米螟	Ostrinia furnacalis（Guenee）				+					1
306	鳞翅目	Lepidoptera	螟蛾科	Pyralidae	高粱条螟	Proecnas venasatus（Walker）	+								1

续表

序号	目名	目拉丁名	科名	科拉丁名	中文名	学名	害虫	天敌	传粉	医药	食用	观赏	工业	环保	数据来源
307	鳞翅目	Lepidoptera	螟蛾科	Pyralidae	豆荚野螟	Etiella zinckenella（Treitschke）	+								1
308	鳞翅目	Lepidoptera	螟蛾科	Pyralidae	豆野螟	Maruca testulalis（Geyer）	+								2
309	鳞翅目	Lepidoptera	螟蛾科	Pyralidae	豆蚀卷叶螟	Lamprosema indica Fabricius	+								1
310	鳞翅目	Lepidoptera	螟蛾科	Pyralidae	菜心野螟	Hellula undalis Febricius	+								2
311	鳞翅目	Lepidoptera	螟蛾科	Pyralidae	桃蛀野螟	Conogethes punctiferalis（Guenee）	+								2
312	鳞翅目	Lepidoptera	螟蛾科	Pyralidae	松梢斑螟	Dioryctria splendidlla Herrich-Schäffer	+								1
313	鳞翅目	Lepidoptera	螟蛾科	Pyralidae	朱硕螟	Toccolosida rubriceps Walker						+			1
314	鳞翅目	Lepidoptera	螟蛾科	Pyralidae	绿翅绢野螟	Diaphania angustalis（Snellen）									1
315	鳞翅目	Lepidoptera	螟蛾科	Pyralidae	黑脉厚须螟	Propachys nigrivena Walker									1
316	鳞翅目	Lepidoptera	螟蛾科	Pyralidae	金黄镰翅野螟	Circobotys aurealis（Leech）									1
317	鳞翅目	Lepidoptera	螟蛾科	Pyralidae	橙黑纹野螟	Tyspanodes striata（Butler）									1
318	鳞翅目	Lepidoptera	斑蛾科	Zygaenidae	梨叶斑蛾	Illiberis pruni Dyar	+								2
319	鳞翅目	Lepidoptera	斑蛾科	Zygaenidae	亮翅毛斑蛾	Phacusa translucida Poujade									1
320	鳞翅目	Lepidoptera	斑蛾科	Zygaenidae	透翅颈斑蛾	Piarosoma hyaline thibetana Oberthür						+			1
321	鳞翅目	Lepidoptera	鹿蛾科	Amatidae	透新鹿蛾黑翅亚种	Caeneressa diphana muirheadi（Feler）						+			1
322	鳞翅目	Lepidoptera	鹿蛾科	Amatidae	闪光鹿蛾	Amata hoenei Obraztsov						+			1
323	鳞翅目	Lepidoptera	刺蛾科	Limacodidae	褐边绿刺蛾	Parasa consocia Walker	+								2
324	鳞翅目	Lepidoptera	刺蛾科	Limacodidae	中国绿刺蛾	Parasa sinica Moore				+					1
325	鳞翅目	Lepidoptera	刺蛾科	Limacodidae	眉娟绿刺蛾	ParasaParasa pseudorepanda Hering									1
326	鳞翅目	Lepidoptera	刺蛾科	Limacodidae	黄刺蛾	Cnidocampa flavescens（Walker）				+					1
327	鳞翅目	Lepidoptera	刺蛾科	Limacodidae	茶奕刺蛾	Iragoides fasciata（Moore）									2
328	鳞翅目	Lepidoptera	刺蛾科	Limacodidae	灰双线刺蛾	Cania bilineata（Walker）									1
329	鳞翅目	Lepidoptera	刺蛾科	Limacodidae	斜纹刺蛾	Oxyplax ochracea（Moore）									1
330	鳞翅目	Lepidoptera	凤蛾科	Epicopeiidae	浅翅凤蛾	Epieopeia hainesi sinicaria Leech						+			1
331	鳞翅目	Lepidoptera	圆钩蛾科	Cyclidiidae	褐爪突圆钩蛾	Cyclidia substigmaria bruma Chu et Wang						+			1
332	鳞翅目	Lepidoptera	钩蛾科	Drepanidae	中华豆斑钩蛾	Auzata chinensis Leech									1
333	鳞翅目	Lepidoptera	钩蛾科	Drepanidae	晶钩蛾	Deroca hyalina Walker									1
334	鳞翅目	Lepidoptera	钩蛾科	Drepanidae	双线钩蛾	Nordstroenina grisearia（Staudinger）									1

续表

序号	目名	目拉丁名	科名	科拉丁名	中文名	学名	害虫	天敌	传粉	医药	食用	观赏	工业	环保	数据来源
335	鳞翅目	Lepidoptera	钩蛾科	Drepanidae	哑铃带钩蛾	Macrocilix mysticata (Walker)									1
336	鳞翅目	Lepidoptera	钩蛾科	Drepanidae	中华大窗钩蛾	Macrauzata maxima chinensis Inoue						+			1
337	鳞翅目	Lepidoptera	钩蛾科	Drepanidae	宏山钩蛾	Oreta hoenei Watsoacn									1
338	鳞翅目	Lepidoptera	钩蛾科	Drepanidae	一线山钩蛾	Oreta unilinea (Warren)									1
339	鳞翅目	Lepidoptera	钩蛾科	Drepanidae	三角山钩蛾	Oreta trianga Chu et Wang									1
340	鳞翅目	Hepialidae	尺蛾科	Geometridae	二线绿尺蛾	Euchloris atyche Prout									1
341	鳞翅目	Hepialidae	尺蛾科	Geometridae	菊四目绿尺蛾	Euchloris albocostaria Bremer									1
342	鳞翅目	Hepialidae	尺蛾科	Geometridae	长纹绿尺蛾	Comibaena argentataria Leech									1
343	鳞翅目	Hepialidae	尺蛾科	Geometridae	黄翩射尺蛾	Iotaphora iridicolor Butler						+			1
344	鳞翅目	Hepialidae	尺蛾科	Geometridae	绿尖尾尺蛾	Gelasma hemitheoides Prout									1
345	鳞翅目	Hepialidae	尺蛾科	Geometridae	线尖尾尺蛾	Gelasma protrusa Butler									1
346	鳞翅目	Hepialidae	尺蛾科	Geometridae	缺口镰翅绿尺蛾	Tanaorhinus discolor Warren									1
347	鳞翅目	Hepialidae	尺蛾科	Geometridae	萝摩艳青尺蛾	Agathia carissima (Butler)									1
348	鳞翅目	Hepialidae	尺蛾科	Geometridae	叉线青尺蛾	Campaea dehaliaria Wehrli									1
349	鳞翅目	Hepialidae	尺蛾科	Geometridae	彩青尺蛾	Chlormachia gavissima aphrodite Prou									1
350	鳞翅目	Hepialidae	尺蛾科	Geometridae	粉无疆青尺蛾	Hemistola dijuncta Walker									1
351	鳞翅目	Hepialidae	尺蛾科	Geometridae	中国巨青尺蛾	Limbatochlamys rothorni Rothschild						+			1
352	鳞翅目	Hepialidae	尺蛾科	Geometridae	白脉青尺蛾	Hipparchus albovenaris Bremer						+			1
353	鳞翅目	Hepialidae	尺蛾科	Geometridae	直脉青尺蛾	Hipparchus valida (Felder)						+			1
354	鳞翅目	Hepialidae	尺蛾科	Geometridae	纹绿尺蛾	Comibaena delicator Marren									1
355	鳞翅目	Hepialidae	尺蛾科	Geometridae	云纹绿尺蛾	Comibaena pictipennis Butler									1
356	鳞翅目	Hepialidae	尺蛾科	Geometridae	肾纹绿尺蛾	Comibaena procumbaria Pryer									1
357	鳞翅目	Hepialidae	尺蛾科	Geometridae	默尺蛾	Medasima corticaria photina Wehrli									1
358	鳞翅目	Hepialidae	尺蛾科	Geometridae	贡尺蛾	Gonodontis aurata Prout									1
359	鳞翅目	Hepialidae	尺蛾科	Geometridae	枯叶尺蛾	Gandaritis flavata sinicaria Leech									1
360	鳞翅目	Hepialidae	尺蛾科	Geometridae	四星尺蛾	Ophthalmodes irroraria Bremer et Grey						+			1
361	鳞翅目	Hepialidae	尺蛾科	Geometridae	柿星尺蛾	Percnia giraffata (Guenée)									1
362	鳞翅目	Hepialidae	尺蛾科	Geometridae	木橑尺蠖	Culcula panterinaria Bremer et Grey									1

续表

序号	目名	目拉丁名	科名	科拉丁名	中文名	学名	害虫	天敌	传粉	医药	食用	观赏	工业	环保	数据来源
363	鳞翅目	Hepialidae	尺蛾科	Geometridae	槭星尺蛾	*Arichanna jaguararia* Guenée									1
364	鳞翅目	Hepialidae	尺蛾科	Geometridae	黄星尺蛾	*Arichanna melanaria fraterna* Butler									1
365	鳞翅目	Hepialidae	尺蛾科	Geometridae	玉臂黑尺蛾	*Xandrames dholaria sericea* Butler									1
366	鳞翅目	Hepialidae	尺蛾科	Geometridae	掌尺蛾	*Buzura recursaria superans* Butler									1
367	鳞翅目	Hepialidae	尺蛾科	Geometridae	云尺蛾	*Buzura thibetaria comitata* Oberthür									1
368	鳞翅目	Hepialidae	尺蛾科	Geometridae	忍冬尺蛾	*Somatina indicataria* Walker									1
369	鳞翅目	Hepialidae	尺蛾科	Geometridae	丝棉木金星尺蛾	*Calospilos suspecta* Warren						+			1
370	鳞翅目	Hepialidae	尺蛾科	Geometridae	缘点尺蛾	*Lomaspilis marginata annuensis* Heydemann									1
371	鳞翅目	Hepialidae	尺蛾科	Geometridae	黄尺蛾	*Sirinopteryx parallela* Wehrli									1
372	鳞翅目	Hepialidae	尺蛾科	Geometridae	楮尾尺蛾	*Ourapteryx aristidaria* Oberthür									1
373	鳞翅目	Hepialidae	尺蛾科	Geometridae	四川尾尺蛾	*Ourapteryx ebuleata szechuana*（wehrli）						+			1
374	鳞翅目	Hepialidae	尺蛾科	Geometridae	雪尾尺蛾	*Ourapteryx nivea* Butler									1
375	鳞翅目	Hepialidae	尺蛾科	Geometridae	桦尺蛾	*Biston betularia* Linnaeus									1
376	鳞翅目	Hepialidae	尺蛾科	Geometridae	双云尺蛾	*Biston comitata* Warren						+			1
377	鳞翅目	Hepialidae	尺蛾科	Geometridae	荼担尺蛾	*Boarmia diorthogouania* Wehrli	+								2
378	鳞翅目	Hepialidae	尺蛾科	Geometridae	北京尺蛾	*Epipristis transiens* Sterneck									1
379	鳞翅目	Hepialidae	尺蛾科	Geometridae	沙枣尺蛾	*Apocheima cinerarius* Eeschoff									2
380	鳞翅目	Hepialidae	尺蛾科	Geometridae	橄榄尺蛾	*Krananda oliveomarginata* Swinhoe									1
381	鳞翅目	Hepialidae	尺蛾科	Geometridae	玻璃尺蛾	*Krananda semihyalina*（Moore）									1
382	鳞翅目	Hepialidae	尺蛾科	Geometridae	树形尺蛾	*Erebomorpha consors* Butler						+			1
383	鳞翅目	Hepialidae	尺蛾科	Geometridae	达尺蛾	*Dalima apicata eoa* Wehrli									1
384	鳞翅目	Hepialidae	尺蛾科	Geometridae	粉红边尺蛾	*Leptomiza cremularia* Leech									1
385	鳞翅目	Hepialidae	尺蛾科	Geometridae	黑星白尺蛾	*Metapercnia* sp.									1
386	鳞翅目	Hepialidae	波纹蛾科	Thyatiridae	大波纹蛾	*Macrothyatira flavida*（Butler）									1
387	鳞翅目	Hepialidae	波纹蛾科	Thyatiridae	波纹蛾	*Thyatira batis* Linnaeus									1
388	鳞翅目	Hepialidae	波纹蛾科	Thyatiridae	足华波纹蛾	*Habrosyne fraterna* Moore									1
389	鳞翅目	Hepialidae	波纹蛾科	Thyatiridae	白大波纹蛾	*Tethea albicostata*（Bremer）									1
390	鳞翅目	Hepialidae	波纹蛾科	Thyatiridae	华异波纹蛾	*Parapsestis lichenea*（Hampson）									1

续表

序号	目名	目拉丁名	科名	科拉丁名	中文名	学名	害虫	天敌	传粉	医药	食用	观赏	工业	环保	数据来源
391	鳞翅目	Hepialidae	舟蛾科	Notodontidae	核舟蛾	Netria viridescens Walker									1
392	鳞翅目	Hepialidae	舟蛾科	Notodontidae	著蕊舟蛾	Dudusa nobilis Walker						+			1
393	鳞翅目	Hepialidae	舟蛾科	Notodontidae	黑蕊舟蛾	Dudusa sphingiformis Moore						+			1
394	鳞翅目	Hepialidae	舟蛾科	Notodontidae	点舟蛾	Stigmatophorina hammamelis Mell									1
395	鳞翅目	Hepialidae	舟蛾科	Notodontidae	钩翅舟蛾	Gangarides dharma Moore									1
396	鳞翅目	Hepialidae	舟蛾科	Notodontidae	苹掌舟蛾	Phalera flavescens (Bremer et Grey)									1
397	鳞翅目	Hepialidae	舟蛾科	Notodontidae	栎掌舟蛾	Phalera assimilis (Bremer et Grey)	+								1
398	鳞翅目	Hepialidae	舟蛾科	Notodontidae	榆掌舟蛾	Phalera fuscescens Butler	+								1
399	鳞翅目	Hepialidae	舟蛾科	Notodontidae	高粱掌舟蛾	Phalera combusta (Walker)	+								1
400	鳞翅目	Hepialidae	舟蛾科	Notodontidae	刺槐掌舟蛾	Phalera birmicola Bryk									1
401	鳞翅目	Hepialidae	舟蛾科	Notodontidae	刺桐掌舟蛾	Phalera raya Moore									1
402	鳞翅目	Hepialidae	舟蛾科	Notodontidae	窄翅舟蛾	Niganda strigifascia Moore									1
403	鳞翅目	Hepialidae	舟蛾科	Notodontidae	核桃美舟蛾	Uropyia meticulodina (Oberthür)	+								1
404	鳞翅目	Hepialidae	舟蛾科	Notodontidae	洛氏舟蛾	Fentonia notodontina (Rothschild)									1
405	鳞翅目	Hepialidae	舟蛾科	Notodontidae	涟纹舟蛾	Fentonia parabolica Matsumura									1
406	鳞翅目	Hepialidae	舟蛾科	Notodontidae	云舟蛾	Neopheosia fasciata (Moore)									1
407	鳞翅目	Hepialidae	舟蛾科	Notodontidae	三线雪舟蛾	Gazalina chrysolopha (Kollar)									1
408	鳞翅目	Hepialidae	舟蛾科	Notodontidae	杨二尾舟蛾	Cerura menciana Moore						+			1
409	鳞翅目	Hepialidae	舟蛾科	Notodontidae	白二尾舟蛾	Cerura tattakana Matsumura									1
410	鳞翅目	Hepialidae	舟蛾科	Notodontidae	仿白边舟蛾	Paranerice hoenei Kiriakoff									1
411	鳞翅目	Hepialidae	舟蛾科	Notodontidae	竹拟皮舟蛾	Mimopydna insignis (Leech)									1
412	鳞翅目	Hepialidae	舟蛾科	Notodontidae	角茎舟蛾	Bireta longivitta Walker									1
413	鳞翅目	Hepialidae	舟蛾科	Notodontidae	竹琵舟蛾	Besaia (Besaia) goddrica (Schaus)									1
414	鳞翅目	Hepialidae	舟蛾科	Notodontidae	凹缘舟蛾	Euhampsonia niveiceps (Walker)									1
415	鳞翅目	Hepialidae	舟蛾科	Notodontidae	黄二星舟蛾	Euhampsonia cristata (Butler)						+			1
416	鳞翅目	Hepialidae	舟蛾科	Notodontidae	银二星舟蛾	Euhampsonia splendida (Oberthür)						+			1
417	鳞翅目	Hepialidae	舟蛾科	Notodontidae	扇内斑舟蛾	Peridea grahami (Schaus)									1
418	鳞翅目	Hepialidae	舟蛾科	Notodontidae	暗茶舟蛾	Scotodonta tenebrosa (Moore)									1

续表

序号	目名	目拉丁名	科名	科拉丁名	中文名	学 名	害虫	天敌	传粉	医药	食用	观赏	工业	环保	数据来源
419	鳞翅目	Hepialidae	舟蛾科	Notodontidae	白颈异齿舟蛾	*Hexafrenum leucodera*（Staudinger）									1
420	鳞翅目	Hepialidae	舟蛾科	Notodontidae	艳金舟蛾	*Spatalia doerriesi* Graeser									1
421	鳞翅目	Hepialidae	舟蛾科	Notodontidae	伪奇舟蛾	*Allata*（*Pseudallata*）*laticostalis*（Hampson）									1
422	鳞翅目	Lepidoptera	毒蛾科	Lymantriidae	鹅点足毒蛾	*Redoa anser* Collenette									1
423	鳞翅目	Lepidoptera	毒蛾科	Lymantriidae	黄斜带毒蛾	*Numenes disparilis separate* Leech									1
424	鳞翅目	Lepidoptera	毒蛾科	Lymantriidae	豆盗毒蛾	*Porthesia piperita*（Oberthür）									1
425	鳞翅目	Lepidoptera	毒蛾科	Lymantriidae	茶黄毒蛾	*Euproctis pseudoconspersa* Strand									2
426	鳞翅目	Lepidoptera	灯蛾科	Lymantriidae	之美苔蛾	*Miltochrista ziczac*（Walker）									1
427	鳞翅目	Lepidoptera	灯蛾科	Lymantriidae	毛黑美苔蛾	*Miltochrista nigrociliata* Fang									1
428	鳞翅目	Lepidoptera	灯蛾科	Lymantriidae	优美苔蛾	*Miltochrista striata* Bremer et Grey									1
429	鳞翅目	Lepidoptera	灯蛾科	Lymantriidae	静艳苔蛾	*Asura modesta*（Leech）									1
430	鳞翅目	Lepidoptera	灯蛾科	Lymantriidae	灰土苔蛾	*Eilema griseola* Hübner									1
431	鳞翅目	Lepidoptera	灯蛾科	Lymantriidae	粉鳞土苔蛾	*Eilema moorei*（Leech）									1
432	鳞翅目	Lepidoptera	灯蛾科	Lymantriidae	金平绣苔蛾	*Asuridia jinpingica* Fang									1
433	鳞翅目	Lepidoptera	灯蛾科	Lymantriidae	锡金雪苔蛾	*Cyana sikkimensis*（Elwes）									1
434	鳞翅目	Lepidoptera	灯蛾科	Lymantriidae	优雪苔蛾	*Cyana hamata*（Walker）									1
435	鳞翅目	Lepidoptera	灯蛾科	Lymantriidae	血红雪苔蛾	*Cyana sanguinea* Bremer et Grey									1
436	鳞翅目	Lepidoptera	灯蛾科	Lymantriidae	乌闪网苔蛾	*Macrobrochis staudingeri*（Apheraky）									1
437	鳞翅目	Lepidoptera	灯蛾科	Lymantriidae	白黑瓦苔蛾	*Vamuna ramelana* Moore									1
438	鳞翅目	Lepidoptera	灯蛾科	Lymantriidae	圆斑苏苔蛾	*Thysanoptyx signata* Walker									1
439	鳞翅目	Lepidoptera	灯蛾科	Lymantriidae	卷玛苔蛾	*Macototasa tortricoides*（Walker）									1
440	鳞翅目	Lepidoptera	灯蛾科	Lymantriidae	黄土苔蛾	*Eilema nigripoda*（Bremer）									1
441	鳞翅目	Lepidoptera	灯蛾科	Lymantriidae	点清苔蛾	*Apistosia subnigra* Leech									1
442	鳞翅目	Lepidoptera	灯蛾科	Lymantriidae	肖浑黄灯蛾	*Rhyparioides amurensis*（Bremer）									1
443	鳞翅目	Lepidoptera	灯蛾科	Lymantriidae	黄星雪灯蛾	*Spilosoma lubricipedum*（Linnaeus）									1
444	鳞翅目	Lepidoptera	灯蛾科	Lymantriidae	红星雪灯蛾	*Spilosoma punctarium*（Stoll）									2
445	鳞翅目	Lepidoptera	灯蛾科	Lymantriidae	褐带东灯蛾	*Eospilarctia lewsii*（Butler）									1
446	鳞翅目	Lepidoptera	灯蛾科	Lymantriidae	赭褐带东灯蛾	*Eospilarctia nehallenia*（Oberthür）									1

续表

序号	目名	目拉丁名	科名	科拉丁名	中文名	学名	害虫	天敌	传粉	医药	食用	观赏	工业	环保	数据来源
447	鳞翅目	Lepidoptera	灯蛾科	Lymantriidae	点望灯蛾	Lemyra stigmata Moore									1
448	鳞翅目	Lepidoptera	灯蛾科	Lymantriidae	姬白望灯蛾	Lemyra rhodophila Walker									1
449	鳞翅目	Lepidoptera	灯蛾科	Lymantriidae	黑须污灯蛾	Spilarctia casigneta（Koller）									1
450	鳞翅目	Lepidoptera	灯蛾科	Lymantriidae	强污灯蛾	Spilarctia robusta Leech									1
451	鳞翅目	Lepidoptera	灯蛾科	Lymantriidae	黑带污灯蛾	Spilarctia quercii（Oberthür）									451
452	鳞翅目	Lepidoptera	灯蛾科	Lymantriidae	尘污灯蛾	Spilarctia oblique（Koller）									1
453	鳞翅目	Lepidoptera	灯蛾科	Lymantriidae	净污灯蛾	Spilarctia alba（Bremer et Grey）									1
454	鳞翅目	Lepidoptera	灯蛾科	Lymantriidae	褐斑亮丽灯蛾	Calpenia takamukui Matsumura						+			1
455	鳞翅目	Lepidoptera	灯蛾科	Lymantriidae	扭拟灯蛾	Asota tortuosa Moore						+			1
456	鳞翅目	Lepidoptera	夜蛾科	Noctuidae	瘦银锭夜蛾	Macdunnoughia confus Stephens									2
457	鳞翅目	Lepidoptera	夜蛾科	Noctuidae	银锭夜蛾	Macdunnoughia crassisigna Warren									2
458	鳞翅目	Lepidoptera	夜蛾科	Noctuidae	后夜蛾	Trisuloides sericea Brutler									1
459	鳞翅目	Lepidoptera	夜蛾科	Noctuidae	黄后夜蛾	Trisuloides subflava Wileman									1
460	鳞翅目	Lepidoptera	夜蛾科	Noctuidae	镶夜蛾	Trichosea champa Moore									1
461	鳞翅目	Lepidoptera	夜蛾科	Noctuidae	小地老虎	Agrotis ypsilon（Hufnagel）	+			+					2
462	鳞翅目	Lepidoptera	夜蛾科	Noctuidae	大地老虎	Agrotis tokionis Butler	+								2
463	鳞翅目	Lepidoptera	夜蛾科	Noctuidae	甘蓝夜蛾	Mamestra brassicae Linneaus									1
464	鳞翅目	Lepidoptera	夜蛾科	Noctuidae	斜纹夜蛾	Spodoptera litura（Fabricius）									1
465	鳞翅目	Lepidoptera	夜蛾科	Noctuidae	粘虫	Pseudaletia separata Walker	+								2
466	鳞翅目	Lepidoptera	夜蛾科	Noctuidae	白点粘夜蛾	Leucania loreyi（Duponchel）	+								2
467	鳞翅目	Lepidoptera	夜蛾科	Noctuidae	白脉粘夜蛾	Leucania venalba Moore	+								2
468	鳞翅目	Lepidoptera	夜蛾科	Noctuidae	冷靛夜蛾	Belciades niveola（Motschulsky）									1
469	鳞翅目	Lepidoptera	夜蛾科	Noctuidae	条翠夜蛾	Diphtherocome fasciata（Moore）									1
470	鳞翅目	Lepidoptera	夜蛾科	Noctuidae	乌夜蛾	Melanchra persicariae（Linnaeus）									1
471	鳞翅目	Lepidoptera	夜蛾科	Noctuidae	八字地老虎	Xestia c-nigrum（Linnaeus）	+								1
472	鳞翅目	Lepidoptera	夜蛾科	Noctuidae	白斑胖夜蛾	Orthogonia canimaculata Warren									1
473	鳞翅目	Lepidoptera	夜蛾科	Noctuidae	紫褐杉夜蛾	Phlogophora subpurpurea Leech									1
474	鳞翅目	Lepidoptera	夜蛾科	Noctuidae	稻蛀茎夜蛾	Sesamia inferens Walker	+								2

续表

序号	目名	目拉丁名	科名	科拉丁名	中文名	学名	害虫	天敌	传粉	医药	食用	观赏	工业	环保	数据来源
475	鳞翅目	Lepidoptera	夜蛾科	Noctuidae	日月明夜蛾	*Sphragifera biplagiata* (Walker)									1
476	鳞翅目	Lepidoptera	夜蛾科	Noctuidae	稻螟蛉夜蛾	*Naranga aenescens* Moore	+								2
477	鳞翅目	Lepidoptera	夜蛾科	Noctuidae	红衣夜蛾	*Clethrophora distincta* (Leech)									1
478	鳞翅目	Lepidoptera	夜蛾科	Noctuidae	旋夜蛾	*Eligma narcissus* (Cramer)	+					+			1
479	鳞翅目	Lepidoptera	夜蛾科	Noctuidae	毛目夜蛾	*Erebus pilosa* (Leech)									1
480	鳞翅目	Lepidoptera	夜蛾科	Noctuidae	玫斑钻夜蛾	*Earias roseifera* Butler									1
481	鳞翅目	Lepidoptera	夜蛾科	Noctuidae	枯安钮夜蛾	*Ophiusa coronata* (Fabricius)									1
482	鳞翅目	Lepidoptera	夜蛾科	Noctuidae	石榴巾夜蛾	*Dysgonia stuposa* (Fabricius)						+			1
483	鳞翅目	Lepidoptera	夜蛾科	Noctuidae	懒毛胫夜蛾	*Mocis annetta* (Butler)									1
484	鳞翅目	Lepidoptera	夜蛾科	Noctuidae	棘翅夜蛾	*Scoliopteryx libatrix* (Linnaeus)									1
485	鳞翅目	Lepidoptera	夜蛾科	Noctuidae	三斑蕊夜蛾	*Cymatophoropsis trimaculata* (Bremer)									1
486	鳞翅目	Lepidoptera	夜蛾科	Noctuidae	厚夜蛾	*Erygia apicalis* Guenée									2
487	鳞翅目	Lepidoptera	夜蛾科	Noctuidae	客来夜蛾	*Chrysorithrum amata* (Bremer et Grey)									1
488	鳞翅目	Lepidoptera	夜蛾科	Noctuidae	壶夜蛾	*Calyptra thalictri* (Borkhausen)									1
489	鳞翅目	Lepidoptera	夜蛾科	Noctuidae	鳞眉夜蛾	*Pangrapta squamea* (Leech)									1
490	鳞翅目	Lepidoptera	夜蛾科	Noctuidae	张卜夜蛾	*Bomolocha rhombalis* (Guenée)									1
491	鳞翅目	Lepidoptera	夜蛾科	Noctuidae	钩白肾夜蛾	*Edessena hamada* Felder et Rogenhofer									1
492	鳞翅目	Lepidoptera	夜蛾科	Noctuidae	斜线双夜蛾	*Paracolax pacifica* Owada									1
493	鳞翅目	Lepidoptera	夜蛾科	Noctuidae	角镰须夜蛾	*Zanclognatha angulina* (Leech)									1
494	鳞翅目	Lepidoptera	虎蛾科	Agaristidae	迷彩虎蛾	*Episteme lectrix* (Linnaeua)						+			1
495	鳞翅目	Lepidoptera	虎蛾科	Agaristidae	拟彩虎蛾	*Mimeusemia persimilis* Butler						+			1
496	鳞翅目	Lepidoptera	虎蛾科	Agaristidae	黄修虎蛾	*Sarbanissa flavida* (Leech)						+			1
497	鳞翅目	Lepidoptera	虎蛾科	Agaristidae	艳修虎蛾	*Sarbanissa venusta* Leech						-			1
498	鳞翅目	Lepidoptera	虎蛾科	Agaristidae	葡萄修虎蛾	*Sarbanissa subflba* (Moore)						+			1
499	鳞翅目	Lepidoptera	虎蛾科	Agaristidae	白云修虎蛾	*Sarbanissa transiens* (Walker)						+			1
500	鳞翅目	Lepidoptera	天蛾科	Sphingidae	芝麻鬼脸天蛾	*Acherontia styx* Westwood	+					+			2
501	鳞翅目	Lepidoptera	天蛾科	Sphingidae	鬼脸天蛾	*Acherontia lachesis* (Fabricius)	+			+		+			1
502	鳞翅目	Lepidoptera	天蛾科	Sphingidae	松黑天蛾	*Hyloicus caligineus sinicus* Rothschild et Jordan						+			1

续表

序号	目名	目拉丁名	科名	科拉丁名	中文名	学名	害虫	天敌	传粉	医药	食用	观赏	工业	环保	数据来源
503	鳞翅目	Lepidoptera	天蛾科	Sphingidae	白薯天蛾	Herse convolvuli (Linnaeus)	+					+			2
504	鳞翅目	Lepidoptera	天蛾科	Sphingidae	大背天蛾	Meganoton analis (Felder)						+			1
505	鳞翅目	Lepidoptera	天蛾科	Sphingidae	霜天蛾	Psilogramma menephron (Cramer)	+					+			1
506	鳞翅目	Lepidoptera	天蛾科	Sphingidae	红节天蛾	Sphinx ligustri constricta Butler						+			1
507	鳞翅目	Lepidoptera	天蛾科	Sphingidae	小星天蛾	Dolbina exacta Staudinger						+			1
508	鳞翅目	Lepidoptera	天蛾科	Sphingidae	鹰翅天蛾	Oxyambulyx ochracea (Butler)						+			1
509	鳞翅目	Lepidoptera	天蛾科	Sphingidae	日本鹰翅天蛾	Oxyambulyx japonica Rothschild						+			1
510	鳞翅目	Lepidoptera	天蛾科	Sphingidae	褚横线天蛾	Clanidopsis exusta (Butler)						+			1
511	鳞翅目	Lepidoptera	天蛾科	Sphingidae	豆天蛾	Clanis bilineata Walker	+			+	+	+			2
512	鳞翅目	Lepidoptera	天蛾科	Sphingidae	洋魁天蛾	Clanis deucalion (Walker)						+			1
513	鳞翅目	Lepidoptera	天蛾科	Sphingidae	南方豆天蛾	Clanis bilineata bilineata (Walker)					+	+			1
514	鳞翅目	Lepidoptera	天蛾科	Sphingidae	齿翅三线天蛾	Polyptychus dentatus (Cramer)						+			1
515	鳞翅目	Lepidoptera	天蛾科	Sphingidae	椴六点天蛾	Marumba dyras (Walker)						+			1
516	鳞翅目	Lepidoptera	天蛾科	Sphingidae	栗六点天蛾	Marumba sperchius Ménéntriés						+			1
517	鳞翅目	Lepidoptera	天蛾科	Sphingidae	梨六点天蛾	Marumba gaschkewitschi complacens walke						+			1
518	鳞翅目	Lepidoptera	天蛾科	Sphingidae	枇杷六点天蛾	Marumba spectabilis Butler						+			1
519	鳞翅目	Lepidoptera	天蛾科	Sphingidae	黄脉天蛾	Amorpha amurensis Staudinger						+			1
520	鳞翅目	Lepidoptera	天蛾科	Sphingidae	构月天蛾	Paeum colligate Walker						+			1
521	鳞翅目	Lepidoptera	天蛾科	Sphingidae	榆绿天蛾	Rhyncholaba tatarinovi (Bremer et Grey)						+			1
522	鳞翅目	Lepidoptera	天蛾科	Sphingidae	绿带闭目天蛾	Callambulyx rubricosa (Walker)						+			1
523	鳞翅目	Lepidoptera	天蛾科	Sphingidae	北方蓝目天蛾	Smerithus planus alticola Clark				+		+			1
524	鳞翅目	Lepidoptera	天蛾科	Sphingidae	紫光盾天蛾	Phyllosphingia dissimilis sinensis Jordan						+			1
525	鳞翅目	Lepidoptera	天蛾科	Sphingidae	葡萄天蛾	Ampelophaga rubiginosa rubiginosa Bremer et Grey						+			1
526	鳞翅目	Lepidoptera	天蛾科	Sphingidae	葡萄缺角天蛾	Acocmeryx naga Moore						+			1
527	鳞翅目	Lepidoptera	天蛾科	Sphingidae	缺角天蛾	Acosmeryx castanea Jordan et Rothschild						+			1
528	鳞翅目	Lepidoptera	天蛾科	Sphingidae	红角天蛾	Pergesa elpenor lewisi (Butler)						+			1
529	鳞翅目	Lepidoptera	天蛾科	Sphingidae	斜纹天蛾	Theretra clotho clotho (Drury)						+			1
530	鳞翅目	Lepidoptera	天蛾科	Sphingidae	芋双线天蛾	Theretra oldenlandiae Fabricius						+			1

续表

序号	目名	目拉丁名	科名	科拉丁名	中文名	学名	害虫	天敌	传粉	医药	食用	观赏	工业	环保	数据来源
531	鳞翅目	Lepidoptera	天蛾科	Sphingidae	白眉天蛾	*Rhagastis mongoliana mongoliana* (Butler)						+			1
532	鳞翅目	Lepidoptera	天蛾科	Sphingidae	青白眉天蛾	*Rhagastis olivacea* (Moore)						+			1
533	鳞翅目	Lepidoptera	天蛾科	Sphingidae	条背天蛾	*Cechenena lineosa* (Walker)						+			1
534	鳞翅目	Lepidoptera	天蛾科	Sphingidae	平背天蛾	*Cechenena minor* (Butler)						+			1
535	鳞翅目	Lepidoptera	蚕蛾科	Bombycidae	白弧野蚕蛾	*Theophila albicurva* Chu et Waing									1
536	鳞翅目	Lepidoptera	蚕蛾科	Bombycidae	野蚕蛾	*Theophila mandarina* Moore					+		+		1
537	鳞翅目	Lepidoptera	蚕蛾科	Bombycidae	多忧翅蚕蛾	*Oberthüria caeca* (Oberthür)									1
538	鳞翅目	Lepidoptera	大蚕蛾科	Saturniidae	绿尾大蚕蛾	*Actias selenen ningpoana* Felder	+					+			1
539	鳞翅目	Lepidoptera	大蚕蛾科	Saturniidae	樗蚕	*Philosamia cynthia* Walkeri et Felder				+	+	+	+		1
540	鳞翅目	Lepidoptera	大蚕蛾科	Saturniidae	柞蚕蛾	*Antheraea pernyi* Guérin-Méneville				+	+	+	+		1
541	鳞翅目	Lepidoptera	大蚕蛾科	Saturniidae	钩翅大蚕蛾	*Antheraea assamensis* Westwood									1
542	鳞翅目	Lepidoptera	大蚕蛾科	Saturniidae	目豹大蚕蛾	*Loepa damartis* Jordan						+			1
543	鳞翅目	Lepidoptera	大蚕蛾科	Saturniidae	豹大蚕蛾	*Loepa oberthüri* Leech						+			1
544	鳞翅目	Lepidoptera	大蚕蛾科	Saturniidae	黄豹大蚕蛾	*Loepa katinka* Westwood						+			1
545	鳞翅目	Lepidoptera	大蚕蛾科	Saturniidae	胡桃大蚕蛾	*Dictyoploca cachra* Woore						+			1
546	鳞翅目	Lepidoptera	大蚕蛾科	Saturniidae	银杏大蚕蛾	*Dictyoploca japonica* Woore	+					+			2
547	鳞翅目	Lepidoptera	大蚕蛾科	Saturniidae	黄目大蚕蛾	*Caligula anna* Moore						+			1
548	鳞翅目	Lepidoptera	大蚕蛾科	Saturniidae	尊贵丁天蚕蛾	*Aglia homora* Jordan						+			2
549	鳞翅目	Lepidoptera	大蚕蛾科	Saturniidae	点目大蚕蛾	*Cricula andrei* Jordan						+			1
550	鳞翅目	Lepidoptera	大蚕蛾科	Saturniidae	猫目大蚕蛾	*Salassa thespis* Leech						+			1
551	鳞翅目	Lepidoptera	箩纹蛾科	Brahmaeidae	枯球箩纹蛾	*Brahmophthalma wallichii* (Gray)						+			1
552	鳞翅目	Lepidoptera	燕蛾科	Uraniidae	斜纹燕蛾	*Acropteris iphiata* Guenée									1
553	鳞翅目	Lepidoptera	锚纹蛾科	Callidulidae	锚纹蛾	*Pterodecta felderi* Bremer									1
554	鳞翅目	Lepidoptera	枯叶蛾科	Lasiocampidae	三线枯叶蛾	*Arguda vinata* Moore									1
555	鳞翅目	Lepidoptera	枯叶蛾科	Lasiocampidae	直纹枯叶蛾	*Kunugia lineate* (Moore)	+								1
556	鳞翅目	Lepidoptera	枯叶蛾科	Lasiocampidae	马尾松毛虫	*Dendrolimus punctata* (Walker)	+								1
557	鳞翅目	Lepidoptera	枯叶蛾科	Lasiocampidae	阿纹枯叶蛾	*Euthrix albomaculata* (Bremer)	+								1
558	鳞翅目	Lepidoptera	枯叶蛾科	Lasiocampidae	斜纹枯叶蛾	*Euthrix orboy orboy* Zolotuhin	+								1

续表

序号	目名	目拉丁名	科名	科拉丁名	中文名	学名	害虫	天敌	传粉	医药	食用	观赏	工业	环保	数据来源
559	鳞翅目	Lepidoptera	枯叶蛾科	Lasiocampidae	竹纹枯叶蛾	*Euthrix laeta* (Walker)	+								1
560	鳞翅目	Lepidoptera	枯叶蛾科	Lasiocampidae	杨褐枯叶蛾	*Gastropacha populifolia* (Esper)	+								1
561	鳞翅目	Lepidoptera	枯叶蛾科	Lasiocampidae	苹枯叶蛾	*Odonestis pruni* Linnaeus									1
562	鳞翅目	Lepidoptera	枯叶蛾科	Lasiocampidae	新光枯叶蛾	*Somadasys saturatus* Zolotuhin									1
563	鳞翅目	Lepidoptera	枯叶蛾科	Lasiocampidae	栗黄枯叶蛾	*Trabala vishnou vishnou* (Lefebure)	+					+			1
564	鳞翅目	Lepidoptera	带蛾科	Eupterotidae	灰褐带蛾	*Palirisa sinensis* Rothsch									1
565	鳞翅目	Lepidoptera	带蛾科	Eupterotidae	斜纹带蛾	*Ganisa pandya* Moore									1
566	鳞翅目	Lepidoptera	带蛾科	Eupterotidae	灰纹带蛾	*Ganisa cyamungrisea* Mell									1
567	鳞翅目	Lepidoptera	凤蝶科	Papilionidae	金裳凤蝶	*Troides aeacus* (Felder et Felder)			+			+		+	2
568	鳞翅目	Lepidoptera	凤蝶科	Papilionidae	麝凤蝶	*Byasa alcinous* (Klug)			+	+		+		+	1
569	鳞翅目	Lepidoptera	凤蝶科	Papilionidae	白斑麝凤蝶	*Byasa dasarada* (Moore)			+			+		+	1
570	鳞翅目	Lepidoptera	凤蝶科	Papilionidae	短尾麝凤蝶	*Byasa crasspes* (Oberthür)			+			+		+	2
571	鳞翅目	Lepidoptera	凤蝶科	Papilionidae	长尾麝凤蝶	*Byasa impediens* (Rothschild)			+			+		+	1
572	鳞翅目	Lepidoptera	凤蝶科	Papilionidae	达摩麝凤蝶	*Byasa darmonius* (Alpheraky)			+			+		+	2
573	鳞翅目	Lepidoptera	凤蝶科	Papilionidae	多姿麝凤蝶	*Byasa polyeuctes* (Doubleday)			+			+		+	1
574	鳞翅目	Lepidoptera	凤蝶科	Papilionidae	蓝美凤蝶	*Papilio protenor* Cramer			+			+		+	1
575	鳞翅目	Lepidoptera	凤蝶科	Papilionidae	红基美凤蝶	*Papilio alcmenor* Felder	+		+			+		+	2
576	鳞翅目	Lepidoptera	凤蝶科	Papilionidae	玉带凤蝶	*Papilio polytes* Linnaeus			+	+		+		+	1
577	鳞翅目	Lepidoptera	凤蝶科	Papilionidae	窄斑翠凤蝶	*Papilio arcturus* Westwood			+			+		+	1
578	鳞翅目	Lepidoptera	凤蝶科	Papilionidae	碧翠凤蝶	*Papilio bianor* (Cramer)			+			+		+	1
579	鳞翅目	Lepidoptera	凤蝶科	Papilionidae	巴黎翠凤蝶	*Papilio paris* Linnaeus			+			+		+	1
580	鳞翅目	Lepidoptera	凤蝶科	Papilionidae	柑橘凤蝶	*Papilio xuthus* (Linnaeus)	+		+			+		+	1
581	鳞翅目	Lepidoptera	凤蝶科	Papilionidae	金凤蝶	*Papilio machaon* Linnaeus			+	+		+		+	2
582	鳞翅目	Lepidoptera	凤蝶科	Papilionidae	宽带青凤蝶	*Graphium cloanthus* (Westwood)			+			+		+	2
583	鳞翅目	Lepidoptera	凤蝶科	Papilionidae	褐钩凤蝶	*Meandrusa sciron* (Leech)			+			+		+	1
584	鳞翅目	Lepidoptera	凤蝶科	Papilionidae	升天剑凤蝶	*Pazala euroa* (Leech)			+			+		+	1
585	鳞翅目	Lepidoptera	凤蝶科	Papilionidae	金斑剑凤蝶	*Pazala euroa* (Leech)			+			+		+	1
586	鳞翅目	Lepidoptera	凤蝶科	Papilionidae	乌克兰剑凤蝶	*Pazala tamerlana* (Oberthür)			+			+		+	2

续表

序号	目名	目拉丁名	科名	科拉丁名	中文名	学名	害虫	天敌	传粉	医药	食用	观赏	工业	环保	数据来源
587	鳞翅目	Lepidoptera	凤蝶科	Papilionidae	中华虎凤蝶	Luehdorfia chinensis Leech			+			+		+	2
588	鳞翅目	Lepidoptera	凤蝶科	Papilionidae	褐斑凤蝶	Chilasa agestor Gray			+			+		+	1
589	鳞翅目	Lepidoptera	绢蝶科	Parnassiidae	冰清绢蝶	Parnassius glacialis Butler			+			+		+	1
590	鳞翅目	Lepidoptera	粉蝶科	Parnassiidae	黑角方粉蝶	Dercas lycorias (Doubleday)			+			+		+	1
591	鳞翅目	Lepidoptera	粉蝶科	Parnassiidae	斑缘豆粉蝶	Coliasr erate (Fsper)			+	+		+		+	1
592	鳞翅目	Lepidoptera	粉蝶科	Parnassiidae	橙黄豆粉蝶	Colias fieldii Ménériès			+	+		+		+	1
593	鳞翅目	Lepidoptera	粉蝶科	Parnassiidae	红襟粉蝶	Anthocharis cardamines (Linnaeus)			+			+		+	2
594	鳞翅目	Lepidoptera	粉蝶科	Parnassiidae	绢粉蝶	Aporia crataegi (Linnaeus)			+			+		+	2
595	鳞翅目	Lepidoptera	粉蝶科	Parnassiidae	小檗绢粉蝶	Aporia hippie (Bremer)	+		+			+		+	1
596	鳞翅目	Lepidoptera	粉蝶科	Parnassiidae	利剑绢粉蝶	Aporia harrietae (de Niceville)			+			+		+	2
597	鳞翅目	Lepidoptera	粉蝶科	Parnassiidae	灰姑娘绢粉蝶	Aporia intercostata (Bang-Haas)			+			+		+	1
598	鳞翅目	Lepidoptera	粉蝶科	Parnassiidae	酪色绢粉蝶	Aporia potanini Alpheraky			+			+		+	1
599	鳞翅目	Lepidoptera	粉蝶科	Parnassiidae	巨翅绢粉蝶	Aporia gigantean Koiwaya			+			+		+	1
600	鳞翅目	Lepidoptera	粉蝶科	Parnassiidae	大翅绢粉蝶	Aporia largeteaui (Oberthür)			+			+		+	1
601	鳞翅目	Lepidoptera	粉蝶科	Parnassiidae	秦岭绢粉蝶	Aporia tsinglingca (Verity)			+			+		+	2
602	鳞翅目	Lepidoptera	粉蝶科	Parnassiidae	三黄绢粉蝶	Aporia larraldei (Oberthür)			+			+		+	2
603	鳞翅目	Lepidoptera	粉蝶科	Parnassiidae	黑边绢粉蝶	Aporia acraea (Oberthür)			+			+		+	1
604	鳞翅目	Lepidoptera	粉蝶科	Parnassiidae	酒青斑粉蝶	Delias sanaca (Moore)			+			+		+	2
605	鳞翅目	Lepidoptera	粉蝶科	Parnassiidae	隐条斑粉蝶	Delias subnubila Leech			+			+		+	1
606	鳞翅目	Lepidoptera	粉蝶科	Parnassiidae	橙翅襟粉蝶	Anthocharis bambusarum Oberthür			+			+		+	1
607	鳞翅目	Lepidoptera	粉蝶科	Parnassiidae	宽边黄粉蝶	Eurema hecabe (Linnaeus)			+			+		+	1
608	鳞翅目	Lepidoptera	粉蝶科	Parnassiidae	圆翅钩粉蝶	Gonepteryx amintha Blanchard			+			—		+	1
609	鳞翅目	Lepidoptera	粉蝶科	Parnassiidae	尖钩粉蝶	Gonepterys mahaguru Gistel			+			+		+	1
610	鳞翅目	Lepidoptera	粉蝶科	Parnassiidae	钩粉蝶	Gonepterys rhamni (Linnaeus)			+			+		+	1
611	鳞翅目	Lepidoptera	粉蝶科	Parnassiidae	突角小粉蝶	Leptidea amurensis (Ménériès)			+			+		+	2
612	鳞翅目	Lepidoptera	粉蝶科	Parnassiidae	圆翅小粉蝶	Leptidea gigantean Leech			+			+		+	2
613	鳞翅目	Lepidoptera	粉蝶科	Parnassiidae	锯纹小粉蝶	Leptidea serrata Lee			+					+	2
614	鳞翅目	Lepidoptera	粉蝶科	Parnassiidae	小粉蝶	Leptidea sinapis Linnaeus			+					+	2

续表

序号	目名	目拉丁名	科名	科拉丁名	中文名	学名	害虫	天敌	传粉	医药	食用	观赏	工业	环保	数据来源
615	鳞翅目	Lepidoptera	粉蝶科	Parnassiidae	菜粉蝶	*Pieris rapae* (Linnaeus)	+		+	+				+	1
616	鳞翅目	Lepidoptera	粉蝶科	Parnassiidae	黑纹粉蝶	*Pieris melete* Ménétriès	+		+	+		+		+	1
617	鳞翅目	Lepidoptera	粉蝶科	Parnassiidae	东方菜粉蝶	*Pieris canidia* (Sparrman)	+		+			+		+	1
618	鳞翅目	Lepidoptera	粉蝶科	Parnassiidae	暗脉粉蝶	*Pieris napi* (Linnaeus)	+		+					+	1
619	鳞翅目	Lepidoptera	粉蝶科	Parnassiidae	大展粉蝶	*Pieris extensa* Poujade			+			+		+	1
620	鳞翅目	Lepidoptera	斑蝶科	Danaidae	大绢斑蝶	*Parantica sita* (Kita)			+			+		+	1
621	鳞翅目	Lepidoptera	环蝶科	Amathusiidae	灰翅串珠环蝶	*Faunis aerope* (Leech)			+			+		+	1
622	鳞翅目	Lepidoptera	环蝶科	Amathusiidae	箭环蝶	*Stichophthalma howqua* (Westwood)			+			+		+	1
623	鳞翅目	Lepidoptera	环蝶科	Amathusiidae	双星箭环蝶	*Stichophthalma neumogeni* Leech			+			+		+	1
624	鳞翅目	Lepidoptera	眼蝶科	Satyridae	颠眼蝶	*Acropolis thalia* (Leech)			+			+		+	2
625	鳞翅目	Lepidoptera	眼蝶科	Satyridae	白条黛眼蝶	*Lethe albolineata* (Poujade)			+			+		+	2
626	鳞翅目	Lepidoptera	眼蝶科	Satyridae	苔娜黛眼蝶	*Lethe diana* (Butler)			+			+		+	1
627	鳞翅目	Lepidoptera	眼蝶科	Satyridae	明带黛眼蝶	*Lethe helle* (Leech)			+			+		+	2
628	鳞翅目	Lepidoptera	眼蝶科	Satyridae	直带黛眼蝶	*Lethe lanars* Butler			+			+		+	1
629	鳞翅目	Lepidoptera	眼蝶科	Satyridae	边纹黛眼蝶	*Lethe marginalis* (Motschulsky)			+			+		+	2
630	鳞翅目	Lepidoptera	眼蝶科	Satyridae	八目黛眼蝶	*Lethe oculatissima* Poujade			+			+		+	2
631	鳞翅目	Lepidoptera	眼蝶科	Satyridae	蛇神黛眼蝶	*Lethe satyrina* Butler			+			+		+	1
632	鳞翅目	Lepidoptera	眼蝶科	Satyridae	连纹黛眼蝶	*Lethe syrcis* (Hewitson)			+			+		+	1
633	鳞翅目	Lepidoptera	眼蝶科	Satyridae	蒙链荫眼蝶	*Neope muirheadi* Felder			+			+		+	1
634	鳞翅目	Lepidoptera	眼蝶科	Satyridae	布莱荫眼蝶	*Neope bremeri* (Felder)			+			+		+	2
635	鳞翅目	Lepidoptera	眼蝶科	Satyridae	奥荫眼蝶	*Neope oberthueri* Leech			+			+		+	2
636	鳞翅目	Lepidoptera	眼蝶科	Satyridae	黄斑荫眼蝶	*Neope pulaha* Leech			+			+		+	2
637	鳞翅目	Lepidoptera	眼蝶科	Satyridae	黑斑荫眼蝶	*Neope pulahoides* Moore			+			+		+	2
638	鳞翅目	Lepidoptera	眼蝶科	Satyridae	丝链荫眼蝶	*Neope yama* (Moore)			+			+		+	1
639	鳞翅目	Lepidoptera	眼蝶科	Satyridae	宁眼蝶	*Ninguta schrenkii* (Menetries)			+			+		+	1
640	鳞翅目	Lepidoptera	眼蝶科	Satyridae	稻眉眼蝶	*Mycalesis gotama* Moore	+		+			+		+	1
641	鳞翅目	Lepidoptera	眼蝶科	Satyridae	拟稻眉眼蝶	*Mycalesis francisca* (Stoll)			+			+		+	1
642	鳞翅目	Lepidoptera	眼蝶科	Satyridae	密纱眉眼蝶	*Mycalesis misemus* be Nicéville			+					+	1

续表

序号	目名	目拉丁名	科名	科拉丁名	中文名	学名	害虫	天敌	传粉	医药	食用	观赏	工业	环保	数据来源
643	鳞翅目	Lepidoptera	眼蝶科	Satyridae	矍眼蝶	*Ypthima balda*（Fabricius）			+					+	1
644	鳞翅目	Lepidoptera	眼蝶科	Satyridae	中华矍眼蝶	*Ypthima chinensis* Leech			+	+				+	1
645	鳞翅目	Lepidoptera	眼蝶科	Satyridae	幽矍眼蝶	*Ypthima conjuncta* Leech			+					+	1
646	鳞翅目	Lepidoptera	眼蝶科	Satyridae	江畸矍眼蝶	*Ypthima esakii* Shirozu			+					+	2
647	鳞翅目	Lepidoptera	眼蝶科	Satyridae	不孤矍眼蝶	*Ypthima insolita* Leech			+					+	2
648	鳞翅目	Lepidoptera	眼蝶科	Satyridae	瓦云矍眼蝶	*Ypthima megalomma* Butler			+					+	2
649	鳞翅目	Lepidoptera	眼蝶科	Satyridae	密纹矍眼蝶	*Ypthima multistriata* Butler			+					+	2
650	鳞翅目	Lepidoptera	眼蝶科	Satyridae	前雾矍眼蝶	*Ypthima praenubila* Leech			+					+	2
651	鳞翅目	Lepidoptera	眼蝶科	Satyridae	连斑矍眼蝶	*Ypthima sakra* Moore			+					+	2
652	鳞翅目	Lepidoptera	眼蝶科	Satyridae	融斑矍眼蝶	*Ypthima nikaea* Moore			+					+	1
653	鳞翅目	Lepidoptera	眼蝶科	Satyridae	卓矍眼蝶	*Ypthima zodia* Butler			+					+	2
654	鳞翅目	Lepidoptera	眼蝶科	Satyridae	完璧矍眼蝶	*Ypthima perfecta*（Leech）			+					+	1
655	鳞翅目	Lepidoptera	眼蝶科	Satyridae	东亚矍眼蝶	*Ypthima motschulskyi*（Bremer et Grey）			+					+	1
656	鳞翅目	Lepidoptera	眼蝶科	Satyridae	箭纹粉眼蝶	*Callarge sagitta*（Leech）			+			+		+	1
657	鳞翅目	Lepidoptera	眼蝶科	Satyridae	大艳眼蝶	*Callerebia suroia* Tytler			+					+	1
658	鳞翅目	Lepidoptera	眼蝶科	Satyridae	牧女珍眼蝶	*Coenonympha amaryllis*（Cramer）			+					+	2
659	鳞翅目	Lepidoptera	眼蝶科	Satyridae	多眼蝶	*Kirinia epaminondas*（Staudinger）			+			+		+	2
660	鳞翅目	Lepidoptera	眼蝶科	Satyridae	斗毛眼蝶	*Lasiommata deidamia*（Eversmann）			+			+		+	1
661	鳞翅目	Lepidoptera	眼蝶科	Satyridae	黄环链眼蝶	*Lopinga achine*（Scopoli）			+			+		+	2
662	鳞翅目	Lepidoptera	眼蝶科	Satyridae	草原舜眼蝶	*Loxerebia pratorum*（Oberthür）			+			+		+	2
663	鳞翅目	Lepidoptera	眼蝶科	Satyridae	白瞳舜眼蝶	*Loxerebia saxicola*（Oberthür）			+			+		+	1
664	鳞翅目	Lepidoptera	眼蝶科	Satyridae	蓝斑丽眼蝶	*Mandarinia regalis*（Leech）			+			+		+	2
665	鳞翅目	Lepidoptera	眼蝶科	Satyridae	亚洲白眼蝶	*Melanargia asiatica* Oberthür et Houlbert			+			+		+	2
666	鳞翅目	Lepidoptera	眼蝶科	Satyridae	华北白眼蝶	*Melanargia epimede*（Staudinger）			+			-		+	1
667	鳞翅目	Lepidoptera	眼蝶科	Satyridae	白眼蝶	*Melanargia halimede* Ménétriès			+			+		+	1
668	鳞翅目	Lepidoptera	眼蝶科	Satyridae	山地白眼蝶	*Melanargia Montana* Leech			+			+		+	2
669	鳞翅目	Lepidoptera	眼蝶科	Satyridae	蛇眼蝶	*Minois dryas*（Scopoli）			+			+		+	1
670	鳞翅目	Lepidoptera	眼蝶科	Satyridae	古眼蝶	*Palaeonympha opalina* Butler			+			+		+	1

续表

序号	目名	目拉丁名	科名	科拉丁名	中文名	学名	害虫	天敌	传粉	医药	食用	观赏	工业	环保	数据来源
671	鳞翅目	Lepidoptera	眼蝶科	Satyridae	白斑眼蝶	Penthema adelma（Felder）			+			+		+	1
672	鳞翅目	Lepidoptera	眼蝶科	Satyridae	网眼蝶	Rpaphicera dumicola（Oberthür）			+			+		+	1
673	鳞翅目	Lepidoptera	眼蝶科	Satyridae	藏眼蝶	Tatinga tibetana（Oberthür）			+			+		+	1
674	鳞翅目	Lepidoptera	蛱蝶科	Nymphalidae	尾蛱蝶	Polyura narcaea（Oberthür）			+			+		+	1
675	鳞翅目	Lepidoptera	蛱蝶科	Nymphalidae	奥蛱蝶	Auzakia danava（Moore）			+			+		+	2
676	鳞翅目	Lepidoptera	蛱蝶科	Nymphalidae	迷蛱蝶	Mimathyma chevana（Moore）			+			+		+	1
677	鳞翅目	Lepidoptera	蛱蝶科	Nymphalidae	白斑迷蛱蝶	Mimathyma schrenckii（Oberthür）			+			+		+	2
678	鳞翅目	Lepidoptera	蛱蝶科	Nymphalidae	娴蛱蝶	Abrota ganga Moore			+			+		+	2
679	鳞翅目	Lepidoptera	蛱蝶科	Nymphalidae	大紫蛱蝶	Sasakia charonda（Hewitson）			+			+		+	2
680	鳞翅目	Lepidoptera	蛱蝶科	Nymphalidae	箭环蛱蝶	Seokia prati（Leech）			+			+		+	2
681	鳞翅目	Lepidoptera	蛱蝶科	Nymphalidae	黄帅蛱蝶	Sephisa princeps（Fixsen）			+			+		+	2
682	鳞翅目	Lepidoptera	蛱蝶科	Nymphalidae	紫闪蛱蝶	Apatura iris（Linnaeus）			+			+		+	1
683	鳞翅目	Lepidoptera	蛱蝶科	Nymphalidae	柳紫闪蛱蝶	Apatura ilis（Deni et Schiffermuller）			+			+		+	1
684	鳞翅目	Lepidoptera	蛱蝶科	Nymphalidae	细带闪蛱蝶	Apatura metis Freyer			+			+		+	1
685	鳞翅目	Lepidoptera	蛱蝶科	Nymphalidae	曲带闪蛱蝶	Apatura laverna Leech			+			+		+	1
686	鳞翅目	Lepidoptera	蛱蝶科	Nymphalidae	布网蜘蛱蝶	Araschnia burejana（Bremer）			+			+		+	2
687	鳞翅目	Lepidoptera	蛱蝶科	Nymphalidae	大卫蜘蛱蝶	Araschnia davidis Poujade			+			+		+	2
688	鳞翅目	Lepidoptera	蛱蝶科	Nymphalidae	曲纹蜘蛱蝶	Araschnia doris Leech			+			+		+	1
689	鳞翅目	Lepidoptera	蛱蝶科	Nymphalidae	黑脉蛱蝶	Hestina assimilis（Linnaeus）			+			+		+	2
690	鳞翅目	Lepidoptera	蛱蝶科	Nymphalidae	秀蛱蝶	Pseudergolis wedah（Kollar）			+			+		+	1
691	鳞翅目	Lepidoptera	蛱蝶科	Nymphalidae	斐豹蛱蝶	Argyreus hyperbius（Linnaeus）			+			+		+	1
692	鳞翅目	Lepidoptera	蛱蝶科	Nymphalidae	老豹蛱蝶	Argyonome laodice（Pallas）			+			+		+	1
693	鳞翅目	Lepidoptera	蛱蝶科	Nymphalidae	青豹蛱蝶	Damora sagana（Doubleday）			+			+		+	2
694	鳞翅目	Lepidoptera	蛱蝶科	Nymphalidae	云豹蛱蝶	Nephargynnis anadyomene Felker et Felker			+			+		+	1
695	鳞翅目	Lepidoptera	蛱蝶科	Nymphalidae	绿豹蛱蝶	Argynnis paphia（Linnaeus）			+			+		+	1
696	鳞翅目	Lepidoptera	蛱蝶科	Nymphalidae	灿福蛱蝶	Fabriciana adippe Denis et Schiffermuller			+			+		+	1
697	鳞翅目	Lepidoptera	蛱蝶科	Nymphalidae	蟠福蛱蝶	Fabriciana neripe（C. R. Felker）			+			+		+	2
698	鳞翅目	Lepidoptera	蛱蝶科	Nymphalidae	银豹蛱蝶	Childrena childreni（Gray）			+			+		+	2

续表

序号	目名	目拉丁名	科名	科拉丁名	中文名	学名	害虫	天敌	传粉	医药	食用	观赏	工业	环保	数据来源
699	鳞翅目	Lepidoptera	蛱蝶科	Nymphalidae	曲纹银豹蛱蝶	Childrena zenobia（Leech）			+			+		+	2
700	鳞翅目	Lepidoptera	蛱蝶科	Nymphalidae	银斑豹蛱蝶	Speyeria aglaja（Linnaeus）			+			+		+	2
701	鳞翅目	Lepidoptera	蛱蝶科	Nymphalidae	铂铠蛱蝶	Chitoria pallas（Leech）			+			+		+	2
702	鳞翅目	Lepidoptera	蛱蝶科	Nymphalidae	锯带翠蛱蝶	Euthalia alpherakyi Oberthür			+			+		+	2
703	鳞翅目	Lepidoptera	蛱蝶科	Nymphalidae	嘉翠蛱蝶	Euthalia kardama（Moore）			+			+		+	1
704	鳞翅目	Lepidoptera	蛱蝶科	Nymphalidae	珀翠蛱蝶	Euthalia pratti Leech			+			+		+	2
705	鳞翅目	Lepidoptera	蛱蝶科	Nymphalidae	波纹翠蛱蝶	Euthalia undosa Fruhstorfer			+			+		+	2
706	鳞翅目	Lepidoptera	蛱蝶科	Nymphalidae	重眉线蛱蝶	Limeniti amphyssa Ménériès			+			+		+	2
707	鳞翅目	Lepidoptera	蛱蝶科	Nymphalidae	扬眉线蛱蝶	Limenitis helmanni Lederer			+			+		+	1
708	鳞翅目	Lepidoptera	蛱蝶科	Nymphalidae	戟眉线蛱蝶	Limenitis homeyeri Tancre			+			+		+	1
709	鳞翅目	Lepidoptera	蛱蝶科	Nymphalidae	断眉线蛱蝶	Limenitis doerriesi Staudinger			+			+		+	1
710	鳞翅目	Lepidoptera	蛱蝶科	Nymphalidae	巧克力线蛱蝶	Limenitis ciocolatrna Poujade			+			+		+	2
711	鳞翅目	Lepidoptera	蛱蝶科	Nymphalidae	细线蛱蝶	Limenitis cleophas Oberthür			+			+		+	1
712	鳞翅目	Lepidoptera	蛱蝶科	Nymphalidae	红线蛱蝶	Limenitis populi（Linnaeus）			+			+		+	1
713	鳞翅目	Lepidoptera	蛱蝶科	Nymphalidae	折线蛱蝶	Limenitis sydyi Lederer			+			+		+	2
714	鳞翅目	Lepidoptera	蛱蝶科	Nymphalidae	残锷线蛱蝶	Limenitis sulpitia（Cramer）			+			+		+	1
715	鳞翅目	Lepidoptera	蛱蝶科	Nymphalidae	愁眉线蛱蝶	Limenitis disjucta Leech			+			+		+	2
716	鳞翅目	Lepidoptera	蛱蝶科	Nymphalidae	幸福带蛱蝶	Athyma fortura Leech			+			+		+	1
717	鳞翅目	Lepidoptera	蛱蝶科	Nymphalidae	玉杵带蛱蝶	Athyma jina Moore			+			+		+	1
718	鳞翅目	Lepidoptera	蛱蝶科	Nymphalidae	虬眉带蛱蝶	Athyma opalina（Kollar）			+			+		+	1
719	鳞翅目	Lepidoptera	蛱蝶科	Nymphalidae	新月带蛱蝶	Athyma selenophora			+			+		+	1
720	鳞翅目	Lepidoptera	蛱蝶科	Nymphalidae	六点带蛱蝶	Athyma punctata leech			+			+		+	1
721	鳞翅目	Lepidoptera	蛱蝶科	Nymphalidae	绢蛱蝶	Calinaga buddha Moore			+			+		+	2
722	鳞翅目	Lepidoptera	蛱蝶科	Nymphalidae	大卫绢蛱蝶	Calinaga davidis Oberthür			+			-		+	2
723	鳞翅目	Lepidoptera	蛱蝶科	Nymphalidae	珂环蛱蝶	Neptis clinia Moore			+			+		+	2
724	鳞翅目	Lepidoptera	蛱蝶科	Nymphalidae	小环蛱蝶	Neptis sappho（Pallas）			+			+		+	1
725	鳞翅目	Lepidoptera	蛱蝶科	Nymphalidae	仿珂环蛱蝶	Neptis clinioides de Nicéville			+			+		+	2
726	鳞翅目	Lepidoptera	蛱蝶科	Nymphalidae	卡环蛱蝶	Neptis cartica Moore			+			+		+	2

续表

序号	目名	目拉丁名	科名	科拉丁名	中文名	学名	害虫	天敌	传粉	医药	食用	观赏	工业	环保	数据来源
727	鳞翅目	Lepidoptera	蛱蝶科	Nymphalidae	娑环蛱蝶	*Neptis soma* Moore			+			+		+	1
728	鳞翅目	Lepidoptera	蛱蝶科	Nymphalidae	司环蛱蝶	*Neptis speyeri* Staudinger			+			+		+	2
729	鳞翅目	Lepidoptera	蛱蝶科	Nymphalidae	黄环蛱蝶	*Neptis themis* Leech			+			+		+	1
730	鳞翅目	Lepidoptera	蛱蝶科	Nymphalidae	海环蛱蝶	*Neptis thestis* Leech			+			+		+	1
731	鳞翅目	Lepidoptera	蛱蝶科	Nymphalidae	提环蛱蝶	*Neptis thisbe* (Menetries)			+			+		+	1
732	鳞翅目	Lepidoptera	蛱蝶科	Nymphalidae	中环蛱蝶	*Neptis hylas* (Linnaeus)			+			+		+	1
733	鳞翅目	Lepidoptera	蛱蝶科	Nymphalidae	耶环蛱蝶	*Neptis yerburii* Butler			+			+		+	1
734	鳞翅目	Lepidoptera	蛱蝶科	Nymphalidae	娜环蛱蝶	*Neptis nata* (Moore)			+			+		+	1
735	鳞翅目	Lepidoptera	蛱蝶科	Nymphalidae	断环蛱蝶	*Neptis sankara* (Kollar)			+			+		+	1
736	鳞翅目	Lepidoptera	蛱蝶科	Nymphalidae	啡环蛱蝶	*Neptis philyra* Ménétriès			+			+		+	2
737	鳞翅目	Lepidoptera	蛱蝶科	Nymphalidae	矛环蛱蝶	*Neptis armandia* (Oberthür)			+			+		+	2
738	鳞翅目	Lepidoptera	蛱蝶科	Nymphalidae	伊洛环蛱蝶	*Neptis ilos* Fruhstorfer			+			+		+	1
739	鳞翅目	Lepidoptera	蛱蝶科	Nymphalidae	宽环蛱蝶	*Neptis mahendra* Moore			+			+		+	2
740	鳞翅目	Lepidoptera	蛱蝶科	Nymphalidae	弥环蛱蝶	*Neptis miah* Moore			+			+		+	2
741	鳞翅目	Lepidoptera	蛱蝶科	Nymphalidae	茂环蛱蝶	*Neptis nemorosa* Oberthür			+			+		+	1
742	鳞翅目	Lepidoptera	蛱蝶科	Nymphalidae	朝鲜环蛱蝶	*Neptis philyroides* Staudinger			+			+		+	2
743	鳞翅目	Lepidoptera	蛱蝶科	Nymphalidae	黄重环蛱蝶	*Neptis cydippe* Leech			+			+		+	2
744	鳞翅目	Lepidoptera	蛱蝶科	Nymphalidae	重环蛱蝶	*Neptis alwina* (Bremer)			+			+		+	1
745	鳞翅目	Lepidoptera	蛱蝶科	Nymphalidae	羚环蛱蝶	*Neptis antilope* Leech			+			+		+	2
746	鳞翅目	Lepidoptera	蛱蝶科	Nymphalidae	蛛环蛱蝶	*Neptis arachne* Leech			+			+		+	1
747	鳞翅目	Lepidoptera	蛱蝶科	Nymphalidae	链环蛱蝶	*Neptis pryeri* (Butler)			+			+		+	1
748	鳞翅目	Lepidoptera	蛱蝶科	Nymphalidae	单环蛱蝶	*Neptis rivularis* (Scopoli)			+			+		+	1
749	鳞翅目	Lepidoptera	蛱蝶科	Nymphalidae	黄缘蛱蝶	*Nymphalis antiopa* (Linnaeus)			+			+		+	2
750	鳞翅目	Lepidoptera	蛱蝶科	Nymphalidae	荨麻蛱蝶	*Nymphalis urticae* (Linnaeus)			+			+		+	1
751	鳞翅目	Lepidoptera	蛱蝶科	Nymphalidae	芯蟠蛱蝶	*Pantoporia bieti* (Oberthür)			+			+		+	2
752	鳞翅目	Lepidoptera	蛱蝶科	Nymphalidae	白斑俳蛱蝶	*Parasarpa albomaculata* (Leech)			+			+		+	2
753	鳞翅目	Lepidoptera	蛱蝶科	Nymphalidae	白裳猫蛱蝶	*Timelaea albescens* (Oberthür)			+			+		+	1
754	鳞翅目	Lepidoptera	蛱蝶科	Nymphalidae	猫蛱蝶	*Timelaea maculate* (Bremer et Grey)			+			+		+	2

续表

序号	目名	目拉丁名	科名	科拉丁名	中文名	学名	害虫	天敌	传粉	医药	食用	观赏	工业	环保	数据来源
755	鳞翅目	Lepidoptera	蛱蝶科	Nymphalidae	大红蛱蝶	Vanessa indica（Herbst）			+			+		+	1
756	鳞翅目	Lepidoptera	蛱蝶科	Nymphalidae	小红蛱蝶	Vanessa cardui（Linnaeus）			+			+		+	1
757	鳞翅目	Lepidoptera	蛱蝶科	Nymphalidae	琉璃蛱蝶	Kaniska canace（Linnaeus）			+			+		+	1
758	鳞翅目	Lepidoptera	蛱蝶科	Nymphalidae	黄钩蛱蝶-	Polygonis c-aureum（Linnaeus）			+			+		+	1
759	鳞翅目	Lepidoptera	蛱蝶科	Nymphalidae	白钩蛱蝶-	Polygonis c-album（Linnaeus）			+			+		+	2
760	鳞翅目	Lepidoptera	蛱蝶科	Nymphalidae	翠蓝眼蛱蝶	Junonia orithya（Linnaeus）			+			+		+	1
761	鳞翅目	Lepidoptera	蛱蝶科	Nymphalidae	散纹盛蛱蝶	Symbrenthia lilaea（Hewitson）			+			+		+	1
762	鳞翅目	Lepidoptera	蛱蝶科	Nymphalidae	拟缕蛱蝶	Litinga mimica（Poujade）			+			+		+	1
763	鳞翅目	Lepidoptera	蛱蝶科	Nymphalidae	累积蛱蝶	Lelecella limenitoides（Oberthür）			+			+		+	2
764	鳞翅目	Lepidoptera	蛱蝶科	Nymphalidae	谪菲蛱蝶	Phaedyma aspasia（Leech）			+			+		+	1
765	鳞翅目	Lepidoptera	珍蝶科	Acraeidae	苎麻珍蝶	Acraea issoria（Hubner）			+			+		+	1
766	鳞翅目	Lepidoptera	喙蝶科	Libytheidae	朴喙蝶	Libythea celtis Laicharting			+			+		+	1
767	鳞翅目	Lepidoptera	蚬蝶科	Riodinidae	白带褐蚬蝶	Abisara fylloides（Moore）			+			+		+	1
768	鳞翅目	Lepidoptera	蚬蝶科	Riodinidae	黄带褐蚬蝶	Abisara fylla（Mestwood）			+			+		+	1
769	鳞翅目	Lepidoptera	蚬蝶科	Riodinidae	波蚬蝶	Zemeros flegyas（Cramer）			+			+		+	2
770	鳞翅目	Lepidoptera	蚬蝶科	Riodinidae	豹蚬蝶	Takashia nana（Leech）			+			+		+	2
771	鳞翅目	Lepidoptera	灰蝶科	Lycaenidae	钮灰蝶	Acytoiepis puspa（Horsfied）			+			+		+	2
772	鳞翅目	Lepidoptera	灰蝶科	Lycaenidae	金杭灰蝶	Ahlbergia chalcidis Chou et Li			+			+		+	2
773	鳞翅目	Lepidoptera	灰蝶科	Lycaenidae	癞灰蝶	Araragi enthea（Janson）			+			+		+	2
774	鳞翅目	Lepidoptera	灰蝶科	Lycaenidae	韫玉灰蝶	Celatoxia marginata（de Niceville）			+			+		+	2
775	鳞翅目	Lepidoptera	灰蝶科	Lycaenidae	雷氏金灰蝶	Chrysozephyrus leii Chou			+			+		+	2
776	鳞翅目	Lepidoptera	灰蝶科	Lycaenidae	缪斯金灰蝶	Chrysozephyrus mushaellus（Matsumura）			+			-		+	2
777	鳞翅目	Lepidoptera	灰蝶科	Lycaenidae	闪光金灰蝶	Chrysozephyrus scintillans（Leech）			+			+		+	2
778	鳞翅目	Lepidoptera	灰蝶科	Lycaenidae	裂斑金灰蝶	Chrysozephyrus disparatus（Howarth）			+			+		+	2
779	鳞翅目	Lepidoptera	灰蝶科	Lycaenidae	珂灰蝶	Cordelia comes（Leech）			+			+		+	1
780	鳞翅目	Lepidoptera	灰蝶科	Lycaenidae	北协珂灰蝶	Cordelia kitawakii（Koiwaya）			+			+		+	2
781	鳞翅目	Lepidoptera	灰蝶科	Lycaenidae	泌弧珂灰蝶	Cordelia minerva（Leech）			+			+		+	2
782	鳞翅目	Lepidoptera	灰蝶科	Lycaenidae	海南玳灰蝶	Deudorix hainana（Chou et Gu）			+					+	2

续表

序号	目名	目拉丁名	科名	科拉丁名	中文名	学　名	害虫	天敌	传粉	医药	食用	观赏	工业	环保	数据来源
783	鳞翅目	Lepidoptera	灰蝶科	Lycaenidae	雅灰蝶	*Jamides bochus* Cramer			+					+	2
784	鳞翅目	Lepidoptera	灰蝶科	Lycaenidae	黑灰蝶	*Niphanda fusca*（Bremer et Grey）			+					+	1
785	鳞翅目	Lepidoptera	灰蝶科	Lycaenidae	蛳白灰蝶	*Phengaris albida*（Leech）			+					+	2
786	鳞翅目	Lepidoptera	灰蝶科	Lycaenidae	白灰蝶	*Phengaris arroguttata*（Oberthür）			+					+	2
787	鳞翅目	Lepidoptera	灰蝶科	Lycaenidae	优秀洒灰蝶	*Satyrium eximium*（Fixsen）			+					+	1
788	鳞翅目	Lepidoptera	灰蝶科	Lycaenidae	幽洒灰蝶	*Satyrium iyonis*（Oxta et Kusunoki）			+					+	2
789	鳞翅目	Lepidoptera	灰蝶科	Lycaenidae	久保洒灰蝶	*Satyrium kuboi* Chou et Tong			+					+	2
790	鳞翅目	Lepidoptera	灰蝶科	Lycaenidae	杨氏洒灰蝶	*Satyrium yangi*（Riley）			+					+	2
791	鳞翅目	Lepidoptera	灰蝶科	Lycaenidae	珞灰蝶	*Scolitantides orion*（Pallas）			+					+	1
792	鳞翅目	Lepidoptera	灰蝶科	Lycaenidae	山灰蝶	*Shijimia moorei*（Leech）			+					+	1
793	鳞翅目	Lepidoptera	灰蝶科	Lycaenidae	生灰蝶	*Sinthusa chandrana*（Moore）			+					+	2
794	鳞翅目	Lepidoptera	灰蝶科	Lycaenidae	尖翅银灰蝶	*Curetis acuta* Moore			+			+		+	1
795	鳞翅目	Lepidoptera	灰蝶科	Lycaenidae	霓沙燕灰蝶	*Rapala nissa*（Kollar）						+		+	1
796	鳞翅目	Lepidoptera	灰蝶科	Lycaenidae	蓝燕灰蝶	*Rapala caerulea*（Bremer et Grey）			+			+		+	1
797	鳞翅目	Lepidoptera	灰蝶科	Lycaenidae	高沙子燕灰蝶	*Rapala takasagonis* Matsumura						+		+	2
798	鳞翅目	Lepidoptera	灰蝶科	Lycaenidae	彩燕灰蝶	*Rapala selira*（Moore）			+			+		+	2
799	鳞翅目	Lepidoptera	灰蝶科	Lycaenidae	美男彩灰蝶	*Heliophorus androcles*（Westwood）			+			+		+	2
800	鳞翅目	Lepidoptera	灰蝶科	Lycaenidae	浓紫彩灰蝶	*Heliophorus ila*（de Niceville）			+			+		+	2
801	鳞翅目	Lepidoptera	灰蝶科	Lycaenidae	摩来彩灰蝶	*Heliophorus moorei*（Hewitson）			+			+		+	1
802	鳞翅目	Lepidoptera	灰蝶科	Lycaenidae	莎菲彩灰蝶	*Heliophorus saphir*（Blanchard）			+			+		+	2
803	鳞翅目	Lepidoptera	灰蝶科	Lycaenidae	酥浆灰蝶	*Pseudozizeeria maha*（Kollar）			+					+	1
804	鳞翅目	Lepidoptera	灰蝶科	Lycaenidae	蓝灰蝶	*Everes argiades*（Pallas）			+					+	1
805	鳞翅目	Lepidoptera	灰蝶科	Lycaenidae	靛灰蝶	*Taraka hamada*（Druce）		+	+					+	1
806	鳞翅目	Lepidoptera	灰蝶科	Lycaenidae	亮灰蝶	*Lampides boeticus*（Linnaeus）			+					+	1
807	鳞翅目	Lepidoptera	灰蝶科	Lycaenidae	长腹灰蝶	*Zizula hylax*（Fabricius）			+					+	1
808	鳞翅目	Lepidoptera	灰蝶科	Lycaenidae	玄灰蝶	*Tongeia fischeri*（Eversmann）			+					+	1
809	鳞翅目	Lepidoptera	灰蝶科	Lycaenidae	点玄灰蝶	*Tongeia filicaudis*（Pryer）			+					+	1
810	鳞翅目	Lepidoptera	灰蝶科	Lycaenidae	竹都玄灰蝶	*Tongeia zuthus*（Leech）			+					+	2

续表

序号	目名	目拉丁名	科名	科拉丁名	中文名	学名	害虫	天敌	传粉	医药	食用	观赏	工业	环保	数据来源
811	鳞翅目	Lepidoptera	灰蝶科	Lycaenidae	琉璃灰蝶	*Celastrina argiola* (Linnaeus)			+					+	1
812	鳞翅目	Lepidoptera	灰蝶科	Lycaenidae	大紫琉璃灰蝶	*Celastrina oreas* (Leech)			+					+	1
813	鳞翅目	Lepidoptera	灰蝶科	Lycaenidae	熏衣琉璃灰蝶	*Celastrina lavendularis* (Moore)			+					+	2
814	鳞翅目	Lepidoptera	灰蝶科	Lycaenidae	尼采梳灰蝶	*Ahlbergia nicevillei* (Leech)			+					+	1
815	鳞翅目	Lepidoptera	灰蝶科	Lycaenidae	白斑妩灰蝶	*Udara albocaerulea* (Moore)			+					+	1
816	鳞翅目	Lepidoptera	弄蝶科	Hesperiidae	双带弄蝶	*Lobocla bifasciata* (Bremer et Grey)			+			+		+	1
817	鳞翅目	Lepidoptera	弄蝶科	Hesperiidae	嵌带弄蝶	*Lobocla proxima* (Leech)			+			+		+	2
818	鳞翅目	Lepidoptera	弄蝶科	Hesperiidae	腐弄蝶	*Isoteinon lamprospilus* Felder et Felder			+					+	2
819	鳞翅目	Lepidoptera	弄蝶科	Hesperiidae	疑锷弄蝶	*Aeromachus dubius* Elwes et Edwards			+					+	2
820	鳞翅目	Lepidoptera	弄蝶科	Hesperiidae	黑锷弄蝶	*Aeromachus piceus* Leech			+					+	2
821	鳞翅目	Lepidoptera	弄蝶科	Hesperiidae	标锷弄蝶	*Aeromachus stigmatus* (Moore)			+					+	2
822	鳞翅目	Lepidoptera	弄蝶科	Hesperiidae	小黄斑弄蝶	*Ampittia nana* (Leech)			+					+	2
823	鳞翅目	Lepidoptera	弄蝶科	Hesperiidae	钩形黄斑弄蝶	*Ampittia virgata* Leech			+					+	2
824	鳞翅目	Lepidoptera	弄蝶科	Hesperiidae	双色舟弄蝶	*Barca bicoler* (Oberthür)			+					+	1
825	鳞翅目	Lepidoptera	弄蝶科	Hesperiidae	疏星弄蝶	*Celaenorrhinus aspersus* Leech			+					+	2
826	鳞翅目	Lepidoptera	弄蝶科	Hesperiidae	斑星弄蝶	*Celaenorrhinus maculosus* (Felder)			+					+	2
827	鳞翅目	Lepidoptera	弄蝶科	Hesperiidae	黄射纹星弄蝶	*Celaenorrhinus oscula* Evans			+					+	2
828	鳞翅目	Lepidoptera	弄蝶科	Hesperiidae	绿弄蝶	*Choaspes benjaminii* (Guerm-Menville)			+					+	2
829	鳞翅目	Lepidoptera	弄蝶科	Hesperiidae	幽窗弄蝶	*Coladenia shrila* Evans			+					+	2
830	鳞翅目	Lepidoptera	弄蝶科	Hesperiidae	白弄蝶	*Abraximorpha davidii* (Mabille)			+					+	1
831	鳞翅目	Lepidoptera	弄蝶科	Hesperiidae	白斑蕉弄蝶	*Erionota grandis* (Leech)			+					+	1
832	鳞翅目	Lepidoptera	弄蝶科	Hesperiidae	黑弄蝶	*Daimao tethys* Ménétriés			+					+	1
833	鳞翅目	Lepidoptera	弄蝶科	Hesperiidae	菩提赭弄蝶	*Ochlodes bouddha* (Mabille)			+					+	2
834	鳞翅目	Lepidoptera	弄蝶科	Hesperiidae	黄赭弄蝶	*Ochlodes crataeis* (Leech)			+					+	2
835	鳞翅目	Lepidoptera	弄蝶科	Hesperiidae	黄斑赭弄蝶	*Ochlodes flavomaculata* Draeseke et Reuss			+					+	2
836	鳞翅目	Lepidoptera	弄蝶科	Hesperiidae	白斑赭弄蝶	*Ochlodes subhyalina* (Bremer et Grey)			+					+	1
837	鳞翅目	Lepidoptera	弄蝶科	Hesperiidae	小赭弄蝶	*Ochlodes venata* (Bremer)			+					+	1
838	鳞翅目	Lepidoptera	弄蝶科	Hesperiidae	花弄蝶	*Pyrgus maculates* (Bremer et Grey)			+					+	2

续表

序号	目名	目拉丁名	科名	科拉丁名	中文名	学名	害虫	天敌	传粉	医药	食用	观赏	工业	环保	数据来源
839	鳞翅目	Lepidoptera	弄蝶科	Hesperiidae	无斑珂弄蝶	*Caltoris bromus* Leech								+	2
840	鳞翅目	Lepidoptera	弄蝶科	Hesperiidae	直纹稻弄蝶	*Parnara guttata* (Bremer et Grey)	+		+					+	1
841	鳞翅目	Lepidoptera	弄蝶科	Hesperiidae	曲纹稻弄蝶	*Parnara ganga* Evans	+		+					+	2
842	鳞翅目	Lepidoptera	弄蝶科	Hesperiidae	南亚谷弄蝶	*Pelopidas agna* (Moore)			+					+	2
843	鳞翅目	Lepidoptera	弄蝶科	Hesperiidae	中华谷弄蝶	*Pelopidas sinensis* (Mabille)			+					+	1
844	鳞翅目	Lepidoptera	弄蝶科	Hesperiidae	隐纹谷弄蝶	*Pelopidas mathias* (Fabricius)			+					+	1
845	鳞翅目	Lepidoptera	弄蝶科	Hesperiidae	淡色黄室弄蝶	*Potanthus pallidus* (Evans)			+					+	2
846	鳞翅目	Lepidoptera	弄蝶科	Hesperiidae	宽纹黄室弄蝶	*Potanthus pavus* (Fruhstorfer)			+					+	2
847	鳞翅目	Lepidoptera	弄蝶科	Hesperiidae	花裙陀弄蝶	*Thoressa submacula* (Leech)			+					+	2
848	鳞翅目	Lepidoptera	弄蝶科	Hesperiidae	豹弄蝶	*Thymelicus leoninus* (Futler)			+					+	1
849	鳞翅目	Lepidoptera	弄蝶科	Hesperiidae	黑豹弄蝶	*Thymelicus sylvaticus* (Bremer)			+					+	1
850	双翅目	Diptera	蚊科	Culicidae	贵州按蚊	*Anopheles* (*Anopheles*) *kweiyangensis* Yao et Wu	+								2
851	双翅目	Diptera	蚊科	Culicidae	林氏按蚊	*Anopheles lindesayi* Giles									2
852	双翅目	Diptera	蚊科	Culicidae	微小按蚊	*Anopheles* (*Cellia*) *minimus* Theobald									2
853	双翅目	Diptera	蚊科	Culicidae	济南按蚊	*Anopheles* (*Cellia*) *pattoni* Christophers									2
854	双翅目	Diptera	瘿蚊科	Cecidomyiidae	稻瘿蚊	*Orseolia oryzae* Woodmason	+								2
855	双翅目	Diptera	蝇科	Muscidae	家蝇	*Musca domestica* Linnaeus									1
856	双翅目	Diptera	食蚜蝇科	Syrphidae	凹带食蚜蝇	*Metasyrphus nitens* Zetterstedt		+	+						1
857	双翅目	Diptera	食蚜蝇科	Syrphidae	大灰食蚜蝇	*Metasyrphus corollae* Fabricius		+	+						2
858	双翅目	Diptera	食蚜蝇科	Syrphidae	梯斑黑食蚜蝇	*Melanostoma scalare* (Fabricius)		+							1
859	双翅目	Diptera	食蚜蝇科	Syrphidae	短翅细腹食蚜蝇	*Spharophoria scrita* (Linnaeus)		+	+						2
860	双翅目	Diptera	食蚜蝇科	Syrphidae	长小食蚜蝇	*Spharophoria cylindrica* Say		+	+						1
861	双翅目	Diptera	食蚜蝇科	Syrphidae	黑带食蚜蝇	*Syrphus balteatus* De Geer		+	+						1
862	双翅目	Diptera	水蝇科	Ephydridae	稻小毛眼水蝇	*Hydrellia griseole* Fallen	+								2
863	双翅目	Diptera	实蝇科	Trypetidae	柑橘大实蝇	*Tetradacus citri* (Chan)	+								2
864	双翅目	Diptera	蚋科	Simuliidae	蚋幼虫	*Simulium* sp.									1
865	膜翅目	Hymenoptera	叶蜂科	Tenthredinidae	梨实蜂	*Hoplocampa pyricola* Rhower	+								1
866	膜翅目	Hymenoptera	叶蜂科	Tenthredinidae	汪氏平缝叶蜂	*Nesoselandria wangae* Wei									2

续表

序号	目名	目拉丁名	科名	科拉丁名	中文名	学名	害虫	天敌	传粉	医药	食用	观赏	工业	环保	数据来源
867	膜翅目	Hymenoptera	蚜小蜂科	Aphelinidae	豹纹花翅小蚜蜂	Marietta picta (Andre)		+							2
868	膜翅目	Hymenoptera	蚜小蜂科	Aphelinidae	瘦柄花翅小蚜蜂	Marietta carnesi (Howard)		+							2
869	膜翅目	Hymenoptera	小蜂科	Chalcididae	广大腿小蜂	Brachymeria lasus (Walker)		+							2
870	膜翅目	Hymenoptera	跳小蜂科	Encyrtidae	红帽蜡蚧扁角跳小蜂	Anicetus ohgushii Tachikawa		+							2
871	膜翅目	Hymenoptera	金小蜂科	Pteromalidae	红铃虫迪伯金小蜂	Dibrachys cavus (Walker)		+							2
872	膜翅目	Hymenoptera	赤眼蜂科	Trichogrammatidae	玉米螟赤眼蜂	Trichogramma ostriniae Pang et Chen		+							2
873	膜翅目	Hymenoptera	瘿蜂科	Cynipidae	板栗瘿蜂	Drycosmus kuriphilus Yasumatsu	+								2
874	膜翅目	Hymenoptera	土蜂科	Scoliidae	金毛长腹土蜂	Compsomeris prismatica Smith		+							2
875	膜翅目	Hymenoptera	茧蜂科	Braconidae	螟甲腹茧蜂	Chelonus munakatae Munakata		+							2
876	膜翅目	Hymenoptera	姬蜂科	Ichneumonidae	大螟钝唇姬蜂	Eriborus terebrans (Gravenhorst)		+							2
877	膜翅目	Hymenoptera	姬蜂科	Ichneumonidae	黑尾姬蜂	Ischnojoppa luteator (Fabricius)		+							2
878	膜翅目	Hymenoptera	姬蜂科	Ichneumonidae	夜蛾瘦姬蜂	Ophion luteus (Linnaeus)		+							2
879	膜翅目	Hymenoptera	姬蜂科	Ichneumonidae	螟蛉瘤姬蜂	Itoplectis naranyae (Ashmead)		+							2
880	膜翅目	Hymenoptera	蚁科	Formicidae	丝光褐林蚁	Formica fusca Linnaeus									2
881	膜翅目	Hymenoptera	蚁科	Formicidae	吉氏酸臭蚁	Tapinoma geei Wheeler									2
882	膜翅目	Hymenoptera	胡蜂科	Vespidae	黄边胡蜂	Vespa crabroniformis Smith		+	+						2
883	膜翅目	Hymenoptera	蜜蜂科	Apidae	中华蜜蜂	Apis cerana Fabricius			+	+	+		+		1
884	膜翅目	Hymenoptera	蜜蜂科	Apidae	意大利蜜蜂	Apis mellifera Linna			+	+	+		+		1

注：1 为野外采集和见到，2 为查阅 2。

附表 4　重庆大巴山国家级自然保护区脊椎动物名录

附表 4.1　重庆大巴山国家级自然保护区兽类名录

序号	目	科	种	保护级别	濒危等级	CITES附录	特有性	从属区系	数据来源
1	食虫目 INSECTIVORA	猬科 Erinaceidae	刺猬 *Erinaceus amurensis*		无危			广布	3
2	食虫目 INSECTIVORA	猬科 Erinaceidae	秦岭刺猬 *Meschinus hughi*		易危		+	东洋	3
3	食虫目 INSECTIVORA	鼹科 Talpidae	长吻鼩鼹 *Nasillus gracilis*		无危		+	东洋	3
4	食虫目 INSECTIVORA	鼩鼱科 Soricidae	灰麝鼩 *Crocidura attenuata*		无危			东洋	3
5	食虫目 INSECTIVORA	鼩鼱科 Soricidae	四川短尾鼩 *Anourosorex squamipes*		无危			东洋	3
6	食虫目 INSECTIVORA	鼩鼱科 Soricidae	喜马拉雅水鼩 *Chimarogale himalayica*		无危			东洋	3
7	翼手目 CHIROPTERA	假吸血蝠科 Megadermatidae	印度假吸血蝠 *Megaderma lyra*		易危			东洋	3
8	翼手目 CHIROPTERA	菊头蝠科 Rhinolophidae	马铁菊头蝠 *Rhinolophus ferrumequinum*		无危			广布	3
9	翼手目 CHIROPTERA	蝙蝠科 Vespertilionidae	北京鼠耳蝠 *Myotis pequinius*		易危		+	广布	3
10	翼手目 CHIROPTERA	蝙蝠科 Vespertilionidae	印度伏翼 *pipistrellus coromandra*		近危			东洋	3
11	翼手目 CHIROPTERA	蝙蝠科 Vespertilionidae	普通伏翼 *Pipistrel luspipistrellus*		无危			广布	3
12	鳞甲目 PHOLIDOTA	鲮鲤科 Manidae	穿山甲 *Manis pentadactyla*	II	濒危	II		东洋	2
13	灵长目 PRIMATES	猴科 Cercopithecidae	猕猴 *Macaca mulatta*	II	易危			广布	2
14	食肉目 CARNIVORA	犬科 Canidae	豺 *Cuon alpinus*	II	濒危	II		广布	2
15	食肉目 CARNIVORA	犬科 Canidae	狼 *Canis lupus*	市级	易危	II		广布	2
16	食肉目 CARNIVORA	犬科 Canidae	貉 *Nyctereutes procyonoides*	市级	易危			广布	3
17	食肉目 CARNIVORA	犬科 Canidae	赤狐 *Vulpes vulpes*	市级	近危	III		广布	2
18	食肉目 CARNIVORA	熊科 Ursidae	黑熊 *Selenarctos thibetanus*	II	易危	I		广布	1
19	食肉目 CARNIVORA	鼬科 Mustelidae	黄喉貂 *Martes flavigula*	II	近危			广布	3
20	食肉目 CARNIVORA	鼬科 Mustelidae	黄鼬 *Mustela sibirca*	市级	近危	III		广布	1
21	食肉目 CARNIVORA	鼬科 Mustelidae	香鼬 *Mustela altaica*	市级	近危	III		广布	3
22	食肉目 CARNIVORA	鼬科 Mustelidae	黄腹鼬 *Mustela kathiah*		近危	III		广布	3
23	食肉目 CARNIVORA	鼬科 Mustelidae	鼬獾 *Melogale moschata*		近危			东洋	3
24	食肉目 CARNIVORA	鼬科 Mustelidae	狗獾 *Meles meles*		近危			广布	3
25	食肉目 CARNIVORA	鼬科 Mustelidae	猪獾 *Arctonyx collaris*		易危			广布	3
26	食肉目 CARNIVORA	鼬科 Mustelidae	水獭 *Lutra lutra*	II	濒危	II		广布	2
27	食肉目 CARNIVORA	灵猫科 Viverridae	大灵猫 *Viverra zibetha*	II	濒危	III		东洋	3
28	食肉目 CARNIVORA	灵猫科 Viverridae	小灵猫 *Viverricula indica*	II	易危	III		东洋	3
29	食肉目 CARNIVORA	灵猫科 Viverridae	花面狸 *Paguma larvata*	市级	近危			广布	3
30	食肉目 CARNIVORA	獴科 Herpestidae	食蟹獴 *Herpestes urva*		近危			东洋	3
31	食肉目 CARNIVORA	猫科 Felidae	金猫 *Felis temmincki*	II	极危			东洋	3
32	食肉目 CARNIVORA	猫科 Felidae	豹猫 *Felis bengalensis*	市级	易危	II		广布	1
33	食肉目 CARNIVORA	猫科 Felidae	豹 *Panthera pardus*	I	极危	I		广布	3
34	食肉目 CARNIVORA	猫科 Felidae	云豹 *Neofelis nebulosa*	I	濒危	I		东洋	3
35	偶蹄目 ARTIODACTYLA	猪科 Suidae	野猪 *Sus scrofa*		无危			广布	2
36	偶蹄目 ARTIODACTYLA	麝科 Moschidae	林麝 *Moschus berezovskii*	I	濒危	II	+	东洋	2
37	偶蹄目 ARTIODACTYLA	鹿科 Cervidae	小麂 *Muntiacus reevesi*	市级	易危		+	东洋	1

序号	目	科	种	保护级别	濒危等级	CITES附录	特有性	从属区系	数据来源
38	偶蹄目 ARTIODACTYLA	鹿科 Cervidae	毛冠鹿 Elaphodus cephalophus	市级	易危			东洋	2
39	偶蹄目 ARTIODACTYLA	鹿科 Cervidae	水鹿 Cervus unocolor	II	易危			东洋	3
40	偶蹄目 ARTIODACTYLA	鹿科 Cervidae	狍 Capreolus capreolus	市级	易危			广布	3
41	偶蹄目 ARTIODACTYLA	牛科 Bovidae	鬣羚 Capricornis sumatraensis	II	易危			东洋	3
42	偶蹄目 ARTIODACTYLA	牛科 Bovidae	斑羚 Naemorhedus goral	II	濒危	I		广布	3
43	啮齿目 RODENTIA	松鼠科 Sciuridae	岩松鼠 Sciurotamias davidianus		无危		+	广布	1
44	啮齿目 RODENTIA	松鼠科 Sciuridae	隐纹花鼠 Tamiops swinhoei		无危			东洋	3
45	啮齿目 RODENTIA	松鼠科 Sciuridae	赤腹丽松鼠 Callosciurus erythraeus		无危			东洋	1
46	啮齿目 RODENTIA	松鼠科 Sciuridae	红颊长吻松鼠 Dremomys rufigenis		近危			东洋	3
47	啮齿目 RODENTIA	松鼠科 Sciuridae	珀氏长吻松鼠 Dremomys pernyi		无危			东洋	3
48	啮齿目 RODENTIA	鼯鼠科 Petauristidae	复齿鼯鼠 Trogopterus xanthipes		易危		+	广布	3
49	啮齿目 RODENTIA	鼯鼠科 Petauristidae	红白鼯鼠 Petaurista alborufus		无危			东洋	2
50	啮齿目 RODENTIA	鼠科 Muridae	巢鼠 Micromys minutus		无危			广布	1
51	啮齿目 RODENTIA	鼠科 Muridae	黑线姬鼠 Apodemus agrarius		无危			广布	3
52	啮齿目 RODENTIA	鼠科 Muridae	高山姬鼠 Apodemus chevrieri		无危		+	东洋	3
53	啮齿目 RODENTIA	鼠科 Muridae	龙姬鼠 Apodemus draco		无危			东洋	3
54	啮齿目 RODENTIA	鼠科 Muridae	大耳姬鼠 Apodemus latronum		无危		+	东洋	3
55	啮齿目 RODENTIA	鼠科 Muridae	褐家鼠 Rattus norvegicus		无危			广布	3
56	啮齿目 RODENTIA	鼠科 Muridae	黄胸鼠 Rattus flavipectus		无危			东洋	3
57	啮齿目 RODENTIA	鼠科 Muridae	大足鼠 Rattus nitidus		无危			东洋	3
58	啮齿目 RODENTIA	鼠科 Muridae	安氏白腹鼠 Niviventer andersoni		无危			广布	1
59	啮齿目 RODENTIA	鼠科 Muridae	社鼠 Niviventer confucianus		无危			广布	3
60	啮齿目 RODENTIA	鼠科 Muridae	青毛鼠 Berylmys bowersi		无危			东洋	3
61	啮齿目 RODENTIA	鼠科 Muridae	小家鼠 Mus musculus		无危			广布	3
62	啮齿目 RODENTIA	田鼠科 Microtidae	黑腹绒鼠 Eothenomys melanogaster		无危			东洋	3
63	啮齿目 RODENTIA	田鼠科 Microtidae	洮州绒鼠 Eothenomys eva		无危		+	东洋	3
64	啮齿目 RODENTIA	田鼠科 Microtidae	绒鼠 Eothenomys inez		无危		+	广布	3
65	啮齿目 RODENTIA	鼢鼠科 Myospalacidae	罗氏鼢鼠 Myospalax rothschildi		无危			东洋	3
66	啮齿目 RODENTIA	竹鼠科 Rhizomyidae	普通竹鼠 Rhizomys sinensis		无危			东洋	2
67	啮齿目 RODENTIA	豪猪科 Hystricidae	豪猪 Hystrix hodgsoni		易危			东洋	2
68	兔形目 LAGOMORPHA	兔科 Leporidae	草兔 Lepus capensis		无危			广布	2

注：1 为野外见到，2 为访问调查，3 为查阅文献。

附表4.2　重庆大巴山国家级自然保护区鸟类名录

序号	目	科	种	保护级别	濒危等级	CITES附录	特有性	从属区系	数据来源
1	鸊鷉目 PODICIPEDIFORMES	鸊鷉科 Podicipedidae	小鸊鷉 Tachybaptus ruficollis	市级	无危			广布	1
2	鹳形目 CICONIIFORMES	鹭科 Ardeidae	苍鹭 Ardea cinerea		无危			广布	1
3	鹳形目 CICONIIFORMES	鹭科 Ardeidae	池鹭 Ardeola bacchus		无危			广布	1
4	鹳形目 CICONIIFORMES	鹭科 Ardeidae	牛背鹭 Bubulcus ibis		无危			广布	1
5	鹳形目 CICONIIFORMES	鹭科 Ardeidae	绿鹭 Butorides striatus	市级	无危			广布	3
6	鹳形目 CICONIIFORMES	鹭科 Ardeidae	白鹭 Egretta garzetta		无危			广布	1
7	鹳形目 CICONIIFORMES	鹭科 Ardeidae	黄斑苇鳽 Ixobrychus sinensis		无危			广布	3

序号	目	科	种	保护级别	濒危等级	CITES附录	特有性	从属区系	数据来源
8	鹳形目 CICONIIFORMES	鹳科 Ciconiidae	东方白鹳 *Ciconia boyciana*	I	濒危			古北	2
9	雁形目 ANSERIFORMES	鸭科 Anatidae	鸳鸯 *Aix galericulata*	II	近危			古北	2
10	雁形目 ANSERIFORMES	鸭科 Anatidae	绿翅鸭 *Anas crecca*		无危			古北	1
11	雁形目 ANSERIFORMES	鸭科 Anatidae	绿头鸭 *Anas platyrhynchos*		无危			古北	1
12	雁形目 ANSERIFORMES	鸭科 Anatidae	斑嘴鸭 *Anas poecilorhyncha*		无危			古北	1
13	雁形目 ANSERIFORMES	鸭科 Anatidae	小天鹅 *Cygnus columbianus*	II	近危			古北	2
14	隼形目 FALCONIFORMES	鹰科 Accipitridae	赤腹鹰 *Accipiter soloensis*	II	无危	II		东洋	3
15	隼形目 FALCONIFORMES	鹰科 Accipitridae	苍鹰 *Accipiter gentilis*	II	无危	II		古北	3
16	隼形目 FALCONIFORMES	鹰科 Accipitridae	雀鹰 *Accipiter nisus*	II	无危	II		古北	3
17	隼形目 FALCONIFORMES	鹰科 Accipitridae	秃鹫 *Aegypius monachus*	II	近危	II		古北	3
18	隼形目 FALCONIFORMES	鹰科 Accipitridae	金雕 *Aquila chrysaetos*	I	无危	II		古北	2
19	隼形目 FALCONIFORMES	鹰科 Accipitridae	普通鵟 *Buteo buteo*	II	无危	II		古北	1
20	隼形目 FALCONIFORMES	鹰科 Accipitridae	白腹鹞 *Circus spilonotus*	II	无危	II		古北	3
21	隼形目 FALCONIFORMES	鹰科 Accipitridae	黑鸢 *Milvus migrans*	II	无危	II		东洋	1
22	隼形目 FALCONIFORMES	鹰科 Accipitridae	凤头蜂鹰 *Pernis ptilorhynchus*	II	无危	II		广布	3
23	隼形目 FALCONIFORMES	隼科 Falconidae	燕隼 *Falco subbuteo*	II	无危			古北	3
24	隼形目 FALCONIFORMES	隼科 Falconidae	红隼 *Falco tinnunculus*	II	无危	II		广布	3
25	鸡形目 GALLIFORMES	雉科 Phasianidae	灰胸竹鸡 *Bambusicola thoracica*	市级	无危		+	东洋	1
26	鸡形目 GALLIFORMES	雉科 Phasianidae	红腹锦鸡 *Chrysolophus pictus*	II	无危		+	东洋	2
27	鸡形目 GALLIFORMES	雉科 Phasianidae	环颈雉 *Phasianus colchicus*		无危			广布	2
28	鸡形目 GALLIFORMES	雉科 Phasianidae	勺鸡 *Pucrasia macrolopha*		近危			广布	3
29	鸡形目 GALLIFORMES	雉科 Phasianidae	白冠长尾雉 *Syrmaticus reevesii*	II	易危		+	东洋	3
30	鸡形目 GALLIFORMES	雉科 Phasianidae	红腹角雉 *Tragopan temminckii*	II	近危			东洋	3
31	鹤形目 GRUIFORMES	鹤科 Gruidae	灰鹤 *Grus grus*	II	无危			广布	3
32	鹤形目 GRUIFORMES	秧鸡科 Rallidae	白胸苦恶鸟 *Amaurornis phoenicurus*		无危			东洋	3
33	鹤形目 GRUIFORMES	秧鸡科 Rallidae	白骨顶 *Fulica atra*		无危			古北	3
34	鹤形目 GRUIFORMES	秧鸡科 Rallidae	董鸡 *Gallicrex cinerea*	市级	无危			东洋	3
35	鹤形目 GRUIFORMES	秧鸡科 Rallidae	黑水鸡 *Gallinula chloropus*	市级	无危			广布	3
36	鸻形目 CHARADRIIFORMES	鹮嘴鹬科 Ibidorhynchidae	鹮嘴鹬 *Ibidorhyncha struthersii*		无危			广布	3
37	鸻形目 CHARADRIIFORMES	反嘴鹬科 Recurvirostridae	反嘴鹬 *Recurvirostra avosetta*		无危			古北	3
38	鸻形目 CHARADRIIFORMES	鸻科 Charadriidae	剑鸻 *Charadrius hiaticula*		无危			古北	3
39	鸻形目 CHARADRIIFORMES	鸻科 Charadriidae	长嘴剑鸻 *Charadrius placidus*		无危			广布	3
40	鸻形目 CHARADRIIFORMES	鸻科 Charadriidae	金眶鸻 *Charadrius dubius*		无危			广布	1
41	鸻形目 CHARADRIIFORMES	鹬科 Scolopacidae	矶鹬 *Actitis hypoleucos*		无危			古北	1
42	鸻形目 CHARADRIIFORMES	鹬科 Scolopacidae	扇尾沙锥 *Gallinago gallinago*		无危			古北	3
43	鸻形目 CHARADRIIFORMES	鹬科 Scolopacidae	丘鹬 *Scolopax rusticola*		无危			古北	1
44	鸻形目 CHARADRIIFORMES	鹬科 Scolopacidae	林鹬 *Tringa glareola*		无危			古北	3
45	鸻形目 CHARADRIIFORMES	鹬科 Scolopacidae	白腰草鹬 *Tringa ochropus*		无危			古北	1
46	鸽形目 COLUMBIFORMES	鸠鸽科 Columbidae	珠颈斑鸠 *Streptopelia chinensis*		无危			东洋	1
47	鸽形目 COLUMBIFORMES	鸠鸽科 Columbidae	山斑鸠 *Streptopelia orientalis*		无危			广布	1
48	鸽形目 COLUMBIFORMES	鸠鸽科 Columbidae	红翅绿鸠 *Treron sieboldii*	II	无危			东洋	3
49	鹃形目 CUCULIFORMES	杜鹃科 Cuculidae	翠金鹃 *Chrysococcyx maculatus*	市级	无危			东洋	3

序号	目	科	种	保护级别	濒危等级	CITES附录	特有性	从属区系	数据来源
50	鹃形目 CUCULIFORMES	杜鹃科 Cuculidae	小杜鹃 *Cuculus poliocephalus*	市级	无危			广布	3
51	鹃形目 CUCULIFORMES	杜鹃科 Cuculidae	大杜鹃 *Cuculus canorus*		无危			广布	1
52	鹃形目 CUCULIFORMES	杜鹃科 Cuculidae	四声杜鹃 *Cuculus micropterus*	市级	无危			广布	1
53	鹃形目 CUCULIFORMES	杜鹃科 Cuculidae	中杜鹃 *Cuculus saturatus*	市级	无危			广布	3
54	鹃形目 CUCULIFORMES	杜鹃科 Cuculidae	大鹰鹃 *Cuculus sparverioides*		无危			东洋	2
55	鹃形目 CUCULIFORMES	杜鹃科 Cuculidae	噪鹃 *Eudynamys scolopacea*	市级	无危			广布	1
56	鸮形目 STRIGIFORMES	鸱鸮科 Strigidae	横斑腹小鸮 *Athene brama*	II	无危			古北	3
57	鸮形目 STRIGIFORMES	鸱鸮科 Strigidae	纵纹腹小鸮 *Athene noctua*	II	无危			古北	3
58	鸮形目 STRIGIFORMES	鸱鸮科 Strigidae	领鸺鹠 *Glaucidium brodiei*	II	无危			东洋	3
59	鸮形目 STRIGIFORMES	鸱鸮科 Strigidae	斑头鸺鹠 *Glaucidium cuculoides*	II	无危			东洋	3
60	鸮形目 STRIGIFORMES	鸱鸮科 Strigidae	黄腿渔鸮 *Ketupa flavipes*	II	无危			广布	3
61	鸮形目 STRIGIFORMES	鸱鸮科 Strigidae	毛腿渔鸮 *Ketupa blakistoni*	II	濒危			东洋	3
62	鸮形目 STRIGIFORMES	鸱鸮科 Strigidae	鹰鸮 *Ninox scutulata*	II	无危			东洋	3
63	鸮形目 STRIGIFORMES	鸱鸮科 Strigidae	领角鸮 *Otus bakkamoena*	II	无危			广布	3
64	夜鹰目 CAPRIMULGIFORMES	夜鹰科 Caprimulgidae	普通夜鹰 *Caprimulgus indicus*	市级	无危			广布	3
65	雨燕目 APODIFORMES	雨燕科 Apodidae	短嘴金丝燕 *Aerodramus brevirostris*		无危			东洋	3
66	雨燕目 APODIFORMES	雨燕科 Apodidae	小白腰雨燕 *Apus nipalensis*		无危			广布	1
67	佛法僧目 CORACIIFORMES	翠鸟科 Alcedinidae	普通翠鸟 *Alcedo atthis*		无危			广布	1
68	佛法僧目 CORACIIFORMES	翠鸟科 Alcedinidae	冠鱼狗 *Megaceryle lugubris*		无危			广布	1
69	佛法僧目 CORACIIFORMES	佛法僧科 Coraciidae	三宝鸟 *Eurystomus orientalis*		无危			广布	3
70	鴷形目 PICIFORMES	啄木鸟科 Picidae	星头啄木鸟 *Picoides canicapillus*		无危			东洋	3
71	鴷形目 PICIFORMES	啄木鸟科 Picidae	赤胸啄木鸟 *Picoides cathpharius*		无危			东洋	3
72	鴷形目 PICIFORMES	啄木鸟科 Picidae	棕腹啄木鸟 *Picoides hyperythrus*		无危			广布	1
73	鴷形目 PICIFORMES	啄木鸟科 Picidae	大斑啄木鸟 *Picoides major*		无危			古北	3
74	鴷形目 PICIFORMES	啄木鸟科 Picidae	斑姬啄木鸟 *Picumnus innominatus*		无危			东洋	1
75	鴷形目 PICIFORMES	啄木鸟科 Picidae	灰头绿啄木鸟 *Picus canus*		无危			东洋	3
76	雀形目 PASSERIFORMES	百灵科 Alaudidae	小云雀 *Alauda gulgula*		无危			广布	3
77	雀形目 PASSERIFORMES	燕科 Hirundinidae	烟腹毛脚燕 *Delichon dasypus*		无危			古北	3
78	雀形目 PASSERIFORMES	燕科 Hirundinidae	毛脚燕 *Delichon urbica*		无危			东洋	3
79	雀形目 PASSERIFORMES	燕科 Hirundinidae	金腰燕 *Hirundo daurica*		无危			广布	1
80	雀形目 PASSERIFORMES	燕科 Hirundinidae	家燕 *Hirundo rustica*		无危			古北	1
81	雀形目 PASSERIFORMES	燕科 Hirundinidae	岩燕 *Ptyonoprogne rupestris*		无危			古北	3
82	雀形目 PASSERIFORMES	燕科 Hirundinidae	淡色崖沙燕 *Riparia diluta*		无危			广布	3
83	雀形目 PASSERIFORMES	鹡鸰科 Motacillidae	粉红胸鹨 *Anthus roseatus*		无危			古北	1
84	雀形目 PASSERIFORMES	鹡鸰科 Motacillidae	树鹨 *Anthus hodgsoni*		无危			古北	1
85	雀形目 PASSERIFORMES	鹡鸰科 Motacillidae	田鹨 *Anthus richardi*		无危			广布	1
86	雀形目 PASSERIFORMES	鹡鸰科 Motacillidae	水鹨 *Anthus spinoletta*		无危			古北	3
87	雀形目 PASSERIFORMES	鹡鸰科 Motacillidae	山鹡鸰 *Dendronanthus indicus*		无危			广布	1
88	雀形目 PASSERIFORMES	鹡鸰科 Motacillidae	白鹡鸰 *Motacilla alba*		无危			广布	1
89	雀形目 PASSERIFORMES	鹡鸰科 Motacillidae	灰鹡鸰 *Motacilla cinerea*		无危			广布	1
90	雀形目 PASSERIFORMES	鹡鸰科 Motacillidae	黄头鹡鸰 *Motacilla citreola*		无危			广布	1
91	雀形目 PASSERIFORMES	鹡鸰科 Motacillidae	黑背白鹡鸰 *Motacilla lugens*		无危			广布	1

续表

序号	目	科	种	保护级别	濒危等级	CITES附录	特有性	从属区系	数据来源
92	雀形目 PASSERIFORMES	山椒鸟科 Campephagidae	暗灰鹃鵙 Coracina melaschistos		无危			东洋	3
93	雀形目 PASSERIFORMES	山椒鸟科 Campephagidae	小灰山椒鸟 Pericrocotus cantonensis		无危			东洋	3
94	雀形目 PASSERIFORMES	山椒鸟科 Campephagidae	粉红山椒鸟 Pericrocotus roseus		无危			东洋	1
95	雀形目 PASSERIFORMES	山椒鸟科 Campephagidae	长尾山椒鸟 Pericrocotus ethologus		无危			东洋	1
96	雀形目 PASSERIFORMES	山椒鸟科 Campephagidae	灰喉山椒鸟 Pericrocotus solaris		无危			东洋	3
97	雀形目 PASSERIFORMES	鹎科 Pycnonotidae	黑短脚鹎 Hypsipetes leucocephalus	市级	无危			东洋	1
98	雀形目 PASSERIFORMES	鹎科 Pycnonotidae	绿翅短脚鹎 Hypsipetes mcclellandii		无危			东洋	1
99	雀形目 PASSERIFORMES	鹎科 Pycnonotidae	白头鹎 Pycnonotus sinensis		无危		+	东洋	1
100	雀形目 PASSERIFORMES	鹎科 Pycnonotidae	黄臀鹎 Pycnonotus xanthorrhous		无危			东洋	1
101	雀形目 PASSERIFORMES	鹎科 Pycnonotidae	领雀嘴鹎 Spizixos semitorques		无危		+	东洋	1
102	雀形目 PASSERIFORMES	伯劳科 Laniidae	虎纹伯劳 Lanius tigrinus		无危			古北	1
103	雀形目 PASSERIFORMES	伯劳科 Laniidae	红尾伯劳 Lanius cristatus		无危			古北	3
104	雀形目 PASSERIFORMES	伯劳科 Laniidae	棕背伯劳 Lanius schach		无危			东洋	1
105	雀形目 PASSERIFORMES	伯劳科 Laniidae	灰背伯劳 Lanius tephronotus		无危			古北	3
106	雀形目 PASSERIFORMES	黄鹂科 Oriolidae	黑枕黄鹂 Oriolus chinensis		无危			东洋	2
107	雀形目 PASSERIFORMES	卷尾科 Dicruridae	发冠卷尾 Dicrurus hottentottus		无危			东洋	3
108	雀形目 PASSERIFORMES	卷尾科 Dicruridae	灰卷尾 Dicrurus leucophaeus		无危			东洋	3
109	雀形目 PASSERIFORMES	卷尾科 Dicruridae	黑卷尾 Dicrurus macrocercus		无危			东洋	3
110	雀形目 PASSERIFORMES	椋鸟科 Sturnidae	八哥 Acridotheres cristatellus		无危			东洋	1
111	雀形目 PASSERIFORMES	椋鸟科 Sturnidae	家八哥 Acridotheres tristis		近危			东洋	3
112	雀形目 PASSERIFORMES	鸦科 Corvidae	白颈鸦 Corvus torquatus		无危			东洋	1
113	雀形目 PASSERIFORMES	鸦科 Corvidae	小嘴乌鸦 Corvus corone		无危			古北	1
114	雀形目 PASSERIFORMES	鸦科 Corvidae	大嘴乌鸦 Corvus macrorhynchos		无危			广布	1
115	雀形目 PASSERIFORMES	鸦科 Corvidae	灰树鹊 Dendrocitta formosae		无危			东洋	3
116	雀形目 PASSERIFORMES	鸦科 Corvidae	松鸦 Garrulus glandarius		无危			古北	1
117	雀形目 PASSERIFORMES	鸦科 Corvidae	星鸦 Nucifraga caryocatactes		无危			东洋	1
118	雀形目 PASSERIFORMES	鸦科 Corvidae	喜鹊 Pica pica		近危			古北	1
119	雀形目 PASSERIFORMES	鸦科 Corvidae	红嘴蓝鹊 Urocissa erythrorhyncha		无危			东洋	1
120	雀形目 PASSERIFORMES	河乌科 Cinclidae	褐河乌 Cinclus pallasii		无危			广布	1
121	雀形目 PASSERIFORMES	鸫科 Turdidae	白顶溪鸲 Chaimarrornis leucocephalus		无危			古北	1
122	雀形目 PASSERIFORMES	鸫科 Turdidae	白尾蓝地鸲 Cinclidium leucurum		无危			东洋	3
123	雀形目 PASSERIFORMES	鸫科 Turdidae	鹊鸲 Copsychus saularis		无危			东洋	1
124	雀形目 PASSERIFORMES	鸫科 Turdidae	小燕尾 Enicurus scouleri		无危			广布	1
125	雀形目 PASSERIFORMES	鸫科 Turdidae	黑背燕尾 Enicurus immaculatus		无危			东洋	1
126	雀形目 PASSERIFORMES	鸫科 Turdidae	白额燕尾 Enicurus leschenaulti		无危			广布	1
127	雀形目 PASSERIFORMES	鸫科 Turdidae	红喉歌鸲 Luscinia calliope		无危			广布	3
128	雀形目 PASSERIFORMES	鸫科 Turdidae	蓝歌鸲 Luscinia cyane		无危			广布	3
129	雀形目 PASSERIFORMES	鸫科 Turdidae	栗腹矶鸫 Monticola rufiventris		无危			东洋	1
130	雀形目 PASSERIFORMES	鸫科 Turdidae	蓝矶鸫 Monticola solitarius		无危			广布	1
131	雀形目 PASSERIFORMES	鸫科 Turdidae	紫啸鸫 Myophonus caeruleus		无危			东洋	1

序号	目	科	种	保护级别	濒危等级	CITES附录	特有性	从属区系	数据来源
132	雀形目 PASSERIFORMES	鸫科 Turdidae	黑喉红尾鸲 Phoenicurus hodgsoni		无危			古北	1
133	雀形目 PASSERIFORMES	鸫科 Turdidae	蓝额红尾鸲 Phoenicurus frontalis		无危			古北	1
134	雀形目 PASSERIFORMES	鸫科 Turdidac	赭红尾鸲 Phoenicurus ochruros		无危			古北	3
135	雀形目 PASSERIFORMES	鸫科 Turdidae	北红尾鸲 Phoenicurus auroreus		无危			古北	1
136	雀形目 PASSERIFORMES	鸫科 Turdidae	红尾水鸲 Rhyacornis fuliginosus		无危			广布	1
137	雀形目 PASSERIFORMES	鸫科 Turdidae	黑喉石䳭 Saxicola torquata		无危			古北	1
138	雀形目 PASSERIFORMES	鸫科 Turdidae	灰林䳭 Saxicola ferrea		无危			东洋	1
139	雀形目 PASSERIFORMES	鸫科 Turdidae	红胁蓝尾鸲 Tarsiger cyanurus		无危			古北	1
140	雀形目 PASSERIFORMES	鸫科 Turdidae	红尾鸫 Turdus naumanni		无危			广布	3
141	雀形目 PASSERIFORMES	鸫科 Turdidae	斑鸫 Turdus eunomus		无危			古北	3
142	雀形目 PASSERIFORMES	鸫科 Turdidae	乌鸫 Turdus merula		无危			广布	1
143	雀形目 PASSERIFORMES	鸫科 Turdidae	灰头鸫 Turdus rubrocanus		无危			古北	1
144	雀形目 PASSERIFORMES	鹟科 Muscicapidae	蓝喉仙鹟 Cyornis rubeculoides		无危			东洋	3
145	雀形目 PASSERIFORMES	鹟科 Muscicapidae	铜蓝鹟 Eumyias thalassina		无危			东洋	1
146	雀形目 PASSERIFORMES	鹟科 Muscicapidae	方尾鹟 Culicicapa ceylonensis		无危			东洋	1
147	雀形目 PASSERIFORMES	鹟科 Muscicapidae	白眉姬鹟 Ficedula zanthopygia		无危			古北	1
148	雀形目 PASSERIFORMES	鹟科 Muscicapidae	灰蓝姬鹟 Ficedula tricolor		无危			东洋	3
149	雀形目 PASSERIFORMES	鹟科 Muscicapidae	北灰鹟 Muscicapa dauurica		无危			东洋	3
150	雀形目 PASSERIFORMES	鹟科 Muscicapidae	乌鹟 Muscicapa sibirica		无危			古北	3
151	雀形目 PASSERIFORMES	鹟科 Muscicapidae	棕腹大仙鹟 Niltava davidi		无危		+	东洋	3
152	雀形目 PASSERIFORMES	鹟科 Muscicapidae	棕腹仙鹟 Niltava sundara		无危			东洋	3
153	雀形目 PASSERIFORMES	王鹟科 Monarchinae	寿带 Terpsiphone paradisi		无危			东洋	1
154	雀形目 PASSERIFORMES	画眉科 Timaliidae	金胸雀鹛 Alcippe chrysotis		无危			东洋	1
155	雀形目 PASSERIFORMES	画眉科 Timaliidae	棕头雀鹛 Alcippe ruficapilla		无危		+	东洋	1
156	雀形目 PASSERIFORMES	画眉科 Timaliidae	褐头雀鹛 Alcippe cinereiceps		无危			东洋	1
157	雀形目 PASSERIFORMES	画眉科 Timaliidae	褐顶雀鹛 Alcippe brunnea		无危			东洋	3
158	雀形目 PASSERIFORMES	画眉科 Timaliidae	褐胁雀鹛 Alcippe dubia		无危			东洋	1
159	雀形目 PASSERIFORMES	画眉科 Timaliidae	灰眶雀鹛 Alcippe morrisonia		无危			东洋	1
160	雀形目 PASSERIFORMES	画眉科 Timaliidae	矛纹草鹛 Babax lanceolatus		无危			东洋	1
161	雀形目 PASSERIFORMES	画眉科 Timaliidae	画眉 Garrulax canorus		近危	II	+	东洋	1
162	雀形目 PASSERIFORMES	画眉科 Timaliidae	白喉噪鹛 Garrulax albogularis		无危			东洋	1
163	雀形目 PASSERIFORMES	画眉科 Timaliidae	黑领噪鹛 Garrulax pectoralis		无危			东洋	1
164	雀形目 PASSERIFORMES	画眉科 Timaliidae	山噪鹛 Garrulax davidi		无危		+	古北	3
165	雀形目 PASSERIFORMES	画眉科 Timaliidae	灰翅噪鹛 Garrulax cineraceus		无危			东洋	3
166	雀形目 PASSERIFORMES	画眉科 Timaliidae	斑背噪鹛 Garrulax lunulatus		无危		+	东洋	1
167	雀形目 PASSERIFORMES	画眉科 Timaliidae	白颊噪鹛 Garrulax sannio		无危			东洋	1
168	雀形目 PASSERIFORMES	画眉科 Timaliidae	橙翅噪鹛 Garrulax elliotii		无危		+	东洋	1
169	雀形目 PASSERIFORMES	画眉科 Timaliidae	黑头奇鹛 Heterophasia melanoleuca		无危			广布	3
170	雀形目 PASSERIFORMES	画眉科 Timaliidae	红嘴相思鸟 Leiothrix lutea		近危	II		东洋	1
171	雀形目 PASSERIFORMES	画眉科 Timaliidae	蓝翅希鹛 Minla cyanouroptera		无危			东洋	1
172	雀形目 PASSERIFORMES	画眉科 Timaliidae	宝兴鹛雀 Moupinia poecilotis		近危		+	东洋	3
173	雀形目 PASSERIFORMES	画眉科 Timaliidae	小鳞胸鹪鹛 Pnoepyga pusilla		无危			东洋	3

续表

序号	目	科	种	保护级别	濒危等级	CITES附录	特有性	从属区系	数据来源
174	雀形目 PASSERIFORMES	画眉科 Timaliidae	棕颈钩嘴鹛 *Pomatorhinus ruficollis*		无危			东洋	1
175	雀形目 PASSERIFORMES	画眉科 Timaliidae	斑翅鹩鹛 *Spelaeornis troglodytoides*		无危			东洋	3
176	雀形目 PASSERIFORMES	画眉科 Timaliidae	红头穗鹛 *Stachyris ruficeps*		无危			东洋	1
177	雀形目 PASSERIFORMES	画眉科 Timaliidae	白领凤鹛 *Yuhina diademata*		无危		+	东洋	1
178	雀形目 PASSERIFORMES	画眉科 Timaliidae	黑颏凤鹛 *Yuhina nigrimenta*		无危			广布	1
179	雀形目 PASSERIFORMES	鸦雀科 Paradoxornithidae	棕头鸦雀 *Paradoxornis webbianus*		无危			广布	1
180	雀形目 PASSERIFORMES	扇尾莺科 Cisticolidae	棕扇尾莺 *Cisticola juncidis*		无危			广布	1
181	雀形目 PASSERIFORMES	扇尾莺科 Cisticolidae	山鹪莺 *Prinia crinigera*		无危			东洋	3
182	雀形目 PASSERIFORMES	扇尾莺科 Cisticolidae	褐山鹪莺 *Prinia polychroa*		无危			广布	1
183	雀形目 PASSERIFORMES	扇尾莺科 Cisticolidae	纯色山鹪莺 *Prinia inornata*		无危			东洋	1
184	雀形目 PASSERIFORMES	莺科 Sylviidae	棕脸鹟莺 *Abroscopus albogularis*		无危			东洋	1
185	雀形目 PASSERIFORMES	莺科 Sylviidae	东方大苇莺 *Acrocephalus orientalis*		无危			古北	3
186	雀形目 PASSERIFORMES	莺科 Sylviidae	高山短翅莺 *Bradypterus mandelli*		无危			东洋	3
187	雀形目 PASSERIFORMES	莺科 Sylviidae	远东树莺 *Cettia canturians*		无危			古北	3
188	雀形目 PASSERIFORMES	莺科 Sylviidae	强脚树莺 *Cettia fortipes*		无危			东洋	1
189	雀形目 PASSERIFORMES	莺科 Sylviidae	黄腹树莺 *Cettia acanthizoides*		无危			东洋	1
190	雀形目 PASSERIFORMES	莺科 Sylviidae	黄腹柳莺 *Phylloscopus affinis*		无危			古北	1
191	雀形目 PASSERIFORMES	莺科 Sylviidae	棕腹柳莺 *Phylloscopus subaffinis*		无危			广布	1
192	雀形目 PASSERIFORMES	莺科 Sylviidae	黄腰柳莺 *Phylloscopus proregulus*		无危			古北	3
193	雀形目 PASSERIFORMES	莺科 Sylviidae	黄眉柳莺 *Phylloscopus inornatus*		无危			古北	3
194	雀形目 PASSERIFORMES	莺科 Sylviidae	褐柳莺 *Phylloscopus fuscatus*		无危			古北	3
195	雀形目 PASSERIFORMES	莺科 Sylviidae	极北柳莺 *Phylloscopus borealis*		无危			古北	1
196	雀形目 PASSERIFORMES	莺科 Sylviidae	暗绿柳莺 *Phylloscopus trochiloides*		无危			古北	1
197	雀形目 PASSERIFORMES	莺科 Sylviidae	冠纹柳莺 *Phylloscopus reguloides*		无危			东洋	1
198	雀形目 PASSERIFORMES	莺科 Sylviidae	白斑尾柳莺 *Phylloscopus davisoni*		无危			古北	3
199	雀形目 PASSERIFORMES	莺科 Sylviidae	金眶鹟莺 *Seicercus burkii*		无危			东洋	1
200	雀形目 PASSERIFORMES	莺科 Sylviidae	淡尾鹟莺 *Seicercus soror*		无危			古北	3
201	雀形目 PASSERIFORMES	莺科 Sylviidae	栗头鹟莺 *Seicercus castaniceps*		无危			古北	1
202	雀形目 PASSERIFORMES	戴菊科 Regulidae	戴菊 *Regulus regulus*		无危			古北	3
203	雀形目 PASSERIFORMES	绣眼鸟科 Zosteropidae	暗绿绣眼鸟 *Zosterops japonicus*		无危			东洋	1
204	雀形目 PASSERIFORMES	长尾山雀科 Aegithalidae	银脸长尾山雀 *Aegithalos fuliginosus*		近危		+	古北	3
205	雀形目 PASSERIFORMES	长尾山雀科 Aegithalidae	红头长尾山雀 *Aegithalos concinnus*		无危			东洋	1
206	雀形目 PASSERIFORMES	山雀科 Paridae	黄腹山雀 *Parus venustulus*		无危			东洋	1
207	雀形目 PASSERIFORMES	山雀科 Paridae	煤山雀 *Parus ater*		无危			古北	3
208	雀形目 PASSERIFORMES	山雀科 Paridae	褐冠山雀 *Parus dichrous*		无危			东洋	3
209	雀形目 PASSERIFORMES	山雀科 Paridae	大山雀 *Parus major*		无危			广布	1
210	雀形目 PASSERIFORMES	山雀科 Paridae	绿背山雀 *Parus monticolus*		无危			东洋	1
211	雀形目 PASSERIFORMES	山雀科 Paridae	沼泽山雀 *Parus palustris*		无危			古北	1
212	雀形目 PASSERIFORMES	鸭科 Sittidae	普通鸭 *Sitta europaea*		无危			广布	3

序号	目	科	种	保护级别	濒危等级	CITES附录	特有性	从属区系	数据来源
213	雀形目 PASSERIFORMES	花蜜鸟科 Nectariniidae	叉尾太阳鸟 Aethopyga christinae		无危			东洋	1
214	雀形目 PASSERIFORMES	花蜜鸟科 Nectariniidae	蓝喉太阳鸟 Aethopyga gouldiae		无危			东洋	1
215	雀形目 PASSERIFORMES	雀科 Passeridae	麻雀 Passer montanus		近危			广布	1
216	雀形目 PASSERIFORMES	雀科 Passeridae	山麻雀 Passer rutilans		无危			广布	1
217	雀形目 PASSERIFORMES	梅花雀科 Estrildidae	白腰文鸟 Lonchura striata		无危			东洋	1
218	雀形目 PASSERIFORMES	燕雀科 Fringillidae	金翅雀 Carduelis sinica		无危			广布	1
219	雀形目 PASSERIFORMES	燕雀科 Fringillidae	普通朱雀 Carpodacus erythrinus		无危			古北	3
220	雀形目 PASSERIFORMES	燕雀科 Fringillidae	酒红朱雀 Carpodacus vinaceus		无危		+	古北	3
221	雀形目 PASSERIFORMES	燕雀科 Fringillidae	黑尾蜡嘴雀 Eophona migratoria		无危			古北	3
222	雀形目 PASSERIFORMES	燕雀科 Fringillidae	黑头蜡嘴雀 Eophona personata		无危			古北	3
223	雀形目 PASSERIFORMES	燕雀科 Fringillidae	燕雀 Fringilla montifringilla		无危			古北	1
224	雀形目 PASSERIFORMES	燕雀科 Fringillidae	褐灰雀 Pyrrhula nipalensis		无危			东洋	3
225	雀形目 PASSERIFORMES	燕雀科 Fringillidae	灰头灰雀 Pyrrhula erythaca		无危			广布	3
226	雀形目 PASSERIFORMES	燕雀科 Fringillidae	红腹灰雀 Pyrrhula pyrrhula		无危			古北	3
227	雀形目 PASSERIFORMES	鹀科 Emberizidae	小鹀 Emberiza pusilla		无危			古北	1
228	雀形目 PASSERIFORMES	鹀科 Emberizidae	灰眉岩鹀 Emberiza godlewskii		无危			古北	1
229	雀形目 PASSERIFORMES	鹀科 Emberizidae	三道眉草鹀 Emberiza cioides		无危			古北	1
230	雀形目 PASSERIFORMES	鹀科 Emberizidae	黄喉鹀 Emberiza elegans		无危			古北	1
231	雀形目 PASSERIFORMES	鹀科 Emberizidae	灰头鹀 Emberiza spodocephala		无危			古北	3
232	雀形目 PASSERIFORMES	鹀科 Emberizidae	蓝鹀 Latoucheornis siemsseni		无危		+	东洋	3
233	雀形目 PASSERIFORMES	鹀科 Emberizidae	凤头鹀 Melophus lathami		无危			东洋	3

注：1 为野外见到，2 为访问调查，3 为查阅文献。

附表 4.3　重庆大巴山国家级自然保护区爬行类名录

序号	目	科	种	保护级别	濒危等级	CITES附录	特有性	从属区系	生态类型	数据来源
1	龟鳖目 TESTUDINATA	淡水龟科 BATAGURIDAE	潘氏闭壳龟 Cuora pani		无危	II	+	东洋	水栖：静水类型	3
2	龟鳖目 TESTUDINATA	鳖科 TRIONYCHIDAE	鳖 Pelodiscus sinensis		易危			广布	水栖：底栖类型	3
3	有鳞目 SQUAMATA	壁虎科 GEKKONIDAE	蹼趾壁虎 Gekko subpalmatus		无危			东洋	陆栖：地上类型	1
4	有鳞目 SQUAMATA	鬣蜥科 AGAMIDAE	丽纹攀蜥 Japalura splendida		无危		+	东洋	陆栖：地上类型	3
5	有鳞目 SQUAMATA	蜥蜴科 LACERTIDAE	北草蜥 Takydromus septentrionalis		无危		+	东洋	陆栖：地上类型	1
6	有鳞目 SQUAMATA	石龙子科 SCINCIDAE	蓝尾石龙子 Eumeces elegans		无危		+	广布	陆栖：地上类型	1
7	有鳞目 SQUAMATA	石龙子科 SCINCIDAE	山滑蜥 Scincella monticola		无危		+	东洋	陆栖：地上类型	1
8	有鳞目 SQUAMATA	石龙子科 SCINCIDAE	铜蜓蜥 Sphenomorphus indicus		无危			东洋	陆栖：地上类型	1
9	有鳞目 SQUAMATA	游蛇科 COLUBRIDAE	翠青蛇 Cyclophiops major		无危			东洋	陆栖：地上类型	1
10	有鳞目 SQUAMATA	游蛇科 COLUBRIDAE	赤链蛇 Dinodon rufozonatum		无危			广布	陆栖：地上类型	1
11	有鳞目 SQUAMATA	游蛇科 COLUBRIDAE	王锦蛇 Elaphe carinata		易危			广布	陆栖：地上类型	1
12	有鳞目 SQUAMATA	游蛇科 COLUBRIDAE	玉斑丽蛇 Euprepiophis mandarinus		易危			广布	陆栖：地上类型	1
13	有鳞目 SQUAMATA	游蛇科 COLUBRIDAE	紫灰山蛇 Oreocryptophis porphyraceus		无危			东洋	陆栖：地上类型	2

续表

序号	目	科	种	保护级别	濒危等级	CITES附录	特有性	从属区系	生态类型	数据来源
14	有鳞目 SQUAMATA	游蛇科 COLUBRIDAE	黑眉曙蛇 *Orthriophis taeniura*		易危			广布	陆栖：地上类型	1
15	有鳞目 SQUAMATA	游蛇科 COLUBRIDAE	黑背白环蛇 *Lycodon ruhstrati*		无危			东洋	陆栖：地上类型	3
16	有鳞目 SQUAMATA	游蛇科 COLUBRIDAE	大眼斜鳞蛇 *Pseudoxenodon macrops*		无危			东洋	半水栖类型	1
17	有鳞目 SQUAMATA	游蛇科 COLUBRIDAE	湖北颈槽蛇 *Rhabdophis nuchalis*		无危			东洋	陆栖：地上类型	1
18	有鳞目 SQUAMATA	游蛇科 COLUBRIDAE	虎斑颈槽蛇 *Rhabdophis tigrinus*		无危			广布	陆栖：地上类型	1
19	有鳞目 SQUAMATA	游蛇科 COLUBRIDAE	黑头剑蛇指名亚种 *Sibynophis chinensis*		无危			东洋	陆栖：地上类型	3
20	有鳞目 SQUAMATA	游蛇科 COLUBRIDAE	乌梢蛇 *Zaocys dhumnades*		易危			广布	陆栖：地上类型	1
21	有鳞目 SQUAMATA	蝰科 VIPERIDAE	尖吻蝮 *Deinagkistrodon acutus*	市级	濒危			东洋	陆栖：地上类型	2
22	有鳞目 SQUAMATA	蝰科 VIPERIDAE	短尾蝮 *Gloydius brevicaudus*		易危			东洋	陆栖：地上类型	3
23	有鳞目 SQUAMATA	蝰科 VIPERIDAE	菜花原矛头蝮 *Protobothrops jerdonii*		无危			东洋	树栖类型	1
24	有鳞目 SQUAMATA	蝰科 VIPERIDAE	福建竹叶青蛇 *Trimeresurus stejnegeri*	市级	无危			东洋	树栖类型	2

注：1为野外见到，2为访问调查，3为查阅文献。

附表4.4　重庆大巴山国家级自然保护区两栖类名录

序号	目	科	种	保护级别	濒危等级	CITES附录	特有性	从属区系	生态，类型	数据来源
1	有尾目 CAUDATA	小鲵科 HYNOBIIDAE	秦巴巴鲵 *Odorrana nanjiangensis*	市级	无危		+	东洋	陆栖：林栖流溪繁殖型	3
2	有尾目 CAUDATA	小鲵科 HYNOBIIDAE	施氏巴鲵 *Liua shihi*	市级	渐危		+	东洋	水栖：流溪型	1
3	有尾目 CAUDATA	隐鳃鲵科 CRYPTOBRANCHIDAE	大鲵 *Andrias daviddianus*	II	极危		+	广布	水栖：流溪型	2
4	无尾目 ANURA	蟾蜍科 BUFONIDAE	华西蟾蜍 *Bufo andrewsi*		无危		+	东洋	陆栖：穴栖静水繁殖型	1
5	无尾目 ANURA	蟾蜍科 BUFONIDAE	中华蟾蜍 *Bufo gargarizans*		无危			广布	陆栖：穴栖静水繁殖型	1
6	无尾目 ANURA	角蟾科 MEGOPHRYIDAE	巫山角蟾 *Megophrys wushanensis*		无危		+	东洋	陆栖：林栖流溪繁殖型	1
7	无尾目 ANURA	树蟾科 HYLIDAE	秦岭树蟾 *Hyla tsinlingensis*		无危		+	东洋	树栖型	3
8	无尾目 ANURA	蛙科 RANIDAE	峨眉林蛙 *Rana omeimontis*		无危		+	东洋	陆栖：林栖静水繁殖型	1
9	无尾目 ANURA	蛙科 RANIDAE	中国林蛙 *Rana chensinensis*		无危		+	广布	陆栖：林栖静水繁殖型	1
10	无尾目 ANURA	蛙科 RANIDAE	黑斑侧褶蛙 *Pelophylax nigromaculata*	市级	无危			东洋	水栖：静水型	1
11	无尾目 ANURA	蛙科 RANIDAE	泽陆蛙 *Fejervarya multistriata*	市级	无危			广布	陆栖：林栖静水繁殖型	1
12	无尾目 ANURA	蛙科 RANIDAE	棘腹蛙 *Paa boulengeri*	市级	易危		+	东洋	水栖：流溪型	1
13	无尾目 ANURA	蛙科 RANIDAE	合江棘蛙 *Paa robertingeri*		易危		+	东洋	水栖：流溪型	1
14	无尾目 ANURA	蛙科 RANIDAE	隆肛蛙 *Feirana quadranus*	市级	渐危		+	东洋	水栖：流溪型	3
15	无尾目 ANURA	蛙科 RANIDAE	沼水蛙 *Hylarana guentheri*	市级	无危			东洋	水栖：静水型	3
16	无尾目 ANURA	蛙科 RANIDAE	绿臭蛙 *Odorrana margaertae*		无危		+	东洋	水栖：流溪型	1

序号	目	科	种	保护级别	濒危等级	CITES附录	特有性	从属区系	生态，类型	数据来源
17	无尾目 ANURA	蛙科 RANIDAE	光雾臭蛙 *Odorrana kuangwuensis*		无危		+	东洋	水栖：流溪型	1
18	无尾目 ANURA	蛙科 RANIDAE	南江臭蛙 *Odorrana nanjiangensis*		无危			东洋	水栖：流溪型	1
19	无尾目 ANURA	蛙科 RANIDAE	花臭蛙 *Odorrana schmackeri*		无危		+	东洋	水栖：流溪型	1
20	无尾目 ANURA	蛙科 RANIDAE	崇安湍蛙 *Amolops chunganensis*		无危		+	东洋	陆栖：林栖流溪繁殖型	1
21	无尾目 ANURA	蛙科 RANIDAE	棘皮湍蛙 *Amolops granulosus*		无危		+	东洋	陆栖：林栖流溪繁殖型	3
22	无尾目 ANURA	树蛙科 RHACOPHORIDAE	斑腿泛树蛙 *Rhacophorus megacephalus*		无危		+	东洋	树栖型	1
23	无尾目 ANURA	树蛙科 RHACOPHORIDAE	胡氏树蛙 *Rhacophorus hui*		无危			东洋	树栖型	3
24	无尾目 ANURA	姬蛙科 MICROHYLIDAE	合征姬蛙 *Microhyla mixtura*		无危		+	东洋	陆栖：穴栖静水繁殖型	1
25	无尾目 ANURA	姬蛙科 MICROHYLIDAE	饰纹姬蛙 *Microhyla ornata*		无危			东洋	水栖：静水型	1

注：1为野外见到，2为访问调查，3为查阅文献。

附表 4.5　重庆大巴山国家级自然保护区鱼类名录

序号	目	科	种	保护级别	濒危等级	长江上游特有种	数据来源
1	鲤形目 CYPRINIFORMES	鲤科 Cyprinidae	中华细鲫 *Aphyocypris chinensis*		未评估		3
2	鲤形目 CYPRINIFORMES	鲤科 Cyprinidae	马口鱼 *Opsariichthys bidens*		未评估		1
3	鲤形目 CYPRINIFORMES	鲤科 Cyprinidae	宽鳍鱲 *Zacco platypus*		未评估		1
4	鲤形目 CYPRINIFORMES	鲤科 Cyprinidae	拉氏鱥 *Phoxinus lagowskii*		未评估		3
5	鲤形目 CYPRINIFORMES	鲤科 Cyprinidae	伍氏华鳊 *Sinibrama wui*		未评估		3
6	鲤形目 CYPRINIFORMES	鲤科 Cyprinidae	中华倒刺鲃 *Spinibarbus sinensis*		未评估		2
7	鲤形目 CYPRINIFORMES	鲤科 Cyprinidae	粗须白甲鱼 *Onychostoma barbata*		未评估		1
8	鲤形目 CYPRINIFORMES	鲤科 Cyprinidae	多鳞白甲鱼 *Onychostoma macrolepis*		未评估		1
9	鲤形目 CYPRINIFORMES	鲤科 Cyprinidae	嘉陵颌须鮈 *Gnathopogon herzensteini*		未评估		3
10	鲤形目 CYPRINIFORMES	鲤科 Cyprinidae	唇[鱼骨] *Hemibarbus labeo*		未评估		1
11	鲤形目 CYPRINIFORMES	鲤科 Cyprinidae	花[鱼骨] *Hemibarbus maculatus*		未评估		3
12	鲤形目 CYPRINIFORMES	鲤科 Cyprinidae	似鮈 *Pseudogobio vaillanti*		未评估		1
13	鲤形目 CYPRINIFORMES	鲤科 Cyprinidae	麦穗鱼 *Pseudorasbora parva*		未评估		1
14	鲤形目 CYPRINIFORMES	鲤科 Cyprinidae	吻鮈 *Rhinogobio typus*		未评估		3
15	鲤形目 CYPRINIFORMES	鲤科 Cyprinidae	蛇鮈 *Saurogobio dabryi*		未评估		3
16	鲤形目 CYPRINIFORMES	鲤科 Cyprinidae	银鮈 *Squalidus argentatus*		未评估		3
17	鲤形目 CYPRINIFORMES	鲤科 Cyprinidae	鲤 *Cyprinus carpio*		未评估		1
18	鲤形目 CYPRINIFORMES	鲤科 Cyprinidae	重口裂腹鱼 *Schizothorax davidi*		未评估		3
19	鲤形目 CYPRINIFORMES	鲤科 Cyprinidae	齐口裂腹鱼 *Schizothorax prenanti*		未评估	+	3
20	鲤形目 CYPRINIFORMES	鲤科 Cyprinidae	鲫 *Carassius auratus*		未评估		1
21	鲤形目 CYPRINIFORMES	鲤科 Cyprinidae	宜昌鳅鮀 *Gobiobotia filifer*		未评估		1
22	鲤形目 CYPRINIFORMES	鳅科 Cobitidae	紫薄鳅 *Leptobotia taeniops*		未评估		1
23	鲤形目 CYPRINIFORMES	鳅科 Cobitidae	汉水薄鳅 *Leptobotia tientaiensis*	市级	未评估		3
24	鲤形目 CYPRINIFORMES	鳅科 Cobitidae	泥鳅 *Misgurnus anguillicaudatus*		未评估		1
25	鲤形目 CYPRINIFORMES	爬鳅科 Balitoridae	犁头鳅 *Lepturichthys fimbriata*		未评估		3
26	鲤形目 CYPRINIFORMES	爬鳅科 Balitoridae	西昌华吸鳅 *Sinogastromyzon sichuangensis*		未评估		3

续表

序号	目	科	种	保护级别	濒危等级	长江上游特有种	数据来源
27	鲤形目 CYPRINIFORMES	爬鳅科 Balitoridae	四川华吸鳅 *Sinogastromyzon szechuanensis*	市级	未评估	+	3
28	鲤形目 CYPRINIFORMES	爬鳅科 Balitoridae	短体副鳅 *Paracobitis potanini*		未评估	+	3
29	鲤形目 CYPRINIFORMES	爬鳅科 Balitoridae	红尾副鳅 *Paracobitis variegatus*		未评估		1
30	鲤形目 CYPRINIFORMES	爬鳅科 Balitoridae	贝氏高原鳅 *Triplophysa bleekeri*		未评估		1
31	鲤形目 CYPRINIFORMES	爬鳅科 Balitoridae	峨嵋后平鳅 *Metahomaloptera omeiensis*	市级	未评估	+	1
32	鲇形目 SILURIFORMES	鲇科 Siluridae	鲇 *Silurus asotus*		未评估		2
33	鲇形目 SILURIFORMES	鲇科 Siluridae	大口鲇 *Silurus meridionalis*		未评估		2
34	鲇形目 SILURIFORMES	鲿科 Bagridae	粗唇鮠 *Leiocassis crassilabris*		未评估		1
35	鲇形目 SILURIFORMES	鲿科 Bagridae	短尾鮠 *Leiocassis brevicaudatus*		未评估		1
36	鲇形目 SILURIFORMES	鲿科 Bagridae	大鳍鳠 *Mystus macropterus*		未评估		3
37	鲇形目 SILURIFORMES	鲿科 Bagridae	光泽黄颡鱼 *Pelteobagrus nitidus*		未评估		2
38	鲇形目 SILURIFORMES	鲿科 Bagridae	凹尾拟鲿 *Pseudobagrus emarginatus*		未评估		3
39	鲇形目 SILURIFORMES	鲿科 Bagridae	细体拟鲿 *Pseudobagrus pratti*		未评估		3
40	鲇形目 SILURIFORMES	鮡科 Sisoridae	中华纹胸鮡 *Glyptothorax sinensis*		未评估		3
41	鳉形目 CYPRINODOTIFORMES	鳉科 Cyprinodontidae	中华青鳉 *Oryzias latipes*		易危		1
42	合鳃鱼目 SYNBRANCHIFORMES	合鳃鱼科 Synbranchidae	黄鳝 *Monopterus albus*		未评估		2
43	鲈形目 PERCIFORMES	鮨科 Serranidae	斑鳜 *Siniperca scherzeri*		未评估		1
44	鲈形目 PERCIFORMES	鰕虎鱼科 Gobiidae	子陵吻鰕虎鱼 *Rhinogobius giurinus*		未评估		1

注：1 为野外见到，2 为访问调查，3 为查阅文献

附 图 I

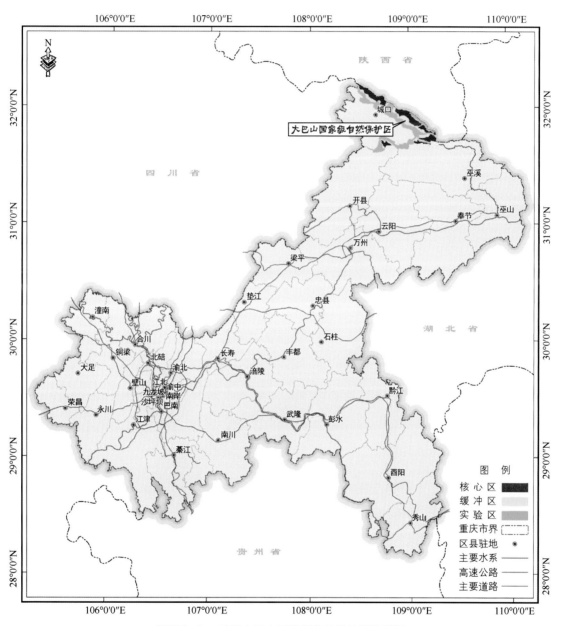

附图 I-I　重庆大巴山国家级自然保护区位置图

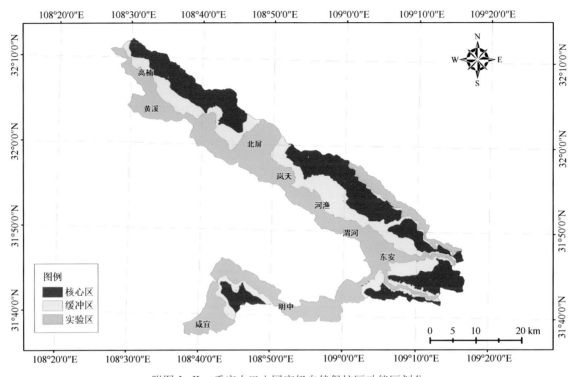

附图Ⅰ-Ⅱ　重庆大巴山国家级自然保护区功能区划分

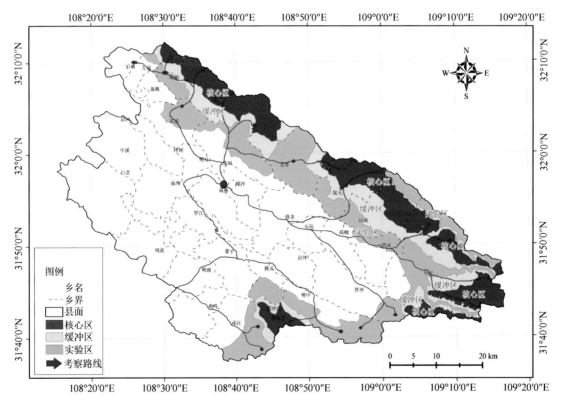

附图Ⅰ-Ⅲ　重庆大巴山国家级自然保护区科学考察路线图

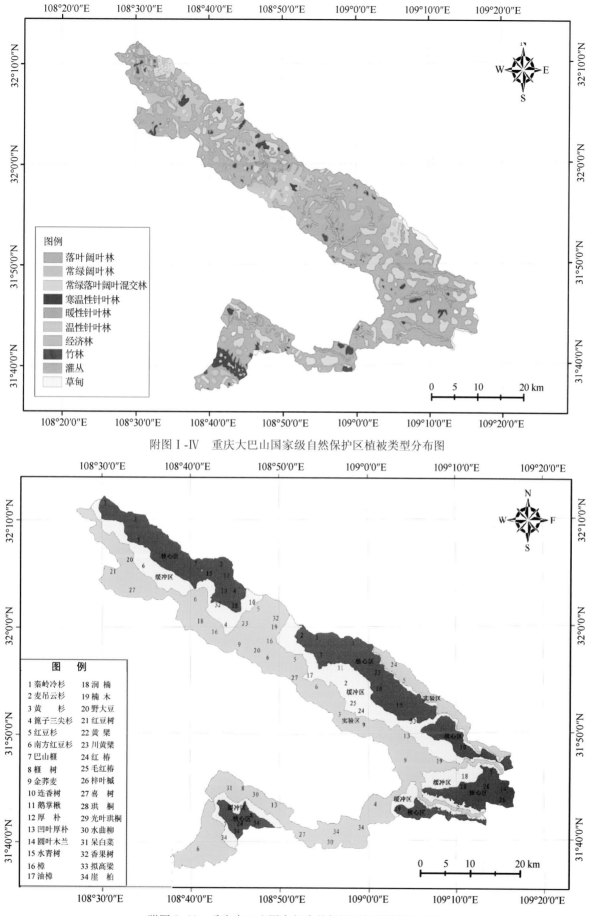

附图Ⅰ-Ⅳ　重庆大巴山国家级自然保护区植被类型分布图

附图Ⅰ-Ⅴ　重庆大巴山国家级自然保护区保护植物分布图

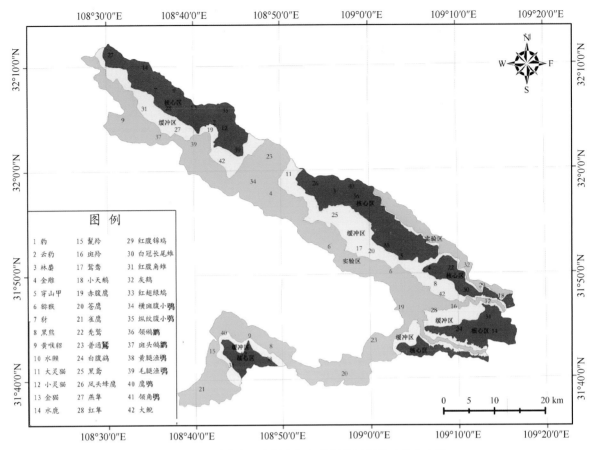

附图 I-VI 重庆大巴山国家级自然保护区保护动物分布图

附图 II（保护区植被）

附图Ⅲ（保护区植物）

大叶火烧兰 *Epipactis mairei* Schltr.

七叶鬼灯檠 *Rodgersia aesculifolia* Batalin

杜鹃兰 *Cremastra appendiculata*（D. Don）Makino

大百合 *Cardiocrinum giganteum*（Wall.）Makino

狗枣猕猴桃 *Actinidia kolomikta*（Maxim. & Rupr.）Maxim.

矮桃 *Lysimachia clethroides* Duby

盘叶忍冬 Lonicera tragophylla Hemsl.

灰背铁线蕨 Adiantum myriosorum Bak.

甘肃耧斗菜 Aquilegia oxysepala Trautv. et Mey. var.
kansuensis Bruhl

荷包山桂花 Polygala arillata Buch.-Ham. ex D. Don

红花五味子 Schisandra rubriflora（Franch）. Rehd.
et Wils.

泡叶栒子 Cotoneaster bullatus Bois

中华槭 *Acer sinense* Pax

建始槭 *Acer henryi* Pax

歪头菜 *Vicia unijuga* A. Br.

天师栗 *Aesculus wilsonii* Rehd.

奇异马兜铃 *Aristolochia kaempferi* Willd. f. *mirabilis* S. M. Hwang

中华绣线梅 *Neillia sinensis* Oliv.

崖柏（球果）*Thuja sutchuenensis* Franch.

紫斑风铃草 *Campanula puncatata* Lam.

银杏（古树）*Ginkgo biloba* L.

崖柏（球果）*Thuja sutchuenensis* Franch.

缬草 *Valeriana officinalis* L.

附图Ⅳ（保护区动物）

白领凤鹛 *Yuhina diademata*

白颊噪鹛 *Pterorhinus sannio*

白喉噪鹛 *Garrulax albogularis*

暗绿绣眼鸟 *Zosterops japonicus*

白额燕尾 *Enicurus leschenaulti*

大杜鹃 *Cuculus canorus*

北红尾鸲 *Phoenicurus auroreus*

蓝额红尾鸲 *Phoenicurus frontalis*

金翅雀 *Carduelis sinica*

红尾水鸲 *Rhyacornis fuliginosus*

黑领噪鹛 *Garrulax pectoralis*

黑喉红尾鸲 *Phoenicurus hodgsoni*

褐河乌 *Cinclus pallasii*

冠鱼狗 *Megaceryle lugubris*

大山雀 *Parus major*

金腰燕 *Hirundo daurica*

铜蓝鹟 *Eumyias thalassinus*

栗腹矶鸫 *Monticola rufiventris*

中国林蛙 *Rana chensinensis*

合江棘蛙 *Paa robertingeri*

棕颈钩嘴鹛 *Pomatorhinus ruficollis*

崇安湍蛙 *Amolops chunganensis*

巫山角蟾 *Megophrys wushanensis*

光雾臭蛙 *Odorrana kuangwuensis*

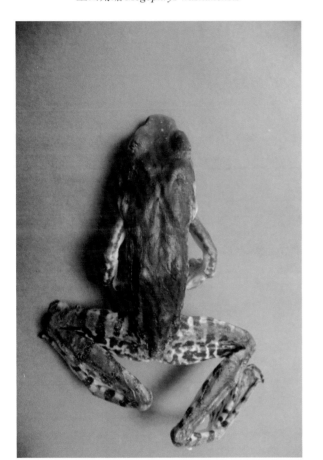

南江臭蛙 *Odorrana nanjiangensis*

湖北颈槽蛇 *Rhabdophis nuchalis*

菜花原矛头蝮 *Protobothrops jerdonii*

山滑蜥 *Scincella monticola*

施氏巴鲵 *Liua shihi*

大眼斜鳞蛇福建亚种 *Pseudoxenodon macrops*

野猪 *Sus scrofa*

毛冠鹿 *Elaphodus cephalophus*

附图 V（保护区大型真菌）

橙黄网孢盘菌 *Aleuria aurantia*（pers. ex Fr.）Fuck

斑点铆钉菇 *Gomphidius maculatus*（Scop.）Fr.

白环粘奥德蘑 *Oudenlansiella mucida*（Schrad.：Fr.）Hohnel.

短裙竹荪 *Dictyophora duplicata*（Bosc.）Fisch.

胶质射脉革菌 *Phlebia tremellosa* Nakasone et Burds.

桔黄裸伞 *Gymnopilus spectabilis*（Fr.）Smith

红鬼笔 *Phallus rubicundus*（Bosc.）Fr.

黑毛小塔氏菌 *Tapinella atrotomentosa*（Batsch Fr.）Utara

栎金钱菌 *Collybia dryophila*（Bull.Fr.）Quél.

漏斗棱孔菌 *Polyporus arcularius* Batsch Fr.

毛柄金钱菌 *Flammulina velutiper*（Fr.）Sing.

脉褶菌 *Campanella junghuhnii*（Mont.）Singer.

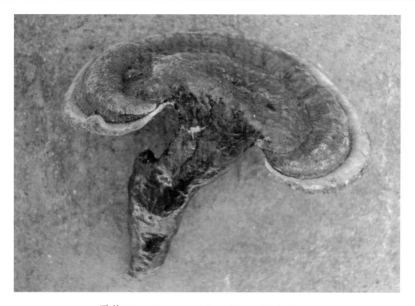

灵芝 *Ganoderma lucidum*（Leyss.Fr.）Karst.

木耳 *Auricularia auricula*（L. ex Hook.）Underwood

银耳 *Tremella fuciformis* Berk.

小马鞍菌 *Helvella pulla*

星孢寄生菇 *Asterophora lycoperdoides*（Bull.）Ditmar Fr.

云芝栓孔菌 *Trametes versicolor*（L.）Lloyd

香菇 *Lentinus edodes*（Berk.）Sing.